普通高等教育“十三五”规划教材
全国高等医药院校药学类系列规划教材

药用植物学

Pharmaceutical Botany

主　编　高　宁　牛晓峰
副主编　李　羿　何先元　青　梅　曹　蔚
编　者（按姓氏笔画排序）
王　超（大连医科大学）
王翔飞（石河子大学）
冯永辉（西安医学院）
刘　芳（长治医学院）
李建银（兰州大学）
杨建文（遵义医学院）
岐　琳（西安交通大学）
余　坤（湖北中医药大学）
汪建平（华中科技大学）
青　梅（内蒙古医科大学）
高　宁（第三军医大学）
唐　雨（第三军医大学）
韩　婷（第二军医大学）
王梦洲（重庆市中药研究院）
牛晓峰（西安交通大学）
任明波（重庆市药物种植研究所）
李　羿（成都医学院）
李生茂（川北医学院）
吴友根（海南大学）
何先元（重庆医科大学）
余　岩（四川大学）
张新慧（宁夏医科大学）
明乾良（第三军医大学）
高　昕（西安交通大学）
曹　蔚（第四军医大学）
曾　嵘（中南大学）

科学出版社
北　京

内 容 简 介

本书是根据全国普通高等院校《药用植物学》教学大纲的基本要求和知识体系编写的。

本书主要由植物形态解剖和系统分类两部分构成，在内容上增加了深度，强化了药用植物学基本理论的系统性和逻辑性，使学生易于理解和掌握。本书首次借助国家教学标本资源共享平台制作了配套的数字化教学资源，包括部分高清彩色图片、重点药用植物的精细解剖、生态图片及3D资源展示等，使课堂教学和网络教学相结合，即使教学内容更加形象生动，又极大地调动了学生的学习兴趣，培养学生的创新思维。全书共十四章，每章后附有英文小结和复习思考题，便于学生复习和总结。

本书可作为高等医药院校药学和中药学专业本科生的基础教材，还可作为药学和中药学等相关专业硕士、博士研究生的参考书。

图书在版编目（CIP）数据

药用植物学 / 高宁，牛晓峰主编. —北京：科学出版社，2017.1
普通高等教育“十三五”规划教材 · 全国高等医药院校药学类系列规划教材

ISBN 978-7-03-050308-4

Ⅰ. ①药… Ⅱ. ①高… ②牛… Ⅲ. ①药用植物学–高等学校–教材 Ⅳ. ①Q949.95

中国版本图书馆 CIP 数据核字（2016）第 258137 号

责任编辑：王　颖 / 责任校对：彭　涛
责任印制：李　彤 / 封面设计：陈　敬

科学出版社出版
北京东黄城根北街16号
邮政编码：100717
http://www.sciencep.com
北京凌奇印刷有限责任公司 印刷
科学出版社发行 各地新华书店经销
*
2017年1月第 一 版　开本：787×1092　1/16
2022年1月第六次印刷　印张：23　插页：2
字数：658 000

定价：85.00 元

（如有印装质量问题，我社负责调换）

普通高等教育“十三五”规划教材
全国高等医药院校药学类系列规划教材

专家委员会

序

我国国土辽阔、自然生态环境复杂多样，药用植物资源储量丰富、种类繁多。药用植物的发现可以说是最早的人类活动之一。在古代，人们在寻找天然食物时，便发现了一些植物具有致呕、致泻、止痛和发汗等某种特殊功效，久之便形成了早期的药物学知识。人们通过不断积累，由口碑相传到文字记载，形成了早期的“本草”著作。从最早的药物学著作《神农本草经》开始，至当今集本草学著作之大成的《中华本草》，我国本草学著作丰富多彩，在其中含有大量的药用植物学知识。近代植物学的引入和应用催生了我国《药用植物学》的建立和发展。经过半个多世纪的探索和发展，我国已出版了多种版本的《药用植物学》的教材和专著，推动和提升了我国药用植物学的研究水平。

高宁和牛晓峰两位教授合作主编的《药用植物学》既强调扎实的基础知识，又注重理论联系实际，从而开阔了读者的视野，使本教材富有启发性。本教材具有以下主要特色：在植物形态解剖部分，增加了深度和广度，强化了药用植物学基本理论的系统性和逻辑性，使读者易于理解和掌握；在植物系统分类部分，突出了《中华人民共和国药典》（2015 版）收载的重点药材原植物特征，在原植物墨线图中添加了药用部位，在文字描述中突出了药用植物与中药的密切联系，书中药用植物形态描述简明扼要，墨线图绘制精美，特别是本书首次增加了重点药用原植物的精细解剖彩色图片，这对读者认识和鉴别相关植物有极大帮助；本书首次借助国家教学标本资源共享平台制作了配套的数字化教学资源，包括部分高清彩色图片、重点药用原植物的精细解剖、高等植物的生态图片及 3D 资源展示、低等植物的生活史等，使课堂教学和网络教学相结合，即使教学内容更加形象生动，又极大地调动了学生的学习兴趣，这是一个具有开创意义的思路；本教材绘制了我国药用植物资源的分布图，图文并茂，使内容更加生动形象和丰富多彩；本教材介绍了国内外药用植物学研究的新方法、新技术和新成果，体现了现代医药科技的水平；本教材还首次增加了药用植物学野外实习内容，弥补了野外实习所需的理论知识不足的缺陷；本教材最具特色的是首次在每一章节增加了英文小结，一方面突出教材的学术水平，另一方面又注重培养学生的国际交流和科研能力。

我相信，该版《药用植物学》出版后，必将对我国药学和中药学的发展和相关专业人才的培养起到积极的促进作用。希望在共同努力下，有所革新的教材不久会问世！

中国工程院院士
中国医学科学院药用植物研究所名誉所长、研究员
2016 年 9 月 18 日

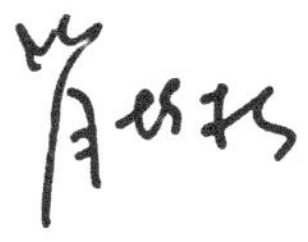

前 言

本书为普通高等教育“十三五”规划教材。在科学出版社普通高等教育“十三五”规划教材（药学类）专家委员会的组织下，根据药学专业培养目标，为了突出“三基”和体现“五性”的编写原则，我们编写了这本《药用植物学》教材。本书主要的读者对象为全国高等医药院校药学专业的本科生，也可作为中药学和天然药物专业本科生的基础教材，还可作为药学、中药学等相关专业硕士、博士研究生的参考书。各院校在本书的使用过程中，可根据实际情况灵活选用有关内容。

本书主要由植物形态解剖和系统分类两部分构成，在内容上增加了深度，强化了药用植物学基本理论的系统性和逻辑性。在植物形态解剖部分，本书加深了植物细胞和组织部分内容，为学习植物形态学和分子生物学打下基础；增加了单子叶植物的内部结构特征，进一步完善了对双子叶植物根和茎从生长锥至初生结构、次生结构的发育过程的描述，紧抓结构关联，对木材三切面及次生结构关系进行了系统归纳和形象的展示，使根和茎在内容上逻辑性更强；增补了叶、枝与茎的维管组织的连接示意图和叶片的结构示意图；详细描述了花药和花粉的发育过程；全面介绍果实与种子的分类及组成，重点阐述了果实与种子的形成过程，增补了药用植物基源的果实种子图例。在植物系统分类部分，突出了《中华人民共和国药典》（2015 年版）收载的重点药材原植物特征；为增强读者对药用植物特征的感性认识，本书首次增加了重点药用原植物的精细解剖彩色图片；为了提高药用植物学的教学质量和教学效率，充实教学内容，本书还制作了配套的数字化教学资源（可直接扫描书中二维码获取），包括部分配图的高清彩色图片、重点药用原植物的精细解剖、高等植物的生态图片及 3D 资源展示、低等植物的生活史等；在藻、菌、地衣、苔藓植物等方面充实了有关植物生活史等内容。本书还比较全面地介绍了在药用植物研究中常用的一些生物技术及其特点和应用，并通过图表、图示等清晰直观反映了生物技术的原理、流程等内容。本书绘制了我国药用植物资源的分布图，使图片和文字互相映衬，内容更加生动形象和丰富多彩。为进一步增强学生对药用植物特征的感性认识，本书首次增加了药用植物学野外实习内容。为突出教材的学术水平，培养学生的国际交流和科研能力，本书要求在介绍重要及最新知识点的时候插入英文词汇，并首次在每一章节增加了英文小结。

本书的编写分工为：绪论和药用植物拉丁学名索引由牛晓峰教授编写，植物的细胞和英文小结由高宁教授编写，植物的组织由王翔飞副教授编写，植物的器官根由张新慧副教授编写，茎由曹蔚副教授编写，叶由汪建平副教授和唐雨老师编写，花由韩婷副教授编写，果实与种子由王超副教授编写，植物分类概述由明乾良讲师编写，藻类植物由李建银讲师编写，菌类、地衣、苔藓植物由刘芳讲师编写，蕨类植物由高昕讲师编写，裸子植物由杨建文教授编写，被子植物的概述由唐雨老师编写，被子植物三白草科至睡莲科由曾嵘教授编写，毛茛科至蔷薇科由青梅教授编写，豆科至鼠李科由余岩副教授编写，锦葵科至山茱萸科由吴友根教授编写，杜鹃花科至唇形科由余坤副教授编写，茄科至菊科由冯永辉教授编写，香蒲科至兰科由何先元教授编写，药用植物现代研究技术由李生茂讲师编写，药用植物资源可持续利用由李羿教授编写，药用植物学野外实习由岐琳老师编写，我国药用植物资源的分布图由王梦洲老师制作，主要科的药用植物精细解剖彩图由国家教学标本资源共享平台（http://mnh.scu.edu.cn）提供，余岩副教授进行了编辑和制作，高宁教授、余岩副教授和唐雨老师对书中所有的插图进行了精心的编辑和制作，最后由高宁和牛晓峰教授统稿。

中国医学科学院药用植物研究所肖培根院士对本书的编写工作给予了详细的指导，提出了许多宝贵意见和建议，并为本书提序，在此向肖院士致以最诚挚的谢意。本书在编写过程中得到了第三军医大学和西安交通大学药学院的鼎力帮助和鼓励，并得到编者所在院校的大力支持，国家教学标本资源共享平台为本书的纸质版和网络版提供了大量资源，在此一并致以诚挚的谢意。

由于编者水平有限和时间仓促，书中难免存在一些不足之处，敬请广大读者在使用过程中提出宝贵的批评意见和建议，以便今后进一步修订完善。

编　者

2016 年 8 月

目　录

绪　论

Introduction

地球上的植物约有 40 万种，它们一般不是独立存在的，而是彼此之间发生相互作用，在受环境影响的同时又作为一个整体影响着一定范围内的外界环境，这样就构成了一个有规律的特殊的系统，称为**植物群落**（plant community）。在一定区域内全部植物群落的总体称为**植被**（vegetation）。"**植物**"（plant）则更多侧重于强调自然界作为有机体的植物个体，而"植被"则强调一定地区的**地表覆盖**（land cover）。

地球上可供人类使用的各类经济植物或高等植物约有 30 万种，而可被人们普遍使用的占 2%～3%，即 6000～9000 种。除了粮食和经济作物外，人类利用最多的是药用植物，人类对药用植物的需求日益增长。我国约有高等植物 3 万余种，是世界上使用药用植物历史最悠久和种类最多的国家之一。据统计，中国被确认的药用植物有 11146 种，中药和天然药物绝大部分来源于植物。因此，我们在研究及使用中药或天然药物时，首先必须学习植物学知识，才能更好地开发和利用药用植物。

一、我国药用植物学的发展简史（The development history of pharmaceutical botany in China）

我国国土辽阔、自然环境复杂多样，药用植物资源储量丰富、种类繁多。药用植物的发现可以说是最早的人类活动之一。在古代，人们在寻找天然食物时，发现了一些虽不能果腹，但有某种特殊功用的植物，如致呕、致泻、止痛及发汗等作用，久之便形成了早期的药物学知识，故有"药食同源"之说。人们通过不断积累，由口碑相传到文字记载，形成了早期的药物学知识，古代书中记载的药物多为草类，故记载这类知识的著作被称为"本草"。早在春秋战国时期的《山海经》中已有药物的记载，该书记载药物 51 种，包括植物药、动物药和矿物药，描述了药物的形状、特点及效用，是我国最早记述药物功效的文献。我国第一部药物经典著作为东汉末年（公元 1～2 世纪）的《神农本草经》，收载药物 365 种，其中植物药 252 种，本书按照药物的功用分为上、中和下三品，三品分类法对后世药学发展起到了重要作用，该书作者不详，原书已丢失，现在版本为后人根据古代本草著作编辑而成。

梁代（公元 502～549 年）陶弘景将《神农本草经》的 365 种药物和《名医别录》的 365 种药物合并加注而成《本草经集注》；唐代显庆四年（公元 659 年）李勣主持编纂，苏敬等 22 人修定的《新修本草》载药 844 种，增加了一部分来自印度、波斯及南洋的药用植物，如安息香、龙脑香、胡椒和诃黎勒等，分玉石、草、木、人、兽禽、虫、鱼、果、菜、米谷和有名未用类。《新修本草》是由官方颁布的，习称《唐本草》，具有图文对照及药图、图经（对药图的注解）合一的特点，被认为是我国的首部药典。

唐代陈藏器在公元 739 年编写了《本草拾遗》，新增了药物 692 种，包括序列 1 卷，拾遗 6 卷，解纷 3 卷。宋开宝（公元 973 年）刘翰、马志等 9 人编写了《开宝本草》，又称《开宝详订本草》，对《唐本草》等详细校正，增加药物 133 种，新旧药合 983 种，包括目录共 21 卷，在公元 974 年又重新修订，称为《开宝重订本草》。宋嘉佑（公元 1061 年）掌禹锡、林亿等以《开宝本草》为基础，编写了《嘉佑本草》，增补药物 82 种，载药 1082 种。公元 1062 年，苏颂等编写了《图经本草》，又称《本草图经》，全书 20 卷，目录 1 卷，载药 780 种，附图 933 幅，原书已丢失。

宋徽宗大观 2 年前（公元 1108 年前）唐慎微编著了《重修政和经史证类备用本草》，又称《证类本草》，引用了前人 234 种本草和医方书，收集了医家和民间的许多单方和验方，补充了经史文献中得到的大量药物资料，载药 1746 种，是我国现存最早的一部完整本草专著。最著名的古代本草著作应为明代李时珍所著《本草纲目》，用时 30 年，参阅和摘录前人医药著作 800 多种，并通过实地考查和采集，于 1578 年成书，1596 年首发金陵版。《本草纲目》分 52 卷，列为 16 部，载药 1892 种，附图 1109 幅，附方 11096 个。该书全面总结了 16 世纪以前我国人民认、采、种、制和用药的经验，自 17 世纪初就有多种文字译本，广泛流传到国外，不仅促进了我国的医药发展，也促进了日本和欧洲各国药用植物学的发展。清代（公元 1765 年）赵学敏对《本草纲目》做了一些正误和补充，编写了《本草纲目拾遗》，收载药物 921 种，新收录了多种药用植物，如西洋参、烟草、金鸡纳、鸦胆子、胖大海、西红花和冬虫夏草等。清代帝玛尔·丹增彭措在公元 1735 年编写完《晶珠本草》，木刻印刷本于公元 1840 年出版，载药 2294 种，除去重复的有 1220 种，这是历代藏医药书籍收载药物数量最多的经典著作。本书的药物分类接近现代科学的分类方法，至今仍在植物分类学、动物学和天然药物学的分类上有重要的参考价值，被誉为藏药本草纲目。清代（公元 1848 年）吴其浚编写了《植物名实图考》及《植物名实图考长编》，共载药 2552 种，对每种植物的形、色、性味、用途和产地进行了较详细的叙述，插图精美，尤其着重植物的药用价值与同名异物的考证，为药用植物的鉴定提供了参考。

我国药用植物的系统研究始于 20 世纪，如在药用植物化学成分研究中，20 世纪 20 年代着重于当归和麻黄的化学成分和药理作用，但对当归未能确定其有效成分，对麻黄有效成分麻黄碱的研究，引起了各国学者的关注。20 世纪 30 年代主要研究防己和贝母，但未能解决其化学成分和药理上的问题。20 世纪 40 年代特别对常山和鸦胆子等药用植物的抗疟和抗阿米巴痢疾作用进行了研究。我国介绍西方近代植物科学的第一部书籍，是 1857 年在上海出版的李善兰先生和英国人 Williamson 合作编译的《植物学》，全书共 8 卷，插图 200 余幅。李善兰先生创立了许多植物学名词和名称，此书的出版，是我国近代植物学的萌芽。20 世纪初至 40 年代，有胡先骕、钱崇澍、张景钺和严楚江等植物学家，用近代植物学的理论和方法，发表了一些植物分类和植物形态解剖方面的论著。1934 年，《中国植物学杂志》创刊。1936 年，浙江医药专科学校报社和上海正定公司出版了韩士淑先生根据日本下山氏的《药用植物学》编译出版了我国第一部《药用植物学》中文大学教材。1949 年，中国科技图书公司出版了李承祜教授编著的《药用植物学》。

新中国成立后，党和国家很重视中医中药、天然药物及药用植物的研究和人才培养，在各地建立了中医药大学、中药学院和药用植物研究机构，培养了大量药用植物研究人才。国内先后出版了大量的专著，如《中国植物志》、《中药志》、《中华人民共和国药典》（简称《中国药典》）、《中药大辞典》、《全国中草药汇编》、《原色中国本草图鉴》、《中国本草图录》、《中华本草》、《中国药用植物志》、《中国中药资源志要》和《新华本草纲要》等，还创办了大量刊登药用植物和中药研究论文的期刊，如《中草药》、《中国中药杂志》、《中药材》和《中成药》等，我国每年刊登的药用植物、天然药物及中药研究论文的数量居世界之首。

二、药用植物学的研究内容及任务（The main contents and purposes for studying pharmaceutical botany）

药用植物学（pharmaceutical botany）是一门以具有医疗保健作用的植物为对象，研究它们的形态特征、组织结构、生理功能、分类鉴定、资源开发和合理利用的学科。它是药学和中药学等专业学生必修的专业基础课。学习它的主要目的和任务是：

（一）准确识别鉴定生药原植物来源和种类，确保药材使用的准确、安全和有效（To precisely identify medicinal plant origin and description，and to ensure the utilization of medicinal herbs which is accurate，safe and effective）

我国使用的生药品种繁多，其原植物种类复杂且多变，加上各地用药历史及用药习惯的不同，造成了同名异物或同物异名现象的出现，直接影响到生药使用的安全性和有效性。例如，贯众，根据统计，在全国曾经使用的药用植物有11科，18属，2015年版《中国药典》一部收载的仅有东北贯众 *Dryopteris Crassirhizoma* Nakai 1种，而作为贯众使用的还有紫萁 *Osmunda japonica* Thunb.、狗脊蕨 *Woodwardia japonica*（L.f）Sm.、荚果蕨 *Matteuccia struthiopteris*（L.）Todaro、乌毛蕨 *Blechnum orientale* L.、苏铁蕨 *Brainea insignis*（Hook.）J. Smith 和峨嵋蕨 *Lunathyrium acrostichoides*（Sw.）Ching 等58种。金银花的实际商品药材来源有13个种和1个变种，石斛有48种，沙参类有36种。白头翁在2015年版《中国药典》一部收载1种，商品药材却鉴定出了19个种，并分布于4个科，这些不同的药用植物在质量和药效上存在着很大差异。

生药在使用时，同物异名现象也很普遍，如三七有冬七、春七、田七和山漆等名称。益母草，有青蒿（四川）、野故草（福建）、红花艾（广东）、益母蒿（东北）、田芝麻（江苏）、三角胡麻（浙江）、益母菜（广西）、千层塔（青海）和透骨草（云南）等名称。穿心莲又称一见喜、橄榄莲、苦草和四方莲等。此外，生药的误用及名贵生药的人为掺假和造假现象时有发生，如南五加皮为五加科细柱五加 *Acanthopanax. gracilistylus* W.W.Smith 的根皮，无毒，而北五加皮是萝藦科杠柳 *Periploca sepium* Bunge 的根皮，有毒，不能误用。又例如，用有毒的莽草作八角；以亚香棒虫草冒充冬虫夏草，服用者的白细胞和中性粒细胞减少，还普遍发生恶心、呕吐和头晕等反应。药材市场上，有将蔷薇科植物金樱子 *Rosa laevigata* Michx.的根染成紫色冒充紫草；用豆科植物刺田青 *Sesbanis aculeate* Pers.的种子冒充决明子；用紫茉莉 *Mirabilis jalapa* L.的根、大理菊 *Dahlia pinnata* Cav.的块根和芭蕉芋 *Canna edulis* Ker-Gawl.的块茎等冒充天麻；用莪术、白及、水田七、竹节参、菊三七、藤三七和木薯淀粉伪制品等冒充五加科植物三七 *Panax notoginseng*（Burk.）F.H.Chen；以商陆、大丽菊和野豇豆等根冒充人参 *Panax ginseng* C.A.Meyer。因此，生药原植物的鉴定是保证药品的质量和临床疗效的关键，所以要用药用植物学的知识鉴定生药的原植物来源和种类，使生药名称规范和一物一名，以保证生药真实、安全和有效。

（二）药用植物资源的调查考证和合理利用（To investigate and utilize rationally medicinal plant resources）

药用植物资源（medicinal plant resources）是植物资源的重要部分。药用植物资源是一类特殊的经济植物资源，指在一定社会和经济条件下，被人们认识并可能加以开发利用的植物资源中，对人体具有医疗和保健作用，对动物具有治疗作用，以及具有杀虫、杀菌和除草等功效的各种植物的总称。其主要特点是植物体内含有生物活性物质，在医学上用于防病治病。药用植物资源包括中药、草药、化学药品原料植物、兽用药及植物性农药。广义的中药资源概念指用来防病治病的药物的总称，包括传统中药、民族药和民间药（草药）。

中国辽阔的国土、复杂多样的自然环境，使得药用植物资源储量丰富，种类繁多。药用植物资源的分布有经向地带性、纬向地带性和不同海拔高度的垂直分布规律，并形成对当地气候和地理条件的依赖性和自身特有的品质。因此，对药用植物资源进行调查与考证，包括药用植物的种类和分布、数量和质量、保护和管理、中药区划及中药资源区域开发等，有计划地合理开发利用药用植物，同时调查同科属近源植物种类，寻找新的药用植物或代用品。在种类和数量方面，黄河以北地区的药用植物资源相对较少，长江以南地区的药用植物资源种类相对较多，北方地区的药用植物资源蕴藏量相对较大，而东南沿海地区的药用植物资源蕴藏量相对较少。

新中国成立后，已经开展了三次大规模的药用植物资源调查，已查明我国有高等植物约 3 万种，位于世界第三，其中药用植物有 11146 种。我国不同区域的中药资源种类，云南最多，有 5050 种，广西有 4623 种，位居第二，四川有 4354 种，排在第三位。我国的民族药种类繁多，有 2805 种藏药、2076 种壮药、1917 种维药和 1340 种蒙药。通过对药用植物资源的深入调查研究，发现了许多新的药用植物或进口药材的国产资源，如新疆的紫草、阿魏和伊贝母；青海的枸杞和党参；西藏的胡黄连和大黄；云南的诃子、儿茶、芦荟和云南马钱；四川的黄芪；广西的安息香和龙血树；广东和广西的土沉香、降香、苏木和羊角拗；海南的大风子；东北的缬草、鼠李皮和野生麦角；黑龙江的刺五加；江西的夏天无；安徽的断血流等。

（三）根据植物类群之间的亲缘关系，寻找紧缺药材的代用品和新资源（To look for new medicinal plant resources and substitutes for the shortage of medicinal herbs based on the genetic relationship between plants）

随着天然药物研究与开发的不断深入，人类对药用植物的需求量也日益增多，而野生药用植物资源却日渐减少，如甘草、黄连、党参、冬虫夏草、厚朴、杜仲和黄柏等资源难以满足需求。因此，利用植物系统进化关系和植物化学分类学揭示的亲缘关系越近的植物，其体内所含的化学成分越相似，甚至有相同活性成分的原理，再通过化学、药理和临床等方面的对比研究，寻找紧缺药材的代用品和新资源也成为药用植物学的研究内容。在 20 世纪 50 年代，中国科学院植物研究所利用植物分类与化学分类原理，发现了萝芙木，开发出降压灵，取代了进口降压药利血平；药用植物学者通过调查研究，发现国产云实属有 14 种药用植物含没食子酸，能替代秘鲁进口的刺云实 *Caesalpinia spinasa* Kuntze 生产没食子酸；进口血竭来源于棕榈科植物麒麟竭 *Daemonoropus draco* Blume 等植物渗出的红色树脂，后在广西发现了剑叶龙血树 *Dracacna cochinchinensis*（Lour.）S.C.Chen，生产出国产血竭，功效与进口血竭相似；从西双版纳的锡生藤已合成新药“傣肌松”，与进口的“氯化箭毒碱”有相似的肌肉松弛作用。

此外，可以利用药用植物含有的天然成分作为半合成原料，通过化学合成或化学成分的结构改造，制成新药。例如，草药三分三含 1%的莨菪碱，经化学处理，可转化为阿托品；从黄藤中提取的巴马汀，经氢化后得到延胡索乙素；从丹参中提取丹参酮ⅡA，经磺化后得到的丹参酮ⅡA 磺酸钠，其水溶性增强，疗效更高。由于植物中含有的活性成分，在植物的不同器官中还应有分布，通过此种方式可扩大药用植物的药用部位。例如，人参的根含人参皂苷，人参的茎、叶和花都含有人参皂苷，现也供药用。白花丹 *plumbago zeylanical* L. 的根中含抗癌成分白花丹素（plumbagin），其茎和叶也含有此种成分。因此，通过对药用植物的不同器官进行化学分析、药理实验和临床检验等对比研究，可扩大它们的药用部位。

（四）利用植物生物技术，扩大繁殖濒危物种、活性成分高含量物种和转基因新物种（To expand the breeding of the endangered species，the species with high content of active ingredients，and the new transgenic species by using plant biotechnology）

利用细胞工程、基因工程、酶工程、微生物工程、蛋白质工程和发酵工程等生物技术可以保存和繁殖珍稀濒危的药用植物，通过基因重组可以培育药用植物的优良品种，用细胞组织培养的方法可生产药用植物的有效成分。

我国已成功地建立了人参、三七、天麻和贝母等400多种药用植物的组织培养体系，并且已在人参、曼陀罗、颠茄、丹参、长春花、紫草、黄芪、甘草、绞股蓝和青蒿等药用植物中建立了毛状根培养系统，尤其是人参毛状根已开发出商品投入市场。还有已成功地把6-羟化酶基因导入具有天仙子胺底物的颠茄中，通过生物合成使天仙子胺绝大部分转化为莨菪胺。利用基因工程的转基因技术，将雪花莲凝集素酶基因导入枸杞细胞，获得了对蚜虫有显著抗性的转基因枸杞株系；将甲基转移酶和羟化酶同时转入莨菪中，获得高质量的莨菪组织细胞，大幅度提高了东莨菪碱的含量。

（五）保护药用植物资源（To protect medicinal plant resources）

由于药用植物资源的过度开发与利用，有些种类的优良种质正面临消失，如甘草、冬虫夏草和杜仲等药用植物资源明显减少，资源量普遍下降。素有“十方九草”之称的甘草蕴藏量比1950年下降了约40%，面临着濒临枯竭的危险。野生人参、川贝和冬虫夏草等名贵药材，正沿着“越贵越挖、越挖越少及越少越贵”的恶性循环而走向衰竭。由于乱采滥伐，野生资源日益减少，造成经常使用的400余种药材每年有20%的短缺，甘草、冬虫夏草、红景天和雪莲因滥砍乱挖已濒危，三七、人参和霍山石斛等药材的野生个体已很难发现，我国药用植物资源面临可持续发展危机和生物多样性受到破坏的挑战。

世界自然基金会（World Wildlife Fund）2004年1月公布的一份报告声明：人们对药用植物的采集和消费已经使世界上已认知的药用植物的20%面临灭绝的危险。在欧洲有超过1300多种药用植物被人们使用，其中90%为野生。中国也是野生生物种质资源被破坏最严重的国家之一。人们对自然资源可持续利用规律的认识相对迟缓，同时受经济利益的驱动，对一些野生植物资源进行掠夺式的采挖，加上不适当的开垦荒地、过度放牧和其他的资源管理上的原因，造成一些药用植物丧失了合适的生长环境和正常的繁育能力，不少野生种类的蕴藏量急剧减少，使我国的许多物种已变成濒危物种和渐危物种，直至濒临灭绝。据统计，我国目前濒危动植物约1431种，约占我国高等动植物总数的4.1%，《国家重点保护植物名录》公布的珍稀濒危野生植物354种，《中国珍稀濒危植物》中收录保护植物388种，药用植物102种，属常用的有33种。《中国植物红皮书》中收载398种濒危植物中，药用植物达168种，占42%；目前共有169种药用植物被列入《野生药材资源保护条例》、《濒危动植物国际公约》和《国家野生植物保护条例》，在贸易和利用上受到相应的管制和限制。现在，我国建立了多个国家中药材资源自然保护区实施野生药用植物多样性的原产地保护，5个“国家药用动植物园”和2个“国家药用动植物基因库”构成完整的种质异地保护中心，选择优良种质，提供和鉴定药材种子种苗和提供优良品种选育的基本材料。我国已建立各类自然保护区926个，总面积占国土面积的7.64%。全国各地的植物园（包括动物园或驯养繁殖中心）和药用植物园中，引种或保存的药用植物达5000种左右。

药用植物学其他的研究内容还有民族药物的筛选、药用植物栽培和绿色药用植物的生产等。

三、学习药用植物学的方法（The methods for studying on pharmaceutical botany）

药用植物学是一门理论性、实践性和直观性很强的课程，针对其特点，采用相应的方法，就会取得好的效果。具体的方法可概括为观察、比较及实践。

首先，多观察，药用植物在我们周围随处可见，如野外、植物园、公园、校园、花市和中草药市场等地方，可以留心去观察植物的形态特征，感性认知是学好形态学知识的有效方法，也是掌握植物分类特征的有效方法。对于显微解剖结构方面的知识，应在实验中多进行显微观察，找出其形态特点加以认知和掌握。即对所接触到的植物学名词在理解的基础上加以记忆，尤其形态解剖部分，新的名词较多，应在实验中多观察，通过自己的理解去熟悉它，不要进行枯燥的死记硬背。

其次，多比较，就是将植物的外部形态、内部构造和科属种特征进行比较，从中找出它们的异同，在理解的基础上可以自己进行归纳和总结，从而掌握它们的特征。形态解剖部分可以进行双子叶植物根与根茎的比较、根茎与茎的比较及根与茎内部构造的比较。例如，双子叶植物根的次生构造、根茎的构造与木质茎的次生构造的比较，三者都有木栓、皮层、中柱鞘、次生韧皮部、形成层和次生木质部。其主要区别在双子叶植物根中央一般无髓部；双子叶植物根茎中央有髓部、皮层有叶迹及根迹；双子叶植物木质茎的次生构造中央有髓部，木质部有年轮（四季分明的地方生长的植物）。

最后，多实践，药用植物学是一门实践性很强的学科，包括课中实验、野外实习及自己有兴趣的网络查询和室外观察实践，通过实践，提高对药用植物学习的兴趣，并可以自己去发现问题和解决问题。

总之，学习药用植物学必须理论联系实际，仔细观察，认真比较，反复实践。通过观察掌握药用植物的形态结构、生长环境和生活习性，丰富感性认识。比较各类群间的不同特征，掌握分类鉴定的方法和规律。通过实践，对药用植物生长特征和形态结构等进行详细观察，自己总结，可深入分析识别不同科属及植物的异同，便于融会贯通，为学好药用植物学打下基础。

Summary

1. **Medicinal plant** is the plant which can be used for preventive and therapeutic purpose or exerts beneficial effect for health.

2. **Pharmaceutical botany** is the science that investigates morphological, histological, physiological, and taxonomic properties of medicinal plants and deals with resource development and rational utilization of medicinal plants through botanical knowledge and technology.

3. **The main contents and purposes for studying pharmaceutical botany** are ① to precisely identify medicinal plant origin and description, and to ensure the use of medicinal herbs which is accurate, safe and effective; ② to investigate and utilize rationally medicinal plant resources; ③ to look for new medicinal plant resources and substitutes for the shortage of medicinal materials based on the genetic relationship between plants; ④ to expand the breeding for the endangered species, the species with high content of active ingredients, and the new transgenic species by using plant biotechnology; and ⑤ to protect medicinal plant resources.

4. **The effective methods for studying on pharmaceutical botany** are to observe more, compare more and practice more.

第一章　植物的细胞
Plant Cells

学习目标

1. 掌握：植物细胞的形态、基本结构和功能；植物细胞的后含物。
2. 熟悉：植物细胞壁的结构。
3. 了解：植物细胞的分裂、生长和分化。

植物细胞是植物生命活动的结构与功能的基本单位。无论是高大的乔木、低矮的草本植物还是微小的单细胞藻类植物都是由细胞组成的，植物的一切生命活动都发生在细胞中。单细胞植物是由一个细胞构成的个体，一切生命活动如生长、发育和繁殖都是在这一细胞内完成的。多细胞植物是由许多形态和功能不同的细胞组成，在整体中，各个细胞有着不同的分工，各自行使特定的功能。同时，在多细胞植物中细胞间又存在着结构上和功能上的密切联系，它们相互依存，彼此协作，共同维持着整个有机体正常的生命活动。

人们对细胞的认识要追溯到 17 世纪。1665 年英国学者虎克（Hooke）通过显微镜观察薄木软片，发现有许多小室，形如蜂窝，他称这些小室为“Cell”，由此建立了细胞的概念。实际上，当时虎克并未看到完整的生活细胞，他所看到的是失去了生活内容物，仅留下细胞壁的木栓细胞。19 世纪显微技术的发展为细胞结构的揭示奠定了基础，1838～1839 年，德国植物学家施莱登（Schleiden）和动物学家施旺（Schwann）根据对植物和动物观察的大量资料提出：一切动、植物有机体都是由细胞组成；每个细胞是相对独立的单位，既有自己的生命，又与其他细胞共同组成整体生命。二人第一次明确地指出了细胞是有机体结构的基本单位，是生命活动的基本单位，从而建立了细胞学说（cell theory）。恩格斯高度评价了细胞学说，把它与能量守恒和转化定律、生物进化论并列为 19 世纪自然科学的三大发现。细胞学说为生物科学的发展奠定了坚实的基础。

20 世纪初，电子显微镜的出现大大提高了显微镜的分辨率，从而使人们看到了光学显微镜下所看不到的更为精细的结构。20 世纪 60 年代，利用组织培养技术，从植物离体细胞培养成完整的植株，这一事实表明了离体的单细胞具有遗传上的全能性。这就更进一步证明了细胞是生物体结构和功能的基本单位，是生命活动的基本单位，也是生物个体发育和系统发育的基础。

第一节　植物细胞的形态和基本结构
Morphology and Basic Structure of Plant Cells

一、植物细胞的形状与大小（Shape and size of plant cells）

植物细胞形状多样，随植物种类及存在部位和功能不同而异。游离的或排列疏松的细胞多呈类圆形、椭圆形和球形。例如，单细胞的植物如小球藻、衣藻等的细胞因处于游离状态，呈

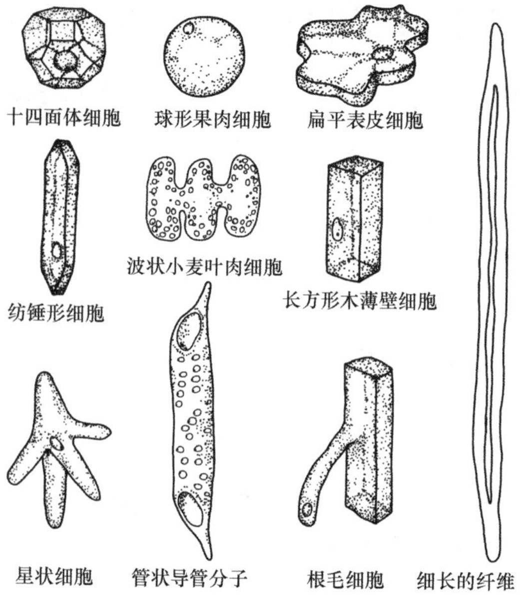

图 1-1　种子植物各种形状的细胞示意图

球形或近球形。多细胞植物的细胞形状比较复杂，特别是高等种子植物，细胞有不同的性状，与其功能相适应（**图 1-1**）。种子植物根、茎顶端的分生组织细胞排列紧密，彼此挤压，细胞多呈多面体形。高等植物的根、茎等器官中执行输导功能的细胞则多呈长管状或长柱状。执行支持功能的细胞，细胞壁常增厚，呈纺锤形或圆柱形。覆盖体表的表皮细胞是扁平的，其侧面观是长方形的，表面观形状不规则，许多这样的细胞彼此嵌合形成表皮。

植物细胞一般都很小，一般植物细胞的直径为 10～100μm。但植物细胞的大小存在很大差异，最小的球菌细胞直径只有 0.5μm。有少数植物细胞较大，如番茄果肉、西瓜瓤等储藏组织细胞的直径可达 1mm，苎麻茎中的纤维细胞最长可达 550mm。在同一植物体内，不同部位细胞的体积也存在明显的差异，这种差异往往与各部分细胞的代谢活动和细胞功能有关。一般而言，生理状态活跃的细胞常常较小，而代谢活动较弱的细胞则往往较大，如根和茎顶端的分生组织细胞，就比代谢活动较弱的储藏细胞明显要小。

因植物细胞一般都很小，所以我们在研究植物细胞的构造时，通常需借助于显微镜才能观察清楚。人们通常将在光学显微镜中观察到的细胞结构称为**显微结构**（microstructure）；在电子显微镜下观察到的更细微结构称为**亚显微结构**（submicroscopic structure）或**超微结构**（ultrastructure）。

二、植物细胞的基本结构与功能（basic structure and function of plant cells）

不同种类的植物细胞虽然在形状、大小及功能等方面各不相同，但它们的基本结构是相同的，均由**原生质体**（protoplast）和**细胞壁**（cell wall）组成（**图 1-2**）。**原生质体**是植物细胞中具有生命活动的部分，**细胞壁**则包在原生质体外面，不具有生命特征。此外，细胞中尚含有多种非生命的物质，称为**后含物**（ergastic substances），他们是原生质体的代谢产物。

（一）原生质体（protoplast）

原生质体由**细胞质**（cytoplasm）和**细胞核**（nucleus）两部分构成。组成原生质体的物质称为**原生质**（protoplasm），原生质由水、无机盐等无机物及糖类、蛋白质、脂质、核酸和维生素等有机物组成。细胞的各类代谢活动都在原生质体中进行。

1. 细胞质（cytoplasm）　细胞质是原生质体中除细胞核以外的原生质部分，由**细胞质膜**（plasma membrane）、**胞基质**（cytoplasmic matrix）及悬浮于胞基质中的各种**细胞器**（organelle）组成。细胞器是指那些具有特殊功能的，由一定化学成分组成和膜包围成有一定形态学特征的亚细胞结构，包含有质体、线粒体、液泡、内质网、高尔基体、核糖体、微体及微管与微丝组成的细胞骨架等，其中质体与液泡在光镜下即可分辨，其他细胞器需借助电子显微镜才能观察到。

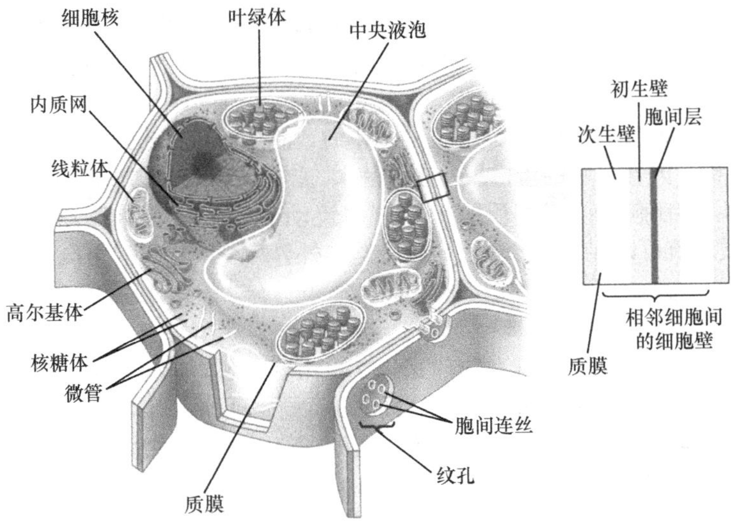

图 1-2 植物细胞结构图解

（1）**质膜（plasmam membrane）**：在电子显微镜下可见的包围在原生质体表面的膜，称为**质膜**（plasma membrane）。质膜的主要功能是将细胞内部与外界环境分隔，起着调节和维持细胞内微环境相对稳定的作用，也是物质运输的关键所在。质膜的化学组成为：类脂（主要是磷脂）约占50%，蛋白质占 40%，糖类和水占 10%。质膜是由双层磷脂分子依靠疏水作用构成的结构，每一个磷脂分子的极性亲水头部（磷酸基）朝向质膜两侧，而两条长的非极性疏水尾（脂肪酸链）朝向膜内。在电子显微镜下观察，质膜呈现出明显的三层结构：两侧呈两个暗带，中间夹有一个明带（**图 1-3**）。三层的总厚度约为 7.5nm，其中两侧暗带各为 2nm，中间明带约 3.5nm。明带的主要成分是类脂，暗带的主要成分是蛋白质。人们曾一直认为在质膜的磷脂双分子层两侧覆盖着蛋白质分子层，直到 1972 年 Singer 和 Nicolson 提出了描述质膜结构的**流动镶嵌模型**（**图 1-4**），指出蛋白质分子是以各种方式镶嵌在磷脂双分子层中。而且，这样的结构不是一成不变的，构成膜的磷脂和蛋白质都具有一定的流动性，可以在同一平面上自由移动，使膜的结构处于不断变动的状态。

质膜在细胞的生活中具有重要的作用。质膜位于原生质体的表面，具有选择通透性，能有选择地容许物质以被动运输或主动运输等方式出入细胞，能控制细胞与外界环境之间的物质交换以维持细胞内微环境的相对稳定。此外，质膜上还存在激素的受体、抗原结合位点及其他有关细胞识别的位点，所以，质膜在细胞识别、细胞间的信号传递、新陈代谢的调控等过程中都具有极其重要的作用。

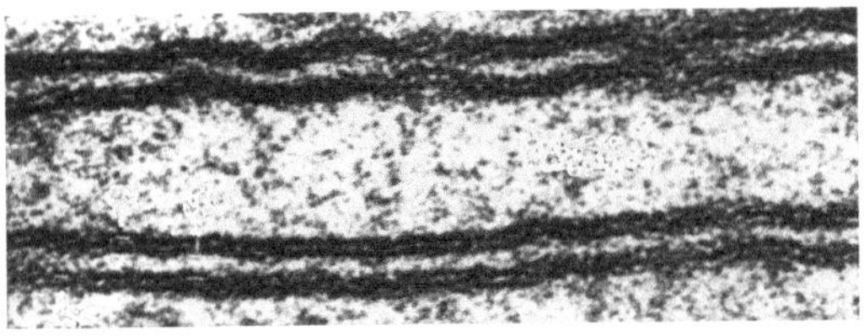

图 1-3 质膜横切面的透射电镜图

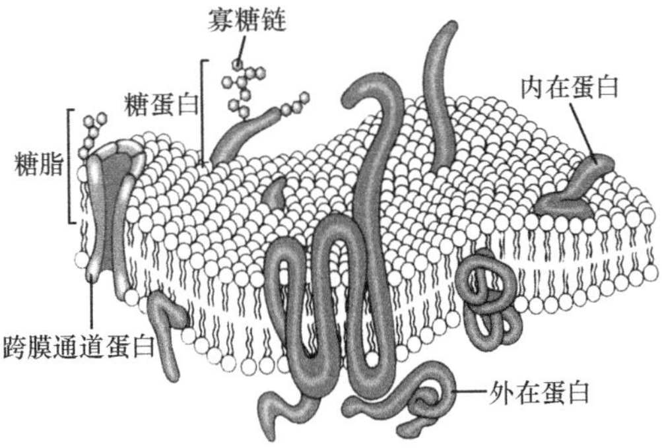

图 1-4 质膜结构的模式图

除质膜外，细胞内还存在着其他类似的膜结构，如液泡膜、叶绿体膜、线粒体膜、内质网膜和核膜等，与质膜一起统称为**生物膜**（biomembrane）。细胞内很多重要的生命活动，如光合作用与呼吸作用等均在膜上发生。细胞内部膜结构的产生使细胞内部区室化，奠定了细胞内功能特化的基础，是真核细胞结构进化的体现。

（2）胞基质（cytoplasmic matrix）：又称为**中质**或**胞质溶胶**（cytosol），是细胞质中无明显结构的透明胶状物，内含丰富的蛋白质（多种酶）、脂类、核酸及其他成分，是细胞内重要的代谢场所。在生活细胞中，胞基质按一定方向流动的现象，称为**胞质环流**（cytoplasmic streaming）。胞质环流可以促进细胞内物质及细胞与外界环境间物质的交换。

（3）细胞器（organelle）：是指在细胞质的基质中具有一定形态和功能，并有被膜的结构。其主要包括以下各种微结构：

1）质体（plastid）：是植物细胞特有的细胞器，由双层膜构成。成熟质体常含有不同类型的脂溶性色素，根据它们所含的色素和功能的不同，可将质体分为三种类型：**叶绿体**（chloroplast）、**有色体**（chromoplast）和**白色体**（leucoplast）。叶绿体是进行光合作用的场所，而有色体和白色体则与物质的积累和储藏有关。

叶绿体（chloroplast）是进行光合作用的质体，只存在于植物的绿色细胞中。叶绿体的形状、数目和大小随不同植物和不同细胞而异。种子植物细胞中的叶绿体通常呈椭圆形，数目较多，少者 20 个，多者可达 100 多个，它们在细胞中的分布与光照有关。光照强时，叶绿体常分布在细胞外周；黑暗时，叶绿体常流向细胞内部。叶绿体含有**叶绿素**（chlorophyll）、**叶黄素**（xanthophyll）和**胡萝卜素**（carotin），其中叶绿素是主要的光合色素，它能吸收和利用光能，直接参与光合作用。其他两类色素不能直接参与光合作用，只能将吸收的光能传递给叶绿素，起辅助光合作用的功能。这三种质体在起源上均可由未分化的原质体衍生而来，而且它们之间在一定条件下可以相互转化（**图 1-5**）。植物叶片的颜色，与细胞叶绿体中这三种色素的比例有关。一般情况，叶绿素占绝对优势，叶片呈绿色。但当营养条件不良、气温降低或叶片衰老时，叶绿素含量降低，叶片则出现黄色或橙黄色。某些植物秋天叶变红色，就是因为叶片细胞中的花青素和胡萝卜素占了优势的缘故。在农业上，常可根据叶片颜色的变化来判断农作物的生长状况，及时采取相应的施肥、灌水等栽培措施。

高等植物的叶绿体形状相似，呈球形、卵形或凸透镜形。叶绿体直径 4～10μm，厚度 1～2μm。电子显微镜下显示出叶绿体具有复杂的超微结构，表面有双层膜包被，内部有膜形成的许多圆盘状的**类囊体**（thylakoid）相互重叠，形成一个个柱状体单位，称为**基粒**（granum）。连接着基粒与基粒之间的类囊体，称为**基质类囊体**（stroma thylakoid）。叶绿体内部是没有一定结构的**基质**（stroma）（**图 1-6**）。叶绿素分子分布在基粒的类囊体膜上，而与光合作用相关的酶类则定位于基粒或基质中，分别负责光合作用的光反应与暗反应。叶绿体是半自主性的细胞器，有自身的 DNA 和蛋白质合成体系，只能合成自身需要的部分蛋白质。

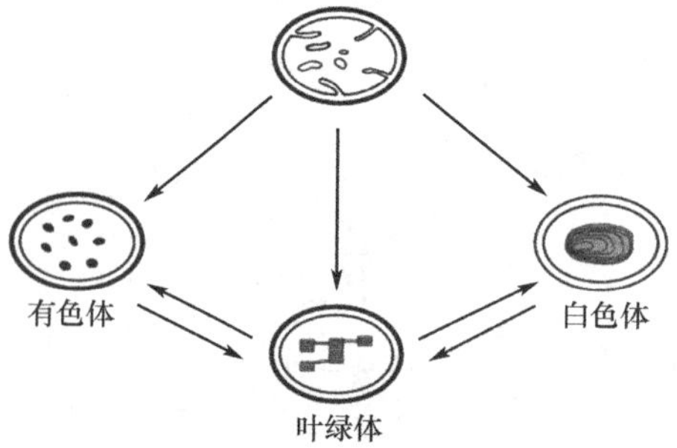

图 1-5　不同类型质体间的相互转变

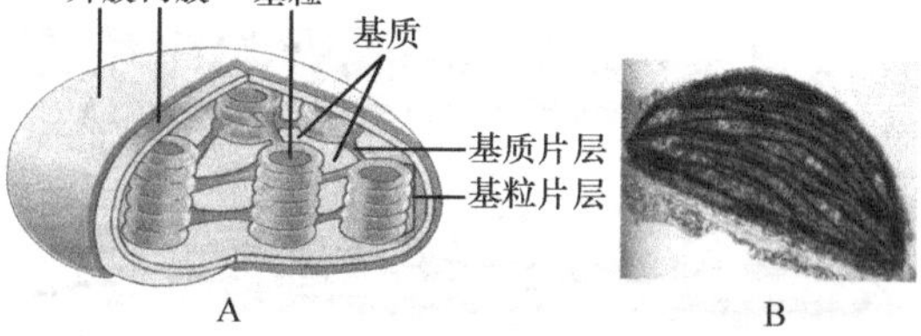

图 1-6　叶绿体的立体结构图解（A）和透射电镜图（B）

有色体（chromoplast）是仅含有胡萝卜素及叶黄素的质体，常呈杆状、圆形或不规则形状，主要存在于果实、花瓣或植物体的其他部分（如胡萝卜的根）。有色体能积聚淀粉和脂类，在花和果实中具有吸引昆虫和其他动物传粉及传播种子的作用。

白色体（leucoplast）是不含可见色素的无色质体，结构上与有色体相似，多呈球状或颗粒状，主要存在于一些植物的贮藏器官中，如甘薯、土豆的地下器官及种子的胚中。白色体的主要功能是积累贮藏淀粉、蛋白质及脂肪，根据其贮藏物质的不同可分为三类：贮藏淀粉的**造粉体**（amyloplast），贮藏蛋白质的**造蛋白体**（proteoplast）和贮藏脂肪和油的**造油体**（elaioplast）。

原质体（proplastid）是较小的、无色或浅绿色的未分化质体，通常存在于根和茎的分生组织细胞中。原质体是其他类型质体的前体，可以转变成为叶绿体、有色体和白色体（**图 1-5**）。在光照条件下，原质体内膜逐渐发育成正常的叶绿体基粒，同时形成叶绿素，发育为叶绿体。而在黑暗的条件下，质体内部形成一些管状的膜结构，不能合成叶绿素，发育成白色体。例如，发育中的番茄，最初含有白色体，以后转化成叶绿体，最后，叶绿体失去叶绿素而转化成有色体，果实的颜色也随着变化，从白色变成绿色，最后变成红色。

2）线粒体（mitochondria）：是一种存在于大多数细胞中的由两层膜包被的细胞器，是细胞中制造能量的结构，是细胞进行有氧呼吸的主要场所。线粒体的形态呈大小不一的棒状、粒状或细丝状颗粒，一般直径为 0.5～1μm，长度为 1～2μm。线粒体的数目随不同细胞而不同。代谢活跃的细胞如分泌细胞中线粒体数目较多，可达几百个。在光学显微镜下，需用特殊的染色才能加以辨别。在电子显微镜下观察，线粒体是由内外两层膜包裹的囊状细胞器，囊内为基质，内外两膜有腔（**图 1-7**）。外膜平整无折叠，内膜向内延伸折叠成相互平行的**嵴**（cristae）。嵴的存在扩大了内膜与基质接触的表面积，内膜上分布有许多带柄的小球，称**基粒**（granum），是 ATP 合成酶复合体。线粒体是细胞呼吸及能量代谢的中心，含有细胞呼吸所需要的各种酶和电子传递载体。线粒体呼吸释放的能量，能透过膜转运到细胞的其他部分，提供各种代谢活动的需要。因此，线粒体被喻为细胞中的“动力工厂”。

线粒体也是半自主性的细胞器，线粒体基质中含有环状的 **DNA 分子**和**核糖体**（ribosome）。DNA 能指导自身部分蛋白质的合成，为线粒体基因组，所合成的蛋白质约占线粒体蛋白质的 10%。线粒体中的核糖体比细胞质中的核糖体小，参与线粒体蛋白质的合成。所以，线粒体有自己的一套遗传系统，是相对独立的染色体基因组。

3）液泡（vacuole）：也是植物细胞的特有结构，由单层生物膜及其内包被的液体构成，这层膜称为**液泡膜**（tonoplast），内部的液体以水为主要成分，称为**细胞液**（cell sap）。年幼的植物细胞有多个分散的小液泡，在植物细胞的成长发育过程中，伴随着植物细胞体积的增大，这些小液泡彼此逐渐合并和扩展，发展成数个或一个很大的**中央液泡**（central vacuole）。成熟植物细胞中，液泡占据了细胞中央很大的空间，将细胞质和细胞核挤到细胞的周边（**图 1-8**）。

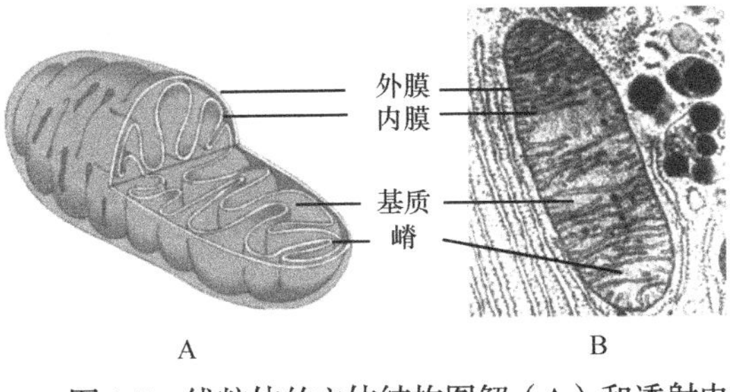

图 1-7　线粒体的立体结构图解（A）和透射电镜图（B）

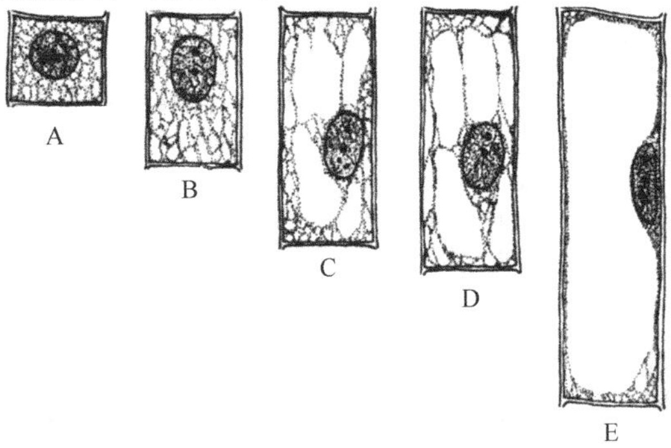

图 1-8　植物细胞的液泡及其发育

A～E. 年幼细胞到成熟细胞，髓细胞的生长，细胞中的小液泡变大，合并，最终形成一个大的中央液泡

植物细胞液含有多种有机物和无机物，包括多种无机盐类、有机酸、糖类、生物碱、蛋白酶及次生代谢产物，如色素和单宁等。液泡执行着多种重要的生理功能，包括调节细胞的渗透压，储存细胞的代谢产物，参与大分子物质的降解等。细胞液中各类物质的富集，使细胞液保持相当的浓度，这对于细胞渗透压和膨压的维持，以及水分的吸收有着很大的影响，使细胞能保持一定的形状和进行正常的活动。同时，高浓度的细胞液，使细胞在低温时不易冻结，在干旱时不易丧失水分，提高了植物的抗寒和抗旱的能力。不同植物或同一植物的不同组织器官其细胞液成分有所不同，如甜菜根的液泡中含有大量蔗糖，许多果实的液泡中含有大量有机酸，烟草的液泡中含有烟碱等。植物细胞液泡中还含有多种色素，特别是**花青素**（anthocyanin）等，从而使花瓣、果实或叶片显出红色、紫色或蓝色等颜色。液泡中还含有大量的水解酶类，液泡中残破的线粒体、质体和内质网都可以被这些水解酶降解，这表明液泡具有溶酶体的性质，参与细胞器等结构的更新。

4）内质网（endoplasmic reticulum，ER）：是分布于细胞质中由一层膜构成的网状管道系统，管道以各种形状延伸，成为各类管、泡和腔交织的状态。从切面上看，内质网是两层平行的膜，中间夹有狭窄的膜内空间。内质网有两种类型（**图 1-9**）：一类在膜的外侧附有许多小颗粒，这种附有颗粒的内质网称为**粗面内质网**（rough ER）。这些附着在粗面内质网上的颗粒是**核糖体**（ribosome），由于核糖体是细胞合成蛋白质的场所，所以粗面内质网的功能是合成并运输蛋白质，膜上核糖体合成的蛋白质进入内质网腔内，并将其转运至细胞的其他部位。另一类在膜的外侧不附有颗粒，表面光滑的内质网称为**光面内质网**（smooth ER）。光面内质网的形态多为管状，主要参与脂类和多糖的合成和运输。这种内质网在脂质代谢活跃的细胞中较发达，如松树树脂道的分泌细胞中含有许多光面内质网。粗面内质网和光面内质网是相通的，管腔中的蛋白质和脂质能够相遇而产生脂蛋白。内质网还是细胞内合成膜的主要场所，液泡、微体及高尔基体的膜均来源于内质网。

5）高尔基体（Golgi body，dictyosome）：是由许多扁平的囊泡（cisterna）结构组成的以分泌为主要功能的细胞器。每个囊泡由单层膜包围而成，直径为 0.5～1μm，中央似盘底，边缘或多或少出现穿孔，具有极性。高尔基体常分布于内质网与细胞膜之间，呈弓形或半球形，凸出的一面对着内质网称为**形成面**（forming face）或**顺面**（cis face）。凹进的一面对着质膜称为**成熟面**（mature face）或**反面**（trans face）。顺面和反面都有一些或大或小的运输小泡，在具有极性的细胞中，高尔基体常大量分布于分泌端的细胞质中（**图 1-10**）。

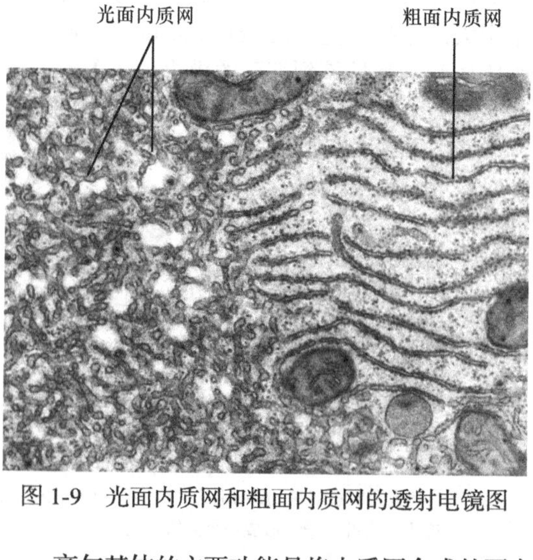

图 1-9　光面内质网和粗面内质网的透射电镜图

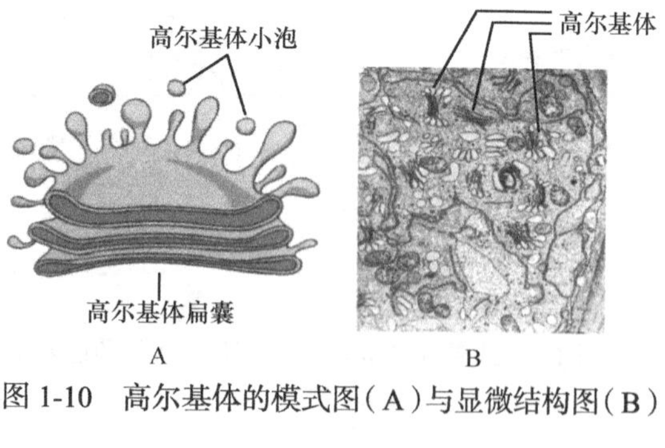

图 1-10　高尔基体的模式图（A）与显微结构图（B）

高尔基体的主要功能是将内质网合成的蛋白质进行加工、分类和包装，然后分门别类地送到细胞特定的部位或分泌到细胞外。高尔基体是完成细胞分泌物（如蛋白）最后加工和包装的场所。从内质网送来的小泡与高尔基体膜融合，将内含物送入高尔基体腔中，在那里新合成的蛋白质肽链继续完成修饰和包装。高尔基体还合成一些分泌到胞外的多糖和修饰细胞膜的材料。

6）核糖体（ribosome）：又称**核糖核蛋白体**（ribosome），是非膜结构的颗粒状细胞器，是直径为 17～23nm 的小椭圆形颗粒（**图 1-11**）。电子显微镜下可见核糖体分布在粗面内质网上或分散在细胞质中。这两种核糖体在合成蛋白质上有所分工，附着在内质网上的核糖体主要合成分泌到细胞外的蛋白质，游离在细胞质中的核糖体主要合成细胞内部的蛋白质。叶绿体或线粒体基质中也含有核糖体。核糖体中的化学成分是**核糖核酸**（ribonucleic acid，RNA）和**蛋白质**。核糖体中的 RNA 称为**核糖体 RNA**（rRNA）。

核糖体是细胞中蛋白质合成的中心，核糖体在蛋白质合成中与 mRNA（信使 RNA）结合在一起，携带了从 DNA 上转录的遗传信息，进而指导蛋白质合成。在执行蛋白质合成功能时，单个核糖体往往是数个串在一起形成**多聚核糖体**（polyribosome），它的合成效率较单个的更高。

7）微体（microbody）：是由单层膜包围的球状细胞器，直径 0.5～1.5μm，有的微体内部还含有蛋白质的晶体。微体的产生与内质网有关。根据所含有酶的种类和参与代谢途径的不同，把微体分为两类：**过氧化物酶体**（peroxisome）和**乙醛酸循环体**（glyoxysome）。过氧化物酶体存在于高等植物的叶肉细胞内，与叶绿体和线粒体共同参与光呼吸过程。过氧化物酶的另一作用是将细胞在代谢活动中产生的有毒的过氧化物分解。乙醛酸循环体主要存在于植物的种子中，能在种子萌发时将子叶中贮藏的脂肪酸转化为糖以供利用。

8）细胞骨架（cytoskeleton）：所有的真核细胞，都有一个立体的、由纤维状蛋白相互交连而构成的网架系统，称为**细胞骨架**。细胞骨架在细胞形态的维持，细胞的生长、分裂等各种生理活动，以及应对外界环境的改变等方面发挥重要作用。植物细胞的骨架系统主要由微管、微丝和中间纤维三部分组成。

微管（microtubule）：是直径约 25nm 的中空长管状结构，是由球状的**微管蛋白**（tubulin）聚合组装而成。微管主要由两种微管蛋白亚基即α亚基和β亚基组成（**图 1-12**）。微管的主要功能有以下几方面：微管在细胞中起支架作用，维持细胞一定的形状；微管在植物有丝分裂的染色体运动中起重要作用，在细胞分裂时，染色体的运动受微管构成的纺锤丝的控制；微管参与了细胞壁的形成，能决定细胞分裂时新的细胞壁合成的位置和方向并参与细胞壁的加厚；微管与细胞的运动及细胞内细胞器的运动有密切关系，植物游动细胞的纤毛和鞭毛是由微管构成的。

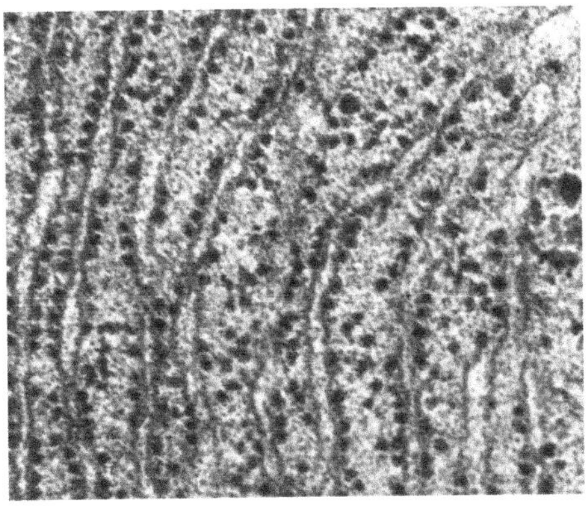

图 1-11　核糖体的显微结构

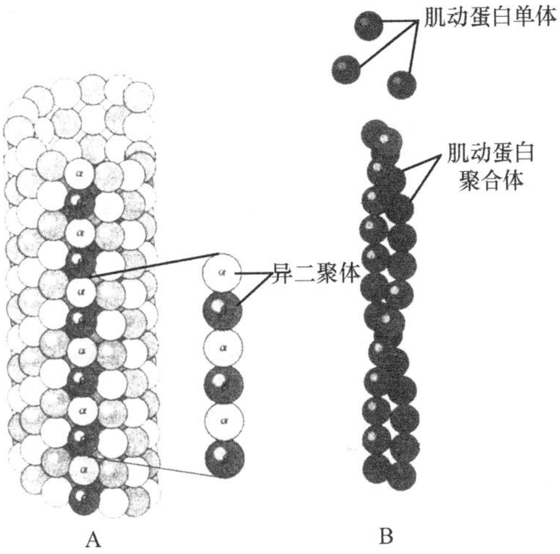

图 1-12　微管（A）和微丝（B）的结构模式图

微丝（microfilament）：是一个实心的纤维，直径约 7nm，主要由**肌动蛋白**（actin）聚合而成（**图 1-12**）。微丝的主要功能是与微管配合，控制细胞器的运动；微丝还与胞质流动有密切关系，在具有明显的胞质流动的细胞中，可以看到成束的微丝排列在流动带中，并与流动方向相平行。

中间纤维（intermediate filament）：是一类主要由**角蛋白**（keratin）组成的直径介于微管与微丝之间（8～11nm）的中空管状纤维。中间纤维外面与细胞联系，内面与核膜连接，构成一个支撑网架系统。中间纤维在植物的不同组织中是不同的，这表明中间纤维与细胞分化有关。中间纤维使细胞具有张力和抗剪切力。

2. 细胞核（nucleus） 植物中除最低等的类群——细菌和蓝藻外，所有细胞都有明显的细胞核。少数细胞（如筛管）在成熟的时候可失去细胞核。通常一个细胞只有一个核，但有些细胞也可以具有双核或多核。例如，种子植物的绒毡层细胞常有两个核，部分种子植物胚乳发育的早期阶段有多个细胞核。细胞核在细胞中所占的大小比例和它的位置、形状，随着细胞的生长而变化。在幼期细胞中，核位于细胞中央，近球形，并占有较大的体积（**图 1-13A**）。随着细胞的生长和中央液泡的形成，细胞核的体积比例逐渐变小，细胞核也随之被挤压到细胞的一侧，形状也发生变化。细胞核的主要功能是储存和传递遗传信息，控制机体遗传的特性以及通过控制蛋白质的合成对细胞的生理功能起调节作用。细胞核主要由**核膜**、**核质**、**核仁**和**染色质**四部分组成。

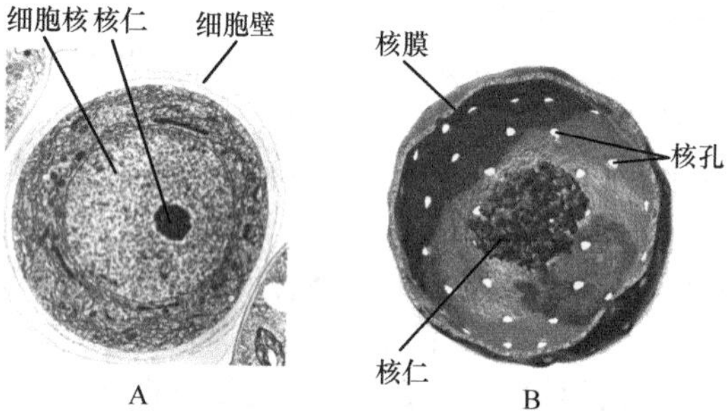

图 1-13 细胞核的显微结构图（A）和模式图（B）

（1）核膜（nuclear membrane or nuclear envelope）：是位于真核细胞的核与细胞质交界处的双层结构膜（**图 1-13B**）。外膜（outer membrane）面向细胞质，其外面附有核糖体，常可见外膜与内质网相通。内膜与染色质紧密接触，两层膜之间为**膜间腔**（inter membrane lumen）。核膜上有许多整齐排列的小孔，称为**核孔**（nuclear pore）。核孔上有一些复杂结构，称为**核孔复合体**（nuclear pore complex）。核孔是细胞核内外物质运输的通道，一般认为，离子和核苷等小分子物质可直接通透核膜；而 RNA 与蛋白质等大分子能选择性地通过核孔出入核。例如，mRNA 分子前体在核内产生后，并不能通过核孔，只有经过加工成为成熟的 mRNA 后才能通过核孔。大分子出入细胞核也是与核孔复合体上的受体蛋白有关的过程。

（2）核仁（nucleolus）：是细胞核中椭圆形或圆形的颗粒状结构。核仁的大小、形状随生物的种类、细胞类型和细胞代谢状态而变化。蛋白质合成旺盛、活跃生长的细胞，如分泌细胞的核仁大，可占总核体积的 25%；不具蛋白质合成能力的细胞，如休眠的植物细胞，其核仁很小。核仁富含蛋白质和 RNA，核糖体中的 RNA（rRNA）来自核仁，核仁是合成和贮藏核糖体 RNA 的场所，也是核糖体的装配场所。

（3）染色质（chromatin）：是细胞间期细胞核内能被碱性染料染色的物质。目前认为，染色质是真核细胞的间期核中由 **DNA**、**组蛋白**（histone）、**非组蛋白**和少量 RNA 所组成的一串念珠状的复合体。在电子显微镜下，可看到细胞核中许多或粗或细的长丝交织成网状，网上还有较粗大、染色更深的团块，细丝状的部分是**常染色质**（euchromatin），较大的深染团块是**异染色质**（heterochromatin）。异染色质常附着在核膜的内面。在细胞分裂的中期，染色质还会聚缩成显微镜下可以辨认的染色体（**图 1-14**）。

植物细胞染色质的主要成分是DNA和蛋白质。根据对染色质超微结构的研究，在20世纪70年代，Olins和Kornberg等提出了染色质结构的“串珠”理论模型，即染色质是以组蛋白和DNA双螺旋所组成的**核小体**（nucleosome）为基本结构单位，串联而形成的易弯曲的串珠线结构。核小体是由近乎球状的**组蛋白**形成的八聚体（histone）（H2a、H2b、H3和H4）和在其外围绕两圈的DNA所构成。与核小体结合的组蛋白H1诱导其组装成6个核小体的环，并且这些环组成圆筒状螺线管结构。核小体链进一步螺旋缠绕，形成直径约为30nm、内径10nm的染色质纤维结构。它是染色体组装的二级结构。30nm纤维结构螺旋化压缩为100nm的纤维丝，然后进一步压缩为200～250nm的纤维丝，最后再进一步进行螺旋折叠形成直径为500～750nm，长2～10μm的杆状染色体结构（**图1-15**）。在由DNA组装成染色体的过程中，非组蛋白（nonhistone）构成的染色体骨架维持着染色体的外形，DNA分子连接在这些骨架蛋白上，形成向四周放射状伸出的DNA环。这种DNA环是由30nm纤维结构螺旋折叠而成，多个环沿染色体轴的平面呈放射状排列，最终构成染色体。

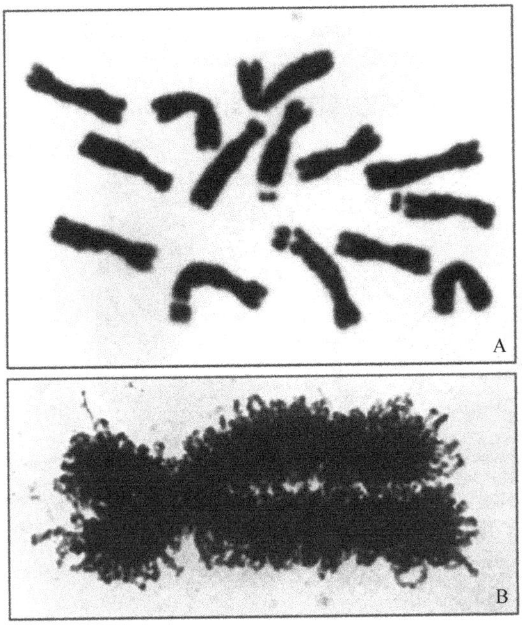

图1-14　染色体的形态结构

A.豌豆的染色体形态；B.有丝分裂中期的染色体形态

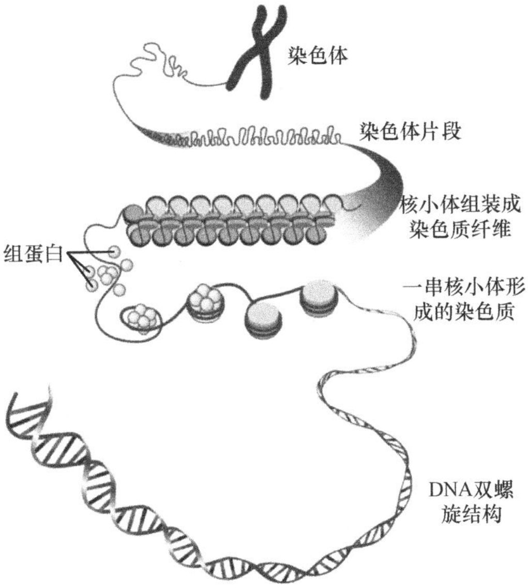

图1-15　DNA组装成染色体的模型

植物细胞染色质的功能是作为细胞核的重要组成部分参与了细胞遗传和代谢的调控。我们知道细胞的成长、分裂甚至衰老与死亡都是受基因控制的，而细胞内基因存在与发挥功能的结构基础是染色质。与基因组直接相关的细胞活动都是在染色质水平进行的，如DNA复制、基因转录、同源重组和DNA修复，包括转录耦联的修复及DNA和组蛋白的各种修饰。这些修饰包括甲基化、乙酰化、磷酸化、亚硝基化和泛素化等。

（4）核基质（nuclear matrix）：又称**核质**（nucleoplasm），是细胞核中除染色质和核仁以外的成分，包括**核液**（nuclear sap）与**核骨架**（nuclear skeleton）两部分。核液含水、离子、蛋白质、RNA及多种酶类等成分；核骨架（nuclear skeleton）是由多种蛋白质形成的三维纤维网架，并与核被膜核纤层相连，对核的结构具有支持作用。

（二）细胞壁（cell wall）

植物细胞壁是存在于植物细胞外围的一层厚壁，是区别于动物细胞的主要特征之一。细胞壁由**胞间层**、**初生壁**和**次生壁**三部分构成。在细胞生长发育的不同时期，植物体不同组织细胞的细胞壁的组成与结构均有所不同，其硬度、弹性等也有所不同。细胞壁参与维持细胞的一定形态、增强细胞的机械强度。另外，细胞壁在物质的吸收、运输及分泌等生理活动中发挥重要作用。

1. 细胞壁的层次（stratification of cell wall） 根据细胞壁形成的时间和化学成分的不同分成三层：**胞间层**、**初生壁**和**次生壁**（**图 1-16**）。

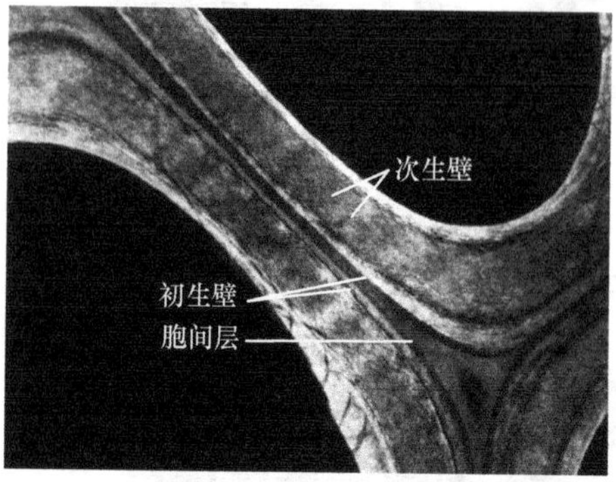

图 1-16 植物纤维细胞壁横切面的透射电镜图，示细胞壁的层次

（1）胞间层（intercellular layer）：又称中层（middle lamella），是连接相邻细胞初生壁的中间区域。其主要成分是**果胶**（pectin），具有很强的亲水性和可塑性，使相邻的细胞彼此粘连在一起。果胶可被果胶酶分解，从而引起细胞的相互分离，是许多果实成熟后变软的主要原因。许多果实，如番茄、苹果和西瓜等成熟时，果肉细胞的胞间层被溶解，致使细胞发生分离，果肉变得软而"面"。有些真菌能分泌果胶酶，溶解植物组织的胞间层而侵入植物体内。麻类植物的茎入水中的沤麻过程，就是利用微生物分泌的果胶酶来使纤维细胞分离。

（2）初生壁（primary wall）：是细胞生长过程中所形成的细胞壁，位于胞间层的内侧，一般比较薄，厚度 1～3μm。初生壁的主要成分是**纤维素**（cellulose）、**半纤维素**（hemicellulose）、**果胶**（pectin）和少量的**糖蛋白**（glycoprotein）。纤维素是由葡萄糖聚合而成的多糖类线性分子，50～60 根纤维素分子通过形成氢键，聚集在一起形成很长的，直径为 5～12nm 的微纤丝（microfibril）。这些微纤丝呈网状，分布在非纤维素多糖的基质中。初生壁中的果胶成分使其质地柔软而有较大的可塑性，能随着细胞的生长而延展。分裂活动旺盛的细胞、进行光合作用的细胞及分泌细胞等都仅有初生壁。有些植物细胞在停止生长后，细胞壁不再加厚而停留在初生壁的阶段。

（3）次生壁（secondary wall）：有些植物细胞在停止生长后，在初生壁的内侧还继续积累的细胞壁层，称为**次生壁**。次生壁较厚，一般厚度为 5～10μm，而且坚硬，这使得细胞壁具有很大的机械强度。大部分具有次生壁的细胞在成熟时，原生质体往往死去，留下厚的细胞壁执行支持或输导的功能。次生壁中纤维素含量高，微纤丝排列比初生壁致密，有一定的方向性；且果胶质极少，基质成分是半纤维素，也不含糖蛋白。因此次生壁比初生壁坚韧，延展性差。次生壁还常含有木质素，这增强了次生壁的硬度。

2. 胞间连丝与纹孔（plasmodesmata and pit）

（1）胞间连丝（plasmodesmata）：穿过细胞壁沟通相邻细胞的原生质细丝称**胞间连丝**。在电子显微镜下，胞间连丝是直径为 30～60nm 的狭窄通道，相邻细胞的质膜穿越通道而彼此相连，通道中央有内质网延伸而形成的**中央管**（desmotubule）贯穿相邻的细胞（**图 1-17**）。胞间连丝主要分布于初生壁上一些较薄的区域，成为**初生纹孔场**（primary pit field）。胞间连丝使植物体中的细胞连成一个整体，所以植物体可分成两个部分：通过胞间连丝结合在一起的原生质体，称为**共质体**（symplast）；共质体以外的部分，称为**质外体**（apoplast），包括细胞壁、细胞间隙和非生活的维管组织（如导管）。

（2）纹孔（pit）：当次生壁形成时，在很多地方留下没有增厚的孔状空隙称为纹孔。相邻细胞的纹孔常成对相互衔接，称为**纹孔对**（pit pair）。一个纹孔由**纹孔腔**（pit cavity）和**纹孔膜**（pit membrane）组成，纹孔腔是指次生壁围成的腔，它的开口朝向细胞腔。腔底的初生壁和胞间层部分称纹孔膜。根据次生壁增厚情况的不同，纹孔可分为**单纹孔**、**具缘纹孔**和**半缘纹孔**三种类型。

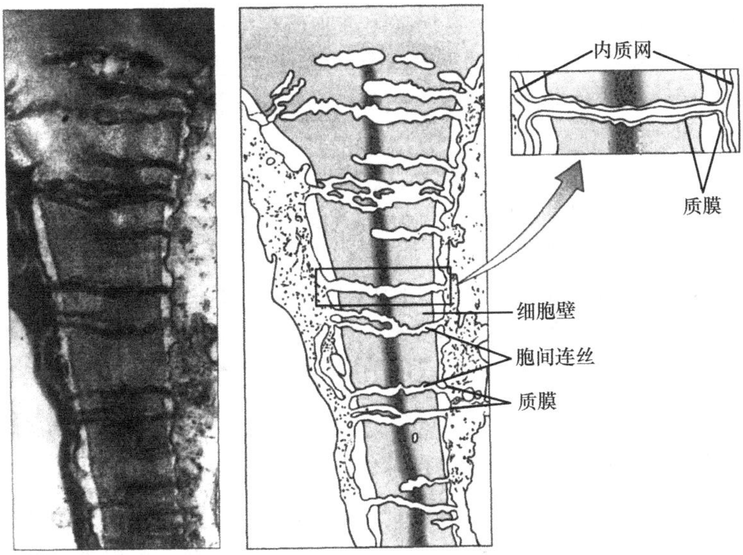

图 1-17　胞间连丝的透射电镜图（A）与结构示意图（B）

单纹孔（simple pit）：是次生壁上未增厚部分形成的孔腔，多呈圆筒形。纹孔膜呈薄膜状。在显微镜下观察，单纹孔呈一个圆形或椭圆形的透明小点。单纹孔常存在于薄壁细胞、韧皮纤维和石细胞中。

具缘纹孔（bordered pit）：是纹孔周围的次生壁，向细胞腔内呈架拱状隆起，形成扁圆形孔腔，半圆球形或拱状的纹孔腔顶部形成小圆形或扁圆形的纹孔口。纹孔膜的中央增厚成纹孔阜和纹孔塞，起调节水和无机盐的作用。在显微镜下观察，具缘纹孔呈 3 个同心圆。外圈为纹孔腔边缘；中圈为纹孔阜；内圈为纹孔口。松、柏科裸子植物的管胞上常有具缘纹孔。如果不具纹孔塞则正面观呈两个同心圆，如凤仙花茎中的具缘纹孔导管。

半缘纹孔（half bordered pit）：一边形似单纹孔，另一边有呈架拱状隆起的纹孔缘，是薄壁细胞与管胞或导管间形成的纹孔。半缘纹孔没有纹孔塞，正面观为两个同心圆。进行粉末观察时，常与不具纹孔塞的具缘纹孔相混。

3. 细胞壁的特化（specification of cell wall）　细胞壁主要的化学成分为纤维素，它是一种亲水的具有某些晶体性质的化合物，由 100 个或更多的葡萄糖基连接而成。与纤维素相结合的其他化合物是果胶质、半纤维素和非纤维素多糖等。由于这些物质都是亲水性质的，因此，细胞壁中一般含有较多的水分，溶于水中的任何物质都能随水透过细胞壁。

在植物体中，不同细胞的细胞壁组分变化很大，这是由于细胞壁中还渗入了其他各种物质的结果。常见的物质有角质、栓质、木质、矿质和黏液等，它们渗入细胞壁的过程称为角质化、栓质化、木质化、矿质化和粘液化。

（1）角质化（cutinization）：某些植物细胞产生的脂肪性角质，除填充细胞壁本身外，常在茎、叶或果实的表皮外侧形成一层角质层，使植物在烈日下减少体内水分的丧失，加强了保护作用。角质层的形成还可以防止某些虫类和微生物的侵害。角质层遇苏丹Ⅲ试液亦可被染成橘红色。

（2）栓质化（suberization）：是细胞壁内增加了脂肪性的栓质的结果。栓质化的细胞壁不易透水和空气，使细胞内原生质体与周围环境隔绝而坏死，但对植物内部组织具有保护作用。例如，树干外面的褐色外层树皮就是由栓质化细胞组成的木栓组织和其他死细胞的混合体。栓质化的细胞壁遇苏丹Ⅲ试液亦可被染成红色。

（3）木质化（lignification）：是植物细胞的细胞壁在生长时增加了较多的木质素而变得坚硬牢固，增加了植物细胞群和组织间的支撑能力。植物细胞的导管、木纤维和石细胞等细胞壁即是木质化的细胞壁。木质化的细胞壁加入间苯三酚溶液 1 滴，待片刻，再加浓盐酸 1 滴，即显红色。

（4）矿质化（mineralization）：是植物细胞的细胞壁增加了硅质或钙质的结果，其结果使植物的机械支持能力得到增强。矿质化的细胞壁以含矿质的最常见，如禾本科的茎和叶，木贼的茎及硅藻的细胞壁内含有大量的硅质。

（5）黏液化（mucilagization）：是细胞壁中的纤维素和果胶质等成分成为黏液的变化。黏液化所形成的黏液在细胞的表面常呈固体状态，吸水膨胀后则成黏滞状态。例如，车前子和亚麻子的表皮细胞中具有黏液化细胞。黏液化的细胞壁遇玫红酸钠醇溶液染成玫瑰红色；遇钌红试剂可染成红色。

（三）后含物（ergastic substance）

植物细胞在代谢过程中所产生的各种非生命的物质，统称为**后含物**。后含物的种类很多，有些是对人体具有重要生理作用的活性成分，有些是具有营养价值的贮藏物，有些是细胞的废物。它们以液状、晶体状或非结晶状固体等形式存在于细胞质和液泡中。后含物的形态和性质往往随植物种类的不同而异，因此细胞的后含物是生药显微鉴定和理化鉴定的重要依据之一。后含物一般有糖类、蛋白质、脂肪及其相关的物质（角质、栓质、蜡质和磷脂等），还有成结晶的无机盐和其他有机物，如单宁、树脂、树胶、橡胶和植物碱等。这些物质可分布在细胞壁、胞基质或细胞器中。

1. 淀粉（starch） 淀粉是葡萄糖分子聚合而成的长链化合物，它是细胞中糖类最普遍贮藏的形式。淀粉在细胞中以颗粒状态存在，称为**淀粉粒**（starch grain）。所有薄壁细胞中都有淀粉粒的存在，尤其在各类贮藏器官中更为集中，如种子的胚乳和子叶中，植物的块根、块茎和根状茎中都含有丰富的淀粉粒。

一般绿色植物经光合作用所产生的葡萄糖，暂时在叶绿体内转变成的淀粉为**同化淀粉**（assimilation starch）。同化淀粉再次分解为葡萄糖，转运到贮藏器官中，而在造粉体内重新形成的淀粉称为**贮藏淀粉**（reserve starch）。贮藏淀粉以淀粉粒的形式贮藏在植物根、块茎和种子等的薄壁细胞中。淀粉积累时，先形成淀粉的核心——**脐点**（hilum），然后环绕核心从内层向外层沉积，常显示出明暗相间的**层纹结构**（annular striation lamellae）。淀粉粒的形状多种多样，有圆球形、椭圆球形、长圆球形或多面体等。脐点的形状也有多种，如颗粒状、裂隙状、分叉状和星状等，有的脐点在淀粉粒的中心，有的则偏于一端（**图 1-18**）。淀粉粒在形态上有 3 种类型：单粒、复粒和半复粒（**图 1-19**）。**单粒淀粉**（simple starch grain）只具有一个脐点；**复粒淀粉**（compound starch grain）具有 2 个以上脐点，且每个脐点各具自己的层纹；**半复粒淀粉**（half compound starch grain）也具有 2 个以上脐点，但每个脐点除具各自的层纹外，外面还包有共同的层纹。淀粉粒的形状、大小、层纹和脐点常随植物的不同而异，因此可以作为鉴定药材的依据。淀粉粒不溶于水，在热水中膨胀而糊化，与酸或碱共煮则变为葡萄糖。含有直链淀粉的淀粉粒遇稀碘液显蓝紫色，支链淀粉则显紫红色。

2. 菊糖（inulin） 菊糖是果糖分子的聚合物，常见于菊科、桔梗科、龙胆科等植物中。由于菊糖易溶于水，不溶于乙醇，组织脱水干燥或置于乙醇中则可观察到析出的球状或半球状的菊糖结晶（**图 1-20**）。

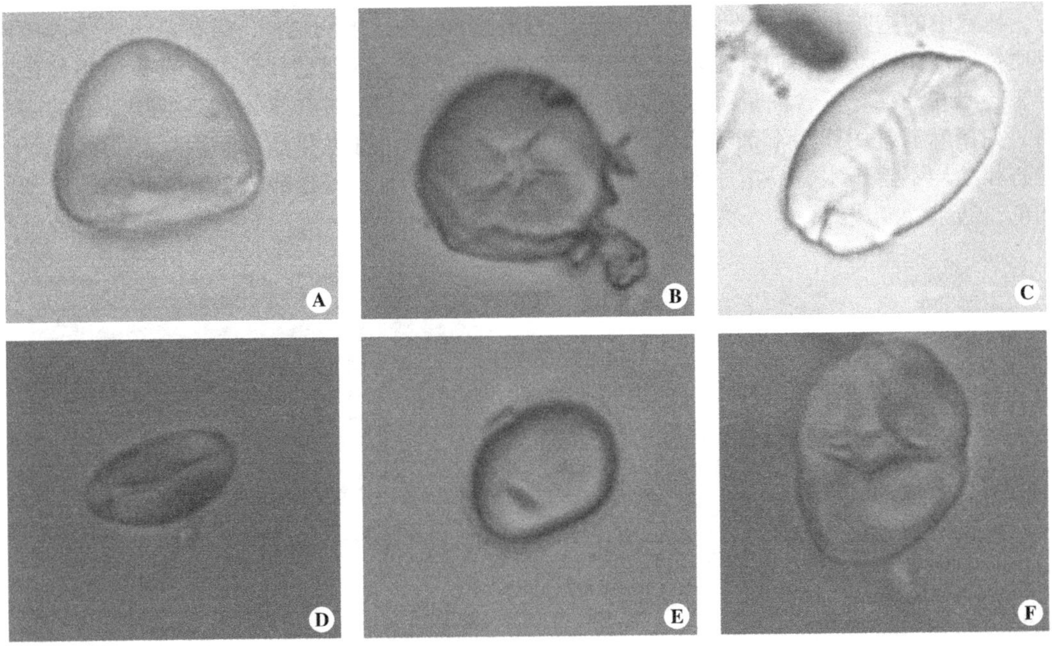

图 1-18　各种形态的淀粉粒

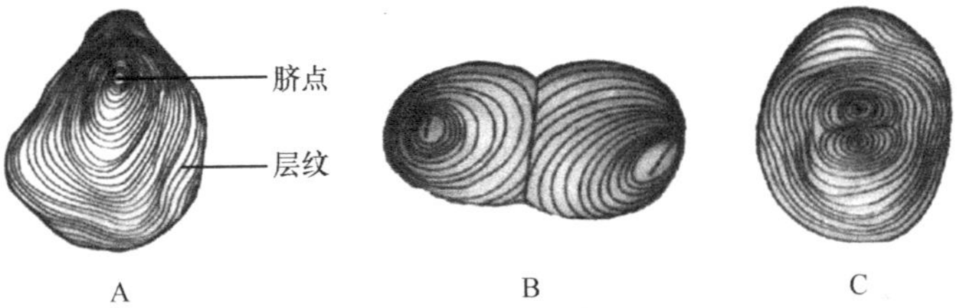

图 1-19　淀粉粒的类型

A. 单粒；B. 复粒；C. 半复粒

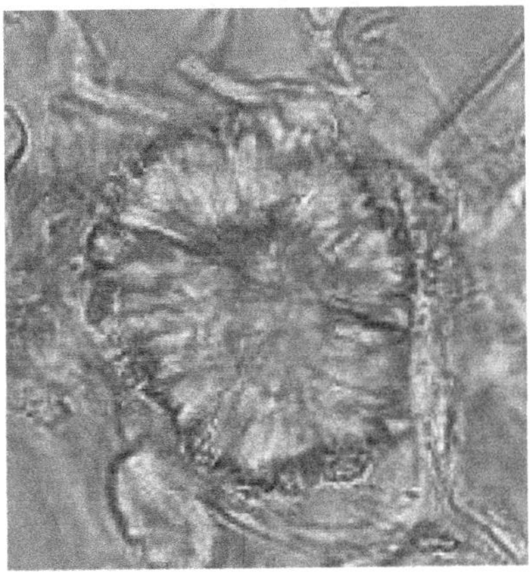

图 1-20　菊糖结晶（桔梗根）

3. 蛋白质（protein）　植物细胞的贮藏蛋白一般形成固体的结晶状或颗粒状结构——**糊粉粒**（aleurone grain），存在于细胞的液泡、胞基质、细胞核或质体中。由于贮藏蛋白是化学性质稳定的无生命物质，它与构成原生质体的结构和功能蛋白完全不同。糊粉粒主要分布于植物种子的胚乳或子叶中，有时它们集中分布在某些特殊的细胞层。例如，谷类种子胚乳最外面的一层或几层细胞，含有大量糊粉粒，称为**糊粉层**（aleurone layer）（**图 1-21**）。在许多豆类植物种子子叶的薄壁细胞中，普遍存在有糊粉粒，这种糊粉粒以无定形蛋白质为基础，另外包含一个或几个拟晶体。蓖麻胚乳细胞中的糊粉粒，除拟晶体外还含有磷酸盐球形体（globoid）。在茴香胚乳的糊粉粒中还包含有细小草酸钙簇晶。这些贮藏蛋白遇碘呈暗黄色；遇硫酸铜加苛性碱水溶液显紫红色。

4. 脂肪和油类（fat and oil）　脂肪和油类是含能量最高而体积最小的贮藏物质，两者都是某些有机酸的甘油酯，其区别主要是物理性质不同：脂肪在常温下呈固态，而油呈液态。细胞中的脂肪和油一般呈现为液滴状，没有膜的包被（**图 1-22**），通常是由光面内质网或质体所产生。脂肪和油类广泛分布于植物的各种器官，特别是种子中，有些植物如蓖麻子、芝麻和油菜籽等含油量可以达到重量的 45%。脂肪和油可作食用和工业用，有的供药用，如蓖麻油常用作泻下剂，大风子油用于治疗麻风病，月见草油用于治疗高脂血症等。脂肪和油均不溶于水，易溶于有机溶剂，遇碱则皂化，遇苏丹Ⅲ溶液显橙红色、红色和紫红色，遇锇酸变成黑色。

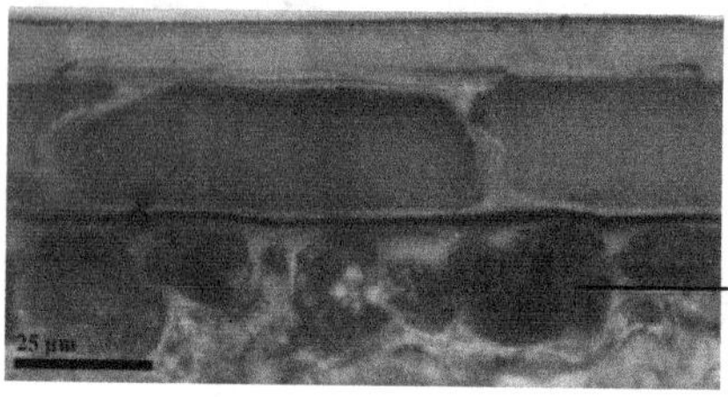

图 1-21　谷类种子胚乳的糊粉层

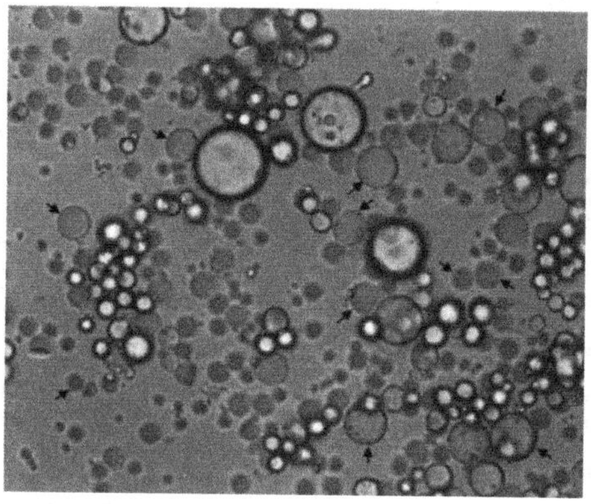
图 1-22　脂肪油

5. 单宁（tannin）　单宁又称为鞣质，是广泛分布于植物体中的一类酚衍生物，是植物体内的复杂酚类次生代谢产物，具有多元酚结构，在植物切片上常表现为一团团黄色、红色或褐色的粗或细的颗粒。单宁主要存在于植物体的皮、根、叶、壳和果肉中；分布于细胞质和液泡中，也可分布在细胞壁上。

6. 晶体（crystal）　在植物细胞中，无机盐常形成各种类型的晶体，一般认为是代谢产物的废物。由于植物细胞缺少排泄机制，因此只能将这些废物储存在细胞中，储存位置常常是液泡。最常见的晶体是草酸钙结晶，少数植物中也含有碳酸钙结晶。

（1）草酸钙结晶（calcium oxalate crystal）：是钙元素在植物体中沉积的最普遍形式，常为无色透明的结晶，并以不同的形态分布于细胞液中，一般一种植物只能见到一种形态，但少数也有两种或多种的，如臭椿根皮含有簇晶和方晶，曼陀罗叶含有簇晶、方晶和砂晶。常见的草酸钙结晶有以下几种（**图 1-23**）。

方晶（solitary crystal）：又称单晶或块晶，通常呈正方形、斜方形、菱形、长方形等，如在甘草和黄柏中所见到的。有时单晶交叉而形成**双晶**（twin crystals），如莨菪叶。

针晶（acicular crystal）：为两端尖锐的针状晶体，在植物细胞中成束存在，称为**针晶束**（raphides），常存在于黏液细胞中，如半夏和黄精等；也有的针晶不规则地分散在细胞中，如苍术根茎。

簇晶（cluster crystal；rosette）：由许多菱状晶体集合而成，一般呈多角形星状，如大黄根茎和人参根等。

砂晶（micro-crystal；crystal sand）：为细小的三角形、箭头状或不规则形，聚集在细胞里，如颠茄、牛膝和地骨皮等。

柱晶（columnar crystal；styloid）：为长柱形，长度为直径四倍以上，如射干和淫羊藿叶等。

图 1-23　各种草酸钙结晶

A.柱晶；B.针晶束；C.簇晶；D.棱晶

不是所有植物都含有草酸钙结晶。草酸钙结晶的形状和大小又因植物种类不同而不同，这种特征可作为鉴别生药特征的依据。草酸钙结晶不溶于乙酸，但遇 20%硫酸便溶解并形成硫酸钙针状结晶析出。

（2）碳酸钙结晶（calcium carbonate crystal）：在高等植物中并不普遍，多存在于桑科、荨麻科和爵床科等植物叶的表层细胞中，其一端与细胞壁连接，形状如一串悬垂的葡萄，形成**钟乳体**（cystolith）（图 1-24）。例如，穿心莲叶、无花果叶和大麻叶等的表层细胞中含有钟乳体。碳酸钙结晶加乙酸则溶解并放出 CO_2 气泡，可与草酸钙结晶相区别。

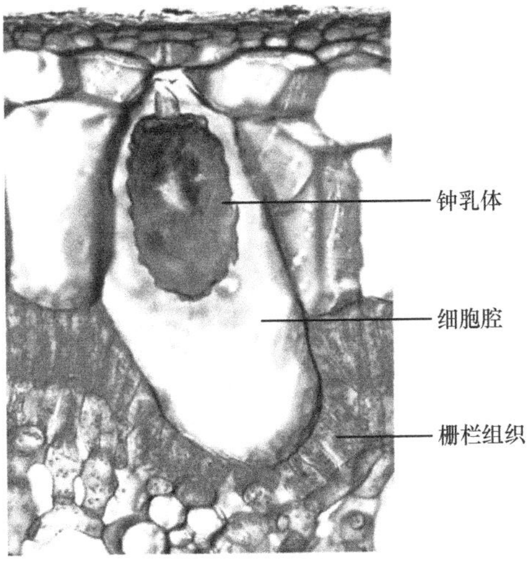

图 1-24　无花果叶中的钟乳体

（3）其他结晶（other crystals）：除草酸钙结晶和碳酸钙结晶外，某些植物细胞内还存在其他类型的结晶，如柽柳叶纤维束周围细胞中含硫酸钙结晶，形成晶纤维，菘蓝叶中含靛蓝结晶，槐花米和荞麦花中均含有芸香苷结晶等。

第二节　植物细胞的分裂、生长和分化

Division，Growth and Differentiation of Plant Cells

一、植物细胞的分裂（division of plant cells）

细胞分裂是细胞的基本活动，单细胞植物生长到一定阶段，细胞将分裂成两个，依次进行增殖。在多细胞植物生长发育中，细胞分裂使细胞数目增多。因此，植物的生长、发育和繁殖与细胞分裂密切相关。植物细胞的分裂包括核分裂和胞质分裂两个步骤。

（一）核分裂（karyokinesis）

核分裂是细胞核一分为二的一个连续过程，从细胞核内出现染色体开始，经一系列的变化，最后分裂成两个子核（daughter nucleus）。核分裂包括三种方式：**有丝分裂**、**减数分裂**和**无丝分裂**。有丝分裂是高等植物体增加细胞数目的主要方式，减数分裂则是与有性生殖紧密伴随的产生性细胞的主要方式，无丝分裂曾一度被认为是植物体在不正常状态下的一种分裂方式，但现在发现，无丝分裂还是较普遍地存在。因此，对无丝分裂的生物学意义，还有待进一步的深入研究。

1. 有丝分裂（mitosis） 有丝分裂又称间接分裂，是真核细胞最普遍的分裂方式。在有丝分裂过程中，细胞的形态，尤其是细胞核的形态发生明显的变化，出现了**染色体**（chromosome）和**纺锤丝**（spindle fiber）。植物根尖和茎尖的分生组织及形成层细胞的分裂都属于有丝分裂。有丝分裂的过程较复杂，为了描述的方便，通常人为地将有丝分裂分为分裂间期、前期、中期、后期和末期等五个时期（**图 1-25**）。

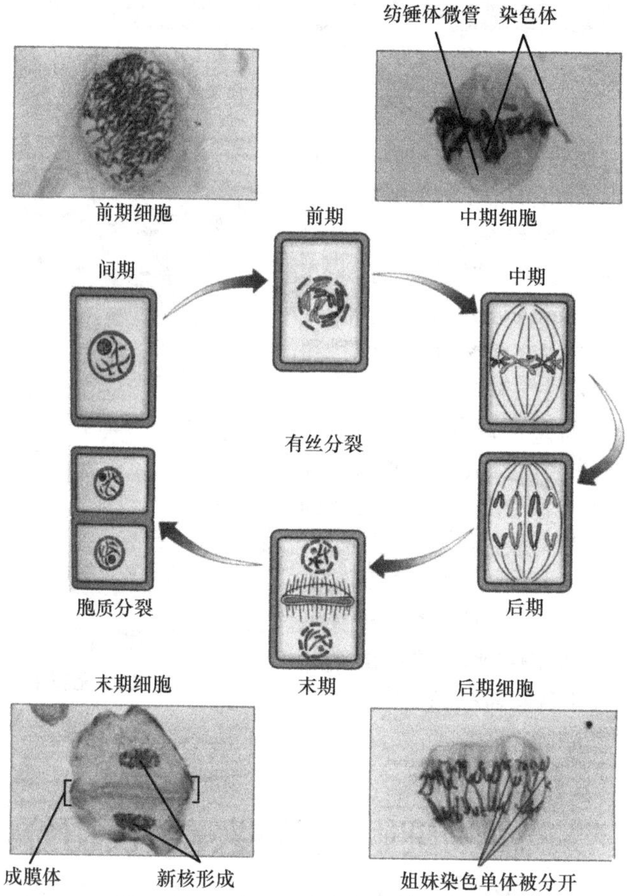

图 1-25 植物细胞的有丝分裂过程示意图

间期（interphase）：是指从前一次分裂结束，到下一次分裂开始的一段时间，它是分裂前的准备时期。处于间期的细胞核呈球形，具有核膜和核仁，染色质不规则地分散于核液中。间期细胞进行着大量的生物合成，如 DNA 的复制、RNA 和蛋白质的合成，为细胞分裂进行物质上的准备。

前期（prophase）：核内出现染色体是进入分裂前期的标志性特征。在这一时期，细胞核中出现了染色体，且逐渐变短、变粗，核仁逐渐解体消失，最后核膜瓦解成零散的小泡。同时，细胞中出现了许多细丝状的纺锤丝。

中期（metaphase）：染色体继续聚缩变短，所有染色体都排列在细胞中央的赤道面上，纺锤体清晰可见。部分纺锤丝与染色体的着丝点相连，牵引染色体向中央移动。中期染色体结构清晰，易于观察和计数。

后期（anaphase）：后期的细胞特征是染色体分裂成两组子染色单体（daughter chromosome），并分别朝相反的两极运动。由于纺锤丝的牵引与收缩使染色体上的着丝点彼此分开，形成两个独立的子染色体并分别移向两极。

末期（telophase）：染色体到达两极后便成为密集的一团，核膜重新出现，进而染色体通过解螺旋作用转变为染色质并分散在核内。同时，核仁也重新出现，新的子核恢复到间期细胞核的状态。

这种有丝分裂，由于染色体复制和子染色单体的分裂，每一个子细胞都具有与母细胞相同数量和类型的染色体。因此，保证了子细胞具有与母细胞相同的遗传因子，从而保持了细胞遗传的稳定性，也保证了物种的连续性和稳定性。

2. 减数分裂（meiosis）　减数分裂是与有性生殖过程密切相关的一种特殊形式的有丝分裂，其主要特征是细胞连续分裂两次，但染色体只复制一次，由此产生的4个子细胞的染色体数目只有母细胞的一半（单倍体），这是染色体数目减半的一种特殊分裂方式。第一次分裂（减数分裂Ⅰ）明显有别于普通的有丝分裂，其特点是DNA复制后并不在着丝点处发生子染色单体的分离，而出现同源染色体的联会现象（来自双亲的成对染色体在细胞中央平行靠拢），此时会发生染色体的交叉与互换而发生基因的重组，第一次分裂的结果是同源染色体的彼此分离而导致子细胞的染色体数目减半（**图 1-26**）。第二次分裂（减数分裂Ⅱ）与通常的有丝分裂相似但不再进行DNA的复制，两个子细胞发生子染色单体的分离而形成4个子细胞。减数分裂到此完成而不再继续下去，下一次的减数分裂同样起始于染色体数目得到恢复的二倍体细胞。因此，减数分裂不可能像有丝分裂那样连续发生，而必须经历配子的融合使细胞倍性得到恢复。

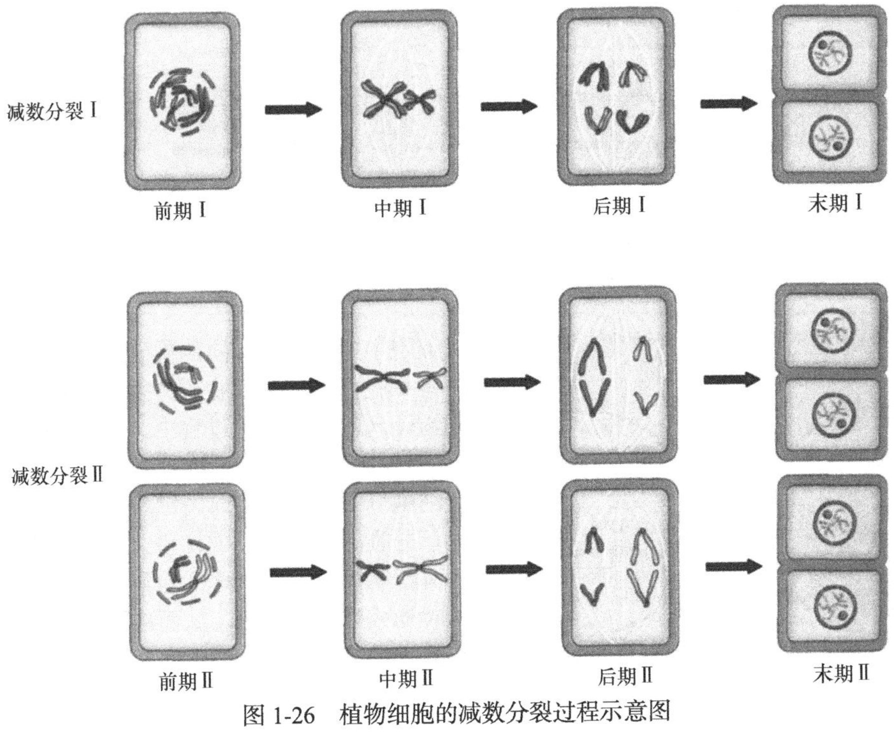

图 1-26　植物细胞的减数分裂过程示意图

由于有同源染色体的配对，使同源染色体能准确地分配到4个子细胞中，保证了子细胞能得到一半的染色体，从而确保了遗传的稳定性。同时，在减数分裂过程中，由于同源染色体发生联会、交叉和片段互换，同源染色体上父母原本的基因发生重组，产生了新类型的单倍体细胞，这就是有性生殖使子代产生变异的原因，从而丰富了植物的遗传多样性。

3. 无丝分裂（amitosis） 无丝分裂又称**核粒纽丝分裂**（haplomitosis），指处于间期的细胞核不经过任何有丝分裂时期，而分裂为大小大致相等的两部分的细胞分裂方式。因为分裂时没有纺锤丝与染色体的变化，所以称为**无丝分裂**。又因为这种分裂方式是细胞核和细胞质的直接分裂，所以又称为**直接分裂**（direct division）。

无丝分裂有多种形式，最常见是横缢式分裂，细胞核先延长，然后在中间缢缩、变细，最后分裂成两个子细胞核。另外，还有碎裂、牙生分裂和变形虫式分裂等多种形式，而且，在同一组织中可以出现不同形式的分裂。无丝分裂在低等植物中普遍存在，在高等植物中也常见。高等植物营养丰富的部位，无丝分裂很普遍。例如，胚乳细胞（胚乳发育过程中愈伤组织的形成）、表皮细胞、根冠和薄壁细胞等都可发生无丝分裂。

（二）胞质分裂（cytokinesis）

胞质分裂是在两个新的子核之间形成新细胞壁，把一个母细胞（mother cell）分隔成两个子细胞（daughter cell）的过程。在高等植物的根尖分生组织及其他体细胞中，通常在核分裂结束后，立即进行胞质分裂，甚至有时在核分裂结束以前就已经开始进行。在核分裂后期，纺锤体出现了形态上的变化，在两个子核之间增加了许多短的纺锤丝，形成了一个密集着纺锤丝的桶状区域，成为**成膜体**（phragmoplast）。在成膜体围起来的中间部分，集中了带有细胞壁前体物质的高尔基体或内质网囊泡，它们在赤道面上彼此融合形成有膜包围的平板，称为**细胞板**（cell plate）。囊泡中的多糖被用来制造初生细胞壁和胞间层。囊泡的膜则在初生细胞壁的两侧形成新的细胞膜。高尔基体或内质网囊泡继续向赤道面集中、融合，使细胞板不断向外延伸，最后达到细胞的外周而与原来的细胞壁、细胞膜连接起来。此时，两个子细胞就完全被分隔开来（**图 1-27**）。

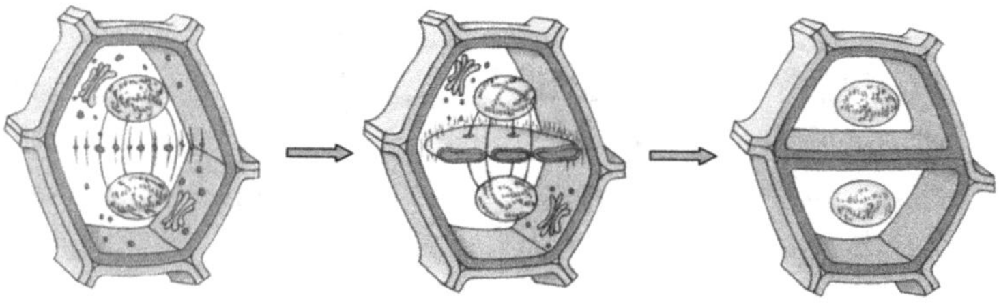

图 1-27 高等植物细胞的胞质分裂过程

与动物细胞不同，植物细胞的胞质分裂是从细胞中央开始逐步向四周延伸的。植物细胞还有一些比较特殊的胞质分裂。例如，在被子植物胚乳的细胞分化过程中，先由核内分裂形成多核的合胞体，随后在合胞体的边缘开始进行细胞分裂，并逐步向内细胞化。不仅在进行有丝分裂的核之间形成初生纺锤体，同时在没有进行有丝分裂的核之间也形成次生纺锤体，同时形成许多细胞板，从而将胚乳分裂成许多细胞（**图 1-28**）。

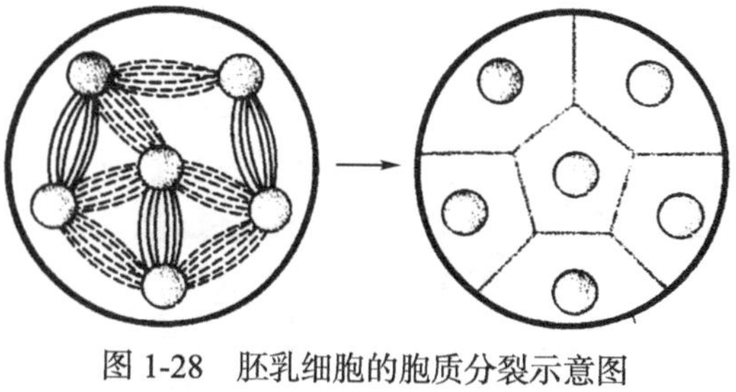

图 1-28 胚乳细胞的胞质分裂示意图

二、植物细胞的生长（growth of plant cells）

多细胞生物的生长，不仅是由于细胞数量的增加，而且也与细胞的生长密切相关。细胞分裂形成的新细胞，最初体积较小，只有母细胞的一半，但它们能迅速地合成新的原生质，细胞随着增大，其中某些细胞当恢复到母细胞一般大小时，便又继续分裂，但大部分细胞不再分裂，而进入生长时期。细胞生长是指细胞体积的增加，包括细胞纵向的延长和横向的扩展。分生状态的细胞生长后，其体积可以增加到原来大小的几倍或几十倍；某些细胞如纤维，在纵向上可增加几百倍甚至几千倍。细胞生长的结果是使植物体表现出明显的伸长或扩大，如根和茎的伸长、幼小子叶的扩展、果实的长大等都是细胞数目增加和细胞生长共同的结果，但是，细胞生长常常在其中起主要作用。

植物细胞在生长过程中，除了细胞体积明显扩大，在细胞内部结构上也发生相应的变化，其中最显著的变化是液泡化程度明显增加，细胞内小而分散的液泡逐渐长大并合并形成中央液泡，细胞核随细胞质由中央移向侧面。在细胞生长过程中，液泡增大一方面是由于细胞从周围吸收了大量的水分进入液泡，另一方面也是由于生长的细胞具有旺盛的代谢能力，使许多代谢产物积累于液泡中的缘故。因此，在细胞生长时，细胞的鲜重和干重都随着体积的增加而增加。在液泡变化的同时，各种细胞器在数量和分布上也发生显著变化，如内质网增加，由稀网状变成密网状。质体逐渐发育，由幼小的前质体发育成各类质体。原生质体在细胞生长过程中还不断分泌细胞壁所需物质，使细胞壁随原生质体长大而延展，同时细胞壁的厚度增加，细胞壁的化学组成由原来含有大量的果胶和半纤维素转变成纤维素和多糖。

植物细胞的生长是有一定限度的，当体积达到一定大小后便会停止生长。细胞最后的大小，随植物的种类和细胞的类型而异。细胞的生长不仅受到遗传因子的调控，而且还会受到环境条件的影响。例如，在水分充足、营养条件好、温度适宜时，细胞生长迅速，体积亦较大，在植物体上反映出根、茎生长迅速，植株高大，叶宽而肥嫩。反之，水分缺乏、营养不良、温度偏低时，细胞生长缓慢，而且体积较小，在植物体上反映出生长缓慢、植株矮小、叶小而薄等。

三、植物细胞的分化（differentiation of plant cells）

多细胞生物中，细胞的功能具有分工，与之相适应的，在细胞形态上就出现各种变化。例如，绿色细胞专营光合作用，适应这一功能，细胞中特有地发育出大量叶绿体。表皮细胞行使保护功能，因而在细胞壁的结构上有所特化，发育出明显的角质层。具有贮藏功能的细胞往往具有大的液泡和大量的白色体等。细胞分化是指同一来源的细胞逐渐产生出形态结构、功能特征各不相同的细胞类群的过程，其结果是在空间上细胞产生差异，在时间上同一细胞与其从前的状态有所不同。细胞分化表现在内部生理变化和形态外貌变化两个方面，生理变化是形态变化的基础，而形态变化较生理变化容易察觉。细胞分化使多细胞植物中各细胞功能趋向专门化，这样有利于提高各种生理功能的效率。因此，分化是进化的表现。

细胞分裂、生长、分化是生物体发生的三个基本现象。植物发育和三个基本现象有时间和空间上的必然联系。植物在受精卵发育成成年植株的过程中，最初，受精卵重复分裂，产生一团比较一致的分生细胞，随后细胞分裂逐渐局限于植物体的某些特定部位，而大部分的细胞停止分裂，进行生长和分化。在种子植物的胚胎中，细胞在形态上已显出了初步的分化，在光学显微镜下可看到细胞的大小、形状、原生质的稀稠及细胞的排列方式等随细胞所处部位而不同。在胚胎发育成幼苗的过程中，细胞分化更为明显，行使不同功能的细胞逐渐形成与之相适应的特有的形态，即在植物体中分化出了各种不同类型的细胞群，从而使植物体的成熟部分具有了复杂的内部结构。

在系统发育上，植物越进化，细胞分工越细致，细胞的分化就越剧烈，植物体的内部结构也就越复杂。单细胞植物，细胞不分化，植物体只由一种类型的细胞组成。多细胞植物，细胞或多或少分化，细胞类型增加，植物体的结构趋向复杂化。被子植物是最高等的植物，细胞分工最精细，物质的吸收、运输，养分的制造、贮藏，植物体的保护、支持等各种功能，几乎都由专一的细胞类型分别承担。因此，被子植物细胞的形态特化非常明显，细胞类型繁多，成为结构最复杂、功能最完善的植物类型。

植物细胞的分化是一个复杂的问题，同一植物的所有细胞均来自于受精卵，它们具有相同的遗传物质，但它们却可以分化成不同的形态。即使同一个细胞，在不同的内外条件下也可能分化成不同的类型。分化受多种内外因素的影响，如细胞的极性、细胞在植物体中的位置、细胞的发育时期、各种激素和某些化学物质，以及光照、温度、湿度等物理因素都能影响细胞的分化。

Summary

1. All organisms are composed of cells，the fundamental units of life. Most cells contain the same types of organelles，and there are only a few basic types of cells.

2. In multicellular organisms，cells become specialized for specific tasks，making the entire organism more efficient. However，each cell then becomes dependent on the other cells of the organism.

3. Plant cells are eukaryotic cells that are composed of **cell wall** and **protoplasm**. The protoplasm of a single cell is called its **protoplast**. Protoplast is the living content of a cell that is surrounded by a plasma membrane. Protoplast is composed of **cytoplasm** and **nucleus**. Protoplast is the main site of cell metabolic activity.

4. If the nucleus is excluded from the protoplasm，the remaining material is referred to as **cytoplasm**. The cytoplasm is composed of **plasma membrane**，**cytosol** and **organelles**.

5. An organelle is a specialized subunit in the cytoplasm that has a specific function. The cytoplasm contains the membrane-bounded organelles and non-membranous organelles.

6. The types and function of the membrane-bounded organelles are as follows：

（1）**Plastids**：chloroplast—photosynthesis；chromoplast—accumulation of red，yellow，or orange lipids；leucoplast—accumulation and storage of starch，protein and fat.

（2）**Mitochondria**—respiration.

（3）**Vacuole**—storage of both nutrient reserves and waste products，cell growth.

（4）**Endoplasmic reticulum**—intracellular transport，lipid synthesis .

（5）**Dictyosomes**—a major collection and dispatch station of protein products received from the endoplasmic reticulum，lipid transport and lysosome formation.

（6）**Microbodies**—detoxification or lipid metabolism.

7. The types and function of the non-membranous organelles are as follows：

（1）**Ribosomes**—protein synthesis.

（2）**Microtubules and microfilaments**—skeletal structure，movement of organelles.

8. The nucleus is composed of nuclear envelope，nucleolus，chromatin，and nucleoplasm. The main function of the cell nucleus is to control gene expression and mediate the replication of DNA during the cell cycle.

9. Almost all plant cells have a **cell wall**；only sperm cells of some seed plants lack one. It is often regarded as simply an inert secretion，providing only strength and protection to the protoplasm

inside. Up to three layers may be found in plant cell walls：**the middle lamella**，**the primary wall**，and **the secondary wall**.

10. **Plasmodesmata** are small channels that directly connect the cytoplasm of neighboring plant cells to each other，establishing living bridges between cells. The plasmodesmata，which penetrate both the primary and secondary cell walls，allow certain molecules to pass directly from one cell to another and are important in cellular communication.

11. **Pits** are parts of plant cell walls which allow the exchange of fluids. Pits can be divided into three types：**single pits**，**bordered pits**，and **half-bordered pits**.

12. **Ergastic substances** are non-protoplasm materials found in cells. Ergastic substances are usually organic or inorganic substances that are products of metabolism，and include starches，inulin，proteins，oil drops，tannins，crystals，and other compounds that can aid the organism in defense，maintenance of cellular structure，or just substance storage. Ergastic substances may appear in the protoplasm，in vacuoles，or in the cell wall.

13. **Cell division** is the basic activity of cells. The actual division involves two processes：① division of the nucleus，called **karyokinesis**，and②division of the protoplasm，called **cytokinesis**. There are three types of karyokinesis：**mitosis**，**meiosis**，and **amitosis**.

14. **Mitosis** is a process of nuclear division in which chromosomes divide lengthwise，separate，and form 2 identical nuclei. Mitosis is the more common type of karyokinesis. It consists of the following five phases：interphase，prophase，metaphase，anaphase，and telophase.

15. **Meiosis**，also called **reduction division**，is a specialized type of cell division which reduces the chromosome number by half. This process occurs only in the production of reproductive cells. In meiosis，DNA replication is followed by two rounds of cell division to produce four daughter cells each with half the number of chromosomes as the original parent cell.

16. **Amitosis** is absence of mitosis，the usual form of cell division in the cells of eukaryotes. Amitosis is cell division in eukaryotic cells that happens without the usual features of mitosis as seen on microscopy，namely，without nuclear envelope breakdown and without formation of mitotic spindle and condensed chromosomes as far as microscopy can detect.

17. **Cytokinesis** is the process during cell division in which the cytoplasm of a single eukaryotic cell is divided to form two daughter cells. In plant cells，a dividing structure known as the cell plate forms within the centre of the cytoplasm and a new cell wall forms between the two daughter cells.

18. The growth of multicellular organisms is not only due to the increase in the number of cells，but also closely related to the growth of cells. As parts of a plant reach their final form，most cells stop dividing and enter an extended period of growth，during which they differentiate and mature.

19. Plant cell differentiation refers to the process of the same source of cells gradually to produce the different cell population which has different morphological structure and functional characteristics. Many internal and external factors affect cell differentiation in plant development.

复习思考题（review questions）

1. 名词解释：原生质体、细胞质、细胞器、质体、叶绿体、有色体、白色体、胞间连丝、纹孔、单纹孔、具缘纹孔、后含物、有丝分裂、减数分裂、无丝分裂、胞质分裂。

2. 植物细胞由哪几部分组成？原生质体由哪几部分组成？

3. 植物细胞具有哪些细胞器？它们各具什么功能？

4. 初生壁和次生壁有什么区别？

5. 为什么西红柿果实刚形成时为白色，然后变为绿色，成熟时变为红色？

6. 植物细胞间靠什么进行物质与信息的传递？细胞核和细胞质间的物质传递通道是什么？

7. 植物细胞的分裂包括哪些步骤？植物细胞的核分裂包括哪几种方式？

8. 植物细胞的有丝分裂过程中的主要事件有哪些？有丝分裂与减数分裂有哪些区别？

第二章　植物的组织
Plant Tissues

学习目标

1. 掌握：植物组织的概念和分类；保护组织、输导组织、机械组织和分沁组织的概念、类型和各类型的结构特点及其分布规律；维管束的概念及其组成。

2. 熟悉：分生组织、薄壁组织的细胞特点。

3. 了解：各类组织的生理功能及功能与形态的统一关系。

植物在长期进化发展中，为了适应环境和生长发育的需要，体内细胞逐渐停止分裂活动，外形发生各种变化，并具备一定功能。由这些来源相同、形态结构相似、生理功能相一致且彼此联系的细胞所组成的细胞群，称为**组织**（tissue）。

第一节　植物组织的种类和特点
Types and Characters of Plant Tissues

植物组织根据其生理功能、形态和结构的不同，分为分生组织、薄壁组织、保护组织、输导组织、机械组织和分泌组织六大类。其中薄壁组织、保护组织、输导组织、机械组织和分泌组织是由分生组织分裂、分化形成，所以又统称为**成熟组织**（mature tissue）或**永久组织**（permanent tissue）。

一、分生组织（meristematic tissue，meristem）

分生组织位于植物的生长部位，由一群具有分生能力的细胞组成，能不断进行细胞分裂、分化，使细胞数目增加，植物体得以生长，是植物体一切组织的来源。分生组织的特点表现在细胞具有分裂能力，体积小，排列紧密，无细胞间隙，细胞壁薄，细胞核大并位于细胞中央，细胞质浓厚，无明显的液泡。分生组织中的一部分细胞会在植物生长过程中具有持续的分生能力，另一部分则分化成具有特定形态和生理功能的细胞，构成其他各种组织。

（一）原生分生组织、初生分生组织和次生分生组织（promeristem，primary meristem and secondary meristem）

根据来源与性质的不同，分生组织可分为**原生分生组织**、**初生分生组织**和**次生分生组织**。

1. 原生分生组织（promeristem）　直接由种子的胚遗留下来的一群终生保持分裂能力的胚性细胞所组成，具有旺盛的分裂能力，位于植物根、茎的最顶端。

2. 初生分生组织（primary meristem）　位于原生分生组织之后，由原生分生组织衍生而来，仍保持分裂能力的细胞组成。初生分生组织的分裂能力不及原生分生组织旺盛，但已初步开始分化，是原分生组织向成熟组织的一种过渡，活动的结果是产生植物的初生构造。位于根和茎顶端的初生分生组织可分化为三部分，即**原表皮**（protoderm）、**基本分生组织**（ground meristem）和**原形成层**（procambium）。

3. 次生分生组织（secondary meristem） 由已分化成熟的表皮、皮层、中柱鞘和髓射线等部位的薄壁组织经过生理和结构上的变化，重新恢复分生能力形成。多数双子叶植物、裸子植物的根或茎在进行次生生长时所形成的木栓形成层和维管形成层就属于次生分生组织。

（二）顶端分生组织、侧生分生组织和居间分生组织（apical meristem, lateral meristem and intercalary meristem）

根据分生组织所处位置的不同，又可将其分为**顶端分生组织**、**侧生分生组织**和**居间分生组织**。

1. 顶端分生组织（apical meristem） 又称为**生长锥**（growth cone），是位于根、茎顶端的分生组织。就其发生来说属于原生分生组织，但原生分生组织和早期的初生分生组织没有明显的分界线，顶端分生组织包括原生分生组织和初生分生组织。顶端分生组织中的细胞不断进行分裂和分化，形成了植物体的初生结构，进行初生生长，使植物体不断伸长或增高（**图 2-1**）。

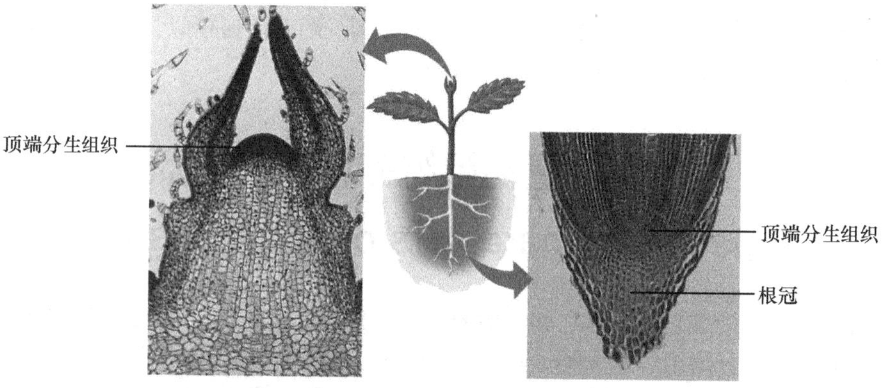

图 2-1 顶端分生组织

2. 侧生分生组织（lateral meristem） 侧生分生组织来源于成熟组织，相当于次生分生组织，位于根和茎的侧周部分，靠近器官的边缘，主要存在于双子叶植物的根和茎中，包括**维管形成层**（cambium）和**木栓形成层**（cork cambium / phellogen）。侧生分生组织在植物体中与纵轴平行并呈环状排列，其活动可分化出各种次生结构，进行次生生长，使植物体加粗。单子叶植物中没有侧生分生组织，故其加粗生长依靠植物中细胞体积的增大来实现。

3. 居间分生组织（intercalary meristem） 从顶端分生组织细胞保留下来的一部分分生组织，位于植物茎、叶和花柄等部位的成熟组织之间，分裂能力有限，保持一定时间的分裂活动后转变为成熟组织，能使植物体拔节和节间增长，或者使叶伸长。例如，雨后春笋的快速长高、韭菜割除后长出新的叶片便是居间分生组织活动的结果。

二、薄壁组织（parenchyma）

薄壁组织又称**基本组织**（ground tissue），在植物体中分布很广，占植物体体积的大部分，是组成植物体的基础。薄壁组织的特征表现在细胞体积比分生组织细胞大得多，常呈球形、圆柱形和多面体等；细胞排列疏松，有明显的细胞间隙；细胞壁薄，只有胞间层和初生壁，细胞质较稀薄，液泡较大，具有潜在分裂功能的生活细胞。薄壁组织可在植物体或器官中构建起一个连续的整体。根、茎中的皮层和髓部，叶肉、果肉及种子的胚乳便主要是由薄壁组织构成，并且它和其他组织有机结合，形成了各种器官。

根据结构和功能的不同，可将薄壁组织分为以下 6 种（图 2-2）。

1. 一般薄壁组织（ordinary parenchyma）　又称为**基本薄壁组织**（basic parenchyma），普遍存在于植物体内各处。特点为：液泡较大，排列疏松，具有细胞间隙。一般薄壁组织主要起填充和联系其它组织的作用，并在一定条件下，可转化成为次生分生组织。

2. 同化薄壁组织（assimilation parenchyma）　又称为**绿色薄壁组织**（chlorenchyma），多存在于植物体的绿色部位，如叶肉、幼茎、绿色萼片及幼嫩果实等器官易受光照的部分。同化薄壁组织的细胞中含有叶绿体，能进行光合作用，制造营养物质。

3. 贮藏薄壁组织（storage parenchyma）　常存在于植物的根、地下茎及成熟的果实和种子中，主要特点是在细胞内储存了大量的淀粉、蛋白质、糖类和油脂等营养物质。贮藏物以液态或固态存在于细胞的液泡或细胞质中。

4. 通气薄壁组织（aerenchyma）　多分布于水生或沼泽植物体内。其特征是细胞间隙特别发达，常形成大的空隙或通道，通过这些空隙或通道互相连接，形成四通八达的管道或气腔，利于气体在植物体中流动。该构造也可储存大量的空气，对植物漂浮在水面起支持作用。

5. 输导薄壁组织（conducting parenchyma）　多存在于植物器官的木质部及髓部，细胞细长，具有输导水分与养料的作用，如髓射线及维管射线。

6. 吸收薄壁组织（absorption parenchyma）　位于植物根尖的根毛区，细胞壁薄，是由部分表皮细胞外壁向外凸起形成的，亦称之为**根毛**（root hair）。吸收薄壁组织的主要功能是从外界吸收水分和营养物质，并将吸入的物质运送到输导组织中。

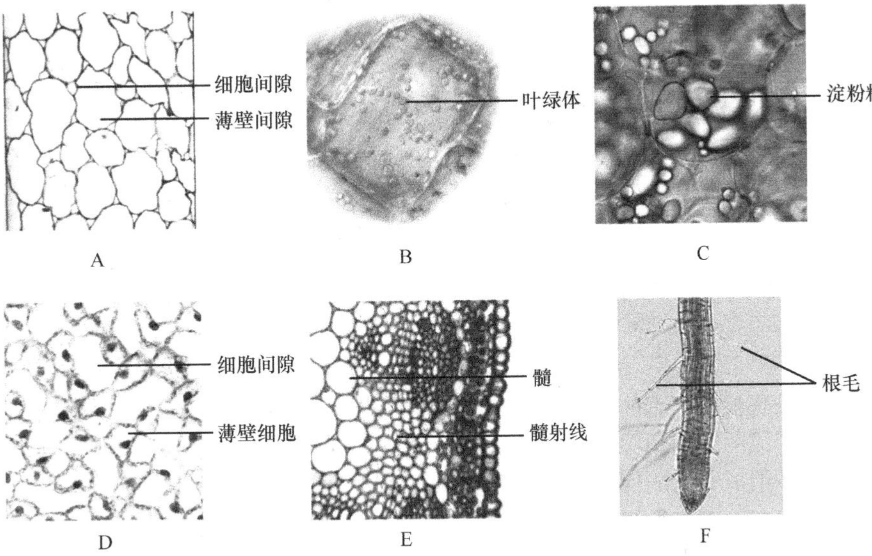

图 2-2　几种基本组织

A. 一般薄壁组织；B. 同化薄壁组织；C. 贮藏薄壁组织；D. 通气薄壁组织；E. 输导薄壁组织；F. 吸收薄壁组织

三、保护组织（protective tissue）

保护组织是覆盖于植物体表面起保护作用的组织，由一层或数层排列紧密、细胞壁发生多种特化的细胞构成。其主要功能是防止植物体水分过度散失，调节植物与环境进行气体交换，防止机械或化学的损伤，抵御外界侵害，对植物起保护作用。

保护组织依其来源的不同，可分为**表皮**（epidermis）与**周皮**（periderm）。

（一）表皮（epidermis）

表皮也称为**初生保护组织**（primary protective tissue），分布于植物体幼嫩器官的表面，直接与外界环境相接触。表皮是由初生分生组织中的原表皮分化而来的生活细胞，横切面观通常是一层扁平的方形或长方形细胞，顶面观则为不规则形或波状的细胞构成，细胞之间排列紧密，除气孔外不具有细胞间隙，细胞质稀薄，液泡大，一般不含叶绿体，细胞与外界接触的壁较厚，常发生角质化，形成角质化层。不同植物的表皮角质层厚度不尽相同。由于角质层的存在可以有效地减少植物体内水分的散失和病菌入侵。角质层在增加机械支持能力方面也具有一定作用。此外，角质层表面的结构和纹饰，也可作为植物分类鉴别的依据之一（**图 2-3**）。表皮细胞外壁除发生角质化的增厚外，还可出现蜡质，防止水分过度散失，如竹子、甘蔗和高粱的茎杆及许多植物的果实，在其表面都不同程度地覆盖有一层白粉状的蜡被；还有些植物的表皮会出现矿质化，如禾本科植物中的硅质化细胞，能让植物器官表面变得粗糙而坚实。

表皮上除典型的表皮细胞外，还有不同类型的特化细胞，因植物种类不同有所区别，可用于植物类中药材的鉴别。

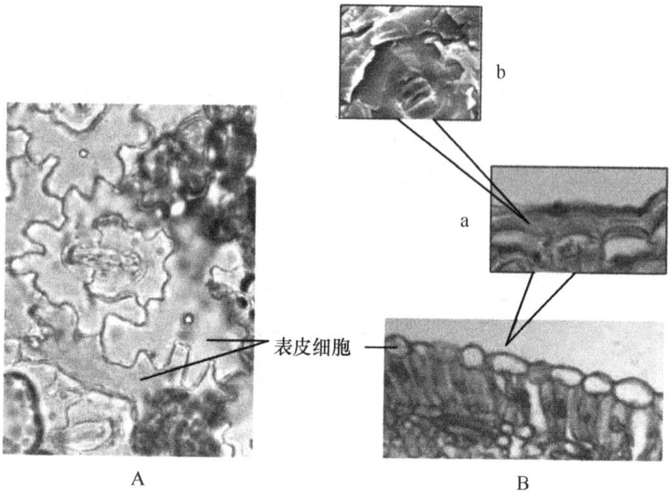

图 2-3 表皮

A.顶面观；B.横切面观；a. 显微镜下的角质层；b. 电镜下的角质层

1. 气孔（stoma） 气孔是植物表皮上的开孔，是植物表皮所特有的结构，多存在于植物体的叶、幼茎、花瓣、果实等地上部分的表皮上，但因植物的器官不同，所处的环境条件不同而有所差异，如在叶的下表皮分布较多，植物的地下部分及多数沉水植物的水下部分则没有。气孔是空气和水蒸气在植物体上的通路，在植物的同化、呼吸、蒸腾作用中具有重要的意义。

气孔起源于原表皮细胞，广义上的定义是指由两个**保卫细胞**（guard cell）及由保卫细胞对合而成的一条狭长的细胞间隙组成，也称为**气孔器**（stomatal apparatus）；狭义上的定义则把保卫细胞之间形成的细胞间隙称为**气孔**。

双子叶植物中组成气孔的保卫细胞呈现为半月形或肾形，细胞质较浓厚，细胞核明显，含有叶绿体，细胞壁在与表皮细胞相连的部分较薄，与孔隙相接处的壁较厚。因此，当保卫细胞充水时，外侧细胞壁发生形变、膨胀，气孔被打开，利于气体的交换及水分的散失；失水时，气孔闭合，以达到调节气体和水分进出的目的。与保卫细胞紧密相邻的细胞称为**副卫细胞**（subsidiary cell），是位于保卫细胞周围的与表皮细胞形状、大小不同的细胞（**图 2-4**）。副卫细胞的数目、形状及排列方式因植物的不同存在差异，因而将气孔与其周围的副卫细胞的排列方式称为气孔轴式或气孔类型，可作为物种或中药材，特别是叶类、全草类药材鉴定的依据。双子叶植物叶中常见的气孔轴式有平轴式、直轴式、不等式、不定式和环式五种（**图 2-5**）。

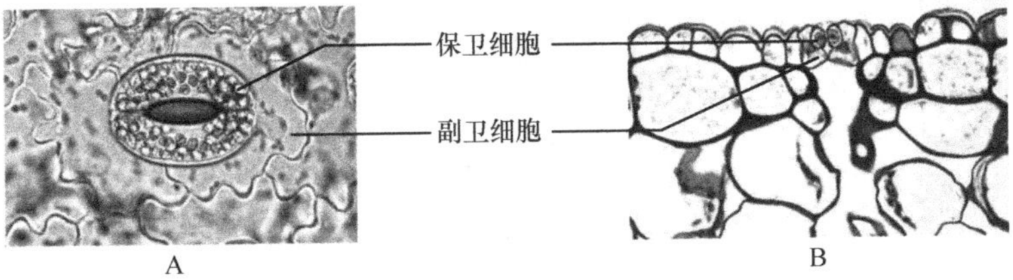

图 2-4　保卫细胞及副卫细胞

A. 保卫细胞及副卫细胞顶面观；B. 保卫细胞及副卫细胞横切面观

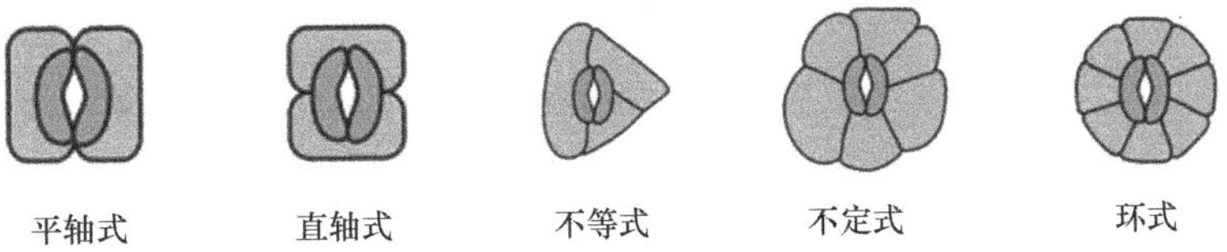

图 2-5　气孔轴式（类型）

（1）平轴式（paracytic type）：气孔周围的副卫细胞常为 2 个，其长轴与气孔长轴平行。茜草科茜草，豆科番泻和落花生，虎耳草科常山等植物的气孔轴式均为平轴式。

（2）直轴式（diacytic type）：气孔周围的副卫细胞常为 2 个，其长轴与气孔长轴垂直。直轴式是石竹、瞿麦、薄荷、益母草、爵床和穿心莲等植物常见的气孔类型。

（3）不等式（anisocytic type）：气孔周围有 3 个或 3 个以上副卫细胞，大小不等，其中 1 个特别小。十字花科植物和茄科植物中气孔轴式以不等式较为多见。

（4）不定式（anomocytic type）：气孔周围的副卫细胞数目不定，其大小基本相近，并与其他表皮细胞形状相似。毛茛、艾、洋地黄和玄参等植物的气孔轴式均为不定式。

（5）环式（actinocytic type）：气孔周围的副卫细胞数目不定，其形状较其他表皮细胞狭窄，围绕气孔排列成环状，如茶、桉和鱼腥草等植物的气孔类型。

单子叶植物的气孔与双子叶植物有所不同，如在禾本科植物中，保卫细胞为哑铃形，中部狭窄，壁较厚，两端膨大，成球状，壁较薄，当保卫细胞充水时，两端膨胀，气孔隙缝就会张开，反之则会关闭。在气孔的两个保卫细胞的外侧各有一个略呈三角形的副卫细胞（**图 2-6**）。

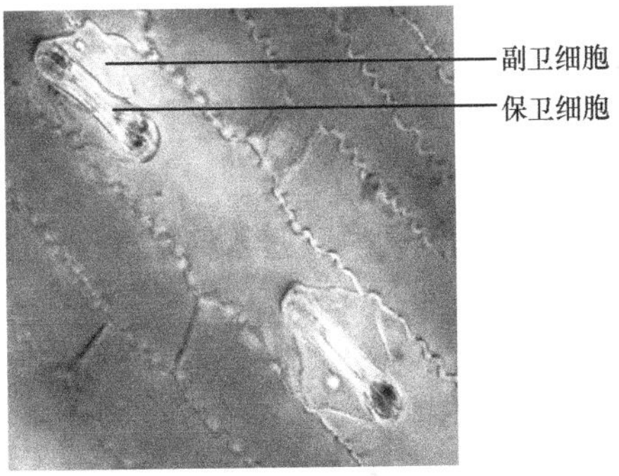

图 2-6　禾本科植物气孔表面观

裸子植物的气孔常陷入叶表面，悬挂于呈盖状的副卫细胞之下，其气孔类型也更多样，在鉴别时需要考虑到副卫细胞的来源与排列方式。

2. 毛茸（trichome / hair）　位于表皮细胞上的突起物，由表皮细胞特化而来，具有保护和减少水分蒸发的作用。毛茸主要有**腺毛**（glandular hair）和**非腺毛**（nonglandular hair）两类。

（1）腺毛（glandular hair）：是一类既具有保护作用又具有分泌作用的毛茸，由腺头和腺柄组成。腺头常膨大形成圆球形、圆锥形，由单细胞或多细胞组成，细胞表面常覆盖有较厚的角质层，能分泌挥发油、黏液或树脂等物质，分泌物积聚在细胞壁与角质层之间，并由角质层渗出或因角质层破裂而排出；腺柄不具有分泌能力，也有单细胞和多细胞之分。由于组成腺头和腺柄的细胞数目不同而使腺毛呈现出多种形态（**图 2-7**）。

此外，还存在一类特殊的腺毛，称为**腺鳞**（glandular scale）（**图 2-7**）。腺鳞腺头常由 6～8 个细胞组成，无腺柄或腺柄短，顶面观呈鳞片状，多见于唇形科植物。

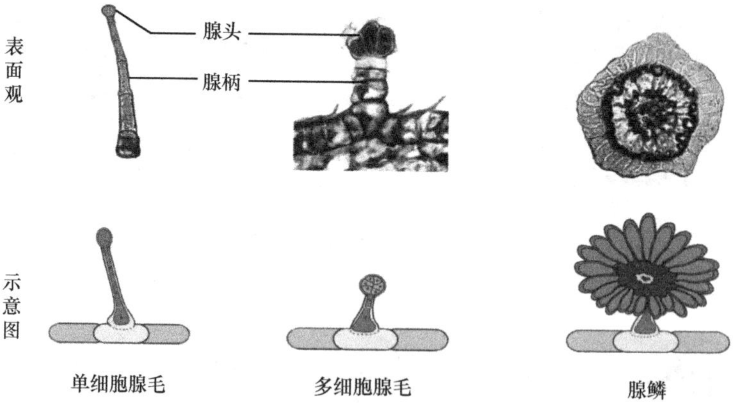

图 2-7 腺毛类型

（2）**非腺毛（nonglandular hair）**：是一类只具有保护作用而不具分泌功能的毛茸，无头、柄之分，由单细胞或多细胞组成，顶端常狭尖。由于组成非腺毛的细胞数目、分枝状况不同而有多种类型，如单细胞非腺毛、多细胞非腺毛、鳞毛、分枝状非腺毛和星状非腺毛等（**图 2-8**）。

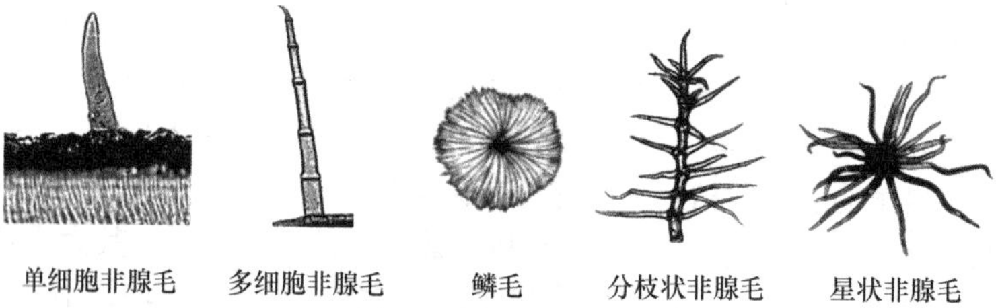

图 2-8 非腺毛类型

（二）周皮（periderm）

周皮也称为**次生保护组织**（secondary protective tissue），位于有加粗生长的根和茎的表面。通常草本植物很少有次生生长或只进行有限的次生生长，因此只有表皮。但是在木本植物的根或茎中，随着植物的不断增粗，表皮已不能满足植物生长的需求而发生脱落，由周皮代替其行使保护功能。

周皮来源于由次生分生组织分化形成的**木栓形成层**（phellogen/cork cambium），木栓形成层不断进行切向分裂，向外形成**木栓层**（cork/phellem），向内形成**栓内层**（corkcambium/phelloderm）。木栓层、木栓形成层和栓内层三者合称**周皮**。在某些植物（如落皮松）中，较早形成的周皮被新周皮隔离后逐渐枯死，常常发生剥落，成为**落皮层**（rhytidome）（**图 2-9**）。

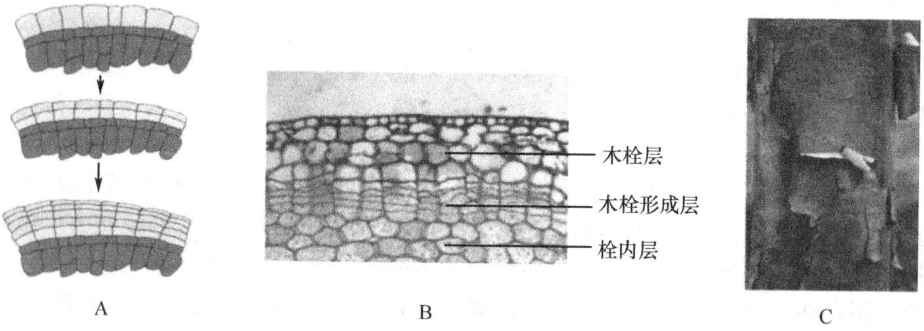

图 2-9 周皮

A. 周皮形成过程示意图；B. 周皮的结构；C. 落皮层

木栓层由发生栓质化加厚的死细胞所组成，细胞排列紧密，顶面观呈现为多角形，横切面上木栓层细胞则呈扁平形，径向整齐排列，切向延长，细胞壁含黄棕色或红棕色物质。由于栓质表现出的抗压、绝缘、隔热、具有弹性、抗有机溶剂和化学药品侵蚀的特性，因而可以对植物体起到有效的保护作用。

木栓形成层是由一层重新恢复分裂能力的薄壁细胞组成，为次生分生组织。木栓形成层发生的位置可以是中柱鞘（如双子叶植物的根部），也可以是表皮内侧的薄壁组织（如双子叶植物的茎）。

栓内层和木栓细胞相似，呈现为整齐的径向排列，但栓内层为生活细胞，由 1～2 层薄壁细胞构成，其结构和生理功能与其他薄壁组织细胞相同，在植物幼嫩时细胞中含有叶绿体，因而也称之为**绿皮层**（phelloderm）。

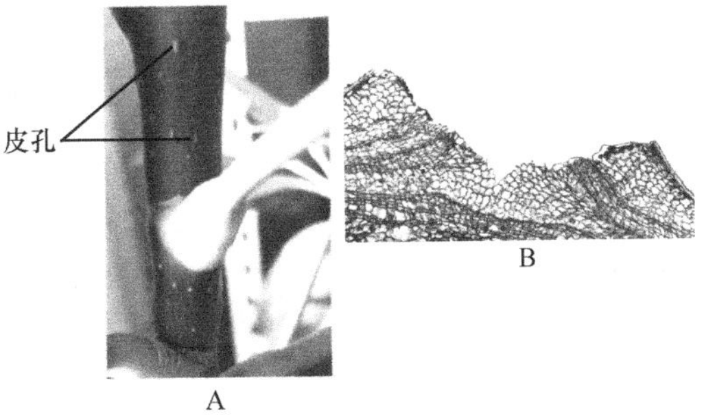

图 2-10　皮孔
A. 植物上的皮孔；B. 显微镜下的皮孔横切面

在多年生植物的茎上或者枝条上，或是某些植物的果实表面，分布着一些具有一定色泽、形状，呈现为纵向或横向排列，凸出或凹陷于植物体表面的斑点，这些斑点就是**皮孔**（lenticel）（**图 2-10**）。皮孔常形成于气孔所在位置的外侧，由于处于气孔位置的木栓形成层并没有分裂分化出木栓细胞，而是向外分裂形成许多排列疏松的非木栓化的薄壁细胞，称为**填充细胞**（complementary cell），填充细胞不断增多和长大，突破表皮，形成圆形或椭圆形的裂口，这种裂口即为皮孔，其功能是替代气孔，成为植物进行气体交换和水分蒸发的通道。

四、输导组织（conducting tissue）

输导组织承担着将植物所需要的水分、无机盐和有机养料等物质运输的作用，是植物体中最复杂，也是最重要的组织。因为要进行物质的运输，所以输导组织的细胞呈现出管状，上下相连，贯穿于整个植物体内的特点。输导组织的作用一方面表现为将根吸收的水分和无机盐，运送到地上部分，另一方面将叶进行光合作用的产物，运送到根、茎、花和果实中去，因此输导组织输送的物质和传送的方向是不同的，导致输导组织分化出了不同的构造和特征，根据构造和运输物质的不同，输导组织可以分为以下两大类。

（一）导管和管胞（vessel and tracheid）

导管和管胞存在于植物的**木质部**（xylem），自下而上输送由根部吸收的水分和无机盐类，运输的动力来自于因水分散失而产生的蒸腾拉力。为了保证水分及无机养料的流通，导管和管胞的细胞壁上会产生不同程度的次生加厚，但两者在植物的分布、形态和功能上都有所差异。

1. 导管（vessel）　**导管**是运输水分和无机盐的输导组织，为一串高度特化的管状死细胞纵向连接而成，每个管状细胞称为**导管分子**（vessel element），在相邻两个导管分子之间相接处的端壁常溶解消失，形成**穿孔**（perforation），细胞穿孔相互衔接，从而使得导管成为上下贯通的长管，输送水分和无机盐的速度较快。导管分子在发育初期是生活的细胞，成熟后，原生质体解体，细胞死亡，导管分子次生壁发生不均匀木质化增厚并形成各种纹理，而未加厚的部分同样可以进行水分和无机盐的运输，使得导管的输送能力得到进一步提高（**图 2-11**）。导管是被子植物最主要的输导组织，除被子植物外，某些蕨类植物（如卷柏、欧洲蕨）和裸子植物买麻藤目（如麻黄）中也存在导管。

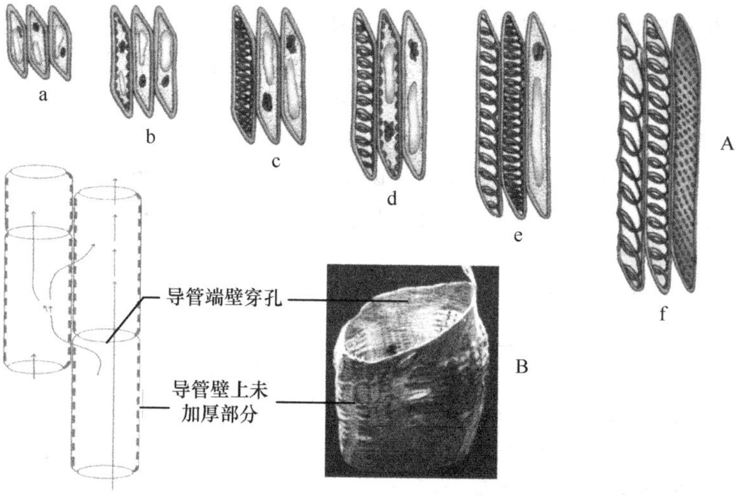

图 2-11　植物的导管

A. 导管分子的发育示意图（a. 未分化的导管分子；b 和 c. 第一个导管分子细胞壁发生不均匀加厚并成为死细胞，其他两个仍保持分化前状态；d 和 e. 第二个导管分子细胞壁发生不均匀加厚并成为死细胞；f. 三个导管分子全部分化为导管分子）；B. 导管结构及液流示意图

导管分子成熟后根据增厚所形成纹理的不同，可分为以下五种类型（**图 2-12**）。

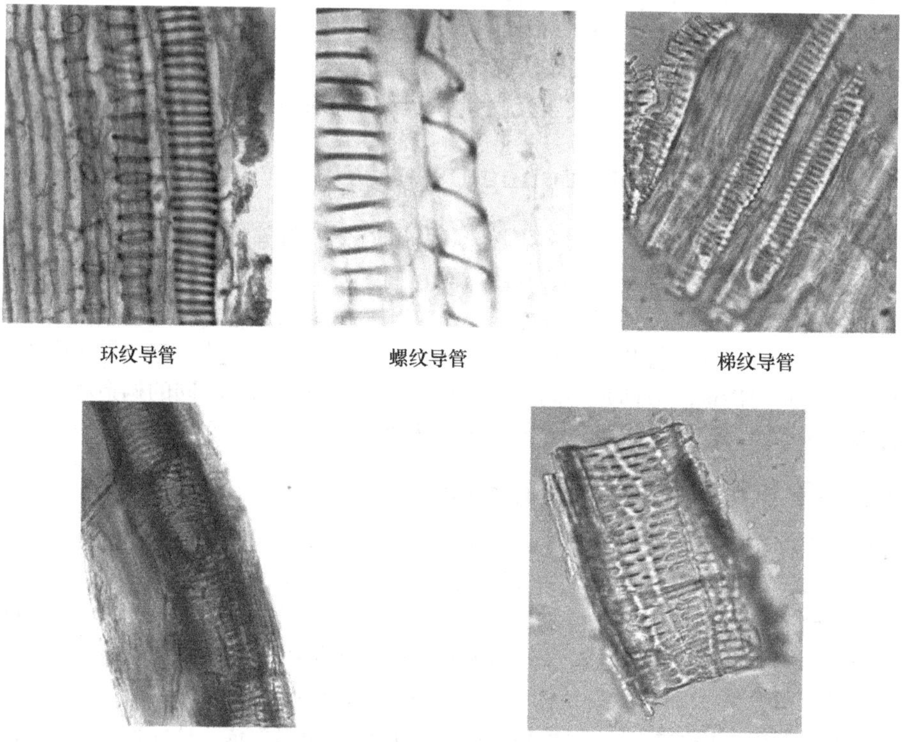

图 2-12　导管分子的类型

（1）环纹导管（annular vessel）：导管壁上的增厚部分呈环状。

（2）螺纹导管（spiral vessel）：导管壁上的增厚部分呈一条或数条螺旋带状。

（3）梯纹导管（scalariform vessel）：导管壁上既有横的增厚，也有纵的增厚，与未增厚部分相隔呈梯形。

（4）网纹导管（reticulated vessel）：导管增厚部分密集交织成网状，网眼是未增厚的部分。

（5）孔纹导管（pitted vessel）：导管壁几乎全面增厚，只有纹孔是未增厚的部分。根据纹孔不同又可分为单纹孔导管和具缘纹孔导管，前者未增厚部分为单纹孔，后者为具缘纹孔。

环纹导管和螺纹导管是较原始的初生类型，存在于植物器官的幼嫩部分，直径一般较小，输导能力较差；梯纹、网纹和孔纹导管是较进化的次生类型，多存在于植物器官的成熟部分，细胞壁厚，管径大，输导能力及支持作用均较强。

2. 管胞（tracheid） 从系统进化的角度来看，管胞较导管分子原始，是一种伸长的、末端尖锐、长梭形的细胞，直径较小，原生质体在分化成熟时逐渐消失，最后成为无原生质体的死细胞。和导管分子一样，管胞侧壁上会发生不同程度的次生加厚并形成环纹、螺纹、梯纹及孔纹等各种纹理，不同的是，管胞端壁上没有形成较大的穿孔，管胞以相叠的方式将偏斜的两端穿插而相互连接。水分或无机养料只能通过细胞壁上未增厚的部分或纹孔相互沟通（**图2-13**），在输导作用上不如导管的效率高，但机械支持的能力上却强于导管，是绝大多数蕨类植物和裸子植物的输水组织，在被子植物的木质部中也有管胞，但含量较少，不是主要输水组织。

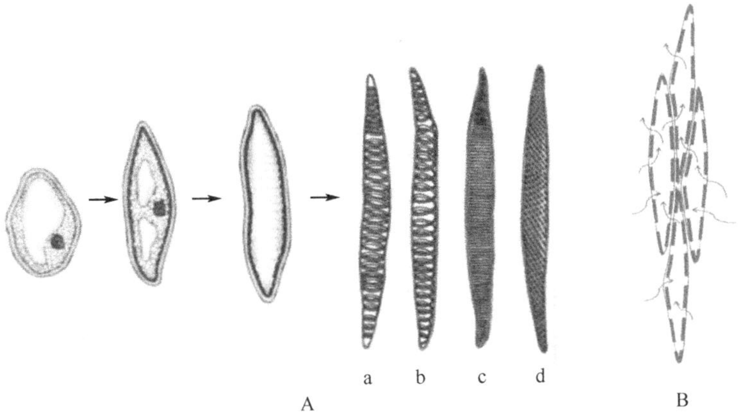

图2-13 管胞

A. 管胞发育示意图：a. 环纹管胞，b. 螺纹管胞，c. 梯纹管胞，d.孔纹管胞。B. 管胞液流示意图

（二）筛管和筛胞（sieve tube and sieve cell）

筛管和筛胞是负责输送光合作用产物的组织，存在于植物的韧皮部中，运输主要的方向是自上而下。与导管和管胞不同，筛管和筛胞运输动力来自于细胞间的渗透压。

1. 筛管和伴胞（sieve tube and companion cell） 筛管分布于被子植物中，由多数长管状的薄壁细胞纵向连接贯穿于整个植物体，其中每一个细胞称为**筛管分子**（sieve-tube element），是生活的细胞。筛管分子的端壁及部分侧壁上有许多小孔，称为**筛孔**（sieve pore）；筛孔集中分布的区域称为**筛域**（sieve area），筛管分子上下端壁由于不均匀的纤维素增厚，形成**筛板**（sieve plate），在筛板的筛域中所形成的筛孔较大；相邻筛管分子的原生质在筛板两侧形成一些较粗的丝状结构，称为**联络索**（connecting strand），联络索通过筛板上的筛孔彼此相连，使纵向连接的筛管分子相互贯通，形成同化产物的运输通道。

筛管分子在发育早期，含有细胞核和液泡，细胞质中含有线粒体、高尔基体、内质网和质体等细胞器，以及筛管分子中所特有的黏液体。在筛管分子发育成熟的过程中，细胞核逐渐解体，液泡膜破坏，核糖体、高尔基体、微管和微丝消失，只保留了与物质运输和维持生活直接有关的细胞器，以及可以保证筛管分子中物质运输对能量需要的线粒体，但这些细胞器和线粒体的内部结构和功能也有所消退。损失掉大部分细胞器的筛管分子失去了生长、转化和分裂的能力，只能由旁边的**伴胞**（companion cell）提供营养。

伴胞为细长梭形的薄壁细胞，与筛管分子经由同一个母细胞经不均等纵裂而产生，较大的子细胞形成筛管，较小的则成为伴胞。伴胞也可进行横向分裂，因此会出现筛管分子的一侧有多个伴胞的现象。伴胞在横截面上多呈三角形、方形或梯形，细胞核大，细胞质浓，有丰富的细胞器和膜系统，说明了伴胞的代谢活动非常活跃。伴胞与筛管分子相伴而生，通过胞间连丝与筛管分子联系，保持筛管分子的形态与渗透压，并为之提供营养和能量，当筛管分子衰老死亡时，伴胞也随之失去功能而死亡（**图 2-14**）。

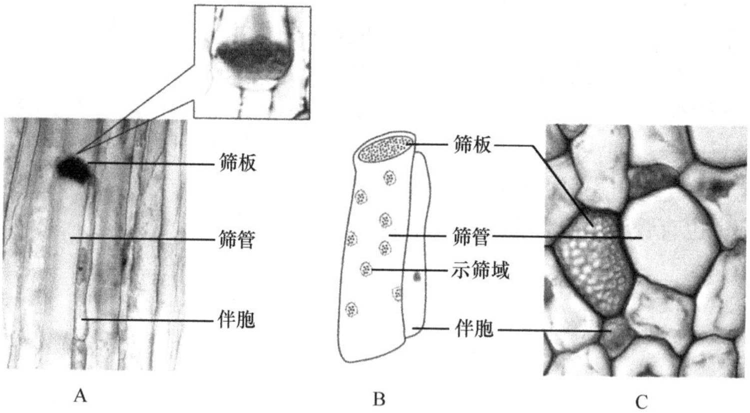

图 2-14 筛管和伴胞

A. 筛管和伴胞纵切面显微图；B. 筛管和伴胞纵切面示意图；C. 筛管和伴胞横切面显微图

当植物进入休眠状态时，一种称为**胼胝质**（callose）的黏稠糖类化合物聚集于筛管中筛孔的四周，在筛板上形成垫状沉积物，称为**胼胝体**（callosum）。胼胝体能暂时使筛管分子处于休眠状态，在次年春季来临时，胼胝质水解，胼胝体消溶，联络索重新出现，筛管又会重新恢复输导功能。

2. 筛胞（sieve cell） 与筛管分子相同，也是长管状的生活的薄壁细胞，不同的是：筛胞是存在于蕨类植物和裸子植物韧皮部的输导组织，为不具伴胞的单个分子，直径较小，细胞狭长，端壁狭尖，没有筛板的特化，侧壁上有集中分布的筛域，但原生质丝通过的孔要比筛管中的筛孔细小得多，故而输导功能弱于筛管。

五、机械组织（mechanical tissue）

机械组织存在于各种器官的初生和次生构造中，是一群细胞壁具有明显增厚的细胞，具有很强的抗张、抗压和抗曲挠的能力，在植物中起主要支撑和保护作用。根据细胞壁增厚的方式、增厚成分、增厚的程度及增厚的部位不同，机械组织可分为**厚角组织**（collenchyma）和**厚壁组织**（sclerenchyma）。

（一）厚角组织（collenchyma）

厚角组织分布于草本植物茎和尚未进行次生生长的木本植物的茎、叶柄和叶脉、花柄等部分的外围，直接和表皮相邻，或被几层薄壁细胞隔开，根中一般不存在。在唇形科植物的方茎中，伞形科植物等具棱的茎和叶柄的菱脊处厚角组织特别发达，连续成圆筒状或分离成束；在叶片中，厚角组织位于叶脉的一侧或两侧。

厚角组织由活细胞组成，常含有叶绿体，细胞壁在角隅处发生不均匀增厚，也有在切向壁或细胞间隙处增厚的，这种增厚具初生壁性质，由纤维素、半纤维素和果胶质组成，不含木质素（图 2-15）。细胞的可塑性较大，亦具有分裂的潜能，在许多植物中，它们也可能参与到木栓形成层的形成中。

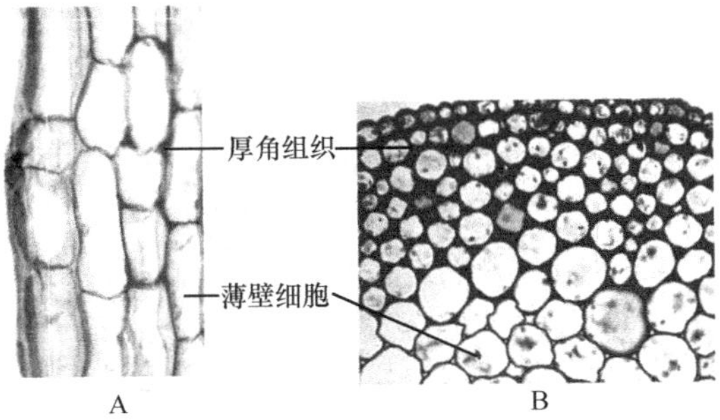

图 2-15 厚角组织

A. 纵切面观；B. 横切面观

（二）厚壁组织（sclerenchyma）

厚壁组织是在细胞的初生壁上沉积了木质化的次生壁后所形成的具有全面增厚的次生壁的机械组织。**厚壁组织**成熟后成为死细胞，可与厚角组织区别。厚壁组织的细胞壁极厚，有明显的层纹和孔纹道，细胞腔较小，因含木质而变得坚硬，不具有可塑性，在植物中起主要的支撑作用，能使植物的器官抵抗各种伸张、扭曲、重量和压力等引起的强力。根据细胞形状的不同，厚壁组织可分为纤维与石细胞两大类。

1. 纤维（fiber） 广泛分布于成熟植物体的各部分，包括茎、根及叶内的维管束中，是极为细长的梭形细胞，长度为宽度的许多倍，两端长而尖狭，互相连结；成熟后的纤维细胞发生明显的次生壁加厚，壁上纹孔道一般较稀少，并常呈缝隙状，细胞腔很小或几乎没有（图 2-16）。纤维通常在体内相互重叠排列，紧密结合成束，增加组织的强度，使它具有强大的抗压能力和弹性，成为成熟植物体中主要的支持组织。

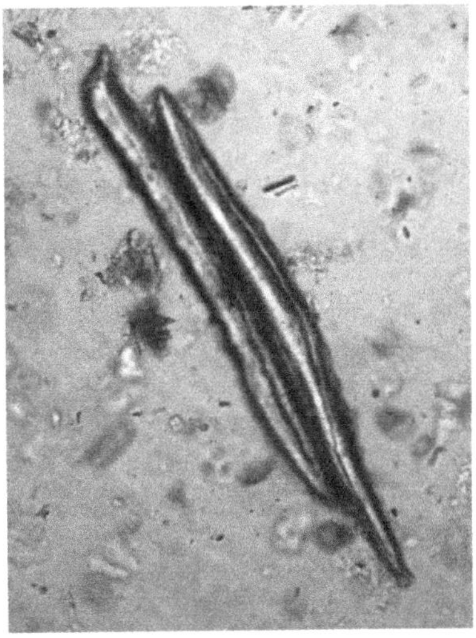

图 2-16 纤维

根据纤维在植物体内发生的位置，又可分为**木纤维**和**木质部外纤维**。

（1）木纤维（xylem fiber）：分布于被子植物的木质部中，是一群细胞壁强烈木质化并呈纺锤形的细胞。

（2）木质部外纤维（extraxylary fiber）：存在于木质部以外的韧皮部、基本组织和皮层等结构中，因多分布在韧皮部，因此也常称为**韧皮纤维**（phloem fiber）。纤维细胞一般呈长纺锤形，细胞壁厚，细胞腔呈狭长的缝隙。横切面观，细胞呈多角形、圆形或长圆形等，细胞壁具同心纹层。

在药材中，还可以见到**嵌晶纤维**（intercalary crystal fiber）、**晶鞘纤维**（crystal fiber）和**分隔纤维**（septate fiber）等一些特殊类型的纤维，可作为药材鉴定的识别特征（图 2-17）。

2. 石细胞（stone cell） 常分布于植物的根、茎、叶、果实或种子中，单个或成群分布，也可形成坚实而完整的一层，构成了植物中较为坚硬的部分，如果核、种子的种皮。石细胞的次生壁极度增厚并强烈木质化，出现同心层纹，细胞壁上于原来纹孔的位置，因细胞壁的加厚形成细长或分枝的**纹孔道**（pit canal），细胞腔小，无原生质层（图 2-18）。石细胞多为球形、多面体形、短棒状或分枝状等，但不及纤维那样细长，其分布可因植物的属、种不同而有差异，可作为药材鉴别的一种辅助依据。

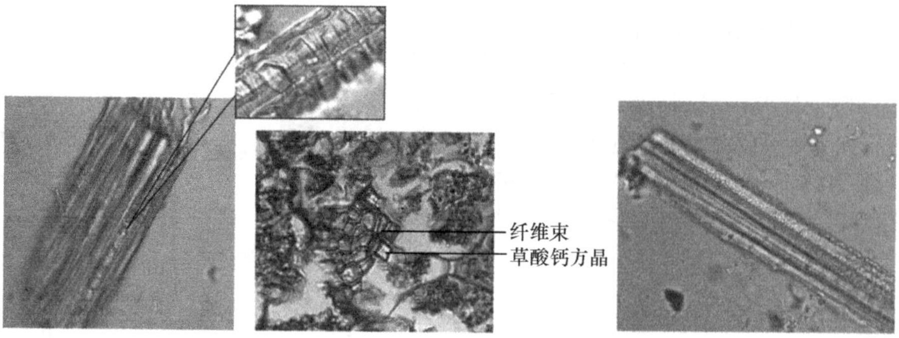

A　　B

图 2-17　晶鞘纤维（A）和嵌晶纤维（B）

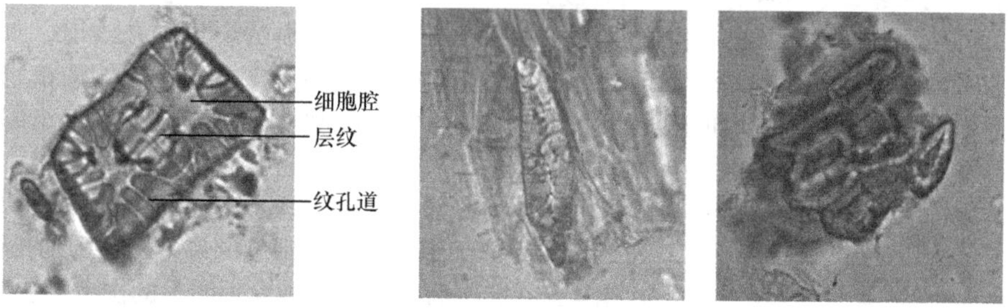

石细胞的结构　　单个石细胞　　石细胞群

图 2-18　石细胞

六、分泌组织（secretory tissue）

分泌组织可分布于植物体的各个部位，是植物体中能够分泌挥发油、树脂、乳汁、黏液和蜜汁等特殊物质的细胞或细胞群，多为生活细胞。植物产生分泌物的细胞来源各异，形态多样，分布方式也不尽相同，有的单个分散于其他组织中，也有的集中分布，或特化成一定结构，可作为某些植物药材鉴别的要点。

根据分泌组织的分布、分泌物积聚在体内还是排出体外的不同，可分为外部分泌组织和内部分泌组织两大类。

（一）外部分泌组织（outer secretory tissue）

外部分泌组织位于植物的体表，分泌物排出体外，主要包含腺毛、腺鳞和蜜腺。**蜜腺**（nectary）是由细胞质浓厚的一层表皮细胞或连同其下面数层细胞组成，具有分泌蜜汁的能力。组成蜜腺的细胞体积通常较小，细胞质浓、细胞核大，常具有发达的内质网和高尔基体。细胞质产生的蜜汁，可通过细胞壁上角质层破裂向外扩散，或经过表皮上的气孔排出。蜜腺分泌物的原料来自韧皮部的汁液，因此，蜜腺周围常有维管束存在，当维管束中韧皮部发达时，分泌物中糖分含量较高，木质部发达时，糖分含量降低，水分含量增高。蜜腺常存在于虫媒花植物的花被基部或花托上，为传粉昆虫提供食物，加之与花的色彩和香味相配合，适应虫媒传粉的特征，这类蜜腺称**花蜜腺**（floral nectary），有时也存在于植物的茎、叶、叶柄和苞片等部位，这类蜜腺则称为**花外蜜腺**（extrafloral nectary）。

（二）内部分泌组织（internal secretory tissue）

内部分泌组织存在于植物体内，分泌物也贮积在体内。根据形态结构和分泌物的不同，可分为以下四种。

1. 分泌细胞（secretory cell）　**分泌细胞**是构成植物分泌组织的基本单元，是单个地分散于薄壁组织中的具有分泌能力的薄壁细胞，其分泌物贮存在细胞内，当贮满分泌物后，成为死亡细胞，其形状与周围的细胞相同，但体形上略大。根据其内部物质的不同，分为结晶细胞、单宁细胞、树脂细胞、黏液细胞和乳细胞等（**图 2-19**）。

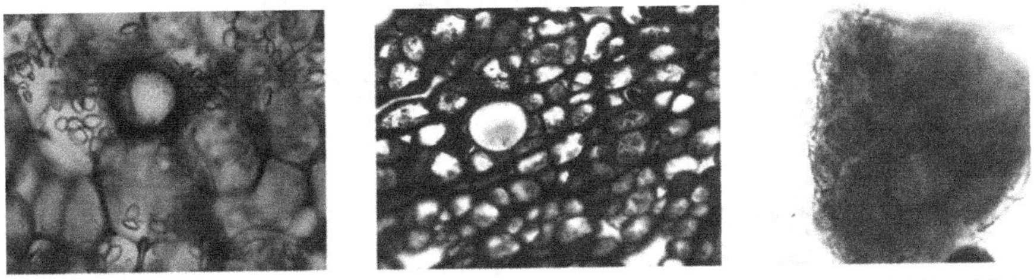

生姜中的分泌细胞　　肉桂中的分泌细胞　　五味子外果皮中的分泌细胞

图 2-19　分泌细胞

2. 分泌腔（secretory cavity）　**分泌腔**是由分泌细胞所形成的腔室状分泌结构，分泌物以挥发油类为主，贮存在腔室内，故又称**油室**（oil cavity）。分泌腔分为**离生式分泌腔**（schizogenous secretory cavity）和**溶生式分泌腔**（lysigenous secretory cavity）。所谓**离生（裂生）式分泌腔**是由分泌细胞彼此分离，细胞间隙扩大而形成，分泌细胞完整。**溶生式分泌腔**则是分泌细胞的细胞壁发生溶解破裂而形成，腔室周围的分泌细胞常破碎不完整（**图 2-20**）。

3. 分泌道（secretory canal）　**分泌道**和分泌腔类似，是由多数分泌细胞彼此分离所形成的管道状结构，分泌物贮存在管道内。分泌道横切面观与离生式分泌腔相似，呈类圆形，纵切面观则呈管状（**图 2-21**）。不同植物中的分泌物不同，如裸子植物中松科和柏科的茎中常常分泌的是树脂或油树脂，因此称为**树脂道**（resin canal）；伞形科植物的果实，如小茴香的分泌道中含挥发油，称之为**油管**（vittae）；而如美人蕉或椴树的分泌道含黏液，称为**黏液道**（slime canal）。

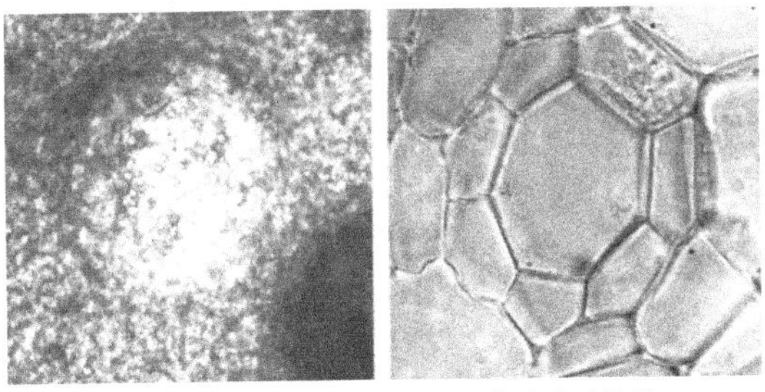

溶生式分泌腔　　离生式分泌腔

图 2-20　分泌腔

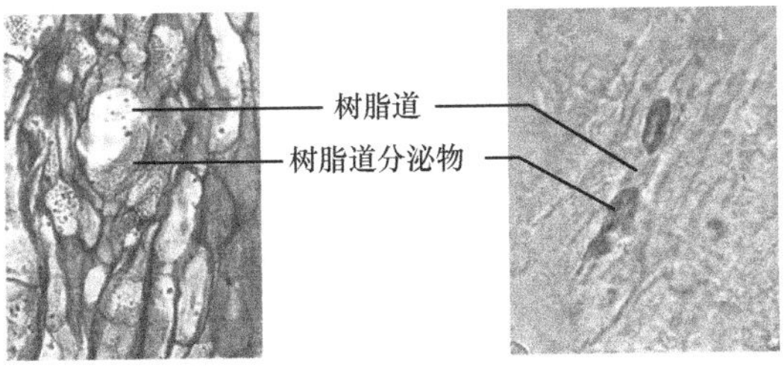

树脂道横切面　　树脂道纵面观

图 2-21　分泌道（示人参中树脂道）

4. 乳汁管（laticifer）　**乳汁管**由一个或多个细长分枝的能够分泌乳汁的管状细胞构成，可以随着植物的生长连续分化至叶、花和果实，细胞一般表现为纵列，但也会相互横向连接，在植物中连成复杂的网状。构成乳汁管的细胞是具有细胞质和细胞核的生活细胞，具有强烈的分泌作用，其分泌的乳汁贮存在细胞内。乳汁管可分为无节乳汁管和有节乳汁管两种类型。

（1）无节乳汁管（nonarticulate laticifer）：由单个细胞构成，能随着植物体的生长不断伸长，长度可达几米，贯穿于整个植物体中，在发育过程中，细胞核进行分裂，但细胞质不分裂而形成多核细胞，管壁上无节。根据分枝与否，无节乳汁管又可分为有分枝的无节乳汁管（如大戟科、夹竹桃科和萝藦科等植物）和不分枝的无节乳汁管（如大麻等桑科植物）。

（2）有节乳汁管（articulate laticifer）：由多个细胞互相对接在一起所形成的乳汁管，连接处细胞壁溶解，形成错综连接而成的网状系统，乳汁可以通过溶解的细胞壁在乳汁管中互相流动。

乳汁具黏滞性，多为白色，但也有黄色或橙色，常含有多种药用活性成分。

第二节 维管束及其类型

Types of Vascular Bundle

一、维管束（vascular bundle）

维管束是由多种组织构成的一种复合结构，呈束状，贯穿于整个植物体的内部。由于维管束中输导组织的存在，水分和养料能在植物体中进行远距离的运输，可以满足植物体摆脱对于水环境高度依赖的要求，从而地球上慢慢出现了陆生植物。维管束的产生始于蕨类植物，裸子植物和被子植物的维管系统更为进化，因而这 3 类植物也称为**维管植物**（vascular plant）。维管束分布于植物体的各种器官内，彼此相连形成一个维管系统，承担着水分和物质的运输，并兼有支持作用。

维管束主要由**韧皮部**（phloem）和**木质部**（xylem）组成（**图 2-22**）。韧皮部较柔韧，由筛管和伴胞、筛胞、韧皮薄壁细胞和韧皮纤维组成；木质部则相对较坚硬，由导管、管胞、木薄壁细胞和木纤维组成。在双子叶植物和裸子植物的次生构造中，维管束中还分布有辐射状的射线，包括位于次生韧皮部的韧皮射线和位于次生木质部的木射线，两者相连接，也称为**维管射线**（vascular ray）或**次生射线**（secondary ray），有横向运输和贮藏养分的作用。

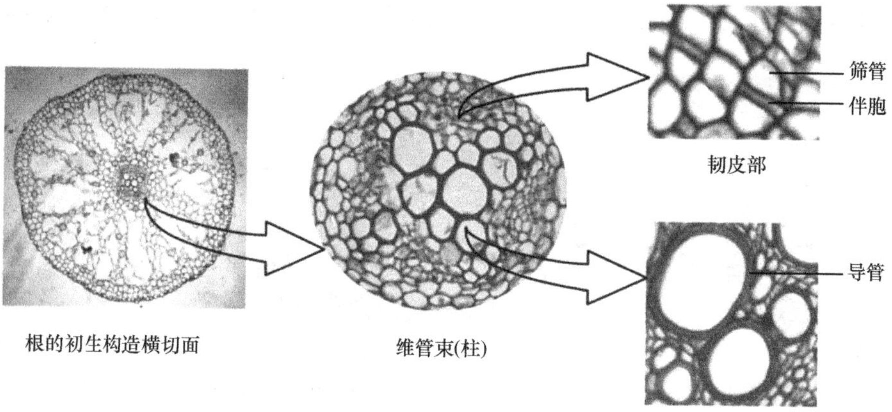

图 2-22　根的初生构造中的维管束

二、维管束的类型（types of vascular bundle）

根据维管束中韧皮部和木质部排列方式的不同，以及形成层的有无，可将维管束分为下列几种类型（**图 2-23**）：

1. 有限外韧维管束（closed collateral vascular bundle）　韧皮部位于外侧，木质部位于内侧，两者并行排列，中间没有形成层。有限外韧维管束为单子叶植物茎中常见的维管束类型。

2. 无限外韧维管束（open collateral vascular bundle） 韧皮部和木质部的排列顺序与有限外韧维管束相同，不同之处是在韧皮部和木质部之间有形成层。典型代表为裸子植物和双子叶植物根、茎中的次生维管束。

3. 双韧维管束（bicollateral vascular bundle） 通常木质部在中央，其内外两侧为韧皮部。双韧维管束常见于茄科、葫芦科、夹竹桃科和旋花科等植物的茎中。

4. 周韧维管束（amphicribral vascular bundle） 韧皮部围绕在木质部的四周，木质部位于中间，如百合科、禾本科、棕榈科、蓼科和蕨类的某些植物。

5. 周木维管束（amphivasal vascular bundle） 与周韧维管束相反，韧皮部位于中间，木质部围绕在韧皮部的四周。周木维管束常见于百合科、鸢尾科、天南星科、莎草科和仙茅科等植物的茎或根茎中。

6. 辐射维管束（radial vascular bundle） 韧皮部和木质部相互间隔成辐射状排列，并形成一圈。辐射维管束存在于被子植物根的初生构造中。

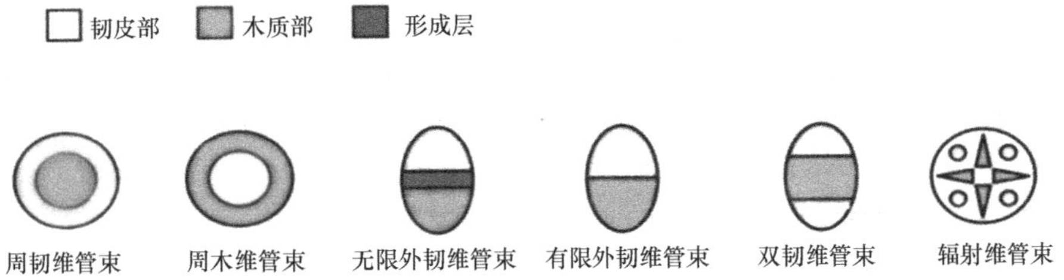

图 2-23　维管束的类型

Summary

1. **Tissue** is a cellular organizational level intermediate between cells and a complete organ. A tissue is an ensemble of similar cells from the same origin that together carry out a specific function. Organs are then formed by the functional grouping together of multiple tissues. Plant tissues can be divided into two types：meristematic tissues and permanent tissues.

2. **Meristematic tissue or meristem** is the tissue in most plants containing undifferentiated cells，found in zones of the plant where growth can take place. Meristematic cells give rise to various organs of the plant and keep the plant growing. Cell division in the meristem is required to provide new cells for expansion and differentiation of tissues and initiation of new organs，providing the basic structure of the plant body. Cells in these tissues are roughly spherical or polyhedral，to rectangular in shape，and have thin cell walls. The cells have a large nucleus with small or no vacuoles，and they have no inner cellular spaces. Meristem is classified as apical meristem，lateral meristem and intercalary meristem.

3. **Parenchyma** or ground tissue is the most common tissue of plant. It can be distinguished through their thin cell wall as compared to other cells. Parenchyma cells make up the bulk of the soft parts of plants，including the insides of leaves，flowers and fruits（but not the epidermis or veins of these structures）. The shape of parenchyma cells varies with their function. Parenchyma cells have a variety of functions：photosynthesis，exchange of gases，storage and other specialized functions such as aeration and support.

4. **Protective tissue** is the outermost cell layer of the primary plant body. There are two differentiated types of protective tissue：**epidermis** and **periderm**. This tissue has a number of

functions: protection against water loss, regulation of gas exchange, secretion of metabolic compounds, etc.

(1) **Epidermis** is the outermost cell layer of the primary plant body. The epidermis is main component of the dermal tissue system of leaves, and also stems, roots, flowers, fruits, and seeds. It forms a boundary between the plant and the external environment. The plant epidermis consists of stoma, trichomes, guard cells and their subsidiary cells.

(2) **Stoma** is a pore, found in the epidermis of leaves, stems, and other organs, that is used to control gas exchange. The pore is bordered by a pair of specialized parenchyma cells known as guard cells that are responsible for regulating the size of the opening. There are five types of stomata: **paracytic**, **diacytic**, **anisocytic**, **anomocytic** and **actinocytic**.

(3) **Trichomes** on plants are epidermal outgrowths of various kinds. The most basic types are **glandular hair** and **non-glandular hair**.

(4) **Periderm**—replaces the epidermis, and acts as a protective covering like the epidermis.

5. **Conducting tissue** is the important tissue of vascular plants to transport and support, consisting primarily of vessels and tracheids, sieve tube and its companion cell and sieve cell.

(1) **Vessels** is one of the cell types found in xylem, the water conducting tissue of plants. Vessel elements are typically found in angiosperms. There are five types of vessel: annular vessel, spiral vessel, scalariform vessel, reticulated vessel, and pitted vessel.

(2) **Tracheids** are elongated cells in the xylem of vascular plants that serve in the transport of water and mineral salts.

(3) **Sieve tubes and companion cells** are a specialized type of elongated cells in the phloem tissue of flowering plants. The main function of the sieve tube is to transport of carbohydrates, primarily sucrose, in the plant.

(4) **Sieve cells** have the same function with sieve tube but are found in gymnosperms and pteridophyte.

6. **Mechanical tissue** is present in the primary and secondary structures of various organs, and it is a cell with marked thickening of the wall. Mechanical tissue can be divided into two types: thick angle tissue (collenchyma) and thick wall tissue (sclerenchyma). Mechanical tissue has a strong anti-tensile, compressive and flexural capacity.

(1) **Collenchyma** is the first of the supporting tissues found in young stems and leaves. These cells retain living protoplasts in maturity, as do parenchyma cells. Wall thickenings are conspicuous at the corners of cells. While these thickenings contribute to the strength of cells, they also remain plastic so the cells can stretch.

(2) **Sclerenchyma** is another supporting tissue. There are two kinds of sclerenchyma: stone cells and fibers.

(3) **Fiber** is extremely elongated spindle cells. There are two kinds of fiber: xylem fiber and extraxylary fiber.

7. **Secretory tissue** is concerned with the secretion of gums, resins, volatile oils, nectar latex, and other substances in plants. There are two kinds of secretory tissue: external secretory tissue and internal secretory tissue.

(1) **External secretory tissue** is present on the surface of the plant. Substances may be excreted to the surface of the plant or into intercellular cavities or canals. It mainly consists of glandular hairs, glandular scales and nectary.

(2) **Internal secretory tissue** exists in plant. The secreted substance may remain deposited

within the secretory cell itself. Some of the many substances contained in the secretions are not further utilized by the plant（resins，rubber，tannins，and various crystals），while others take part in the functions of the plant（enzymes and hormones）. It consists of secretory cell，secretory cavity，secretory canal and laticifer.

8. **Vascular bundle** is a part of the transport system in vascular plants. Complex tissue consists of more than one type of cells which work together as a unit.

（1）**Vascular bundle** help in the transportation of organic material，water and minerals up and down the plants. The common types of complex permanent tissue are xylem and phloem.

（2）**The xylem** has two kinds of conducting cells，tracheids and vessels，and two kinds of non-conducting cells，fibers and parenchyma. The basic function of xylem is to transport water，but it also transports some nutrients.

（3）**Phloem** is the living tissue that carries organic nutrients to all parts of the plant where needed. Phloem tissue consists of：conducting cells，generally called sieve elements；parenchyma cells，including both specialized companion cells or albuminous cells and unspecialized cells；and supportive cells，such as fibres and sclereids.

复习思考题（review questions）

1. 名词解释：组织、薄壁组织、表皮和周皮、保卫细胞和副卫细胞、腺毛和非腺毛、厚角组织和厚壁组织、纤维和石细胞、导管和管胞、筛管、伴胞和筛胞、外部分泌组织和内部分泌组织、离生式分泌腔和溶生式分泌腔、维管束。
2. 植物组织有哪几类？各自结构、功能和分布有何特点？
3. 什么是分生组织？根据性质和来源不同，分生组织可分为哪几类？有何特点？
4. 说明表皮和周皮在结构和功能上有何差异？
5. 何谓气孔轴式？气孔轴式有哪些类型？每种类型的特征是什么？
6. 导管有哪几种类型？各有什么特点？
7. 导管与筛管和伴胞分别存在于植物维管束的什么部位，各有什么功能？
8. 从输导组织的结构和组成分析说明为什么被子植物比裸子植物更高级？
9. 详细说明维管束的结构及其类型。

第三章　植物的器官

Plant Organs

学习目标

1. 掌握：根的功能、类型、根系类型和根的变态，根的初生构造和次生构造。茎的形态特征，茎的类型，变态茎的类型，木本双子叶植物茎的次生结构。植物叶的形态、叶的类型、叶序及叶的结构。被子植物花的外部形态、基本结构和功能。果实和种子的分类及结构组成。

2. 熟悉：根尖的构造，侧根的形成。茎尖的结构，茎的初生结构。叶的变态。花序的概念和类型。肉质果和干果的类型及有胚乳种子和无胚乳种子的特征。

3. 了解：根的发生，根的异常构造。双子叶植物茎的异常次生结构，裸子植物茎的结构特点。叶的生理功能。运用花程式和花图式描述花形态特征的方法。果实和种子的形成。

植物的器官（plant organs）是由多种植物组织构成的具有特定的外部形态和内部构造并执行一定生理功能的植物体的组成部分。种子植物是植物界中最进化的类群，它不仅具有各种复杂的组织，而且有各种不同形态、结构和功能的组织组成的不同器官。典型的种子植物具有根、茎、叶、花、果实和种子六种器官，执行着不同的生理功能。其中根、茎和叶执行养料、水分的吸收、运输、转化和合成等营养功能，称为**营养器官**（vegetative organ）；而花、果实和种子完成开花结果至种子成熟的全部生殖过程，称为**繁殖器官**（reproductive organ）。这些器官在生理上有明显的分工，并有与所执行的功能相适应的形态结构，表现出形态结构与生理功能的统一性。各器官间彼此有着密切联系，相互协调，有机地结合为一整体，共同完成植物的新陈代谢及生长发育过程。植物各器官的形态结构特征又是在长期对环境条件的适应及相互作用的过程中形成的，并不断趋于完善。

第一节　根

Roots

根（root）是维管植物的重要营养器官，是植物在长期进化过程中适应陆地生活的产物。根通常生长于地下，其顶端能无限地向下生长，并形成庞大的根系。

一、根的形态和类型（morphology and types of roots）

（一）根的发生及形态（formation and morphology of roots）

种子植物最初的根由种子中的胚根发育形成。大多数双子叶植物和裸子植物的胚根继续发育，垂直于地面向下生长，形成主根，主根生长到一定长度后，生出许多分枝。因生长需要，在茎、叶、胚轴或老根上也会产生根。根的外形一般呈圆柱形，在土壤中越向下越细，并向四周分枝，形成复杂的根系。根具有向地、向湿和背光的特性，通常生长在土壤中，无节和节间，细胞不含叶绿体。根的表面一般较为平滑，当具有次生保护结构（周皮）时则会变得粗糙。

（二）根的类型（types of roots）

1. 主根和侧根（taproot and lateral root） 最初由植物种子的胚根直接发育来的根称为**主根**（taproot）或**初生根**（primary root）。当主根生长到一定程度时，从其侧面长出的分枝，称为**侧根**（lateral root）。在侧根上形成的小分枝称**纤维根**（fibrous root）。

2. 定根和不定根（normal root and adventitious root） 根就其发生起源不同可分为**定根**（normal root）和**不定根**（adventitious root）两类。凡是直接或间接由胚根发育而成的主根、侧根及各级纤维根称为**定根**，它们有固定的生长部位，如桔梗、人参和棉花等的根。凡不是直接或间接由胚根发育而来的根称**不定根**。不定根没有固定的发生部位，而是从茎、叶或其他部位生长出来的，如玉蜀黍、薏苡、麦和稻的种子萌发后，由胚根发育成的主根不久即枯萎，而从茎的基部节上长出许多大小、长短相似的须根，这些根就是不定根；再如人参根状茎（芦头）上的不定根，药材上称为“艼”；又如秋海棠、落地生根的叶及菊、桑、木芙蓉的枝条插入土中后所生出的根都是不定根，因此在栽培上常利用此特性进行插条繁殖。

（三）根系的类型（types of root system）

根系（root system）是一株植物地下所有根的总体，常具一定的形态。按其来源和形态不同分为**直根系**（taproot system）和**须根系**（fibrous root system）两类（**图 3-1**）。

1. 直根系（taproot system） 主根发达，主根和侧根界限非常明显的根系称**直根系**。它的主根通常较粗大，一般垂直向下生长，上面产生的侧根较小，如人参、沙参、桔梗、棉花和蒲公英的根系，是一般双子叶植物和裸子植物根系的类型。

2. 须根系（fibrous root system） 主根不发达或早期死亡，而从茎的基部节上生长出许多大小、长短相似的不定根伸入土中，簇生呈须状，没有主次之分的根系称**须根系**。须根系是大多数单子叶植物如玉蜀黍、稻、麦和葱，以及少数双子叶植物如白前、徐长卿和龙胆等的根系。

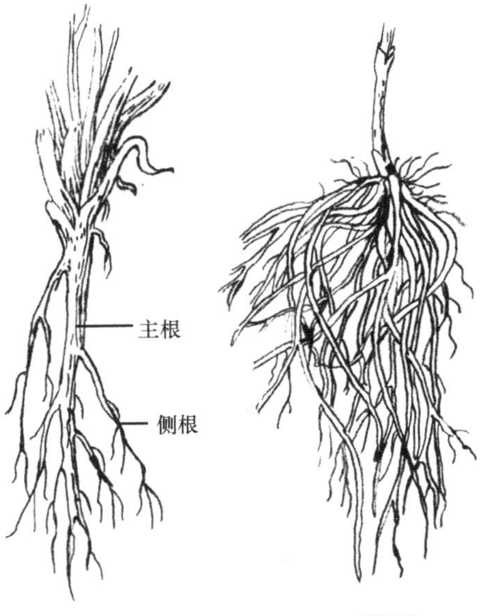

图 3-1　直根系和须根系

二、根的变态（abnormal morphology of roots）

根与植物其他器官一样，在长期的进化过程中，为了适应生活环境的变化，形态构造和生理功能产生了许多变态，且这些变态性状形成后可以传给后代，这就是根的**变态**。定根和不定根都可以发生变态，常见的变态根有以下几种（**图 3-2**、**图 3-3**）。

（一）贮藏根（storage root）

根的一部分或全部因储藏大量营养物质呈肉质肥大状，这种根称**贮藏根**（storage root）。按发生来源及形态不同可分为两种。

1. 肉质直根（fleshy tap root） 由主根发育而成，一株植物上只有一个肉质直根，其上部具有下胚轴和节间很短的茎，如胡萝卜、人参、桔梗和白芷等。这些贮藏根外形相似但膨大加粗方式和贮藏组织的来源却不同。其肥大部位可以是韧皮部，如胡萝卜；也可以是木质部，如萝卜。根据其外形，膨大呈圆锥状的称**圆锥根**（conical root），如胡萝卜、白芷和桔梗；肥大呈圆柱形的称**圆柱根**（cylindrical root），如菘蓝和丹参；肥大呈圆球形的称**圆球根**（root ball），如芜菁和珠子参。

2. 块根（tuberous root）　由不定根或侧根膨大发育而成，因此在一株植株上可形成多个块根，且不具有胚轴和茎的部分。块根形状不规则，膨大多由异常生长引起。例如，何首乌是侧根膨大，而天门冬和百部是不定根膨大。根据块根的外形，呈纺锤状的称**纺锤状根**（fusiform root），如百部和天门冬；呈块状的称**块状根**（tuberous root），如番薯和何首乌；呈掌状的称**掌状块根**（palmate tuber），如手掌参。块根的大小、色泽及质地均可作为识别植物的依据。

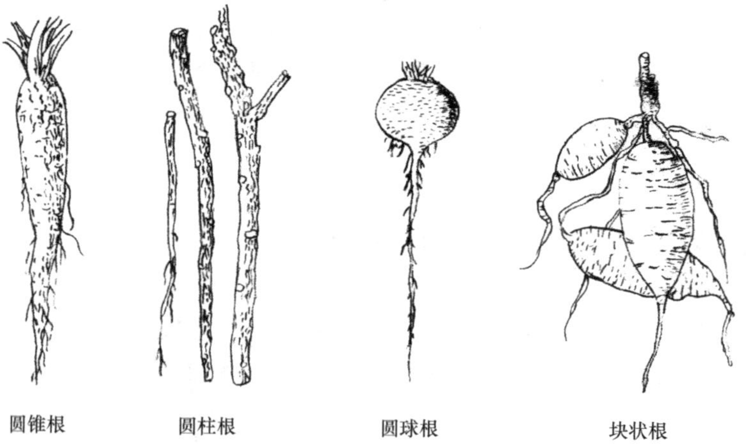

图 3-2　根的变态（地下部分）

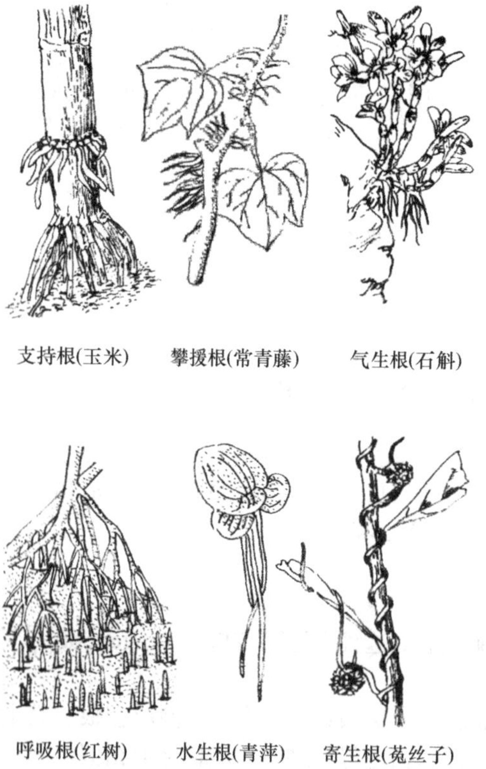

图 3-3　根的变态（地上部分）

（二）支柱根（prop root）

支柱根又称**支持根**（supporting root），由茎上产生的不定根，可伸入土中起支持作用。小型支柱根常见于玉蜀黍、薏苡和甘蔗等禾本科植物；较大型支柱根常见于榕树，从茎枝生出许多不定根，垂直向下，到达地面后伸入土壤，以后因次生生长，形成较大的木质支柱根，起支持和呼吸作用，榕树可以此方式扩展树冠而呈现“独树成林”的景观。

（三）气生根（aerial root）

由茎上产生，不伸入土里而暴露在空气中的不定根。它具有在潮湿空气中吸收和贮藏水分的能力，如石斛、吊兰和榕树等暴露于空气中的根。

（四）攀援根（climbing root）

攀援根是植物茎细长柔弱，不能直立，其上长出具攀附作用的不定根。这些根顶端扁平，有的呈吸盘状，以固着在石壁、墙垣、树干或其他物体上，攀援上升，如爬山虎、薜荔、络石、常春藤和凌霄等。

（五）水生根（water root）

水生植物飘浮在水中的须状根，其纤细柔软并常呈绿色，如浮萍、睡莲和菱等。

（六）呼吸根（respiratory root）

有些生长在沼泽或热带海滩地带的植物，如水龙、红树和落羽松等，由于植物的一部分被淤泥淹盖，呼吸十分困难，因而有部分根垂直向上生长，暴露于空气中进行呼吸，称**呼吸根**（respiratory root）。其外有呼吸孔，内有发达的通气组织，利于其通气和贮存气体，以适应土壤缺氧环境。

（七）附生根（epiphytic root）

附生根是附贴在木本植物树皮上，并从树皮缝隙内吸收蓄存水分的不定根，多见于热带森林中，如兰科和天南星科植物。其表面具有多层后壁死细胞组成的根被，可贮存水分供内部组织用，内部细胞常含有叶绿素，有一定的光合作用能力。

（八）寄生根（parasitic root）

寄生根也称吸器（haustorium），指一些寄生植物产生的不定根伸入寄主植物体内与其维管系统相通，吸收寄主的水分和营养物质以维持自身生长。具有寄生根的植物，称为**寄生植物**（parasitic plant）。寄生植物可分为两类：一类如菟丝子和列当等植物体本身不含叶绿素，不能自制养料而完全依靠吸收寄主体内的养分维持生活的称**全寄生植物**（holoparasitic plant）或**非绿色寄生植物**（non-green parasitic plant）；另一类如桑寄生和槲寄生等植物，一方面由寄生根吸收寄主体内的养分，而同时自身含叶绿素可以制造一部分养料的称**半寄生植物**（hemiparasitic plant）或**绿色寄生植物**（green parasitic plant）。寄生植物可以通过寄生根的吸收作用，把有毒寄主的毒性成分带入寄生植物体内，如马桑寄生。

三、根的显微构造（microscopic structure of roots）

根为植物体在土壤中的继续和延伸部分。其越向下越尖细，最下端为根尖，逐渐向上则有根毛着生。根毛着生处以上部分，根中构造相继分化为初生构造、次生构造甚至三生构造。

（一）根尖的构造（microscopic structure of root tip）

根尖（root tip）是指根的顶端到着生根毛的部分（**图 3-4A**），长 4～6mm，是根中生命活动最活跃的部分。主根、侧根或不定根都具有根尖。根的伸长、分枝、对水分和养料的吸收，以及成熟组织的分化都在此部分进行，因此损伤根尖会直接影响到根的生长和发育。在轴向上，根据根尖细胞生长和分化程度不同从下往上可依次划分为：**根冠**（root cap）、**分生区**（meristematic zone）、**伸长区**（elongation zone）和**成熟区**（maturation zone）（**图 3-4B**）。各区的细胞功能与形态结构均有所不同，从分生区到成熟区细胞逐渐分化成熟，但各区间并无明显的界限，而是逐渐过渡的。

1. 根冠（root cap） **根冠**是根特有的一种帽状结构，位于根尖的最先端，包被在生长锥的外围起保护作用，并帮助根在土壤中延伸。根冠由分生细胞、中央细胞和外部细胞构成，根冠分生细胞与分生区分生组织邻接，不断进行细胞分裂而产生新的根冠细胞，使根冠始终保持一定的形态和厚度。根冠中央细胞呈柱状排列，富含造粉体，与向地性有关。根冠外部细胞随根生长被损坏后形成黏液，有助于根向前延伸发展；同时分泌的黏液有利于根对无机元素的吸收。根冠细胞从产生到脱落的时间一般只有 4～9 天。绝大多数植物的根尖都有根冠，但寄生和菌根植物通常无根冠。

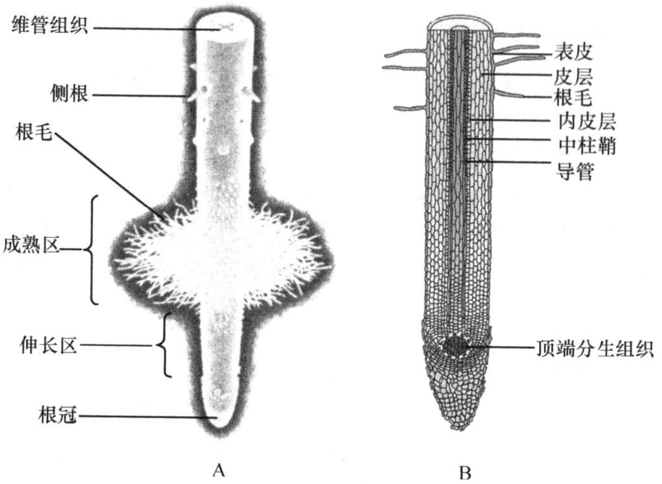

图 3-4 根尖的基本构造
A. 外部形态；B. 纵切面的结构

2. 分生区（meristematic zone） 分生区位于根冠的上方，呈圆锥状，长 1～3mm，包括了紧邻根冠内侧的顶端分生组织（也称原分生组织）及其衍生的初生分生组织，是细胞分裂最旺盛的部分，故又称**生长锥**（growth cone）。顶端分生组织分布于分生区的先端，由许多近乎等径的小细胞（直径 10～20μm）组成，排列紧密，细胞壁薄，细胞质浓，液泡小，细胞核相对较大，能持续不断地进行分裂，产生新细胞，其中的一小部分向前发展分化为根冠细胞，其余的大部分向后发展并进一步分化而形成根的表皮、皮层和中柱。分生区最先端的一群细胞属于原分生组织，其产生的细胞一部分不分化，另一部分分化成初生分生组织。

种子植物根的顶端分生组织有两种类型：一种为**封闭型**（closed type），即原分生组织为三层原始细胞，一层形成根冠，一层形成维管柱，一层形成皮层；另一种为**开放型**（open type），即各种成熟组织，或者至少皮层和根冠，均起源于共同的原始细胞，这种类型在系统发育上较为原始。在许多低等的维管植物中只有一个顶端细胞，此细胞即是根中各部分的共同原始细胞。

距离顶端较远的分生区部分由顶端分生组织的衍生细胞组成，称为**初生分生组织**（primary meristem）。初生分生组织仍具有较强的分裂能力，但已出现了初级的分化，在细胞的形状、大小及液泡化方面显示出差异，分化为原表皮层、基本分生组织和原形成层三部分。原表皮层位于最外层，将分化发育成表皮；基本分生组织位于原表皮层和原形成层之间，细胞最大，将分化成皮层；原形成层位于中央，细胞最小，将分化成维管柱（**图 3-4B**）。

3. 伸长区（elongation zone） 伸长区位于生长锥上方到出现根毛的地方，长 2～5mm，是细胞伸长生长的主要区域。此区的细胞已逐渐停止分裂，体积扩大，细胞沿根的长轴方向显著伸长，液泡大量出现，细胞伸长达到原来的几倍至数十倍。伸长区细胞的迅速伸长，使根尖不断地深入土壤中，吸收更多的营养物质。同时该区细胞开始分化，相继出现导管和筛管，故细胞的形状已有不同。

4. 成熟区（maturation zone） 成熟区位于伸长区的上方，由伸长区的细胞进一步分化形成，长度数毫米至数厘米。此区细胞停止伸长，多数细胞已分化成熟，并形成各种初生组织。本区的最大特点是表皮的一部分细胞的外壁向外突出形成**根毛**（root hair），故又称**根毛区**（root hair zone）。正是由于数目众多的根毛的出现，极大地扩展了根的吸收面积，使得根尖的成熟区成为吸收水分和无机物质的主要部位。根毛生长速度较快，但生活期很短，老的根毛陆续死亡，又陆续生出新的根毛以替代枯死的根毛。水生植物和有菌根的陆生植物一般无根毛。

（二）根的初生生长（primary growth of roots）

根的**初生生长**（primary growth）是指根尖顶端分生组织细胞经分裂、生长、分化形成成熟区各种成熟组织，使根延长生长的过程。根的发育起源于根尖的顶端分生组织，经过细胞的分裂、生长、分化，逐渐形成原表皮层、基本分生组织和原形成层等初生分生组织。最外层的原表皮层细胞进行垂周分裂，增加表面积，进一步分化为根的表皮。基本分生组织在中间，进行垂周分裂和平周分裂，增大体积，进而分化为根的皮层。原形成层在最内层，分化为根的维管柱，形成中柱鞘、初生木质部和初生韧皮部。在初生生长过程中所产生的各种成熟组织，称**初生组织**（primary tissue）；由初生组织所形成的表皮、皮层和维管柱构成的结构，称根的**初生构造**（primary structure）。

（三）双子叶植物根的初生结构（primary structure of dicotyledon roots）

在根尖的成熟区作一横切面，就能看到根的初生构造，其从外到内依次为**表皮**（epidermis）、**皮层**（cortex）和**维管柱**（vascular cylinder）三部分（**图 3-5**）。

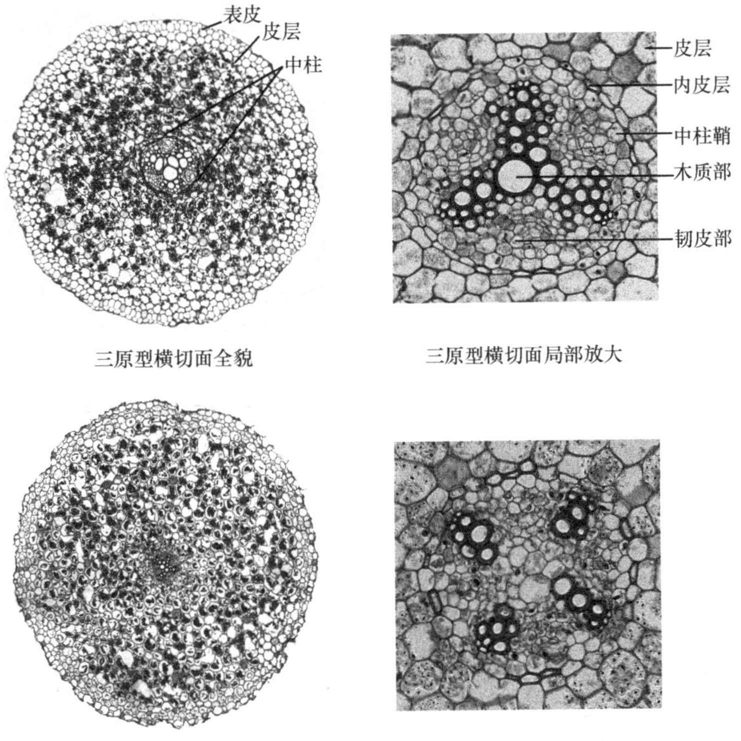

三原型横切面全貌　　三原型横切面局部放大

四原型横切面全貌　　四原型横切面局部放大

图 3-5　双子叶植物幼根的初生构造

1. 表皮（epidermis）　表皮是根的最外层，由原表皮发育而成，常由一层细胞组成，细胞排列整齐、紧密，无胞间隙，壁薄，外壁覆盖很薄的角质层，因此既富有通透性又能避免微生物的侵害；无气孔，部分细胞的外壁向外突出形成根毛。这些特征与根的吸收功能密切相适应，故称**吸收表皮**（absorbing epidermis）。

2. 皮层（cortex）　皮层位于表皮内方维管柱之外，由基本分生组织发育而来的多层薄壁细胞组成，在根的初生结构中占据了最大的比例。皮层细胞排列疏松，胞间隙明显，由外向内可依次分为**外皮层**（exodermis）、**皮层薄壁组织**（cortex parenchyma）和**内皮层**（endodermis）。

（1）**外皮层（exodermis）**：为皮层最外方紧邻表皮的一层或几层细胞，细胞较小，排列整齐、紧密，无胞间隙。根毛死亡后，表皮随之破坏，此层细胞的细胞壁常增厚并栓化，代替表皮起保护作用。

（2）**皮层薄壁组织**（**cortex parenchyma**）：又称**中皮层**（mediopellis），是外皮层与内皮层之间的数层细胞。细胞壁薄，排列疏松，胞间隙明显。中皮层既能将根毛吸收的水分和无机盐转送到维管柱，又能将维管柱内的有机养料转送出来，还有贮藏作用。所以皮层为兼具吸收、运输和贮藏作用的基本组织。

（3）**内皮层**（**endodermis**）：为皮层的最内层细胞，排列整齐、紧密，无胞间隙。此部分细胞在结构上的突出特征是上下壁（横壁）和径向壁（侧壁）常有木质化或木栓化的局部增厚，增厚部分呈带状环绕细胞一整圈，称**凯氏带**（casparian strip）；横切面观，凯氏带在相邻细胞的径向壁上呈点状，称**凯氏点**（casparian dots）（**图 3-6**）。部分植物内皮层细胞出现全面木栓化增厚，而在正对原生木质部角处留存细胞壁不增厚的内皮层细胞，称**通道细胞**（passage cell），起着维持皮层与维管束间水分和养料流通的作用（**图 3-7**），如鸢尾。

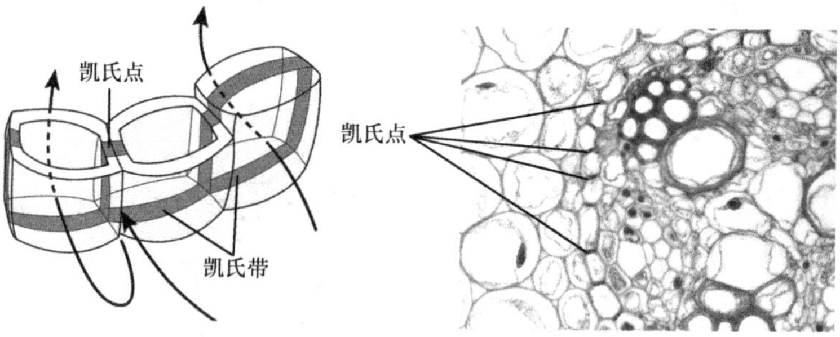

图 3-6　内皮层及凯氏带

A. 内皮层细胞立体观，示凯氏点（带）；B. 内皮层细胞横切面，示凯氏点

3. 维管柱（**vascular cylinder**）　**维管柱**是内皮层以内的所有部分，位于根的最中央，所占比例较小，也称**中柱**（stele）。中柱由原形成层发育而来，是根中物质运输的主要部位，包括**中柱鞘**（pericycle）和**初生维管组织**（primary vascular tissue）两部分，有的植物还有**髓部**（pith）。

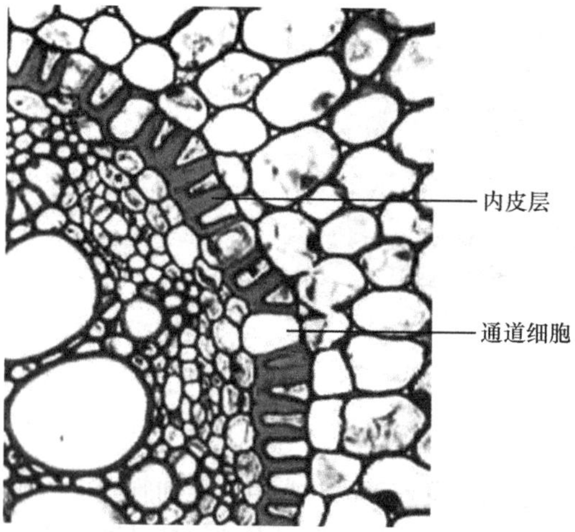

图 3-7　鸢尾属植物幼根横切面，示通道细胞

（1）**中柱鞘**（**pericycle**）：也称**维管柱鞘**（cylindrical sheath），紧贴着内皮层，是维管柱的最外一层薄壁细胞；少数植物有二至多层细胞，如桃、桑、柳及裸子植物等。中柱鞘细胞排列整齐紧密，无胞间隙，分化程度较低，具有潜在分生能力，与侧根、不定根、不定芽及维管形成层和木栓形成层等的发生有关。

（2）**初生维管束**（**primary vascular bundle**）：位于根的最内方，是根的输导系统，包括**初生木质部**（primary xylem）和**初生韧皮部**（primary phloem）。一般初生木质部分为几束（脊），呈星星芒状，初生韧皮部排列在初生木质部星芒状之间，所以又总称为"**辐射维管束**"（radial vascular bundle）。初生木质部和初生韧皮部辐射状相间排列是根初生构造的特点。

1）初生木质部（primary xylem）：位于维管柱中央，呈辐射状，其脊状突起与中柱鞘相连。主要由导管和管胞组成，少有纤维和木薄壁细胞；裸子植物则主要是管胞。初生木质部分化成熟的顺序是由外向内发育，这种向心的发育方式称为**外始式**（exarch）。因此，位于初生木质部角隅处紧邻中柱鞘的初生木质部先分化成熟，称**原生木质部**（protoxylem），其导管直径较小，多为环纹或螺纹；内方较晚分化成熟的初生木质部，称**后生木质部**（metaxylem），其导管直径较大，多为梯纹、网纹或孔纹。这种分化发育方式与水分、无机盐横向运输有关，最先形成的导管接近中柱鞘和内皮层，缩短了横向运输距离，而后期形成的导管，管径大，随着根加粗，提高了输导效率，更能适应植物生长发育对水分增加的需要。

横切面观，初生木质部的辐射棱角称**脊**（ridge），脊的数目因植物种类而异。依据木质部脊的数目不同，可将根分为：**二原型**（diarch），初生木质部有 2 个脊，如十字花科和伞形科植物；**三原型**（triarch），初生木质部有 3 个脊，如毛茛科唐松草属植物；**四原型**（tetrarch），初生木质部有 4 个脊，如葫芦科、杨柳科和毛茛科毛茛属的一些植物。依次类推，如果脊数目在 7 个以上，则称**多元型**（polyarch）。双子叶植物的根多为二至六原型；单子叶植物常在**六原型**（hexarch）以上，部分棕榈科植物脊可达数百个。

2）初生韧皮部（primary phloem）：位于初生木质部辐射棱角之间，与木质部相间排列，体积小。其分化成熟的发育方式也是外始式，即在外方先分化成熟的韧皮部为**原生韧皮部**（protophloem），在内方后分化成熟的韧皮部为**后生韧皮部**（metaphloem）。被子植物根的初生韧皮部常由筛管和伴胞组成，少有韧皮薄壁细胞和韧皮纤维；裸子植物的初生韧皮部主要是筛胞。

初生木质部和初生韧皮部之间有一至几层薄壁细胞，在双子叶植物和裸子植物中，这些细胞是原形成层保留的细胞，后期与部分中柱鞘细胞进一步脱分化共同形成维管形成层，进行根的次生生长。而单子叶植物两者之间的为薄壁细胞。

绝大多数双子叶植物根的初生木质部一直分化到根的中心位置，不具髓。但少数双子叶植物的初生木质部分化不到中心，维管柱中央仍保留有未经分化的薄壁细胞，形成髓，如细辛和龙胆等。

（四）单子叶植物根的结构（structure of monocotyledon roots）

单子叶植物只有初生生长，终生仅具初生结构，其根的构造与双子叶植物的初生构造相似，也由**表皮**、**皮层**和**维管柱**三部分组成，但尚有下列几方面的特点（**图 3-8**）。

1. 表皮（epidermis）　表皮细胞大多一层，寿命短，根毛枯死后，常解体而死亡脱落。少数根的表皮分裂成多层细胞，壁栓化，形成所谓“**根被**”（velamen）的保护组织，如百部、麦冬等。

2. 皮层（cortex）　根发育的后期，外皮层常特化成栓化的组织，当表皮和根毛枯死后，替代表皮行使保护作用。大部分植物内皮层早期发育成具凯氏带结构，发育后期大部分细胞常呈五面栓化增厚，横切面观呈马蹄形，保留有通道细胞；也有些植物根**内皮层**细胞全部栓化增厚，无通道细胞，由胞间连丝进行物质运输。

3. 维管柱（vascular cylinder）　中柱鞘细胞发育后期常部分或全部木化为厚壁组织，如菝葜和粘鱼须等。维管柱为多原型，至少**六原型**（hexarch），髓部发达如百部块根，也有部分植物髓部细胞增厚木化而成厚壁组织的，如鸢尾。

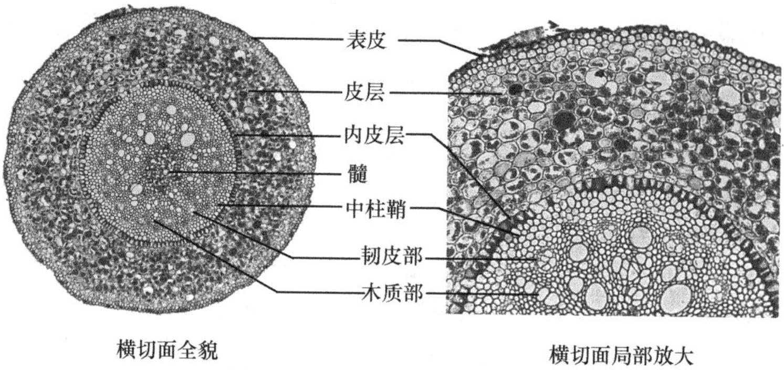

图 3-8 单子叶植物根横切面

（五）侧根的形成（formation of lateral roots）

侧根起源于中柱鞘，内皮层也不同程度参与侧根的形成，这种起源于皮层以内中柱鞘的发育方式，称**内起源**（endogenous origin）。当侧根开始发生时，部分中柱鞘细胞脱分化重新恢复分裂能力。首先进行平周分裂，增加细胞层数并向外突起；然后进行平周和垂周分裂，产生一团新细胞，形成**侧根原基**（root primordium），其顶端分化出生长锥和根冠，生长锥细胞继续进行分裂、生长和分化，逐渐伸入皮层。侧根不断生长产生的机械压力和根冠细胞分泌的酶将皮层细胞和表皮细胞部分溶解，进而突破皮层和表皮伸出母根外，形成侧根。侧根的木质部和韧皮部与其母根的木质部和韧皮部直接相连，因而形成一个连续的系统（**图 3-9**）。侧根原基在根毛区形成，但在根毛区后方穿过皮层和表皮伸出母根外，进入土壤。

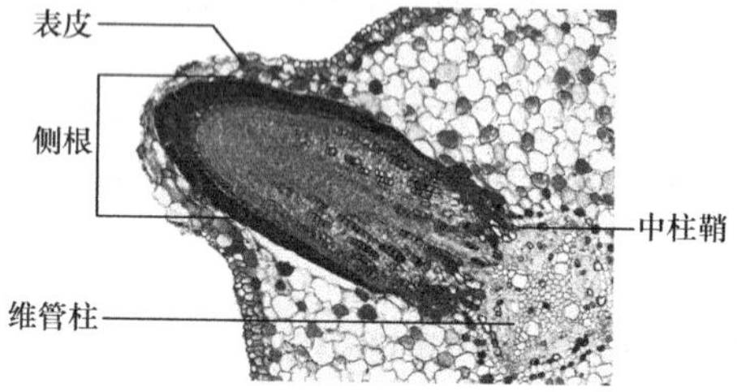

图 3-9 侧根的形成

同种植物侧根常发生在固定的位置，该位置与母根初生木质部和初生韧皮部的位置有关。一般情况下，二原型根的侧根常发生于原生木质部与原生韧皮部之间；三原型和四原型根的侧根在正对着原生木质部的位置形成；多原型根中常在正对着原生韧皮部或原生木质部的位置形成侧根（**图 3-10**）。因此侧根一般较规律地纵向排列成行，而且侧根在母根伸展的角度也是相对稳定的，这些特性是根系形态分析的基础。主根和侧根有着密切的联系，当主根切断时，能促进侧根的产生和生长。因此在药用植物栽培中，利用这个特性，在移栽苗时常切断主根，以引起更多侧根的发生，保证植株根系的旺盛发育，从而促使整个植株能更好生长或便于以后移栽。

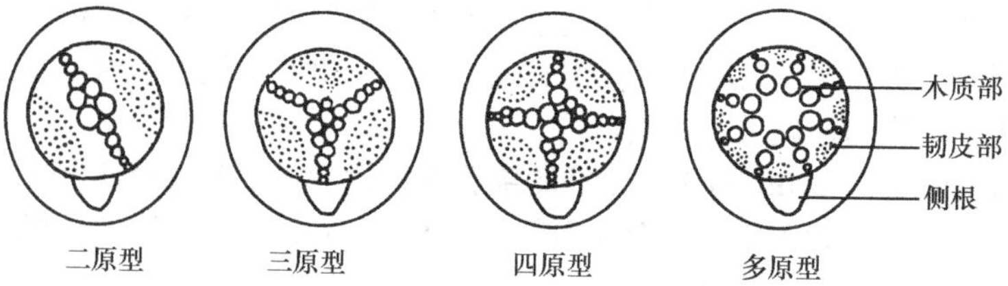

图 3-10 侧根的发生位置与初生维管组织的关系

（六）根的次生生长和次生结构（secondary growth and structure of roots）

根的**次生生长**（secondary growth）是侧生分生组织分裂活动的结果。侧生分生组织有维管形成层和木栓形成层，其细胞保持旺盛分生能力，不断分裂、生长和分化，维管形成层产生次生维管组织，木栓形成层形成周皮，两者活动的共同结果使根逐渐增粗。这种使根增粗的生长称为**次生生长**，由次生生长所产生的各种组织称为**次生组织**（secondary tissue），由这些组织所构成的结构称**次生结构**（secondary structure）。

大多数双子叶植物和裸子植物，特别是木本植物的根，在初生生长基础上，经次生生长，形成次生结构；多数一年生草本双子叶植物的根无或仅具短暂的次生生长，它们结构的大部分仍为初生组织；而绝大多数蕨类植物和单子叶植物的根不发生次生生长，一直保持着初生结构。

1. 维管形成层的产生及其活动（origin and activity of the vascular cambium） 维管形成层常简称**形成层**（cambium）。根次生生长初期，在初生木质部和初生韧皮部之间的原形成层细胞恢复分裂能力，进行平周分裂，形成条带状形成层，其条数与根的类型有关，即几原型的根就有几条（**图 3-11B**）。条带状形成层逐渐向两侧扩展至初生木质部脊与中柱鞘的相接位置，此时与原生木质部相邻接的中柱鞘细胞脱分化，恢复分生能力，与条带状的形成层彼此连接成为一个连续的形成层环，即**维管形成层**（vascular cambium），完全包围了初生木质部。这种早期的形成层环的形状与初生木质部相似，呈凹凸相间的波状环，以后因原来条带状的部分较早形成，易获得养分，故分裂较快，能产生较多的次生组织把凹陷处的形成层向外推移，并且速度快于凸出处，结果使整个形成层逐渐转化成一圆环（**图 3-11C**）。此后，形成层各区的分裂活动近相等，有规律的形成新的次生结构，并将初生韧皮部推向外方。形成层向内分裂、分化产生**次生木质部**（secondary xylem），加在初生木质部外方；向外产生**次生韧皮部**（secondary phloem），加于初生韧皮部内方，两者合称**次生维管组织**（secondary vascular tissue），是次生结构的主要部分。通常维管形成层活动产生木质部的数量远多于次生韧皮部，因此横切面观次生木质部所占比例远比次生韧皮部多。此外，形成层细胞还进行垂周分裂，使周长扩大，以适应根增粗。形成层活动的结果使木质部和韧皮部由初生构造的相间排列转变为内外排列方式（**图 3-11D**）。

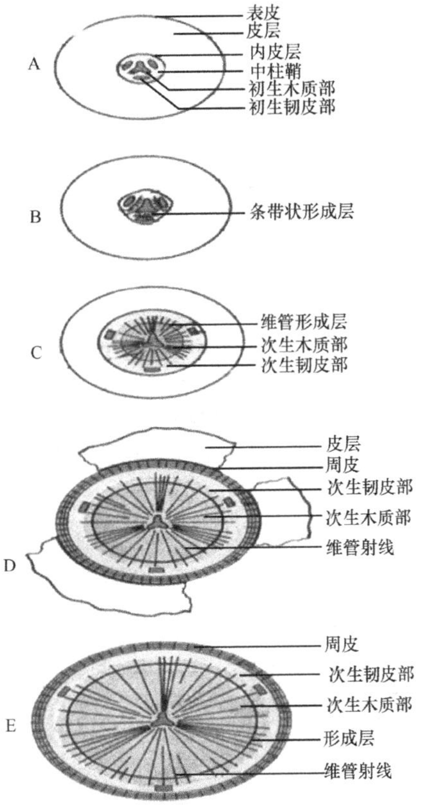

图 3-11　根次生结构的产生

A. 初生结构；B. 形成层发生；C. 维管形成层连接成环，次生维管组织产生；D. 周皮产生，表皮与皮层破坏；E. 表皮与皮层脱落

形成层的原始细胞只有一层，但在生长季节，其刚分裂出来尚未分化的衍生细胞常与原始细胞相似，形成多层细胞，合称为**形成层区**（cambium zone）。横切面观多呈数层排列整齐的扁平细胞。形成层活动时，在一定部位分化出一些径向延长的薄壁细胞，这些薄壁细胞呈辐射状排列，贯穿于次生维管组织，称**维管射线**（vascular ray）或**次生射线**（secondary ray）。位于木质部的称**木射线**（xylem ray），位于韧皮部的称**韧皮射线**（phloem ray）。维管射线具有横向运输水分和养料，并兼有贮藏的功能。维管射线构成了根维管组织内的径向输导系统，而导管、管胞、筛管、伴胞和纤维等构成了轴向系统。

根次生生长过程中，新产生的次生维管组织不断添加在初生韧皮部的内方，初生韧皮部遭受挤压而被破坏，成为没有细胞形态的颓废组织；但辐射状的初生木质部仍保留在中央，这也是区别老根和老茎的标志之一。此外，次生韧皮部常分化出各种分泌组织，如马兜铃根有油细胞，人参有树脂道，当归有油室，蒲公英有乳汁管。部分薄壁细胞（包括射线细胞）中常含有晶体及贮藏物质，如生物碱和糖类等，这些成分多具有药理活性。

2. 木栓形成层的产生及其活动（origin and activity of the phellogen） 维管形成层的活动使根不断加粗，而中柱鞘以外的组织因不能相应加粗而遭到破坏。在皮层组织被破坏之前，中柱鞘细胞恢复分裂能力形成**木栓形成层**（phellogen/cork cambium），其向外分裂产生**木栓层**（phellem），覆盖在根外层起保护作用；向内分裂产生**栓内层**（phelloderm），栓内层为数层薄壁细胞，排列较疏松。栓内层、木栓形成层和木栓层三者合称**周皮**（periderm）。部分植物的栓内层比较发达，称"**次生皮层**"（secondary cortex），药材学上仍称皮层。横切面观，木栓层细胞多呈扁平状，排列整齐，多层相叠，壁木栓化，呈褐色。因此，根在外形上由白色逐渐转变为褐色，由柔软、细小而逐渐变为较粗硬。木栓层的出现，使其外方的各种组织（表皮和皮层）因和内部失去水分和营养的联系而全部枯死脱落（**图 3-11E**）。

根中最先出现的木栓形成层起源于中柱鞘细胞，但木栓形成层活动具有一定的时限，常每年需重新发生，新的木栓形成层常起源于栓内层细胞，并逐渐向内推移，最终由次生韧皮部内的薄壁细胞**脱分化**（dedifferentiation），恢复分裂能力产生新的木栓形成层，进而形成新的周皮。植物学上也把周皮称根皮，而药材学中的根皮则指形成层以外的部分，主要包括韧皮部和周皮，如药材牡丹皮、地骨皮等。

3. 根的次生结构（secondary structure of roots） 根中维管形成层与木栓形成层活动形成了根的次生结构，主要包括**周皮**、**次生韧皮部**、**次生木质部**、**形成层**和**维管射线**。在根的次生结构中，最外侧是起保护作用的周皮；次生韧皮部呈连续的筒状，由筛管、伴胞、韧皮纤维和韧皮薄壁细胞组成；次生木质部包括导管、管胞、木薄壁细胞和木纤维，导管管径大小不等，多为梯纹、网纹和孔纹导管；维管射线径向排列，横贯次生韧皮部和次生木质部，部分植物的根中可见数条次生维管射线将次生维管组织分割成若干束。但不同类群植物根的次生结构存在明显差异，双子叶草本植物的根中周皮和次生韧皮部常占大部分体积，且次生维管射线较宽；木本植物根中次生木质部占据大部分，且次生射线较狭窄（**图 3-12**）。

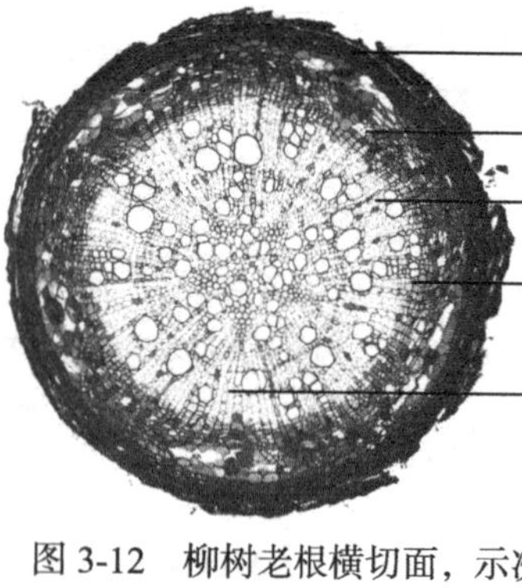

图 3-12　柳树老根横切面，示次生结构

4. 根的异常次生结构（anomalous secondary structure of roots） 一些双子叶植物的根，在次生生长过程中除产生正常的次生结构外，部分成熟薄壁细胞经脱分化、恢复分裂能力形成额外的形成层或木栓形成层，其活动结果产生了一些异常的结构，如额外维管束、附加维管柱和木间木栓等，称根的**异常构造**（anomalous structure）或**三生构造**（tertiary structure）。常见的异常次生结构有以下几种类型（**图 3-13**）。

（1）同心环状排列的异形维管束（concentric rings of anomalous vascular bundle）：一些双子叶植物的根，初生生长和早期次生生长都是正常的。当次生生长发育到一定阶段，形成层往往失去分生能力，而在韧皮部外侧的部分薄壁细胞恢复分生能力，额外产生片段状的形成层，向外分裂产生大量薄壁细胞和一圈异型的无限外韧维管束，如此反复多次，形成多圈异型维管束，其间有薄壁细胞相隔，一圈套住一圈，呈同心环状排列。这种异常构造在苋科、商陆科、紫茉莉科等植物中常见，如牛膝根的横切面观，中央为正常维管束，外方为数轮多数小型的异型维管束，并排列成 3～4 个同心环，川牛膝由异型维管束排列成 5～8 个同心环；又如商陆的横断面上形成多个凹凸不平的同心环环状层纹，习称"**罗盘纹**"。

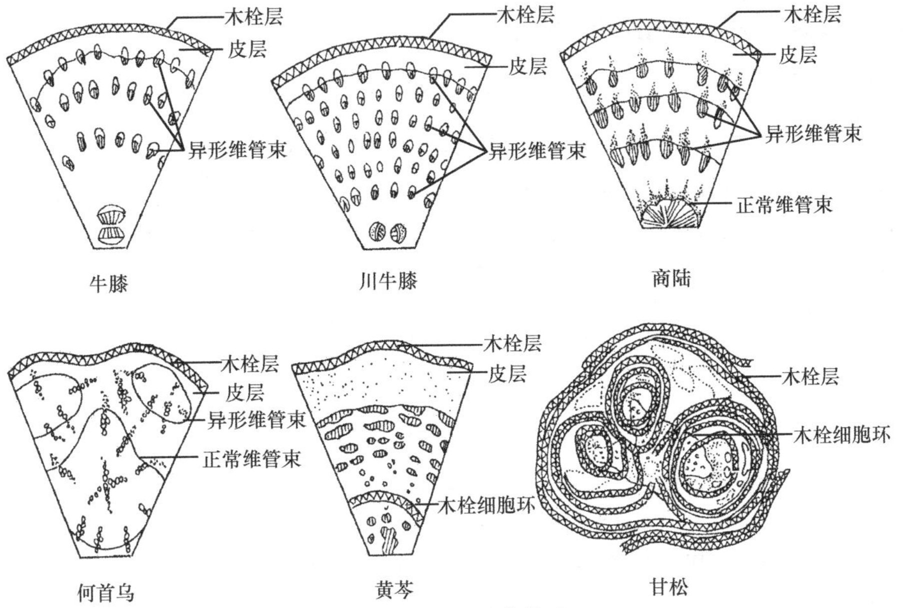

图 3-13　根的异常构造

其中：牛膝、川牛膝和商陆示同心环排列的异形维管束；何首乌示附加维管柱；黄芩和甘松示木间木栓

（2）**附加维管柱（auxillary stele）**：一些双子叶植物的根，在正常维管柱外围的薄壁组织中产生了附加的维管柱，形成异常结构。例如，何首乌的块根，在正常维管束形成之后，其皮层部分薄壁细胞恢复分裂能力，产生许多单独的和复合的异型维管束，故在横切面上可见一些大小不等的圆圈状纹理，习称“**云锦花纹**”。

（3）**木间木栓（interxylary cork）**：有些双子叶植物的根，次生木质部的薄壁细胞经脱分化、恢复分裂能力，在次生木质部内侧形成木栓带，称为**木间木栓**（interxylary cork）或**内涵周皮**（included periderm）。例如，黄芩老根中央的木质部可见木栓环带；新疆紫草根中央也具木栓环带；甘松根中的木间木栓环包围一部分韧皮部和木质部而把维管柱分隔成 2～5 束，在较老的根部，这些束常由于束间组织死亡裂开而互相脱离，成为单独的束，使根形成数个分支。

四、根的生理功能（biological function of roots）

根是植物重要的营养器官，主要有吸收、输导、固着、支持、贮藏和繁殖等生理功能。

（一）吸收和输导作用（absorption and transportation）

根从土壤中吸收水分和溶解在水中的二氧化碳、无机盐等，其吸收作用主要由根毛和幼嫩表皮来完成，并通过根的维管组织运输到茎和叶；而叶光合作用制造的有机物经茎输送到根，再由根的维管组织运送到根的各部位，以满足根的生长发育。

（二）固着和支持作用（anchorage and support）

植物庞大的根系及根内机械组织和维管组织的共同作用将植物体固着在土壤中，并支持枝叶系统挺立于地表之上，使地上部分枝叶繁茂、花果累累。

（三）贮藏作用（nutrient storage）

根具有贮藏营养物质的功能。根内常有发达的薄壁组织，是物质贮藏的部位，如变态根中的贮藏根。

（四）繁殖作用（reproduction）

有些植物的根能产生不定芽，在植物的营养繁殖中常可加以利用，如牡丹和芍药等。

（五）合成和分泌作用（synthesis and secretion）

植物根系还能合成氨基酸、植物激素和生物碱等代谢产物，根中合成蛋白质所必需的氨基酸，能很快地运至生长的部分；根合成生长素和生物碱运输到植物地上部分影响其生长发育。此外，烟草的根能合成烟碱，橡胶草的根能合成橡胶等。同时根与其周围土壤环境间存在复杂的关系，在其从土壤吸收水和无机盐的同时，根系还向土壤中分泌包括各种离子、游离氧、黏液及多种代谢产物，不断影响着土壤环境，改变着土壤化学、物理性质和土壤微生物种群。

Summary

1. **Roots** are the vegetative organs of vascular plant. Roots have a root cap but nothing equivalent to leaves, nodes, internodes, or buds. Most roots have a variety of functions including absorption, anchorage, nutrient storage, vegetative reproduction and hormone synthesis, etc.

2. **The types of roots**

（1）**Taproots（primary roots）** develop from the embryonic roots that are present in the seeds.

（2）**Lateral roots（secondary roots）** extend from the primary root（radicle）and serve to anchor the plant securely into the soil. Lateral roots may also produce more lateral roots, resulting in a highly ramified set of roots to the highly branched shoot system of most plants.

（3）**Normal roots** develop from embryonic root directly or indirectly.

（4）**Adventitious roots** arise out-of-sequence from the more usual root formation of branches of a primary root, and instead originate from the stem, branches, leaves, or old woody roots.

3. **The types of root system**

（1）**Taproot system**: Most dicots have a single prominent taproot that is much larger than all the rest and numerous small lateral roots or branch roots coming out of it. Typically a taproot is somewhat straight and very thick, is tapering in shape, and grows directly downward.

（2）**Fibrous root system**: A fibrous root system is usually formed by thin, moderately branching roots growing from the stem. A fibrous root system is universal in monocotyledonous plants and ferns.

4. The roots of many plant species are modified and have their own different roles in the plant' s survival. These modificational types of roots include storage root, prop root, aerial root, climbing root, water root, respiratory root, epiphytic root and parasitic root, etc.

5. The tip of a root is the region where growth in length occurs. It consists of a root cap, the root apical meristem, a zone of division, a zone of elongation growth, a zone of maturation, and a region where root hairs are formed.

6. Primary structure of roots is composed of epidermis, cortex and vascular cylinder. It contains pericycle, primary xylem and primary phloem.

7. The vascular cambium originates from the procambium cells located between the primary xylem and the primary phloem. The vascular cambium is the source of both the secondary xylem growth and the secondary phloem growth. The cork cambium originates from the pericycle cells and creates phellem layer and phelloderm.

复习思考题（review questions）

1. 根的活动特性和形态学特点是什么?
2. 什么叫根系? 按形态不同根系分为哪几类?
3. 根的初生结构从外至内由哪几部分组成? 各有何特点?
4. 根的次生结构从外至内由哪几部分组成?
5. 试从形成层和木栓形成层的活动来阐明根由初生结构向次生结构转化的过程。
6. 植物学的根皮与根皮类药材在植物解剖学上有何不同?

第二节 茎

Stems

茎连接根和叶，是维管植物重要的营养器官。现存蕨类植物的茎多为地下的根状茎。种子植物的茎通常生长在地面以上，由胚芽发育而来，其顶端可不断向上生长并产生分枝，呈现草本或木本等多种形态。

茎的重要功能是输导和支持，其结构中有维管组织、厚壁或厚角组织，可为叶、花和果实供给养分和提供支撑。此外，有些植物的茎具有贮藏功能，可贮藏养料和水分，如半夏茎可贮藏淀粉，仙人掌茎可贮藏水分；有些植物的茎能产生不定根或芽，具有繁殖的功能，如枸杞和马铃薯等。

常见以茎入药的中药有：以茎枝入药的桂枝，以茎皮入药的杜仲、厚朴和黄柏，以心材入药的沉香和苏木，以髓入药的通草，以木质藤茎入药的木通，以草质藤茎入药的天仙藤，以变态茎入药的黄精、半夏、天麻和百合等。

一、茎的形态和类型（morphology and types of stems）

（一）茎的外形（shape of stems）

通常茎从数厘米高到百米以上，常见的有质地柔软、木质部成分少的草质茎和质地坚硬、木质部发达的木质茎。茎多呈圆柱形，少数呈方形（如薄荷和紫苏）、三角形（如香附和荆三棱）或扁平形（如仙人掌和竹节蓼）。茎多实心，少数为空心（如芹菜和南瓜）；禾本科植物（如芦苇和麦）茎节间中空，节实心，节和节间明显，特称为**秆**（stalk）。

茎上着生叶和芽（**图 3-14**），叶着生的部位称为**节**（node），两节之间的部分称为**节间**（internode），节上叶柄和茎之间的夹角处称为**叶腋**（leaf axil）。茎顶端有**顶芽**（terminal buds），叶腋有**腋芽**（lateral buds），这些芽的存在使茎能够不断伸展。

茎节一般仅在叶着生部位略膨大，而部分植物茎节膨大成明显的环，如牛膝和石竹等，也有一些植物茎节处细缩，如藕。节间的长短也差异很大，如竹的节间可长达数十厘米，而蒲公英的节间极度短缩，长不足 1mm。有无节与节间是茎区别于根的主要形态特征，根无节与节间之分，并且根上也不生叶。

着生叶和芽的茎称为**枝或枝条**（shoot），枝条生长的强弱影响节间的长短。木本植物枝条中，节间显著伸长的称**长枝**（long shoot）；节间缩短，各节紧密相接的称**短枝**（spur shoot）。短枝常着生在长枝上，能生花结果，又称果枝，如山楂和银杏等。

木本植物茎枝上还分布有**叶痕**（leaf scar）、**托叶痕**（stipule scar）、**芽鳞痕**（bud scale scar）

和**皮孔**（lenticels）等。**叶痕**和**托叶痕**分别是叶和托叶从茎上脱落后留下的痕迹，其中常能观察到散点状的叶柄维管束痕迹。**芽鳞痕**是包被芽的鳞片脱落后留下的瘢痕。这些均可作为茎和皮类药材鉴别的特征。

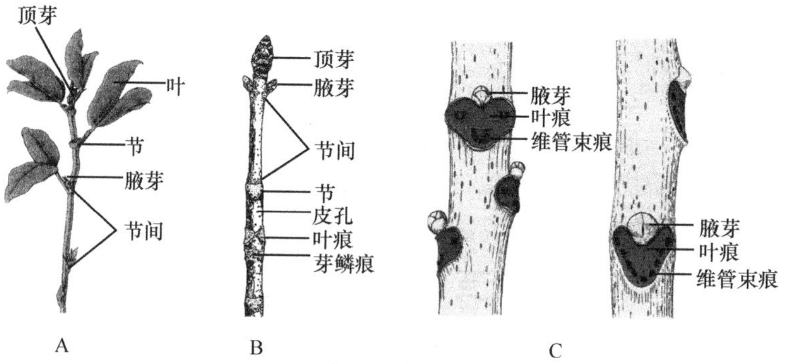

图 3-14　茎的外部形态

A. 草质茎；B. 木质茎；C. 木质茎维管束痕

（二）芽的形态及类型（morphology and types of buds）

芽（bud）是尚未发育的枝、花或花序，包括茎尖的顶端分生组织及其外围附属物。芽中央是幼嫩的茎尖，茎尖上部的节和节间极度短缩，界限不明，其周围有许多突出物，即**叶原基**（phyllopodium）和**芽原基**（bud primordium）；茎尖下部，开始分化出节与节间，叶原基发育为幼叶，芽原基以后发育成枝条，芽进一步发育时，节间伸长，幼叶开展长大，即形成枝条。若是花芽，其顶端周围形成花部原基或花序原始体，花开放时，花芽展开成花或花序。芽有多种类型，可根据其生长位置、发育性质、有无芽鳞及活动状态不同进行分类。

1. 定芽和不定芽（normal bud and adventitious bud）　**定芽**是指在茎上生长位置固定的芽，包括**顶芽**（terminal bud）、**腋芽**（axillary bud）和**副芽**（accessory bud），它们均直接或间接起源于茎的顶端分生组织。其中，生于枝端的芽称**顶芽**；生于叶腋的芽称**腋芽或侧芽**（lateral bud）；有些植物顶芽或腋芽旁边还会生出 1～2 个较小的芽，称为**副芽**，如金银花和桃等。

不定芽是指生长在茎节间、根、叶及其他部位，没有固定生长部位的芽，如甘薯和蒲公英根上的芽，秋海棠和落地生根叶上的芽，桑和柳老茎或创伤切口上的芽等。不定芽一般源于薄壁组织的恢复分裂，具有营养繁殖的作用。

2. 叶芽、花芽和混合芽（leaf bud，flower bud and mixed bud）　**叶芽**（leaf bud），也称**枝芽**（branch bud），指发育成枝与叶的芽。**花芽**（flower bud）指发育形成花或花序的芽，是花的原始体。**混合芽**（mixed bud）指同时能发育出枝、叶和花或花序的芽，如苹果和梨等的芽。

3. 鳞芽和裸芽（scaly bud and naked bud）　外面包被有鳞片的芽称为**鳞芽**（scaly bud），其鳞片也称**芽鳞**（bud scale），如柳和樟等多数木本植物的越冬芽。外面无鳞片包被的芽称为**裸芽**（naked bud），如茄和薄荷等多数草本植物，以及枫杨和吴茱萸等少数木本植物的芽。

4. 活动芽和休眠芽（active bud and dormant bud）　当年生长季节形成新的枝叶、花或花序的芽称为**活动芽**（active bud）。通常一年生草本植物的芽都是活动芽，而木本植物常只有顶芽和顶芽附近的侧芽是活动芽。

在生长季节不生长发展，保持休眠状态的芽，称为**休眠芽**（dormant bud）或**潜伏芽**（latent bud）。休眠芽可使植株调节养料，控制枝叶生长，保持充足的后备力量得以生存。

（三）茎的分枝（branching system of stems）

分枝的形成能迅速增加整个植物体的同化与吸收表面积，从而充分地利用外界营养物质。

与根的分枝相比，茎的分枝具有明显的规律性，常分为四种类型（**图 3-15**）。

1. 单轴分枝（monopodial branching/uniaxial branching） 顶芽不断向上伸展形成较直的主干，各分枝的伸长与加粗均弱于主干，形成主次分明的分枝形式即为**单轴分枝**。单轴分枝是顶端优势的体现，原因与顶芽分泌的生长素抑制下面腋芽的生长有关。此分枝易形成高而粗壮的主茎，是许多高大树木包括大多数裸子植物的分枝方式。

2. 合轴分枝（sympodial branching） 顶芽仅生长发育一段时间即发生生长停滞或死亡，或顶芽为花芽，而其下的腋芽取代顶芽发育为粗壮的侧枝，在伸长一段时间后生长优势又转向新一级的侧枝，如此交替产生新的分枝，从而形成“之”字形弯曲的主轴，这种实际上由许多腋芽发育的侧枝联合组成的主轴称为合轴，该分枝的方式称为**合轴分枝**。合轴分枝是顶端优势减弱或消失的结果，使植株呈展开状，有效增大了光合作用的面积，是大多数被子植物的分枝方式，也是进化的分枝方式。

3. 二叉分枝（dichotomous branching） 顶端分生组织平分成两个，各形成一个分支，并以这种方式重复产生次级分枝的方式称为**二叉分枝**。二叉分枝常见于低等植物、苔藓和蕨类植物中，如地钱和石松等，不存在于种子植物中，是原始的分枝方式。

4. 假二叉分枝（false dichotomous branching） **假二叉分枝**是由具有对生叶的植物在顶芽停止伸长后，由顶芽下同一节上的两侧腋芽同时发育成二叉状分枝所形成，其实质属于合轴分枝。假二叉分枝常见于丁香、接骨木和曼陀罗等被子植物。

从进化史上看，二叉分枝方式出现的最早，随着蕨类植物与裸子植物的进化，单轴分枝逐渐出现，合轴分枝最后出现，是被子植物进化的产物。

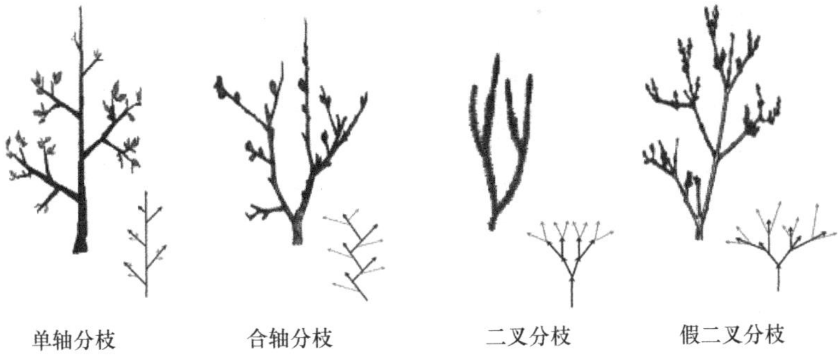

图 3-15　茎的分枝类型

（四）茎的类型（types of stems）

在植物进化过程中，不同植物的茎为适应外界环境，有各自的生长方式。一方面使叶能有空间展开，获得足够的光照，制造营养物质；另一方面可防御恶劣环境，求得种族繁衍。正常茎的类型主要从茎的质地和生长方式两个方面来划分（**图 3-16**）。

1. 茎的质地（texture of stems）

（1）木质茎（woody stem）：质地坚硬，木质部发达的茎称为**木质茎**。具有木质茎的植物称为**木本植物**（wood plant），常被分为三种类型：植株高大，主干明显，基部少分枝或不分枝者称为**乔木**（tree），如厚朴、杜仲、槐树和杨树等；植株矮小，主干不明显，近基部呈丛生状分枝者称为**灌木**（shrub），如枸杞、小檗和木芙蓉等；茎基部木化，上部分枝状草质的木本植物称为**亚灌木**（under shrub）或**半灌木**（sub shrub），如草麻黄、草珊瑚和牡丹等。

（2）草质茎（herbaceous stem）：指质地柔软，木质部不发达的茎。具有草质茎的植物称为**草本植物**（herb）。在一年内完成生命周期而整株枯死者称为**一年生草本**（annual herb），如红花和马齿苋；在两个年份内完成其生命周期者称为**二年生草本**（biennial herb），如白菜、萝卜和油菜；生活周期超过两年者称为**多年生草本**（perennial herb），其中地上部分每年死亡，而地下部分仍保持活力者称为**宿根草本**（perennial root herb），如人参、白及和黄精；植物体保持常绿若干年不凋者称为**常绿草本**（evergreen herb），如麦冬和万年青。

（3）肉质茎（succulent stem）：指质地柔软多汁，肉质肥厚的茎，如芦荟和仙人掌等。

2. 生长方式（growth manners of stems）

（1）直立茎（erect stem）：指垂直向上长，直立生长于地面，不依附它物的茎，是最常见的茎。

（2）缠绕茎（twining stem）：指不能直立，靠缠绕它物上升的茎，如五味子、忍冬和葎草等呈顺时针缠绕上升；牵牛和马兜铃呈逆时针缠绕上升；何首乌和猕猴桃则无一定规律。

（3）攀援茎（climbing stem）：指茎不能直立，靠借助卷须、吸器等攀援结构攀附它物上升的茎，常见攀援结构包括茎卷须（如栝楼）、叶卷须（如豌豆）、吸盘（如爬山虎）、钩刺（如钩藤）及不定根（如络石和薜荔）。

（4）匍匐茎（stolon）与平卧茎（repent stem）：指茎细长，平卧地面，沿地面蔓延生长的茎。节上生不定根的称**匍匐茎**，如连钱草、积雪草和红薯；节上无不定根的称**平卧茎**，如蒺藜和地锦草。

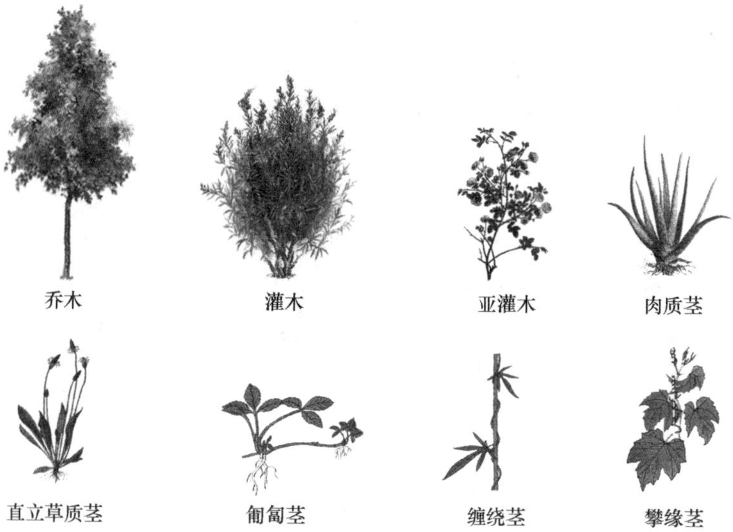

图 3-16　茎的类型

二、茎的变态（abnormal morphology of stems）

茎的形态结构和生理功能发生变化，出现了各种变态类型，可分为地上的变态茎和地下的变态茎。茎的变态是功能性特化的结果，地上的变态结构（**图 3-17**）与同化、保护和攀援等功能有关；地下的变态结构（**图 3-18**）与贮藏养料有关，外形似根，但具有茎的特征，可与根区别。

（一）地上的变态茎（modified aerial stems）

1. 叶状茎（leafy stem）　茎变态成绿色扁平或针叶状，代替叶的光合作用，叶退化成鳞片状或刺状，又称**叶状枝**（phylloclade），如仙人掌、竹节蓼和天门冬等。

2. 刺状茎（shoot thorn）　茎变态成粗短坚硬分枝或不分枝的刺，易剥落，又称**茎刺**（stem thorn）或枝刺，常生叶腋，可与叶刺相区别，如山楂、酸橙、皂荚和枸橘等。另外，蔷薇和花椒等具较多的刺，是由茎表皮或皮层突起形成的，易脱落，称为**皮刺**（prickle）。

3. 钩状茎（hook-like stem） 茎的侧轴变态成钩状，粗短坚硬，不分枝，如钩藤。

4. 茎卷须（stem tendril） 攀援植物的部分分枝或茎端变态成柔软卷曲的细丝，呈卷须状，由腋芽（如栝楼、爬山虎和丝瓜）或顶芽（如葡萄）发育形成。

5. 小块茎（tubercle）与小鳞茎（bulblet） 有些植物的腋芽常形成不规则块状称为**小块茎**，如山药的零余子（珠芽）；也有植物由叶柄上的不定芽形成小块茎，如半夏。某些植物由腋芽或花芽形成**小鳞茎**，如卷丹的腋芽形成小鳞茎，洋葱和大蒜花序中花芽形成小鳞茎。小块茎和小鳞茎均有繁殖能力，可作无性繁殖的材料。

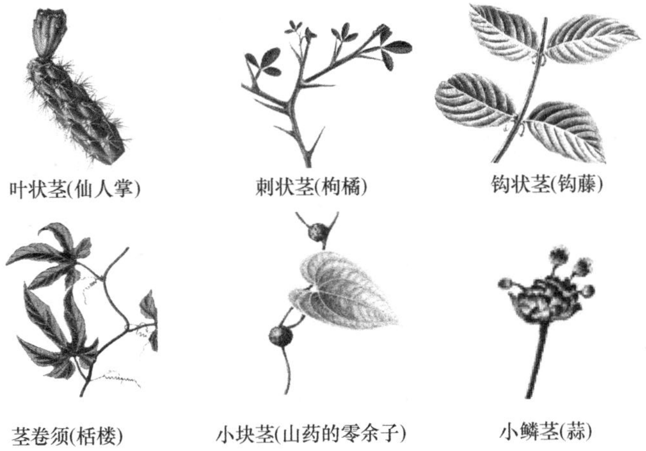

图 3-17　地上的变态茎

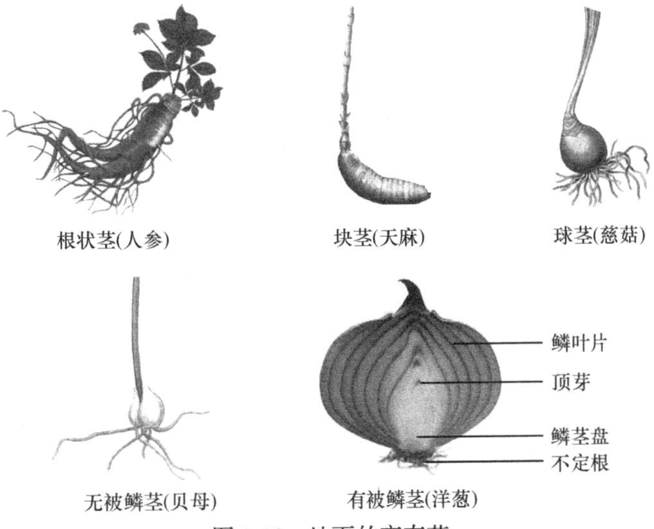

图 3-18　地下的变态茎

（二）地下的变态茎（modified subterraneous stems）

1. 根状茎（rhizome） 又称**根茎**，匍匐或直立生长在土壤中，节和节间明显，节上有退化的鳞片叶，具顶芽和腋芽，并长生有不定根。根状茎的形态及节间长短随植物种类而异，如人参和三七等为短而直立，川芎和白术等呈团块状，白茅和芦苇等细长，黄精则具明显茎痕（地上茎死后留下的痕迹）。

2. 块茎（tuber） 粗短肉质肥大呈不规则块状，由茎基部腋芽伸入土壤形成，具顶芽和缩短的节和节间，节上具芽及鳞片叶，但鳞片叶常退化或早落，如天麻、半夏和马铃薯等。

3. 球茎（corm） 肉质肥大呈球形或扁球形，节和节间明显，节上的膜质鳞片较大，顶芽发达，腋芽常生于其上半部，基部具不定根，如慈菇和荸荠等。

4. 鳞茎（bulb） 球形、扁球形，节间极度缩短的直立茎，其上着生许多肉质肥厚的鳞片叶，缩短的茎节被包裹其中，称为**鳞茎盘**。顶端有顶芽，叶腋有腋芽，基部具不定根。百合和贝母等的鳞叶窄，呈覆瓦状排列，外面无外皮覆盖，称为**无被鳞茎**；洋葱鳞叶阔，内层被外皮完全覆盖，称为**有被鳞茎**。

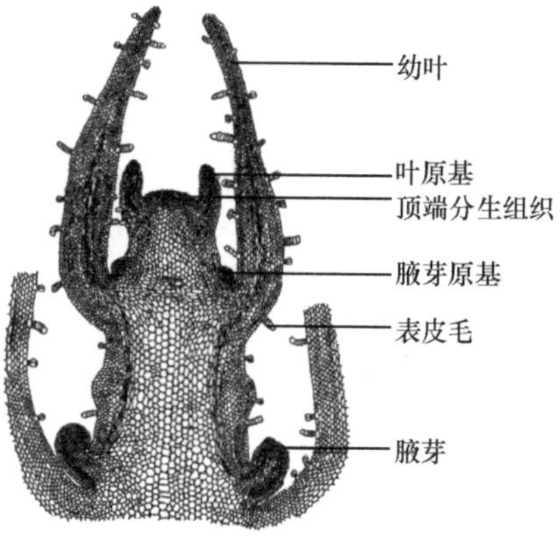

图 3-19 锦紫苏茎尖纵切

三、茎的显微构造（microscopic structure of stems）

（一）茎尖的结构（structure of stem apex）

茎尖是茎或枝顶端分生组织所在的部位，称茎端、枝端或苗端（shoot apex）。茎尖的构造基本上与根尖相似，由顶端分生组织及其衍生的初生分生组织组成。不同之处在于：茎尖产生侧生结构——叶与腋芽（**图 3-19**），而根尖并不产生侧生结构（侧根发生于根的成熟区）；茎尖没有根冠样的结构，其顶端分生组织包裹于幼叶中。

茎尖是由叶芽（顶芽）活动形成的。顶芽活动时，茎尖分生区的原分生组织分裂。分裂出来的细胞逐渐分化为原表皮层、基本分生组织和原形成层等初生分生组织。这些初生分生组织细胞边分裂边分化，细胞伸长，在茎的外形上表现出迅速伸长，逐渐向成熟区过渡。以后细胞基本停止增大体积，完成各种成熟分化，产生了表皮、基本组织与初生维管组织，形成了茎的初生结构（**图 3-20**）。

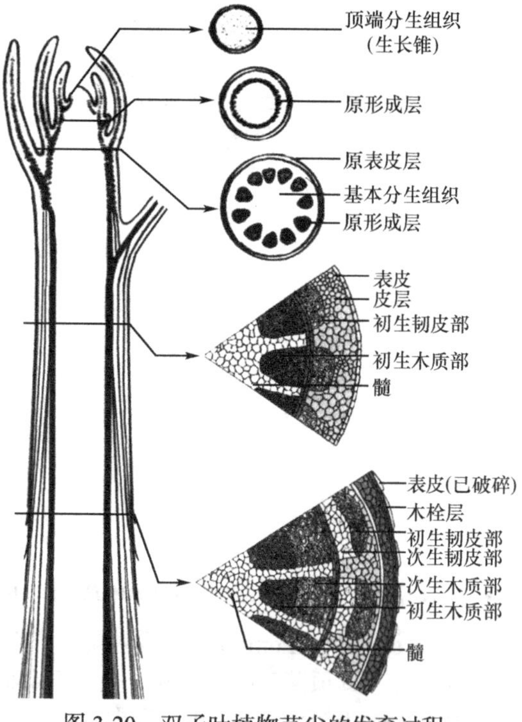

图 3-20 双子叶植物茎尖的发育过程

尽管茎的初生组织经历了与根相似的生长过程，但却无法像根一样将茎在纵轴上明显的区分为分生区、伸长区与成熟区，并且由于茎尖所处的环境及所担负的生理功能不同于根尖，故生长分化过程也有所不同：分生区在茎尖顶端，呈圆锥状，其先端是分生组织，分生能力旺盛，也称**生长锥**（growth cone）。在生长锥的四周形成叶原基或腋芽原基的小突起（腋芽原基的发生一般比包在其外侧的叶原基晚），后发育成叶或腋芽，腋芽进一步发育成枝；成熟区的表皮不形成根毛，但常有气孔和毛茸。茎尖细胞不断进行分裂、生长和分化，使茎不断伸长并不断产生新的枝叶。

（二）茎的初生结构（primary structure of stems）

茎的初生结构与根相似，主要包括表皮、皮层和维管柱三个部分。但在不同的植物类群中，维管组织的类型与分布模式常有所不同。

1. 双子叶植物茎的初生结构（primary structure of dicot stems） 在多数双子叶植物中，初生维管组织发育成为彼此分离的初生维管束，单一环状分布于基本组织中（**图 3-21**）。

（1）表皮（epidermis）：茎的最外层是由原表皮层发育而来的单层扁长细胞，并保持着分裂能力，以适应茎在一定程度上的增粗。表皮细胞长轴与茎的纵轴平行，外切向壁稍厚，通常角质化形成明显的角质层，少数植物还有蜡被。表皮上有各式气孔、毛茸或其他附属物。幼嫩的茎常呈绿色，这与表皮内侧细胞所含的叶绿体有关；有些植物如甘蔗和蓖麻的茎表皮细胞含花青素，使茎呈现不同程度的紫红色。

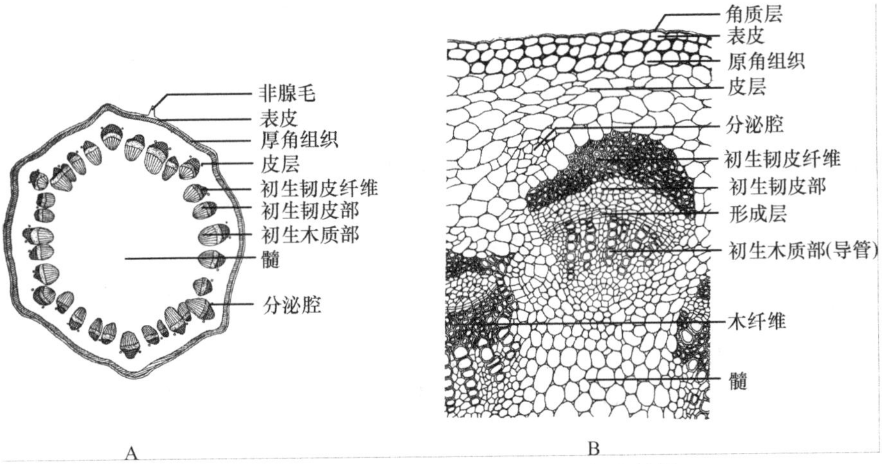

图 3-21　双子叶植物（松果菊）茎的初生结构

A. 横切面全貌　B. 横切面详图

（2）皮层（cortex）：皮层由基本分生组织发育而来，是位于表皮和维管柱之间的部分。茎的皮层不如根的皮层发达，从横切面看其皮层所占的比例也较小。皮层细胞大、壁薄，常为多面体、球形或椭圆形，排列疏松，具细胞间隙；常含叶绿体，故嫩茎呈绿色。靠近表皮的皮层部分常形成多层的厚角组织，以加强茎的韧性，有的厚角组织排成环形，如葫芦科和菊科的某些植物；有的呈束状分布于茎的棱角处，如芹菜和薄荷。一些植物茎的皮层还存在纤维和石细胞，如黄柏和桑；有的还有分泌组织，如向日葵。皮层最内层细胞多为薄壁细胞，无内皮层，故与维管柱之间无明显分界。但在有些水生植物及许多低等维管植物的茎中内皮层普遍存在，且许多水生植物的皮层可发育出具有发达胞间隙的通气组织。少数植物皮层最内层细胞含有大量淀粉粒，称为**淀粉鞘**（starch sheath），如蚕豆和蓖麻等。

（3）维管柱（vascular cylinder）：与根相比，大多数双子叶植物的茎无明显的内皮层和中柱鞘，因此无严格意义的中柱。将起源于韧皮部，位于初生韧皮部外侧的纤维束称为初生韧皮纤维，如向日葵和大麻等；将起源于韧皮部之外，位于皮层内侧成环包围初生维管束的称为周围纤维或环管纤维，如马兜铃和南瓜等。

初生维管束（primary vascular bundle）：双子叶植物的初生维管束主要包括初生韧皮部、初生木质部和束中形成层（fascicular cambium）。藤本植物和大多数草本植物维管束之间的束间区域较宽，而木本植物维管束排列紧密，束间区域较窄，维管束似连成一圆环状。维管束常为无限外韧型，也有少数为双韧型，如曼陀罗、南瓜、颠茄、桉树等。

初生韧皮部（primary phloem）：是维管束的外侧部分，由筛管、伴胞、韧皮薄壁细胞和韧皮纤维组成。分化成熟的方向为外始式，与根相同。在韧皮部的外侧，常分布有半月形的初生韧皮纤维，加强了茎的韧性。

初生木质部（primary xylem）：是维管束的内侧部分，由导管、管胞、木薄壁细胞和木纤维组成，其分化成熟的方向和根相反，由内向外，为内始式（endarch）。

束中形成层（fascicular cambium）：位于初生韧皮部和初生木质部之间，是原形成层分化过程中在初生维管束中遗留下来的部分，由 1～2 层具有分生能力的细胞组成，可使茎不断加粗。

髓（pith）：位于茎的中央，由基本分生组织产生的薄壁细胞组成，多贮藏各种后含物，细胞中可含叶绿体，有些植物具石细胞；有些植物如椴树，髓的周围有一层排列紧密的、壁较厚的小型细胞，称为**环髓带**（perimedullary region），或环髓区，髓鞘。环髓带和髓中央部分区分明显。

草质茎的髓部较大，木质茎的髓部常较小，但旌节花、接骨木和泡桐等除外，其髓部较大；部分植物在发育过程中髓部细胞解体消失，而在节间的部位形成空腔（髓腔），节上的髓常保留而形成节隔膜如连翘、芹菜和南瓜等；少数植物髓部细胞形成一系列横髓隔，如猕猴桃、胡桃和杜仲等。

髓射线（medullary ray/pith ray）：又称**初生射线**（primary ray），指联系皮层与髓部的束间薄壁组织。髓射线通常有数列细胞，横切面观呈放射状，外接皮层，内联髓部，是植物体内横向运输的通道，兼有贮藏作用。双子叶草本植物的髓射线较宽，木本植物髓射线较窄。髓射线细胞具潜在分生能力，次生生长开始时，与束中形成层相邻的髓射线细胞可转变为形成层的一部分，即**束间形成层**（interfascicular cambium）。

2. 单子叶植物茎的结构（structure of monocot stems） 单子叶植物一般没有形成层和木栓形成层，除少数热带单子叶植物（如龙血树和芦荟等）外，只具有初生构造，不能无限增粗（**图 3-22**）。茎的最外层是表皮，但根茎的外方有时有周皮，如射干和仙茅等。

（1）表皮（epidermis）：由表皮细胞和气孔器有规律排列而成，有长、短细胞两种。长细胞是表皮的主要细胞，细胞壁厚，出现硅质化和角质化。

（2）基本组织（ground tissues）：由薄壁细胞组成，禾本科植物茎的表皮下方，往往有数层厚壁细胞分布，以增强支持作用。根茎的内皮层大多明显，具凯氏带，如姜和石菖蒲等。

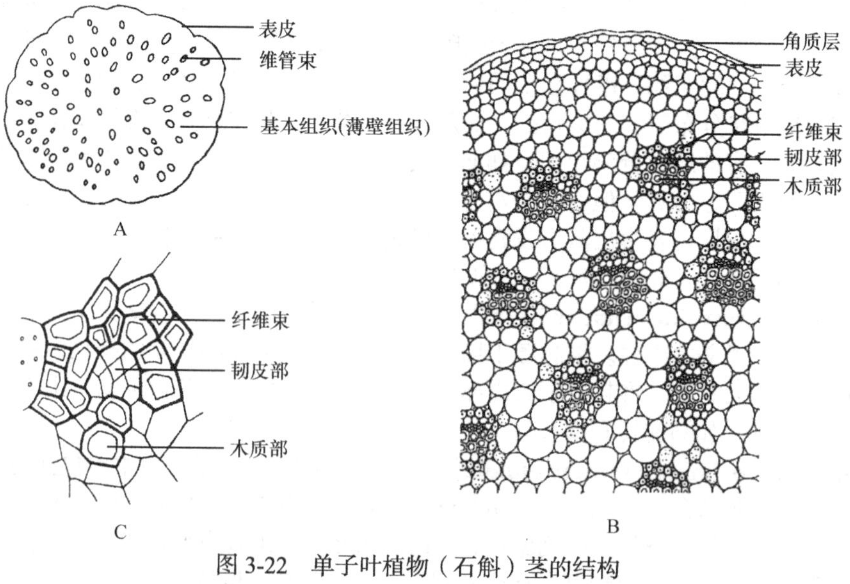

图 3-22 单子叶植物（石斛）茎的结构

A. 横切面全貌；B. 横切面详图；C. 维管束放大

（3）**维管束（vascular bundle）**：由维管束鞘、初生韧皮部和初生木质部组成，无束中形成层。有限外韧型维管束之间彼此分离，常以两种方式排列：一种维管束呈无规则散在排列，维管束外多内少、内大外小，无皮层和髓，如石斛、玉米和甘蔗等；另一种维管束较规则地排列成两圈，外圈较小，中央是髓，茎长大时，有些髓部萎缩破裂形成中空的茎秆，如小麦、水稻和竹类等。

（三）茎的次生结构（secondary structure of stems）

绝大多数单子叶植物和某些草本双子叶植物的茎终生仅具有初生结构，而裸子植物和多数双子叶植物则会在停止伸长的部位继续发生次生的加粗生长，进而产生次生结构。与根一样，茎次生结构的形成来自于维管形成层和木栓形成层两种侧生分生组织的分裂活动。次生结构的形成和不断发展，满足了植物生长和发育中对更多水分和营养，以及更大的机械支持力的需求。草本植物的次生生长持续时间短，木本植物的次生生长可持续多年，因此次生构造也更发达。

1. 木本双子叶植物茎的次生结构（secondary structure of woody dicot stems）

（1）**维管形成层（vascular cambium）**：维管形成层来源于初生木质部与初生韧皮部之间保持着未分化状态的原形成层细胞（**图 3-23**）。当次生生长发生时，原形成层细胞首先发生分裂，转变为维管形成层的一部分，称为**束中形成层**（fascicular cambium）；邻接束中形成层的束间薄壁组织（髓射线）的一部分细胞也恢复分生能力，形成**束间形成层**（interfascicular cambium），并和束中形成层相互衔接，形成连续的形成层环，即为维管形成层。

维管形成层由**纺锤状原始细胞**（fusiform initial）和**射线原始细胞**（ray initial）组成，纺锤状原始细胞呈长梭形，细胞质稀薄，液泡明显，核相对小，其分裂、分化可形成纤维、导管、管胞、筛胞、筛管和伴胞等，构成茎的轴向系统；射线原始细胞近等径，细胞小，数量少，其分裂、分化可产生射线细胞，构成茎的径向系统。

纺锤状原始细胞主要进行平周分裂，分裂 1 次产生 2 个子细胞，一个向内分化出次生木质部原始细胞或向外分化出次生韧皮部原始细胞，另一个则保留为纺锤状原始细胞。通常形成数个次生木质部细胞后才形成 1 个韧皮部细胞，因此次生木质部细胞数量明显多于次生韧皮部细胞。射线原始细胞同样以平周分裂为主，向内分裂产生次生木射线和向外分裂产生次生韧皮射线，随茎的增粗，射线的数目也增加。随着次生木质部的较快增加，形成层也进行垂周分裂，增加本身的细胞，位置也逐渐向外推移。木本植物次生构造中维管束之间距离较初生构造的窄。

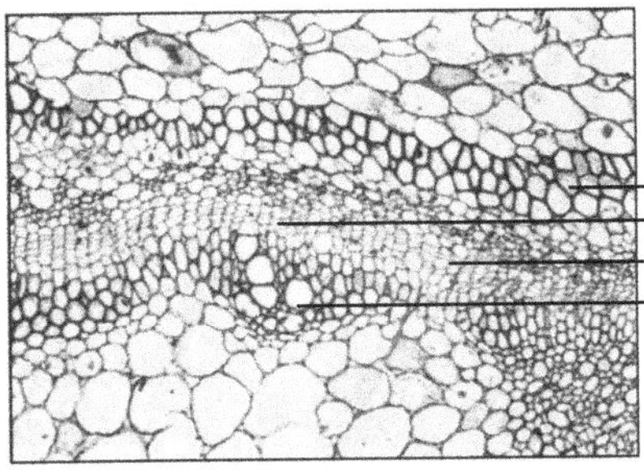

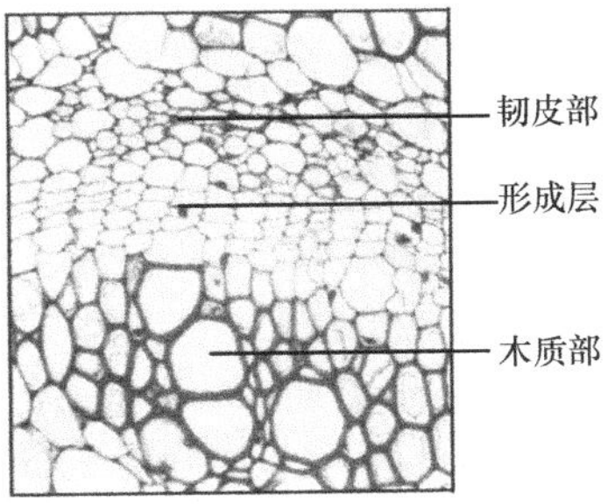

图 3-23　维管形成层的发生

A. 罂粟茎横切面；B. 罂粟茎局部放大

（2）**次生木质部（secondary xylem）**：**次生木质部**由导管、管胞、木薄壁细胞、木纤维和木射线组成，是木质茎次生构造的主要部分，也是木材的主要来源。导管主要为梯纹、网纹及孔纹导管，其中孔纹导管最普遍。导管、管胞、木薄壁细胞和木纤维等组成了次生木质部中的轴向系统。木射线细胞是长轴沿半径方向排列的薄壁细胞，细胞壁发生或多或少的木质化，衍生于形成层的射线原始细胞，构成了与茎轴垂直的径向系统（**图 3-24**）。

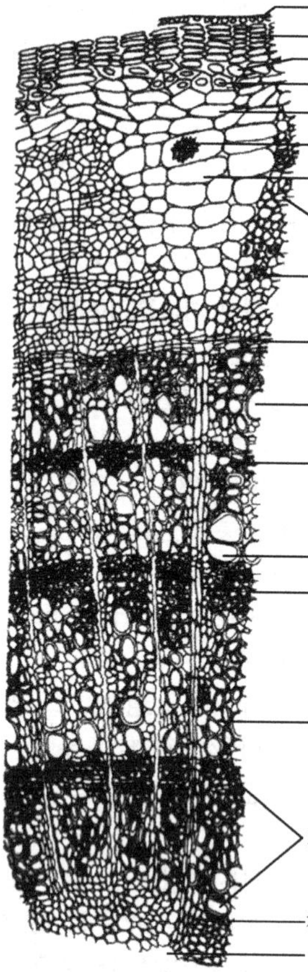

图 3-24　四年生木质茎（椴树）的构造

次生木质部细胞的形态很容易受到气候变化的影响，最为突出的代表是因季节变换而形成的**生长轮**（growth ring）或称**年轮**（annual ring）。因温带和亚热带春季或热带雨季气候温和，雨量充足，形成层活动旺盛，所形成的木质部细胞较大而壁较薄，木材质地较疏松、色泽较淡，称**早材**（early wood）或**春材**（spring wood）；温带夏末秋初或热带旱季，形成层活动减弱，形成的木质部细胞小而壁厚，木材质地紧密、色泽较深，称**晚材**（late wood）或**秋材**（autumn wood）。同一生长季的早材向晚材的变化是逐渐过渡的，而晚材与下一生长季的早材间则形成致密与疏松的鲜明对比，因而形成了清晰的年轮。依据树木基部的年轮常可计算树木的年龄，但有时次生木质部细胞的形态很容易受到气候或病虫害的影响，一年内会形成几个生长轮，称为**假年轮**（false annual ring）。生长轮的宽窄、缺损等变化可反映当时生长地环境的变迁和植物的生长状况。

树木在经历了多年生长后，木质茎横切面观，靠近形成层的部分颜色较浅，质地较松软，称为**边材**（sap wood），含有生活细胞，具输导和贮藏作用；而中心部分逐渐失去了输导的功能而转变为质地坚固的木材，称**心材**（heart wood）。心材的导管中常由于其相邻的薄壁细胞从纹孔处侵入导管腔内形成侵填体（tylosis），其中常沉积树脂、单宁、挥发油和色素等物质。侵填体的形成使有些植物的心材坚硬耐磨，并有特殊的色泽，如桃花心木的心材呈红色，胡桃木呈褐色，乌木呈黑色，使心材具有工艺上的价值。心材也常含有多种代谢产物，如檀香、沉香、苏木和降香等中药都是以心材入药。

木质部各种组织纵横交错，十分复杂，其基本结构必须借助于三种切面（**图 3-25**）的观察才能比较完整地了解。

横切面（transverse section）是与茎纵轴垂直所作的切面。在横切面上，年轮为同心环状，轴向系统的细胞因横切而显得最小，导管、管胞、木纤维和木薄壁细胞等都呈类圆形或多角形；而径向系统的射线细胞则显示出长轴的伸展与向心的辐射状排列。

径向切面（radial section）是通过茎直径作的纵切面。在径向切面上，轴向系统的细胞，得以展示其长径与形态，如导管或管胞均呈纵长筒状或棱状，次生壁的增厚纹理也很清楚；而径向系统的射线则表现为多列水平带，若切面恰好切过射线的中央面时则能观察到射线的高度。

切向切面（tangential section），也称**弦切面**，是不通过茎中心而垂直于茎半径所作的纵切面。在该切面上，轴向系统的细胞形态与径切面类似（由于松柏类木材管胞上的具缘纹孔主要发生在径向壁上，其两种切面可能有明显的区别），但径向系统的横断面则得到了完整的展示，从而能清楚地判断射线的高度（轴向细胞数的多少）与宽度（单列或是多列）。

木材的 3 个切面中，射线的形状最突出，可作为判断切面类型的依据。

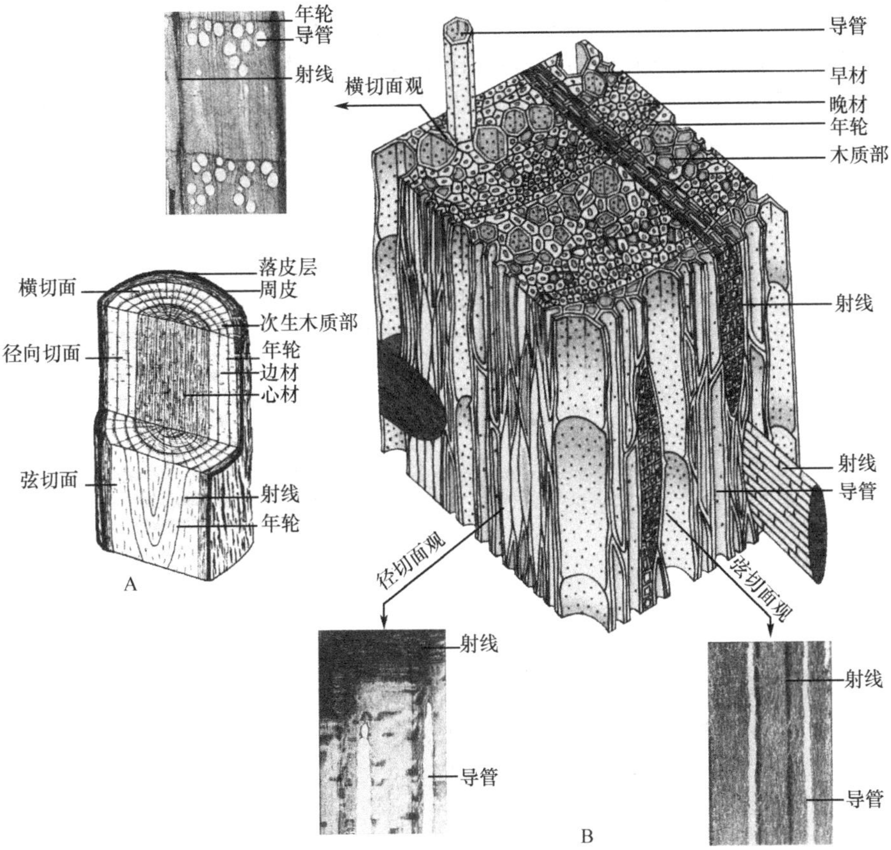

图 3-25　木材三切面及次生结构

A. 三切面示意图；B. 橡树木材三切面及结构

（3）**次生韧皮部**（**secondary phloem**）：由筛管、伴胞、韧皮薄壁组织和韧皮纤维组成。有些植物缺少次生的韧皮纤维，如马兜铃属；有些植物的次生韧皮部具石细胞，如肉桂、厚朴和杜仲；有些植物具乳汁管，如夹竹桃。韧皮射线是次生韧皮部内的薄壁组织，是维管射线位于次生韧皮部的部分，细胞壁不发生木质化，与木射线相连，其长短宽窄因植物种类而异。

功能性的韧皮部通常仅限于一个生长季，筛管分子在春天由形成层发生后，往往在秋天即停止输导而死亡。但是，少数植物如葡萄则经过冬季的休眠，春季可重新恢复活动。次生韧皮部形成时，初生韧皮部被挤压到外方，形成**颓废组织**（obliterate tissue），筛管、伴胞及其他薄壁细胞被挤压破坏，细胞界限不清。

次生韧皮部中的薄壁细胞中含有多种营养物质和生理活性物质，具有一定的药用价值，如杜仲、黄檗、肉桂、苦楝和合欢等都以树皮入药。

（4）**木栓形成层和周皮**（**cork cambium and periderm**）：次生维管组织的增加使茎不断增粗，最终破坏了表皮而使其失去保护作用。此时，多数植物茎可由表皮内侧皮层薄壁细胞恢复分生能力，形成木栓形成层，进而产生周皮，代替表皮行使保护作用。

一般木栓形成层的活动只不过数月，大部分树木又可依次在其内方产生新的木栓形成层。这样，发生的位置就会向内移，可深达次生韧皮部，形成新的周皮。老周皮内方的组织被新周皮隔离后逐渐枯死，这些周皮以及被它隔离的死亡组织的综合体常形成片状剥落，故称**落皮层**（rhytidome）。有的落皮层呈鳞片状脱落，如白皮松；有的呈环状脱落，如白桦；有的裂成纵沟，如柳和榆；有的呈大片脱落，如悬铃木。但也有的周皮不脱落，如黄柏和杜仲。

落皮层也称**外树皮**（outer bark）。“**树皮**”有两种概念，狭义的树皮即落皮层；广义的树皮指形成层以外的所有组织，包括落皮层和次生韧皮部（内树皮）。多数皮类药材，如厚朴、杜仲、肉桂、黄柏、秦皮和合欢皮的药用部分均指广义树皮。木栓层形成以前，幼茎表皮上的气孔，是气体进出植物体的门户。周皮形成时，位于表皮气孔下的木栓形成层向外产生出大量排列疏松的薄壁细胞，称为**补充细胞**（complementary cells）。补充细胞撑破周皮，在树皮表面形成圆形、椭圆形或线形的突起或凹陷，称为**皮孔**（lenticels）。它代替气孔成为气体交换的通道。皮孔的形状、大小、色泽随植物种类而异，是皮类药材鉴定的依据之一（**图 3-26**）。

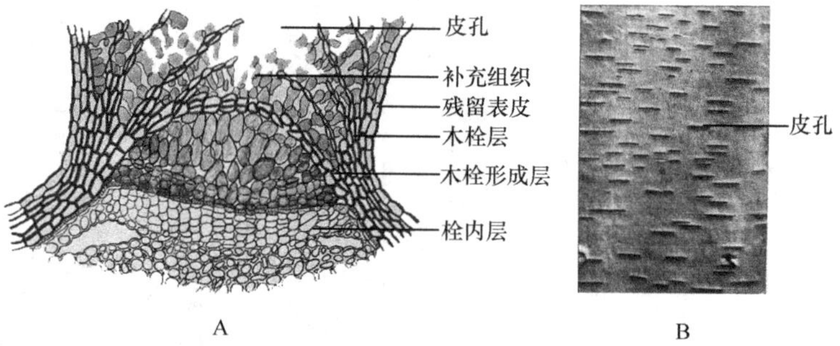

图 3-26　皮孔形态及结构

A. 皮孔的构造（双子叶植物茎横切面示意图）；B. 桦树的皮孔

2. 异常的次生结构（anomalous secondary structure）　双子叶植物的茎和根状茎在形成正常构造外，常有部分薄壁细胞能恢复分生能力，发育成新的形成层，产生多数异型维管束，形成异常结构。常见的有以下几种类型（**图 3-27**）。

（1）髓维管束（medullary vascular bundle）：是位于双子叶植物茎的髓部的异型维管束。例如，胡椒科植物风藤的茎（海风藤），横切面上除正常排成环状的维管束外，髓部还可见 6～13 个异型维束。大黄根状茎的横切面上除可见正常的维管束外，髓部有许多韧皮部在内而木质部在外的异型维管束，并且射线呈星芒状射出。

（2）同心环状维管束（concentric ring vascular bundle）：当正常的次生生长发育到一定阶段，次生维管柱的外围又形成多轮呈同心环状排列的异常维管组织，如密花豆的老茎（鸡血藤）的横切面。常春油麻藤茎的横切面亦可见上述异型构造。

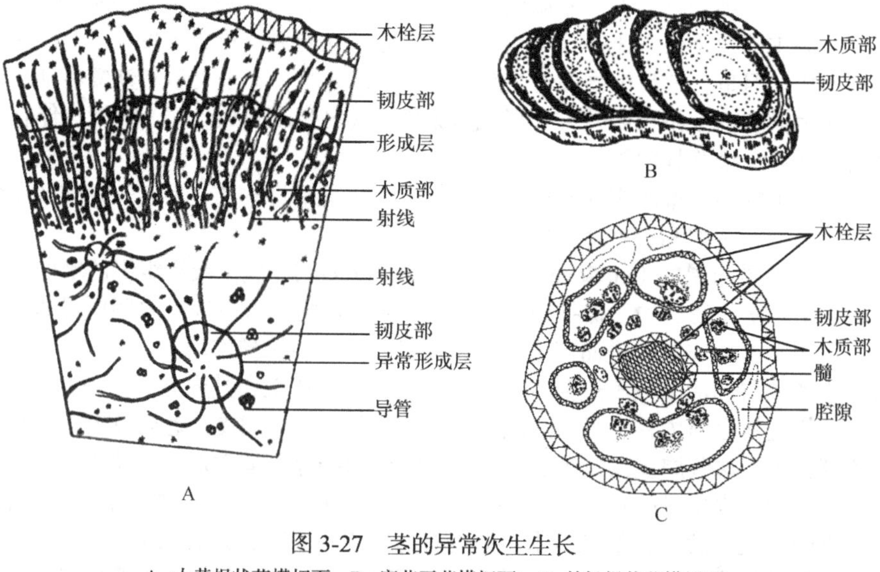

图 3-27　茎的异常次生生长

A. 大黄根状茎横切面；B. 密花豆茎横切面；C. 甘松根状茎横切面

（3）**木间木栓（interxylary cork）**：新的木栓形成层呈一个个的环，包围一部分韧皮部和木质部，把维管柱分隔为数束，如甘松的根状茎。

3. 其他类型茎的次生结构特点（secondary structure of other stems）

（1）**草本双子叶植物茎（herbaceous dicot stems）**：因草质茎生长期短，次生生长有限，次生构造不发达，木质部的量较少，质地较柔软（**图 3-28**）。常见的草本双子叶植物茎有以下几种结构特征。

1）最外层为表皮，常有毛茸、气孔、角质层和蜡被等附属物。少数植物表皮下方有木栓形成层分化，向外产生 1～2 层木栓细胞，向内产生少量栓内层，但表皮未被破坏。

2）次生构造不发达，有些种类仅具束中形成层，没有束间形成层；还有些种类不仅没有束间形成层，而且束中形成层也不明显，如毛茛科草本植物。

3）髓部发达，髓射线一般较宽。有些种类髓部中央破裂成空洞状。

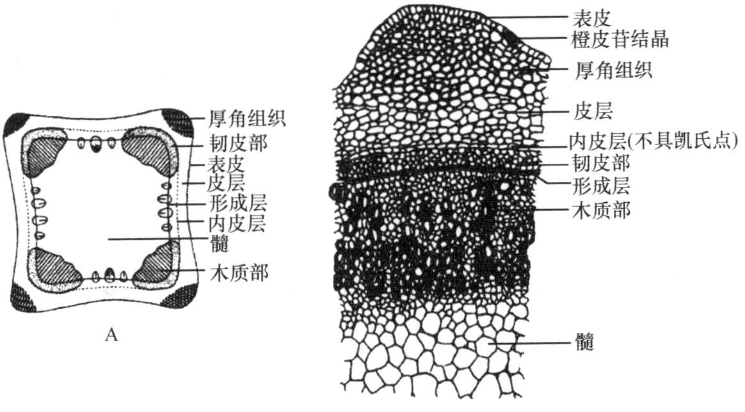

图 3-28　草本双子叶植物（薄荷）茎

A. 横切面简图；B. 横切面详图

（2）**草本双子叶植物根状茎（herbaceous dicot rhizomes）**：构造与地上茎类似（**图 3-29**），不同点在于以下几点。

1）表面常具木栓组织，少数具表皮或鳞叶。

2）皮层较宽，常有根迹维管束（即茎中维管束与不定根中维管束相连的维管束）和叶迹维管束（茎中维管束与叶柄维管束相连的维管束）斜向通过。皮层内侧有时具纤维或石细胞。

3）维管束为外韧型，呈环状排列。

4）有明显的髓部。

5）贮藏薄壁细胞发达，常有贮藏物质。

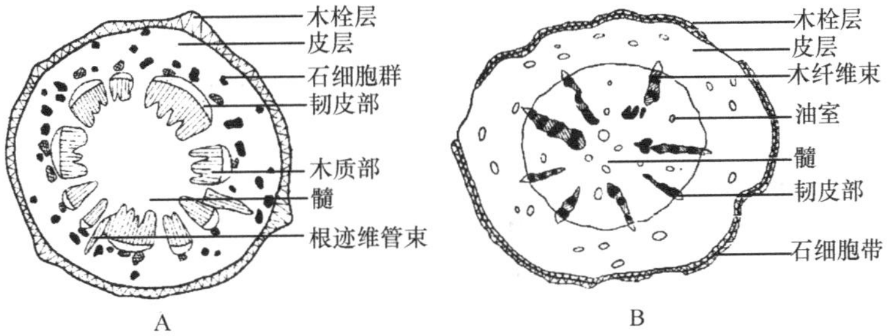

图 3-29　草本双子叶植物根状茎

A. 黄连横切面简图；B. 苍术横切面简图

（3）**裸子植物茎（gymnosperm stems）**：裸子植物茎均为木本，因此它的构造与木本双子叶植物茎类似（**图 3-30**），不同点在于以下几项。

1）次生木质部主要由管胞、木薄壁细胞和射线组成，无典型木纤维，管胞兼有输送水分和支持作用。有些无木薄壁细胞，如松科；除麻黄和买麻藤以外，裸子植物均无导管。

2）次生韧皮部由筛胞、韧皮薄壁组织和射线所组成，无筛管、伴胞。松属植物一般缺少韧皮纤维；而红豆杉科、柏科和杉科有韧皮纤维。

3）皮层、韧皮部、木质部、髓，甚至髓射线中常分布有树脂道，如松柏类植物。

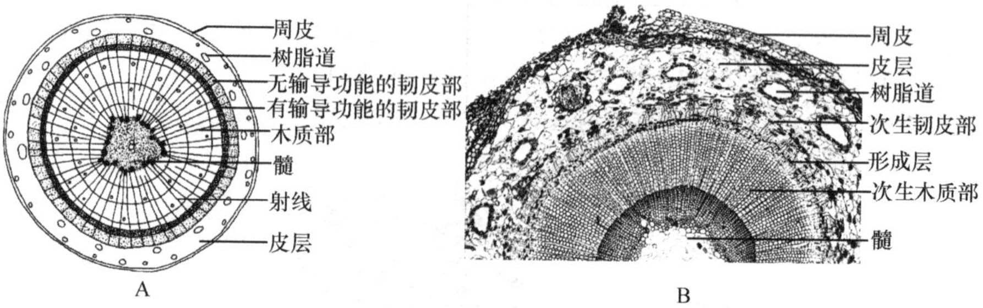

图 3-30　裸子植物茎

A. 横切面简图；B. 冷杉茎横切面详图

四、茎的生理功能（biological function of stems）

茎主要有输导、支持、贮藏和繁殖的生理功能。

1. 输导作用（transportation）　茎是植物体内物质运输的主要通道。根部吸收的水分和无机盐及合成或贮藏的营养物质，通过茎输送到地上各部；叶在光合作用下制成的有机养料，也要通过茎输送到体内各部被利用或贮藏。

2. 支持作用（supporting）　大多数植物的茎直立生长于地面，靠内部所具有的发达的机械组织，承受着枝、叶、花和果实的重量，使它们合理伸展和有规律地分布，有利于叶的光合作用，开花、传粉及果实与种子的传播。

3. 贮藏作用（nutrient storage）　有些植物的茎有贮藏水分和营养物质的功能，尤其是在变态茎中，如根状茎、球茎和块茎等，如仙人掌的肉质茎贮存大量的水分。此外，许多药用植物如黄精、天麻和百合等也含有丰富的贮藏物质。

4. 繁殖作用（reproduction）　有些植物能产生不定根和不定芽，可作营养繁殖，如柳、桑和马铃薯等。

Summary

1. **Stems** are a part of a vascular plant. Stems usually function supporting for leaves and flowers，transporting fluids between the roots and the shoots in the xylem and phloem and storing nutrients.

2. The stem is normally divided into nodes and internodes. Node is segment of a stem where leaves and lateral buds are attached. The internodes distance one node from another.

3. **Buds** as the primary growing points of the stems can be either terminal buds（at the tip of a stem）or lateral buds（grow from the leaf axils on the side of a stem）.

4. Stems usually form complex branching system，including monopodial branches found in gymnosperms and ferns，sympodial branches found in angiosperms，dichotomous branches found in

moss and ferns, and false dichotomous branches found in some angiosperms.

5. There are three main types of stems: woody stems, herbaceous stems and succulent stems. The modified aerial stems include leafy stem, shoot thorn, hook-like stem, stem tendril, tubercle and bulblet, and the modified subterraneous stems include rhizomes, tubers, corms and bulbs.

6. Apical meristem is the tissue at the tip of a stem capable of cell division, producing leaf primordium and axillary bud primordium, giving rise to stem elongation.

7. Primary structure of stems usually is composed of epidermis, cortex, and vascular cylinder. Monocot and dicot stems differ in the arrangement of their vascular cylinder.

(1) **Dicot stems**: The vascular cylinders consist of primary phloem, fascicular cambium and primary xylem. The cambium tissues divide to form phloem tissues toward the outside and xylem tissues toward the inside. Cell division of the cambium tissue adds width to the stems.

(2) **Monocot stems**: The xylem and phloem are paired in bundles, with bundles dispersed throughout the stem.

8. Tissues produced by apical meristems are primary tissues, whereas those produced by the vascular cambium and cork cambium are secondary tissues.

(1) **Vascular cambium**: The vascular cambium contains fusiform initials that produce the elongate cells of secondary xylem and phloem and ray initials that produce ray cells.

(2) **Secondary xylem**: The secondary xylem contains the same types of cells as the primary xylem, but the arrangement differs. Annual rings with early wood and late wood are usually present.

(3) **Periderm**: Dicot stems usually have cork cambium, which divides to produce resistant cork cells externally and sometimes phelloderm cells internally. These cells form the periderm, which replaces the epidermis in function. Lenticels in the periderm permit oxygen diffusion into the organ.

9. In an old trunk or branch, the central xylem is heartwood; it is dry and the parenchyma has died. The outer, younger xylem is sapwood; it is involved in water conduction and its parenchyma is alive.

10. The secondary growth of woody stems is very developed, having a transverse clearly visible rings. The secondary growth of herbaceous stems and rhizomes is not developed.

复习思考题(review questions)

1. 茎的功能有哪些？茎形态基本特征是什么？
2. 茎的分枝方式有哪些？主要由哪些因素决定其分枝方式？
3. 变态茎有哪些种类，代表植物是什么？
4. 试述顶芽的起源和进一步发育的详细过程。
5. 试述双子叶植物茎和单子叶植物茎有何异同。
6. 茎的次生结构是如何产生的？对初生结构有何影响？
7. 年轮是如何形成的？
8. 为什么树怕剥皮？剥掉的树皮包括了哪些结构？
9. 如何从结构上区别裸子植物茎和双子叶植物木质茎？
10. 如何区别木材的“三切面”？
11. 以茎入药的常见中药有哪些？

第三节　叶
Leaves

叶由**叶原基**（leaf primordium）生长分化而来。叶原基由原分生组织细胞构成，其经过顶端生长、边缘生长和居间生长三个过程的生长分化后形成了具有叶片、叶柄和托叶等结构雏形的幼叶，最终发育为成熟的叶。

常见的叶类中药有番泻叶、洋地黄叶、颠茄叶、紫苏叶、大青叶、桑叶和银杏叶等；草本植物类中药常以全草或地上部分入药，叶是其入药的主要部分，如紫花地丁、绞股蓝、草珊瑚、穿心莲、蒲公英、鱼腥草和益母草等。

一、叶的组成和形态（the composition and morphology of leaves）

（一）叶的组成（the composition of leaves）

成熟的叶由**叶片**（blade）、**叶柄**（petiole）和**托叶**（stipule）三部分组成。同时具备这 3 个部分的叶称为**完全叶**（complete leaf）（**图 3-31**），如桃、桑的叶；缺少其中任意一或两个部分的叶称**不完全叶**（incomplete leaf），如石竹、龙胆的叶缺少叶柄和托叶，烟草的叶缺少叶柄，女贞叶缺少托叶。叶片一般较大，是进行光合作用的主体部分；叶柄支持叶片且连接叶片与茎节，是两者之间的物质交流通道；托叶一般着生于叶柄基部的两侧，在叶片幼小时，有保护叶片的作用。

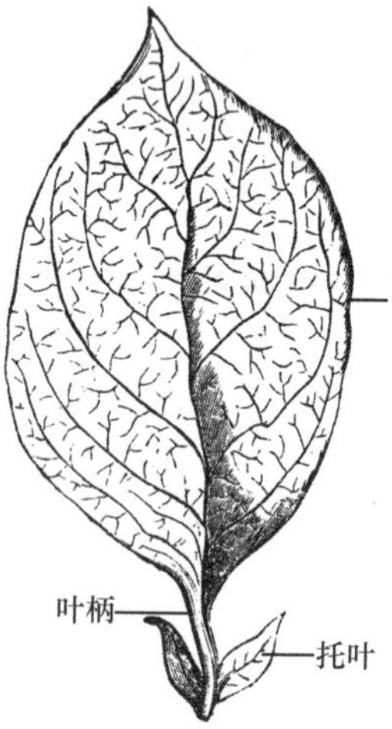

图 3-31　完全叶的组成

1. 叶片（blade） 叶片是叶的主体部分，是大多数植物进行光合作用和蒸腾作用的主要场所。不同的植物的叶片形状差异很大，典型的叶片为绿色的扁平体，这种形态有利于植物进行光能的吸收和气体交换。叶片的全形称**叶形**（lobate），有上表面（腹面）和下表面（背面）之分；顶端称**叶端**（leaf apex）或**叶尖**（leaf apices），基部称**叶基**（leaf base），边缘称**叶缘**（leaf margin），叶片内分布有**叶脉**（leaf vein），叶脉是叶片中的维管束，起着支持和输导作用。

2. 叶柄（petiole） 叶柄位于叶的基部，连接叶片和茎枝，有支持叶片的作用，还可连接茎枝起输导作用。叶柄常呈类圆柱形、半圆柱形或稍扁平状。不同种类的植物叶柄的形状差异很大，有的叶柄能攀援物体做螺旋状扭曲，如旱金莲；有的叶柄上具膨胀的**气囊**（air sac），有利于叶片浮于水面，如凤眼蓝和菱等水生植物；有的植物叶柄基部具膨大的关节，称**叶枕**（pulvinus），能调节叶片的位置和休眠运动，如含羞草；有的植物叶片退化，而叶柄变态成叶片状，以替代叶片的功能，称为**叶状柄**（phyllode），如台湾相思树；有些植物的叶柄基部或叶柄全部扩大成鞘状，包裹着茎秆，称**叶鞘**（leaf sheath），如当归、白芷和前胡等伞形科植物，其叶鞘是由叶柄基部扩大形成的，而姜、益智和砂仁等姜科植物，叶鞘是由相当于叶柄的部位扩大形成的。叶鞘可以加强茎的支持作用，还可以保护茎的居间生长和叶腋内的幼芽。

除叶鞘外，禾本科植物叶在叶鞘与叶片相接处的腹面具膜状突起物称**叶舌**（ligulate），在叶舌两旁有一对从叶片基部边缘延伸出来的突起物称**叶耳**（auricle）（**图 3-32**）。叶耳、叶舌的形状、大小及有无常可作为鉴别禾本科植物的依据。例如，水稻与稗，形态虽较相似，但前者有叶耳，后者无叶耳，故可相互区别。

有些植物的叶没有叶柄，叶片基部包围在茎上，称为**抱茎叶**（amplexicaul leaf），如苦荬菜。

如果无柄叶的基部或对生无柄叶的基部彼此愈合，似被茎所贯穿，称**贯穿叶**（perfoliate leaf）或穿茎叶，如元宝草。

3. 托叶（stipule）　托叶是叶柄基部的附属物，通常细小，有时早落，具有保护芽和幼叶的作用。不同植物的托叶形状和大小差异很大。豌豆的托叶大而呈叶状；茜草的托叶形状和大小与叶片几乎一样，但其腋内无腋芽；梨的托叶小而呈线状；刺槐的托叶变成针刺状；菝葜的托叶演变为卷须；何首乌的托叶边缘愈合成鞘状，包围在茎节的基部，称**托叶鞘**（ocrea），膜质托叶鞘是何首乌和虎杖等蓼科植物的主要特征之一（**图 3-33**）。

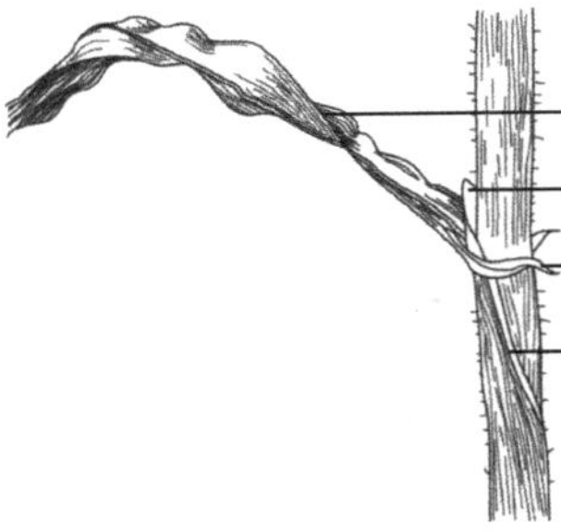

图 3-32　禾本科植物的叶

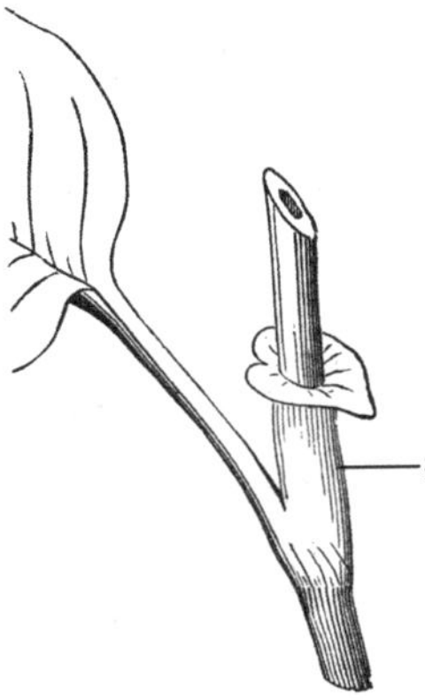

图 3-33　托叶鞘

（二）叶的形态（morphology of leaves）

叶的形态特征主要包括叶形、叶端、叶基、叶缘、脉序、叶片的分裂和叶的质地等。

1. 叶形（leaf shape）　叶形是指叶片的外形或基本轮廓。植物中，常见的叶形主要有近似条形、圆形、椭圆形和卵形等，叶形主要根据叶片的长度与宽度的比例及最宽处的位置来进行分类（**图 3-34**）。常见的叶形有针形（acicular）、心形（cordate）、正三角形（deltoid）、椭圆形（elliptic）、镰形（falcate）、戟形（hastate）、披针形（lanceolate）、条形（linear）、剑形（ensate）、琴形（lyrate）、倒心形（obcordate）、倒披针形（oblanceolate）、矩圆形（oblong）、倒卵形（obovate）、圆形（orbicular）、卵圆形（oval）、卵形（ovate）、肾形（reniform）、倒齿形（runcinate）、箭头形（sagittate）和匙形（spatulate）等（**图 3-35**）。

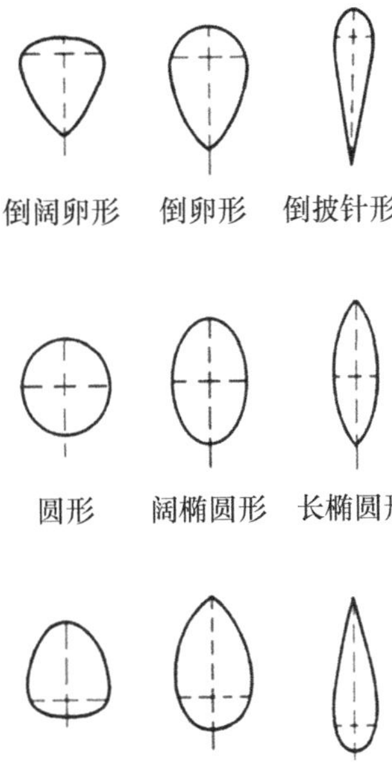

图 3-34　叶形的基本分类

在具体描述叶形时，有些介于标准叶形间的过渡类型，常用两种形状的综合，如既像卵形，又像披针形的，称为卵状披针形；既像匙形，又像倒披针形的，则称为匙状倒披针形。

2. 叶尖（leaf opex）　叶尖是指叶片的尖端部分，又称**叶端**（leaf apex）。植物种类不同，叶尖形态差异很大，常见的叶尖类型有渐尖（acuminate）、急尖（acute）、细尖（apiculate）、芒尖（aristate）、尾状（caudate）、卷须状（cirrhous）、半裂（cleft）、骤尖（cuspidate）、微缺（emarginated）、短尖（mucronate）、小短尖（mucronulate）、倒心形（obcordate）、钝形（obtuse）、微凹（retuse）、圆形（rounded）、刺状（spinose）和截形（truncate）等（**图 3-36**）。

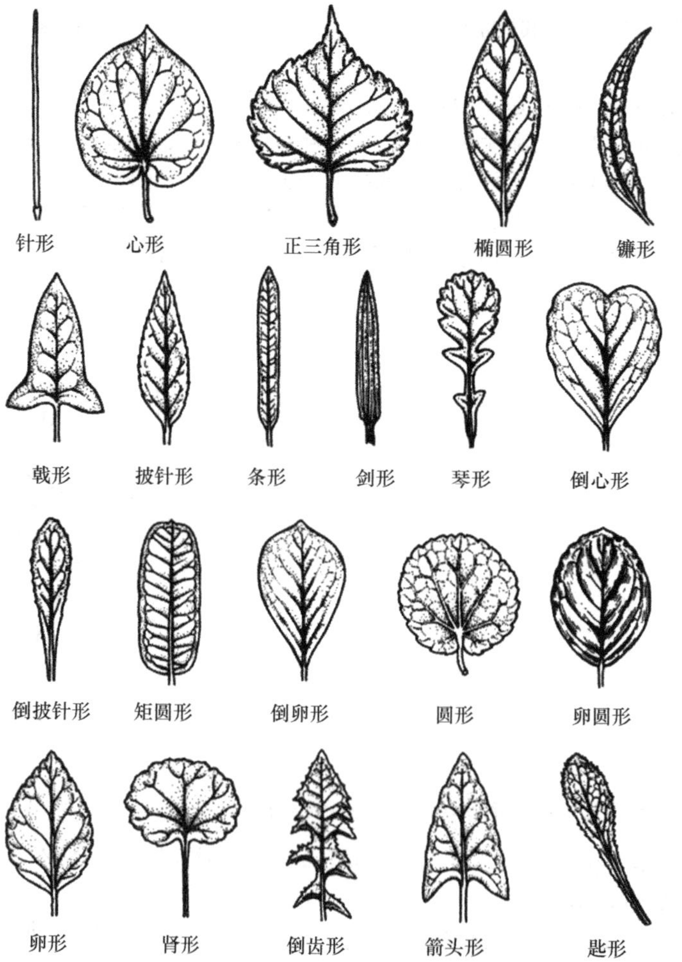

图 3-35　叶形的类型

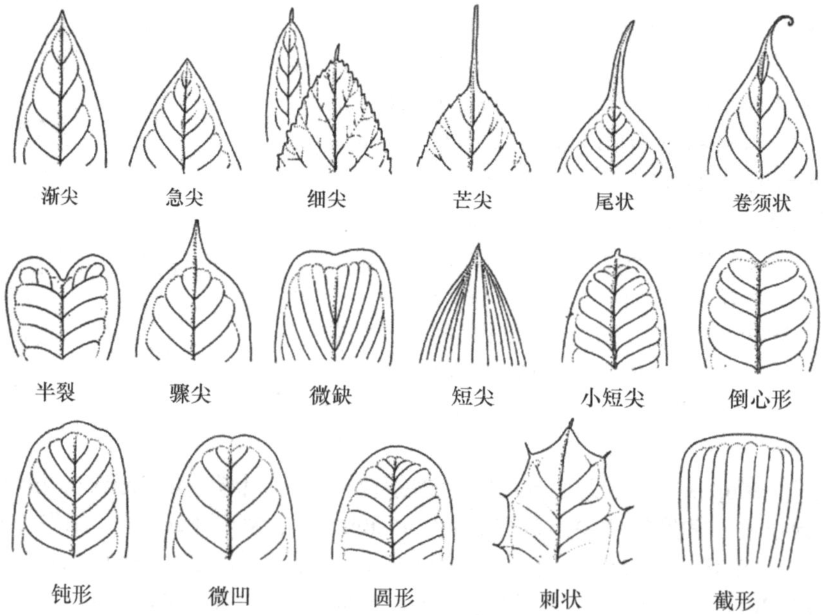

图 3-36　叶尖的类型

3. 叶基（phyllopodium） 叶基是指叶片的基部，亦称下部。常见的叶基形状有渐狭（attenuate）、耳形（auriculate）、抱茎（amplexicaul）、心形（cordate）、楔形（cuneate）、戟形（hastate）、偏斜（oblique）、盾形（peltate）、穿茎（perfoliate）、圆形（rounded）、箭头形（sagittate）和截形（truncate）等（**图 3-37**）。

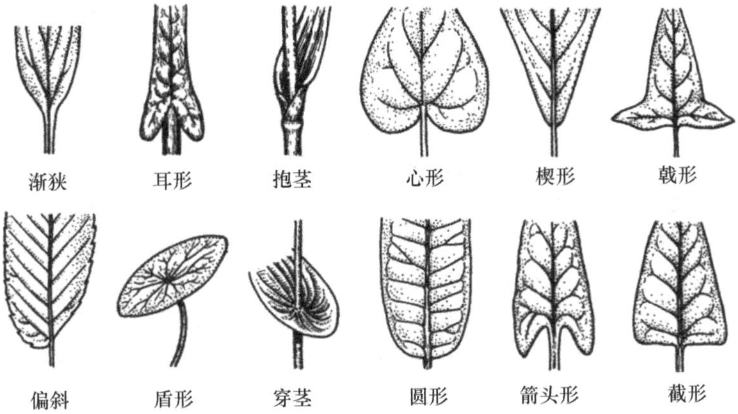

图 3-37　叶基的类型

4. 叶缘（leaf margin） 叶缘即叶片的边缘。叶片生长时，叶的边缘以均一速度生长或生长速度不均，使叶缘出现不同的形状。常见的叶缘形状有睫毛状（ciliiform）、半裂（cleft）、圆齿状（crenate）、细圆齿状（crenulate）、齿状（dentate）、细齿状（denticulate）、全缘（entire）、缺刻锐裂（incised）、撕裂（lacerate）、条裂（laciniate）、浅裂（lobed）、羽状半裂（pinnatifid）、内卷（involute）、外卷（revolute）、锯齿状（serrate）、重锯齿状（double serrate）、细锯齿状（serrulate）和深波状（sinuate）等（**图 3-38**）。

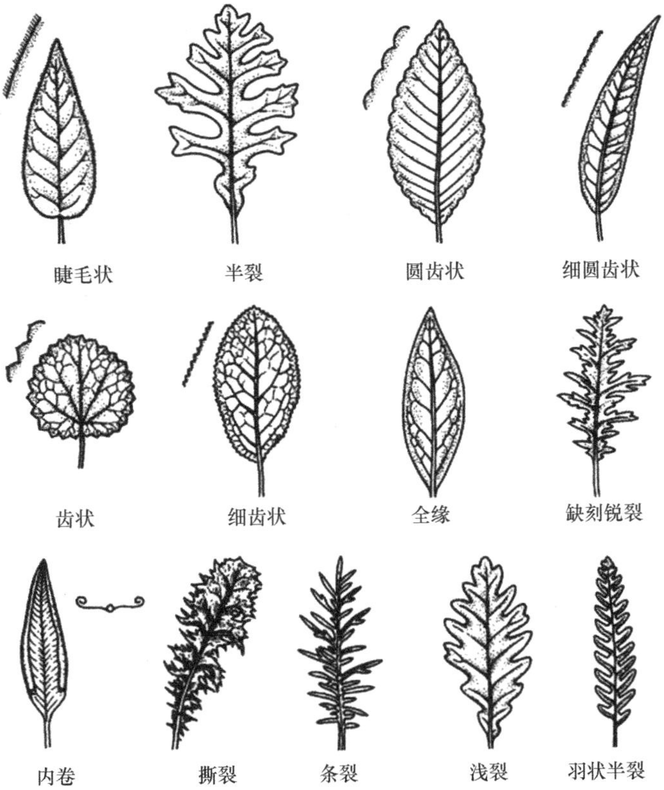

图 3-38 叶缘的类型

5. 叶裂（leaf lobe） 叶缘具有较大缺刻的边缘形态称**叶裂**（leaf lobe）。根据叶缘缺刻的深浅可将叶裂分为浅裂、深裂和全裂 3 种。**浅裂**（lobate）叶片缺刻最深不超过叶片的 1/4，如棉叶；**深裂**（parted）叶片缺刻超过叶片的 1/4 但未达中脉或叶的基部，如蒲公英和蓖麻叶；**全裂**（divided）叶片缺刻深达中脉或叶的基部，如大麻。根据裂片的排列形式可分为两大类，在裂片围绕叶基部呈手掌状排列的称为**掌状裂**（palmate），在中脉两侧呈羽毛状排列的称为**羽状裂**（pinnate）。一般对叶裂的描述是综合了叶裂形状及缺刻深浅两方面，如栎树的叶为羽状浅裂，蒲公英的叶为羽状深裂，而大麻的叶则为掌状深裂（**图 3-39**）。

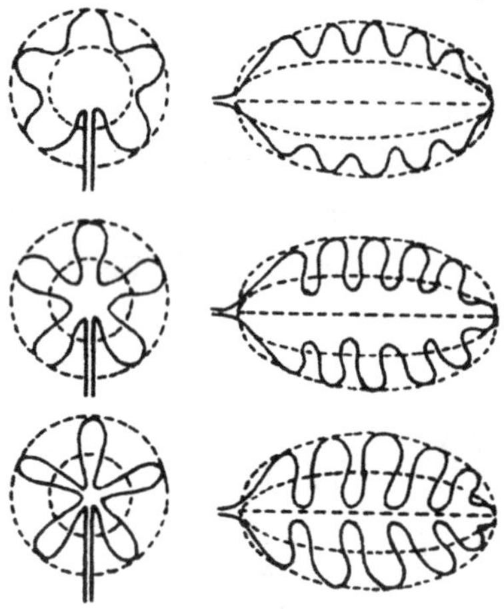

图 3-39 叶裂的基本分类

6. 叶脉（leaf vein） 植物茎中的维管束具有分枝，通过叶柄连接，散布于叶片中，这种贯穿于叶片中的维管束称**叶脉**（leaf vein），起输导和支持作用。叶中央最粗大的叶脉称**主脉**（major vein）。主脉两侧的第一次分枝脉称**侧脉**（lateral veins）。侧脉以下较细小的为各级**细脉**（minor veins）。

叶脉在叶片上有规律的分布形式称**脉序**（venation），主要有分叉状脉、网状脉序和平行脉序三种类型（**图 3-40**）。

（1）分叉状脉（dichotomous venation）：叶脉从叶基生出后呈二叉状分枝，称分叉状脉。这种脉序是比较原始的类型，普遍存在于蕨类植物中，个别裸子植物如银杏也具有这种原始的脉序。

（2）网状脉序（netted venation）：叶片上具有一条或数条明显的主脉，经过逐级的分枝，形成多数交错分布的细脉，由细脉互相联结形成网状，称**网状脉序**（netted venation）。网状脉序是双子叶植物的典型特征之一，少数的单子叶植物也具网状脉序，如天南星和薯蓣等。其叶脉脉梢多相互连结，缺乏游离的脉梢，这一点可与双子叶植物的网状脉序相区别。根据主脉的不同，网状脉可分为两种。

1）羽状网脉（pinnate venation）：叶有一条明显的主脉，两侧分出许多大小几乎相等的侧脉，排列如羽状，侧脉再分出的细脉交织成网状，如桂花和枇杷等。

2）掌状网脉（palmate venation）：叶有数条主脉，由叶基辐射状发出伸向叶缘，排列似掌状，侧脉与细脉交织成网状，如南瓜和蓖麻等。

（3）平行脉序（parallel venation）：叶片的主脉、侧脉和细脉均平行排列，或者主脉与侧脉近乎垂直，而各侧脉近乎平行的脉序，称**平行脉序**（parallel venation）。平行脉序是单子叶植物所特有的脉序。根据主脉侧脉排列不同，平行脉序分为以下几种类型。

1）直出平行脉（straight parallel venation）：叶主脉和侧脉均从叶基平行发出，直达叶端，如淡竹叶和玉米等。

2）横出平行脉（pinnately parallel venation）：叶中央主脉明显，两侧发出与主脉近乎垂直的侧脉，各侧脉彼此大致平行，直达叶缘，如芭蕉和美人蕉等。

3）辐射脉（radiate venation）：叶的主、侧脉从叶基辐射状发出，如棕榈和蒲葵等。

4）弧形脉（arc venation）：叶的主、侧脉均从叶基呈弧状发出，于叶端处汇合，如玉簪和车前等。

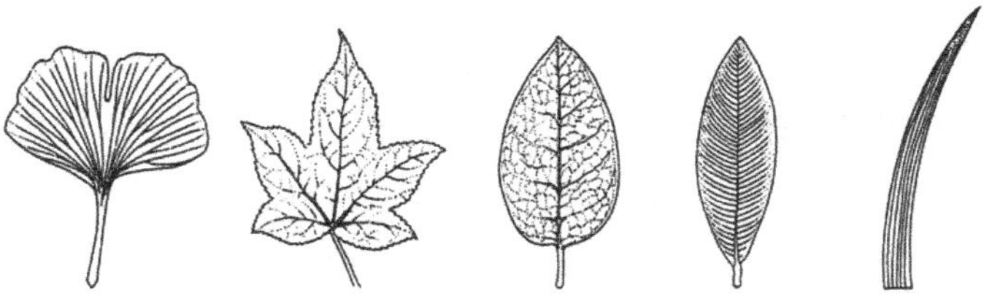

图 3-40　脉序的类型

7. 叶片的质地（leaf texture）　常见的叶片质地主要有以下几种类型。

（1）草质（herbaceous）：叶片质地薄而柔软，如薄荷和藿香等。

（2）肉质（succulent）：叶片肥厚多汁，如芦荟和马齿苋等。

（3）革质（coriaceous）：叶片较厚而坚韧，如枸骨和广玉兰等。

（4）膜质（membranaceous）：叶片质地极薄，近乎半透明，如雪莲最上部的叶。

8. 叶的表面特征（leaf epidermal characteristics）　叶的表面常有附属物而具各种表面特征。例如，薄荷和毛地黄等植物叶片的表面长有毛状物；芸香的叶片背面覆盖着一层白粉；腊梅的叶表面具极小突起，手触摸有粗糙感；还有些在背面密被腺体。也有许多植物的叶片光滑，无任何附属物，如枸骨的叶面无任何毛茸或凸起，但有较厚的角质层。

二、叶序（phyllotaxy）

叶在茎上排列的方式称**叶序**。叶序的主要类型有四种（**图 3-41**）。

（一）互生（alternate）

在茎的每个节上只着生一片叶，与上下相邻的叶交互而生，沿茎枝成螺旋状排列，称**互生**，如棉和桑等。

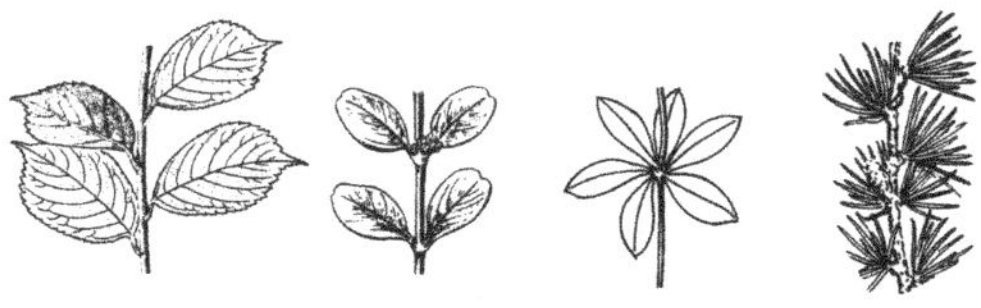

图 3-41　叶序的类型

（二）对生（opposite）

在茎的每个节上着生两片叶，并相对排列，称**对生**，如薄荷和石竹。若对生叶分列于茎的两侧，称**两列对生**，如水杉。若上、下对生叶呈“十”字形排列称**交互对生**（decussate），如女贞。

（三）轮生（whorled）

在茎的每个节上着生三片或三片以上的叶，并作辐射状排列，称**轮生**。例如，夹竹桃为三叶轮生，百部为四叶轮生，七叶一枝花为 5～11 叶轮生。

（四）簇生（fascioled）

有些植物的节间极度缩短，使叶成簇着生在侧生短枝上，称**簇生**，如银杏和落叶松等。此外，部分草本植物的叶着生在接近地面的茎的基部称**基生叶**（basal leaf），如车前和蒲公英等。

无论叶在茎枝上的排列方式如何，相邻两节的叶子互不重叠，彼此以一定的角度镶嵌着生，这种现象称**叶镶嵌**（leaf mosaic）。叶镶嵌使茎上的叶互不遮盖，既有利于叶片进行光合作用，也使茎上的受力较为均衡。

三、叶的类型（types of leaf）

植物的叶按照同一个叶柄生长叶子数目不同分为**单叶**和**复叶**两类。

（一）单叶（simple leaf）

一个叶柄上只着生一片叶，称**单叶**。单叶如具叶柄，则在叶柄上只着生一片叶片，叶柄的另一端着生在枝条上，叶柄与叶片间不具关节。它是植物中最普遍的一种叶型，形状很多，有针形、条形、披针形和倒卵形等，如杨、柳、桃、竹、桑、棉和蓖麻的叶。

（二）复叶（compound leaf）

在一个叶柄上着生两片以上的叶称**复叶**，如五加和枫杨。复叶是由单叶在进化过程中逐渐演化而来的，单叶经过不同程度的缺裂，当裂片深达主脉或叶基并且形成小叶柄时，便产生了复叶。复叶的叶柄称**总叶柄**（common petiole），在总叶柄以上着生叶片的轴称**叶轴**（rachis），叶轴上着生的叶称**小叶**（leaflet）。根据小叶的数目和在叶轴上排列方式的不同，复叶可分为下列几种（**图 3-42**）。

1. 掌状复叶（palmately compound leaf） 多个小叶着生在叶轴顶端，排列如掌状，称**掌状复叶**，如大麻、七叶树和牡荆的复叶。

2. 羽状复叶（pinnately compound leaf） 三片以上小叶着生在叶轴两侧并呈羽毛状排列，称为羽状复叶。叶轴顶端只生有一片小叶的羽状复叶，称**奇数羽状复叶**或**单数羽状复叶**（odd-pinnately compound leaf），如槐。顶生两片小叶的羽状复叶，称**偶数羽状复叶**或**双数羽状复叶**（even-pinnately compound leaf），如无患子。

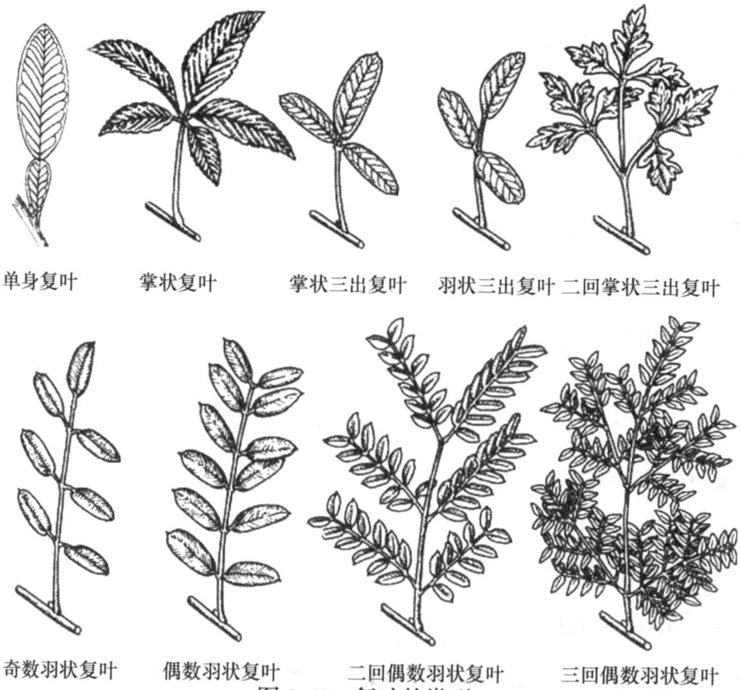

图 3-42 复叶的类型

根据叶轴分枝与否，羽状复叶可再分为以下几类：①**一回羽状复叶**（simple pinnate leaf）：在羽状复叶中，如果叶轴不分枝，小叶直接着生在叶轴两侧，如洋槐和月季。②**二回羽状复叶**（bipinnate leaf）：叶轴分枝一次，羽状小叶着生在分枝后的小叶轴上，如合欢和云实。③**三回羽状复叶**（tripinnate leaf）：叶轴分枝两次后，羽状小叶着生在最末分枝的小叶轴上，如楝树和南天竹。

3. 三出复叶（ternately compound leaf）　只有三片小叶着生在叶轴顶端，称**三出复叶**。三个小叶柄等长的为**掌状三出复叶**，如橡胶树和红车轴草；顶端小叶柄较长的为**羽状三出复叶**，如刺桐和大豆。

4. 单身复叶（unifoliate compound leaf）　是由三出复叶退化而成的，顶生小叶较大，小叶柄与叶轴连接处有一明显的关节，两片侧生小叶退化成翼状，如橘和柚等。

有时复叶和单叶不易区分，则可以从下列几方面加以鉴别：①单叶的叶腋处有腋芽，而复叶的叶腋处无腋芽；②单叶所着生的小枝顶端具芽，而复叶的叶轴顶端没有芽；③单叶在小枝上排成各种叶序，而复叶叶轴上的小叶与叶轴成一平面；④落叶时，单叶叶片与叶柄同时脱落，而复叶常为小叶先落，叶轴后落；⑤单叶叶柄基部有托叶，而复叶的小叶柄处常无托叶。

四、异形叶性与叶的变态（heterophylly and modifications of leaf）

（一）异形叶性（heterophylly）

通常情况下，一种植物具有一定形状的叶，但有些植物在一个植株上具有明显不同形状的叶，这种现象称**异形叶性**（heterophylly）（**图 3-43**）。异形叶性的发生一种是由于植株发育阶段的不同而造成的。例如，构树幼时的叶常有明显分裂，而在大树上的叶则为广卵形至长椭圆状卵形。另一种是由于环境的影响而引起的。例如，水生植物菱浮于水面的叶呈菱状三角形，沉在水中的叶则为细裂羽毛状，两种叶形相差悬殊。

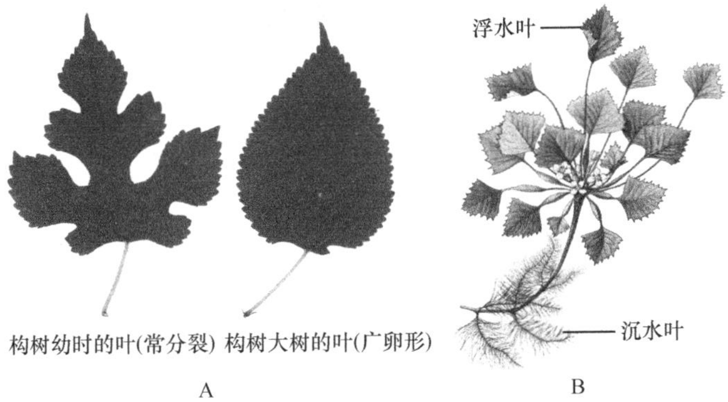

图 3-43　异形叶

A. 构树的异形叶；B. 菱的异形叶

（二）叶的变态（modifications of leaves）

在植物的各种器官中，叶的可塑性最大，发生的变态最多。其变态的主要类型有以下几种（**图 3-44**）。

1. 苞片和总苞片（bract and involucre）　生在花序中或花序基部的变态叶称**苞片**（bract）。数目多且聚生在花序外围的苞片称**总苞片**（involucre）。苞片和总苞片有保护花芽或果实的作用。苞片的形状、大小和颜色因植物种类不同而异，是鉴别植物种属的依据之一。例如，鱼腥草的总苞片为四枚白色、花瓣状的苞片；而三角梅的三枚纸质苞片聚合成花冠状，具有鲜艳而丰富的颜色；半夏和天南星等植物的肉穗花序外为一片大型的总苞片，称为**佛焰苞**（spathe），这也是鉴别天南星科植物的重要特征之一。

2. 叶卷须（leaf tendril） 叶或叶的一部分变成卷须状，有攀援的作用，如豌豆的卷须由羽状复叶先端的一些小叶片变态而成，又如菝葜的卷须由托叶变态形成，有助于植物攀援向上。

3. 刺状叶（leaf thorn） 由叶或托叶变成的刺状物，具有保护功能，如小檗长枝上的刺由叶变成；洋槐的刺则由托叶变成。叶刺中有叶芽，可发育成侧枝。

4. 鳞叶（scale leaf） 在黄化现象中，植株节间长，叶特化或退化成鳞片状，称**鳞片或鳞叶**。鳞叶有三种类型：革质鳞叶、肉质鳞叶和膜质鳞叶。革质鳞叶通常覆于芽的外侧，又称**芽鳞**（bud scale），有保护幼芽的作用，如橡皮树和玉兰；肉质鳞叶出现在鳞茎上，肥厚多汁，贮藏有丰富的养料，如贝母和百合等；膜质鳞叶呈褐色干膜状，如姜根状茎和荸荠球茎上的鳞叶。木本植物鳞芽上的鳞叶，常呈褐色，具绒毛或有黏液，有保护芽的作用，如山茶。

5. 根状叶（rhizomorphoid leaf） 根状叶出现于缺乏根的水生植物体上，是沉水叶的一种变态。某些水生植物，其沉浸于水中的叶停止发育，变态成细小的须根状，以执行类似于根吸收养料和水分的作用，如槐叶苹和金鱼藻等。

6. 捕虫叶（insect-catching leaf） 食虫植物的叶特化为囊状、盘状或瓶状等，以利于捕食小虫。这些植物的叶中具有分泌植物酸和消化液的腺毛或腺体，同时仍具有叶绿体，既能进行光合作用又能消化分解小昆虫，如猪笼草和捕蝇草等。

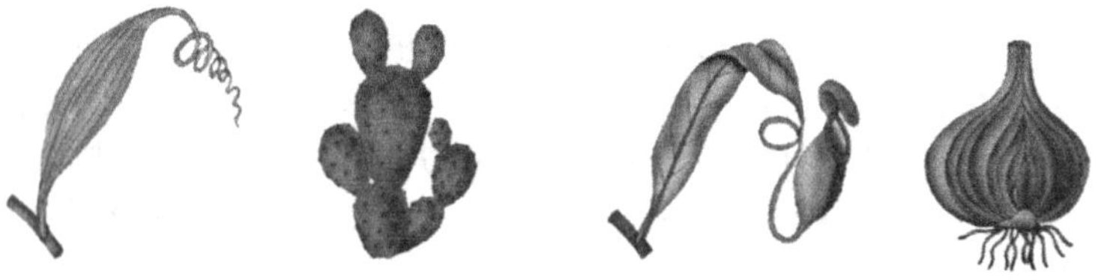

图 3-44　叶的变态

五、叶的构造（structure of leaves）

叶由位于茎尖生长锥侧面的**叶原基**（leaf primordium）发育形成。在叶片的发育过程中，茎的顶端分生组织（原分生组织）经过分裂分化为叶原基，叶原基早期初步分化为原表皮、基本分生组织和原形成层，再逐步分化为叶的初生结构。叶的发育过程不保留原分生组织组成的生长锥，基本全部发育为成熟结构，仅有一些双子叶植物的主脉中保留有活动很弱的形成层，因此，叶的生长为有限生长。

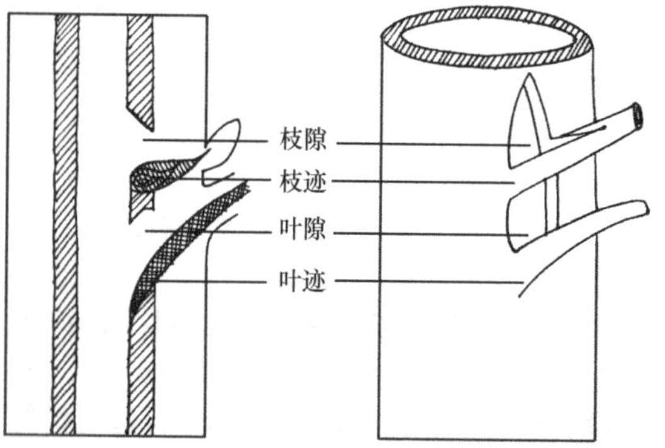

图 3-45　叶、枝与茎的维管组织的连接示意图

植物的叶通过着生于节上与茎相连，因此部分茎中的维管束从节的部位分枝进入叶中。从茎分枝开始，通过皮层到叶柄基部为止的这一段维管束，称**叶迹**（leaf trace），叶迹上方由薄壁组织填充的区域，称**叶隙**（leaf gap）。在叶的叶腋内产生腋芽，腋芽发育为侧枝，其维管束也是茎维管束在节处的分枝。同样的，茎维管束分枝穿过皮层到侧枝的部分称**枝迹**（branch trace）。枝迹上方区域也被薄壁组织填充，称**枝隙**（branch gap）。因此，在每个茎节上，都有茎维管组织产生的叶迹和枝迹（**图 3-45**）。

（一）双子叶植物叶的构造（structure of dicotyledoneae leaves）

1. 叶柄的构造（structure of petiole）　叶柄通过叶迹与茎相连，是茎维管组织的延伸，其基本结构与茎大致相同，由**表皮**（epidermis）、**基本组织**（fundamental tissue）和**维管束**（vascular bundle）三部分组成。

最外层为表皮层。表皮内为基本组织，其中，最外方紧邻表皮的为数层厚角组织，内含叶绿体，有时也有一些厚壁组织；内方是薄壁组织，在基本组织中占据了较大的比例。维管束常以弧形、环形或者平列等方式分布于薄壁组织中，其结构与幼茎维管束相似。木质部位于近轴面（腹面），韧皮部位于远轴面（背面），两者之间有一层形成层细胞，可以进行短期的次生生长。每一维管束外有厚壁组织包围。叶柄维管束的数目和大小因植物种类的不同而有差异。有些植物的叶柄维管束存在分裂和合并现象，因此在叶柄的不同位置，其维管束的数目和排列也有变化。

2. 叶片的构造（structure of blade）　多数双子叶植物的叶呈扁平状，向水平方向伸展，因此其上下两面受光不同。一般将向光的上表皮称为近轴面或者腹面，将背光的下表皮称为远轴面或者背面。叶片的基本结构包括**表皮**、**叶肉**和**叶脉**三部分（**图 3-46**）。

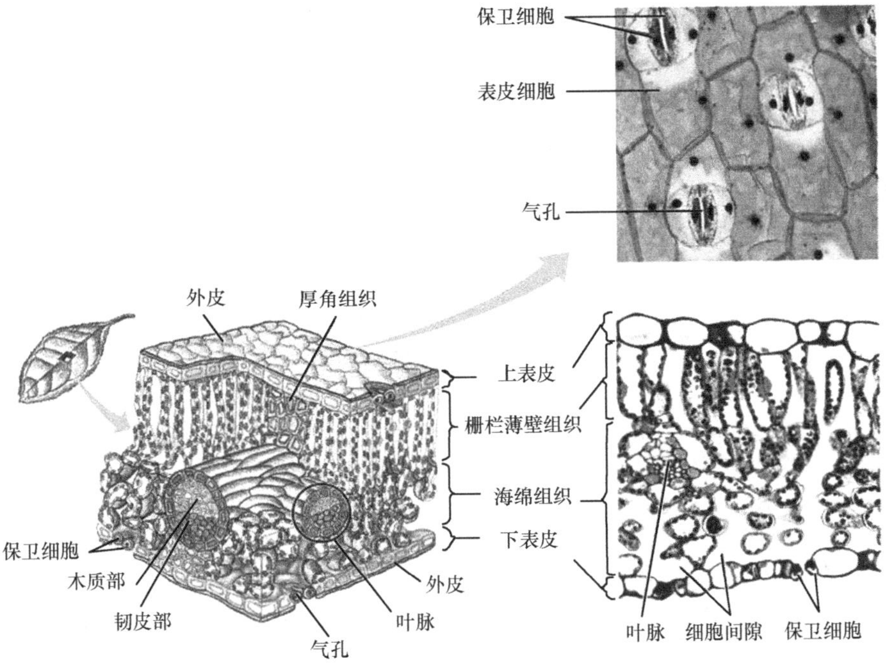

图 3-46　叶片的结构示意图

（1）**表皮（epidermis）**：表皮覆盖在整个叶片的最外层，通常分为上表皮和下表皮。表皮不含叶绿体，是一层生活的细胞，但也有少数植物的表皮由多层细胞组成，称**复表皮**（multiple epidermis），如印度橡皮树、夹竹桃等植物的叶。外表面观，表皮细胞形状不规则，彼此间紧密嵌合。横切面观，表皮细胞的形状则十分规则，基本呈长方形，外切向壁较厚，常覆有一层角质层。角质层的存在可减少强光对植物的伤害和水分过度蒸腾，还可以防止病菌侵入。有的表皮细胞向外突出分裂形成表皮毛，表皮毛随植物的种类不同而有多种变化，如藿香叶上的腺毛、荨麻叶上的蛰毛、木芙蓉叶的星状毛及沙枣叶上的鳞状毛等，因此，表皮毛也是重要的植物鉴别特征之一。

叶片表皮上还分布有不同类型的**气孔器**（stomata）。气孔器的类型、数目、形态结构及分布因植物种类随生态环境不同而有差异，一般草本双子叶植物下表皮气孔器数目多于上表皮；木本双子叶植物叶的气孔器主要集中在下表皮，上表皮分布很少或者没有；水生植物浮水叶的气孔器通常只分布在上表皮，而沉水叶则没有气孔器。

（2）叶肉（mesophyll）：上下表皮以内的绿色薄壁组织称为叶肉，富含叶绿体，是叶进行光合作用的场所。根据细胞形态的不同，叶肉可分为栅栏组织和海绵组织（**图 3-47**）。

1）栅栏组织（palisade tissue）：为上表皮下方的一至数层叶肉细胞，呈长柱形并垂直于表皮细胞，排列整齐紧密如栅栏状。栅栏组织内含较多的叶绿体，是进行光合作用的主要场所。

2）海绵组织（spongy tissue）：为栅栏组织与下表皮之间的叶肉细胞，细胞大小及形状多不规则，排列疏松有较大的细胞间隙，状如海绵。海绵组织内含叶绿体较栅栏组织少，光合作用较弱，但气体交换和蒸腾作用较强。

大多数被子植物叶上表皮内侧为栅栏组织，下表皮内侧为海绵组织，由于各自所含叶绿体的数目不同，因此，叶的腹面比背面的绿色更深，这种叶称**异面叶**或**两面叶**（bifacial leaf）。也有少数植物叶的上、下表皮内侧均有栅栏组织，称为**等面叶**（isobilateral leaf），如番泻叶和桉叶；另外单子叶植物的叶一般没有栅栏组织和海绵组织的分化，这种叶也称**等面叶**（equifacial leaf）。

在不同植物的叶肉细胞中，有的含有各种晶体，如曼陀罗叶肉中含有砂晶、方晶和簇晶；有的含有石细胞，如茶叶；还有的具有油室，如橘叶。

（3）叶脉（leaf vein）：是贯穿于叶片中的维管束（vascular bundles），包括主脉、侧脉及更细小的细脉，各级叶脉的构造并不完全相同。

主脉和大的侧脉结构比较复杂，包含有一至数个维管束，由木质部、韧皮部和束中形成层组成。木质部位于近轴面（腹面），韧皮部位于远轴面（背面），两者之间的形成层活动有限，只形成极少量的次生结构。在维管束外有薄壁组织包围形成的维管束鞘（bundle sheath）。在维管束的上下方，常有厚壁组织或厚角组织分布，这些机械组织在叶的背面特别发达，常形成显著的突起（**图 3-47**）。

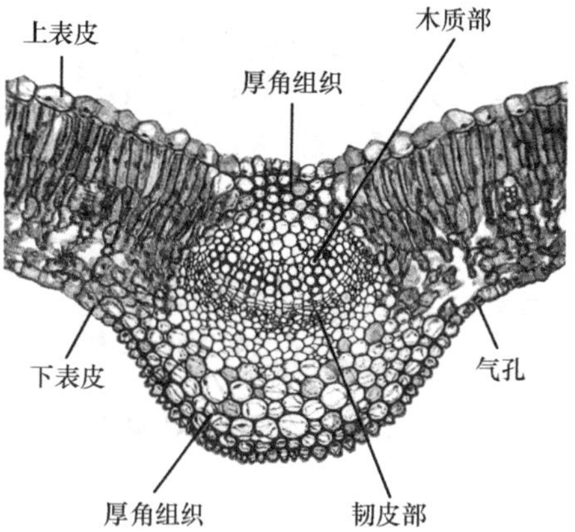

图 3-47　西洋丁香叶片横切，示中脉维管束的结构

侧脉越分越细，构造也越趋简化。形成层完全消失，机械组织逐渐减少至消失，木质部和韧皮部的构造也逐渐简单。到了脉梢，仍存在由一层薄壁细胞组成的维管束鞘，而维管束中仅留下了木质部的管胞及韧皮部的筛管分子和伴胞，甚至仅有管胞存在。

在叶脉系统中，主脉和大的侧脉主要起纵向长距离输导及支持叶片的作用；细脉则主要起横向输导作用，能将来自木质部的水分释放至叶肉，同时装载来自叶肉的光合作用产物进入韧皮部。

（二）单子叶植物叶的构造（structure of monocotyledons leaves）

单子叶植物的叶同样由**表皮**、**叶肉**和**叶脉**三部分组成，但各部分仍具有独特之处。以禾本科植物的叶为例，来说明单子叶植物叶之处。

1. 表皮（epidermis）　表皮由一层表皮细胞沿叶片长轴方向有序排列而成。表皮细胞分长细胞和短细胞两种类型（**图 3-48**）。长细胞近矩形，其长径与叶的纵长轴平行，横切面为方形，侧面的细胞壁彼此细密锯齿状嵌合，外壁角质化并含有硅质。短细胞包括硅细胞和栓细胞。硅细胞除了细胞壁含有硅质，细胞内也充满硅质，可以增强叶片的硬度及抗病虫害的能力。栓细胞的细胞壁栓质化，常含有有机物。

上表皮中，在相邻叶脉之间还分布有数列薄壁的大型细胞，称**泡状细胞**（bulliform cell）或**运动细胞**（motor cell）。其径向壁较薄，有较大的液泡。几个细胞常排列在一起，横切面看略成扇形。水分不足时，泡状细胞失水较快引起收缩，叶片内卷，以减少水分蒸腾；待植物水分供应恢复后，泡状细胞吸水膨胀，叶片又平展如初。

禾本科植物叶的上、下表皮的气孔器纵行排列，均由一对**保卫细胞**、一对**副卫细胞**和**气孔**组成。保卫细胞呈哑铃形，中部壁厚，两端壁薄成球状。通过球状部分的膨胀和收缩，可控制气孔的开放及关闭。保卫细胞外侧还分别有一个副卫细胞。

2. 叶肉（mesophyll）　禾本科植物的叶为等面叶，叶肉组织由均一的薄壁组织构成，没有栅栏组织和海绵组织的分化，叶肉内的细胞间隙较小。

3. 叶脉（leaf vein）　禾本科植物为平行叶脉，其维管束平行排列，由初生韧皮部、初生木质部和维管束鞘组成，无束中形成层，为有限外韧维管束。维管束与上下表皮之间常分布有发达的厚壁组织，维管束外包围有一或两层薄壁细胞，称为**维管束鞘**（bundle sheath）。禾本科植物叶中维管束鞘有不同类型，如高粱和玉米的维管束鞘由单层、较大的薄壁细胞组成，水稻和小麦等的维管束鞘有两层，外层壁薄而大，含少量叶绿体；内层壁厚而小，不含叶绿体（**图3-49**）。

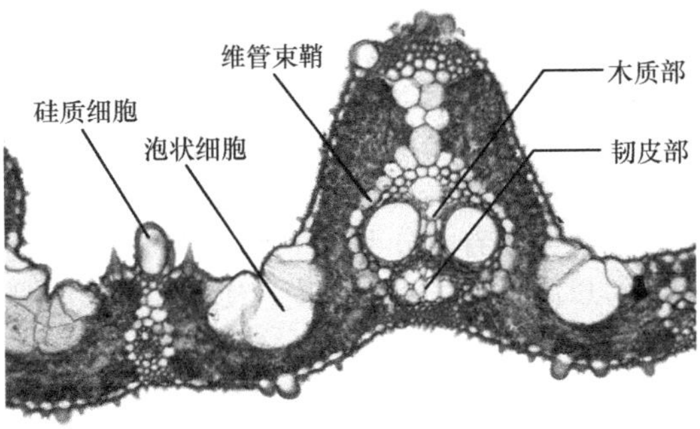

图 3-48　水稻叶横切面，示禾本科植物叶的典型结构

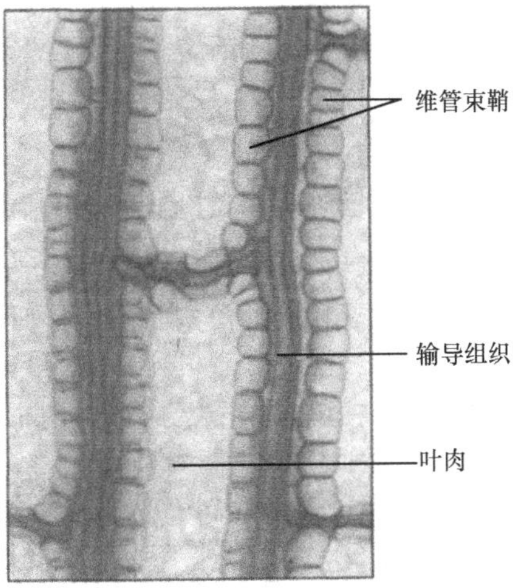

图 3-49　玉米叶片纵切（平行表皮），示维管束鞘的结构

（三）裸子植物叶的构造（structure of gymnospermae leaves）

裸子植物多为常绿植物，叶片多为针状，具有一些旱生植物的特征。以松属马尾松的松针叶为例，来说明裸子植物叶的构造。

松针叶由**表皮**、**下皮层**（hypodermis）、**叶肉**和**叶脉**四部分构成。表皮细胞壁厚，外壁有发达的角质层。表皮以内有多层厚壁细胞，称为**下皮层**，保卫细胞深陷其中，副卫细胞则拱盖在下皮层上方。叶肉组织不分化为栅栏组织与海绵组织，细胞壁向内折叠；其内多有树脂道分布。叶肉与维管束之间有一圈明显的内皮层细胞，其细胞壁增厚并木质化。内皮层以内为叶脉，有1～2个维管束，居叶的中央，木质部在近轴面，包括管胞和木薄壁细胞，韧皮部在远轴面，包括筛胞和薄壁细胞（**图3-50**）。

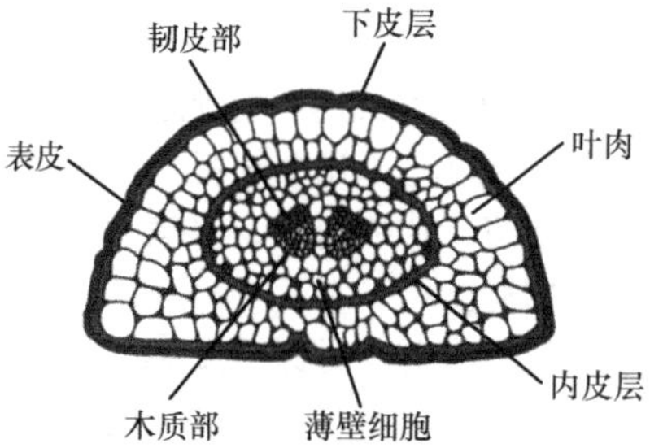

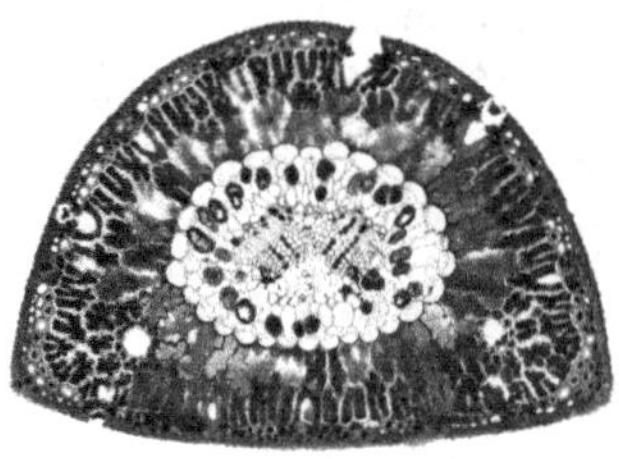

图 3-50 松针横切面

A. 松针横切面；B.显微结构

六、叶的生理功能（physiological function of leaves）

叶具有多种生理功能，在植物的生活中具有重要的意义。

（一）光合作用（photosynthesis）

光合作用主要发生在叶片的叶绿体中，叶片在可见光的照射下，可以将二氧化碳和水转化为有机物，并释放出氧气。生物呼吸和燃烧会产生大量的二氧化碳，而植物光合作用中释放的氧气，则可以维持大气中两者的相对平衡。光合作用是绿色植物最重要的生理活动，是地球上将光能转化为化学能的唯一途径。

（二）蒸腾作用（transpiration）

蒸腾作用是植物将其体内的水分以气体状态从植物体表面（主要是叶子）气孔散失到大气的过程。蒸腾作用对植物的生命活动有重大意义。首先，蒸腾作用中产生的大量水蒸气，可提高空气湿度并降低气温，同时增加降水，促进水循环。其次，蒸腾作用会形成蒸腾拉力，是根系吸水并在体内运输的主要动力，同时根系吸收的矿物质也随着水分上升而被运输和分布到植物体各部分。除此之外，蒸腾过程中由于水分蒸发，可以降低叶的表面温度，使叶在强烈的日光下，不会因温度过分升高而受损害。

（三）呼吸作用（respiration）

呼吸作用是指在植物生活细胞吸收氧气后，使体内有机物氧化分解，为植物体内的各种生命活动提供所需能量和合成重要有机物的原料的过程。呼吸作用主要在叶中进行，也发生在其他生活细胞中，是高等植物代谢的重要组成部分，与植物的生命活动关系密切。

（四）吸收作用（absorption）

根是植物吸收的主要器官，但叶也具有吸收的功能。例如，在叶面喷洒生长调节剂或除草剂时，药液吸附在叶片表面并能吸收到植物体内。

（五）贮藏作用（nutrient storage）

有的植物叶肥厚多汁，具有贮藏养料的作用，如百合、贝母等的肉质鳞叶。

（六）繁殖作用（reproduction）

有少数植物叶具有繁殖能力，这些植物的叶落地或插入土中，都可以长成新的植株，如落地生根的叶片边缘可产生不定芽或小植株；秋海棠的叶子在主脉部位可长出不定芽。

Summary

1. **Leaves** are either **simple** or **compound**：a simple leaf consists of one unit，and a compound leaf is composed of separate leaflets.

2. Foliage leaves typically consist of **a blade** with or without a petiole；the blade maybe simple or either pinnately or palmately compound.

3. Leaf variability may involve distinct juvenile and adult leaves or distinct leaves on long shoots and short shoots.

4. The major tissue systems of a leaf consist of epidermis（which covers the upper and lower surfaces），mesophyll（which is rich in chloroplasts），and veins（the vascular tissue）.

5. Internally，most foliage leaves have an upper **palisade parenchyma** rich in chlorophyll and a lower **spongy mesophyll** that allows gas circulation.

6. Vascular bundles composed of primary **xylem** and **phloem** are usually arranged in a netted pattern in dicots and a parallel pattern in monocots. Minor veins load sugars and unload water.

7. Leaves are initiated only at the **shoot apical meristems**，beginning as small conical **leaf primordia**. Dicot leaves generally have diffuse growth in all parts simultaneously；most monocot leaves grow indefinitely from a basal meristem.

8. Leaves are involved in six distinct plant functions：photosynthesis，transpiration，respiration，absorption，water and nutrient storage，as well as propagation.

复习思考题（review questions）

1. 如何描述叶的形态?
2. 平行脉序、网状脉序主要分布于何类植物的叶片中?
3. 如何区别具单叶的小枝与复叶?
4. 等面叶与两面叶有何不同?
5. 简述双子叶植物叶的一般构造。为什么叶没有次生构造?
6. 单子叶植物、裸子植物与双子叶植物的叶相比有何特点?

第四节　花

Flowers

花是种子植物特有的繁殖器官，种子植物通过开花、传粉和受精过程产生果实和种子，执行生殖功能，繁衍后代。除种子植物外其他植物是不开花的，所以种子植物又称为**显花植物**（phanerogams）或**有花植物**（flowering plants）。种子植物包括裸子植物和被子植物，裸子植物的花较简单原始，无花被，成雄球花和雌球花；被子植物的花高度进化，结构复杂，常有美丽的形态、鲜艳的颜色和芬芳的气味。通常所讲的花，多指被子植物的花。

花是一种适应于繁殖的，节间极度缩短的，没有顶芽和腋芽的变态枝条。从形态、结构来看，花的各部分具有叶的一般性质。花的苞片、萼片等在形态、构造与颜色上和叶相似；雄蕊和雌蕊虽然变化比较大，但有的仍可见到演变的遗迹。与根和茎相比，花由花芽发育而来，是一种有限生长的结构，是植物体经过了充分的营养生长后产生的新器官。经过传粉与受精作用，花的进一步发育将产生果实和种子，使植物体得以继续繁衍。

花的形态和构造随植物种类而异，但植物花的形态结构特征较其他器官稳定，变异较小。花的构造反映了植物在长期进化过程中所发生的变化，因此掌握花的特征，对研究植物分类、药材的原植物鉴别及花类药材的鉴定等均具有重要意义。常用中药中有一部分来自于花，以完整的花或花蕾入药的如红花、辛夷和丁香等；以整个花序入药的如菊花和夏枯草；以花粉入药的如蒲黄和松花粉；以花柱入药的如番红花。

一、花的组成和形态（component and morphology of flowers）

典型被子植物的花一般由**花梗**（pedicel）、**花托**（receptacle）、**花萼**（calyx）、**花冠**（corolla）、**雄蕊群**（stamens）和**雌蕊群**（pistils）6个基本部分组成。其中花梗及花托主要起支持作用；花萼和花冠合称**花被**（perianth），具有保护和引诱昆虫传粉的作用；雄蕊和雌蕊执行生殖功能，是花中最重要的部分，有时合称**花蕊**。花梗和花托相当于枝的部分，其余四部分相当于枝上的变态叶，常合称为**花部**（flower part）（**图 3-51**）。

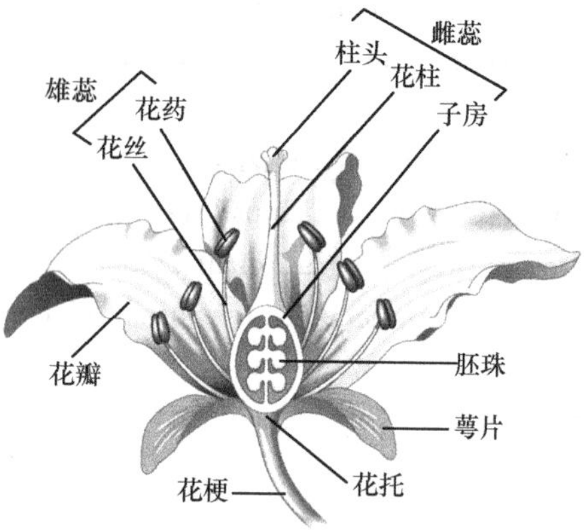

图 3-51　花的组成部分

（一）花梗和花托（pedicels and receptacles）

花梗又称**花柄**（flower stalk），是着生花的小枝，使花与茎相连。花梗常为绿色柱状，其粗细长短随植物种类而异，花梗缺失时为无梗花。有的植物在花梗上生有变态叶（苞片），果实形成时，花梗成为果柄。

花托是花梗顶端稍膨大的部分，花的其他部分按一定方式着生于花托上。花托的形状因种类而异，一般呈平坦或稍凸起的圆顶状。有的花托特别凸起呈圆柱状，而花被、雄蕊和雌蕊都螺旋状排列在柱状花托的周围，如木兰和厚朴；有的花托呈杯状或瓶状，如桃花、金樱子和玫瑰等；有的花托呈倒圆锥形，如莲的花托，通称莲蓬；有的花托在雌蕊群基部向上延伸成为柄状，称**雌蕊柄**（gynophore），如落花生；有的植物的花托顶部形成扁平状或垫状的盘状体，可分泌蜜汁，称**花盘**（disc），如柑橘、葡萄和枣等。

（二）花被（perianth）

花被是花萼和花冠的总称。尤其是在花萼和花冠形态相似而不易区分时多称花被，如百合和黄精等。

1. 花萼（calyx）　花萼是一朵花中所有**萼片**（sepal）的总称，位于花的最外层，由绿色叶片状的萼片组成。一朵花中萼片的数目以3～5片者多见，且随植物科属的不同而异。有些植物的萼片较大或具有鲜艳的颜色，似花冠状的称**瓣状萼**（petaloid），如乌头和铁线莲等；一般花萼为一轮，有的植物在花萼之外还有一轮萼状物称**副萼**（epicalyx），如棉花、锦葵和草莓等。大多数植物萼片是相互分离的，称**离生萼**（aposepalous），如毛茛和油菜；也有萼片联合在一起的，称**合生萼**（synsepalous），如地黄和丁香。其中上部分离部分称**萼齿**（calyx tooth）或**萼裂片**，下部联合部分称**萼筒**（calyx tube）。萼筒还有多种形状，如唇形、漏斗状和筒状等。有的萼筒一侧向外延长成管状或囊状的突起称**距**（spur），如凤仙花和金莲花等。另外还有的变成干膜质，如青葙和牛膝等。花凋谢时花萼不脱落而随同果实继续发育的称**宿存萼**（persistent），如茄、柿和芍药等。也有的花在开花前即掉落的，称**早落萼**（caducous calyx），如白屈菜和罂粟。在菊科植物中，萼片退化形成**冠毛**（pappus）以帮助果实的传播，如蒲公英。

2. 花冠（corolla）　**花冠**是一朵花中所有**花瓣**（petal）的总称，位于花萼的内侧，常具有各种鲜艳的颜色。花瓣的色彩主要来源于细胞中的有色体与液泡中的花青素类色素（类黄酮）。在含有色体时，花瓣常呈黄色、橙色或橙红色；而含花青素的花瓣常呈红、蓝和紫色等，两者都不存在时花瓣则呈白色。有的花瓣中具有分泌组织，能分泌挥发油类，使花具有香味；有的在花瓣基部存在可分泌蜜汁的腺体，具有招引昆虫传播花粉的功能。

花瓣常呈一轮排列，其数目一般与同一花的萼片数相等，若花瓣呈二至数轮排列则称**重瓣花**（multiplicate flower）。这种花的内轮花瓣多由雄蕊变化而成，有些植物如芍药和睡莲等，在重瓣花中仍能见到由雄蕊演变成花瓣的各种过渡类型。花瓣彼此分离的称**离瓣花**（choripetalous flower），如桃和油菜等；花瓣全部或部分合生的称**合瓣花**（synpetalous flower），如牵牛和益母草等；合瓣花下部联合部分称**花冠筒**（corolla tube），上部不联合部分称**花冠裂片**（corolla lobe），花冠筒与宽展部分的交界处称**花喉**（gorge）。有些植物在花冠与雄蕊之间生有瓣状附属物，称**副花冠**（corona），如萝藦和水仙等。还有的花瓣基部延长成管状或囊状也称**花距**（spur），如紫花地丁和延胡索等。

花冠除花瓣彼此分离或合生外，花瓣的形状和大小也有变化而使整个花冠呈现特定的形状，这些花冠形状往往成为不同类别植物所独有的特征。其中常见的有以下几种类型（**图 3-52**）。

（1）十字形花冠（cruciferous corolla）：花瓣 4 片分离，上部外展呈十字形，如油菜、菘蓝和萝卜等十字花科植物。

（2）蝶形花冠（papilionaceous corolla）：花瓣 5 片分离，排成蝶形，上面一片最大称**旗瓣**（vexillum），侧面两片较小称**翼瓣**（alae），最下面两片形小且上部稍联合并向上弯曲成龙骨状称**龙骨瓣**（bone flap），如大豆、甘草和黄芪等豆科植物。

（3）唇形花冠（labiate corolla）：花冠合生成二唇形，下部筒状，通常上唇 2 裂，下唇 3 裂，如丹参和益母草等唇形科植物。

（4）高脚碟状花冠（salver-shaped corolla）：花冠下部合生成细长管状，上部水平展开成碟状，如迎春花、长春花和水仙花等。

（5）漏斗状花冠（funnel-shaped corolla）：花冠筒较长，自基部向上逐渐扩大成漏斗状，如牵牛和甘薯等旋花科植物和曼陀罗等部分茄科植物。

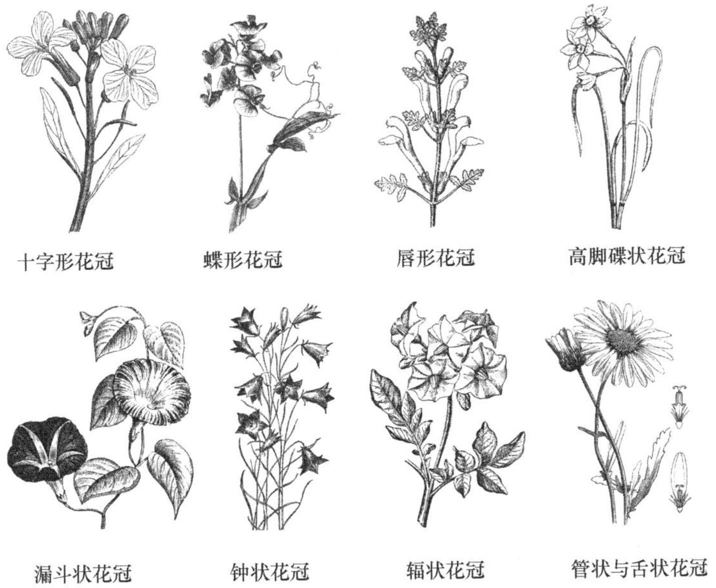

图 3-52　花冠的类型

（6）钟状花冠（campanulate corolla）：花冠筒较短而宽，上部扩大成钟状，如桔梗和党参等桔梗科植物。

（7）辐（轮）状花冠（rotate corolla）：花冠筒很短，裂片呈水平状展开，形似车轮，如枸杞和龙葵等茄科植物。

（8）管状花冠（tubular corolla）：又称**筒状花冠**，花冠大部分合生成细管状，如红花和小蓟等菊科植物。

（9）舌状花冠（ligulate corolla）：花冠基部合生成短筒状，上部向一侧延伸成扁平舌状，如向日葵和蒲公英等菊科植物。

3. 花被卷叠式（aestivation） 花被各片之间的排列形式及关系称花被卷叠式，是因种而异的花部特征，其在花蕾即将绽开时尤较明显，不同的植物种类具有不一样的花被卷叠式，常可用作分类依据。常见的花被卷叠式包括以下几种类型（**图 3-53**）。

（1）镊合状（valvate）：花被各片边缘彼此接触，不覆盖，如桔梗。若镊合状花被的边缘微向内弯称**内向镊合**，如沙参；若各片边缘微向外弯称**外向镊合**，如蜀葵。

（2）旋转状（contorted）：花被各片边缘依次相互压覆呈回旋状，如夹竹桃、黄栀子。

（3）覆瓦状（imbricate）：花被各片边缘彼此覆盖，但有一片完全在外，一片完全在内，如三色堇和山茶等。

（4）重覆瓦状（quincuncial）：与覆瓦状相似，但有两片完全在外，两片完全在内，如蔷薇科的桃和杏等。

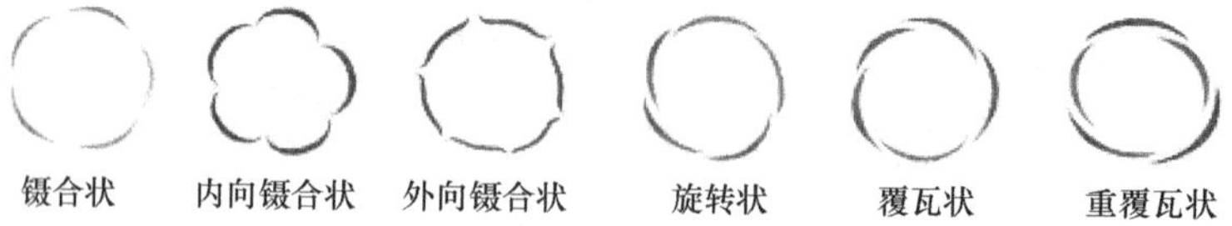

图 3-53 花被卷叠式

（三）雄蕊群（androecium）

雄蕊群是一朵花中所有**雄蕊**（stamen）的总称。雄蕊位于花被内侧，常生于花托上，也有基部着生于花冠或花被上的，称为**贴生**（adhesion）。不同植物雄蕊的数目不同，一般与花瓣同数或为其倍数，有时较多达 10 枚以上，称**雄蕊多数**，最少可到一朵花仅 1 枚雄蕊，如京大戟、白及和姜等。

1. 雄蕊的组成（constitute of stamen） 典型的雄蕊由花丝和花药两部分组成。

（1）花药与花丝的概念与类型

1）花丝（filament）：指雄蕊基部细长的柄状部分，下部着生于花托或花被基部，上部支持花药。

2）花药（anther）：指花丝顶端膨大的囊状体，是雄蕊的主要部分。花药通常由四个或两个**花粉囊**（pollen sac）组成，又称**药室**（anther cell），分成左右两半，中间由药隔相连。

花药在花丝上的着生方式也有几种不同情况（**图 3-54**）。

全着药（adnate anther）：花药全部附着在花丝上，如紫玉兰。

基着药（basifixed anther）：花药基部着生于花丝顶端，如樟和茄。

背着药（dorsifixed anther）：花药背部着生于花丝上，如杜鹃。

丁字药（versatile anther）：花药横向着生于花丝顶端而与花丝成丁字状，如百合和小麦等。

个字药（divergent anther）：花药上部联合，着生在花丝上，下部分离，略呈个字形，如地黄和泡桐等。

广歧药（divaricate anther）：花药左右两半完全分离平展，与花丝成垂直状着生，如薄荷和益母草等。

花粉囊中产生**花粉**（pollen），花粉成熟后，花粉囊自行开裂，花粉粒由裂口处散出。花粉囊开裂的方式各不相同，常见的有：**纵裂**（longitudinal dehiscence），花粉囊沿纵轴开裂，如水稻和百合；**横裂**（transverse dehiscence），花粉囊沿中部横向开裂，如木槿和蜀葵；**瓣裂**（valvular dehiscence），花粉囊侧壁上裂成几个小瓣，花粉由瓣下的小孔散出，如樟和淫羊藿；**孔裂**（porous dehiscence），花粉囊顶部开一小孔，花粉由小孔散出，如杜鹃和茄等（**图 3-54**）。

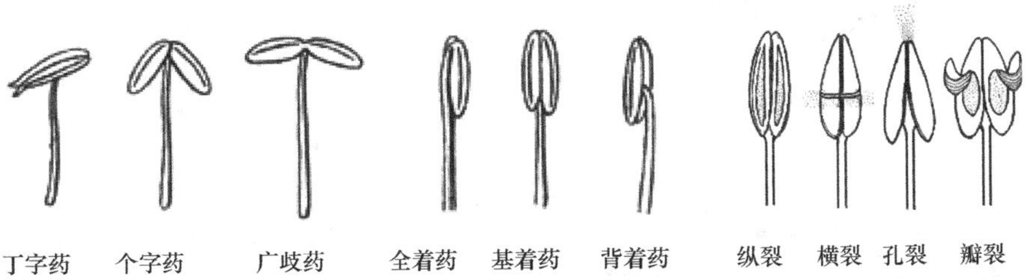

图 3-54　花药的着生和开裂方式

（2）花药和花粉的发育（development of anther and pollen）：幼小的花药由一群具有分生能力的细胞组成，外观为四棱形。在幼小花药的四角表皮内方，出现一纵列形大、分裂能力强的**孢原细胞**（archesporial cell），孢原细胞进行平周分裂，形成外层壁的**周缘细胞**（parietal cell）和内层的**造孢细胞**（sporogenous cell），中间的细胞分裂形成药隔细胞和维管束，构成药隔。周缘细胞经过分裂后和表皮组织形成花药的壁。表皮下一层称为室内层，在花药近成熟时，这层细胞的外壁径向增厚，并木栓化，形成纤维层。这层细胞有助于花药成熟开裂，在药室内壁形成纤维层时，常在两个花粉囊交接处的外侧，留下一层薄壁细胞，花药成熟时即在此处开裂。纤维层以内是中层，在花药发育过程中逐渐解体消失。中层以内为绒毡层，供应花粉粒发育时的养料而本身逐渐解体。

花粉囊内的造孢细胞分裂成许多体积大的花粉母细胞，每个花粉母细胞经过减数分裂后形成 4 个子细胞，子细胞进一步发育成为花粉粒。一个花粉母细胞形成 4 个花粉粒，花粉粒初期是连在一起的，称为**四分体**（tetrad）。绝大多数植物四分体的花粉粒会进一步分开，形成单个的花粉粒，但也有植物如杜鹃和香蒲等的花粉粒则仍 4 个粘在一起，这种状态的四分体就称**四合花粉**；而兰科和萝藦科的花粉囊内则有许多花粉粒粘在一起成为**花粉块**（pollinium）。由四分体形成的 4 个分散的单核细胞是尚未成熟的花粉粒，相当于小孢子，单核花粉粒进一步发育，分裂成 2 个细胞。较大的细胞称为**营养细胞**（vegetative cell），较小的细胞称为**生殖细胞**（generative cell），生殖细胞再行分裂形成 2 个**精子**（sperm），有的植物如小麦和水稻等生殖细胞在花粉粒中进行分裂，这样成熟的花粉粒中就有 3 个细胞（过去称为三核花粉粒）；兰科和玄参科等大多数植物（约占被子植物 70%）的生殖细胞要在授粉后，在花粉管中分裂，所以大多数植物成熟的花粉粒（雄配子体）只有 2 个细胞（过去称为二核花粉粒）（**图 3-55**）。

（3）花粉粒的形态构造特点（morphology and structural characteristics of pollen grain）：成熟的花粉粒有两层壁。内层壁薄，主要由果胶质和纤维素组成，称**内壁**（intine）。外层壁厚，含有脂类和色素，称**外壁**（exine）。花粉的外壁有各种形态，有的是光滑的，有的具有各种式样的花纹，如刺状、颗粒状、瘤状和网状等。外壁上具有**萌发孔**（germinal aperture）或**萌发沟**（germinal furrow）。在孔或沟处没有外壁，当花粉萌发时，花粉管由此伸出。一般花粉粒的直径为 15～20μm，大的花粉粒，如南瓜花粉粒可达 150～200μm。花粉粒的形态有球形、椭圆形、三角形、四角形及其他形状（**图 3-56**）。

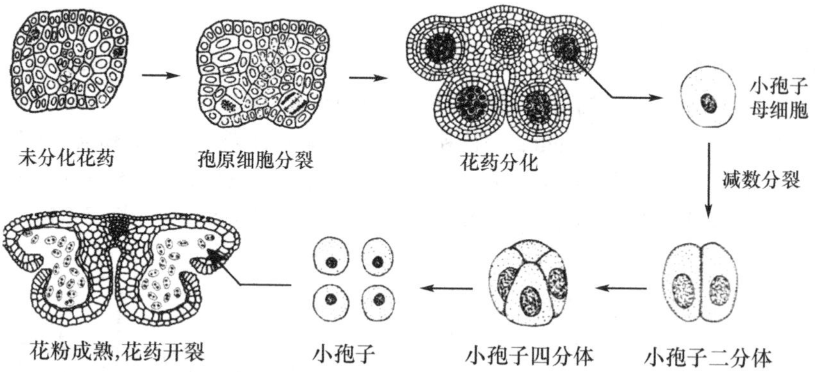

图 3-55　花药与花粉粒发育过程

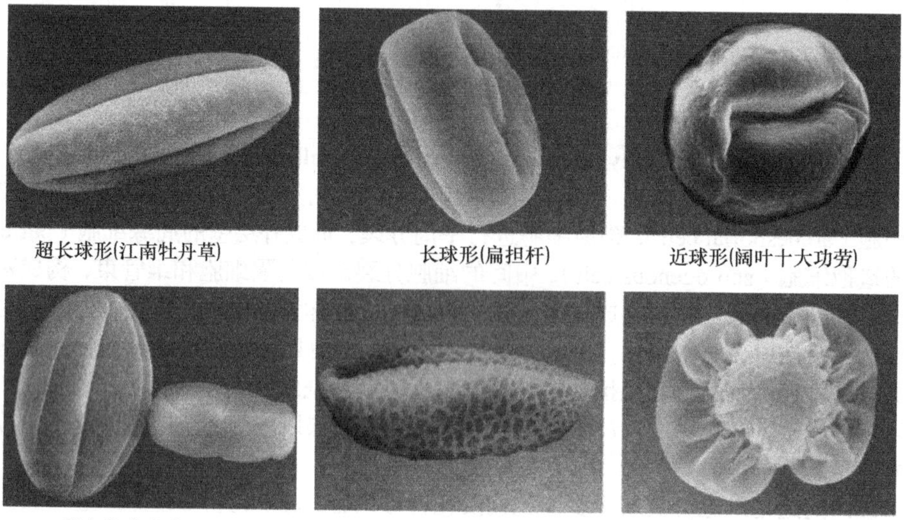

图 3-56　花粉粒的各种形态

萌发孔在花粉粒上分布的位置有以下 3 种情况：极面分布，指萌发孔的位置在远极面或近极面上；赤道分布，指萌发孔在赤道面上，若是萌发沟，其长轴与赤道垂直；球面分布，指萌发孔散布于整个花粉粒上。一般所称的花粉孔或花粉沟即为赤道面分布的孔或沟的简称，因为赤道面分布是双子叶植物花粉粒的主要类型。而对球面分布的称为**散沟**（pancolpi）或**散孔**（panpori），前者见于马齿苋属植物的花粉，后者见于藜科植物的花粉。许多裸子植物和单子叶植物的具沟花粉为远极面分布，称为**远极沟**（anacolpus）；禾本科植物的具孔花粉，称为**远极孔**（anaporus）。如花粉的极性不易判明时，也可一律称为孔或沟。此外，在花粉粒的萌发沟内中央部位，具一圆形或椭圆形的内孔，称为**具孔沟**（colporate）。若萌发孔呈螺旋状，称为**螺旋状萌发孔**（spiraperturate）；如呈环形，称为**环形萌发孔**（zonaperturate）（**图 3-57**）。

（4）花粉粒的药用价值及其在植物分类学中的意义（pharmaceutical value of pollen grain）：花粉形态的研究早已应用于植物分类中，在目以上的分类单位中花粉形态特点的相似性和植物分类系统是相当一致的。花粉粒的形状、大小、表面的纹饰及萌发孔的数目、形态、结构及位置等，常成为植物科、属甚至是种的鉴别特征。因此了解花粉的形态及结构，对于鉴定植物具有重要的意义（**图 3-58**）。

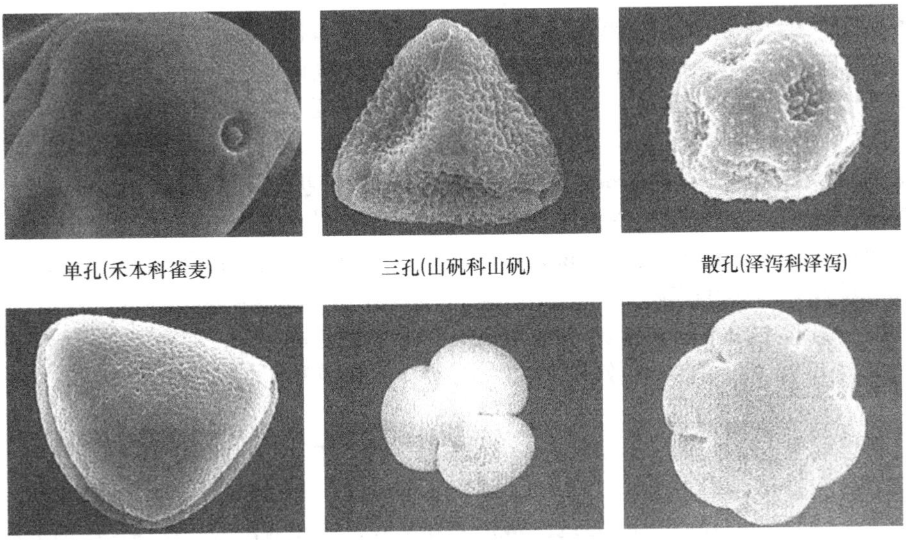

单孔(禾本科雀麦)　三孔(山矾科山矾)　散孔(泽泻科泽泻)

单沟(百合科知母)　三沟(蔷薇科棣棠花)　六沟(茜草科蓬子菜)

图 3-57　被子植物花粉类型

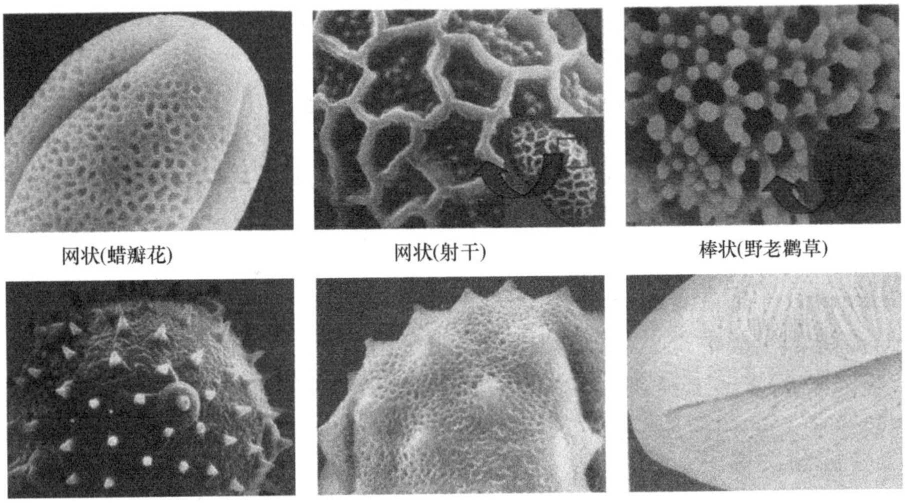

网状(蜡瓣花)　网状(射干)　棒状(野老鹳草)

刺状(南瓜)　刺状及穴状(白术)　条纹状(光皮木瓜)

图 3-58　花粉粒在扫描电镜下的形态

花粉粒是植物体的重要组成部分，各类植物花粉粒的外壁结构、萌发孔或萌发沟的数目与排列方式均有区别，其形态特征反映了植物演化的一般规律。裸子植物花粉的裂缝为单沟，萌发器官多位于远极；而被子植物花粉的裂缝由单沟进而演变成三沟、三孔或三孔沟等，其萌发器官多位于赤道。花粉壁也有明显的演化规律，裸子植物花粉的外壁呈现蜂窝状结构和片状结构，具有片状结构是裸子植物花粉外壁的明显特征；被子植物花粉的外壁演化出颗粒状结构和初生柱状结构，最后出现覆盖柱状层结构，柱状层结构是被子植物花粉外壁的重要特征。

许多花类生药中都含有花粉粒，它们是该类生药的重要鉴别特征之一。但单独供药用的花粉粒并不多，常用的有：①蒲黄，为香蒲科植物水烛香蒲的花粉，含黄酮类和硬脂酸等成分，功能为止血、止痢和通淋；②松花粉，为松科植物油松等的花粉，含脂肪和植物色素等成分，能燥湿、收敛和止血。值得指出的是：蜂蜜为蜜蜂采集各种花粉酿制而成，药用价值极高，根据蜜源植物花粉种类的不同，其药用功效也不相同。

花粉中含大量人体所必需的氨基酸、维生素、脂类及多种矿物质与微量元素，此外还有激素、黄酮类和有机酸等成分，对人体有保健作用。有的植物的花粉有毒，如钩吻、雷公藤、博落回、乌头、羊踯躅和藜芦等。一些花粉还易引起人体的变态反应，产生花粉病，如气喘和花粉症等。

2. 雄蕊的类型（types of stamen） 雄蕊在花中呈螺旋状或轮状排列，雄蕊的数目、长短、排列及离合情况随植物种类的不同而异，常见的有以下几种类型。

（1）单体雄蕊（monadelphous stamen）：花药完全分离而花丝联合成 1 束呈圆筒状，如蜀葵、木槿和棉花等锦葵科植物。

（2）二体雄蕊（diadelphous stamen）：雄蕊的花丝联合成两束，如扁豆、甘草等许多豆科植物的雄蕊共有 10 枚，其中 9 枚联合，1 枚分离；而紫堇和延胡索等植物雄蕊有 6 枚，每 3 枚联合，成两束。

（3）多体雄蕊（polyadelphous stamen）：雄蕊多数，花丝分别成多束，如金丝桃、元宝草和代代花等藤黄科和芸香科植物。

（4）冠生雄蕊（petalostemonous stamen）：雄蕊花丝与花冠结合，花药与花冠分离，如钩藤、白花蛇舌草和紫丁香等茜草科和木犀科植物。

（5）聚药雄蕊（syngenesious stamen）：雄蕊的花药联合成筒状，而花丝分离，如红花和向日葵等菊科植物。

（6）离生雄蕊（distinct stamen）：雄蕊彼此分离，长度相似，是大多数植物所具有的雄蕊类型，如桃、月季和玉兰等蔷薇科和木兰科植物。

（7）二强雄蕊（didynamous stamen）：雄蕊 4 枚，分离，2 长 2 短，如益母草和地黄等唇形科和玄参科植物。

（8）四强雄蕊（tetradynamous stamen）：雄蕊 6 枚，分离，4 长 2 短，如油菜和萝卜等十字花科植物（图 **3-59**）。

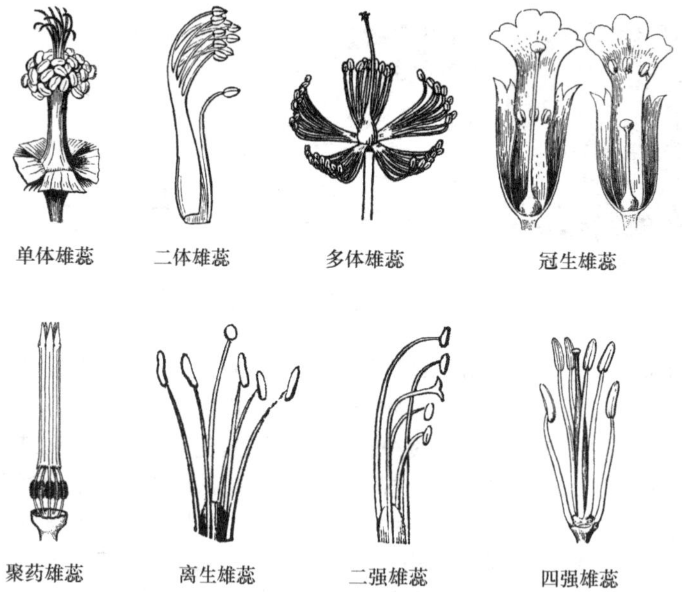

图 3-59 雄蕊的类型

还有少数植物的雄蕊发生变态而呈花瓣状，如姜和美人蕉等。有的植物的花部分雄蕊不具花药，或仅留痕迹，称不育雄蕊或退化雄蕊，如鸭跖草。

（四）雌蕊群（gynoecium）

雌蕊群位于花的中央，是一朵花中所有**雌蕊**（pistil）的总称。

1. 雌蕊的组成（component of pistil） 雌蕊由**子房**（ovary）、**花柱**（style）和**柱头**（stigma）三部分组成。

（1）子房（ovary）：是雌蕊基部膨大的部分。子房常呈椭圆形、卵形或其他形状，有时表面具有棱沟或被毛。子房的底部着生在花托上。子房的外壁为子房壁，子房壁以内的腔室为子房室，子房室内着生有胚珠，因此子房是雌蕊的重要部分。

（2）花柱（style）：是位于子房与花柱之间的细长部分，起支持柱头的作用，也是花粉进入子房的通道。花柱的形状有分枝状和花瓣状等，花柱长短也不一，如玉米的花柱细长如丝，莲的花柱很短，而罂粟和木通不具花柱，柱头直接着生于子房的顶端。

（3）柱头（stigma）：是雌蕊顶端稍膨大的部分，是接受花粉的地方。柱头通常膨大或扩展成各种形状，如圆盘状、乳头状、星状、头状、羽毛状、唇状或分枝状等，柱头表面多不平滑，有的带有乳头状突起，其常有分泌黏液的功能，有利于花粉的固着及萌发。也有少数植物的柱头不膨大，在花柱的顶端稍呈钝尖状，如木兰的柱头。

2. 雌蕊的类型（types of pistil） 雌蕊和花的其他部分一样也是由叶变态而成，我们称这种变态的叶为**心皮**（carpel），亦即心皮是构成雌蕊的变态叶。当心皮卷合成雌蕊时，其边缘的合缝线称**腹缝线**（ventral suture），心皮的背部相当于叶的中脉部分称**背缝线**（dorsal suture），一般胚珠着生在腹缝线上。根据构成雌蕊的心皮数目不同，雌蕊可分为两大类型。

（1）单雌蕊（simple pistil）：由一个心皮构成的雌蕊。有的植物在一朵花内仅具一个单雌蕊，如扁豆、甘草、桃和杏等。也有的植物在一朵花内生有多数离生的单雌蕊，又称**离生心皮雌蕊**（apocarpous pistil），如五味子、芍药、八角茴香和草莓等。

（2）复雌蕊（compound pistil）：由两个以上的心皮彼此联合构成的雌蕊，又称合生心皮雌蕊，如连翘、百合、苹果和柑橘等。组成复雌蕊的心皮数往往可由花柱或柱头的分裂数目、子房上的主脉数及子房室数来确定（**图 3-60**）。

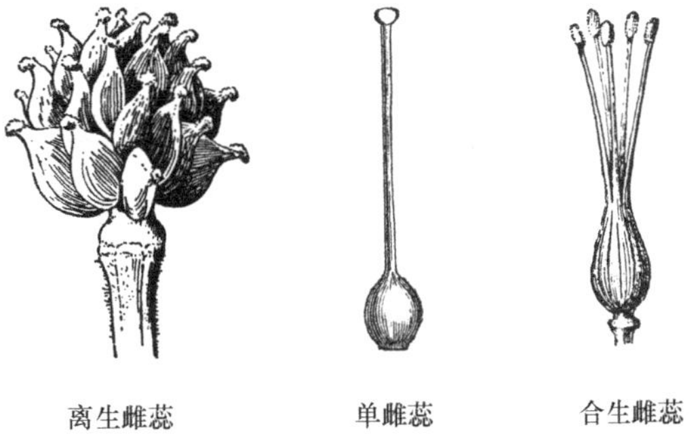

图 3-60　雌蕊的类型

3. 子房着生的位置（position of ovary） 子房着生在花托上的位置及与花的各部分关系往往在不同的植物种类中有所不同。一般常见的有下列几种。

（1）下位花（hypogynous flower）/上位子房（superior ovary）：子房仅底部与花托相连。若花托凸起或平坦，花萼、花冠和雄蕊均着生于子房下方的花托上，这种上位子房的花称为**下位花**，如毛茛和百合等。

（2）周位花（perigynous flower）/上位或半下位子房（superior ovary or half-inferior ovary）：若花托下陷不与子房愈合，花的其他部分着生于花托上端边缘，这种上位子房的花称**周位花**，如桃和杏等。子房仅下半部与凹陷的花托愈合，而花的其他部分着生于子房四周的花托边缘，具有这种半下位子房的花也称周位花，如桔梗和马齿苋等。

（3）上位花（epigynous flower）/下位子房（inferior ovary）：子房全部与凹下的花托愈合，花的其他部分着生于子房的上方称**下位子房**，而这种花则称**上位花**，如栀子、黄瓜和梨等（**图 3-61**）。

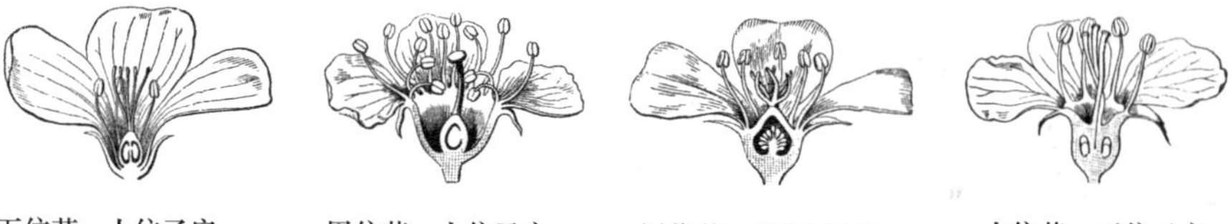

图 3-61 子房与花被的相关位置

4. 胎座的类型（types of placenta） 胚珠在子房内着生的心皮壁部位，往往形成肉质突起，称**胎座**（placenta）。胎座一般位于心皮的腹缝线上。心皮数目与联合状况的不同产生了多种胎座类型。

（1）边缘胎座（marginal placenta）：单心皮雌蕊，子房一室，胚珠沿腹缝线排列成纵行，如大豆和甘草等。边缘胎座是由单心皮的边缘愈合而成的。

（2）侧膜胎座（parietal placenta）：合生心皮雌蕊，子房一室，胚珠着生于相邻两心皮的腹缝线上，如南瓜、罂粟和紫花地丁等。侧膜胎座的形成可能源于多个张开心皮的边缘彼此联合。

（3）中轴胎座（axile placenta）：合生心皮雌蕊，子房多室，胚珠着生于心皮边缘向子房中央愈合的中轴上，如百合、柑橘和桔梗等。中轴胎座的形成可能源于多个边缘愈合的心皮在靠近中央的位置彼此联合。

（4）特立中央胎座（free-central placenta）：合生心皮雌蕊，子房一室，子房室底部伸起一游离柱状突起，胚珠着生于柱状突起上（由中轴胎座衍生而来），如石竹、马齿苋和报春花等。特立中央胎座是由具中轴胎座的子房室间隔膜消失演化形成的。

（5）基生胎座（basal placenta）：单心皮或合生心皮雌蕊，子房一室，胚珠一枚着生于子房室底部，如向日葵和大黄等。

（6）顶生胎座（apical placenta）：单心皮或合生心皮雌蕊，子房一室，胚珠一枚着生于子房室顶部，如桑和杜仲等。基生胎座与顶生胎座可能源于特立中央胎座的大部分消失，也可能源于侧膜胎座的大部分简化（**图 3-62**）。

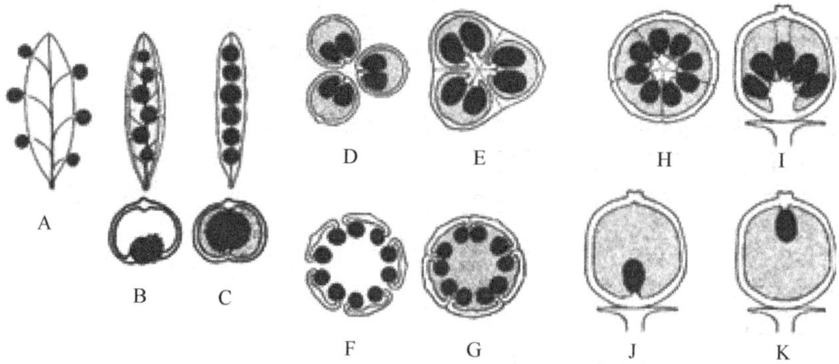

图 3-62 胎座的类型

A～C. 边缘胎座：张开的心皮（A），逐渐内卷（B），最终闭合（C）；D、E. 中轴胎座：闭合的心皮（D），在中央融合（E）；F、G. 侧膜胎座：边缘内卷的心皮（F），彼此靠合（G）；H、I. 特立中央胎座：中轴胎座（H），室间隔膜的消失（I），（H. 横切面；I. 纵切面）；J. 基生胎座；K. 顶生胎座

5. 胚珠的构造及类型（struture and type of ovule） **胚珠**（ovule）是种子的前身，着生于子房的胎座上，其数目随植物种类不同而异。胚珠由**珠心**（nucellus）、**珠被**（integument）、**珠孔**（micropyle）和**珠柄**（funicle）组成。**珠心**是发生在胎座上的一团胚性细胞，其中央发育形成胚（embryo sac），成熟胚囊有 8 个细胞（靠近珠孔有 3 个，中间一个较大的为卵细胞，两

侧为 2 个助细胞，与珠孔相反的一端有 3 个反足细胞，胚囊的中央为 2 个极核细胞）。珠心外面由珠被包围，珠被在包围珠心时在顶端留有一孔称**珠孔**，胚珠基部连接胚珠和胎座的短柄称**珠柄**。珠被、珠心基部和珠柄汇合处称**合点**（chalaza）。胚珠在发生时由于各部分的生长速度不同使珠孔、合点与珠柄的位置有所变化而形成胚珠的不同类型（**图 3-63**）。

（1）直生胚珠（orthotropous ovule）：胚珠各部生长均匀，胚珠直立，珠孔、珠心、合点与珠柄在一条直线上，如大黄、荞麦和核桃等。

（2）横生胚珠（hemitropous ovule）：胚珠一侧生长快，另一侧生长慢，整个胚珠横列，珠孔、珠心、合点成一直线与珠柄垂直，如锦葵和毛茛等。

（3）弯生胚珠（campylotropous ovule）：珠被、珠心生长不均匀，胚珠弯曲成肾状，珠孔、珠心、合点与珠柄不在一条直线上，如大豆、石竹和曼陀罗等。

（4）倒生胚珠（anatropous ovule）：胚珠一侧生长迅速，另一侧生长缓慢，胚珠向生长慢的一侧弯转而使胚珠倒置，珠孔靠近珠柄，珠柄很长与珠被愈合，并在珠柄外面形成一条长而明显的纵行隆起称**珠脊**，珠孔、珠心、合点几乎在一条直线上，如落花生、蓖麻、杏和百合等大多数被子植物。

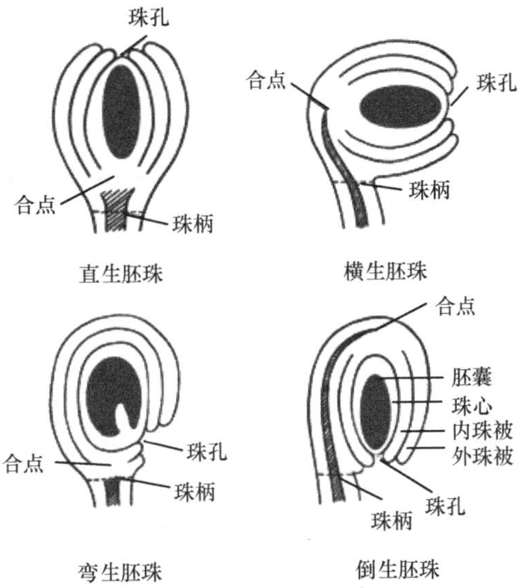

图 3-63　胚珠的类型和构造

二、花的类型（types of flowers）

被子植物的花在长期的演化过程中，它的大小、数目、形状和内部构造等方面，都发生不同程度的变化，使花多姿多彩，形态多样。归纳起来，其可划分为以下几种主要的类型（**图 3-64**）。

图 3-64　花的类型

（一）完全花和不完全花（complete flower and incomplete flower）

一朵花中凡是具有花萼、花冠、雄蕊和雌蕊四部分的花称**完全花**，如桃和桔梗等。若缺少其中一部分或几部分的花，称**不完全花**，如南瓜、桑和柳等。

（二）重被花、单被花和无被花（dichlamydeous，monochlamydeous and achlamydeous flowers）

一朵花具有花萼和花冠的称**重被花**或**两被花**，如桃、杏和豌豆等。若只具花萼而无花冠，或花萼与花冠不分化的称**单被花**，单被花的花萼应称花被，这种花被常具鲜艳的颜色而呈花瓣状，如百合、玉兰和白头翁等。不具花被的花称**无被花**或**裸花**（naked flower），这种花常具苞片，如杨、柳和杜仲等。

（三）两性花、单性花和无性花（bisexual，unisexual and asexual flowers）

一朵花中同时具有雄蕊和雌蕊的称**两性花**，如桃、桔梗和牡丹等。若在花中仅具雄蕊或雌蕊的称**单性花**，其中只有雄蕊的称**雄花**（staminate flower），只有雌蕊的称**雌花**（pistillate flower）；若雄花和雌花在同一株植物上称**单性同株**或**雌雄同株**（monoecism），如南瓜和蓖麻；若雄花和雌花分别生于不同植株上称**单性异株**或**雌雄异株**（dioecism），如桑、柳和银杏等；若同一株植物既有单性花又有两性花称**杂性同株**（polygamo-monoecious），如柿；若单性花和两性花分别生于同种异株上称**杂性异株**（polygamo-dioecious），如臭椿和葡萄。一朵花中若雄蕊和雌蕊均退化或发育不全的称**无性花**，如八仙花花序周围的花。

（四）辐射对称花、两侧对称花和不对称花（actinomorphic，zygomorphic，and asymmetrical flowers）

通过一朵花的中心可作两个以上对称面的花称**辐射对称花**或**整齐花**（regular flower），如桃、桔梗和牡丹等。若通过花的中心只能作一个对称面的称**两侧对称花**或**不整齐花**（irregular flower），如扁豆和益母草等。无对称面的花称**不对称花**，如缬草和美人蕉等。

（五）风媒花、虫媒花、鸟媒花和水媒花（anemophilous，entomophilous，ornithophilous and hydrophilous flowers）

借风传粉的花称**风媒花**。风媒花常具有花小、单性、无被或单被、素色、花粉量多而细小、柱头面大和有黏质等特征，如杨、玉米、大麻和稻等。

借昆虫传粉的花称**虫媒花**。虫媒花的特征为：两性花，雌蕊和雄蕊不同期成熟，具有美丽鲜艳的花被及蜜腺和芳香气味，花粉量少而较大，表面多具突起并有粘性，花的形态常和传粉昆虫的特点形成相适应的结构，如丹参、益母草、桃和南瓜等。

风媒花和虫媒花是植物长期自然选择的结果，也是自然界最普遍的适应传粉的花的类型。另外，还有少数植物借助小鸟传粉称**鸟媒花**，如某些凌霄属植物，或借助水流传粉称**水媒花**，如金鱼藻和黑藻等一些水生植物。

三、花结构的描述（description of flower structures）

标准地说明一朵花的结构、花各部分的组成、排列位置和相互关系的方法是采用科学的术语进行详细描述，并精心绘制各部分的形态学图谱（参见分类部分）。另外，为了简化对花的文字描述或叙述，一般利用一些符号、数字或标记等，以方程式或图解的形式来记载和表示出各类或某种花的构造和特征，分别称为**花程式**或**花图式**。

（一）花程式（flower formula）

花程式是用字母、数字和符号来表示花各部分的组成、排列、位置和彼此关系的公式。优点是简单易于掌握，书写方便，能够比较全面地体现花的整体特征。基本书写原则如下所述。

1. 以字母代表花的各部　一般用花各部拉丁词的第一个字母大写表示，P 表示**花被**（perianthium），K 表示**花萼**（kelch，德文），C 表示**花冠**（corolla），A 表示**雄蕊群**（androecium），G 表示**雌蕊群**（gynoecium）。

2. 以数字表示花各部的数目　数字写在代表字母的右下方，若超过 10 个以上或数目不定用"∞"表示，如某部分缺少或退化以 0 表示，雌蕊群右下角有 3 个数字，分别表示心皮数、子房室数、每室胚珠数，数字间用“：”相连。

3. 以符号表示花的情况　“*”表示辐射对称花，“↑”表示两侧对称花；“⚥”、“♂”和“♀”分别表示两性花、雄花和雌花；括弧“( )”表示合生；加号“+”表示花部排列的轮数关系；短横线“-”表示子房的位置；$\underline{G}$、$\overline{G}$ 和 $\overline{\underline{G}}$ 分别表示子房上位、子房下位和子房半下位。

例：萝卜花 ⚥ $*K_4C_4A_{2+4}\underline{G}_{(2:2:\infty)}$　　扁豆花 ⚥ ↑ $K_{(5)}C_5A_{(9)+1}\underline{G}_{1:1:\infty}$

桑的雄花 ♂ P_4A_4　　桑的雌花 ♀ $P_4\underline{G}_{(2:1:1)}$

桔梗花　♀ $*K_{(5)}C_{(5)}A_5\overline{G}_{(5:5:\infty)}$　　百合花　♀ $*P_{3+3}A_{3+3}\underline{G}_{(3:3:\infty)}$

（二）花图式（flower diagram）

花图式是以花的横切面为依据所绘出来的图解式。它可以直观表明花各部的形状、数目、排列方式和相互位置等情况。花图式的优点是比较直观，可清楚体现各部的数目、位置、排列方式与相对大小。由于绘制花图式不如书写花程式方便，因而不如花程式常用。

花图式的绘制规则：先在上方绘一小圆圈表示花序轴的位置（如为单生花或顶生花可不绘出），在轴的下面自外向内按苞片、花萼、花冠、雄蕊和雌蕊的顺序依次绘出各部的图解，通常以外侧带棱的新月形符号表示苞片，由斜线组成带棱的新月形符号表示萼片，空白的新月形符号表示花瓣，雄蕊和雌蕊分别用花药和子房的横切面轮廓表示。

花程式和花图式虽均能较简明反映出花的形态和结构等特征，但各有不足之处，如花图式不能表明子房与花被的相对位置，花程式不能表明各轮花部的相互关系及花被卷叠情况等，所以两者结合使用才能较全面反映花的特征（**图 3-65**）。

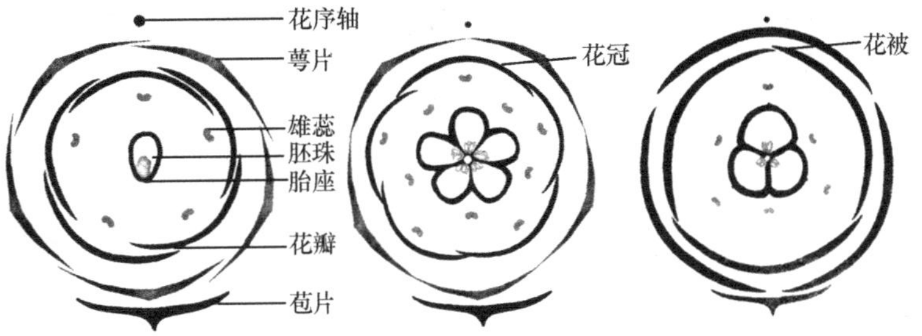

图 3-65　花图式

四、花序（inflorescence）

有些被子植物的花常单独着生在茎枝顶端或叶腋部位，称**单生花**（solitary flower），如玉兰、牡丹和木槿等，单生叶腋的花在枝条上的排列服从于叶序。但大多数植物的花密集或稀疏地按一定方式有规律地着生在花枝上，形成花序。花序下部的梗称**花序梗**（**总花梗**）（peduncle），总花梗向上延伸成为**花序轴**（rachis）。花轴单一的称为**简单花序**（simple inflorescence），有次级分枝的称为**复合花序**（compound inflorescence）。花序上的花称**小花**（floret），小花的梗称**小花梗**（pedicel）。小花梗及总花梗下面常有小型的变态叶分别为小苞片和总苞片。无叶的总花梗称**花葶**（scape）。

根据花在花序轴上排列的方式和开放的顺序，花序一般分为**无限花序**（indefinite inflorescence）和**有限花序**（definite inflorescence）两大类。有些时候，两者可能会同时存在，从而构成混合花序。

（一）无限花序（indefinite inflorescence）

花序轴在开花期内可继续伸长，产生新的花蕾，花的开放顺序是由花序轴下部依次向上开放，或花序轴缩短，花由边缘向中心开放，这种花序称**无限花序**。简单的无限花序常形成以下几种类型（**图 3-66**）。

1. 总状花序（raceme） 花序轴长而不分枝，其上着生许多花柄近等长且由基部向上依次成熟的小花，如油菜、荠菜和地黄等。

2. 伞房花序（corymb） 略似总状花序，但小花梗不等长，下部长，向上逐渐缩短，上部近平顶状，如山楂和绣线菊等。

3. 伞形花序（umbel） 花序轴缩短，在总花梗顶端着生许多伞辐状排列、花柄近等长的小花，如人参、刺五加和葱等。

4. 穗状花序（spike） 似总状花序，但小花较密集并具极短的柄或无柄，如车前、牛膝和知母等。

5. 柔荑花序（catkin） 花序轴柔软下垂，其上密集着生许多无柄、无被或单被的单性小花，花后整个花序脱落，如杨、柳和核桃等。

6. 肉穗花序（spadix） 与穗状花序相似，但花序轴肉质粗大呈棒状，其上密生多数无柄的单性小花，花序外常具有一大型苞片称**佛焰苞**（spathe），故又称佛焰花序，如天南星和半夏等天南星科植物。

7. 头状花序（capitulum） 花序轴极度短缩成头状或盘状的花序托，其上密生许多无柄的小花，外围的苞片密集成总苞，如向日葵、红花、菊花和蒲公英等。

8. 隐头花序（hypanthodium） 花序轴肉质膨大而下陷成囊状，其内壁着生多数无柄单性小花，如无花果和薜荔等。

图 3-66　无限花序的常见类型

上述花序的花序轴都不分枝，为**单花序**（simple inflorescence）。但也有的花序轴有分枝，称**复花序**（compound inflorescence），常见的有：①**复总状花序**（compound raceme），又称**圆锥花序**（panicle），为具分枝的总状花序，下部分枝较长，上部分枝较短，使整体呈圆锥状，如南天竹和女贞等；②**复穗状花序**（compound spike），花序轴每一分枝为一穗状花序，如小麦和香附等；③**复伞形花序**（compound umbel），在总花梗的顶端有若干呈伞形排列的小伞形花序，如柴胡和当归等伞形科植物；④**复伞房花序**（compound corymb），花序轴上的分枝成伞房状排列，而每一分枝又为伞房花序，如花楸；⑤**复头状花序**（compound capitulum），由许多小头状花序组成的头状花序，如蓝刺头（**图 3-67**）。

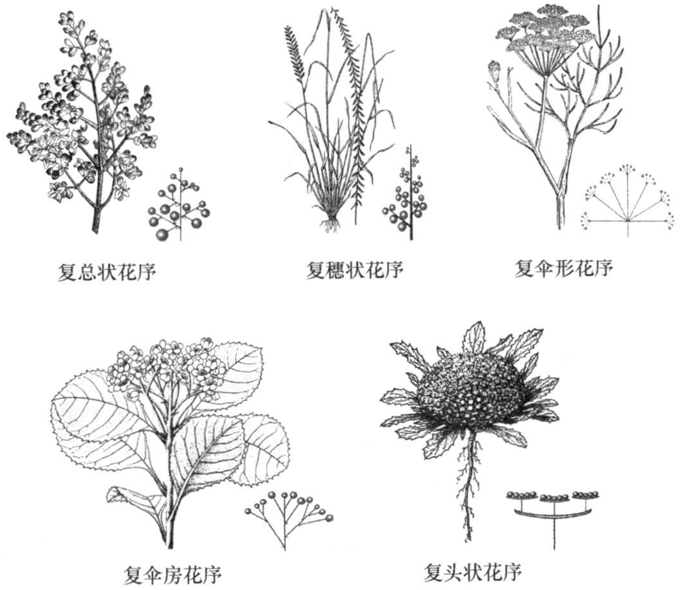

图 3-67　复合无限花序的常见类型

（二）有限花序（definite inflorescence）

有限花序也称聚伞类花序，与无限花序相反，花序轴顶端由于顶花先开放，而限制了花序轴的继续生长，开花的顺序是从上向下或从内向外开放。通常根据花序轴上端的分枝情况，有限花序又分为以下几种类型（**图 3-68**）。

1. 聚伞花序（cyme）　多花簇集成平顶或圆顶的、类似伞状或圆锥状的有限花序，但各花的花梗不完全从同一点分出。这是最常见的有限花序，常形成具多级分枝的复合花序，如石竹。

2. 单歧聚伞花序（monochasium）　花序轴顶端生一花，然后在顶花下面一侧形成一侧枝，同样在枝端生花，侧枝上又可分枝着生花朵，如此连续分枝则为**单歧聚伞花序**。若花序轴下分枝均向同一侧生出而呈螺旋状弯转，称**螺状聚伞花序**（bostrix），如紫草和附地菜等。若分枝呈左右交替生出，则称**蝎尾状聚伞花序**（scorpioid cyme），如射干和唐菖蒲等。

3. 二歧聚伞花序（dichasium）　花序轴顶花先开，后在其下两侧同时产生两个等长的分枝，每分枝以同样方式继续开花和分枝，如石竹和冬青卫矛等。

4. 多歧聚伞花序（pleiochasium）　花序轴顶花先开，其下同时发出数个侧轴，侧轴多比主轴长，各侧轴又形成小的聚伞花序，称**多歧聚伞花序**。若花序轴下面生有杯状总苞，则称**杯状聚伞花序**（大戟花序）（cyathium），如京大戟、甘遂和泽漆等大戟科大戟属植物。

5. 轮伞花序（verticillaster）　聚伞花序生于对生叶的叶腋呈轮状排列称轮伞花序，如薄荷和益母草等唇形科植物。

6. 聚伞圆锥花序（thyrse）　属于一种混合花序，其主轴无限生长并产生多回次级分枝，但次级分枝或末级分枝为聚伞花序，如紫丁香。

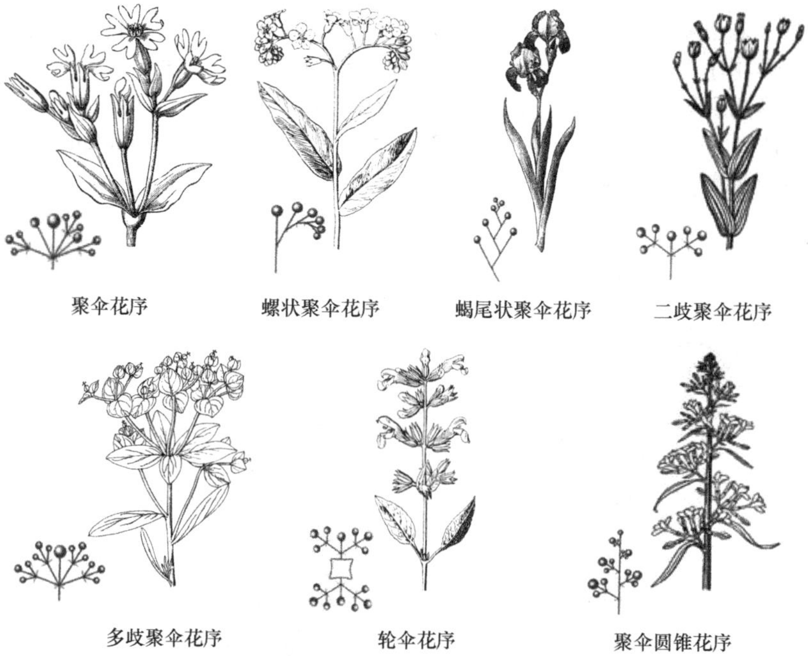

图 3-68　有限花序的类型

五、花的生理功能（physiological function of flowers）

花是植物的繁殖器官，其主要的功能是进行生殖。在花完成生殖的过程中，要经过开花、传粉和授精等阶段。

（一）开花（anthesis）

当花的各部分发育到一定阶段，雄蕊的花粉和雌蕊的胚囊已经成熟，或其中之一已达成熟程度，花被展开，雄蕊和雌蕊露出，这种现象称为**开花**。开花是被子植物生活史上的一个重要阶段，除少数闭花受精植物外，是大多数开花植物性成熟的标志。

在花的各部发育成熟过程中，首先是花被由包被状态而逐渐展开，呈现开花。不同植物开花的年龄、开花的季节、花期的长短都不完全相同，一至两年生的草本植物，一生中只开花一次，多年生的木本植物生长到一定时间才能开花，但一经开花后，就能每年到时开花，直到枯死为止。不过也有一些木本植物，如有些竹类一生只开花一次。植物的开花季节主要与气候有关，但大多数植物多在早春季节开放，也有一些植物是在冬季开花的。至于花期的长短，不同植物差异较大，有的仅几天，如桃、李和杏等，有的持续一、两个月或更长，如腊梅；有的一次盛开后全部凋落，有的持久陆续开放，如棉花和番茄等，一些热带植物几乎终年开花，如可可和桉树等。植物的开花习性是植物在长期的演化过程中所形成的遗传特性，是植物适应不同环境条件的结果。

（二）传粉（pollination）

成熟花粉自花粉囊散出，并通过各种途径传送到雌蕊柱头上的过程，称为**传粉**。传粉是有性生殖不可缺少的环节，没有传粉，也就不可能完成受精作用。传粉一般可分为**自花传粉**（self-pollination）和**异花传粉**（cross pollination）两种方式。

1. 自花传粉（self-pollination）　雄蕊的花粉粒自动落到同一花的雌蕊柱头上的传粉现象称为**自花传粉**，如棉、菜豆和番茄等。在花未开放之前就完成了传粉和受精作用，这种现象就称为**闭花传粉**或**闭花受精**（cleistogamy），如落花生和豌豆。

2. 异花传粉（cross pollination）　雄蕊的花粉借风或昆虫等媒介传送到另一朵花的雌蕊柱头上，这种传粉方式称为**异花传粉**。借风传粉的花称**风媒花**（anemophilous flower）。风媒花的特征为：多为单性花，单被或无被，花粉量多，柱头面大和有黏质等，如大麻、玉蜀黍和稻等。借昆虫传粉的花称**虫媒花**（entomogamy）。虫媒花的特征为：多为两性花；雌蕊和雄蕊不在同时期成熟；花有蜜腺、香气和鲜艳颜色，花粉量较少，花粉粒表面多具突起；花的形态、构造多适应昆虫传粉，如益母草、桃、桔梗、南瓜和兰科植物的花等。

自然界异花传粉极为普遍。不同植株间精、卵的结合所产生的后代，生活能力强，适应性大。因此，异花传粉在植物漫长的进化过程中逐渐被选择，成为绝大多数植物的传粉方式。风媒花和虫媒花的多种多样特征，是植物长期自然选择的结果。

（三）受精（fertilization）

雌雄配子即卵子和精子的融合过程称为**受精**。在被子植物中，产生卵细胞的雌配子体（胚囊）深藏于雌蕊子房的胚珠内，含有精细胞的花粉粒（雄配子体）必须经过萌发，形成花粉管，并通过花粉管将精细胞送入胚囊，才能使两性细胞相遇而结合，完成受精全过程。

传粉作用完成后，落在柱头上的成熟花粉粒被柱头分泌的黏液所黏住。柱头上的分泌物因植物的种类不同而异，因此，它对花粉粒也产生不同的影响。以后花粉内壁在萌发孔处向外突出，并继续伸长，形成花粉管，这一过程即为花粉粒的萌发。花粉管形成后能继续向下延伸，先穿过柱头，然后经花柱而达子房，同时，花粉粒细胞的内含物全部注入花粉管中，并向花粉管顶端集中，此前，花粉粒的发育由单核细胞分裂形成两个细胞，一个是营养细胞，另一个是生殖细胞，生殖细胞在移入花粉管后再分裂形成两个精子，也有少数植物的生殖细胞在进入花粉管前就已分裂成两个精子。

大多数植物的花粉管进入子房后，通过珠孔进入胚囊，称为**珠孔受精**（porogamy）；少数植物则由合点进入胚囊，称为**合点受精**（charazogamy）。此时花粉管先端破裂，两个精子进入胚囊（这时营养细胞大多已解体消失），其中一个精子与卵细胞结合成合子，将来发育成种子的胚，另一个精子与极核结合而发育成种子的胚乳。卵细胞和极核同时和两个精子分别完成融合的过程，是被子植物有性生殖的特有现象，称为**双受精**（double fertilization），它在融合双亲遗传性，加强后代个体的生活力和适应性方面具有重要的意义，是植物界有性生殖过程中最进化、最高级的形式。一般认为胚乳也具有双亲的遗传性，而且双重遗传性的胚在胚乳中孕育，所以认为被子植物的后代具有更强的生活力和适应性。

花经过传粉受精后，胚珠发育成种子，子房发育成果实。

Summary

1. **Flower** is the characteristic **reproductive organ** of angiosperms, and its essence is an abnormal branche with gonophyll.

2. Flowers contain all or some of the following: nonessential organs—**pedicel**, **receptacle**, **calyx** and **corolla** as well as essential organs—**stamens** and **pistils**.

3. The flower stalk is a **pedicel**, and the very end of the axis, where the other flower parts are attached, is the **receptacle**.

4. There are four types of floral appendages: calyx, corolla, stamens and pistils.

（1）**Calyx**—the lowermost and outermost of the four floral appendages. They typically protect the flower bud as it develops.

（2）**Corolla**—above the sepals on the receptacle are petals，which together make up the **corolla**. Calyx and corolla together constitute the flower's **perianth**. Corolla usually attracts pollinators.

（3）**Stamens**—above the petals are the stamens，known collectively as the **androecium**. Stamens usually produce pollen，which produce sperm cells，a pistil whose ovary is involved in producing egg cells.

（4）**Pistils**—another type of reproductive organ. Carpels constitute the **gynoecium**，located at the highest level on the receptacle.

5. Most flowers which have all four types of floral appendages are **complete flowers**. Flowers of certain species are **incomplete**，lacking one or two of the four basic floral appendages.

6. A stamen has two parts，the **filament**（its stalk）and the **anther**，where pollen is actually produced. In the anthers of stamens，the central cells undergo **meiosis** and each produces four daughter cells called **pollen grains**.

7. A pistil has three main parts：①**stigma** that catches pollen grains，②**style** that elevates the stigma to a useful position，and③**ovary** where ovules are produced.

8. In flowers with **superior ovary**，carpels sit above the other organs，as would be expected because they are initiated last by the flower apical meristem. The **inferior ovary** resulting from the fusion of the bases of calyx，corolla，and stamens to the base of the carpel.

9. Life cycle of a flowering plant：A sporophyte produces microspores and megaspores and each develops into microgametophytes and megagametophytes，respectively. These microgametes and megagametes undergo syngamy（the sperm fertilizes the egg）to a zygote（the fertilized egg）. The zygote grows into a new sporophyte. The sporophyte generation alternates with the gametophyte generation.

10. The standard academic terms and detailed morphological patterns should be used in the scientific description of flower structure. **Flower formula** and **flower diagram** are two kinds of relatively simple and commonly used description methods for flower structure.

11. **Inflorescences** are groups of many flowers. They may be definite or indefinite，and may contain several types of specialized flowers. There are three types of inflorescences：simple indefinite inflorescence，compound indefinite inflorescence and definite inflorescence.

复习思考题（review questions）

1. 花由哪些部分组成？
2. 比较区别：完全花与不完全花；整齐花与不整齐花；离瓣花与合瓣花；单被花、重被花与裸花；单体、二体、多体与聚药雄蕊；单雌蕊与复雌蕊；子房上位、下位与半下位；有限花序与无限花序；边缘胎座、侧膜胎座与中轴胎座。
3. 花冠、雄蕊与雌蕊各有哪些常见类型？
4. 如何确定一个雌蕊是由几个心皮组成的？
5. 了解花粉的形态及结构，对于鉴定植物具有什么意义？
6. 怎样根据子房与花被的位置关系区分上位花、周位花与下位花？
7. 什么叫双受精？被子植物的生殖过程是怎样完成的？
8. 如何用花程式描述花的结构？
9. 花序类型是怎样划分的？各有哪些常见类型？
10. 哪些常见中药是以植物的花入药的？

第五节　果实与种子
Fruits and Seeds

一、果实（fruits）

果实（fruits）是植物体的一部分，在被子植物的花经传粉受精后，由子房或连同花的其他部分共同发育而成。果实内含种子，外具果皮，是被子植物特有的繁殖器官，有保护种子和散布种子的作用。一般而言，果实的形成与受精作用联系密切，花只有在受精后才能形成果实。

（一）果实的形成发育和形态（development and morphology of fruits）

1. 果实的形成与发育（development of fruits）　被子植物的花经传粉受精后，各部分发生显著变化，花萼和花冠脱落，少数植物的花萼宿存，雄蕊和雌蕊的柱头与花柱也先后枯萎脱落，子房或子房以外其他与之相连的部分逐渐膨大而发育成果实，同时，胚珠发育形成种子。大多数植物单纯由子房发育成果实，称**真果**（true fruit）。真果主要包括果皮和种子两部分，如梅、连翘、枸杞、桃、柑橘、杏、柿、番茄、小麦、棉花和花生等。有些植物的果实由子房和花托、花柱及花序轴等花的其他部分共同发育而成，称为**假果**（accessory fruit or false fruit），如梨、山楂、无花果、凤梨、苹果、黄瓜、皱皮木瓜、草莓和薛荔等（**图 3-69**）。

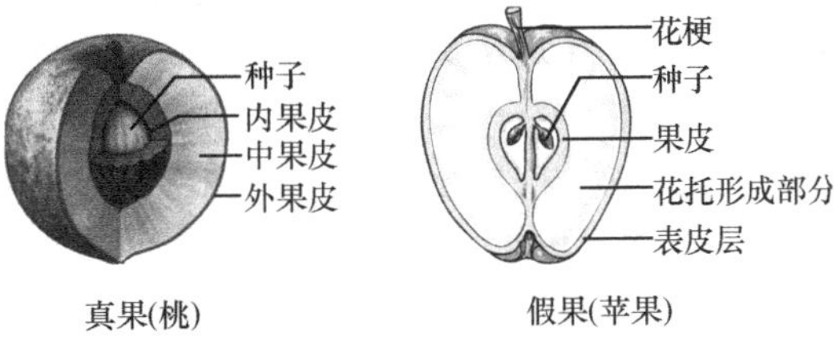

图 3-69　真果与假果

多数植物果实的形成需要经过传粉和受精作用，但有些植物只经过传粉而未经受精作用，也能发育成果实，这种果实无籽，称**单性结实**（parthenocarpy）。自发形成的单性结实称**自发单性结实**（autonomic parthenocarpy），如香蕉、无籽葡萄、无籽柑橘和无籽柿子等。有些植物通过人为诱导进行单性结实，形成具有更高食用经济价值的无籽果实，称**诱导单性结实**（induced parthenocarpy），如用马铃薯的花粉刺激番茄的柱头而形成无籽番茄；用化学处理方法，如将某些生长素涂抹或喷洒在雌蕊柱头上，也可得到无籽果实。单性结实必然形成无籽果实，但无籽果实不全是单性结实的产物，有些无籽果实可由四倍体和二倍体植株杂交，产生不孕的三倍体植株，如无籽西瓜。

2. 果实的形态（morphology of fruits）　在果实的外面常被有角质层、蜡被、毛茸、刺、瘤突和翅等附属物。例如，桃的外果皮被有毛茸；柿果皮上有蜡被；鬼针草和曼陀罗的果实上具刺；荔枝的果实上具瘤突；榆树和槭树的果实具翅。

（二）果实的结构（structure of fruits）

果实由**果皮**（pericarp）和**种子**（seed）两部分构成，果皮由外到内可分为**外果皮**（exocarp）、**中果皮**（mesocarp）、**内果皮**（endocarp）三部分，研究通常以观察果皮构造为主。有的果实可明显观察到 3 层果皮，如桃和橘等；有些果实的果皮分层不明显，如向日葵和扁豆等。

1. 外果皮（exocarp）　外果皮与叶的下表皮相当，是果实的最外层，一般很薄，通常由 1～2 列表皮细胞或由表皮细胞与某些相邻组织共同组成，外被角质层或蜡被。有的表皮中含有色素或其他有色物质，常显出红、橙或黄等颜色，如花椒；有的表皮细胞间嵌有油细胞，如北五味子；有的表皮细胞具有气孔或毛茸，多数为非腺毛，少数具有腺毛，如山茱萸；也有些具有腺鳞的，如蔓荆子；还有些具有刺、瘤突或翅等附属物，如榴莲、荔枝和苍耳子等。

2. 中果皮（mesocarp）　中果皮与叶肉组织相当，指果皮的中层组织，是果实的主要食用部分。中果皮通常较厚，大多由薄壁细胞组成，具有较多的细小维管束，此外，有的果实中果皮细胞中含淀粉粒，如五味子；有的含石细胞、纤维，如马兜铃和连翘；有的含油细胞、油室及油管等，如荜澄茄的中果皮内部有石细胞和油细胞分布，茴香的中果皮内可见油管。

3. 内果皮（endocarp） 内果皮与叶的上表皮相当，是果皮的最内层组织，通常由一列细胞组成，多呈膜质。有的内果皮细胞全为石细胞，如胡椒；核果的内皮层（果核）由多层石细胞组成，如杏、桃和梅；有的内果皮由多数的5～8个长短不等的扁平细胞呈镶嵌状排列，此种细胞称“镶嵌细胞”，其为伞形科植物果实的共同特征。

（三）果实的类型（types of fruits）

根据不同的分类依据，可将果实分为不同的类型。常根据果实的来源、结构和果皮性质的不同将其分为**单果**（simple fruit）、**聚合果**（aggregate fruit）和**聚花果**（collective fruit）三大类。

1. 单果（simple fruit） 一朵花只有一个雌蕊（单雌蕊或复雌蕊），其子房只发育形成1个果实，称为**单果**。根据成熟果实的果皮性质和成熟后是否开裂又分为**干果**（dry fruit）和**肉果**（fleshy fruit）。

（1）肉果（fleshy fruit）：肉果成熟后果皮肉质多浆，不开裂，大部分可供食用。肉果在成熟过程中常出现一系列生理变化，如糖类生成增多，淀粉转化成可溶性糖，有机酸氧化变成糖类；单宁氧化或变为不溶状态，从而使果实甜味增加，酸味和涩味减少；质体中的叶绿素被破坏，细胞液出现花青素，使果实颜色有所转变；果肉细胞中产生某些挥发性脂质物质，使果实变香；果肉细胞的胞间层由于果胶酶的作用而溶解，使果肉软化，成为色、香、味三者兼备的可食用部分。肉果按果皮来源和性质不同又可进行如下划分（**图3-70**）。

1）浆果（berry）：由单雌蕊或复雌蕊的上位或下位子房发育而成，外果皮薄，中果皮、内果皮及胎座均肉质化，浆汁丰富，内有一至多粒种子，如葡萄、枸杞、番茄和忍冬等。

2）柑果（hesperidium）：由复雌蕊的上位子房发育形成，外果皮较厚，革质，内含多数油室；中果皮与外果皮结合，界限不明显，中果皮疏松呈白色海绵状，具多分枝的维管束（橘络）；内果皮膜质，分隔成多室，内壁生有许多肉质多汁的囊状毛，是可食用部分。柑果为芸香科柑橘属植物所特有，如橙、柚、橘、柑、柠檬和香橼等。

3）核果（drupe）：由单雌蕊的上位子房发育而成，外果皮薄，中果皮肉质，内果皮形成坚硬、木质的果核，每核内含1粒种子，如杏、桃、梅和李等。核果有时也泛指有坚硬果核的果实，如人参、三七、胡桃和苦楝的果实。椰子也是核果，但它的中果皮干燥无汁，呈纤维状，俗称椰棕，内果皮为椰壳。

图3-70　单果：肉质果

4）梨果（pome）：由复雌蕊的下位子房连同花托和萼筒发育而成的一类肉质假果，外面肉质可食部分主要来自花托和萼筒，外果皮和中果皮肉质，界线不明显，内果皮坚韧，革质或木质，常分隔为 2～5 室，每室含 2 粒种子，是蔷薇科梨亚科植物特有的果实，如苹果、梨、山楂和枇杷等的果实。

5）瓠果（pepo）：由复雌蕊具侧膜胎座的下位子房连同花托发育而成的假果，花托与外果皮为坚韧的果实层，中、内果皮及胎座肉质，即为可食用部分。该类型果实为葫芦科植物所特有，如西瓜、冬瓜、栝楼和罗汉果等。

（2）干果（dry fruit）：果实成熟时果皮干燥，根据果皮开裂与否又分为裂果和闭果两类。每类又有多种不同类型。

1）裂果（dehiscent fruit）：果实成熟后果皮自行开裂，散出种子（**图 3-71**）。依据心皮组成及开裂方式不同分为以下几种。

A. 蓇葖果（follicle）：由单心皮或离生心皮雌蕊发育而成的果实，成熟后沿腹缝线或背缝线一侧开裂，如淫羊藿、杠柳、徐长卿、八角茴香、芍药和玉兰等。

B. 荚果（legume）：由单心皮发育形成的果实，是豆科植物所特有的果实。有的荚果成熟时沿背、腹缝线开裂成 2 片果皮，如赤小豆、白扁豆、绿豆和黄豆；有的荚果成熟时不开裂，如皂荚、紫荆、刺槐和落花生；有的荚果成熟时，种子间呈节节断裂，但每节不开裂，内含 1 粒种子，如含羞草和山蚂蝗；有的荚果呈螺旋状，并具刺毛，如苜蓿；有的荚果肉质呈念珠状，如槐角。

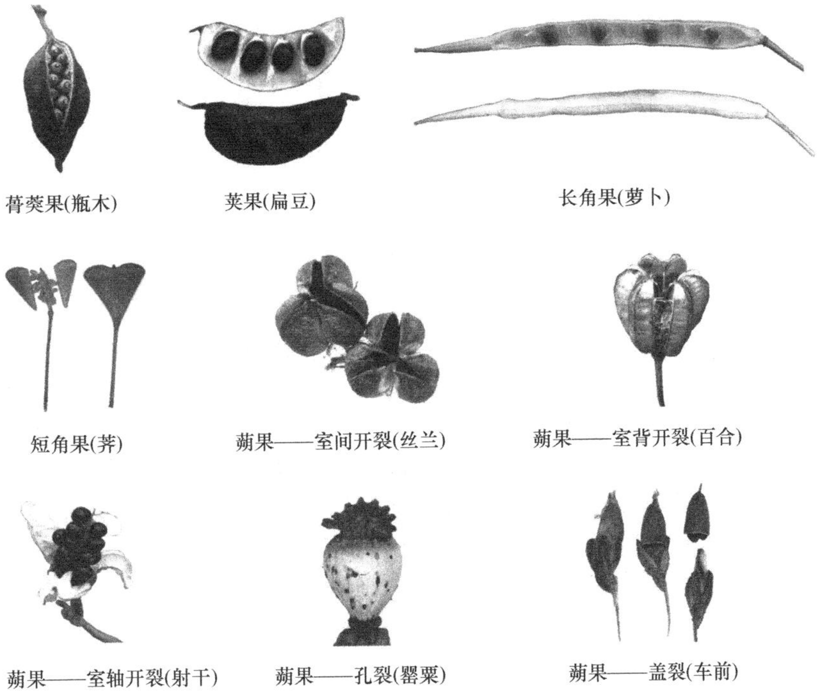

图 3-71　干果：裂果

C. 角果（silique）：是十字花科植物特有的开裂干果，分为**长角果**（silique）和**短角果**（silicle）。角果是由 2 心皮合生具侧膜胎座的上位子房发育而成的果实，由 2 心皮边缘合生处生出假隔膜，将子房隔为 2 室，种子着生在假隔膜两侧，果实成熟后，果皮沿两侧腹缝线开裂，成 2 片脱落，假隔膜仍留在果柄上。长角果细长，如萝卜和油菜；短角果宽短，如菘蓝和独行菜等。

D. 蒴果（capsule）：是由合生心皮的复雌蕊发育而成的果实，子房 1 至多室，每室含多数种子，是裂果中最普遍的一类果实。蒴果成熟时开裂方式较多，常见的有：①**瓣裂**（**纵裂**）（valvuler dehiscence），果实开裂时沿纵轴方向裂成数个果瓣。其中，沿腹缝线开裂的称**室间开裂**（septicidal dehiscence），如马兜铃和蓖麻；沿背缝线开裂的称**室背开裂**（loculicidal dehiscence），如百合、鸢尾和棉花等；沿背、腹两缝线开裂，但子房间壁仍与中轴相连的称**室轴开裂**（septifragal dehiscence），如牵牛和曼陀罗（**图 3-72**）。②**孔裂**（porous dehiscence），果实成熟时果瓣上部呈小孔状开裂，种子由小孔散出，如罂粟、桔梗和虞美人。③**盖裂**（pyxis），果实中上部环状横裂，上部果皮呈盖状脱落，如马齿苋、车前和莨菪。④**齿裂**（teeth dehiscence），果实顶端呈齿状开裂，如王不留行、瞿麦和石竹。

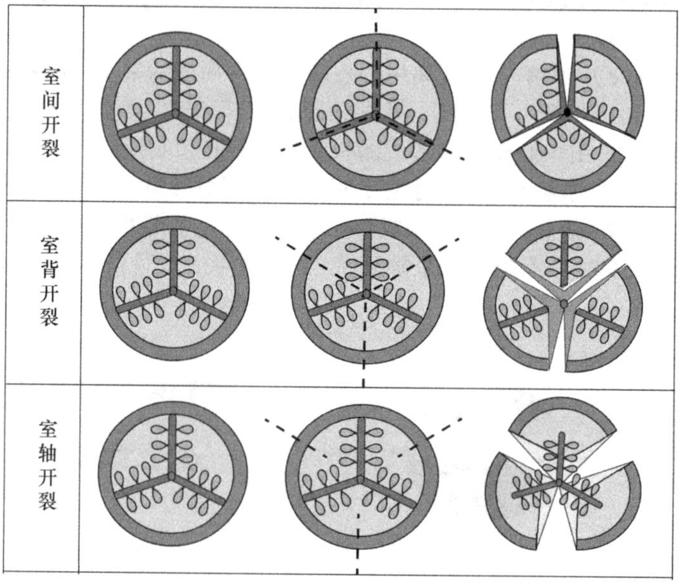

图 3-72　果实瓣裂示意图

2）闭果（indehiscent fruit）：果实成熟后，果皮不开裂或分离成几个部分，但种子仍包被于果实中，常含种子 1 枚（**图 3-73**）。闭果分为以下几种。

A. 瘦果（achene）：果皮较薄而坚韧，由 1～3 个心皮构成，子房仅具 1 室，内含 1 粒种子，成熟时果皮易与种皮分离，为闭果中最普遍的一种，如何首乌、白头翁、毛茛、红蓼和虎杖。菊科植物的瘦果是由下位子房与萼筒共同发育形成，称**连萼瘦果**（cypsela），也称**菊果**。例如，红花、蒲公英和向日葵。

B. 颖果（caryopsis）：果实内含 1 粒种子，果皮薄与种皮愈合，不易分离。农业生产中常把颖果称"种子"，是禾本科植物特有的果实，如小麦、玉米和薏苡等。

C. 坚果（nut）：果皮木质坚硬，内含 1 粒种子，果皮与种皮分离，如腰果、椰子和核桃等壳斗科植物的果实，这类果实外面常有总苞（壳斗）包围。壳斗是由原花序的总苞发育成的，通常一个花序中仅有一个果实成熟，但也有两三个果实成熟的，如板栗。也有的坚果特小，无壳斗包围称**小坚果**（nutlet），如益母草、薄荷和紫草等。

D. 翅果（samara）：果实内含 1 粒种子，果皮一端或周边向外延伸成翅状，有利于果实的散播，如杜仲、榆、臭椿、枫等。

E. 胞果（utricle）：也称**囊果**（cystocarp），由上位子房的复雌蕊发育而成，果皮薄而膨胀，疏松地包围种子，而与种子极易分离，具有 1 粒种子，成熟时干燥而不开裂，如青葙、地肤子和藜等。

F. 双悬果（cremocarp）：是伞形科植物特有的果实，是由 2 心皮合生雌蕊下位子房发育形成的果实，果实成熟时分离成 2 个分果（schizocarp），双双悬挂在心皮柄（carpophore）上端，心皮柄的基部与果梗相连，每个分果内各含 1 粒种子，果皮干燥但不开裂。双悬果是裂果与闭果的中间类型，如当归、白芷、前胡、小茴香和蛇床子等。

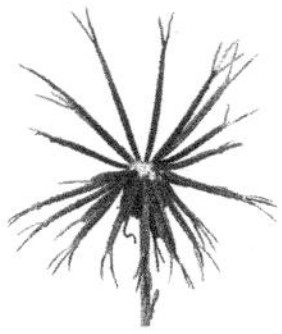

瘦果(鬼针草)

颖果(小麦)

坚果(核桃)

翅果(枫)

胞果(藜)

双悬果(野胡萝卜)

图 3-73　干果：闭果

2. 聚合果（aggregate fruit）　聚合果是由一朵花中许多离生心皮雌蕊聚集生长在花托上，并与花托共同发育形成的果实，每个雌蕊形成 1 个单果（**图 3-74**）。聚合果的花托常成为果实的一部分。根据单果类型不同，可分为以下几种。

（1）聚合蓇葖果（polymerized follicle）：许多蓇葖果聚生在同一花托上，如牡丹、乌头、厚朴和八角茴香。

（2）聚合瘦果（polymerized achenium）：许多瘦果聚生于同一突起的花托上，如白头翁、毛茛和草莓。

（3）聚合核果（polymerized drupe）：许多小核果聚生于突起的花托上，如覆盆子。

聚合蓇葖果(八角茴香)

聚合瘦果(草莓)

聚合核果(覆盆子)

聚合坚果(莲)

聚合浆果(北五味子)

图 3-74　聚合果

（4）聚合坚果（polymerized nut）：许多小坚果嵌生于膨大、海绵状倒三角形的花托中，如莲。

（5）聚合浆果（polymerized berry）：许多浆果聚生在延长或不延长的花托上，如北五味子、南五味子和荜茇。

3. 聚花果（collective fruit）　又称**复果**（multiple fruit），是由整个花序发育成的果实，如路路通、枫香和悬铃木等。每朵花发育成一个小果，聚生于花序轴上，成熟后从花序轴基部整体脱落。无花果由隐头花序形成，也称为**隐花果**（syconus fruit），其花序轴肉质化并内陷成囊状，囊的内壁上着生许多小瘦果，肉质的花序轴即为可食用部分；桑葚，是由雌花序花后花被发育形成肥厚多汁，并包被一个瘦果；凤梨（菠萝）是由多数不孕的花着生在肥大肉质的花序轴上所形成的果实（**图 3-75**）。

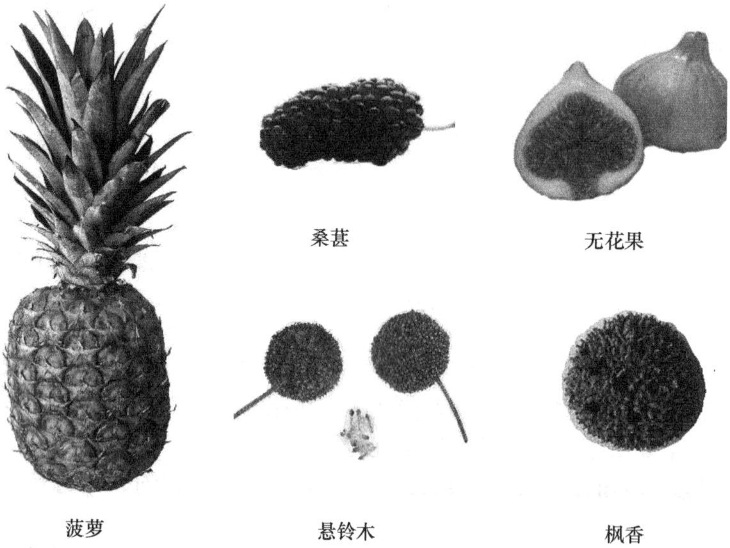

图 3-75　聚花果

（四）果实的生理功能（physiological function of fruits）

果实的生理功能主要体现在保护种子和对种子传播媒介的适应。适应于动物和人类传播种子的果实，往往为肉质可食的肉果，如桃、梨和柑橘等，这些果实被食后，由于种子种皮或木质的内果皮保护不能被消化而随粪便排出或被抛弃各地；还有的果实具有特殊的钩刺突起或有黏液分泌，能挂在或黏附于动物的毛、羽或人的衣服上而散布到各地，如苍耳、鬼针草和蒺藜等；适应于风力传播种子的果实多质轻细小，并常具有毛状或翅状等特殊结构，如蒲公英、榆和槭等；适应于水力传播种子的果实常质地疏松而有一定浮力，可随水流到各处，如莲蓬和椰子等；还有一些植物的果实可靠自己的机械力量使种子弹出而帮助其散布，如酢浆草、喷瓜和凤仙花等。

二、种子（seeds）

被子植物受精作用完成后，胚珠发育成种子，子房连同其中所包被的胚珠（有时还有其他结构）共同发育成果实。被子植物的种子包在果实内，受到良好的保护。裸子植物的种子无子房壁包被，呈裸露状态。种子是种子植物特有的繁殖器官，也是种子植物的繁殖单位。种子里的胚是植物体的雏形，并贮藏有大量的营养物质。种子萌发后，胚发育为幼苗，逐渐成为独立的植株。种子既是种子植物有性生殖过程的最终产物，又是新一代生命的开始。植物种类不同，其种子大小、形状、颜色等外部形态差异较大，因此，可以利用种子的外形特点鉴别植物种类。

（一）种子的形成（development of seeds）

种子是由胚珠受精后发育而成，由**种皮**（testa）、**胚**（embryo）和**胚乳**（endosperm）三部分组成。种子中的胚由合子发育而成，胚乳由受精的极核发育而成，胚珠的珠被发育成种皮。但也有很多植物的种子是由种皮和胚两部分所组成，种子内没有胚乳。在种子形成过程中，多数植物的珠心、胚囊中的助细胞和反足细胞均退化不发育，也有少数种类的珠心继续发育，直到种子成熟，成为种子的外胚乳。

胚珠 —
- 珠被 ——→ 种皮
- 受精卵（合子）——→ 胚（成熟时可缺少）
- 受精极核（初生胚乳核）——→ 胚乳

1. 胚的发育（development of embryo） 胚（embryo）是新一代植物孢子体的幼体，为全部由胚性细胞组成的多细胞结构。植物器官的发生从胚开始，胚由**胚根**（radicle）、**胚轴**（hypocotyl）、**胚芽**（plumule）和**子叶**（cotyledon）四部分组成，从苔藓以上的植物就有了胚。被子植物的胚被包被在种子中，贮藏丰富的营养供胚生长。胚的发育始于合子，合子通常需经过一段休眠期。该时期，细胞极性增强，细胞器增多，新陈代谢活动增强，多种细胞器趋集于合点端。合子的第一次分裂为横分裂，形成大小不等的两个细胞。近珠孔端的一个细胞较长，高度液泡化，称为**基细胞**（basal cell）；远珠孔的细胞较小，细胞质浓，称为**顶细胞**（apical cell）。这种差异是由合子的生理极性所决定的。极性的出现是分化的前提。胚发育早期尚未出现器官分化时，为原胚阶段。在原胚阶段，顶细胞先是纵向分裂再是多种方向分裂，形成了**球形胚**（globular embryo）。这个阶段的原胚细胞具有丰富的多聚核糖体，蛋白质与核酸含量高，线粒体与质体也较多，细胞之间有胞间连丝。当球形胚体积达一定程度时，胚体中间的部位生长变慢，两侧生长快，渐渐突起形成了子叶原基，发育成**心形胚**（heart embryo）。心形胚原表皮和基本分生组织细胞的质体也开始出现片层。心形胚的子叶原基进一步发育伸长成为子叶，以后在两枚子叶基部相连的凹陷处分化出胚芽，与胚芽相对的另一端，由胚体基部细胞和与其相连接的一个胚柄细胞不断分裂、分化形成胚根，至此幼胚分化完成，此期形似鱼雷，故称为**鱼雷胚**（torpedo embryo）。随着幼胚的发育，胚轴和子叶显著延伸，最终成熟胚在胚囊内弯曲成马蹄形，胚柄退化消失（**图 3-76**）。

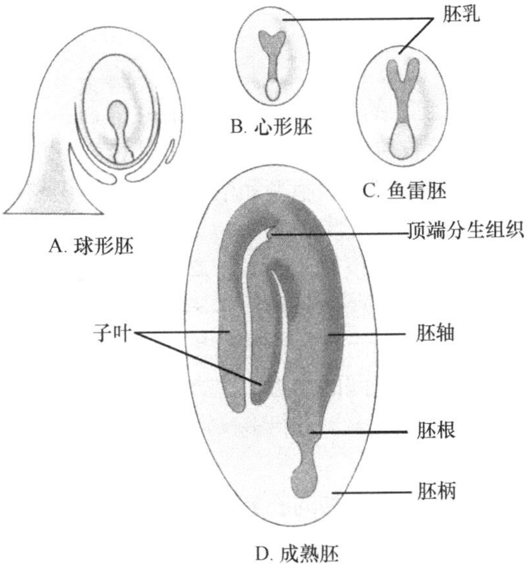

图 3-76 胚的发育形成过程

单子叶植物胚的发育早期与双子叶植物非常相似，但在胚的分化过程及成熟胚的结构方面则差异较大。合子第一次分裂形成一个基细胞和一个顶细胞，然后顶细胞和基细胞继续向各个方向分裂，形成基部稍长的球形原胚。球形原胚一侧偏上出现一小凹沟，此处生长缓慢，其上方生长快，可形成盾片（子叶）的主要部分和大部分胚芽鞘。在以后的发育中，胚中分化出胚芽鞘、胚芽、胚轴、胚根和胚根鞘，以及位于盾片对侧一枚不发达的外子叶，原胚基部形成盾片下部和胚柄。

胚发育的初期，双子叶植物与单子叶植物基本相同，但在胚分化过程中则出现了差别，主要差别是单子叶植物胚的子叶原基不均等的发育，在成熟胚中只形成一个明显的子叶。无论双子叶植物还是单子叶植物，它们的成熟胚都分化出胚芽、胚轴、胚根和子叶四个部分，禾本科植物在胚芽和胚根之外还有胚芽鞘和胚根鞘的特殊结构（**图 3-77**）。

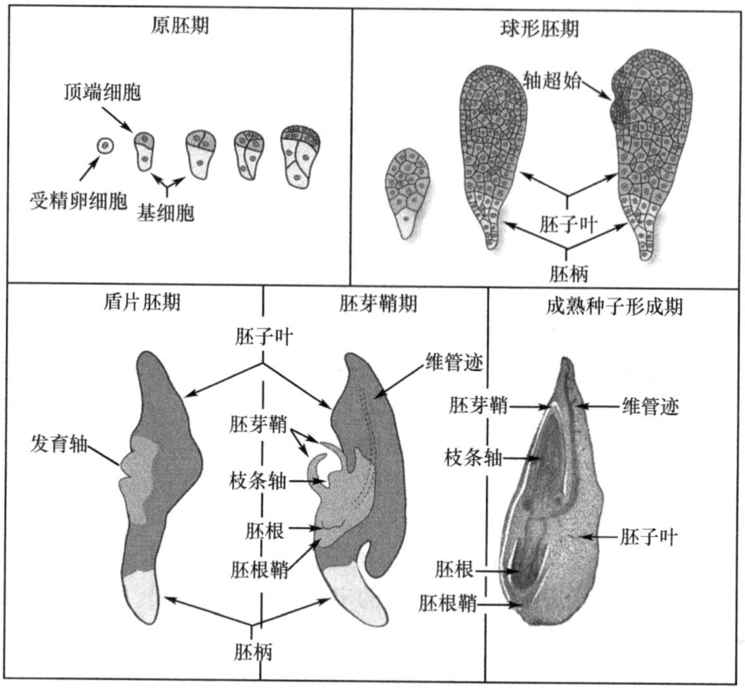

图 3-77　单子叶植物玉米胚的发育

2. 胚乳的发育（development of endosperm）　裸子植物的胚乳由雌配子体发育而成，为单倍体，仅具有母本的特征。被子植物的胚乳由极核受精后发育而成，一般为三倍体。胚乳的发育分为核型、细胞型和沼生目型三类。核型胚乳是被子植物中较为普遍的发育形式，在单子叶植物和离瓣花类植物中常见。在胚乳最初的发育期，细胞核分裂而细胞质不分裂，不形成细胞壁，胚囊中积累了许多游离核。在胚乳发育的后期，才产生细胞壁，形成胚乳细胞。细胞型胚乳在发育过程中不形成游离核，自始至终的分裂都伴随着细胞壁的形成，合瓣花类植物多是这类胚乳，如烟草、番茄和芝麻等。沼生目型胚乳存在于沼生目类植物中，是介于核型胚乳与细胞型胚乳之间的类型。这类胚乳的初生胚乳核第一次分裂形成 2 个室，分别为合点室与珠孔室。珠孔室较大，进行多次游离核分裂，在发育的后期形成细胞壁。在合点室，始终是游离核状态。

多数被子植物的胚乳细胞或游离核是三倍体的，但是常因为核内复制等因素形成多倍体的核，成熟胚乳为混倍体。当胚乳在胚发育的中后期消失，其营养物质转入胚的子叶中，就形成了无胚乳种子。在胚与胚乳发育的过程中，要从胚囊周围吸收养料，多数植物的珠心被破坏消失。少数植物的珠心始终存在，并发育成为贮藏组织，称**外胚乳**（perisperm），它是二倍体组织，主要为胚提供营养物质。

3. 种皮的形成（development of seed coat）　在胚与胚乳发育过程中，胚珠的珠被发育成种皮，胚珠的珠孔形成种子的种孔，倒生胚珠的珠柄与外珠被的愈合处形成种子的种脊。在不同的植物中，种皮发育情况不相同，种皮的结构和特点也很多样化。含一层珠被时形成种皮，含两层珠被时，外珠被常形成外种皮，内珠被形成内种皮。但有些植物其内珠被在种子形成过程中全部被吸收而消失，只有外珠被继续发育为种皮，在形成种子时一般只具一层种皮。禾本科植物的种皮极不发达，如玉米和水稻等仅剩下由内珠被内层细胞发育而来的残存种皮，这种残存的种皮与果皮愈合在一起，而主要由果皮对内部幼胚起保护作用。

（二）种子的形态特征（morphological characteristics of seeds）

种子的形状、大小、色泽、表面纹理等随植物种类不同而异。种子常呈圆形、椭圆形、肾形、卵形、圆锥形、多角形等，如蚕豆和菜豆的种子呈肾形，花生为椭圆形，豌豆和龙眼为圆形，巴豆为卵圆形。种子大小差异悬殊，如椰子、槟榔、银杏和桃的种子较大等；菟丝子和葶苈子的种子较小等；白及和天麻等的种子极小。种子颜色也是丰富各样，绿豆为绿色，扁豆为白色，赤小豆为红紫色，薏苡为红棕色，相思子的一端为红色，另一端为黑色。种子的表面纹理也各不相同，有的种子表面平滑，具光泽，如红蓼和北五味子；有的种子表面粗糙，如长春花和天南星；有的种子表面不光滑而具皱褶，如乌头和车前；有的种子表面密生瘤刺状突起，如太子参；有的种子顶端具毛茸，称为**种缨**（coma），如白前、络石和萝藦等。有的种子在种皮外尚有**假种皮**（aril），是由珠柄或胎座部位的组织延伸而成，有的为肉质，如龙眼、荔枝、苦瓜和卫矛；有的呈菲薄的膜质，常呈棕色、黄色，如阳春砂、白豆蔻、益智和红豆蔻。有些植物的外种皮，在珠孔处由珠被扩展形成海绵状突起物，称**种阜**（caruncle），如蓖麻和巴豆。种子外部形态的差异可作为植物种类鉴别的依据之一。

（三）种子的构造（structure of seeds）

1. 种皮（testa or seed coat）

（1）种皮的细胞层构成：种皮由珠被发育而来，分为**外种皮**（exosperm）和**内种皮**（endotesta）2 种，外种皮坚韧，内种皮较薄。种皮具有保护功能，可以保护胚和胚乳，避免水分的丧失、机械损伤和病虫侵入，有些植物的种皮还与控制萌发的机制有关。种子的组织构造特征主要在种皮，因为种皮的构造常因植物的种类而异。有的种皮只有一层细胞，但多数种皮由数列形状不同的细胞层构成（**图 3-78**、**图 3-79**）。

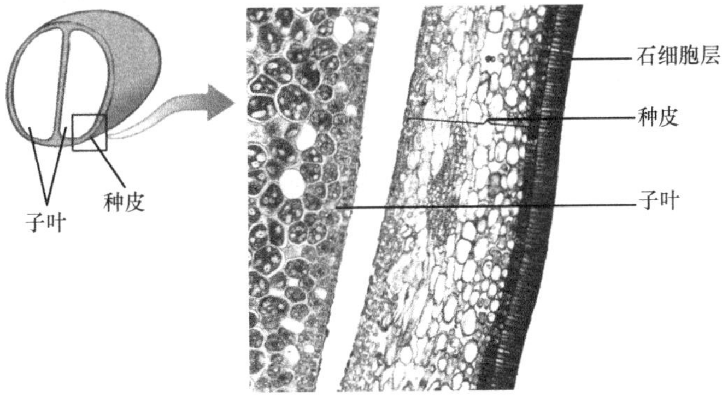

图 3-78　种皮的显微组织构造

1）表皮层（epidermis）：多数种子的种皮表皮为一列薄壁细胞组成。有的表皮细胞充满黏液质，如白芥子和车前子；有的部分（如牵牛子）或全部（马钱子）分化为非腺毛；有的表皮细胞中单独或成群地散列着石细胞，如苦杏仁和桃仁；也有全部为石细胞的，如五味子和天仙子；有表皮细胞中含有色素，如牵牛子和青葙子；有的表皮细胞成为狭长的栅状细胞，其细胞壁常有不同程度的木化增厚，如豆科植物的种子。

2）栅状细胞层（grid cell layer）：有的种子的表皮下方，常有栅状细胞层，由 1～3 列狭长的细胞排列而成，壁多木化增厚，如决明子；有的种子内壁和侧壁增厚，而外壁菲薄，如白芥子。在栅状细胞的外缘处，有时可见一条折光率特别强的光辉带，如牵牛子和菟丝子。

3）油细胞层（oil cell layer）：有的种子的表皮层下方，有油细胞层，内贮挥发油，如白豆蔻和砂仁。

4）色素细胞层（pigment cell layer）：具有颜色的种子，除表皮细胞可含色素外，内层细胞或者内种皮细胞也可含色素物质，如白豆蔻、黑芥子和砂仁。

5）石细胞层（sclereid layer）：除表皮细胞有时为石细胞外，也有表皮的内层几乎全为石细胞，如栝楼仁；或种皮的最内层为石细胞，如白豆蔻的内种皮为石细胞层。

6）营养层（nutritive layer）：种子的种皮常有数列贮有淀粉粒的薄壁细胞，称为**营养层**。成熟种子的营养层常因种子发育过程中淀粉被消耗殆尽而成为扁缩颓废的薄壁细胞层。

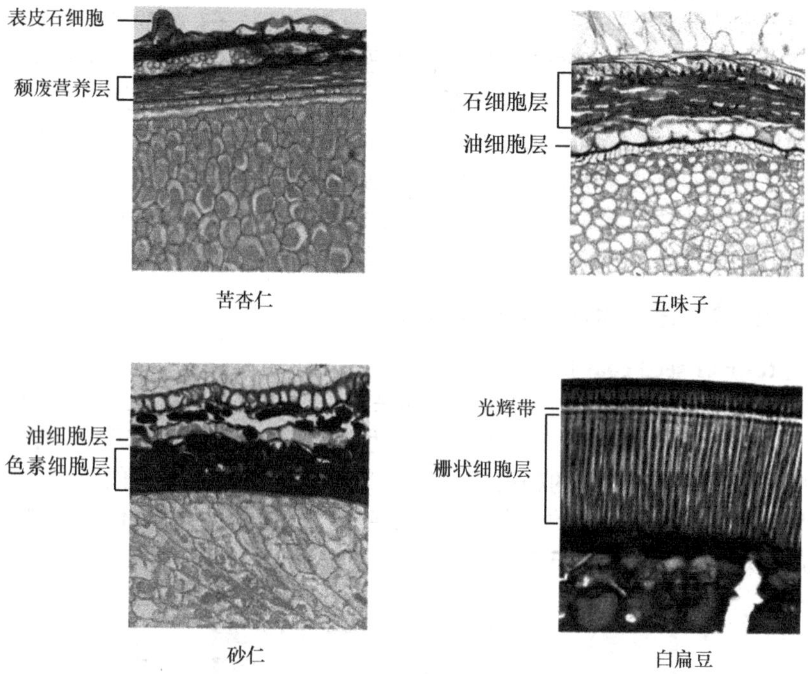

图 3-79　种皮横切面

（2）种皮的特殊构造：**种皮**（testa）由珠被发育而来，在种皮上可以看到以下一些结构（**图 3-80**）。

1）种脐（hilum）：是种子成熟后从种柄或胎座上脱落后留下的瘢痕，常呈圆形或椭圆形。

2）种孔（micropyle）：是由胚珠上的珠孔发育而形成的，为种子萌发时吸收水分和胚根伸出的部位。

3）种脊（raphe）：来源于胚珠的珠脊，是种脐到合点之间隆起的脊棱线，内含维管束。倒生胚珠发育成的种子，其种脊呈一条狭长的突起，如杏和蓖麻；弯生胚珠或横生胚珠形成的种子，种脊短，而由直生胚珠发育成的种子，因种脐和合点位于同一位置，故无种脊。

4）合点（chalaza）：来源于胚珠的合点，是种皮上维管束汇合之处。

5）种阜（caruncle）：有些植物的外种皮，在珠孔处由珠被扩展成海绵状突起物，称种阜。种阜掩盖种孔，帮助吸收水分，有利于种子萌发，如蓖麻和巴豆的种子。

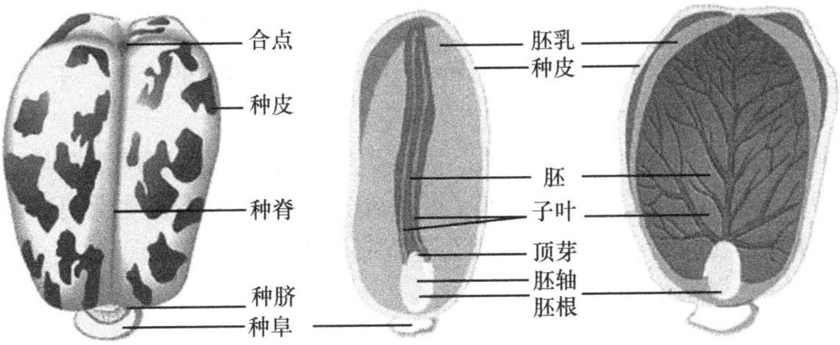

图 3-80 蓖麻种皮、胚与胚乳的结构组成

2. 胚（embryo） 胚由卵细胞和一个精子受精后发育而成，是种子中尚未发育的幼小植物体。胚是由**胚根**（radicle）、**胚轴**（hypocotyl）、**胚芽**（plumule）和**子叶**（cotyledon）四部分组成（**图 3-81**）。胚根正对着种孔，将来发育成主根；胚轴向上伸长，成为根与茎的连接部分；子叶为胚吸收养料或贮藏养料的器官，在种子萌发后可变绿而进行光合作用，但通常在真叶长出后枯萎。单子叶植物具 1 枚子叶，双子叶植物具 2 枚子叶，裸子植物具多枚子叶。胚芽为胚顶端未发育的地上枝，在种子萌发后发育成植物的主茎。种子萌发后，胚根、胚芽和胚轴分别形成植物体的根、茎、叶及其过渡区，因而胚是植物新个体的原始体，植物器官的形态发生也从胚开始。

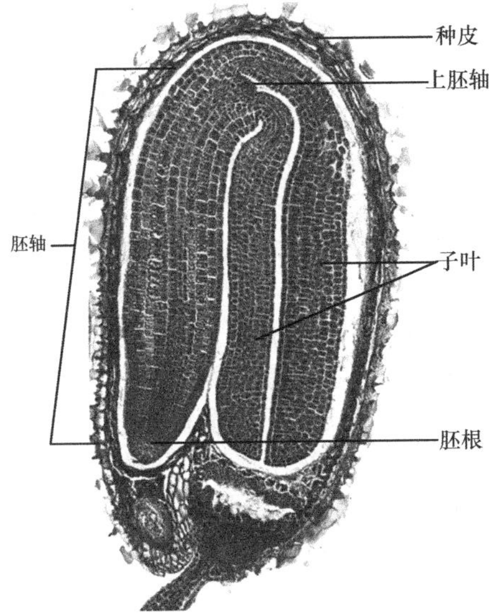

图 3-81 荠菜种子成熟胚的显微结构

3. 胚乳（endosperm） 胚乳是极核细胞和一个精子受精后形成的，常位于胚的周围，呈白色，是种子内的营养组织，含有丰富的淀粉、蛋白质和脂肪等物质，当种子萌发时胚乳供给胚发育所需要的养料。有胚乳的种子，一般胚乳丰富，胚较小，或胚的子叶较大。胚乳通常由贮藏大量脂肪油和糊粉粒的薄壁细胞组成，有时细胞中还含有淀粉粒或草酸钙结晶，胚乳细胞均呈等径的多面体，细胞壁一般较薄，多由纤维素组成，也有的由半纤维素增厚形成厚壁性细胞，其上可见明显的纹孔，新鲜时可见胞间连丝，如马钱子。大多数植物的种子，当胚发育和胚乳形成时，胚囊外面的珠心细胞被胚乳吸收而消失，但也有少数植物种子的珠心在种子发育过程中未被完全吸收而形成营养组织包围在胚乳和胚的外部，称**外胚乳**（perisperm），如肉豆蔻、槟榔、胡椒、姜、甜菜和石竹等。也有少数种子的外胚乳不规则地嵌入内胚乳中而形成具有特殊花纹的错入组织，如肉豆蔻；而槟榔则有部分种皮连同外胚乳嵌入内胚乳而形成错入组织。

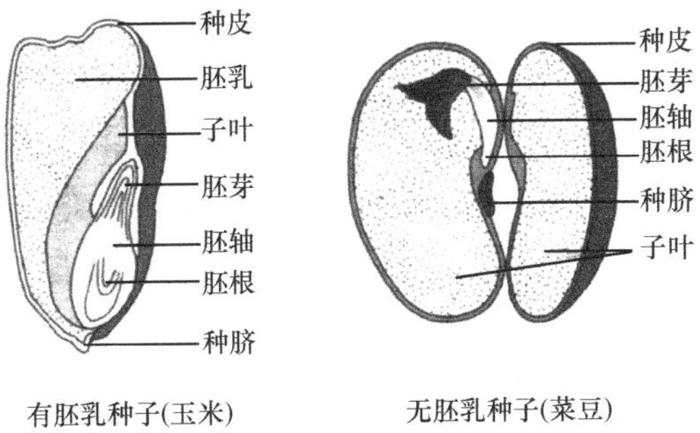

图 3-82 有胚乳种子与无胚乳种子

（四）种子的类型（types of seeds）

根据成熟种子内胚乳的有无、子叶多少，将种子分为双子叶有胚乳种子、单子叶有胚乳种子和双子叶无胚乳种子、单子叶无胚乳种子四大类（**图 3-82**）。

1. 有胚乳种子（albuminous seed） 有胚

乳种子由**种皮**、**胚**和**胚乳**组成，具有发达的胚乳，胚相对较小，子叶很薄，如双子叶植物中的蓖麻、烟草、桑、番茄、柿和辣椒等植物的种子和单子叶植物中的水稻、玉米、小麦、洋葱和高粱等植物的种子。

2. 无胚乳种子（exalbuminouss seed） 无胚乳种子由种皮和胚两部分组成，缺乏胚乳，但常具发达的子叶，种子在胚的发育过程中，胚吸收了胚乳的养分并贮藏于胚的子叶中，故不存在胚乳，而成为无胚乳种子。双子叶植物花生、棉花、荠菜、瓜类和豆类的种子和单子叶植物慈姑和泽泻等的种子都属于这一类型。

（五）种子的生理功能（physiological function of seeds）

种子的主要功能是繁殖。种子成熟后，在适宜的外界条件下即可发芽而形成幼苗，但大多数植物的种子在萌发前，往往需要一定的休眠期，在适宜条件下，通过一系列同化和异化作用，才能正常萌发。种子的萌发还与种子的寿命有关。

1. 种子的休眠（seed dormancy） 休眠是指成熟后的种子，在环境适宜的条件下不能立即进入萌发阶段，而必须经过一定的时间才能萌发的现象。种子休眠是植物经过长期进化而获得的一种对环境条件及季节性变化的生物学适应。种子休眠的原因有多种，根据其原因，也有对应的破除休眠的方法。

有些植物的种子虽已脱离母体落入土中，但实际上种胚等还未发育完全，如人参和银杏等，或是种子内一些重要生理过程并未完成，如苹果、梨和桃等，必须经过一定时期的**后熟过程**（after ripening）。具有后熟过程的种子必须经过低温处理，常用湿砂将种子分层堆积在5℃左右低温的环境中1～3个月，经过后熟才能萌发。通常认为经过后熟过程，种子内的淀粉、蛋白质和脂类等有机物质的合成作用加强，呼吸减弱，酸度降低；种皮透性增加，呼吸增强，有机物质开始水解。

许多植物种子由于种皮太坚厚，不易透水通气，而引起休眠。例如，黄芪和甘草等部分豆科植物的种子具有坚厚的种皮，称硬实种子；山茱萸、皂荚、盐肤木和穿心莲等植物的种皮具有蜡质、革质，不易透水、透气，或机械约束作用，胚不能突破种皮，也难以萌发。

目前，常采用物理、化学方法破坏种皮，增加种皮透水透气性，解除种皮障碍。例如，用细砂摩擦损伤种皮，再用35～40℃温水浸泡24小时处理黄芪或穿心莲种子可显著提高发芽率；用氨水（1∶50）处理松树种子或用98%浓硫酸处理皂荚种子1小时，清水洗净后，再用40℃温水浸泡86小时也可以破除休眠。

当种子内部子叶、胚、胚乳及种皮等产生有机酸、植物碱、挥发油和某种激素等生长抑制剂时也会使种子萌发受到阻碍。还需通过休眠、后熟，使种皮透性增大，呼吸作用及酶的活性加强，促进萌发的物质含量提高，抑制萌发的物质含量减少，才为种子萌发准备了条件。该类种子可采用生长调节剂处理，常用的有吲哚乙酸、α-萘乙酸、赤霉素或ABT生根粉等。

2. 种子的萌发（seed germination） 种子的胚从相对静止状态转入生理活跃状态，发生一系列生理和生化反应，在一定条件下伸出胚芽、胚根，直至形成自养生活的幼苗，这一过程即为种子的萌发。但风干了的种子，一切生理活动都很微弱，胚的生长几乎完全停止。种子萌发需要充足的水分、适宜的温度和足够的氧气，少数植物的种子萌发还受光照有无的调节。萌发过程从种子吸水膨胀开始，然后种皮变软，透气性增强，呼吸加快，这时如果温度适宜，种子内部各种酶开始活动，经过一系列生理生化过程，将种子本身贮藏的淀粉、蛋白质、脂肪等分解成可溶性的营养物质，供胚生长发育用。多数植物种子萌发的最适温度为20～25℃。种子中各种酶的最适温度随植物种属不同而异。通常北方的种子萌发所需温度较南方的种类为低，而对高温的耐受性则较差。

综上所述，种子萌发需要充足的水分、足够的氧气和适宜的温度，而且三者互相联系、互相制约，缺乏三者中的任何一条，都不能使种子萌发。

由于胚轴的生长情况随植物而不同，因而有不同的种子萌发类型和幼苗出土类型。子叶着生点到第一片真叶之间的一段胚轴，称为上胚轴；子叶着生点到胚根的一段称为下胚轴。子叶出土萌发与子叶留土萌发的最大区别，就在于这两部分胚轴在种子萌发时的生长速度不相一致。种子萌发时，胚根突破种皮，伸入土中，形成主根后，下胚轴迅速伸长，把子叶、上胚轴和胚芽一起推出土面，这样的萌发形式为**出土萌发**（epigeal germination）。种子萌发时，下胚轴发育不良或不伸长，只是上胚轴和胚芽迅速向上生长，形成幼苗的主茎，而子叶始终留在土壤中，称为**留土萌发**（hypogeal germination）（**图 3-83**）。

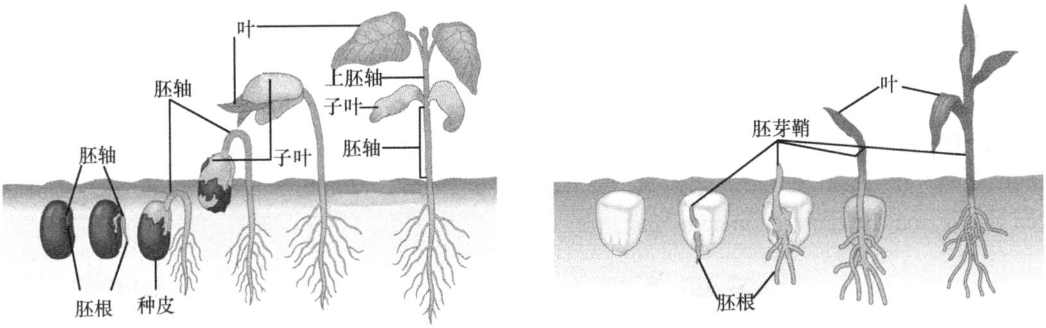

种子的出土萌发与幼苗的形成(大豆)　　种子的留土萌发与幼苗的形成(玉米)

图 3-83　种子的萌发与幼苗的形成

3. 种子的寿命（seed longevity）　种子的寿命是指种子在常温下，所能保持发芽能力的年限。通常以达到 60%以上的发芽率的贮藏时间作为种子寿命的依据。种子寿命的长短，主要与植物种类有关，根据种子寿命长短，可将其分为三类。短寿命种子，如白芷和北沙参等在普通贮藏条件下，一年后就失去发芽能力；青葙子和牛膝等在同样贮藏条件下，可保持 2～3 年以上。中寿命种子埋藏在土壤中，经历多年仍能存活，如繁缕和车前的种子在土壤中能存活 10 年左右。长寿命种子，以豆科植物居多，其次是锦葵科，马齿苋的种子寿命可长达 20～40 年，野决明子种子寿命超过 158 年，莲的种子可生存 150 年以上，甚至可达上千年。寿命的长短决定于植物本身的遗传性，也与贮藏条件有关。一般说来，低温、低湿、黑暗及降低空气中的含氧量能延长种子的寿命，也是种子贮藏的理想条件。

Summary

1. A fruit is the seed-bearing structure in the angiosperms formed from the ovary after flowering.

2. The initiation of fruit development generally depends upon pollination and fertilization.

3. **Fruit development** is accompanied by the development of the ovule into the seed.

4. There are three different kinds of fruits, classified on the basis of the number of ovaries and flowers involved in their formation: ①**simple fruits**, derived from a single ovary; ②**aggregate fruits**, derived from a number of ovaries belonging to a single flower and on a single receptacle; ③**multiple fruits**, derived from a number of ovaries of several flowers more or less grown together into one mass.

5. The wall of a ripened ovary is called the **pericarpium**. The pericarp may consist of three layers: the **exocarp**, **mesocarp**, and **endocarp**.

6. Fruits protect seeds during development and may aid in their dispersal and maturation. Fruits are either **dry**, dehiscent or indehiscent, or they are **fleshy**, edible, and indehiscent.

7. **Seeds** may store food within or outside the embryo. In most dicotyledons such as bean, food

is stored in the two cotyledons. **Cotyledons** may also serve as absorbing and later, as photosynthesizing organs. Food may be stored in an endosperm rather than in the cotyledons.

8. In monocotyledonous seeds, food is usually stored in an **endosperm**. In grass, such as corn, a single cotyledon-like structure (scutellum) has become a highly specialized absorption organ that does not emerge from the seed. In seeds like those of onion, the cotyledon emerges from the seed coats and becomes green, but its tip continues to absorb food from the endosperm.

9. Mature seeds may be dormant and, depending on the species and the immediate environment of the seed, the may remain viable and dormant from a few months to many years.

10. In **germination**, the cotyledons may be elevated above the ground, sometimes to become photosynthetically active, or in the case of some monocotyledons, to continue absorption of the endosperm. In other cases, the cotyledons remain below the ground.

11. **Dormancy** is usually broken by the provision of moisture, oxygen, and a favorable temperature. Other factors, such as light, the removal of chemical inhibitors, or the destruction of the seed coats, may be required in some instances.

复习思考题（review questions）

1. 植物的哪些部位可参与果实的形成?
2. 果实有几种分类方式? 分别包括哪些主要类型?
3. 种子包括哪些基本类型?
4. 种子的基本结构组成包括哪些? 种皮和胚的组成部分有哪些?
5. 种子各组成部分在植物生长过程中的主要作用有哪些?

第四章　植物分类概述
Introduction of Plant Taxonomy

学习目标

1. 掌握：植物分类学的概念；植物分类的等级和基本单位；植物学名的命名规则及书写要求；植物分类检索表的编制与使用方法。

2. 熟悉：植物分类学的目的和任务；植物界的基本类群；种以下等级的学名表示方法。

3. 了解：植物分类学的发展简史、发展趋势。

第一节　植物分类的目的和任务
Purpose and Task of Plant Taxonomy

全球已知的高低等植物约有 50 万种，在深海、极地等人迹罕至的区域还有大量未被发现、未被命名的植物。要研究、开发与利用好种类数量众多的植物，就必须对形态、习性各异的植物进行准确分类和统一命名。因此，植物分类学作为一门学科应运而生。

植物分类学（plant taxonomy）是一门对植物进行准确描述、命名、分群归类，并研究植物界不同类群的起源、亲缘关系及进化发展规律的基础学科。它是一门理论性、实用性、直观性和技术性均较强的生命科学，是所有植物学相关学科的基础。

药学工作者学习植物分类学的目的和任务主要有以下几个方面。

1. 准确鉴定药材原植物的种类，保证药材生产、研究的科学性和用药的安全性（to identify accurately the species of medicinal plants and ensure the scientificity in the production and research of medicinal materials and the safety of medication）　药用植物的品种鉴定直接关系到中药材来源的准确性。由于生药的种类繁多、来源复杂、加上各地用药历史和用药习惯的差异，植物与药材名称的不统一，同一植物不同部位药材名称也不一样，造成多源性、同名异物、同物异名和伪品等现象的发生。如无植物分类学的理论知识和实践经验，很容易将错误来源的植物鉴定为正品药材，轻则造成财产损失，重则影响人民生命安全。因此，掌握植物分类学的理论知识和实践经验，提高植物鉴别的能力，就能减少或避免此类现象的发生，确保临床用药的安全性和有效性。

2. 根据植物之间的亲缘关系，寻找新的药用植物资源和紧缺药材的代用品（to look for new medicinal plant resources and substitutes for the shortage of medicinal materials according to the genetic relationship among plants）　植物系统进化关系与植物化学分类学方面的相关研究表明，亲缘关系越近的物种，其所含的化学成分就越相似，甚至有相同的活性成分。根据这个规律可以有目的的在某些植物类群中寻找新的药用资源，如唇形科、芸香科、伞形科植物含有不同类型的挥发油，麻黄科、罂粟科、防己科、夹竹桃科、萝藦科、茜草科植物含有多种生物碱。因此，利用植物分类学所揭示的亲缘关系，能够帮助我们较快地探寻到新的药用植物资源或某种紧缺药材的代用品。

3. 指导药用植物资源的调查、开发利用、保护和栽培（to guide the investigation，exploitation，utilization，protection and cultivation of medicinal plant resources） 在药用植物资源调查过程中，运用植物分类学知识鉴定药用植物种类，编写药用植物资源名录，系统化地搞清楚药用植物的种类、生长习性、分布、蕴藏量、濒危程度及种类变异等药用植物资源信息，为进一步合理开发利用、保护药用植物资源及引种栽培等提供科学依据。

4. 有助于国际学术交流合作（to contribute to international academic exchange and cooperation） 植物命名是植物分类学的重要内容之一。学习植物分类学，掌握植物命名规则和方法，识记重要药用植物科属种的拉丁名，对国内外学术交流合作和植物化学成分的命名很有帮助。每一种药用植物采用国际上统一、唯一的学名——拉丁名进行命名，避免了同物异名和同名异物现象的发生，为国际药用植物研究资料的交流和相关研究的合作带来方便。植物化学成分的外文名称大都由植物的拉丁名演化而来，如人参皂苷的外文名称“ginsenoside”是从人参的拉丁名种加词“*ginseng*”变化而来。因此，掌握重要药用植物的拉丁名，对植物化学成分研究和相关资料的查阅均有很大的帮助。

第二节 植物分类简史及分类系统
Brief History of Plant Taxonomy and Classification Systems

从人类诞生起，人类的衣食住行都离不开植物，因此需要对植物进行识别和分类。植物分类系统按照其发展时期和程度不同可以分为人为分类系统和自然分类系统。

一、人为分类系统（artificial system）

在识别植物的早期，人类只根据植物的形态、习性和用途进行分类，未考虑各植物类群之间亲缘关系的远近和演化趋势，这一类的植物分类系统称为人为分类系统（artificial system）。例如，被誉为植物学之父的古希腊植物学家提奥弗拉斯（Theophrastus，公元前 370 年—公元前 285 年），在其两部植物学著作《植物学调查》（Enquiry into Plants，1916）及《植物成因》（The Causes of plant，1927）中将描述的近 500 种植物分为乔木、灌木、亚灌木和草本 4 类。此后，印度、希腊、德国、意大利、英国、法国等植物学家相继有许多植物学论著发表，从形态、习性和用途的角度对植物进行了更细致的分类。其中最著名的是被称为分类学之父的瑞典植物学家林奈（Carl Linne，1707—1778），在他的《自然系统》（Systema Naturae，1735）、《植物属志》（Genera Plantarum，1737）和《植物种志》（Species Plantarum，1753）3 部著作中提出了植物性分类系统。林奈主要基于雄蕊的数目、长短、是否合生、着生位置及雌雄同株或异株等情况将植物划分为 24 个纲，纲再根据心皮特征进一步划分为目。这种基于雄蕊和心皮的分类会使得亲缘关系疏远的物种归在一起，而亲缘关系亲近的物种分离，所以林奈的植物性分类系统也被认为是人为分类系统。

我国古代也有很多这方面的学者和著作，如明代李时珍（1518—1593）在其所编著的《本草纲目》中将 1100 余种植物分为草、谷、菜、果、木 5 部，草部又分为山草、芳草、隰草、蔓草、水草、毒草等 11 类，木部又分为香木、乔木和灌木等 6 类；清代吴其濬（1789—1847）在《植物名实图考》中将 1700 余种植物分谷、蔬、山草、隰草、石草、水草、蔓草、毒草、芳草、群芳、果和木 12 类。这些系统也仅仅是根据植物的形态、习性和用途进行分类，也未考察植物之间的亲缘和演化关系，也属于人为分类系统。

二、自然分类系统（natural system）

1859 年，英国生物学家达尔文（C. R. Darwin）的《物种起源》（Origin of Species）出版，该书中物种起源于变异和自然选择的理论，推动了植物亲缘关系的研究，加上其他学科的发展，使不少植物学家提出了各自建立的较为科学的植物自然分类系统（natural system）。自然分类系统是指利用现代自然科学的先进手段，从比较形态学、比较解剖学、古生物学、植物化学、植物生态学和植物分子生物学等不同的角度对植物进行综合考察，以反映出植物界自然演化过程和彼此亲缘关系的分类系统。至今，至少有 20 种植物分类系统被提出，其中影响最大、使用最广的有恩格勒（A. Engler）被子植物分类系统、哈钦森（J. Hutchinson）被子植物分类系统、塔赫他间（A. Takhtajin）被子植物分类系统和克朗奎斯特（A. Cronquist）被子植物分类系统等。

近几十年来，随着植物化学、分子生物学和分子遗传学等学科的飞速发展，许多新技术、新方法均被应用到了植物分类学研究之中，使分类学出现了许多新的分支学科，如数量分类学（numerical taxonomy）、细胞分类学（cytotaxonomy）、实验分类学（experimental taxonomy）、化学分类学（chemotaxonomy）、超微结构分类学（ultrastructural taxonomy）、DNA 分类学（DNA taxonomy）等。植物分类学工作的研究重点也发生了转变：从新种发现研究为主转向研究植物系统进化、植物资源开发利用和多样性保护等方面，并取得了许多新的成就。

第三节　植物分类的等级

Taxon of Plant

植物分类设立了不同单位，称为植物分类等级（taxon，又称分类群、分类单位）。分类等级的高低通常由植物之间亲缘关系的远近、形态的相似性和构造的简繁程度来确定。植物界的分类等级由大到小主要有：门、纲、目、科、属和种。种是基本的分类单元，近缘的种归并为属，近缘的属归并为科，近缘的科归并为目，若干目组成纲，若干纲组成门，若干门组成植物界。在各分类单位之间，有时因范围过大，还增设亚级，如亚门、亚纲、亚目、亚科、亚属和亚种。常用分类等级的中英文名、拉丁名和国际命名法规中规定的拉丁词尾列表见**表 4-1**。

某些等级的拉丁词尾因习用已久，国际植物学会保留其习用名和词尾，如双子叶植物纲（Dicotyledoneae）、单子叶植物纲（Monocotyledoneae）的词尾可以不用-opsida。另有 8 个科的学名可用习用名，也可用规范名，见**表 4-2**。

表 4-1　植物分类等级的英文名、拉丁名及拉丁词尾

中文名	英文名	拉丁名	拉丁词尾
门	Division，Phylum	Divisio	-phyta，-mycota（菌类）
亚门	Subdivision，Subphylum	Subdivisio	-phytina，-ae
纲	Class	Classis	-opsida，-phyceae（藻类）
亚纲	Subclass	Subclassis	-idae
目	Order	Ordo	-ales
亚目	Suborder	Subordo	-ineae
科	Family	Familia	-aceae -oideae
亚科	Subfamily	Subfamilia	-a，-um，-us
属	Genus	Genus	

续表

中文名	英文名	拉丁名	拉丁词尾
亚属	Subgenus	Subgenus	
种	Species	Species（sp.）	
亚种	Subspecies	Subspecies（subsp.）	
变种	Variety	Varietas（var.）	
变型	Form	Forma	

表 4-2　8 个科的习用名与规范名

科名	习用名	规范名
十字花科	Cruciferae	Brassicaceae
豆科	Leguminosae	Fabaceae
藤黄科	Guttiferae	Hypercaceae
伞形科	Umbelliferae	Apiaceae
唇形科	Labiatae	Lamiaceae
菊科	Compositae	Asteraceae
棕榈科	Palmae	Arecaceae
禾本科	Gramineae	Poaceae

种（species）是分类的基本单位或基本等级，是具有一定的自然分布区和十分相似的形态、结构、生理和生化特征的生物类群。种内各个体之间具有相同的遗传性状，彼此交配可以产生能育的后代；种间各个体之间通常难以杂交或杂交不育，存在生殖隔离。

每个物种都是由若干居群组成，而各个居群往往不连续地分布于一定的地理区域。随着环境因素的差异和遗传基因的变化，种内各居群会产生较大的变异。如果这种变异在形态上可以区分，视差异大小可以划分为亚种、变种和变型。

亚种（subspecies）：在不同分布区内的同一种植物，形态上有稳定的变异，并在地理分布、生态或生长季节上有隔离的种内变异居群。

变种（varietas）：具有相同分布区的同一种植物，种内形态上多少有变异，且变异稳定，但分布范围比亚种小得多的居群。

变型（forma）：无一定分布区，形态上具有细小变异的种内居群，如花、果的颜色，有无毛茸等。

品种（cultivar）：专指人工栽培植物的种内变异居群。通常在形态或经济价值上有差异，如药用菊花的栽培品种有杭菊、亳菊、滁菊和贡菊等。

现以丹参为例示其分类等级如下：

界　植物界 Regnum vegetabile
门　　被子植物门 Angiospermae
纲　　　双子叶植物纲 Dictyledoneae
目　　　　唇形目 Lamiales
科　　　　　唇形科 Labiatae
属　　　　　　鼠尾草属 *Salvia*
种　　　　　　　丹参 *Salvia miltiorrhiza* Bunge

第四节 植物的命名
Scientific Name of Plant

不同国家、地区、民族有不同的文字、语言与生活习惯，同一种植物往往就会出现不同的名称，如番茄的英、俄、日、德名分别为 Tomato、помидор、トマト、Tomaten，在我国不同地区又有番柿、六月柿、西红柿、洋柿子、毛秀才和爱情果等。除了同物异名现象，还有很多同名异物的例子，如 9 科 17 属 50 余种不同的蕨类植物都称为贯众。这种植物名称上的混乱，给植物的分类、利用和国内外交流造成了很大的困难。为此，国际植物学会制定了《国际植物命名法规》(International Code of Botanical Nomenclature，简称 ICBN)、《国际栽培植物命名法规》(International Code of Nomenclature for Cultivated Plants，简称 ICNCP) 等植物命名法规，给每一种植物制定了世界各国可以统一使用的、唯一的科学名称，即**学名**(scientific name)。

一、植物种名的组成(composition of plant scientific name)

《国际植物命名法规》规定植物学名必须用拉丁名或其他文字加以拉丁化来书写，命名采用瑞典植物学家林奈倡导的"**双名法**"(Binominal nomenclature)，即由两个拉丁词组成植物的学名，前一个词是属名，第二个词是种加词，后附命名人的姓名(或缩写)。所以，一种植物的完整学名包括属名、种加词和命名人三部分，如人参的学名"*Panax ginseng* C. A. Meyer"中"*Panax*"为属名(人参属)，"*ginseng*"为种加词，"C. A. Meyer"为命名人(Carl Anton von Meyer 的缩写)。

(一)属名(nomen generarum)

植物属名是各级分类等级中最重要的名称，是科级名称和一些植物成分名称构成的基础，也是种加词依附的支柱。属名常用拉丁名词单数主格，全部字母斜体书写，首字母必须大写。

属名常依据植物的形态特征、特性、地方名、经济用途或纪念人名来命名。例如，青霉属 *Penicillium*，因为该类植物的分生孢子梗特别像画笔；甘草属 *Glycyrrhiza*，是由"甜"和"根"组成；秃杉属 *Taiwania*，其来自中国地名台湾；王莲属 *Victoria*，来自英国维多利亚女王等。

属名的性别一般可以从其词尾判断：-us 为阳性，-a、-o、-es、-e、-is 为阴性，-um、-er、-on、-x 为中性。但树木的属名无论以什么结尾都是阴性(经典拉丁语里树木都是阴性)，如松属 *Pinus*、李属 *Prunus* 都是阴性的。

(二)种加词(epitheton specificum)

种加词是用来区别同属的不同种植物，通常使用形容词，少数为主格名词或属格名词。种加词全部字母为斜体小写。

使用形容词时，其性、数、格均与属名一致，词尾一般为-a(阴性)、-us(阳性)、-um 或 -er(中性)，如土当归 *Aralia cordata*、家山黎豆 *Lathyrus sativus* 和掌叶大黄 *Rheum palmatum*。使用主格名词时，要求与属名的数、格一致，而性别不必一致，如樟 *Cinnamomum camphora*。使用属格名词作种加词，大多使用将人名的形容词形式，也有用普通名词单数或复数属格，其性别也不必与属名一致。

种加词常用来描述植物的特征、方位、用途、习性、原产地等，也可以用当地俗名经拉丁化后构成，或用人名或其他名词以纪念某人，还可以用同位名词表示。例如，白蔷薇 *Rosa alba* 和白野桐 *Mallotus albus* 的种加词就是基于植物白色特征进行命名；加拿大悬钩子 *Rubus canadensis* 和尼泊尔女贞 *Ligustrum nepalense* 的种加词就是以地名拉丁化而来；苹果 *Pyrus malus*

的种加词 *malus* 来源于希腊语，为普通苹果的名称；白皮松 *Pinus bungeana* 和马尾松 *Pinus massoniana* 的种加词分别是为了纪念俄国植物采集家 Alexander Bunge 和苏格兰植物采集家 Francis Masson。

（三）命名人（namer）

一个完整、精确和容易被查证的植物学名必须有首次合格发表它的作者名，即命名人。命名人一般只用其姓，但若遇两个同姓人研究同一门类，则加注各人名字的缩写（大写）以示区别，如 Robert Brown 和 Nicholas Edward Brown 分别缩写成 R. Brown 和 N. E. Brown。命名人的姓名要用拉丁字母拼写，我国人名除过去已按威氏或其他外来拼写法拼写外，统一用汉语拼音书写，如 W. T. Wang（王文采）。命名人的书写不斜体；姓首字母大写，姓氏较长者可用缩写，如 Thumberg→Thub.、Linnaeus→L.（仅限于林奈一人）。

若一种植物是两个人共同定名，则用 et 连接两个人名，如马兜铃 *Aristolochia debilis* Sieb. et Zucc.。有时也有 ex 连接两命名人，如丰城鸡血藤 *Millettia dielsiana* Harms ex Diels，表示该植物由 Harms 定了学名，但未正式发表，后来由 Diels 同意此名并正式发表。有时植物学名的种加词后有一带括号的命名人，后续还有命名人，表明这一学名是经重新组合而成，如长春花 *Cathanranthus roseus*（L.）G. Don.，先由 Linna 定名为 *Vinca rosrus* L.，后经 G. Don.重新组合而成现名。重新组合的植物学名应保留原来的种加词和原命名人，原命名人加括号以示区别。

二、种以下等级植物的三名法（trinomial nomenclature of plant below species）

种以下的植物等级依次有亚种（subspecies，subsp.，ssp.）、变种（varietas，var.）和变型（forma，f.）。亚种、变种或变型植物的学名采用三名法进行命名，即在原正种植物的学名后加上亚种、变种或变型植物的种加词，学名由属名、种加词和亚种、变种或变型的种加词三部分组成。例如，圆叶鹿蹄草亚种鹿蹄草 *Pyrola rotundifolia* L. subsp. *chinensis* H. Andr.，山楂变种山里红 *Crataegus pinnatifida* Bge. var. *major* N. E. Br.，毛当归变型重齿当归 *Angelica pubescens* Maxim. f. *biserrata* Shan et Yuan。

此外，栽培变种或品种（cultivar，cv.）的学名是在其正种名称后加栽培种加词，首字母大写，外加单引号，不斜体，后不加定名人。例如，《中国药典》中橘 *Citrus reticulate* Blanco 的栽培变种茶枝柑的学名为 *Citrus reticulate* ‘Chachi’。

第五节 植物界的基本类群

Basic Group in Plant Kingdom

对于自然界生物的划分，有很多种学说。瑞典生物学家林奈把生物分成植物界（Plant Kingdom）和动物界（Animal Kingdom）两界。随着科技的飞速发展，人类对生物各方面特征的深入研究，相继提出了三界说、四界说、五界说、六界说以及八界说等。现在的植物学教材多采用林奈的两界说。根据两界说中广义的植物界概念，通常将植物界分成 16 门（**图 4-1**）。

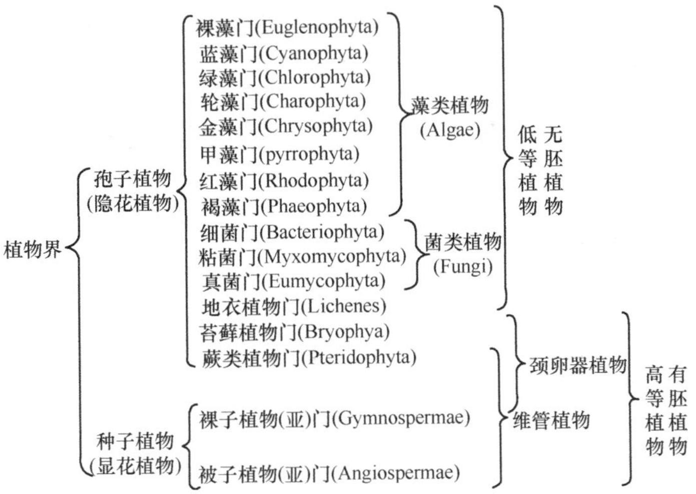

图 4-1　植物界的基本类群

依据标准和特征的不同，可将植物界的 16 个门进一步归为不同的大类群。根据繁殖方式将 16 个门分为孢子植物和种子植物两大类：孢子植物以孢子繁殖，没有开花结种子的现象，又称为**隐花植物**（cryptogam）；种子植物均能开花结种子，以种子繁殖，又称为**显花植物**（phanerogam）。根据种子是否被子房包裹，种子植物可分为裸子植物门和被子植物门，有人又将它们合称**种子植物**（spermatophyta），如此植物界则包含 15 个门。

据植物体构造的简繁程度，即有无根、茎、叶的分化和胚的构造，植物界又可以分为低等植物（无胚植物）和高等植物（有胚植物）两大类。根据生活方式，低等植物可以分为藻类植物（自养型）、菌类植物（异养性）和地衣植物门（藻类和真菌的共生体）。在高等植物中，苔藓植物、蕨类植物具有雌性生殖器官颈卵器，裸子植物也有退化的颈卵器或痕迹，因此这三类植物又合称为**颈卵器植物**（archegoniatae）；蕨类、裸子植物和被子植物由于具有输导作用的维管组织，又合称**维管植物**（tracheophyta）。

第六节　植物分类检索表

Key of Plant Taxonomy

植物分类检索表（key of plant taxonomy）是植物鉴定和分类的一种重要工具。植物分类检索表有两个方面的功能：一是通过植物志和植物分类专著中的检索表可以很快查出所列科、属、种之间的区别特征；二是通过检索表可以根据植物特征迅速查出其所属的科、属、种或其他类群。

一、植物分类检索表的编制（authorized strength of plant taxonomy key）

植物分类检索表采用法国人拉马克（Lamarck）的二歧归类法将植物类群特征由共性到个性进行编制，即根据各植物或各个分类等级关键性、相对立特征的异同分为两大类，相同的归为一项，不同的归为另一项。在每一项下根据以上原则进行再分类，编制相应的项号，逐级往下，直到完成所有归类工作，达到区分各种植物和各类分类等级的目的。

门、纲、目、科、属、种等分类等级均有相应的检索表，存在亚科的科还有分亚科的检索表。这些检索表中最常用的是分科、分属和分种的检索表。

二、植物分类检索表的种类（kinds of plant taxonomy key）

常见的植物分类检索表有 3 种式样，分别是定距式、平行式和连续平行式。现在以植物界的分门为例对 3 种式样简要说明如下。

（一）定距式检索表（identification key）

将每一对相互区别的鉴别特征分开排列在一定的距离处并标以相同的项号，每一项下再编排次级鉴定特征，次级项后退后一字排列，逐级类推。例如：

1. 植物体构造简单，无根、茎、叶的分化，无多细胞构成的胚（低等植物）。
  2. 植物体为藻类和菌类所组成的共生体……………………………… **地衣类植物 Lichens**
  2. 植物体不为藻类和菌类所组成的共生体。
    3. 植物体内含叶绿体或其他光合色素，营自养生活…………………… **藻类植物 Algae**
    3. 植物体内无叶绿体或其他光合色素，营异养生活…………………… **菌类植物 Fungi**
1. 植物体构造复杂，有根、茎、叶的分化，有多细胞构成的胚（高等植物）。
  4. 植物体有茎、叶，而无真根……………………………………… **苔藓植物 Bryophyta**
  4. 植物体有茎、叶和真根。
    5. 植物以孢子繁殖……………………………………………… **蕨类植物 Pteridophyta**
    5. 植物以种子繁殖。
      6. 胚珠裸露，不为心皮所包裹………………………………… **裸子植物 Gymnospermae**
      6. 胚珠被心皮构成的子房包被………………………………… **被子植物 Angiospermae**

（二）平行式检索表（parallel key）

将每一对相互区别的鉴别特征标以相同的数字项号，连续编排，项后标注应查的下项号或相应的分类等级，项号虽变但排列不退格。例如：

1. 植物体无根、茎、叶的分化，无胚胎（低等植物）……………………………………… **2**
1. 植物体有根、茎、叶的分化，有胚胎（高等植物）……………………………………… **4**
2. 植物体为藻类和菌类所组成的共生体………………………………… **地衣类植物 Lichens**
2. 植物体不为藻类和菌类所组成的共生体………………………………………………… **3**
3. 植物体内含叶绿体或其他光合色素，营自养生活……………………… **藻类植物 Algae**
3. 植物体内无叶绿体或其他光合色素，营异养生活……………………… **菌类植物 Fungi**
4. 植物体有茎、叶，而无真根……………………………………………… **苔藓植物 Bryophyta**
4. 植物体有茎、叶和真根…………………………………………………………………… **5**
5. 植物以孢子繁殖…………………………………………………… **蕨类植物 Pteridophyta**
5. 植物以种子繁殖…………………………………………………………………………… **6**
6. 胚珠裸露，不为心皮所包裹……………………………………… **裸子植物 Gymnospermae**
6. 胚珠被心皮构成的子房包被……………………………………… **被子植物 Angiospermae**

（三）连续平行式检索表（continuous parallel key）

将一对相互区别的鉴别特征用两个相对应的不同项号表示，前面一个项号按 1，2，3…的顺序排列编号，后一个项号加括号表示其相对应的项目；所有数字项号依次排列，排列整齐不退后。查阅时，若植物形状特征符合 1 时，就向下查 2；若不符合 1 就查相对应的项目 6，以此类推。例如：

1.（6）植物体无根、茎、叶的分化，无胚胎（低等植物）。

2.（5）植物体不为藻类和菌类所组成的共生体。

3.（4）植物体内含叶绿体或其他光合色素，营自养生活……………………………藻类植物 **Algae**

4.（3）植物体内无叶绿体或其他光合色素，营异养生活……………………………菌类植物 **Fungi**

5.（2）植物体为藻类和菌类所组成的共生体……………………………地衣类植物 **Lichens**

6.（1）植物体，有根、茎、叶的分化，有胚胎（高等植物）。

7.（8）植物体有茎、叶，而无真根……………………………苔藓植物 **Bryophyta**

8.（7）植物体有茎、叶和真根。

9.（10）植物以孢子繁殖……………………………蕨类植物 **Pteridophyta**

10.（9）植物以种子繁殖。

11.（12）胚珠裸露，不为心皮所包裹……………………………裸子植物 **Gymnospermae**

12.（11）胚珠被心皮构成的子房包被……………………………被子植物 **Angiospermae**

Summary

1. Taxonomy is the theory and practice of describing, naming, and classifying plants and investigating the origin, genetic relationship and evolution law among different groups of plants.

2. The purpose and task of studying plant taxonomy are to: ①identify accurately the species of medicinal plants and ensure the scientificity in the production and research of medicinal materials and the safety of medication; ②look for new medicinal plant resources and substitutes for the shortage of medicinal materials according to the genetic relationship among plants; ③guide the investigation, exploitation, utilization, protection and cultivation of medicinal plant resources; ④contribute to international academic exchange and cooperation.

3. According to the developmental period and degree of the plant classification systems, there are two main categories of classification systems: artificial system and natural system. The greatest impact and most widely used plant classification systems include Engler classification system, Hutchinson classification system, Takhtajin classification system and Cronquist classification system.

4. The taxa of plant kingdom from high to low include division, class, order, family, genus and species. The species is the basic unit or the basic level of plant classification. The species is a kind of biological group which has certain natural distribution areas and must have similar characteristics in morphology, structure, physiology and biochemistry. Three subdivisions of species are subspecies, varietas and forma.

5. The scientific name of plant must be written in Latin or other words to be Latin. The scientific name of plant is nominated using binominal nomenclature advocated by Linnaeus, a Swedish botanist, and is consists of two Latin words (generic name and epitheton specificum) and name of namer. The scientific name of the plants, which are subspecies, varietas or forma is nominated using trinomial nomenclature and is consists of generic name, original epitheton specificum and epitheton specificum of subspecies, varietas or forma.

6. Plant kingdom is usually divided into 16 divisions, which can be further classified into different lager groups according to different standards and characteristics of plants. According to the mode of reproduction, the plants of 16 divisions can be divided into spore plant and spermatophyte. According to the complexity of plant structure, plants can be divided into lower plants and higher plants in two categories.

7. The key of plant classification is edited through dichotomous classification，which classifies plants by the common characters to the individual characters. There are three types of common plant classification keys including identification key，parallel key and continuous parallel key.

复习思考题（review questions）

1. 什么是植物分类学？药学工作者学习植物分类学有什么目的和任务？
2. 根据发展时期和程度不同，植物分类系统可以分为哪两类？各有什么特点？
3. 植物的分类等级包括哪些级别？什么是种、亚种、变种和变型？
4. 植物拉丁学名的组成及命名规则是什么？
5. 植物界包括哪些基本类群？各对应类群有何差异？
6. 植物分类检索表是如何编制而成？常见的植物分类检索表有哪几种？

第五章 藻类植物
Algae

学习目标

1. 掌握：藻类植物的主要特征。
2. 熟悉：藻类植物的分门依据、常见药用藻类植物。
3. 了解：藻类植物繁殖方式和研究进展。

第一节 藻类植物概述
Overview of Algae

藻类植物的分门各有不同，一般分为蓝藻门、绿藻门、裸藻门、轮藻门、金藻门、甲藻门、褐藻门、红藻门等。已知的藻类植物约有 2.5 万余种，分布于世界各地。生活环境多数水生，少数陆生，生长于各种水湿条件下。

藻类植物是一群具有光合色素，能独立生活的自养原植体植物。构成藻类植物的细胞是原核细胞（蓝藻门）或真核细胞（其他藻类）。真核细胞藻类植物的细胞壁分两层，外层为**果胶质**（pectin），内层为**纤维素**（cellulose）。多数藻类植物含叶绿素和其他色素，如胡萝卜素、藻蓝素、藻黄素等。藻类植物的色素形成了其特有的色素结构，这种结构称为**色素体**（plastid）。不同藻类植物的色素成分及色素体的形状均有不同，由于所含色素成分不同，而使植物体呈现不同颜色。色素体的形状主要有盘状、杯状、网状和带状等。

一、藻类植物特点（characteristics of algae）

藻类植物为自养性的原始低等植物，构造简单，没有真正的根茎叶的分化，多为单细胞、多细胞群体、丝状体、叶状体和枝状体等，仅少数具有组织和类似根茎叶的分化。

藻类植物具有同高等植物一样的叶绿素、胡萝卜素和叶黄素，另含有藻蓝素、藻红素和藻褐素等其他色素。

繁殖方式有营养繁殖、无性生殖和有性生殖 3 种。

二、藻类植物的繁殖方式（the reproductive mode of algae）

1. 营养繁殖（nutritious reproduction） 藻体的一部分由母体分离出去而长成一个新的个体。多细胞藻体的断裂部分能长成新个体，也属于营养繁殖。

2. 无性生殖（asexual reproduction） 产生孢子（spore），产生孢子的囊状结构称为**孢子囊**（sporangium），孢子不需结合就可以长成一个新的个体。具有鞭毛的能游动的孢子称**游动孢子**（zoospore），不具鞭毛不能游动的称**静孢子**（aplanospore）和**厚壁孢子**（chlamydospore）。

3. 有性生殖（sexual reproduction） 产生配子（gamete），产生配子的母细胞（囊状结构）

称为**配子囊**（gametangium），一般情况下，配子必须结合成合子，由合子萌发长成新的个体，或由合子产生孢子长成新的个体。极少数情况下，1 个配子不经过结合也能长成 1 个个体，称**单性生殖**（monogony）。根据相结合的 2 个配子的大小、形状、行为又分为同配（isogamy）、异配（heterogamy）和卵配（oogamy）。**同配**指相结合的 2 个配子的大小、形状、行为完全一样；**异配**指相结合的 2 个配子的形状一样，但大小和行为有些不同，大的比较不活泼，称为**雌配子**（female gamete），小的比较活泼，称为**雄配子**（male gamete）；**卵配**指相结合的 2 个配子的大小、形状、行为都不相同。大的无鞭毛，圆球形，不能游动，特称为**卵**（egg），小的具鞭毛，很活泼，特称为**精子**（sperm）。卵和精子的结合称为**受精作用**（简称受精）(fertilization)，结果形成**受精卵**（fertilization egg），又称**合子**（zygote）。卵配生殖可以认为是显著分化的异配生殖。合子不在性器官内发育为多细胞的胚，而是直接形成新个体，故藻类植物是无胚植物。

三、藻类的分布（distribution of algae）

（1）藻类广布于全世界，大多生活在淡水和海水中，少数生活在潮湿的土壤、树皮、石头和花盆壁上。

（2）水中的藻类，有的浮游于水中，有的固着于水中的岩石上或附着于其他植物体上，有的可在 100m 深的海底生活，有的能在 85℃的温泉中生活。

（3）有些藻类能在零下数十度的南北极或终年积雪的高山上生活。

第二节 藻类植物的分类

Classification of Algae

我国藻类植物估计有数千种，其中药用藻类资源共计 42 科、53 属、114 种，主要分属于蓝藻门、红藻门、绿藻门和褐藻门，其中褐藻门的马尾藻（Sargassaeae）是药用藻类最大的科。我国利用藻类供食用、药用的历史悠久，在历代本草中均有记载，如海藻、昆布、紫菜、石莼、鹧鸪菜、葛仙米等。

藻类植物含丰富的蛋白质、氨基酸、维生素、矿物质等营养成分，在开发植物蛋白质等营养资源方面受到人们的关注。近年来又开展了从海藻中寻找抗肿瘤、抗菌、抗病毒、降血压、降胆固醇、防止冠心病和慢性气管炎、抗放射性药物的研究。因此，藻类的研究对于促进我国开发海洋生物资源，寻找新的药物资源，发展海洋保健食品具有重要的意义。

藻类植物通常分为 8 个门：蓝藻门、褐藻门、绿藻门、轮藻门、金藻门、褐藻门、甲藻门和红藻门。分门的主要依据是光合作用色素的种类和贮存养分的种类，其次是细胞壁的成分、鞭毛着生的位置和类型、生殖方式和生活史等，见**表 5-1**。

表 5-1 藻类植物的分类

门	生境	色素成分	贮藏物质	细胞壁的主要成分	繁殖方式	鞭毛	种数
蓝藻门	多生于海洋和污水，少陆生	叶绿素 a；藻蓝素；胡萝卜素；叶黄素	蓝藻淀粉	糖原	营养繁殖；无性生殖	无	1500
绿藻门	分布广泛	叶绿素 a、叶绿素 b；胡萝卜素；叶黄素	淀粉	纤维素	营养繁殖，无性生殖，有性生殖（同配、异配、卵配）	2～8 根相等鞭毛，顶生	6700

续表

门	生境	色素成分	贮藏物质	细胞壁的主要成分	繁殖方式	鞭毛	种数
红藻门	绝大多数生于浅海中	叶绿素 a、d；藻红素；胡萝卜素；叶黄素	红藻淀粉；红藻糖	纤维素，藻胶	营养繁殖，无性生殖，有性生殖（卵配）	无	3500
褐藻门	绝大多数生于浅海中	叶绿素 a、叶绿素 c；胡萝卜素；墨角藻素	褐藻淀粉；甘露醇	纤维素，褐藻糖胶	营养繁殖，无性生殖，有性生殖（同配、异配、卵配）	2 根不等长的鞭毛	1500

一、蓝藻门（Cyanophyta）

蓝藻约 150 属，1500 种以上，在海水、淡水、土壤表层、岩石、树皮或温泉中都有蓝藻存在。某些种类与真菌共生形成地衣。也有些蓝藻与某些苔类、蕨类及裸子植物共生。

蓝藻门特点：最简单而原始的自养性原核生物，细胞壁内的原生质体不分化为细胞质和细胞核，而分化为周质和中央质。藻体为单细胞、多细胞丝状体或多细胞非丝状体。其主含的光合色素是叶绿素 a、藻蓝蛋白，藻体呈蓝绿色。有些种类的细胞壁外层的胶质鞘中含红、紫、棕等非光合色素，使藻体呈现红、紫、棕等颜色。贮藏的营养物质为蓝藻淀粉、蛋白质等。繁殖方式主要是营养繁殖，极少数能产生孢子。

【重要药用植物】（main medicinal plants）

葛仙米 *Nostoc commune* Vauch. 属念珠藻科。藻体细胞呈圆球形，连成弯曲不分枝的念珠状丝状体，形如念珠。丝状体外被胶质鞘，形成片状或团块状的胶质体。丝状体上相隔一定距离产生一个异型胞，异型胞壁厚，与营养细胞相连的内壁为球状加厚，称为**节球**。许多丝状体再集合成群，被总胶质鞘所包围，总胶质群体呈球形，状似木耳，蓝绿色。民间习称“地木耳”，可供食用和药用，入药能清热收敛，益气明目（**图 5-1**）。

螺旋藻 *Spirulina platensis*（Nordst.）Geitl. 属颤藻科。藻体富含蛋白质、维生素等多种营养物质，制成保健食品能防治营养不良症和增强免疫力。

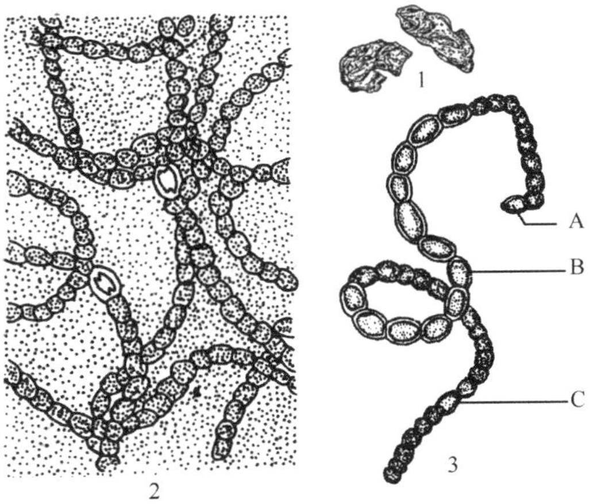

图 5-1　葛仙米（念珠藻属植物）

1. 植物群体外形；2. 群体一部分放大；3. 藻丝；A. 异形胞；B. 厚壁孢子；C. 营养细胞

二、绿藻门（Chlorophyta）

绿藻门是藻类植物门中最大的门，约有 350 属，约 6700 种。绿藻在淡水和海水中均有分布，海产种类约占 10%，淡水产种类约占 90%。另外也有不少种类生活在半咸水中。淡水种类主要分布于江河、沟渠、湖泊、积水坑、墙壁、岩石、树干、花盆四周及潮湿的土壤表面。某些绿藻也可寄生在动物体内或者与真菌共生成地衣。一般淡水绿藻不受水温的限制，大部分分布在世界各地。

绿藻门特点：绿藻门植物有单细胞体、球状群体、多细胞丝状体和膜状体等形态类型。部分单细胞和群体类型能借助鞭毛在水中游动。细胞内有细胞核和叶绿体，叶绿体中含有叶绿素 a、叶绿素 b、类胡萝卜素和叶黄素等光合色素。贮存的营养物质主要有淀粉、蛋白质和油类。绿藻的繁殖方式多种多样，有营养繁殖、无性生殖和有性生殖。营养繁殖在单细胞种类中靠细胞分裂，在多细胞丝状体类型中是断裂后形成新的个体。无性生殖形成单细胞的孢子囊，产生游动孢子和静孢子，由孢子萌发成新的个体。有性生殖有同配生殖、异配生殖和卵配生殖，极少数为接合生殖（水绵、新月藻）。绿藻植物的生活史有 3 种类型：①单倍体的藻体型，生活史中只是合子是双倍的，合子在萌发时即进行减数分裂；这一类型的绿藻很多，如衣藻。②双倍体的藻体型，生活史中只有配子是单倍的，减数分裂只在形成配子时进行；这一类型的绿藻很少，如伞藻。以上两型都没有世代交替。③双单倍体的或称单双倍体的藻体型，这一类型的绿藻有世代交替，即在生活史中，有性世代与无性世代交替出现：有性世代的植物体即配子体，产生单倍的配子；配子结合成为双倍的合子；合子发育成为无性世代的植物体即孢子体，产生孢子；减数分裂在产生孢子的过程中进行；孢子又发育成为配子体，如此循环往复。有不少的绿藻属于此类型，如石莼（图 **5-2**）。

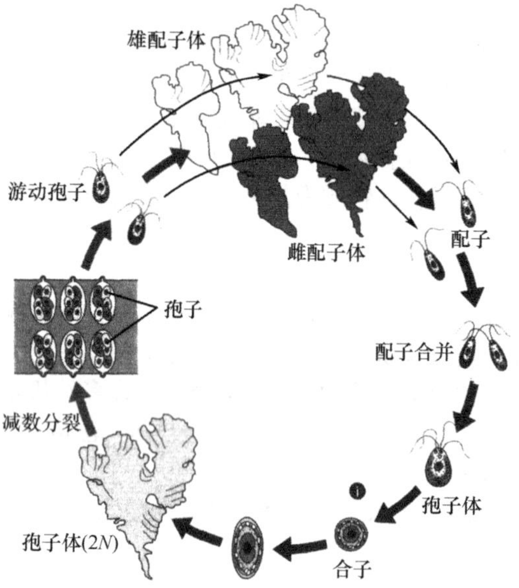

图 5-2　石莼生活史

【重要药用植物】(main medicinal plants)

小球藻 *Chlorella pyrenoidosa* Chic. 小球藻科。植物体为生于淡水中的单细胞绿藻，细胞呈圆球形或卵圆形。细胞很小，细胞壁薄，细胞内有细胞核、一个杯状的载色体和一个蛋白核。小球藻只能无性生殖，繁殖时，原生质体在壁内分裂 1～4 次，产生 16 个不动孢子，母细胞破裂后，各不动孢子长大为新个体。小球藻营养价值高，富含蛋白质、维生素 C、维生素 B、不饱和脂肪酸、微量元素和抗生素（小球藻素）。医疗上可用于营养剂（新资源食品），防治贫血、肝炎等。

衣藻 *Chlamydomonas*. 衣藻科。植物体也称“单衣藻”。藻体为单细胞，球形或卵形，前端有两条等长的鞭毛，能游动。鞭毛基部有伸缩泡 2 个；另在细胞的近前端，有红色眼点 1 个。载色体呈大型杯状，具淀粉核 1 枚。植物体广布于水沟、洼地和含微量有机质的小型水体中，早春晚秋最为繁盛。

石莼 *Ulva lactuca* L. 石莼科。植物体为膜状绿藻，藻体淡黄色，边缘波状，基部有多细胞的固着器。无性生殖产生具有 4 条鞭毛的游动孢子；有性生殖产生具有 2 条鞭毛的配子，配子结合成合子，合子直接萌发为新个体。孢子体和配子体形态构造基本相同，石莼的生活史属同形世代交替。石莼分布于我国沿海各省。生于中、低潮带的岩石或石沼中。供食用时称海白菜，药用能利水消肿、软坚化痰和清热解毒。

水绵 *Spirogyra nitida*（Dillw.）Link. 双星藻科。植物体是由 1 列细胞构成的不分枝的丝状体，细胞圆柱形，细胞壁分两层，内层为纤维素，外层为果胶质，壁内有一薄层原生质，载色体螺旋带状，1 至多条，多数蛋白核纵列于载色体上。细胞中有 1 个大液泡，占据细胞腔的较大空间。细胞单核，位于细胞中央，被浓厚的原生质包围着。核周围的原生质与细胞腔周围的原生质之间，由原生质丝相连。水绵为常见淡水藻体，在干净的小河、池塘或水田、沟渠中均可见到。藻体能清热解毒（图 **5-3**）。

三、红藻门（Rhodophyta）

红藻门约558属，3500种，除少数属种生长在淡水中外，绝大多数分布于海水中，固着在岩石等物体上。

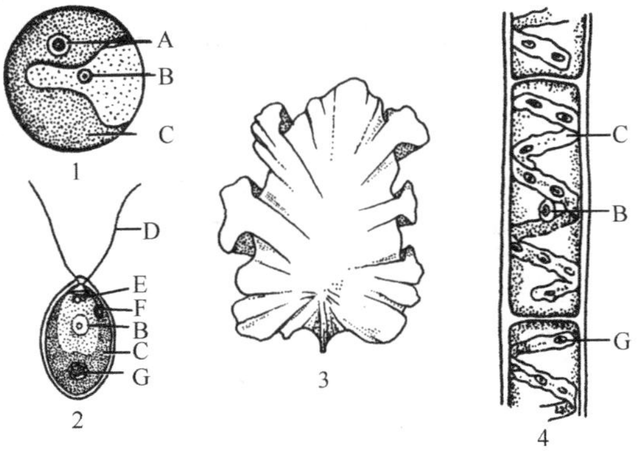

图 5-3 几种绿藻

1. 小球藻；2. 衣藻；3. 石莼；4. 水绵；A. 淀粉核；B. 细胞核；C. 载色体；D. 鞭毛；E. 伸缩泡；F. 眼点；G. 蛋白核

红藻门特点：多细胞的丝状体、枝状和叶状体，少数为单细胞或其群体。细胞壁分两层，外层为红藻所特有的果胶类化合物（琼脂、海藻胶等），内层为坚韧的纤维素。叶绿体中含有叶绿素a、叶绿素b、胡萝卜素和叶黄素等光合色素，还有藻红素和藻蓝素。贮存的营养物质主要有红藻淀粉和红藻糖。红藻的繁殖方式有营养繁殖、无性生殖和有性生殖。营养繁殖在单细胞种类中靠细胞分裂。无性生殖形成单细胞的孢子囊，产生1种或多种无鞭毛的静孢子，由孢子萌发成新的个体。有性生殖为相当复杂的卵式生殖。通常只有红藻纲1个纲。红藻生活史中不产生游动孢子，无性生殖是以多种无鞭毛的静孢子进行，有的产生单孢子，如紫菜（**图5-4**）；有的产生四分孢子，如多管藻。红藻一般为雌雄异株，少数为雌雄同株。有性生殖的雄性器官为精子囊，在精子囊内产生无鞭毛的不动精子。雌性器官称为**果胞**（carpogonium），果胞上有受精丝，果胞中只含一个卵。果胞受精后，立即进行减数分裂，产生**果胞子**（carpospore），发育成配子体植物。有些红藻果胞受精后，不经过减数分裂，发育成**果孢子体**（carposporophyte）（又称**囊果**）。果孢子体是二倍体的，不能独立生活，寄生在配子体上。果孢子体产生果孢子时，有的经过减数分裂，形成单倍体的果孢子，萌发成配子体；有的不经过减数分裂，形成二倍体的果孢子，发育成二倍体的四分孢子体，再经过减数分裂，产生**四分孢子**（tetraspore），发育成配子体。

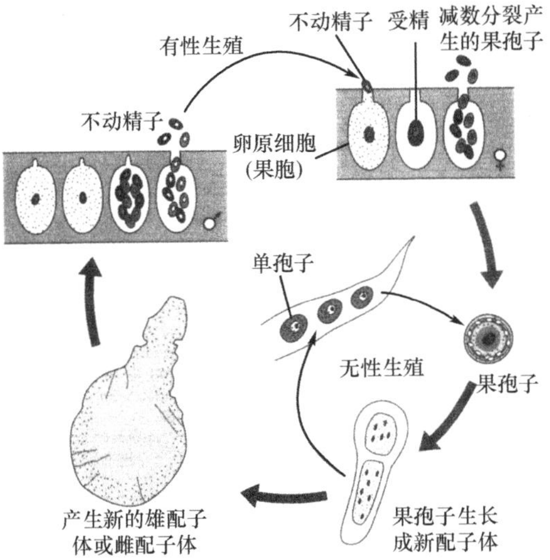

图 5-4 紫菜生活史

【重要药用植物】（main medicinal plants）

琼枝 ***Eucheuma gelatinae*** **(Esp.) J.Ag.** 红翎菜科。藻体平卧，软骨质，具不规则叉状分枝，一面常有锥状突起，全藻含有琼胶、多糖及黏液质。入药能缓泻和降血脂。

石花菜 ***Gelidium amansii*** **Lamouroux.** 石花菜科。藻体淡紫红色，直立丛生，4～5次羽状分枝，用于提取琼脂（用于医药、食品和作细菌培养基）。石花菜也可食用。入药能清热解毒和缓泻。

甘紫菜 ***Porphyra tenera*** **Kjellm.**红毛菜科。为雌雄同株植物。水温合适时产生性器官。藻体的任何1个营养细胞，都可形成精子囊，其原生质体分裂形成64个精子。果胞由一个稍加变态的营养细胞形成，一端隆起，伸出藻体胶质表面，即受精丝，果胞内有1个卵。精子释放后随水漂到受精丝上，进入果胞与卵结合，形成二倍体的合子，合子经有丝分裂和普通分裂，形成8个果胞子，果胞子形成新的配子体（植物体）。入药主治瘿瘤脚气。

红藻门药用植物还有：**海人草** ***Digenea simplex*** **（Wulf.）C.Ag**，松节藻科，能驱蛔；**鹧鸪菜（美舌藻、乌菜）*Caloglossa leprieurii*（Mont.）J.Ag**，红叶藻科，能驱虫杀虫、健脾化痰消积、安神（**图 5-5**）。

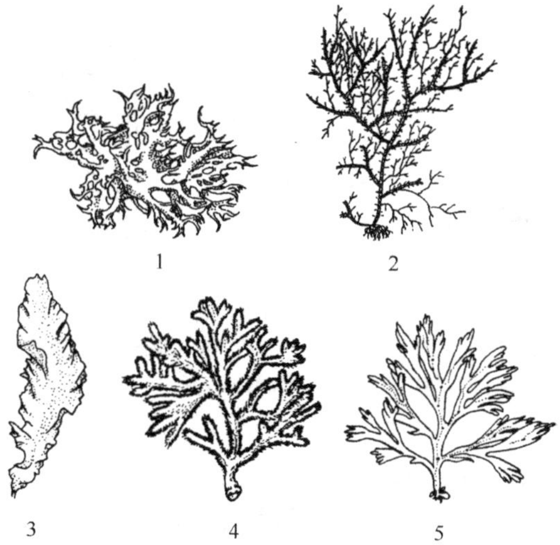

图 5-5　五种药用红藻

1. 琼枝；2. 石花菜；3. 紫菜；4. 海人草；5. 鹧鸪菜

四、褐藻门（Phaeophyta）

褐藻门约有 250 属，1500 种。褐藻为附生植物，绝大部分生活在海水中，以固着器固着于岩石上，仅有少数稀有种生活在淡水中。褐藻分布与海水盐的浓度、温度有密切关系，因此，在寒带、亚寒带、温带、热带分布的种类，各有不同。

褐藻门特点：褐藻均是多细胞植物，是藻类植物中比较高级的一大类群，个体差异大。藻体呈丝状、叶状或树枝状，高级的种类还有类似高等植物的根茎叶的固着器、柄和叶片，内部还有类似表皮、皮层和髓的分化。细胞壁分 2 层，外层为褐藻所特有的果胶类化合物褐藻胶构成，能使藻体保持润滑，内层纤维素坚固。叶绿体中含有叶绿素 a、叶绿体 c、胡萝卜素和多种叶黄素等光合色素，还有藻红素和藻蓝素。贮存的营养物质主要有褐藻淀粉、甘露醇和少量还原酶与油类。繁殖方式有营养繁殖、无性生殖和有性生殖。营养繁殖以断裂的方式增加个体或形成特殊的繁殖枝。无性生殖形成单细胞的孢子囊，产生游动孢子和静孢子，由孢子萌发成新的个体。有性生殖是由游动精子与卵结合成合子，合子逐渐发育成新的孢子体的过程，有同配生殖、异配生殖和卵配生殖 3 种方式。在褐藻的生活史中，有性世代和无性世代相互交替发生，称**世代交替**（metagenesis）。多数褐藻是孢子体大，配子体小，且孢子体和配子体是异型的，所以又称**异型世代交替**（heterogenesis），如海带（**图 5-6**）。

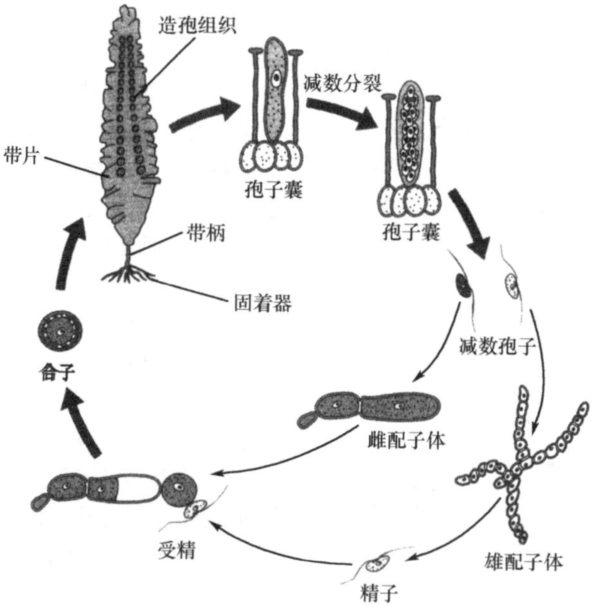

图 5-6　海带生活史

【重要药用植物】(main medicinal plants)

海带 ***Laminaria japonica*** **Aresch.** 海带科。植物体（孢子体）为多细胞，分为 3 部分：基部如根状，上有茎状的柄，柄以上为扁平叶状的带片。带片的构造比较复杂，有“表皮”、“皮层”、“髓”之分，能进行光合作用。除作食用外，其叶状体入药（昆布），能软坚散结，消痰利水。

昆布(鹅掌菜)***Ecklonia kurome*** **Okam.** 翅藻科。植物体（孢子体）有明显的固着器、柄和带片 3 部分。叶状体入药（昆布），能镇咳平喘、软坚散结。同属植物**裙带菜** ***Undaria pinnatifida Suringar***，具有较好的营养价值和药用价值，能减肥、清理肠道、保护皮肤及延缓衰老。

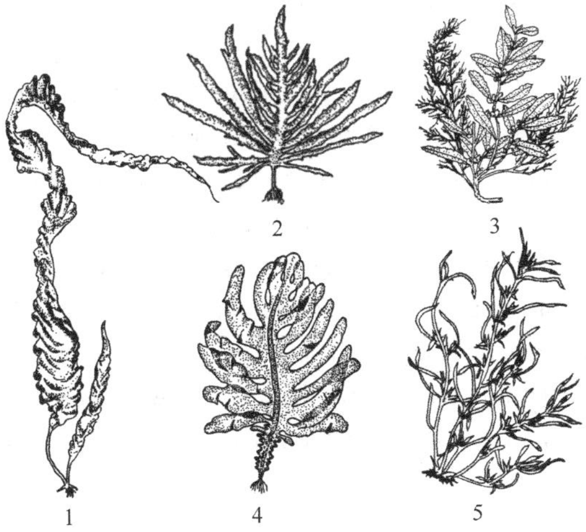

图 5-7 药用褐藻
1. 海带；2. 昆布；3. 海蒿子；4. 裙带菜；5. 羊栖菜

此外，**海蒿子** ***Sargassum pallidum*****(Turn.) C.Ag.** 马尾藻科，能软坚散结、消痰利水；同属植物**羊栖菜** ***Hizikia fusifarme*** 能软坚散结，利水消肿和泻热化痰（图 **5-7**）。

Summary

1. The algae represent a large group of different organisms from different phylogenetic groups, representing many taxonomic divisions. In general, algae can be referred to as plant-like organisms that are usually photosynthetic and aquatic, but do not have true roots, stems, leaves, vascular tissue and have simple reproductive structures. They are distributed worldwide in the sea, in freshwater and in wastewater. Most are microscopic, but some are quite large, e.g. some marine seaweeds that can exceed 50 m in length.

2. There are approximate 6, 700 species of green algae. All are eukaryotic, possessing definite nuclei. All contain the pigments chlorophyll, carotene, and xanthophylls that occur in flowering plants. In green algae, both motile and nonmotile forms occur, and both sexual and asexual reproduction take place. Most green algae are found in fresh water.

3. The unicellular forms are known as microalgae and the multicellular forms are known as macroalgae. Cell division in unicellular algae is by membrane infurrowing and cell cleavage. In most multicellular algae, cell division occurs by phragmoplast and outward growth of the cell plate, but in red algae, walls grow inward from the existing side walls.

4. Microalgae comprise a vast group of photosynthetic, heterotrophic organisms which have an extraordinary potential for cultivation as energy crops. They can be cultivated under difficult agro-climatic conditions and are able to produce a wide range of commercially interesting byproducts such as fats, oils, sugars and functional bioactive compounds.

5. Algae exhibit a wide range of reproductive strategies, from simple asexual cell division to complex forms of sexual reproduction.

6. The life cycles of algae may consist of an alternation of either isomorphic or heteromorphic generations. All true plants have an alternation of heteromorphic generations.

7. Seaweed refers to several species of macroscopic, multicellular, marine algae that live near

the seabed. Seaweeds include some members of the red, brown and green algae. They are photosynthetic, like plants, and "simple" because they lack the many distinct organs found in land plants.

8. The algae have chlorophyll and can manufacture their own food through the process of photosynthesis. Almost all the algae are eukaryotes and conduct photosynthesis within membrane bound structure called chloroplasts. Cyanobacteria are organisms traditionally included among the algae, but they have a prokaryotic cell structure.

9. Algae are an extremely important species. For one, they produce more oxygen than all the plants in the world. For another, they form an important food source for many animals such as little shrimps and huge whales. Thus, they are at the bottom of the food chain with many living things depending upon them. With the recent research and interest into using algae for producing biodiesel they have the potential to become even more important.

复习思考题（review questions）

1. 名词解释：原植体植物、孢子、孢子囊、孢子体、配子、配子囊、同配、异配、卵配。
2. 绿藻的繁殖方式有哪几种？
3. 有性世代和无性世代的异同点有哪些？
4. 药用的海藻属于哪几门？各有何主要特征？
5. 绿藻门有哪些常用药用植物？生长在什么环境？

第六章　菌 类 植 物
Fungi

学习目标

1. 掌握：菌类植物的主要特征。
2. 熟悉：菌类子囊菌亚门、担子菌亚门的主要特征及重要药用真菌。
3. 了解：真菌的繁殖方式。

第一节　菌类植物概述
Overview of Fungi

菌类（fungi）是异养型的有机体，由于它们或其孢子具有细胞壁，所以在生物两界系统中被列入植物界。菌类没有根、茎和叶的分化，不含光合作用色素，不能进行光合作用，故其营养方式是**异养**（heterotrophy）。异养的生活方式有**寄生**（parasitism）（从活的动植物体上吸取养分）、**腐生**（saprophytism）（从死的动植物体上或其他无生命的有机物中吸取养分）和**共生**（symbiosis）（从活的有机体取得养分同时又提供该有机体有利的生活条件，彼此间互相受益，互相依赖）。菌类植物生活方式多样，分布广泛，种类繁多。菌类植物分为以下 3 个门。

一、细菌门（Bacteriophyta）

细菌是微小的单细胞有机体，在形态上分为球菌、杆菌、螺旋菌和放线菌 4 种类型。细菌具有细胞壁、细胞膜、细胞质、核质和内含物，没有真正的细胞核。有的细菌还有荚膜、芽孢和鞭毛。细胞壁主要由蛋白质、类脂质和多糖复合物组成，而不含纤维素。细菌的繁殖为裂殖，即在分裂时，首先核质分裂，接着细胞中部凹入，新细胞壁将母细胞一分为二。绝大多数细菌不含叶绿素，营寄生或腐生生活。细菌分布广、种类多、繁殖快，细菌产生的酶可溶解有机体，把动植物的遗体分解为简单的无机物，回归土壤中，可供植物生长需要，对自然界的物质循环起重要作用。本门细菌在农业、工业及医药卫生方面得到广泛应用，如在农业上应用根瘤菌、磷细菌和钾细菌等人工培养生物肥料提高土壤肥力，在工业上应用细菌用于制酒、制醋和制革等发酵工业，在医药上应用某些细菌来制作菌苗、疫苗和免疫血清等以防治某些疾病，但是有些细菌也可引起人体、动物、植物的病害。

放线菌是细菌和真菌之间的过渡类型。放线菌也是单细胞的菌类，是由分枝的无隔菌丝组成，无定形的细胞核。放线菌不进行有性生殖，主要以产生大量的分生孢子进行繁殖。放线菌是抗生素的重要产生菌，已知的抗生素中有 2/3 以上是从放线菌提取的，如链霉素、氯霉素、土霉素、红霉素和庆大霉素等。

二、黏菌门（Myxomycophyta）

黏菌是介于动物和植物之间的一类真核生物，无细胞壁，而具有多核的原生质团。黏菌做变形运动吞食食物，表现为动物性状，但在生殖时则产生具纤维素细胞壁的孢子，又表现为植物性状。大多数黏菌生于森林中阴暗和潮湿的地方，如腐木上、落叶上或其他湿润的有机物上，为腐生菌，尚未发现其有较大的经济价值。

三、真菌门（Eumycophyta）

真菌的细胞有细胞壁、细胞核，但不含叶绿素，也没有质体，是典型的异养生物，营寄生或腐生生活。真菌除少数种类是单细胞（如酵母）外，绝大多数真菌是由纤细的管状的多细胞菌丝构成的**菌丝体**（mycelium），每一根细丝或一个分枝称为**菌丝**（hyphae）。菌丝分无隔菌丝和有隔菌丝两种。无隔菌丝是一个长管形细胞，有分枝或无分枝，无隔膜，大多数是多核的；有隔菌丝由许多隔膜把菌丝隔成许多细胞，每个细胞内含 1～2 个核（**图 6-1**）。真菌细胞壁主要成分有几丁质和纤维素等，细胞内含有原生质、细胞核、液泡、核糖体、线粒体和内质网，贮存的营养物质有肝糖、油脂、菌蛋白及微量的维生素，而不含淀粉。

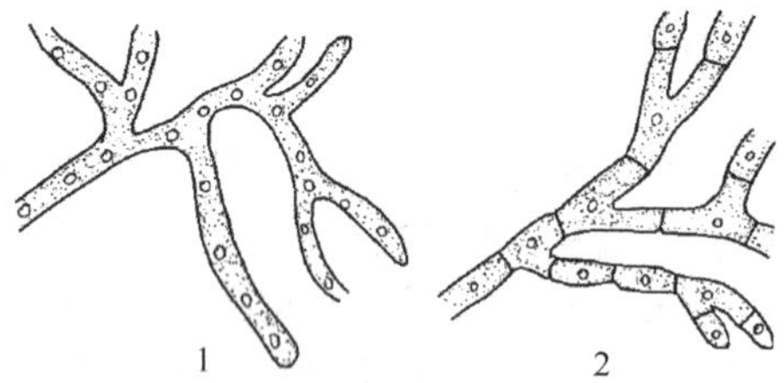

图 6-1　营养菌丝

1. 无隔菌丝；2. 有隔菌丝

在正常的生活条件下，活跃生长的菌丝体很疏松，呈绵白色。但在环境条件不良或繁殖的时候，菌丝互相紧密地交织在一起，形成各种不同的菌丝组织体。常见的菌丝组织体有**根状菌索**（rhizomorph）、**菌核**（sclerotium）和**子实体**（sporophore）。**根状菌索**是高等真菌的菌丝密结呈绳索状的外形像植物的根，其尖端可不断生长延伸，颜色较深，较粗大，能抵抗恶劣环境，在担子菌中常见。**菌核**是由菌丝密结而成的质地坚硬的核状体，形状和大小差别很大，可耐高温、低温及干燥，是渡过不良环境的休眠体，如茯苓和猪苓等。**子实体**是某些高等真菌在繁殖时期形成的有一定形状和结构，能产生孢子的菌丝体，如灵芝。**子座**（stroma）是容纳子实体的菌丝褥座，是真菌营养阶段到繁殖阶段的一种过渡形式。子座形成后，在子座上面产生许多子囊壳，子囊壳中产生许多子囊和子囊孢子，随即产生子实体，如冬虫夏草从幼虫体上长出的棒状物。

真菌的繁殖方式有**营养繁殖**（vegetative reproduction）、**无性生殖**（asexual reproduction）和**有性生殖**（sexual reproduction）3 种。

营养繁殖是通过细胞分裂而产生子细胞，如**芽生孢子**（blastospore）是从 1 个细胞出芽形成的，芽生孢子脱离母体后，即长成 1 个新个体；**厚壁孢子**（chlamydospore）是由菌丝中间个别细胞膨大形成的休眠孢子，其原生质浓缩，细胞壁加厚，渡过不良环境后再萌发为菌丝体；**节孢子**（arthrospore）又称**粉孢子**（oidium），是由菌丝细胞断裂形成。

真菌通常进行无性生殖，可产生大量的无性孢子，如游动孢子、孢囊孢子和分生孢子等。**游动孢子**（zoospore）是水生真菌产生的借水传播的孢子，无壁，具鞭毛，能游动，在游动孢子囊中形成。**孢囊孢子**（sporangiospore）是在孢子囊内形成的不动孢子，借气流传播。**分生孢子**（conidiospore）是由分生孢子囊梗的顶端或侧面产生的一种不动孢子，借气流或动物传播。这些无性孢子在适宜的条件下萌发形成芽管，芽管又继续生长而形成新的菌丝体（**图 6-2**）。

真菌的有性生殖非常复杂，方式多种多样，有**同配生殖**（homogamia）、**异配生殖**（heterogamy）、**接合生殖**（zygogamy）和**卵式生殖**（oogamy），通过有性过程可产生的各种类型的有性孢子，如**卵孢子**（oospore）、**接合孢子**（zygospore）、**子囊孢子**（ascospore）和**担孢子**（basidiospore）等。真菌在有性生殖过程中核相变化经过3个不同阶段：第一是**质配**（plasmogamy）阶段，由两个带核的原生质相互结合为同一个细胞；第二是**核配**（karyogamy）阶段，由质配带入同一细胞内的两个细胞核融合；在低等真菌中，质配后立即进行核配，但在高等真菌中，双核细胞要持续到相当长的时间才发生细胞核的融合，也就是说保持一个相当长的双核期，即（$n+n$）阶段；第三是**减数分裂**（meiosis）阶段，重新使染色体数目减为单倍体，形成4个单倍的核，产生4个有性孢子。

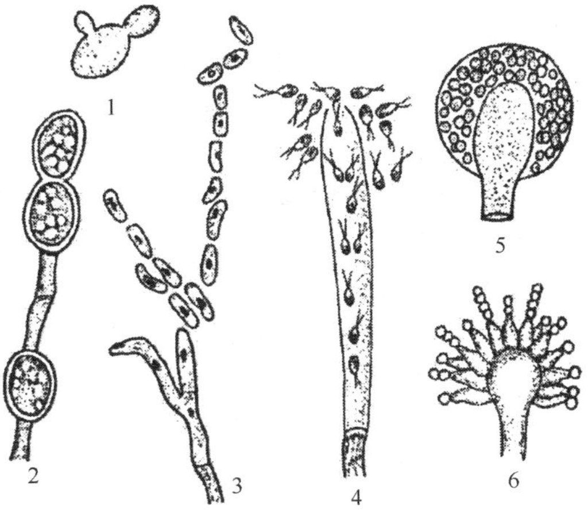

图 6-2　真菌常见的几种无性孢子

1. 芽生孢子；2. 厚壁孢子；3. 节孢子；4. 游动孢子；5. 孢囊孢子；6. 分生孢子

真菌在自然界的分布极广，从空气到水中及陆地无处不有，而在土壤中最多，还有很多种类寄生于动物、植物和人体中，另有一些种类与藻类及维管植物共生。

已知可供药用的真菌有300余种，其中许多种类含有多糖类成分，如香菇多糖（lentinan）、茯苓聚糖（pachyman）、茯苓次聚糖（pachymaran）和猪苓多糖（polyporus polysaccharide）等具有抗癌活性，其抗癌作用机制不同于细胞类毒素药物的直接杀伤作用，而是通过增强机体免疫力来增加对癌的抵抗力，从而间接抑制肿瘤的生长。此外某些真菌还具有抗菌和抗消化道溃疡等作用。但也有一些真菌含有剧毒或致癌成分，如毒蘑菇和黄曲霉素（aflatoxin）等。许多大型真菌具有高蛋白、低脂肪和低热量的特点，营养丰富可供食用，如蘑菇、香菇、木耳、猴头和竹荪等。酵母和曲霉菌广泛用于食品工业和酿造工业。还有些真菌可以分解木质素、纤维素和其他大分子有机物，在自然界的物质循环中有着极其重要的作用。

第二节　菌类植物的分类

Classification of Fungi

菌类植物主要分布在真菌门，真菌门是植物界很大的一个类群，通常认为有（12～14）万种，也有人认为可达40万种之多。我国约有真菌4万种，已知名称的有近万种。

关于真菌是否属于植物，曾存在异议。真菌不像植物可以进行光合作用，也不像动物进行吞食和消化营养，真菌从外界吸收营养。真菌与植物还存在很多差别，植物细胞壁的成分主要是纤维素，而真菌（除卵菌）细胞壁成分是几丁质和半纤维素。研究还发现真菌细胞内有内质网，作为遗传信息传递者的核糖体，不像植物细胞中那样连接在内质网上，而是没有规律地分散在细胞质中。此外，真菌细胞分裂过程比植物要简单得多，很少形成纺锤体。根据各方面的研究，认为真菌是不同于动物和植物的另一类生物，把真菌划分为另一个界，即真菌界。但在本书中仍然采用林奈的两界系统，把真菌列入植物界。

现根据真菌的结构和有性生殖器官的形态，将真菌门进一步分为鞭毛菌亚门

（Mastigomycotina）、接合菌亚门（Zygomycotina）、子囊菌亚门（Ascomycotina）、担子菌亚门（Basidiomycotina）和半知菌亚门（Deuteromycotina）5 个亚门。鞭毛菌亚门和接合菌亚门的菌丝均无隔，为低等真菌；子囊菌亚门和担子菌亚门的菌丝均具有隔，为高等真菌；半知菌亚门的菌丝也具有隔，应为高等真菌，但尚未发现它们的有性阶段。

菌类植物亚门检索表

1. 有游动孢子；有性阶段的孢子为典型的卵孢子……………………**鞭毛菌亚门 Mastigomycotina**
1. 无能动细胞。
  2. 具有性阶段。
    3. 有性阶段孢子为接合孢子……………………**接合菌亚门 Zygomycotina**
    3. 无接合孢子。
      4. 有性阶段孢子为子囊孢子……………………**子囊菌亚门 Ascomycotina**
      4. 有性阶段孢子为担孢子……………………**担子菌亚门 Basidiomycotina**
  2. 无有性阶段……………………**半知菌亚门 Deuteromycotina**

药用真菌以子囊菌亚门和担子菌亚门多见，还有少数为接合菌亚门及半知菌亚门。

一、接合菌亚门（Zygomycotina）

接合菌亚门菌类明显地由水生进化到陆生，由游动孢子发展到静孢子或分生孢子，腐生或寄生。菌丝体无隔，多核，少数在幼嫩时产生隔膜，细胞壁由几丁质和壳聚质构成。无性繁殖在孢子囊内生成孢囊孢子，孢囊孢子无鞭毛，不能游动。有性生殖由（+）（−）配子囊顶端接触，端壁融解，彼此连通，2 个配子囊中的细胞质首先发生配合，接着（+）、（−）核成对融合。配子囊融合后形成 1 个具有多个二倍体核的**接合孢子**（zygospore）。休眠后，在适宜条件下萌发形成**接合孢子囊**（zygosporangium），其中的二倍体核进行减数分裂，产生单倍体的（+）、（−）孢子，释放出来后，各自萌发产生新一代的（+）、（−）菌丝体。有性过程中质配与核配相继进行，无 $n+n$ 阶段。

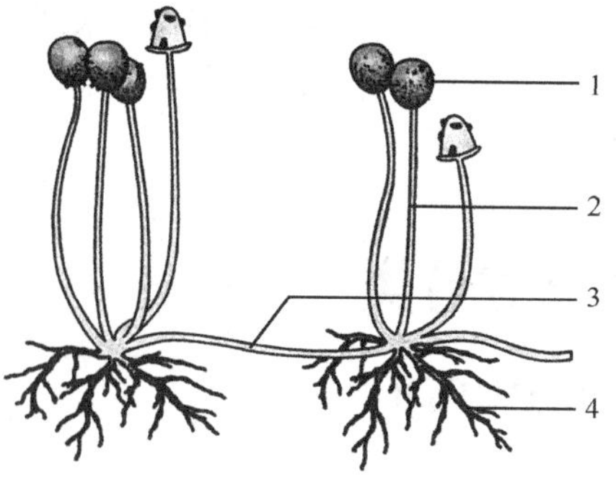

图 6-3　匍枝根霉

1. 孢子囊；2. 孢子囊梗；3. 匍匐枝；4. 假根

匍枝根霉 ***Rhizopus stolonifer*** **（Ehrenb. ex Fr.）Vuill** 毛霉科。植物体常腐生于面包、馒头等食物上，引起食物霉变。菌丝体无隔多核，疏松，绵白色。菌丝在基质上呈弓形匍匐蔓延，并向下生出假根伸入基质中吸取营养（**图 6-3**）。匍枝根霉能产生果胶酶，常用来发酵豆类和谷类食品。其他一些根霉也可用来制曲酿酒，如**米根霉**（***R. oryzae***）能用作糖化菌生产酒曲；**少根根霉**（***R. arrhizus***）等能用来产生乳酸，但是会致使人眼球突出甚至失明。

二、子囊菌亚门（Ascomycotina）

子囊菌亚门是真菌门中种类最多的一个亚门，约有 37 000 种，为腐生或寄生的陆生高等真菌。除少数低等子囊菌为单细胞外，绝大多数都有发达的菌丝体，菌丝分枝，具有横隔，并且紧密结合成一定的形状。

子囊菌的无性生殖特别发达，有裂殖、芽殖或形成分生孢子、节孢子、厚壁孢子等。有性生殖为配子囊接触配合。在菌丝顶端形成精子囊和产囊体；精子囊内形成多个雄核；产囊体顶端有1个管状的受精丝，产囊体内有多个雌核。当受精丝与精子囊接触时，精子囊中的细胞质与雄核通过受精丝流入产囊体内。精子囊中的细胞质与产囊体内的细胞质发生配合称**质配**（plasmogamy），但雌、雄核不发生融合，而是成对地靠近。质配后，在产囊体的上半部向外形成产囊丝，成对的雌、雄核移入产囊丝中，形成多个具有雌、雄核的双核细胞（$n+n$）。再由产囊丝发育为**子囊**（ascus），其内的雌、雄核发生融合，即**核配**（karyogamy），形成二倍体的合子核（$2n$）。合子核在子囊内进行减数分裂和有丝分裂，产生**子囊孢子**（ascospore）。子囊和子囊孢子是本亚门最主要的特征。

子囊菌的子实体称为**子囊果**（ascocarp）。子囊果有多种形状，有的完全闭合呈球形，称为**闭囊壳**（cleistothecium）；有的呈瓶状或囊状，先端开孔不封闭，称为**子囊壳**（perithecium）；有的在子囊基部由多层菌丝组成盘状、杯状或碗状，称为**子囊盘**（apothecium）（**图6-4**）。子囊果的形态特征是子囊菌分类上的主要依据。

【重要药用植物】（main medicinal plants）

啤酒酵母菌 ***Saccharomyces cerevisiae* Han.** 酵母菌科。菌体为单细胞，卵形，细胞核较小。通常以出芽方式进行繁殖，在芽脱落之前呈暂时的有分枝的拟菌丝，每个芽脱落后就成为新个体。有性生殖时，由2个营养细胞或2个子囊孢子直接融合，质配后进行核配，形成的二倍体细胞即为子囊。经减数分裂后产生4个单倍体子囊孢子，或者再进行一次有丝分裂产生8个子囊孢子。子囊孢子释放后发育成为一个新个体。2个子囊孢子也可直接融合成子囊。酵母菌种类多，应用也是多方面的，不仅能用来发面、酿酒，生产甘油、甘露醇和有机酸等，还因酵母菌富含B族维生素、蛋白质和多种酶，在医药上常用作为B族维生素的来源和滋补剂及助消化剂，也能用于提取核酸、细胞色素c、辅酶A和多种氨基酸等（**图6-5**）。

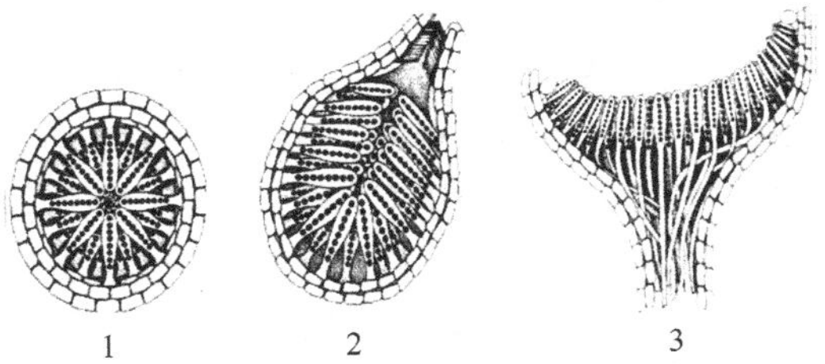

图6-4　子囊果的主要类型（外形和纵切面放大）

1. 闭囊壳；2. 子囊壳；3. 子囊盘

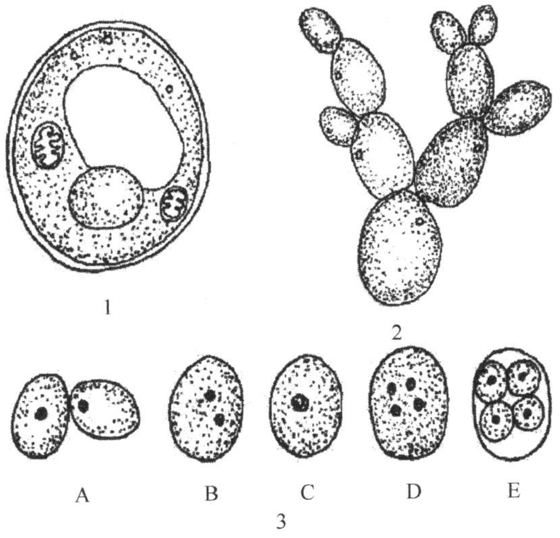

图6-5　酵母菌

1. 营养细胞；2. 出芽生殖；3. 有性生殖；A. 将要进行质配的2个细胞；B. 质配后内含双核（$n+n$）；C. 核配；D. 减数分裂产生4个子核；E. 子囊内形成4个子囊孢子

青霉菌 ***Penicilium*** 曲霉科。菌丝体淡绿色，由多数具有横隔的菌丝组成。通常以分生孢子进行繁殖，产生孢子时，菌丝体顶端产生多细胞的分生孢子梗，梗顶端数次分枝，呈扫帚状，最末小枝称小梗，从小梗上生1串绿色分生孢子。孢子成熟后随风飞散，落在基质上，在适当的条件下，便萌发为菌丝（**图6-6**）。青霉菌种类很多，在自然界分布很广，空气、土壤及各种物品上都可找到。其应用也很广泛，如**产黄青霉**（***Penicillium chrysogenum* Thom.**）和**点青霉**（***P. notatum* Westling**）均可提取青霉素，还可从某些青霉中提取有机酸和乳酸等。

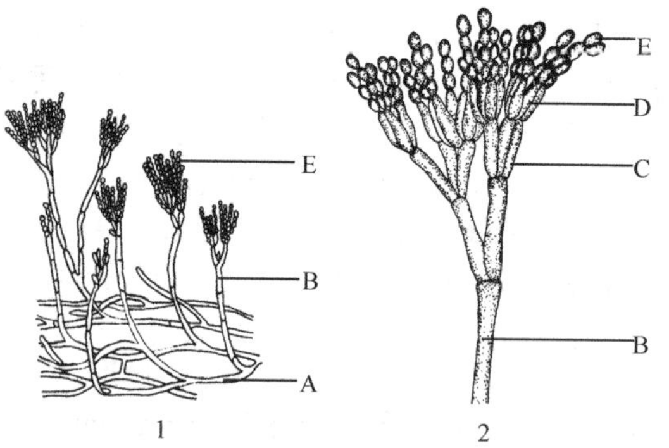

图 6-6 青霉菌

1. 从营养菌丝上长出分生孢子梗；2. 分生孢子梗；A. 营养菌丝；B. 分生孢子梗；C. 梗基；D. 小梗；E. 分生孢子

麦角菌 ***Claviceps purpurea*** **(Fr.) Tul.** 麦角菌科。菌体常寄生在禾本科、莎草科、灯心草科、石竹科等植物的子房内，菌核形成时伸出子房外，呈紫黑色，角状，质较坚硬故称**麦角**。通过子囊孢子和分生孢子进行繁殖（图**6-7**）。我国已发现有 5 种麦角菌，寄生于 70 余种植物上，主要分布在东北、西北和华北等地区。麦角含十多种生物碱，主要活性成分有麦角新碱（ergometrine）、麦角（ergotamine）、麦角生碱（ergosine）和麦角毒碱（ergotoxine）等。麦角制剂常用于子宫出血或内部器官出血的止血剂。麦角胺（ergotamine）可治疗偏头痛。现采用人工发酵生产麦角菌。

冬虫夏草 ***Cordyceps sinensis*** **(Berk.) Sacc.** 麦角菌科。植物体是一种寄生于蝙蝠蛾科昆虫幼虫上的子囊菌。夏秋季节，该菌的子囊孢子为多细胞针状物，从子囊中散射出来后，裂成小段，每段萌发产生芽管，侵入寄主幼虫体内。染菌幼虫钻入土中越冬，本菌细胞以酵母状出芽方式增加体积，破坏虫体内部的结构，将虫体营养耗尽而成僵虫，此时虫体内变成充满菌丝坚硬的菌核。翌年春末夏初自幼虫体的头部长出棍棒状的子座，并伸出土层外，成为冬虫夏草。子座上部膨大，近表面生有许多子囊壳，壳内生有许多长形的子囊，每个子囊具 2～8 个细长有多数横隔的子囊孢子。子囊孢子从子囊壳孔口射出后又继续侵染新的寄主幼虫（图 **6-8**）。

图 6-7 麦角菌

1. 菌核；2. 穗状花序

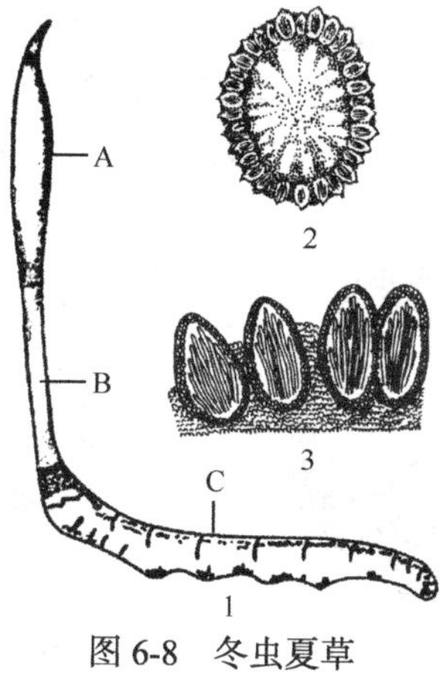

图 6-8 冬虫夏草

1. 冬虫夏草全形：A. 子座上部，B. 子座柄，C. 已死的幼虫（内部为菌核）；2. 子座横切面；3. 子囊壳（子实体）放大

冬虫夏草主要分布于西藏、青海、四川、云南和甘肃等地区，多生长在海拔 3000m 以上的高山山坡树下、烂叶层和草丛中。冬虫夏草含虫草酸和蛋白质、核苷、脂肪、多糖和甾醇类成分。带子座的干燥菌核入药（冬虫夏草），能补肾益肺、止血化痰。

现已知虫草属（*Cordyeps*）共 137 种，我国有 27 种，如**亚香棒虫草** ***C. hawkesii*** **Gray**、**凉山虫草** ***C. liangshanensis*** **Zhang，Liu et Hu** 和**蛹虫草** ***C. militaris*** **(L.) Link** 等。

羊肚菌 ***Morchella esculenta*** **(L.) Pers.** 羊肚菌科。菌盖近球形或圆锥形，表面有似羊肚状的凹坑，蛋壳色至淡黄褐色，边缘全部和柄相连。柄近圆柱形，中空（图 **6-9**）。分布于四川、云南、吉林和河北等地区，生于阔叶林中地上和林缘空旷处。主要含有蛋白质、多糖及多种氨基酸等成分。羊肚菌是滋味鲜美名贵的食用菌，能消食和胃，化痰理气。

图 6-9 羊肚菌

子囊菌亚门中入药的有**红曲霉（红曲）*Monascus purpureus* Went.** 能健脾消食、活血化瘀。另有**竹黄 *Shiraia bambusicola* Henn.** 能化痰止咳、活血祛风、利湿。

三、担子菌亚门（Basidiomycotina）

担子菌都是多细胞的菌丝体，菌丝有横隔且具分枝，并有初生菌丝体和次生菌丝体之分。初生菌丝体是由担孢子发育形成的单核单倍体菌丝体，在生活史中生命短暂。次生菌丝体是经质配后形成的双核（*n*+*n*）菌丝体，生活期长，作用最大，是担子菌的主要营养体。在形成担子和担孢子的过程中，由 1 个双核细胞产生 2 个双核细胞，并在 2 个双核细胞间存留 1 个喙突，这一过程称为**锁状联合**。此后双核菌丝的顶端细胞膨大形成担子，担子顶端生出 4 个小梗，发育形成 4 个单细胞、单核、单倍体的担孢子。有性生殖过程中形成的**担子**（basidium）和**担孢子**（basidiospore）是担子菌的最大特征。

担孢子的子实体称为**担子果**（basidiocarp），其形态、大小、颜色各不相同，有伞状、球状、猴头状和分枝状等。其中最常见的一类是伞菌类，由担子果上部呈帽状或伞状的**菌盖**（pileus）和菌盖下部的**菌柄**（stipe）两部分组成。菌盖下面呈辐射状排列，产生子实层的薄片称**菌褶**（gills）。菌褶表面生有单细胞、无隔、呈棒状的担子，担子顶端有 4 个小梗，每个小梗上生有 1 个担孢子；夹在担子之间的一些不长孢子的菌丝称为侧丝。担子和侧丝构成**子实层**（hymenium）。在子实层下的一些较小的细胞称为**子实层基**（subhymenium）。**菌髓**（trama）位于菌褶的中央部位，通常由一些疏松排列的长形菌丝构成。子实层、子实层基和菌髓构成菌褶。在菌褶之间还有少数横列的大型细胞称**隔胞**（囊状体），隔胞长大后将菌褶撑开，有利于担孢子的散布。有些伞菌的担子果幼小时，连在菌盖边缘和菌柄之间有一层薄膜，称**内菌幕**（partial veil）。在菌盖伸展和菌柄伸长时，内菌幕被拉破，残留在菌柄上的部分就形成了**菌环**（annulus）。有些伞菌的担子果在幼小时外面包被有一层膜，称**外菌幕**（universal veil）。当菌柄伸长菌盖展开时，外菌幕破裂，残留在菌柄基部的部分形成**菌托**（volva）。菌托、菌环的有无是伞菌分类的重要依据之一（**图 6-10**）。

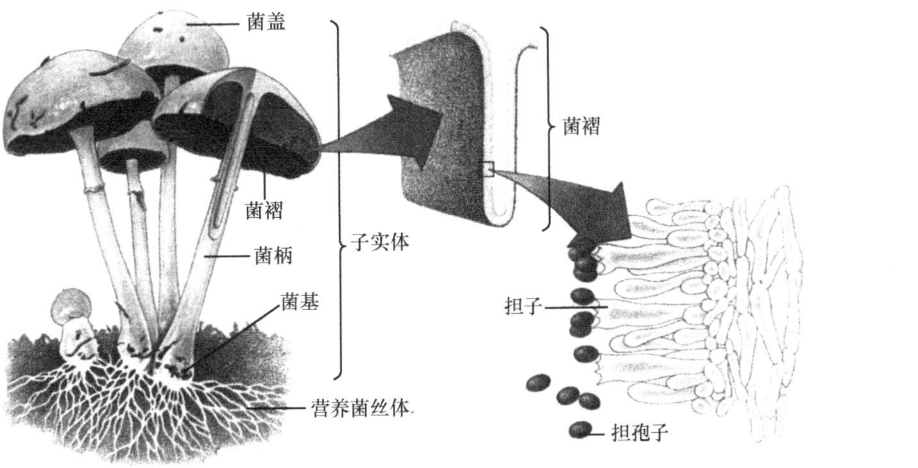

图 6-10 伞菌的外形及菌褶的构造

担子菌亚门是一群陆生高等真菌，全世界已知的约有 22000 种。许多种类可供食用或药用，具有较大的经济意义。但也有一些是植物的病原菌或有剧毒的真菌。

【重要药用植物】(main medicinal plants)

银耳 ***Tremella fuciformis*** **Berk.** 银耳科。子实体纯白或带淡黄色，胶质，半透明，宽 5～10cm，由多数薄而皱褶的菌片组成，呈菊花状或鸡冠状；鲜时软，干后收缩柔软。担子近球形，纵分隔；孢子无色，光滑，近球形（**图 6-11**）。分布于长江以南山区，多生于栎树及其他阔叶树的腐木上。商品药材主要为人工栽培品。银耳主要含多糖类成分。银耳是一种营养丰富的滋养补品，入药能滋补生津、润肺养胃。

猴头菇（猴菇菌） ***Hericium erinaceus*** **(Bull.) Pers.** 齿菌科。子实体单生，椭圆形至球形，新鲜时白色，有时带浅玫瑰色，干燥后黄色至褐色，肉质，中部和下部表面生有无数下垂的圆柱状菌针（子实层托），整体形似猴头而得名（**图 6-12**）。子实层生于菌针表面。孢子近球形，无色，光滑。主产于东北、华北和西南等地区，多生于栎树及其他阔叶树受伤处或腐木上。现已大规模人工栽培。猴头菇主要含猴头菌酮、猴头菌碱、蛋白质、脂质及多糖等成分。猴头菇除食用外，入药能健脾养胃，安神。

图 6-11 银耳

图 6-12 猴头菇

灵芝（真菌赤芝） ***Ganoderma lucidum*** **(Leyss. ex Fr.) Karst.** 多孔菌科。腐生菌，子实体木栓质，菌盖半圆形或肾形，初生为黄色，后渐变成红褐色，有光泽，具环状棱纹和辐射状皱纹，菌盖下面密布细孔（菌管），呈白色至淡褐色，内生担子及担孢子。菌柄圆柱形，侧生，紫褐色，有漆样光泽。担孢子卵形，褐色，顶端平截，内壁有无数小疣（**图 6-13**）。全国大部分地区有分布，多生于栎树及其他阔叶树的腐木上。商品药材主要为人工栽培品。灵芝主要含多糖、麦角甾醇和三萜类成分。干燥子实体入药（灵芝），能补气安神、止咳平喘。灵芝孢子粉也可药用。本属药典还收载**紫芝** ***G. sinense*** **Zhao，Xu et Zhan** 的子实体作灵芝入药，其菌盖和菌柄呈紫色或黑紫色，菌肉锈褐色，孢子卵形，较大，内壁具显著小疣突。主产于长江以南各省区。

茯苓 ***Poria cocos*** **(Schw.) Wolf** 多孔菌科。菌核膨大，呈类球形、椭圆形、扁圆形或不规则团块，大小不一，小者如拳，大的可达数公斤；外皮薄而粗糙，棕褐色至黑褐色，有明显的皱纹或瘤状皱缩；内部白色或稍带粉红色，粉质、质坚实，由无数菌丝组成。子实体无柄，伞形，平伏于菌核表面成一薄层。孢子长方形至近圆柱形，透明无色。全国各地均有分布，寄生于赤松及马尾松等植物的腐朽根部，现多人工栽培。茯苓主要含茯苓聚糖、茯苓次聚糖、茯苓酸和氨基酸等化合物。干燥菌核入药（茯苓），能利水渗湿、健脾宁心。用茯苓提制的羧甲基茯苓多糖（钠）能治疗癌症及肝炎（**图 6-14**）。

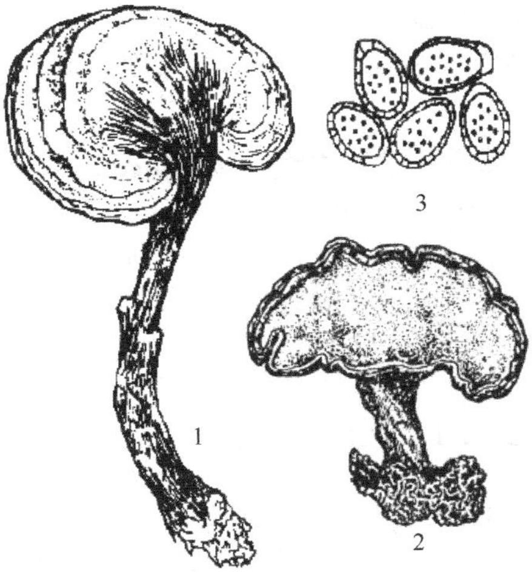

图 6-13 灵芝

1. 子实体；2. 子实体横切；3. 孢子（放大）

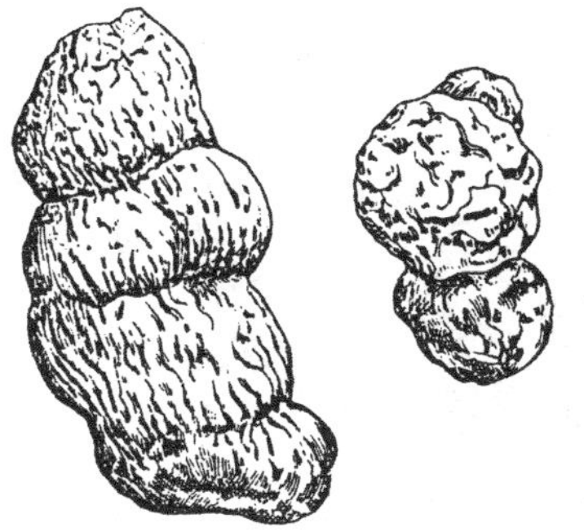

图 6-14 茯苓（菌核）

猪苓 ***Polyporus umbellatus*（Pers.）Fr.** 多孔菌科。菌核埋生于地下，呈不规则的块状或球形，表面凹凸不平，有皱纹及瘤状突起，棕黑色至灰黑色，内部白色或黄白色。子实体由菌核上生长，伸出地面，菌柄往往于基部相连，上部多分枝。菌盖圆形，肉质，白色至浅褐色，中部脐状，有淡黄色纤维状鳞片，干后坚硬而脆。孢子无色，光滑，卵圆形。主产于山西、陕西、河南、河北和云南等地，寄生于枫、桦、柳、椴及壳斗科树木的根部。猪苓主要含多糖、麦角甾醇、生物素和粗蛋白等化合物。干燥菌核入药（猪苓），能利尿渗湿（**图 6-15**）。

香菇 ***Lentinus edodes*（Berk.）Sing.** **[*Lentinus edodes*（Berk.）Pegler]** 伞菌科。菌盖初期呈半球形，后变为平展形，顶部有时下凹，直径4～15cm，褐色至深褐色，上表面覆有淡褐色鳞片，呈菊花状龟裂，露出白色菌肉。菌肉薄，白色。菌柄中生或偏生，内实，白色，有细鳞片，长3～5cm。菌褶白色，基部与柄相连并下延。孢子无色，椭圆形。香菇主产于长江以南各地区，生于阔叶树的倒木上，现已大规模采用段木和木屑进行人工栽培。香菇主要含多糖、蛋白质、氨基酸和甾体等成分。香菇具有抗肿瘤、抗氧化、抗菌和保肝等作用。

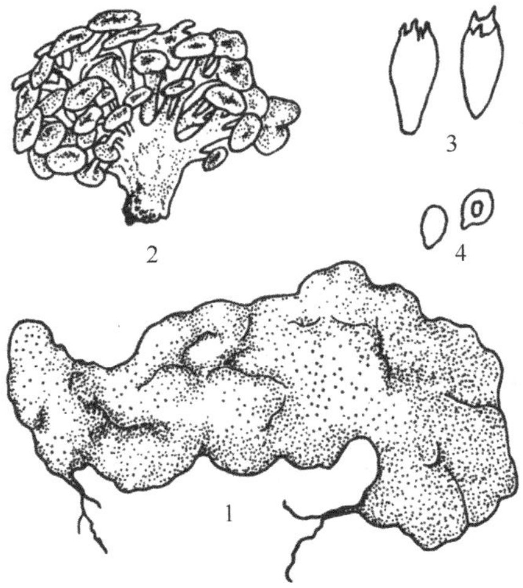

图 6-15 猪苓

1. 菌核；2.子实体；3. 担子；4. 担孢子

真菌脱皮马勃 ***Lasiosphaera fenzlii* Reich.** 灰包科。子实体近球形，无不孕基部，直径15～20cm，幼时白色，成熟时渐变浅褐色至暗褐色。包被两层，外包被薄，成熟时成片状剥落；内包被纸质，浅烟色，成熟后与外包被逐渐剥落，仅余一团孢体。孢子褐色，球形，壁具小刺突。孢丝长，有分枝，相互交织，多数结合成紧密团块（**图6-16**）。全国大部分地区均有分布，多生于山地腐殖质丰富的草地上。脱皮马勃主要含马勃菌酸、蛋白质和类脂质等。干燥子实体入药（马勃），能清肺利咽、止血。药典收载作马勃入药的还有：**大马勃** ***Calvatia gigantea*（Batsch ex Pers.）Lloyd** 不孕基部小或无。残留的包被由黄棕色的膜状外包被和较厚的灰黄色的内包被所组成，光滑。孢体浅青褐色。**紫色马勃** ***C. lilacina*** **(Mont. et Berk.) Lloyd** 呈陀螺形，或已压扁呈扁圆形，直径5～12cm，不孕基部发达。包被薄，两层，紫褐色，粗皱，有圆形凹陷，外翻，上部常裂成小块或已部分脱落。孢体紫色。

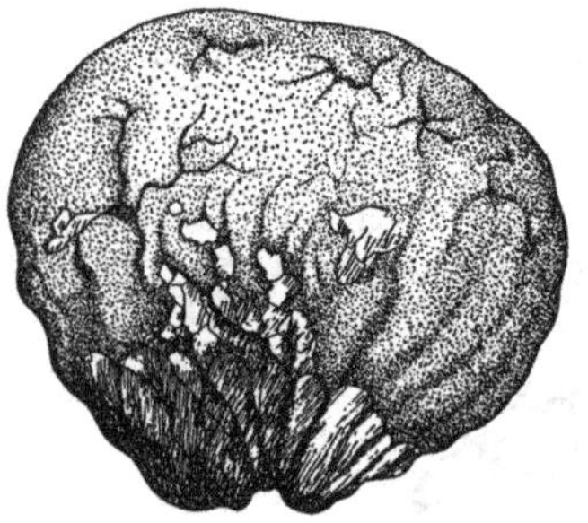

图 6-16　脱皮马勃

担子菌亚门中入药的还有**雷丸** ***Omphalia lapidescens*** **Schroet.** 能杀虫消积。**木耳** ***Auricularia auricular*** **(L. ex Hook.) Underw.** 能补气养血、润肺止咳、止血、降压、抗肿瘤。**云芝** ***Coriolus versicolor*** **(Fr.) Quel.** 能健脾利湿、止咳平喘、清热解毒、抗肿瘤。

四、半知菌亚门（Deuteromycotina）

半知菌的菌丝均具有隔。在它们的生活史中，仅发现无性阶段，通常产生各种类型的分生孢子进行无性繁殖；其有性阶段尚未发现，即只知其生活史的一半，所以称为**半知菌**或称**不完全菌**（imperfect fungi）。根据菌丝体的结构和无性生殖方式，半知菌多数是子囊菌的无性阶段，少数为担子菌的无性阶段。在研究中如果发现有性生殖产生于子囊的归子囊菌纲，产生担子的归担子菌纲，所以半知菌亚门是一个人为的类群。

半知菌亚门分为 3 纲，1880 属，约 26 000 种。许多种类是动物、植物或人体的寄生菌，其中有 200 属以上是经济植物的病原菌，如寄生水稻上的**稻梨孢（稻瘟病菌）*Piricularia oryzae*** **Cav.**，可引起水稻发生苗瘟、叶瘟、节瘟、穗颈瘟和谷粒瘟等，严重时可造成水稻颗粒不收。

【重要药用植物】（main medicinal plants）

球孢白僵菌 ***Beauveria bassiana*** **(Bals.) Vuillant** 链孢霉科。寄生于家蚕幼虫体内（可寄生于 60 多种昆虫体上），使家蚕病死。干燥后的尸体作僵蚕入药，能息风止痉、祛风止痛、化痰散结。由于加强防治，白僵菌对家蚕的感染大为减少，为解决僵蚕的药源问题，以 4～5 龄的幼虫为原料，人工接种白僵菌使其感染。

Summary

1. Several characters were originally used to unite and define fungi: complete heterotrophy with no photosynthetic stages, formation of spores, presence of chitin in their walls, and lack of complex bodies with organs.

2. Fungi have three heterotrophic metabolisms: ①parasites, which draw nutrients slowly from living hosts, often without killing them; ②saprotrophs, fungi that attack organisms after they have died from other causes; ③symbiosis, which attack living hosts so virulently that they kill the hosts and then absorb released nutrients.

3. All fungus are divided into three phyla: Bacteriophyta, Myxomycophyta (Slime Molds) and Eumycophyt (True Fungi).

4. Bacteria resemble plants in that they have rigid cell walls, although the walls are generally of nitrogen rather than cellulose. Bacteria have ribosomes and nucleic acids but lack mitochondria, plastids, and the central vacuole. Bacteria break down plant and animal bodies, releasing their minerals and permitting nutrient recycling. Bacteria are also important as sources of antibiotics.

5. Slime molds consist of a plasmodium containing hundreds of thousands of nuclei but no individual cells. It is capable of amoeboid movement and can glide slowly to get away from light.

6. The true fungi are classified as a kingdom that is separate from plants and animals. Fungi are not considered plants because they lack plastids, they lack cellulose, their body construction is filamentous, and many of their metabolic pathways are not homologous with corresponding pathways in plants. But in this book, the true fungus belong to the plant kingdom.

7. The fungal body is either a single cell or a mycelium of septate or nonseptate hyphae. Except for oomycetes, which contain cellulose, fungal walls are composed of chitin. In ascomycetes and basidiomycetes, large complex fruiting bodies are formed.

8. Zoospores, conidia and sporangiospores are spores that are produced asexually.

9. Exchange of genetic material occurs by the fusion of compatible hyphae. Nuclear fusion is delayed, resulting in heterokaryotic hyphae. Shortly before formation of sexual spores, the nuclei fuse and then immediately undergo meiosis, with synapsis and crossing-over.

10. Zygomycetes have mycelia of branched coenocytic hyphae; complex fruiting bodies are never formed. After specialized multinucleate hyphae grow together, plasmogamy and karyogamy result in a zygosporangium with many diploid nuclei. Rhizopus is the most common form of Zygomycetes.

11. The Ascomycetes subdivision of fungi is very large, encompassing perhaps as many as 37000 species. The most distinguishing characteristic of Ascomycetes is the formation of an elongated, spore-bearing structure called the ascus. An ascus typically contains eight ascospores.

12. Ascomycetes have saclike asci where karyogamy and meiosis occur. Asci may be produced in ascocarps such as *Clviceps purpurea* and *Morchella esculenta*. Ascocarps are of various types, all rather simple.

13. *Saccharomyces cerevisiae*, which is classified as ascomycetes, is commercially important because of the enzymes they produce. *Clviceps purpurea* is an important ascomycete that produces the drug ergot, which is a useful medicinal drug. Because ergot causes contraction of involuntary muscle, it has been useful in helping contraction of the uterus during labor. It has also been used to help retard bleeding and has proved valuable in treating migraine headaches.

14. *Cordyceps sinensis* is an important ascomycete and one of the well-known traditional Chinese medicines. It is mainly distributed in the high-altitude grasslands of southwestern China, including Tibet, Qinghai, Sichuan, Yunnan and Gansu. *Cordyceps* contains a high concentration of adenosine, protein, fat and polysaccharide. It is commonly used to respiratory disease, renal dysfunction and renal failure, arrhythmias and other heart disease.

15. Basidiomycetes have clublike basidia where karyogamy and meiosis occur. Basidiomycetes produce basidiocarps such as *Tremella fuciformis*, *Hericium erinaceus*, and *Lentinula edodes*.

16. *Poria cocos* and *Polyporus umbellatus* are representative of the subdivision basidiomycotina. Polysaccharides have been isolated from the sclerotium of *P. cocos* and *P. umbellatus*. The massive pharmacologic research indicates polysaccharide is a kind of immunity intensifier used in assistance treatment to cancer. *Lasiosphaera fenzlii* is another important Basidiomycete and contains more compounds such as protein, lipid, calvatic acid.

17. Subdivision Deuteromycetes was established for species whose sexual reproduction is unknown. Most have incomplete septa of the ascomycete type.

复习思考题（review questions）

1. 菌类植物与藻类植物有哪些异同点？
2. 菌丝组织体常见的有哪几类？各起何作用？
3. 中药冬虫夏草来源是什么，产于何地？

第七章　地衣植物门

Lichenes

学习目标

1. 掌握：地衣植物的主要特征及分类。
2. 熟悉：常见重要药用植物。
3. 了解：地衣植物的分布特点。

第一节　地衣类植物概述

Overview of Lichens

地衣（lichens）是植物界中一类特殊的植物，它不是单一的植物体，而是由真菌和藻类高度结合的共生复合体。由于真菌和藻类的长期互相接触，菌丝产生微弱的附着器，伸向藻细胞，形成了不同于一般的藻类和真菌的植物体，具有独特的形态、结构、生理、生化和遗传等生物学特性，在分类上自成一个系统。构成地衣的真菌绝大多数为子囊菌，少数为担子菌；藻类为单细胞或丝状的蓝藻或绿藻。一般来说地衣是由 1 种真菌和 1 种藻类共生，少数为 1 种真菌和 2 种藻类共生。真菌包围藻类细胞，并决定地衣体的形态。真菌从外界环境中吸取水分和无机盐，为藻类提供光合作用的原料，并使植物体保持一定的湿度，不致干死；藻类进行光合作用，制造的养料除供自身生长发育外，也为共生的真菌提供营养。若双方分离便会导致各自均生长不良，甚至于死亡（特别是真菌）。

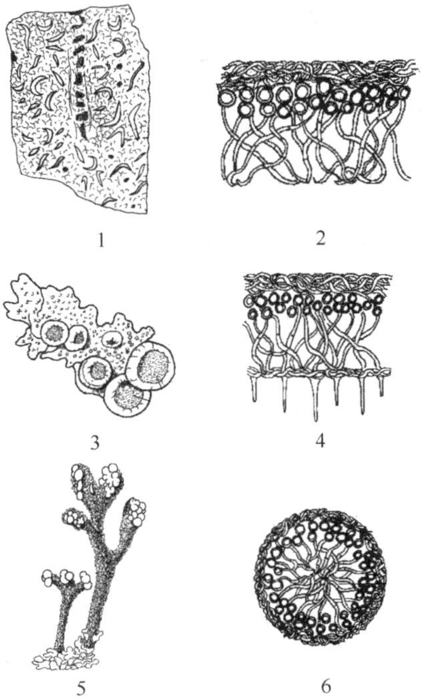

图 7-1　地衣的形态及结构

1，2. 壳状地衣：文字衣属；3、4. 叶状地衣：蜈蚣衣属；5、6. 枝状地衣：石蕊属

根据地衣外形和生长状态可分为**壳状地衣、叶状地衣和枝状地衣** 3 种类型（**图 7-1**）。

1. 壳状地衣（crustose lichens）　植物体呈片状，菌丝与基质（岩石、树皮和土壤等）紧密相连，无下皮层结构，菌丝直接伸入基质中，很难剥离。这类地衣种类多，常在岩石表面呈现各种不同色彩，约占全部地衣的 80%。例如，文字衣属（*Graphis*）及茶渍衣属

（*Lecanora*）等。

2. 叶状地衣（folicose lichens） 植物体扁平叶片状，具有背腹性，下面有菌丝束形成的假根或脐固着于基质上，易与基质剥离。例如，蜈蚣衣属（*Physica*）、地卷属（*Peltigera*）及梅衣属（*Parmelia*）等。

3. 枝状地衣（fruticose lichens） 植物体树枝状，直立或下垂，仅基部附着于基质上。例如，石蕊属（*Cladonia*）及松萝属（*Usnea*）等。

组成地衣的真菌菌丝和共生藻类，其在排列方式和结构类型上各有不同。以叶状地衣的横切面为例，从上至下通常可分为上皮层、藻胞层、髓层和下皮层。上、下皮层均由紧密交织的真菌菌丝构成，从下皮层产生出菌丝束称为假组织；藻胞层生于上皮层之下，由藻类细胞集中成层排列；髓层由疏松的菌丝交织而成。根据藻类细胞在地衣体内部的分布情况，通常在结构上，将地衣分为**异层地衣**和**同层地衣**两种类型（**图 7-2**）。

1. 异层地衣（heteromerous lichens） 藻类细胞聚集在上皮层之下，形成一层明显的藻胞层。髓层介于藻胞层和下皮层之间，髓层中没有或只有很少的藻细胞，如梅衣属（*Parmelia*）等。

2. 同层地衣（homoeomerous lichens） 上皮层之下没有明显的单独的藻胞层结构，藻类细胞和菌丝混合交织，如胶衣属（*Collema*）。

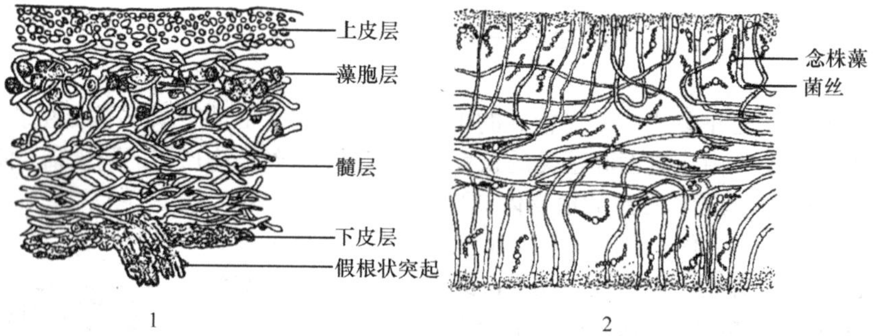

图 7-2　异层地衣和同层地衣的横切面构造

1. 异层地衣；2. 同层地衣

叶状地衣一般为异层地衣。壳状地衣多为同层地衣，壳状地衣只有上皮层，无下皮层，髓层与基质直接相连。枝状地衣的内部构造呈辐射状，外皮层致密，很薄的藻胞层包围中轴型的髓层，或髓层为中空的。

第二节　地衣类植物的分类

Classification of Lichens

已知全世界约有地衣植物 500 余属，26 000 余种。由于适应能力很强，既耐寒又耐旱，从平地到高山，从寒带到热带，从南极到北极，从干旱的沙漠到潮湿的土壤，都有地衣的存在。

地衣是喜光性植物，要求空气新鲜，对空气污染敏感，尤其是对二氧化硫非常敏感，在工业区和人口密集的城市如果有一定量的二氧化硫排出时，地衣就会生长不良或死去，因此是监测大气污染程度的指示植物。地衣可加速岩石的风化和土壤的形成，因此被称为自然界中的“先锋生物”或“开拓者”。

地衣含有**地衣多糖**（lichenan）和**地衣酸**（lichenic acid）等多种特征性的化学成分。地衣多糖类成分如地衣多糖、异地衣多糖和石耳多糖等有抗癌作用。目前已知有 100 多种地衣酸，许多地衣酸有抗菌作用，可用来制成外用消炎药。地衣不仅可以药用，还可食用或作试剂和香料的原料。

松萝（节松萝）*Usnea diffracta* Vain. 松萝科。枝状地衣，分枝多而呈丝状，长 15～30cm，灰黄绿色。基部着生于潮湿山林老树干或沟谷的岩壁上，茎部分枝少，先端分枝多，表面有明显的环状裂沟，中央有韧性丝状轴，易与皮部剥离。松萝分布几乎遍及全国，含松萝酸、地衣酸及地衣多糖等成分。全草有小毒。入药具有祛风湿、通经络、止咳平喘和清热解毒的功效。在西北、华中和西南等地区常作海风藤入药。同属植物**长松萝（老君须）*U. longissima* Ach.** 全株细长，丝状悬垂，两侧密生细而短的侧枝。功用同松萝（**图 7-3**）。

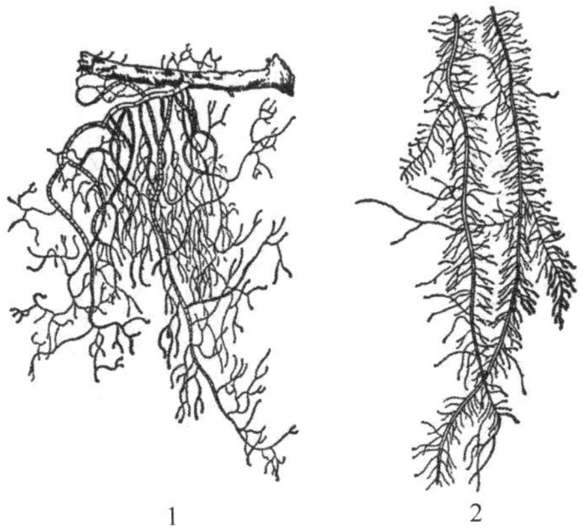

图 7-3 两种松萝

1. 松萝；2. 长松萝

石耳 *Umbilicaria esculenta*（Miyoshi）Minks 瓶口衣科。叶状地衣，外形似木耳，扁平叶状体，呈不规则圆形或椭圆形，直径 2～15cm，革质。上表面褐色，近光滑；下表面棕黑色，具颗粒状突起，密生黑色粗短而具分叉的假根。多生于裸露的岩石上，分布于我国中南地区。石耳含石茸酸、红粉苔酸及多糖等成分。全草入药，能养阴润肺、凉血止血、清热解毒（**图 7-4**）。

石蕊 *Cladonia rangiferina*（L.）Web. 石蕊科。枝状地衣，高 3～12cm，分枝圆柱形，粗壮，中空；表面灰白色或深灰绿色，多生于岩石表面的细土层上，分布于东北、西北和西南地区。石蕊含有黑茶渍素等。全草入药，能消热除湿、镇痛、凉血止血（**图 7-5**）。

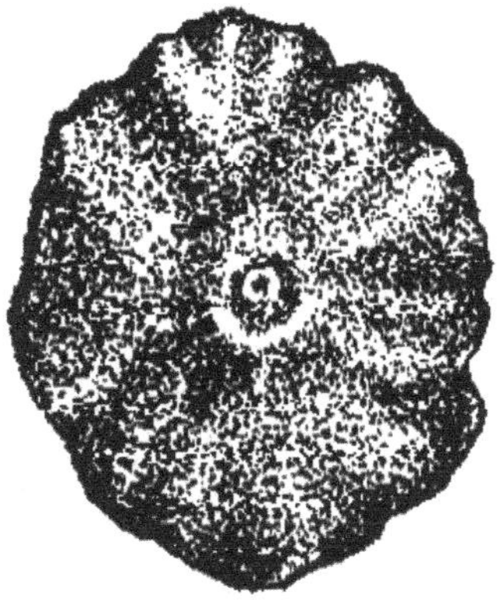

图 7-4 石耳

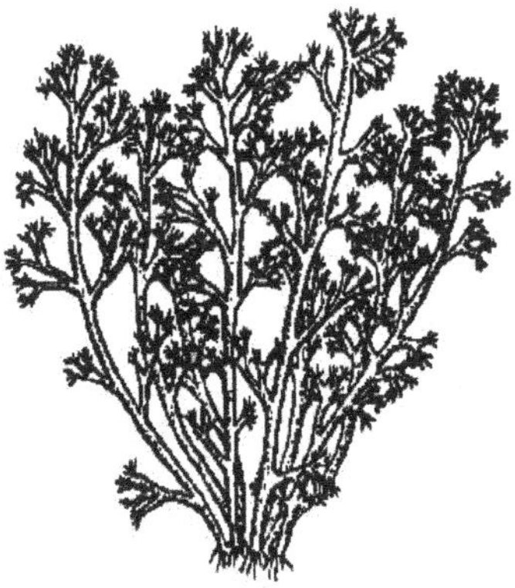

图 7-5 石蕊

地衣类植物入药的还有**雀石蕊（太白花）*Cladonia stellaris*（Opiz）Pouzor. Et Vezdr.** 全草入药，能平肝明目、止血调经，为抗生素原料。**石梅衣 *Parmelia saxatilis*（L.）Ach.** 全草入药，能补肝益肾、明目、止血、利湿解毒。

Summary

1. A lichen is a composite organism that arises from algae or cyanobacteria (or both) living among filaments of a fungus in a symbiotic relationship. Most of the fungi are ascomycetes; a few are

basidiomycetes.

2. Lichens come in many colors, sizes, and forms. The shape of a lichen is usually determined by the organization of the fungal filaments.

3. Lichens may have tiny, leafless branches(fruticose), flat leaf-like structures(foliose), flakes that lie on the surface like peeling paint (crustose), or other growth forms.

4. According to the growth pattern of lichen, lichens can be divided into three categories: crustose lichens, foliose lichens and fruticose lichens.

5. Lichens grow in harsh environments: on rocks and the trunks of trees: in salt spray, the desert, the arctic and tropical forests.

6. Lichens are sensitive, and their presence or absence can be used as an indicator of pollution. For example, lichens often do not grow well on the trunks of trees in the city.

7. The common medicinal lichen is *Usnea diffracta*, *Umbilicaria esculenta* and *Cladonia rangiferina*.

复习思考题（review questions）

1. 为什么说地衣植物体是复合有机体?
2. 地衣植物根据其形态和结构可以分为哪几类?
3. 常见的药用地衣植物有哪些?

第八章　苔藓植物门
Bryophyta

学习目标

1. 掌握：苔藓植物的主要特征。
2. 熟悉：苔藓植物的分类及常见重要药用植物。
3. 了解：苔藓植物的生活史及分布特点。

第一节　苔藓类植物概述
Overview of Bryophyta

苔藓植物（bryophyta）是绿色自养性的陆生植物，常见的植物体是其**配子体**（gametophyte），它是由孢子萌发成原丝体，再由原丝体发育而成的。苔藓植物一般较小，体型最大者也只有数十厘米。简单的种类与藻类相似，成扁平的叶状体形态。较高级的种类，植物体具有假根，开始有类似根、茎和叶的分化。苔藓植物没有真正的根，只有假根。假根由表皮突起的单细胞或多细胞的丝状物构成，无中柱，只在较高级的种类中，有类似输导组织的细胞群。茎内组织分化水平不高，仅有皮部和中轴的分化，没有真正的维管束构造。叶多数是由一层细胞组成，表面无角质层，内部有叶绿体，既能进行光合作用，也能直接吸收水分和养料。

苔藓植物的雌性生殖器官是**颈卵器**（archegonium），雄性生殖器官是**精子器**（antheridium），都是由多细胞构成的。颈卵器外形如长颈烧瓶状，由细长的颈部和膨大的腹部组成。颈部之内有一列颈沟细胞；腹部内有一个大型的**卵细胞**（egg cell），卵细胞的上方与最下一个颈沟细胞之间还有一个腹沟细胞。颈卵器成熟后，颈沟细胞和腹沟细胞解体，仅留下卵细胞。精子器外形呈棒状或球状。精子器的外壁由一层细胞构成，其内产生许多具 2 条等长鞭毛的长而卷曲的精子（**图 8-1**）。精子在有水的条件下游至颈卵器，并从颈沟进入，与腹部的卵结合，卵细胞受精后成为合子（$2n$），合子在颈卵器内不经休眠即进行分裂，发育成胚（embryo）。胚吸收配子体的营养发育成**孢子体**（sporophyte）。孢子体通常由**孢蒴**（capsule）、**蒴柄**（seta）和**基足**（foot）3 部分组成。孢蒴结构复杂，是产生孢子的器官，生于蒴柄的顶端。基足伸入配子体中吸收养料，供孢子体生长，故孢子体不能独立生活，只能寄生在配子体上。基足周围细胞的细胞壁多曲折，扩大了表面积，便于配子体和孢子体间营养物质的转输。孢子体最主要部分是孢蒴，孢蒴内的孢原组织细胞经多次分裂再经减数分裂，形成孢子（n），孢子散出后，在适宜的环境中萌发成**原丝体**（protonema），经一段时间后，在原丝体上发育成新的配子体。

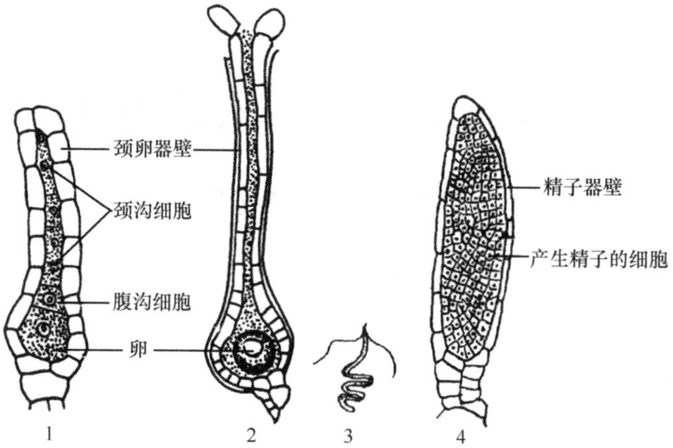

图 8-1 苔藓植物钱苔属的颈卵器及精子器

1、2. 不同时期的颈卵器；3. 精子；4. 精子器

苔藓植物生活史中，从孢子萌发到形成配子体，配子体产生雌、雄配子，这一阶段为有性世代，细胞核染色体数目为 n；从受精卵发育成胚，再由胚发育形成孢子体的阶段称为无性世代，细胞核染色体数目为 $2n$。有性世代（n）和无性世代（$2n$）互相交替形成了世代交替。苔藓植物的配子体发达，在世代交替中占优势，且能独立生活，而孢子体不能独立生活，必须寄生在配子体上，这是苔藓植物与其他陆生高等植物最大不同的特征之一。

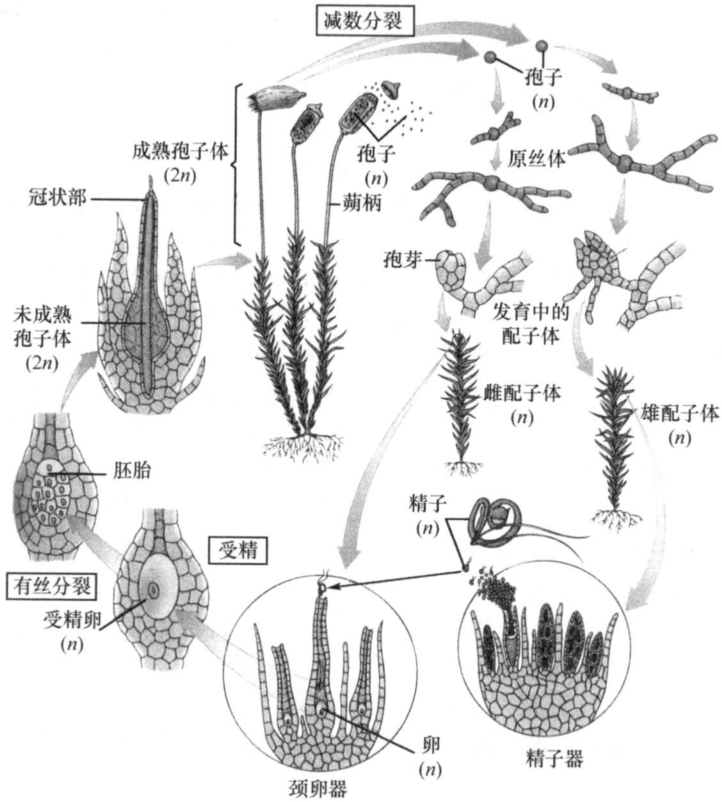

图 8-2 苔藓植物生活史

苔藓植物分布很广，适宜生长在潮湿的环境中，尤常见于多云雾的山区林地，也有些种类

生于裸露的岩面，耐旱力很强，是从水生到陆生过渡形式的代表。苔藓植物含有多种化合物，如脂类、烃类、脂肪酸、萜类和黄酮类等。

第二节 苔藓类植物的分类

Classification of Bryophyta

苔藓植物全世界约有 23 000 种，我国约有 2800 种，已知药用的有 25 科 39 属 58 种。根据其营养体的形态结构，通常分为**苔纲**、**角苔纲**和**藓纲**。

一、苔纲（Hepaticae）

植物体（配子体）为扁平的叶状体，多为两侧对称，常有背腹之分，有的种类有原始的茎、叶分化。假根由单细胞构成。茎多由同形细胞构成，没有中轴的分化。叶通常只有一层细胞，无中肋。蒴柄短且柔弱，蒴柄延长在孢蒴形成之后，颈卵器壁不形成分离的蒴柄；孢蒴成熟后多数在顶部呈四瓣纵裂，孢蒴内除形成孢子外，还形成许多弹丝，孢子成熟后，借弹丝散放。在适宜的环境下，孢子萌发成原丝体，原丝体不发达，每一个原丝体通常仅产生一个植物体。多生于阴湿的土地、岩石和树干上，亦可生于树叶上。有的种类还可以漂浮于水面，或完全沉生于水中。苔类植物中含有生物碱、黄酮、萜类、醌类、木脂素及酚性化合物等。

【重要药用植物】（main medicinal plants）

地钱 ***Marchantia polymorpha*** **L.** 地钱科。植物体为扁平叶状体，独立生活，贴地生长。浅绿色或深绿色，阔带状，多回二歧分叉，边缘微薄片状，有背腹之分。上面表皮（背面）有气孔和气室，气孔是由一般细胞组成的烟囱状构造，孔口边细胞 4 列，呈十字形排列；气室由许多排列疏松且含叶绿体的细胞组成，气室下面有几层排列紧密的贮藏细胞。下面表皮（腹面）有许多紫色鳞片和平滑或带花纹的假根。雌雄异株。雄生殖器托盘状，波状浅裂，精子器埋于托筋背面；雌生殖器托扁平，先端深裂成 9～11 指状裂瓣，孢蒴生于托的指腋腹面。

地钱的繁殖方式有两种：营养繁殖和有性生殖。地钱的营养繁殖有两种方式：一种是由地钱叶状体凹陷处的生长点不断地向前生长和分叉，后面老的叶状体逐渐死去，当死亡部分达到分叉处时一个植物体即变成两个新植物体；另一种是在叶状体的背面产生胞芽杯，胞芽杯中有胞芽，胞芽成熟由柄处脱落，萌发成新的叶状体（**图 8-3**）。

地钱的有性生殖：地钱雄配子体上产生盘状的雄生殖器托，其上有许多小孔腔，每一个小孔腔内有 1 个精子囊，精子囊内产生螺旋状具 2 根鞭毛的精子，精子在有水的条件下，游入雌配子体的雌生殖器托上倒悬着的颈卵器内，与卵结合形成受精卵。受精卵在颈卵器内发育成胚，由胚长成孢子体"苔蒴"，苔蒴依附在配子体上。孢子成熟，借弹丝弹出，先萌发成原丝体，再发展成为叶状的配子体，即新植物体。

地钱分布全国各地，生于阴湿土地和岩石及潮湿墙基。含地钱素、木犀草素和芹菜素及其苷类等。全草入药，能清热利湿、解毒敛疮。

蛇地钱（蛇苔） ***Conocephalum conicum*** **（L.）Dumortier** 蛇苔科。叶状体宽带状。全草入药，能清热解毒，消肿止痛。

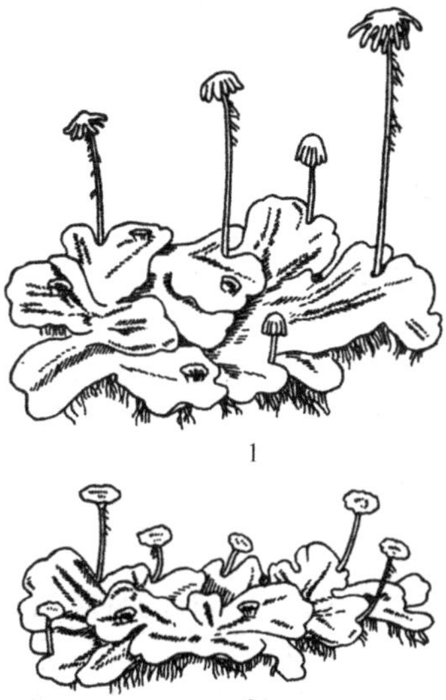

图 8-3 地钱

1. 雌株；2. 雄株

二、角苔纲（Anthocerotae）

植物体（配子体）为叶状体，呈圆形，有分叉，常形成莲座状，直径多为 1～3 cm，多数无中肋。腹面生有单细胞的假根。叶状体细胞近于六角形，每个表皮细胞内含 1～8 个大型的叶绿体，叶绿体有 1 个蛋白核。叶状体腹面含有胶质穴，其中生有念珠藻属植物。精子器和颈卵器均埋于叶状体上表皮下的组织内。孢子体颈卵器中的卵受精后形成胚，然后突出叶状体背面发育成长角状的孢蒴。孢蒴中央有 1 个纤细的蒴轴，没有蒴柄，基足仍埋生于叶状体中。成熟时孢蒴纵裂为 2 瓣。孢蒴中的孢子自上而下地成熟，在孢蒴中还有由 1～4 个细胞组成的假弹丝。角苔纲植物分布广泛，我国南北各地均有分布，生于阴湿的溪边和山坡。

【重要药用植物】（main medicinal plants）

角苔 ***Anthoceros laevis*** **L.** 角苔科。植物体为叶状，柔软，淡绿色或绿色，叉形分瓣呈不规则圆形，直径 0.5～3cm，背面光滑，边缘常有不规则的缺刻或裂瓣，腹面有假根，无中肋。每个细胞内有 1 个大型绿色载色体。雌雄同株。精子器常 1～3 个隐生于叶状体内。颈卵器受精后，渐由叶状体内部突出成长角状的孢蒴，中央有一中轴，成熟后，孢蒴呈 2 瓣分裂。孢子黄绿色，四分孢子型，有疣。假弹丝灰褐色，由 1～4 个细胞组成。角苔分布于南北各地，生于山区阴湿溪边、田野和土坡（**图 8-4**）。

三、藓纲（Musci）

植物体（配子体）多直立，有原始的茎和叶的分化，茎内多数有中轴，但无维管组织；叶在茎上螺旋式排列，常具有中肋；假根由单列细胞构成，分枝状。孢子体构造较苔类复杂，分为孢蒴、蒴柄和基足 3 部分。成熟时孢蒴、蒴柄伸出颈卵器外，但仍然寄生于配子体上。孢蒴外常有蒴帽覆盖，盖裂后常可见到蒴齿，蒴轴形成孢子而不产生弹丝。孢子萌发的原丝体发达，能产生多个芽体，每个芽体常发育成多个植物体（配子体）。藓纲植物分布于世界各地，在温带、寒带、高山、冻原、森林和沼泽形成大片群落。藓类植物中主要含有脂肪酸、甾醇、三萜和黄酮类化合物。

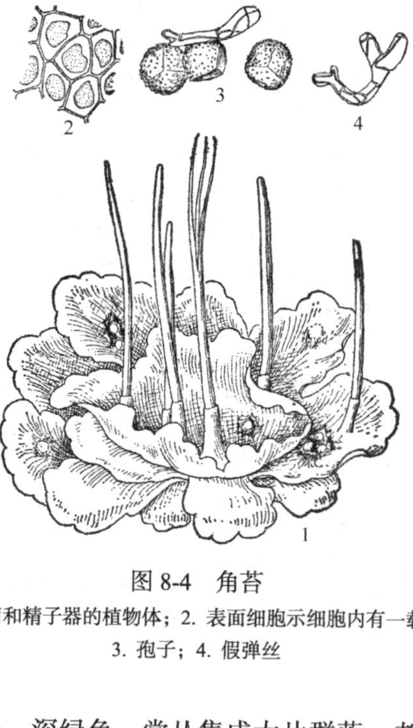

图 8-4 角苔

1. 具孢蒴和精子器的植物体；2. 表面细胞示细胞内有一载色体；3. 孢子；4. 假弹丝

【重要药用植物】（main medicinal plants）

大金发藓（土马鬃） ***Polytrichum commune*** **L.** 金发藓科。植物体粗壮，高 10～30cm，深绿色，常丛集成大片群落，老时呈黄褐色。有茎和叶分化，茎直立，下部有多数假根。叶丛生于茎上部，向下渐稀而小，鳞片状，长披针形，边缘有齿，中肋突出，叶基部鞘状。雌雄异株，雄株稍短，顶端精子器似花苞；雌株较高大，顶生孢蒴，蒴柄长，红棕色。孢蒴四棱柱形，蒴帽覆盖全蒴，蒴盖扁平，具短喙；蒴内形成大量孢子，孢子萌发成原丝体，原丝体上的芽长成配子体（即植物体）（**图 8-5**）。

全国各地均有分布，生于山野阴湿土坡、森林沼泽、酸性土壤上或岩石表土层上，四季可见。含木质素、苯酚类和甾醇酯类等成分。全草入药，能清热解毒、凉血止血。

葫芦藓 ***Funaria hygrometrica*** **Hedw.** 葫芦藓科。植物体矮小，高 1～3cm，淡绿色，直立。叶丛生于茎顶，长舌形，叶端渐尖，全缘；中肋粗壮。雌雄同株异苞，雄苞顶生花蕾状；雌苞生于雄苞下的短侧枝上。蒴柄细长，黄褐色；孢蒴弯梨形，不对称；蒴帽兜形，具长喙，形似葫芦瓢状。全国各地均有分布，生于氮肥丰富的阴湿地上。其含苔藓激动素等成分。全草入药，能祛风除湿、止痛止血（**图 8-6**）。

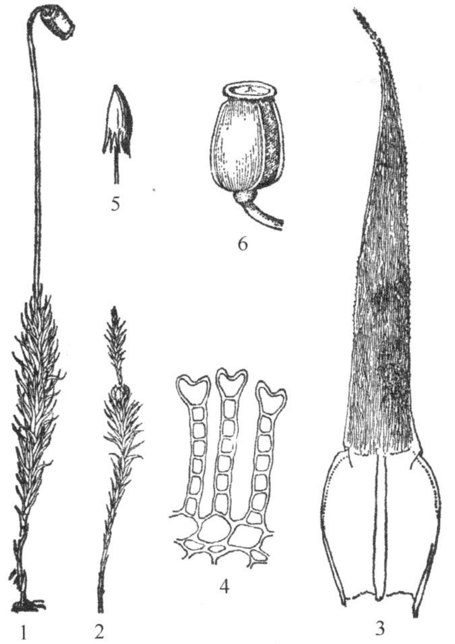

图 8-5　大金发藓

1. 雌株，其上具孢子体；2. 雄株，其上长有新枝；3. 叶；4. 栉片；5. 蒴帽；6. 孢蒴

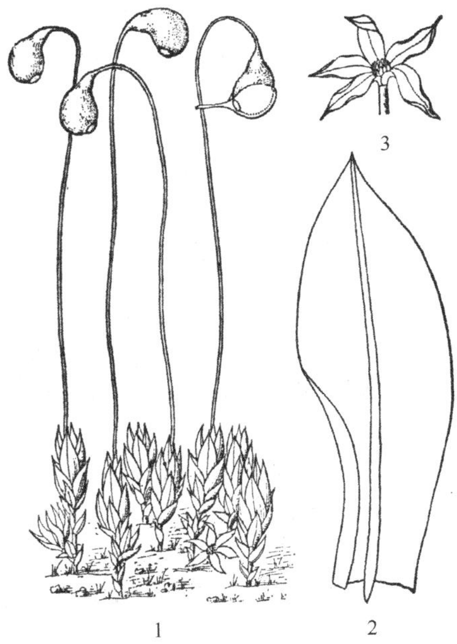

图 8-6　葫芦藓

1. 植物体；2. 叶；3. 雄苞

暖地大叶藓 ***Rhodobryum giganteum*** **（Sch.）Par.** 真藓科。植物体较大，鲜绿色或褐绿色，根状茎横生，茎直立。茎下部叶片较小，鳞片状，贴茎；顶叶大，簇生如花苞状。雌雄异株，蒴柄紫红色，直立；孢蒴圆柱形，褐色，下垂；孢子球形，黄棕色。暖地大叶藓分布于华南和西南等地区，生于潮湿林地或溪边碎石缝中。含有挥发油、酚类、黄酮类和有机酸等成分。全草入药，能养心安神，清肝明目（**图 8-7**）。

苔藓类植物入药的还有**细叶泥炭藓** ***Sphagnum teres*** **（Schimp.）Angster** 全草能清热、明目、退翳、消肿。**泥炭藓** ***S. cymbifolium*** **Ehrh.** 消毒后可代药棉。另外，**仙鹤藓属**（***Atrichum***）和**金发藓属**（***Polytrichum***）等一些种类中提取的活性物质还有较强的抗菌作用。

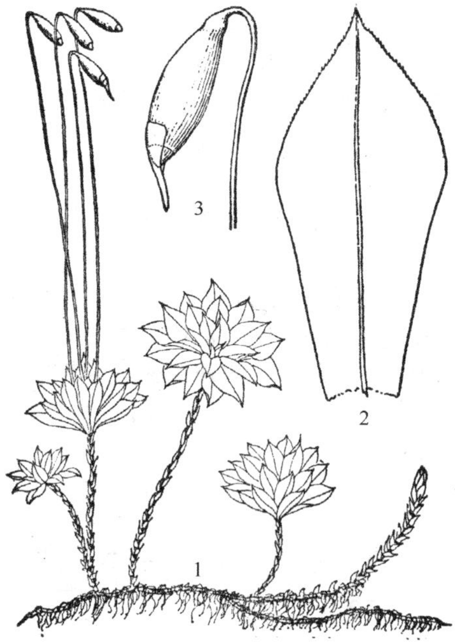

图 8-7 暖地大叶藓
1. 植物体；2. 叶；3. 孢蒴和蒴帽

Summary

1. Bryophytes include a group of very small plants having no conducting tissues. Whereas they have rhizoids（which penetrate the soil and are able to take up water），they lack vascular tissue such as xylem and phloem.

2. All bryophytes have gametangia and sporangia in which only the internal cells differentiate into gametes or spores；a jacket of sterile cells is always present.

3. In all bryophytes，the life cycle consists of an alternation of heteromorphic generations. The gametophyte is the larger and more persistent and photosynthetically active phase；the sporophyte depends almost entirely on the gametophyte for carbon，energy，and minerals.

4. Archegonia and antheridia may be borne on the same gametophore or on distinct，unisexual gametophores. Each archegonium is a flask-shaped structure bearing an egg cell in its bottom portion，the venter. Each antheridium is a flat，disc-shaped head on the upper surface of an antheridiophore.

5. When the antheridia mature，they break open and release large numbers of biflagellated sperm cells. If sperm cells are carried to the archegoniophore by raindrop splashing，they swim into the archegonium neck and fertilize the egg.

6. Neither the egg nor the zygote is released. The new sporophyte develops initially within the archegonium. When fully mature，it has a foot，seta，and capsule.

7. All bryophytes are divided into three phyla：Hepatophyta（liverworts），Anthocerotophyta（hornworts）and Bryophyta（mosses）.

8. Liverworts may be either thallose or leafy. Liverworts contain oil droplets，have bilobed leaves，and have no thick leaf midrib，no columella in the sporangium，and no operculum or peristome teeth. *Marchantia polymorpha* is representative of the hepatophyta. Flavonoids are the

main compounds such as apigenin，luteolin and their glycosides.

9. Hornwort sporophytes differ from those of all other plants：They have a foot and a basal meristem，so sporogenous tissue is formed continuously.

10. Hornwort antheridia do not arise from surface cells，and the egg is not completely surrounded by distinct archegonial tissue. *Anthoceros laevis* is one of the importent hornwort.

11. A moss spore grows into a filamentous protonema which produces buds that develop into thick parenchymatous gametophores with stems，leaves，and rhizoids. The main moss is *Polytrichum commune*，*Funaria hygrometrica* and *Rhodobryum giganteum*.

12. No consensus exists concerning the origin of nonvascular plants. The hornworts are similar to some of the earliest vascular plants，but mosses and liverworts are not.

复习思考题（review questions）

1. 苔藓植物与其他低等植物比较发生了哪些变化?
2. 苔纲和藓纲的主要区别是什么?

第九章　蕨类植物门

Pteridophyta

学习目标

1. 掌握：蕨类植物的主要特征，蕨类植物孢子体和配子体的形态、结构及生殖特点。
2. 熟悉：蕨类植物的分类及主要的药用蕨类。
3. 了解：蕨类植物的生活史。

第一节　蕨类植物概述

Overview of Pteridophyta

蕨类植物是一类古老原始的植物，在几亿年前的古生代和中生代，木本树蕨高大而繁茂，遍及世界。但由于地质变迁，绝大多数蕨类植物已绝迹，变成植物化石或煤炭，只有极少数幸存下来，如桫椤、苏铁蕨等。

现存蕨类植物大多为草本，约有 12 000 多种。蕨类植物分布广泛，除了海洋和沙漠外，在平原、森林、草地、岩缝、溪沟、沼泽、高山和水域中都有它们的踪迹，尤以热带和亚热带地区为其分布中心。我国有蕨类植物 64 科 231 属 2600 种，多分布在西南地区和长江流域以南各省，仅云南省就有 1500 种左右，素有“蕨类王国”之称。已知的药用蕨类资源有 49 科 117 属 455 种，包括 12 个变种、5 个变型。

蕨类植物是介于苔藓植物和种子植物之间的一个大类群，又称为羊齿植物或维管隐花植物，既是进化水平最高的孢子植物，又是最原始的维管植物。在高等植物中除苔藓植物外，蕨类植物、裸子植物及被子植物在植物体内均具有**维管系统**（vascular system），所以这三类植物也总称**维管植物**（vascular plants），有的分类系统把这三类植物合称**维管植物门**（Tracheophyta）。

蕨类植物和苔藓植物一样具有明显的世代交替现象，无性生殖产生孢子，有性生殖器官为精子器和颈卵器。但蕨类植物的孢子体和配子体均能独立生活，且孢子体远比配子体发达，具有真正的根、茎、叶，并有维管组织的分化。蕨类植物和种子植物均具有维管组织，但蕨类植物只产生孢子，不产生种子；且蕨类植物的孢子体和配子体都能独立生活，而种子植物的配子体则完全寄生在孢子体上。因此，蕨类植物既属于高等的孢子植物，也是低等的维管植物，同时也是颈卵器植物和有胚植物。

一、蕨类植物的主要特征（the main features of Pteridophyta）

（一）孢子体（sporophyte）

蕨类植物的孢子体（即通常的植物体）发达，通常具有真正的根、茎、叶的分化。大部分为多年生草本，仅少数为一年生；多土生、石生或附生，少数水生或亚水生，一般表现为喜阴湿和温暖的特性。

1. 根(roots) 极少数原始的种类仅具假根，其余均具有吸收力较强的真根，其主根不发育，通常为不定根，着生在根状茎上，呈须根状，少数种类的不定根着生在叶轴或叶肉上。

2. 茎(stems) 蕨类植物的茎可以分为三大类：根状茎、直立茎和气生茎。最常见的为根状茎，匍匐生长或横走。少数具有地上茎，直立的乔木状，如桫椤。茎的顶端通常具有保护作用的毛茸和鳞片，随着系统进化，其类型和结构也越来越复杂，毛茸有单细胞毛、腺毛、节状毛及星状毛等；鳞片膜质，形态多样，鳞片上常具有粗或细的筛孔(**图9-1**)。

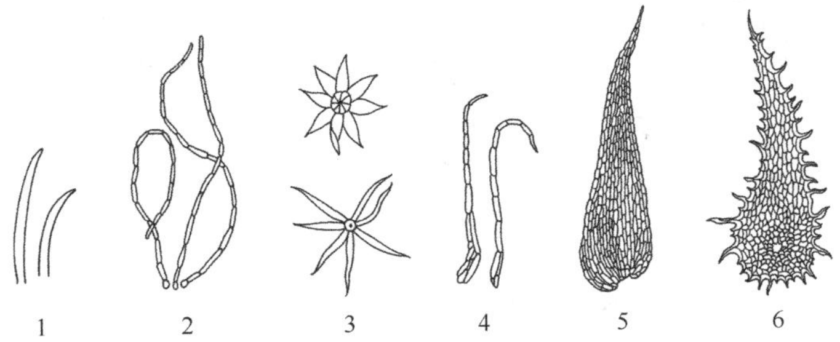

图 9-1 蕨类植物的毛和鳞片

1. 单细胞毛；2. 节状毛；3. 星状毛；4. 鳞毛；5. 细筛孔鳞片；6. 粗筛孔鳞片

3. 叶(leaves) 根据叶的起源及形态的不同，可分为**小型叶**(microphyll)和**大型叶**(macrophyll)。小型叶较原始，存在于拟蕨类植物中，属于诞生起源或顶枝起源，由茎的表皮细胞突出而形成，没有**叶隙**(leaf gap)(即维管组织在叶着生点上面的断裂)和**叶柄**(stipe)，仅具有单一不分枝的**叶脉**(vein)，如松叶蕨(Psilotum nudum)和石松(Lycopodium)等的叶。大型叶有叶柄和维管束，叶隙有或无，叶脉多分枝，属于较进化的类型，顶枝起源，由多数顶枝连合并经过扁化而形成，如真蕨类植物。大型叶多由根茎上长出，幼时大多呈拳曲状，以后生长分化为叶柄和叶片两部分。根据功能的不同，可分为**营养叶**(foliage leaf)和**孢子叶**(sporophyll)两类。营养叶又称**不育叶**(sterile frond)，能进行光合作用；孢子叶又称**能育叶**(fertile frond)，能产生孢子囊和孢子。若营养叶和孢子叶两者的形态和功能均没有区分，称为**同型叶**(homomorphic leaf)，如石韦、贯众和粗茎鳞毛蕨；若两者形态完全不同，则称为**异型叶**(heteromorphic leaf)，如槲蕨、荚果蕨和紫萁。在系统演化过程中，同型叶向异型叶的方向发展进化。

4. 孢子囊(sporangium) 蕨类植物特有的生殖器官，其孢子体生长发育到一定阶段就要进行无性繁殖，在叶片上产生的无性生殖器官，称为**孢子囊**。孢子囊着生的部位根据不同的科、属而有变化(**图9-2**)。在较原始的小型叶蕨类中，孢子叶集生在枝顶，形成球状或穗状，称为**孢子叶球**(strobilus)或**孢子叶穗**(sporophyll spike)，孢子囊多单生于叶片边缘或接近叶缘，如石松和木贼。较进化的真蕨类，孢子囊通常群生于叶片背面边缘或集生在一个特化的孢子叶上，称为**孢子囊群**或**孢子囊堆**(sorus)。水生蕨类的孢子囊群生于特化的**孢子果**(sporocarp)(或称孢子荚)内。孢子囊群有圆形、肾形、长圆形和线形等形状。原始的类型其孢子囊群裸露，进化的类型常有膜质的**囊群盖**(indusium)覆盖。孢子囊壁由单层或多层细胞构成，在细胞壁上有一行不均匀增厚的细胞形成的环带，环带着生的位置有多种形式，如顶生环带(海金沙属)、横行中部环带(芒萁属)、斜行环带(金毛狗脊属)和纵行环带(水龙骨属)等(**图9-3**)，这些环带对孢子的散布和种类的鉴别有重要作用。

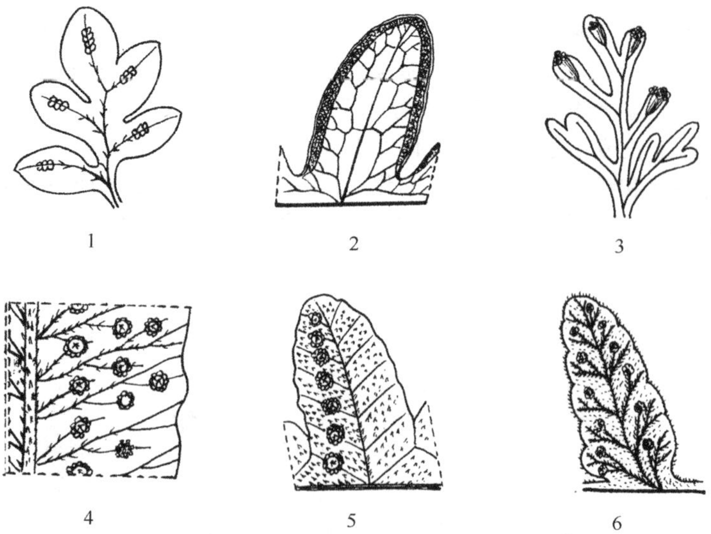

图 9-2 孢子囊群在孢子叶上着生位置

1. 无盖孢子囊群；2. 边生孢子囊群；3. 顶生孢子囊群；4. 有盖孢子囊群；5. 脉背生孢子囊群；6. 脉端生孢子囊群

5. 孢子（spore） 孢子囊内产生无性生殖细胞称为孢子。它是由孢子母细胞经过减数分裂而形成的，是单倍体的生活细胞。多数蕨类产生的孢子形状及大小均相同，称为**同型孢子**（isospory）；卷柏属（Selaginella）植物和少数水生蕨类的孢子有大、小之分，即有**大孢子**（macrospore）和**小孢子**（microspore）的区别，称为**异型孢子**（heterospory）。产生大孢子的囊状结构称**大孢子囊**（megasporangium），大孢子萌发后进一步发育形成雌配子体；产生小孢子的囊状结构称**小孢子囊**（microsporangium），小孢子萌发后形成雄配子体。由同型孢子至异型孢子是一种进化的表现。配子体产生的精子和卵，通过受精产生受精卵，进一步发育成胚，幼胚寄生在配子体上，长大后配子体死亡，孢子体则进行独立生活。无论是同型还是异型孢子，在形态上可分为两类：一类是肾形的两面型；另一类是三角锥状的四面型。孢子的外壁光滑或常具不同的突起或纹饰，或分化出四条弹丝（**图 9-3**）。

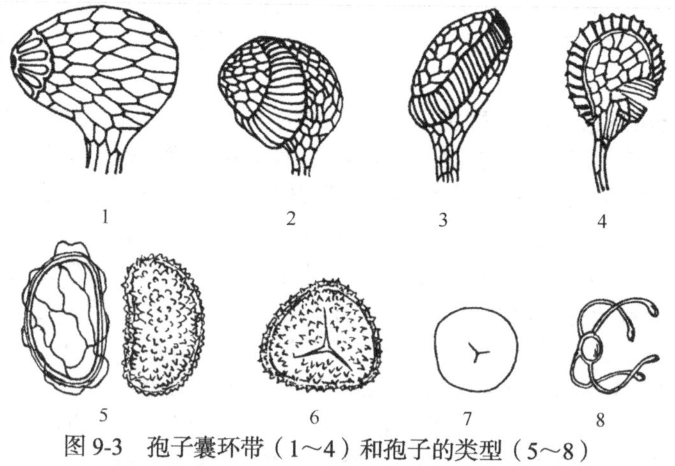

图 9-3 孢子囊环带（1～4）和孢子的类型（5～8）

1. 顶生环带（海金沙属）；2. 横行中部环带（芒萁属）；3. 斜行环带（金毛狗脊属）；4. 纵行环带（水龙骨属）；5. 两面形孢子（鳞毛蕨属）；6. 四面形孢子（海金沙属）；7. 球状四面形孢子（瓶尔小草科）；8. 弹丝形孢子（木贼科）

6. 维管组织（vascular tissue） 维管系统贯穿于蕨类植物的根、茎轴、叶等各部，形成了一个连续不断的输导系统。这种维管组织是一种初生结构，由初生木质部和初生韧皮部所组成，它们聚集而成中柱（stele）。中柱的外围都有中柱鞘。不同排列方式的维管组织形成了多种类型的中柱。其类型可用以判断植物类群之间的亲缘关系。蕨类植物的中柱类型主要有**原生中柱**（protostele）、**管状中柱**（siphonostele）、**网状中柱**（dictyostele）和**真中柱**（eustele）等（**图 9-4**）。中柱类型与植物演化有关，是由实心的原生中柱向散状中柱趋向发展的，原生中柱是最简单、最原始的类型，仅由木质部和韧皮部组成，无髓部，无叶隙，又分为单中柱、星状中柱和编织中柱。管状中柱包括外韧管状中柱和双韧管状中柱，这两种类型在蕨类植物中普遍存在。真中柱多存在于蕨类的木贼属、多数裸子植物及被子植物。散状中柱则多存在于被子植物的单子叶植物纲。网状中柱、真中柱和散状中柱是最高演化级别的类型。

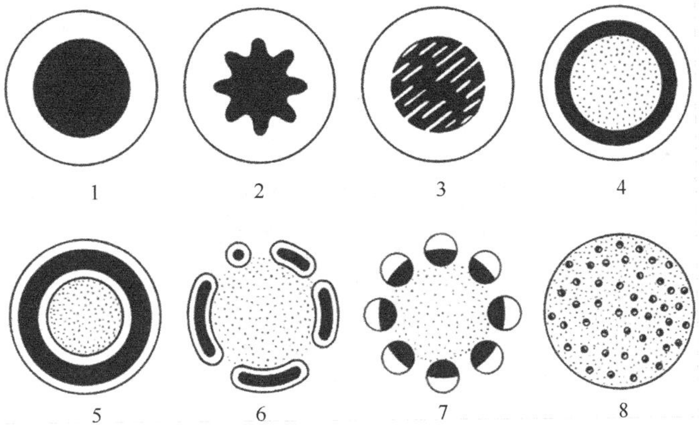

图 9-4 蕨类植物中柱类型横剖面图

1. 单中柱；2. 星状中柱；3. 编织中柱；4. 外韧管状中柱；5. 双韧管状中柱；6. 网状中柱；7. 真中柱；8. 散状中柱

（二）蕨类植物的配子体（gametocyte of Pteridophyta）

蕨类植物的孢子成熟后，孢子囊裂开，孢子弹出后散落在适宜的环境里萌发形成配子体，进化的大多数蕨类的配子体为绿色叶状体，称**原叶体**（prothallus），这种配子体体形小，结构简单，无根、茎和叶的分化，仅具单细胞的假根，生于潮湿的地方，生活期短，具背腹性，能独立生活。当配子体成熟时大多数在同一配子体的腹面产生球形的精子器和瓶状的颈卵器。精子器内生有多数鞭毛的精子，颈卵器内有一个卵细胞，精卵成熟后，精子由精子器逸出，以水为媒介进入颈卵器内与卵结合，受精卵发育成胚，胚发育成孢子体，即常见的蕨类植物体。孢子体幼时暂时寄生在配子体上，配子体不久死去，孢子体即行独立生活。

（三）蕨类植物的生活史（life cycle of Pteridophyta）

蕨类植物具有明显的世代交替，其生活史中有两个独立生活的植物体，配子体和孢子体。从单倍体的孢子萌发到精子与卵结合前，这一阶段为**配子体世代**（有性世代），细胞染色体数目是单倍的（n）。从受精卵萌发到孢子体上孢子母细胞进行减数分裂前，这一阶段为**孢子体世代**（无性世代），其细胞染色体数目是双倍的（$2n$）。蕨类植物和苔藓植物生活史主要不同点在于：蕨类的孢子体和配子体都能独立生活；蕨类的孢子体发达，配子体弱小，孢子体世代占优势（**图 9-5**）。

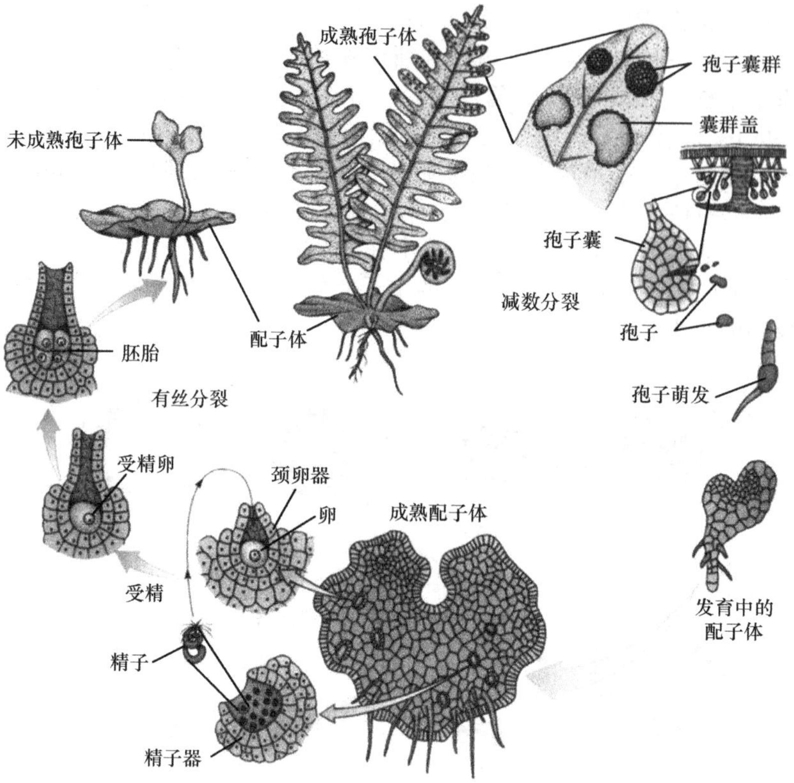

图 9-5　蕨类植物的生活史

二、蕨类植物的化学成分（chemical composition of Pteridophyta）

蕨类植物化学成分趋于复杂多样，但较被子植物简单。其中黄酮类、酚类及甾体类是其有分类价值的成分。

1. 生物碱类（alkaloids）　广泛存在于小叶型蕨类植物中，如石松属（*Lycopodium*）中含有石松碱（lycopodine）、石松洛宁（clavolonine）、石松毒碱（clavatoxine）和垂石松碱（lycocernuine）等。卷柏属（*Selaginella*）、木贼属（*Hippochaete*）和问荆属（*Equisetum*）也均含有生物碱。从石杉科植物中分得的石杉碱甲（huperzine A）具有防治早老性痴呆的作用。

2. 黄酮类（flavonoids）　在蕨类植物中广泛存在，多具生理活性。小型叶蕨类多含有双黄酮类成分。例如，松叶蕨属（*Psilotum*）和卷柏属（*Selaginella*）含穗花杉双黄酮（amentoflavone）和扁柏双黄酮（hinokiflavone）。小型叶和真蕨类中普遍含有黄酮类成分，最常见的有芹菜素（apigenin）、芫花素（genkwanin）、木犀草素（luteolin）和牡荆素（vitexin）等。黄酮醇类在真蕨类植物中广泛存在，常见的有高良姜素（galangin）、山柰酚（kaempferol）和槲皮素（quercetin）等。

3. 酚类化合物（phenols）　二元酚类及其衍生物在大型叶的真蕨中普遍存在，如咖啡酸（caffeic acid）、阿魏酸（ferulic acid）和绿原酸（chlorogenic acid）等具有抗菌、止痢、止血和升高白细胞等作用。多元酚类，特别是间苯三酚衍生物在鳞毛蕨属（*Dryopteris*）植物中常有存在，如绵马酚（aspidinol）、绵马酸类（filicic acids）和东北贯众素（dryocrassin）等，此类化合物具较强的驱虫作用，但毒性较大。

4. 萜类及甾体化合物（terpenes and steroids）　蕨类植物中普遍含有三萜类化合物，具代表性的是何帕烷型和羊齿烷型五环三萜。从石松（*Lycopodium japonicum* Thunb.）中分离得到锯齿石松型五环三萜类化合物，石松素（lycoclavanin）和石松醇（lycoclavanol）等。紫萁、乌毛蕨及多足蕨（*Polypodium vulgare* L.）等蕨类植物中发现有昆虫蜕皮激素（insect moulting hormones），该类成分有促进蛋白合成，排除体内胆固醇、降血脂及抑制血糖上升等生物活性。

5. 其他成分（other ingredients） 很多蕨类植物含有鞣质；一些植物的孢子中含大量脂肪油，如石松和海金沙。金鸡脚蕨[*Phymatopsis hastate*（Thunb.）Kitag.]叶中含有香豆素等。

第二节　蕨类植物的分类

Classification of Pteridophyta

有关蕨类植物的分类，存在多个观点不同的分类系统，目前比较公认的是我国蕨类植物学家秦仁昌 1978 年的分类系统。该分类系统将现代蕨类植物分为 5 个亚门：**松叶蕨亚门**（Psilophytina）、**石松亚门**（Lycophytina）、**水韭亚门**（Isoephytina）、**楔叶亚门**（Sphenophytina）和**真蕨亚门**（Filicophytina）。前 4 个亚门都是小型叶蕨类，称为**拟蕨类植物**（quasi fern），是较原始而古老的类群，现存较少。真蕨亚门是大型叶蕨类，称为**真蕨类植物**（true fern），是最进化的蕨类植物，也是现存最多的蕨类植物。

蕨类植物亚门检索表

1. 植物体无真根、仅具假根，2～3 个孢子囊形成聚囊……………………………**松叶蕨亚门 Psilophytina**
1. 植物体均具真根，不形成聚囊，孢子囊单生，或聚集成孢子囊群。
  2. 植物体具明显的节和节间，叶退化成鳞片状，不能进行光合作用，孢子具弹丝
  ……………………………………………………………………**楔叶亚门（木贼亚门）Sphenophytina**
  2. 植物体叶绿色，小型叶或大型叶，可进行光合作用，孢子均不具弹丝。
    3. 小型叶，幼叶无拳卷现象。
      4. 茎多为二叉分枝，叶小型，鳞片状，孢子叶在枝顶端聚集成孢子叶穗，孢子同型或异型，精子具两条鞭毛……………………………………………………………**石松亚门 Lycophytina**
      4. 茎粗壮似块茎，叶长条形似韭菜叶，不形成孢子叶穗，孢子异型，精子具多条鞭毛
      ……………………………………………………………………………**水韭亚门 Isoephytina**
    3. 大型叶，幼叶有拳卷现象，孢子囊在孢子叶的背面或边缘聚集成孢子囊群
    ……………………………………………………………………………**真蕨亚门 Filicophytina**

其中药用植物较多的是石松亚门、楔叶亚门（木贼亚门）和真蕨亚门，现介绍这三个亚门的特征、主要科及其重要的药用植物。

一、石杉科（Huperziaceae）

石杉科属于石松亚门，为常绿草本。主茎短，直立或上升，有规律地等位二歧分叉成等长分枝。叶螺旋排列，能育叶与不育叶同形或异形，内含叶绿素，呈龙骨状。孢子囊呈横肾形，腋生或于枝端形成细长线形的孢子囊穗。原叶体地下生，圆柱状椭圆形或线形，有菌根，与真菌营共生作用。

本科有 2 属，约 150 种，广布全球，以热带美洲最多。我国有 2 属，40 余种，药用 2 属 17 种。多数植物体内含有多种生物碱和三萜类化合物。

【重点药用植物】（main medicinal plants）

石杉 *Huperzia selago*（L.）Bernh.ex Shrank et Mart. 植株高 12～20cm，黄绿色。匍匐枝短，茎直立或斜上，二歧状分枝。叶线状披针形，具小齿或全缘；中脉较明显。孢子囊肾形，生于上部叶腋，黄褐色（**图 9-6**）。分布于东北地区及陕西、四川、云南和新疆等地，生于高山

草原与针阔混交林下。全草及孢子入药，能祛风除湿、止血、续筋和消肿止痛。同属植物**蛇足石杉** ***H. serrata*** **(Thunb.) Trev.** 植株丛生，叶绿色，同型，呈椭圆披针形，边缘具不规则的尖锯齿，仅具有主脉一条，全草也含石杉碱甲（huperzine A）等多种生物碱。可用于治疗早老性痴呆症。我国多数省区有分布。

二、石松科（Lycopodiaceae）

石松科属于石松亚门。陆生或附生，多年生草本。茎直立或匍匐，具根茎及不定根，小枝密生。叶小型，螺旋状互生，鳞片状或呈针状。孢子叶穗集生于茎的顶端。孢子同型。本科有9属，60余种，分布甚广，多产于热带、亚热带及温带地区。我国有5属，18种，药用4属，9种。本科植物含有多种生物碱和三萜类化合物。

【重点药用植物】(main medicinal plants)

石松 ***Lycopodium japonicum*** **Thunb.** 多年生草本。高15～30cm，具匍匐茎及直立茎。茎二叉分枝。叶小型，线性至针形，先端具长芒，生于匍匐茎者稀疏；生于直立茎者密集，螺旋状排列。孢子枝生于直立茎的顶端。孢子叶穗2～6个生于孢子枝的上部。孢子叶卵状三角形，边缘有不规则疏齿。孢子囊肾形，孢子淡黄色，四面体，呈三棱状锥形（**图9-7**）。石松广布于全国各地，生于疏林下或灌木丛酸性土壤中。全草含石松碱（lycopodine）、石松宁碱（clavolonine）、石松毒碱（clavatoxin）、去氢石松碱（dehydrolycopodine）、法西亭碱（fawcettine）和石松定碱（lycodine）等。干燥全草入药（伸筋草），能祛风除湿、舒筋活络。同属植物**垂穗石松** ***L. cernuum*** **L.**和**地刷子石松** ***L. complanatum*** **L.**的全草也供药用。

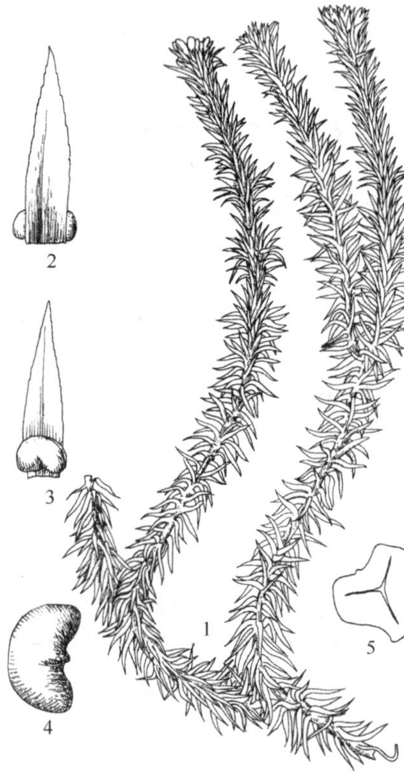

图 9-6 石杉

1. 植株；2. 孢子叶背面；3. 孢子叶腹面；4. 孢子囊；5. 孢子

图 9-7 石松

1. 植株；2. 孢子叶腹面；3. 茎的一段，示营养叶叶的着生方式；4. 营养叶；5. 孢子囊穗放大；6. 孢子

三、卷柏科（Selaginellaceae）

卷柏科属于石松亚门。陆生，多年生小型草本。茎腹背扁平，横走。叶小型，单叶，鳞片状，同型或异型、交互排列成四行，腹面基部有一叶舌。孢子叶穗四棱形，生于枝的顶端。孢子囊异型，单生于叶腋基部，大孢子囊内生 1～4 个孢子，小孢子囊内生有多数小孢子，均为球状四面形。孢子异型。

本科有1属，约700种，分布于热带及亚热带。我国约50余种，药用25种，全国各地均有分布。

【重点药用植物】（main medicinal plants）

卷柏 ***Selaginella tamariscina*** **（Beauv.）Spring** 多年生常绿直立草本。全株莲座状，干后内卷如拳。高 5～15cm。主茎短，下生多数须根，枝丛生，扁平有分枝，向内卷曲。叶鳞片状，通常交互状排成四行，左右两行较大，称侧叶（背叶），中央两行较小，称中叶（腹叶），卵状矩圆形，斜向上排列，叶缘有不规则的细锯齿。孢子叶穗生于枝顶，四棱形。孢子叶卵状三角形，先端锐尖。孢子囊圆肾形，孢子异型（**图 9-8**）。卷柏分布于全国各地，生于干旱的岩石上及缝隙中。含海藻糖（trehalose，mycose）及黄酮苷类，苷元为芹菜素（apigenin）。叶含双黄酮类化合物如穗花杉双黄酮（amentoflavone）及苏铁双黄酮（sotetsuflavone）等。干燥全草入药（卷柏），能活血通经。本属药典还收载**垫状卷柏** ***S. pulvinata*** **（Hook. et Grev.）Maxim.**也作为卷柏入药。

同属药用植物还有：**翠云草** ***S. uncinata*** **（Desv.）Spring**、**深绿卷柏** ***S. doederleinii*** **Hieron.**、**江南卷柏** ***S. moellendorffii*** **Hieron.** 和**兖州卷柏** ***S. involvens*** **（Sw.）Spring** 等也可供药用。

图 9-8　卷柏

1. 植株；2. 小枝一段（背面）；3. 小枝一段（腹面）；4. 孢子叶穗；5. 侧叶；6. 中叶；7. 孢子叶

四、木贼科（Equisetaceae）

木贼科属于楔叶亚门。多年生草本。根状茎横走，棕色，生有不定根。地上茎直立，细长，具明显的节及节间，有纵棱，表面粗糙，富含硅质。叶小型，鳞片状，轮生于节部，基部连合成鞘状，边缘齿状。孢子叶盾形，在小枝顶端排成穗状，孢子圆球形，表面着生十字形弹丝 4 条。

我国有 2 属，约 10 余种，药用 2 属 8 种。

【重点药用植物】（main medicinal plants）

木贼 ***Equisetum hyemale*** **L.**多年生草本。茎直立，单一不分枝，中空，有纵棱脊 20～30 条，在棱脊上有疣状突起 2 行，极粗糙，叶鞘基部和鞘齿成黑色两圈。孢子叶球椭圆形具钝尖头，生于茎的顶端，孢子同型（**图 9-9**）。分布于东北、西北地区，以及河北和四川等地，生于山披湿地或疏林下阴湿处。干燥地上部分入药（木贼），能疏散风热、明目退翳。

问荆 ***Equisetum arvense*** **L.** 多年生草本。根茎匍匐。地上茎直立，二型。孢子茎早春生出，紫褐色，肉质，不分枝，无叶绿素，孢子囊穗顶生，长圆形；孢子叶六角形，膜质，连合成鞘状，具较粗大的鞘齿。孢子茎枯萎后，于夏季生出营养茎，高 15～60cm，有棱脊 6～16 条，分枝多数，小枝实心，在节部轮生；叶退化，下部成鞘，黑色膜质，边缘灰白色（**图 9-10**）。分布于东北、华北、西北和西南各地区，生田边及沟旁。干燥全草入药（问荆），能利尿、止血、清热和止咳。

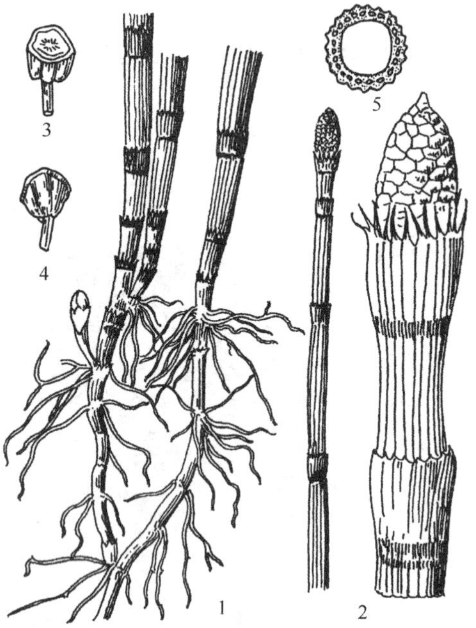

图 9-9　木贼

1. 植株全形；2. 孢子叶穗；3. 孢子囊与孢子叶正面观；4. 孢子囊与孢子叶背面观；5. 茎横切面

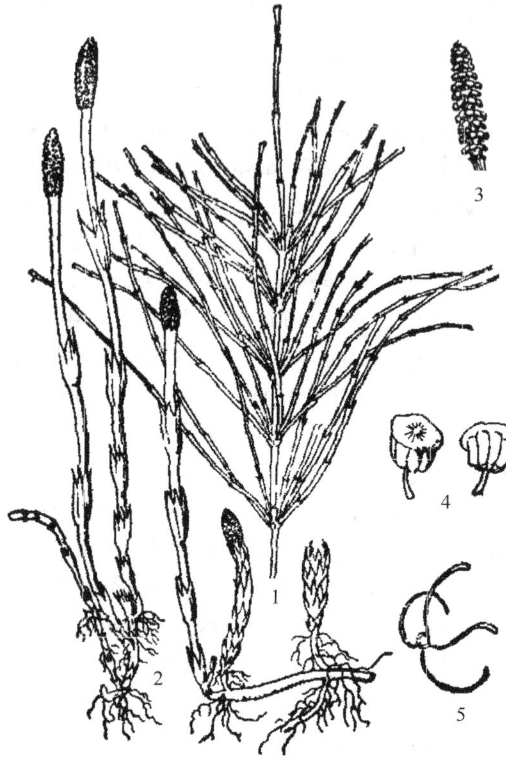

图 9-10　问荆

1. 营养茎；2. 孢子茎；3. 孢子叶穗；4. 孢子叶及孢子囊示正面及背面；5. 孢子，示弹丝松展

本科入药植物还有**节节草** ***E.ramosissima*（Desf.）Boerner.** 分布于全国大部分地区，干燥全草入药，能清热利湿、平肝散结、祛痰止咳。**笔管草** ***E. debile*（Roxb.）Milde** 分布于华南、西南和长江中上游各地区，干燥全草入药，能疏表、利湿和退翳。

五、紫萁科（Osmundaceae）

紫萁科属真蕨亚门。陆生植物，根茎粗短直立，无鳞片，幼时叶片被有棕色腺状绒毛，老时脱落，叶簇生，羽状复叶，叶脉分离，二叉分枝。孢子囊生于极度收缩变形的孢子叶羽片边缘，孢子囊顶端有几个增厚的细胞（不育环带），自腹面纵裂，无囊群盖。孢子圆球状四面形。

本科有 5 属 22 种，分布于温带、热带，我国有 1 属，约 9 种，药用 1 属 6 种。

【重点药用植物】（main medicinal plants）

紫萁 ***Osmunda japonica* Thunb.** 多年生草本。植株高 50～100cm。根茎短块状，集有残存叶柄，无鳞片。叶簇生，二型，幼时密被绒毛，营养叶三角状阔卵形，顶部以下二回羽状，小羽片披针形至三角状披针形，先端稍钝，基部圆楔形，边缘具细锯齿，叶脉叉状分离。孢子叶的小羽片狭窄，卷缩成线形，沿主脉两侧密生孢子囊，成熟后枯死。有时在同一叶上生有营养羽片和孢子羽片（**图 9-11**）。分布于秦岭以南温带及亚热带地区，生于山坡林下或溪边酸性土壤中。根茎含尖叶土杉甾酮 A（ponasterone A）、脱皮甾酮（ecdysterone）及脱皮酮（ecdysone）。干燥的带有叶柄残基的根茎入药（紫萁贯众），能清热解毒、祛瘀杀虫和止血。有小毒。

六、海金沙科（Lygodiaceae）

海金沙科属真蕨亚门。多年生攀援植物。根茎匍匐或上升，有毛，无鳞片。原生中柱。叶轴细长，缠绕攀援，羽片 1～2 回二叉状或 1～2 回羽状复叶，近二型，不育叶羽片通常生于叶轴下部，能育羽片生于上部。孢子囊生于能育羽片边缘的小脉顶端，排成两行，成穗状，孢子囊有纵向开裂的顶生环带。孢子四面形。海金沙科为薄囊蕨类中最古老的一科。

本科有 1 属 45 种。多数分布于热带，少数分布于亚热带及温带，我国有 1 属，10 种，药用 5 种。

【重点药用植物】（main medicinal plants）

海金沙 ***Lygodium japonicum*** **（Thunb.）Sw.** 多年生攀援草质藤本。根茎细长，横走，根须状，密生黑褐色节毛。叶多数，对生于茎上的短枝两侧，二型，纸质，被疏短毛；营养叶羽片三角形，2～3 回羽状，小羽片 2～3 对，边缘有不整齐的细钝锯齿；孢子叶羽片卵状三角形。孢子囊穗生于孢子叶羽片的边缘，排列成流苏状，暗褐色，孢子囊梨形，环带位于小头。孢子表面有小疣（图 **9-12**）。分布于长江流域及南方各地区，主产于广东和浙江，生于灌木丛及林边。干燥成熟孢子入药（海金沙），能清利湿热、通淋止痛。同属植物还有：**海南海金沙** ***L. conforme*** **C.Chr.**和**小叶海金沙** ***L. scandens*** **（L.）Sw.**也供药用。

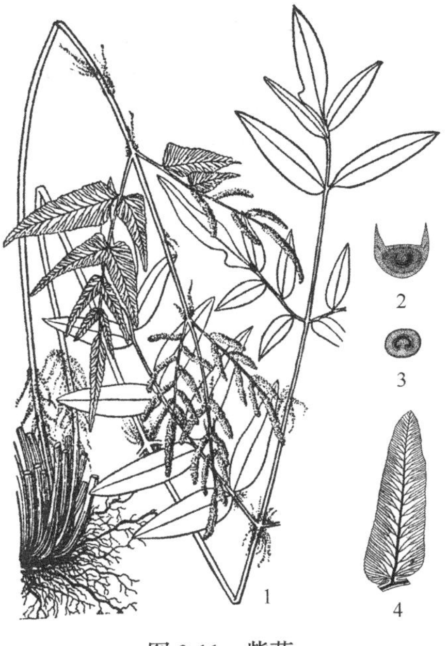

图 9-11 紫萁

1. 植株全形；2. 叶柄基部横切面；3. 叶柄上部横切面；4. 小羽片，示其形状及叶脉

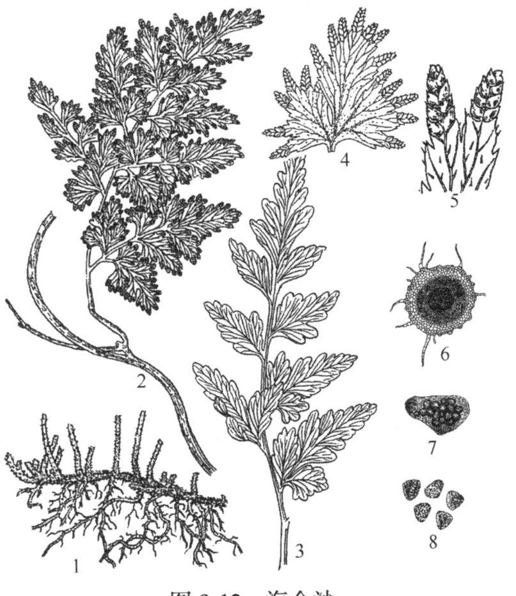

图 9-12 海金沙

1. 地下茎；2. 孢子叶；3. 营养叶；4. 孢子叶放大；5. 孢子囊穗；6. 叶轴横切面；7. 一个孢子囊，示其形状及其顶生环带；8. 四面型孢子

七、蚌壳蕨科（Dicksoniaceae）

蚌壳蕨科属真蕨亚门。大型树状蕨类。主干粗大，直立或短而平卧，密被金黄色长柔毛，无鳞片。叶柄粗而长，叶片大，3～4 回羽状复叶，革质。孢子囊群生于叶背边缘，囊群盖两瓣开裂形如蚌壳，革质；孢子囊梨形，有柄，环带稍斜生。孢子四面形。

本科有 5 属，40 种，分布于热带及南半球，我国仅 1 属 2 种。

【重点药用植物】（main medicinal plants）

金毛狗脊 ***Cibotium barometz*（L.）J.Sm.** 多年生树形蕨。高达 3m。根状茎粗壮，木质，叶柄粗壮，其基部和根状茎上均有密的金黄色长茸毛，形似金毛狗头。叶大型，簇生，叶柄长，叶片阔卵状三角形，三回羽裂，末回小羽片狭披针形，革质，侧脉单一，或二分叉。孢子囊群生于边缘的侧脉顶端，囊群盖 2 裂，形如蚌壳（**图 9-13**）。分布于我国南方及西南地区，主产于福建、四川、云南和贵州等省区。生于山脚沟边及林下阴湿处酸性土壤中。干燥根茎入药（狗脊），能祛风湿、补肝肾、强腰膝。

八、鳞毛蕨科（Dryopteridaceae）

鳞毛蕨科属真蕨亚门。陆生，中小型植物，多年生草本。根茎多粗短，直立或斜生，密被鳞片，网状中柱，中柄多被鳞片或鳞毛；叶轴上面有纵沟；叶片 1 至多回羽状。孢子囊群背生或顶生于小脉，囊群盖圆肾形，稀无盖。孢子囊扁圆形，具细长的柄，环带垂直。孢子两面形，表面具疣状突起或有翅。配子体心脏形，腹面具假根，精子器位于下端，颈卵器位于上端近凹陷处。本科为薄囊蕨类中较进化的类群。

本科约有 14 属，约 1000 余种，主要分布于温带及亚热带。我国有 13 属，700 余种，药用 5 属，59 种。本科植物常含有间苯三酚衍生物。

【重点药用植物】（main medicinal plants）

贯众 ***Cyrtomium fortunei* J.Sm.**多年生草本。高 30～70cm。根茎短，斜生或直立。叶簇生，叶柄基部密生阔卵状披针形黑褐色大鳞片；叶一回羽状，羽片镰状披针形，叶脉网状，有内藏小脉 1～2 条，沿叶轴及羽轴有少数纤维状鳞片。孢子囊群生于羽片下面，位于主脉两侧，各排成不整齐的 3～4 行，囊群盖大，圆盾形（**图 9-14**）。分布于华北、西北及长江以南各省区，生于石灰岩缝、路边及墙脚等阴湿处。干燥带有叶柄残基根茎入药（贯众），能驱虫、清热解毒。

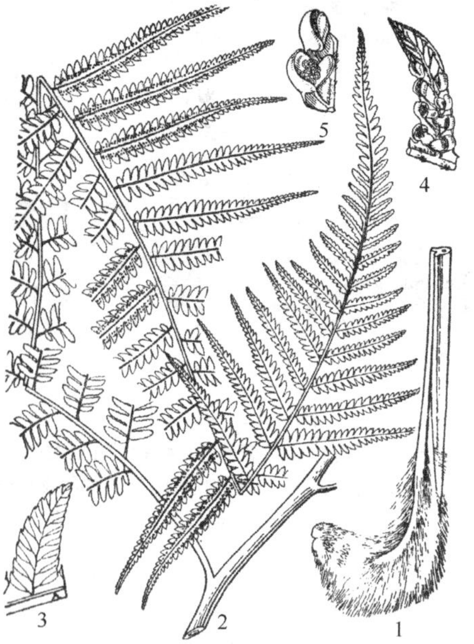

图 9-13 金毛狗脊

1. 根茎及叶柄的一部分；2. 植株的一部分；3. 羽片的一部分；4. 羽片放大示孢子囊群着生位置；5. 孢子囊群及盖

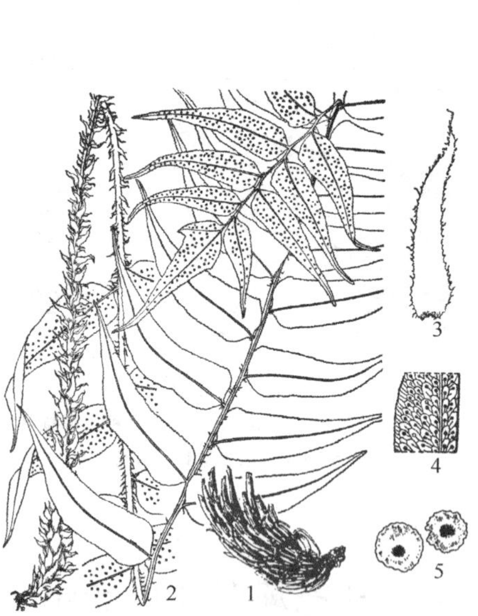

图 9-14 贯众

1. 根茎；2. 植株；3. 鳞片；4. 羽片放大示孢子囊群着生位置；5. 孢子囊群盖

粗茎鳞毛蕨（绵马鳞毛蕨，东北贯众）*Dryopteris crassirhizoma* Nakai 多年生草本。高可达 1m，根茎粗壮。叶簇生，叶柄、叶轴连同根茎密生褐棕色、卵状披针形的大鳞片。根茎与叶柄残基断面均为棕色，有黄白色维管束 5～13 个，环列。叶片 2 回羽裂，裂片紧密，叶轴被黄褐色扭曲鳞片。孢子囊群仅分布于叶片中部以上的羽片上，生于小脉中部以下，每裂片 2～4 对，囊群盖圆肾形，棕色（图 **9-15**）。分布于东北及河北的东北部，生于林下湿地。干燥根茎和叶柄残基入药（绵马贯众），能清热解毒、驱虫。

九、水龙骨科（Polypodiaceae）

水龙骨科属真蕨亚门。附生或陆生。根茎横走，被阔鳞片，常具粗筛孔，网状中柱。叶同型或二型，叶柄具关节，单叶全缘或羽状分裂，网状脉。孢子囊群圆形、长圆形至线形，或有时布满叶背；无囊群盖，孢子囊梨形或球状梨形，浅褐色，孢子囊柄比孢子囊长或等长。孢子两面形，平滑或具小突起。

本科有 40 余属约 600 种，主要分布于热带和亚热带地区，我国有 27 属，约 150 种，药用 18 属 86 种。

【重点药用植物】（main medicinal plants）

石韦 *Pyrrosia lingua*（Thunb.）Farwell 多年生常绿草本。高 10～30cm。根茎细长，横走，密生褐色针形鳞片。叶远生，披针形，革质，上面绿色，有凹点，下面密被灰棕色星状毛；不育叶和能育叶同型，或略较短而阔；叶柄基部均具关节。孢子囊群在侧脉间排列紧密而整齐，初被星状毛包被，成熟时露出，无囊群盖（图 **9-16**）。分布于长江以南各省及台湾省。附生于树干或岩石上。干燥叶入药（石韦），能利尿通淋，清肺止咳和凉血止血。药典还收载**庐山石韦 *P. sheareri*（Bak.）Ching** 和**有柄石韦 *P. petiolosa*（Christ）Ching** 作石韦入药。

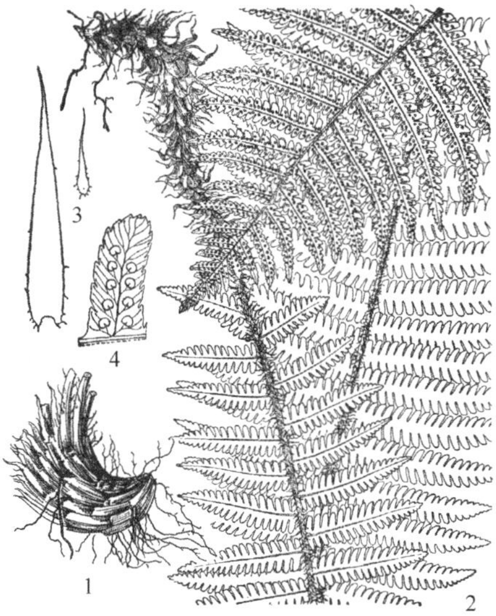

图 9-15　粗茎鳞毛蕨

1. 根茎；2. 植株；3. 鳞片；4. 羽片放大示孢子囊群

图 9-16　石韦

1. 植株全形；2. 叶柄基部鳞片；3. 部分叶片；4. 星状毛；5. 孢子囊

水龙骨（石蚕）*Polypodium nipponicum* Mett. 多年生草本。高15～40cm。根茎长而横走，黑褐色，通常光秃而有白粉，似蚕体状，顶部有卵圆状披针形的鳞片，其边缘具细锯齿，以基部盾状着生。叶远生，薄纸质，两面密生白色短柔毛，叶片长圆状披针形，羽状深裂几达叶轴，全缘；叶脉网状；叶柄长，有关节和根状茎相连。孢子囊群生于主脉两侧各排成整齐的1行，无囊群盖。分布于长江以南各地，生于林下阴湿的岩石上，偶尔附生于树干，常成片生长。干燥根茎入药，能清热解毒、平肝明目、祛风利湿、止咳止痛。

十、槲蕨科（Drynariaceae）

槲蕨科属真蕨亚门。陆生植物，根茎横生，粗状，肉质，具一圈穿孔的网状中柱，密被褐色鳞片，鳞片大而狭长，基部盾状着生，边缘具睫毛状锯齿。叶二型，无柄或有短柄，叶片大，深羽裂或羽状，叶脉粗而隆起，具四方形网眼。孢子囊群或大或小，不具囊群盖。孢子两侧对称，椭圆形，具单裂缝。

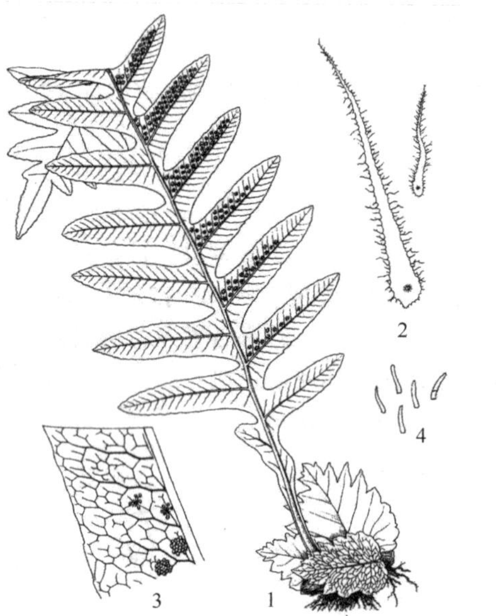

图 9-17 槲蕨

1. 植株；2. 鳞片；3. 羽片放大示孢子囊群着生位置；4. 叶面上的短毛

本科有8属，除槲蕨属20种外，其余大多为单种属。本科植物分布于亚洲热带至澳大利亚。我国有3属约14种，药用2属7种。

【重点药用植物】（main medicinal plants）

槲蕨 *Drynaria fortunei*（Kunze）J.Sm. 附生植物，常绿多年生草本。高20～40cm，根茎粗壮肉质，长而横走，密被棕黄色钻状披针形有睫毛的小鳞片。叶二型；营养叶多数，无柄，枯黄色，革质，广卵形，先端急尖，基部心形，上部羽状浅裂，裂片三角形，似槲树叶，叶脉粗；孢子叶绿色，长圆形，羽状深裂，裂片披针形，7～13对，基部各羽片缩成耳状，厚纸质，两面均绿色无毛，叶脉明显，呈长方形网眼状；叶柄短，有狭翅。孢子囊群圆形，黄褐色，生于叶背，沿中肋两旁各2～4行，每长方形网眼内1枚；无囊群盖（图 **9-17**）。分布于西南、中南地区及江西、浙江、福建和台湾等地，附生于树干或山林石壁上。干燥根茎入药（骨碎补），能疗伤止痛、补肾强骨；外用能消风祛斑。

Summary

1. Pteridophyta are vascular plants（plants with xylem and phloem）that reproduce and disperse via spores. The members of Pteridophyta have vascular tissue，but they produce neither flowers nor seeds，they are referred to as cryptogams.

2. Pteridophyta contains the ferns，with many living species and tremendous diversity. No ferns have secondary growth or seeds，but all have megaphylls.

3. There are approximately 10 000 species of ferns worldwide. 2600 species of ferns are distributed in China，and 455 of them are medicinal ferns.

4. In many species of fern，the sporangia are found on the undersides of leaves.

5. In pteridophytes，the conspicuous generation is the sporophyte，and the gametophyte is small

and often unseen.

6. The life cycle of Pteridophyta involves alternation of generations. This means that a diploid generation（the sporophyte，which produces spores）is followed by a haploid generation（the gametophyte or prothallus，which produces gametes）.

7. Pteridophytes are classified into five subdivisions：Psilophytina，Sphenophytina，Lycophytina，Isoephytina and Filicophytina. The most important of these are Filicophytina，because they are the most evolved ferns，and they are also the most flourishing ferns.

复习思考题（review questions）

1. 名词解释：大型叶、小型叶、营养叶、孢子叶、同型叶、异型叶。
2. 蕨类植物有哪些主要特征？它和苔藓植物有何异同?和种子植物又有何异同?
3. 中柱有哪几种主要类型?
4. 蕨类植物分为几个亚门，各有哪些特征?
5. 试列举 5～8 种代表性的蕨类药用植物，并说明其主要鉴别特征。

第十章　裸子植物门

Gymnospermae

学习目标

1. 掌握：裸子植物的主要特征；银杏科、麻黄科的特征及其主要药用植物。
2. 熟悉：裸子植物的分类；松科、柏科、红豆杉科的特征及其主要药用植物。
3. 了解：苏铁科、三尖杉科的特征及其主要药用植物。

第一节　裸子植物的概述

Overview of Gymnosperms

裸子植物（gymnosperms）是一类既保留颈卵器，又能产生种子，并具有维管束的种子植物，是介于蕨类植物与被子植物之间的类型。裸子植物在形成种子时，胚珠裸露，不被子房包被，不形成果实，种子没有果皮包被，裸子植物因此而得名。

裸子植物最早出现在距今约3.45亿年前的泥盆纪中期。到了二叠纪，随着银杏等裸子植物的出现，逐渐取代了古生代盛极一时的蕨类植物。由古生代末期的二叠纪到中生代的白垩纪早期，长达1亿年的时间是裸子植物的繁盛时期。由于地理、气候经过多次重大变化，很多古老的物种相继绝迹。现存的裸子植物中不少种类，如银杏、水杉、红豆杉、榧树等，都是第三纪的孑遗植物，被称为“活化石”植物，现仅存800余种。

裸子植物广泛分布于世界各地，主要在北半球，常形成大面积森林。我国裸子植物种类较多，资源丰富，是森林工业的重要原料，为工农业生产和人民生活提供木材、纤维、松脂及烤胶等多种产品。裸子植物如马尾松、银杏、侧柏、麻黄和香榧等的枝叶、花粉、种子、根及根皮可供药用，同时也是绿化观赏树种。

一、裸子植物的主要特征（principal features of gymnosperms）

1. 孢子体发达（developed spore）　植物体（孢子体）为多年生常绿高大的乔木或灌木，少落叶（如银杏），极少为亚灌木（如麻黄）或藤本（如买麻藤）。茎枝常有长枝与短枝之分。茎内维管束呈环状排列，为无限外韧型维管束，有形成层和次生生长。木质部大多数为管胞，极少数有导管（仅麻黄科、买麻藤科具导管），韧皮部有筛胞，无筛管及伴胞。叶多为针形、条形或鳞片形，极少数为扁平的阔叶，在长枝上呈螺旋状排列，在短枝顶部簇生。

2. 配子体简化（simplification of gametophyte）　在世代交替中孢子体占优势，配子体退化显著，完全寄生在孢子体上。雌配子体由胚囊及胚乳组成，顶端（近珠孔处）产生2个或多个颈卵器。雄配子体是萌发后的花粉粒，内有两个游动或不游动的精子，精子通过花粉管到达胚囊与卵结合，不以水为媒介。

3. 胚珠和种子裸露（naked ovules and seeds）　花单性同株或异株，无花被（仅麻黄科、买麻藤科有类似花被的盖被）。孢子叶多数聚生成球果状，称为孢子叶球（strobilus）；小孢子叶（雄蕊）聚生成小孢子叶球（雄球花，staminate cone）；大孢子叶（雌蕊心皮或珠鳞）呈叶状而不包卷成子房，常聚生成大孢子叶球（雌球花，female cone）；胚珠经传粉和受精后发育成种子，裸露于心皮边缘。

4. 常具多胚现象（often with polyembryony） 大多数裸子植物出现**多胚现象**（polyembryony），这是由于一个雌配子体上的多个颈卵器的卵细胞同时受精，形成多胚，或由一个受精卵在发育过程中发育成原胚，再由原胚组织分裂为几个胚而形成多胚。

裸子植物的生殖器官在生活史的各个阶段与蕨类植物基本上是同源的，但所用的形态术语却不相同。对照名词列于表10-1。

表10-1 裸子植物与蕨类植物形态术语的比较

裸子植物	蕨类植物
雌（雄）球花	大（小）孢子叶球
雄蕊	小孢子叶
花粉囊	小孢子囊
花粉粒（单核期）	小孢子
花粉管和精核等	雄配子体
珠鳞（心皮或雌蕊）	大孢子叶
珠心	大孢子囊
胚囊（单细胞期）	大孢子
胚囊（成熟期）	雌配子体

二、裸子植物的主要化学成分（the main chemical constituents of gymnosperms）

裸子植物的化学成分类型很多，主要含有下列成分。

1. 黄酮类（flavonoid） 裸子植物中含丰富的黄酮类及双黄酮类成分，双黄酮类除蕨类植物外很少发现，是裸子植物的特征性成分。常见的黄酮类有槲皮素（quercetin）、山柰（kaempferol）、杨梅素（myricetin）和芸香苷（rutin）等。双黄酮类分布在银杏科、柏科及杉科中，如柏科植物含柏木双黄酮（cupressuflavone），杉科及柏科植物含扁柏双黄酮（hinokiflavone），银杏叶中含银杏双黄酮（ginkgetin）和异银杏双黄酮（isoginkgetin）等，这些黄酮类及双黄酮类成分大部分具有扩张动脉血管作用，用于治疗心脑血管疾病。

2. 生物碱类（alkaloids） 生物碱在裸子植物中分布不普遍，现知的仅存于三尖杉科、红豆杉科、罗汉松科、麻黄科及买麻藤科。三尖杉属（*Cephalotaxus*）植物含多种生物碱，实验证实，三尖杉酯碱（harringtonine）和高三尖杉酯碱（homoharringtonine）具有抗癌活性，临床用于治疗白血病。红豆杉属（*Taxus*）植物含有的紫杉醇（taxol）对白血病、卵巢癌、黑色素瘤和肺癌等有明显疗效。麻黄属（*Ephedra*）植物含有左旋麻黄碱（L-ephedrine）及右旋伪麻黄碱（D-pseudoephedrine）等多种生物碱，麻黄碱用于治疗支气管哮喘等症。

3. 萜类及挥发油（terpenoids and volatile oil） 裸子植物中较普遍存在萜类及挥发油，挥发油中含有蒎烯、苧烯、小茴香酮及樟脑等。松科和柏科等多种植物富含挥发油及树脂。

4. 其他成分（other ingredients） 除以上成分外，很多裸子植物还含有树脂、有机酸、木脂素和昆虫蜕皮激素等成分。

第二节 裸子植物的分类

Classification of Gymnospermous

现存的裸子植物分为5纲9目12科71属，约800种。我国有5纲8目11科41属，约300种。已知药用的有10科25属100余种。银杏科、银杉属、金钱松属、水杉属、水松属、侧柏属和白豆杉属等为我国特有科属。

裸子植物分纲检索表

1. 高大乔木、灌木。茎次生木质部中不具导管，“花”不具假花被。
  2. 叶大型羽状复叶，聚生于茎顶。茎不分枝或稀在顶端呈二叉分枝……………………………………………………………………………………**苏铁纲 Cycadopsida**
  2. 叶为单叶，不聚生于茎顶。茎有分枝。
    3. 叶扇形，先端二裂或为波状缺刻，具二叉分歧的叶脉……………………**银杏纲 Ginkgopsida**
    3. 叶针形，条形或鳞片状，全缘，不具二叉分歧的叶脉。
      4. 果为球果，大孢子叶鳞片状（珠鳞）。种子有翅或无，不具假种皮……………………………………………………………………………………**松柏纲 Coniferopsida**
      4. 果不为球果，大孢子叶特化为囊状或杯状。种子无翅，具假种皮……………………………………………………………………………**红豆杉纲（紫杉纲）Taxopsida**
1. 灌木、木质藤本，稀乔木。茎次生木质部中具导管。叶片常有细小膜质鞘。“花”具假花被……………………………………………………………………………………**买麻藤纲 Gnetopsida**

一、苏铁纲（Cycadopsida）

常绿木本植物，茎干粗壮，圆柱形，**常不分枝。叶螺旋状排列，有鳞片叶及营养叶之分，**两者交互或环状着生；鳞片叶小，密被褐色绒毛，营养叶大，羽状深裂，集生茎顶部。**雌雄异株**，球花顶生（或有大孢子叶羽状不形成球花的）。精子具纤毛。现仅存 1 目 1 科 11 属，约 240 余种，分布于热带和亚热带地区。我国仅有苏铁属（*Cycas*），约 22 种。

苏铁科（Cycadaceae）

常绿木本植物。茎干粗壮，圆柱形，常不分枝，髓部大，树皮有黏液道。叶螺旋状排列，有鳞片叶及营养叶之分，两者交互或环状着生；鳞片状小叶密被褐色绒毛，营养叶大，深裂成羽状复叶，革质，集生于茎顶部。雌雄异株，球花单生于茎顶。雄球花木质，直立，具柄，由多数鳞片状或盾状的雄蕊构成，呈螺旋状排列；每个雄蕊生多数球状 1 室花药，花粉粒发育所产生的两个精子具多数纤毛。雌蕊叶状或盾状，丛生于茎顶的羽状叶与鳞片叶之间，2～10 枚胚珠着生在中下部的叶柄两侧。种子核果状，外种皮肉质，中果皮木质，内种皮膜质。胚乳丰富，子叶 2 枚。

图 10-1 苏铁
1. 植株；2. 小孢子叶；3. 大孢子叶及种子；4. 聚生的花药

本科现有 9 属，约 110 余种，分布于热带及亚热带地区。我国有 1 属，约 22 种，药用 4 种，分布于西南、东南、华东等地区。

【重要药用植物】（main medicinal plants）

苏铁（铁树）*Cycas revoluta* Thunb. 常绿乔木。茎干圆柱形，其上有明显螺旋状排列的菱形叶柄残基。一回羽状复叶，深裂，革质，叶柄基部两侧有刺，裂片条状披针形，质坚硬，深绿色有光泽，边缘向下反卷，上面中央微凹，凹槽内有稍隆起的中脉，下面中脉显著隆起。雄球花圆柱状，雄蕊顶部宽平，有急尖头，下面着生许多花药，常 3～4 枚聚生；雌蕊密生黄褐色绒毛，上部羽状分裂，下部柄状，柄的两侧各生 1～5 枚胚珠。种子核果状，熟时橙红色（**图 10-1**）。分布于四川、台湾、福建、广东、广西和云南等地。干燥种子入药，能理气止痛、益肾固精；干燥叶入药，能收敛止痛、止痢；干燥根入药，能祛风、活络、补肾。

二、银杏纲（Ginkgopsida）

落叶乔木，树干顶端有分枝，枝条有长、短枝之分。单叶，**扇形**，有长柄，**先端二浅裂**或有波状缺刻，叶脉二叉状分枝，叶在长枝上互生，在短枝上簇生。**球花单性**，**雌雄异株**，精子具多纤毛。种子核果状。本纲现仅存1目1科1属1种，我国特产，国内外广泛引种栽培。银杏为中生代孑遗植物，因此又被称为"活化石"。

银杏科（Ginkgoaceae）

落叶乔木，枝条有长、短枝之分，营养性长枝顶生。单叶，**扇形**，有长柄，**先端二浅裂**或具波状缺刻，叶脉二叉状分枝；叶螺旋状排列，稀疏，有较长的叶柄；生殖性短枝侧生，叶簇生。**球花雌雄异株**，生于短枝顶端鳞片状叶的腋内，簇生状；雄球花具梗，**柔荑花序状**，雄蕊多数，各具2花药；雌球花具长梗，顶端有二叉状，叉顶有**杯状珠座**（心皮），其上各生一裸露的直立胚珠，常仅1个发育。**种子核果状**，椭圆形或近球形，外种皮肉质，成熟时橙黄色，外被白粉，味臭；中种皮白色，木质；内种皮淡红色，膜质。胚乳肉质，胚具子叶2枚（**彩图1**）。本科仅有1属1种，我国浙江天目山有野生状态的树木，其他各地栽培很广。

【重要药用植物】（main medicinal plants）

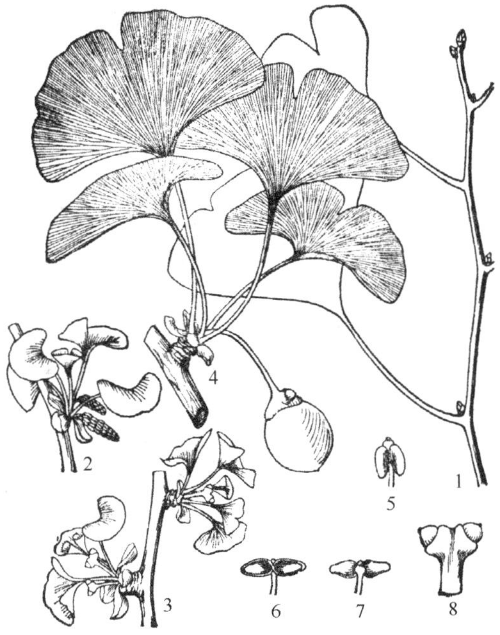

图10-2 银杏

1. 具冬芽的长枝；2. 具雄花序枝；3. 具雌花序枝；4. 果枝；5. 雄蕊示未展开的花粉囊；6. 雄蕊背面；7. 雄蕊正面；8. 胚珠着生于杯状心皮上

银杏 ***Ginkgo biloba*** **L.** 又称公孙树、白果树，系现存种子植物中最古老的孑遗植物，为我国特产，现世界各地均有栽培，我国有最多的资源拥有量。其形态特征与科的形态特征相同（**图10-2**）。银杏主产于江苏、山东、广西、湖北、河南、浙江、贵州、湖南、四川和河北等地。干燥成熟种子入药（白果），能敛肺定喘、止带缩尿；干燥叶入药（银杏叶），能活血化瘀、通络止痛、敛肺平喘、化浊降脂。

三、松柏纲（Coniferopsida）

常绿或落叶乔木，稀灌木。茎多分枝，常有长、短枝之分，具树脂道。叶单生或成束，针形、条形、钻形或鳞片形。孢子叶常排成球果状，单性，同株或异株。花粉粒有气囊或无，萌发时精子无纤毛。

松柏纲是现代裸子植物中数目最多，分布最广的类群。该纲分为松科（Pinaceae）、杉科（Taxodiaceae）、柏科（Cupressaceae）、南洋杉科（Araucariaceae）共4科，50属，约550余种，南北半球均有分布。我国是松柏纲植物最古老的起源地，也是松柏类植物最丰富的国家，有许多特有属种和第三纪孑遗植物，共有3科，23属，约150种，引种1科，7属，50种。

松科（Pinaceae）

常绿乔木，少灌木，稀落叶性，多含有树脂。叶针形或条形，在长枝上螺旋状散生，在短枝上簇生，基部有叶鞘包被。**球花单性，雌雄同株**；雄球花穗状，由**多数螺旋状排列的雄蕊组成，各具2药室，花粉粒具翅**；雌球花球状，由多数螺旋状排列的珠鳞（心皮）与苞鳞（苞片）组成，每个珠鳞的腹面基部有2个倒生胚珠，背面有1个苞片（苞鳞），与珠鳞分离。花后珠鳞增大称种鳞，球果直立或下垂，聚成木质球果，常开裂。种子具单翅。有胚乳，子叶2～16枚。

松科为裸子植物中最大的一科，有10属230余种，多产于北半球；我国有10属113种29变种，已知药用8属48种。松科主要分布于东北、华北、西北、西南及华南高山地带的广大森林。

【重要药用植物】（main medicinal plants）

马尾松 ***Pinus massoniana* Lamb.** 常绿乔木。小枝轮生，长枝上叶鳞片状；短枝上叶针状，2针一束，稀3针一束，细长柔软，树脂道4～8个，边生。雄球花圆柱形、聚生于新枝下部苞腋成穗状；雌球花单生或2～4个聚生于新枝的顶端；种鳞的鳞盾菱形，鳞脐微凹，无刺头。球果卵圆形或圆锥状卵圆形，成熟后栗褐色。种子长卵形，子叶5～8枚（**图10-3**）。马尾松分布于淮河和汉水流域以南各地，西至四川、贵州和云南。干燥瘤状节或分枝节入药（油松节），能祛风除湿、通络止痛。本属药典还收载**油松** ***P. tabuliformis* Carr.** 作油松节入药。其形态与马尾松相似，针叶较粗硬，2针一束，树脂道约10个，边生。球果卵圆形，成熟时淡黄褐色，种鳞鳞盾肥厚隆起，鳞脐凸起有短刺尖。种子褐色，有斑纹。分布于我国北部和西部。此外，两者树皮入药能收敛生肌；叶入药能祛风活血、安神、解毒止痒；花粉入药（松花粉）能收敛止血、燥湿；种子入药能润肺滑肠；松香能燥湿祛风、生肌止痛。

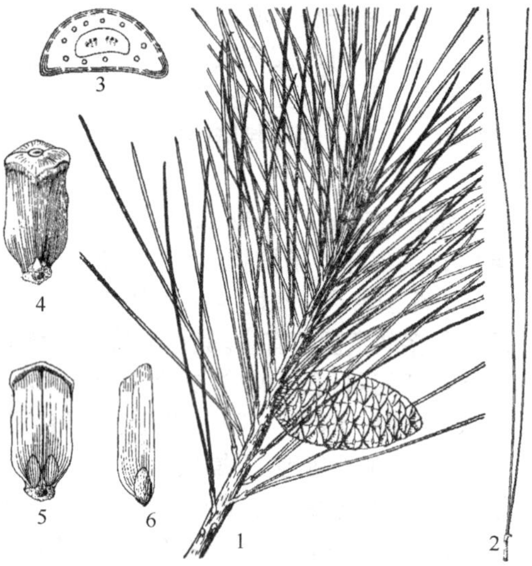

图10-3 马尾松

1. 球果枝；2. 一束针叶；3. 针叶的横切面；4～5. 种鳞背腹面；6. 种子

金钱松 ***Pseudolarix amabilis*（Nelson）Rehd.** 落叶乔木。长枝上的叶螺旋状散生，短枝上的叶15～30簇生，叶片条状或倒披针状条形，辐射平展，秋后呈金黄色，形似金钱。球花单性，雌雄同株，雄球花数个簇生于短枝顶端，雌球花单生于短枝的顶端，苞鳞大于珠鳞，球果当年成熟，成熟时种鳞和种子一起脱落，种子具翅。分布于我国长江流域以南各省区。干燥根皮入药（土荆皮），能杀虫、疗癣、止痒。本科还有**红松** ***P. koraiensis* Sieb. et Zucc.**和**云南松** ***P. yunnanensis* Franch.**可药用。

柏科（Cupressaceae）

常绿乔木或灌木。叶交互对生或3～4片轮生，常为**鳞片状或刺形**，或同株上兼有两型叶。球花小，**单性，同株或异株**；雄球花单生于枝顶，椭圆状卵形，有3～8对交互对生的雄蕊，每枚雄蕊有2～6个药室，花粉粒无气囊；**雌球花由3～16枚交互对生或3～4枚轮生的珠鳞组成，珠鳞与下面的苞鳞合生**，每枚珠鳞有1至数枚胚珠。球果圆球形，卵球形或长圆形，木质或革质，开裂或有时浆果状不开裂，每个种鳞内面基部有1至多枚种子，有翘或无翘，具胚乳，子叶2枚，稀为多枚。本科有22属，约150种，广布世界各地。我国产8属29种7变种。已知药用有6属20种。

【重要药用植物】（main medicinal plants）

侧柏（扁柏）*Platycladus orientalis*（L.）Franco 常绿乔木，小枝扁平，排成一平面，直展。叶鳞片状，交互对生，贴生于小枝上。雌雄同株；雄球花黄绿色，有6对交互对生的雄蕊；雌球花蓝绿色，有白粉。球果具种鳞4对，扁平，木质，蓝绿色，被白粉，覆瓦状排列，背部近顶端有反曲尖头，熟时木质，开裂，中部种鳞各有种子1～2枚，种子卵形，无翅（**图10-4**）。我国特有种，除新疆和青海外，分布于全国各地。干燥枝梢和叶入药（侧柏叶），能凉血止血、化痰止咳、生发乌发；干燥成熟种仁入药（柏子仁），能养心安神、润肠通便、止汗。

图10-4　侧柏

1. 着生球果的枝；2. 雄球花；3. 雄蕊的内面及外面；4. 雌球花；5. 雌蕊的内面；6. 球果；7. 种子

四、红豆杉纲（紫杉纲）（Taxopsida）

常绿乔木或灌木。叶为条形、披针形、稀鳞形、钻形或退化成叶状枝。球花单性，雌雄异株，稀同株，胚珠生于盘状或漏斗状的珠托上，或由囊状、杯状的套被所包围，不形成球果。种子具有肉质的假种皮（由套被增厚形成）或外种皮。

红豆杉纲分为罗汉松科（Podocarpaceae）、三尖杉科（Cephalotaxaceae）和红豆杉科（Taxaceae）3科，14属，约162种。我国有3科，7属，33种。

三尖杉科（粗榧科）（Cephalotaxaceae）

常绿小乔木或灌木，髓中部具树脂道。小枝近对生或轮生，基部有宿存芽鳞。叶条形或条状披针形，交互对生或近对生，侧枝叶在**基部扭转而成两列**，上表面中脉突起，背面有**两条白色气孔带**，叶内有树脂道。**球花单性**，**雌雄异株**，稀同株；雄球花有雄花6～11枚，**聚成头状**，**每个球花由4～16个小孢子叶组成**，单生叶腋，基部有多数苞片，每1枚雄球花基部有1枚卵球形或三角形的苞片，花丝短，**各有2～4个花药**（常3个），**花粉粒球形**，**无气囊**；**雌球花具长柄**，生于小枝基部苞片的腋部，由数对交互对生的大孢子叶组成，花轴上有数对交互对生的苞片，每苞片基部生**2枚直立胚珠**，仅1枚发育，**基部苞片变态成囊状珠托**，胚珠生于珠托上。**种子核果状**，圆球形或长圆形，包于由**珠托发育成的肉质假种皮中**，基部具宿存的苞片。外种皮质硬，内种皮薄膜质。子叶2枚。

本科有1属9种，主要分布于东亚。我国有7种3变种，分布于黄河以南及西南各省区。已知药用9种（包括变种）。

【重要药用植物】（main medicinal plants）

三尖杉 *Cephalotaxus fortunei* Hook. f. 常绿乔木，树皮红褐色，片状脱落。叶片螺旋状着生，排成2排，披针状条形，常弯曲，上面中脉隆起，下面中脉两侧有两条白色气孔带。雄球花8～10枚，有明显的总梗，梗长6～8mm，聚生成头状，生于叶腋，每个雄球花有雄蕊6～16枚，生于苞片上；雌球花总梗长15～20 mm，生于小枝基部，有数对交互对生的苞片。种子4～8枚，长卵形，核果状，假种皮成熟时紫色（**图10-5**）。分布于陕西、甘肃，以及华东、华南和西南地区。种子入药，能润肺止咳、消积杀虫。从本科植物的枝叶中提取的三尖杉总生物碱对淋巴肉瘤及肺癌有较好疗效，对胃癌、上颚窦癌和食道癌有一定的疗效。

本科还有**中国粗榧** ***C. Sinensis*** **(Rehd. et Wils) Li**、**海南粗榧** ***C. hainanensis*** **Li**、**篦子三尖杉** ***C. oliveri*** **Mast.**和**台湾三尖杉** ***C. wisoiana*** **Hayata.** 可供药用。

红豆杉科（紫杉科）(Taxaceae)

常绿乔木或灌木。叶条形或披针形，螺旋状排列或交互对生，**叶柄常扭转排成 2 列**，叶面中脉凹陷，叶背有两条气孔带。球花单性，雌雄异株，稀同株；雄球花常单生于叶腋或苞腋，或**少数组成柔荑花序状集生于枝顶**，雄蕊多数，具 **3～9 个花药**，辐射状或偏向一侧，**花粉粒球形无气囊**；**雌球花序具短梗或无梗**，**单生或 2～3 对成对生**于叶腋或苞腋，**基部具多数覆瓦状或交互对生的苞片**，**顶端具 1 枚直立胚珠**，基部具辐射对称的**盘状或漏斗状珠托**。**种子核果状**或坚果状，全部或部分包于杯状肉质的假种皮中。

本科有 5 属，23 种，主要分布于北半球。我国有 4 属，12 种，已知药用的有 3 属 10 种。

【重要药用植物】(main medicinal plants)

红豆杉 ***Taxus chinensis*** **(Pilger) Rehd.** 常绿乔木，树皮裂成条片剥落。叶螺旋状着生，条形，微弯或直，排成 2 列，先端骤尖，叶上面深绿色，下面淡黄色，有 2 条黄绿色气孔带。种子卵圆形，上部渐窄，先端微具 2 条钝纵脊，先端有突起的短尖头，种脐常呈椭圆形，生于杯状红色肉质的假种皮中（**图 10-6**）。我国特有种，分布于甘肃、陕西、安徽、湖北、湖南、广西、贵州、四川和云南等地。干燥枝及叶入药，能利尿、通经；干燥种子入药，能消积食、驱蛔虫。

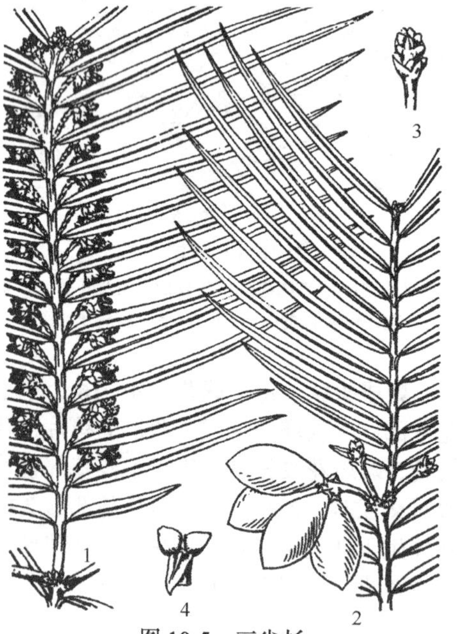

图 10-5　三尖杉

1. 雌球花枝；2. 着生种子的枝；2. 雌球花枝；3. 雌球花上的苞片和胚珠；4. 雌球花

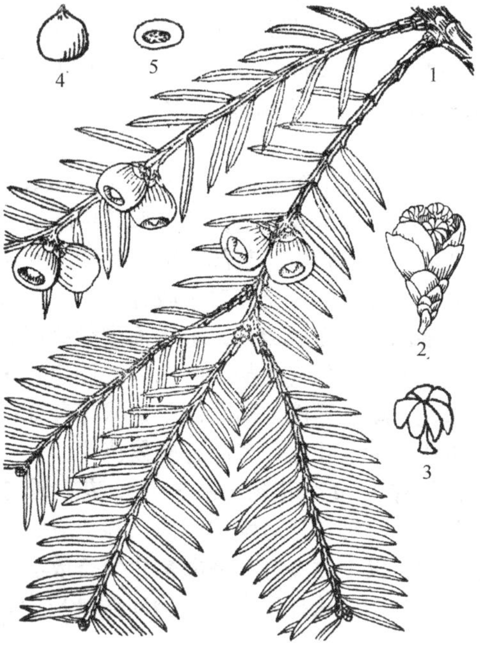

图 10-6　红豆杉

1. 着生种子的枝；2. 雄球花；3. 雄蕊；4. 种子；5. 种脐

榧树 ***Torreya grandis*** **Fort. ex Lindl.** 常绿乔木，树皮有纵条纹状纵裂。小枝近对生或轮生。叶螺旋状排列，叶柄扭转而成 2 列，条形，革质，先端急尖，基部圆，上面深绿色，无明显中脉，下面淡绿色，有两条粉白色气孔带。球花单性，雌雄异株；雄球花单生叶腋，圆柱状，雄蕊多数，各有 4 个药室；雌球花成对生于叶腋。种子椭圆形或卵形，成熟时核果状，由珠托发育成的假种皮所包被，假种皮淡紫红色，肉质。我国特有种，分布于江苏、浙江、安徽、福建、江西和湖南等省区。干燥种子入药（香榧子），能杀虫消积、润燥通便。

五、买麻藤纲（Gnetopsida）

灌木或木质藤本，稀乔木或草本状小灌木。**次生木质部有导管**，无树脂道。**叶对生或轮生**，**鳞片状**或阔叶状。**球花单性**，**雌雄异株或同株**，或有两性痕迹，并有类似花被的盖被（称假花被），精子无鞭毛。胚珠 1 枚，具 1～2 层珠被，具珠被管（micropylar tube）；颈卵器极退化或无。成熟雌球花球状或浆果状，种子包被于由盖被发育成的假种皮中，胚乳丰富。子叶 2 枚。这些特征是裸子植物中最进化类群的性状。

本纲共分 3 科，即麻黄科（Ephedraceae）、买麻藤科（Gnetaceae）和百岁兰科（Welwitschiaceae），各科仅 1 属。

麻黄科（Ephedraceae）

小灌木、亚灌木或草本状。**小枝对生或轮生**，**节明显**，节间有多条细纵槽纹，茎内**次生木质部有导管**。叶小，**鳞片状**，对生或轮生，**基部** 2～3 片合生成**鞘状**。**球花单性**，**雌雄异株**，稀同株；雄球花卵形或椭圆形，单生或数个丛生，或 3～5 个成多穗状，具膜质苞片数对，每苞片内有 **1 朵雄花**，**外有假花被** 2～4 裂，每花有 2～8 枚雄蕊，花丝合成 1～2 束，花药 1～3 室；雌球花由 2～8 对交互对生或轮生的苞片组成，仅顶端 1～3 枚苞片内生有雌花，雌花由顶端开口的囊状的假花被包围，各生胚珠 1 枚；**胚珠外有假花被包围**，**具一层膜质珠被**，上部延长成**珠被管**，由假花被开口处伸出，假花被发育成革质**假种皮**，包围种子，最外为苞片，**成熟时变成肉质**，**红色或橘红色**。种子浆果状，胚乳丰富，子叶 2 枚。

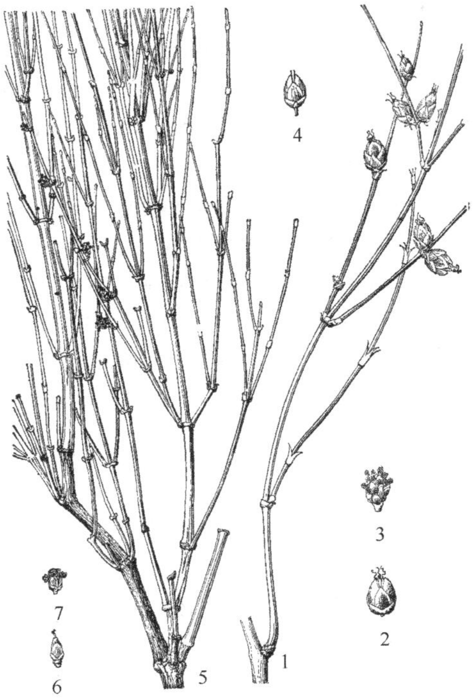

图 10-7　中麻黄（1～3）；草麻黄（4）；木贼麻黄（5～7）

1. 成熟的雌球花枝；2. 雌球花；3. 雄球花；4. 成熟的雌球花；5. 雄球花植株；6.雌球花；7. 雄球花

本科仅有 1 属约 40 种，分布于亚洲、美洲及欧洲东部及非洲北部等干旱和荒漠地区。我国有 12 种 4 变种，分布于东北、西北和西南等地区。已知药用 15 种。

【重要药用植物】（main medicinal plants）

草麻黄 ***Ephedra sinica*** **Stapf.** 草本状灌木。高 30～70cm，木质茎短而横卧，小枝丛生于基部，节间长 2～6cm。叶鳞片状，膜质，先端 2 裂。球花单性，雌雄异株；雄球花生于苞腋内，成复穗状花序，具 2～4 对苞片，每苞片内有一雄花，有雄蕊 7～8 枚，花丝合生成一体；雌球花单生于枝顶，有苞片 4 对，雌花 2，每雌花具 1 顶端开口假花被，假花被发育成革质的假种皮。苞片成熟时增厚肉质，红色，内含种子 2 枚。分布于东北、内蒙古、陕西、河北和山西等省区。干燥草质茎入药（麻黄），能发汗散寒、宣肺平喘、利水消肿；干燥根和根茎入药（麻黄根），能固表止汗。药典收载作“麻黄”入药的植物还有**中麻黄** ***E. intermedia*** **Schr. et Mey.** 和**木贼麻黄** ***E. equisetina*** **Bge.**（**图 10-7**）。

Summary

1. The gymnosperms are those plants with "naked ovules," that is, ovules located on flat sporophylls, not enclosed in carpels.

2. Gymnosperms are classified into five divisions: Cycadopsida, Ginkgopsida, Coniferopsida, Taxopsida, and Gnetopsida. The most important of these is Coniferopsida, which includes the largest of the terrestrial plants as well as plants of great economic importance.

3. Division Coniferopsida (Conifers) constitutes a diverse division of large trees with solid wood, simple pollen cones, and compound seed cones. The conifers are the most diverse (about 50 genera and 550 species) and familiar of the gymnosperms.

4. Taxales contains only one family, Taxaceae, with five genera, Taxus being the most familiar. Rather than having seed cones like the conifers, the taxads bear their seeds terminally on short lateral shoots. They have no cone and after fertilization, as the seed develops, a bright red, fleshy, sweet envelope, the aril, grows around the seed.

5. Cycads are modern gymnosperms with compound leaves, parenchymatous wood, and simple seed cones consisting of an axis and a rather leaflike megasporophyll.

6. Cycadeoids are a group of extinct gymnosperms whose vegetative structure was almost indistinguishable from that of cycads. However, their reproductive structures contained both microsporophylls and megasporophylls together.

7. Ginkgo biloba is the sole living species of its division. It resembles a dicot tree except that its leaves have dichotomous veins and it bears naked ovules, surrounded by neither a cone nor a carpel.

8. Reproduction in division Gnetophyta is gymnospermous, but plants of Ephedra and Gnetum resemble dicots. Welwitschia has only two leaves, which grow indeterminately from basal meristems. None has any fossil record, and their ancestry is unknown.

复习思考题（review questions）

1. 裸子植物有哪些主要特征？
2. 银杏有哪些主要形态特征？试说明其药用部位及功效。
3. 说明麻黄茎与根的功效区别。

第十一章　被子植物门
Angiosperms

学习目标

1. 掌握：被子植物的主要特征；蓼科、毛茛科、木兰科、十字花科、蔷薇科、豆科、芸香科、大戟科、五加科、伞形科、唇形科、茄科、玄参科、忍冬科、葫芦科、桔梗科、菊科、禾本科、天南星科、百合科、姜科、兰科的主要特征和重要药用植物。

2. 熟悉：被子植物分类的一般原则及主要分类系统；桑科、马兜铃科、苋科、石竹科、小檗科、樟科、罂粟科、景天科、虎耳草科、杜仲科、锦葵科、山茱萸科、木犀科、龙胆科、夹竹桃科、萝藦科、旋花科、马鞭草科、爵床科、茜草科、棕榈科、百部科、石蒜科、薯蓣科、鸢尾科的主要特征和重要药用植物。

3. 了解：三白草科、胡椒科、金粟兰科、桑寄生科、商陆科、睡莲科、防己科、楝科、远志科、漆树科、冬青科、卫矛科、无患子科、鼠李科、藤黄科、瑞香科、使君子科、桃金娘科、杜鹃花科、紫金牛科、报春花科、马钱科、紫草科、紫葳科、列当科、车前科、败酱科、川续断科、香蒲科、泽泻科、莎草科的特征和重要药用植物。

被子植物拉丁名 Angiospermae，来源于希腊文复合词。Angiospermae 是 Angio-（包被的）与-sperma（种子）两者用复数第一格复合而成，英文名为 Angiosperm。

被子植物是植物界中进化水平最高的类群。其广泛分布于山地、平原、沙漠、湖泊、沼泽及海洋等；形态多样，有乔木、灌木、草本及藤本；营养方式也多样，包括自养、寄生、腐生和共生等。全世界已知的被子植物有 1 万多属，30 多万种，占世界植物总数一半以上；中国有 3000 多属，约 3 万多种，是位列全世界第四的生物多样性大国。

第一节　被子植物的概述
Introduction of Angiosperms

一、被子植物的主要特征（principal features of Angiosperms）

最早的被子植物化石辽宁古果（*Archaefructus liaoningensis* Sun et al.）被发现于晚侏罗纪地层中，表明被子植物的产生已有 1 亿多年的历史，相较于藻菌类 30 多亿年的历史是极其短暂的。但是被子植物在生存竞争和自然选择的过程中占据了绝对的优势，具有众多的种类和广泛的适应性，这与其复杂完善的结构特别是繁殖器官和生殖过程有着密切的关系。被子植物主要有以下 4 个进化特征：

1. 具有结构复杂的花（true flowers）　开花过程是被子植物的一个显著特征，因此被子植物又称为**显花植物**（phanerogams）或**有花植物**（flowering plants）。被子植物的花由花萼、花冠、雄蕊和雌蕊 4 部分组成。花的出现，可以使被子植物具有多种传粉方式，如虫媒、鸟媒、风媒及水媒等，有利于被子植物的繁殖。

2. 胚珠包在子房内（ovules are enclosed in a ovary） 被子植物又称**雌蕊植物**（gynoeciatae），因为其心皮卷合形成了雌蕊或雌蕊群（gynoecium）。雌蕊由子房、花柱和柱头3部分组成。被子植物的胚珠被包裹在心皮形成的子房里，使其避免遭受外界不良环境的损害。子房在传粉受精后发育成果实，胚珠则发育成种子。在种子成熟之前，果实对种子起保护作用；成熟之后，果实则帮助种子以多种方式散布传播。

3. 具有双受精现象（double fertilization） 被子植物的雄配子体即花粉粒内含2个精子，雌配子体内含1个卵细胞及2个极核组成的中央细胞。受精过程中，1个精子与卵细胞结合形成受精卵，另1个精子与具有2个极核的中央细胞结合发育成3倍体的胚乳。经过受精的胚乳为幼胚的萌发提供营养，增强了新植物体的生命力及适应环境的能力。

4. 孢子体高度发达（highly developed spores） 被子植物的孢子体在其生活史中占绝对优势，其在体态、习性及形态结构等方面都比其他类群植物更加多样化。被子植物体态及习性多样，如乔木，灌木，草本或藤本；常绿或落叶；一年生、两年生或多年生；生活在水中、沙地、石岩或盐碱地等。在结构上，被子植物具有导管、筛管等输导组织，可以极大提高水、无机盐和营养物质在体内的运输效率。

被子植物的配子体极度简化，形状较小，终生寄生在孢子体上。雄配子体成熟时只由1个粉管细胞、2个精子共3个细胞组成，而雌配子体发育成熟时，通常只有7个细胞8个细胞核，包括1个卵细胞、2个助细胞、1个中央细胞及3个反足细胞。雌雄配子体结构上的简化是适应寄生生活的结果，这不会减低被子植物的生殖功能，反而可以合理分配养料，具有进化的意义。

二、被子植物分类的一般原则（taxonomic principles of angiosperms）

形态学特征是被子植物分类的主要依据，花、果实的形态学特征在被子植物分类中尤其重要，根、茎、叶及其附属物如毛被、鳞片等的特征也常作为分类的依据，这是传统的经典分类方法。近年来随着解剖学、胚胎学、细胞学、植物化学及分子生物学等学科的发展，对研究某些植物类群的亲缘关系和进化，特别对确定某些在系统位置上有争议的类群提供了新的证据，是对经典分类方法的深入和补充。

植物器官形态演化的过程，通常是由低级到高级，由简单到复杂，但有的植物器官在分化或特化同时，伴随着简化或退化的现象。例如，莎草科植物在进化过程中花被缺失或退化成鳞片状。要判断某一植物或某一类群是原始的还是进化的，需要对各性状进行客观全面地考察，而不能孤立片面地根据一两个性状下结论，这是因为同一性状在不同植物中的进化意义不是绝对的，并且同一植物各个器官的演化也不是同步的。因此，只有对植物的性状进行全面综合分析，才能对植物进行准确的分类。表11-1列出了被子植物形态构造的一般演化规律。

表11-1 被子植物形态结构的演化规律

	初生的、原始的性状	次生的、进化的性状
根	直根系	须根系
茎	木本	草本
	直立	缠绕
	无导管，有管胞	有导管
	具环纹、螺纹导管	具网纹、孔纹导管
叶	常绿	落叶
	单叶全缘	叶型复杂化
	互生或螺旋排列	对生或轮生

续表

	初生的、原始的性状	次生的、进化的性状
花	单生花	有花序
	两性花	单性花
	雌雄同株	雌雄异株
	花各部螺旋排列	花各部轮状排列
	花各部数目多，为不定数	花各部数目少，为定数
	两层花被	一层花被或无花被
	花被离生	花被合生
	花冠辐射对称	花冠两侧对称及不对称
	雌雄蕊群多数，离生	雌雄蕊群定数，合生
	子房上位	子房下位
	胚珠多数	胚珠少数
	边缘胎座、中轴胎座	侧膜胎座、特立中央胎座
	虫媒花	风媒花
果实	单果、聚合果	聚花果
	真果	假果
种子	胚乳发达	胚乳少或无
	胚小，子叶二枚或多枚	胚大，子叶一枚
生活型	多年生	一年生
	绿色自养植物	腐生、寄生植物

三、被子植物分类系统（taxonomic systems of Angiosperms）

（一）被子植物起源假说（origin hypothesis of Angiosperms）

长期以来，植物分类学家按照植物之间的亲缘关系建立起植物分类系统，以此来说明被子植物间的演化关系。建立植物分类系统的目的是确定被子植物中的原始类群和进化类群，为此，各植物学家提出了许多不同的假说，其中最具代表性的是**假花学说**和**真花学说**。

1. 假花学说（pseudanthium theory） 假花学说由恩格勒学派建立。该学派认为被子植物的花是由裸子植物的花序（球穗花）进化而来，其雄蕊和心皮分别为极端退化的雄花和雌花。他们设想被子植物来源于具有单性花的裸子植物弯柄麻黄（*Ephedra campylopoda*），依据此设想，认为被子植物中具有木本、无被花、风媒花和单性花特征的柔荑花序类如杨柳科、胡椒科植物为原始类群，而木兰科、毛茛科植物被看成是比较进化的类群。

2. 真花学说（euanthium theory） 真花学说以美国的柏施和英国的哈钦松为代表。他们认为被子植物是由已灭绝的具有两性孢子叶球的本内苏铁目（*Bennettites*）特别是拟苏铁属（*Cycadeoidea*）植物演化而来，其孢子叶球上的苞片演化为被子植物花被，小孢子叶演化为雄蕊，大孢子叶演化为雌蕊，孢子叶球轴缩短为花轴。本内苏铁植物具有两性花，花各部螺旋排列，有不育的叶片，雄蕊不分化为花药和花丝，心皮有边缘生的胚珠，这些也是木兰目被子植物所具有的特征。因此该学说认为被子植物起源于拟苏铁植物，而具有两性花、双被花及虫媒花等特征的木兰目则是被子植物中最原始的类群。

（二）被子植物分类系统（taxonomic systems of Angiosperms）

近两个世纪以来，许多植物学家根据各自的系统发育理论，提出了各自不同的被子植物分类系统。但由于有关被子植物起源、演化的知识特别是化石证据不足，直到如今还没有一个十分完善的分类系统。当前世界上运用较广泛，影响较大也较为流行的分类系统有恩格勒（Engler）系统、哈钦松（Hutchinson）系统、塔赫他间（Takhtajan）系统及克朗奎斯特（Cronquist）系统。

1. 恩格勒系统（Engler system） 该系统由德国植物学家恩格勒（A. Engler）和柏兰特（K. Prantl）于1897年共同发表在《植物自然分科志》（Die Natürlichen Pflanzen Familien）。该系统把植物界分为13门，第13门为种子植物门，被子植物为该门的亚门，该亚门分为双子叶植物和单子叶植物2个纲，共45目，280科。恩格勒系统以假花学说为理论基础，把单子叶植物放在双子叶植物之前，并以柔荑类植物为原始类型，把双子叶植物分为原生花被亚纲（离瓣花亚纲）和后生花被亚纲（合瓣花亚纲）。

恩格勒系统几经修订，在1964年出版的第12版《植物分科志要》（Syllabus Der Pflanzen Familien）中把植物界分为17门，其中被子植物单独为被子植物门，共包括2纲，62目，344科。此版本已将单子叶植物放到双子叶植物后面，但双子叶植物的系统大纲变化不大。

恩格勒系统是植物界分类史上一个比较完整的系统。尽管其中的一些观点已不能为多数分类学家接受，但由于沿用历史久远，全世界大部分国家仍采用此系统。我国的《中国植物志》、多数地方植物志及多数的植物标本馆均采用了此系统。

2. 哈钦松系统（Hutchinson system） 该系统由英国植物学家哈钦松（J.Hutchinson）在1926年和1934年先后出版的《有花植物科志》（The Families of Flowering Plants）中提出，在1973年进行了最后的修订，共有111目，411科。哈钦松系统以真花学说为理论基础，认为木兰目、毛茛目等多心皮类是被子植物最原始的类群，为多心皮学派奠定了基础，如后来的塔赫他间和克朗奎斯特系统都是在此基础上发展起来的。

哈钦松系统和恩格勒系统相比，有了很大进步，在不少方面阐明了被子植物的演化关系。但是该系统也存在很大的缺点，即过分强调了木本和草本两个来源，导致许多亲缘关系很近的科被远远分开，如草本的唇形科和木本的马鞭草科分开，草本的伞形科和木本的五加科、山茱萸科分开等。该系统发表以后，在世界上很少采用，但我国华南、西南及华中的一些植物研究所及大学标本馆有采用该系统。

3. 塔赫他间系统（Takhtajan system） 该系统由前苏联植物学家塔赫他间（A.L.Takhtajan）于1954年发表在《被子植物起源》（Origins of the Angiospermous Plants）中，后又经过多次修订（1959、1966、1969、1980、1986、1987、1997）。在1997年的最终修订版中，他把被子植物分为2纲，17个亚纲，71超目，232目，591科。

该系统是在哈钦松系统的基础上发展起来的，也主张真花学说，认为木兰目是最原始的被子植物类群。同时，该系统首先打破了双子叶植物纲分成离瓣花亚纲和合瓣花亚纲的传统，增加了亚纲数目，使分类安排更加合理。但是在分类等级中，他在亚纲和目之间增设“超目”一级，加之科的数目增至591科，显得较为复杂，不利于教学使用。

4. 克朗奎斯特系统（Cronquist system） 该系统由美国分类学家克朗奎斯特（Cronquist）于1957年在《双子叶植物目、科新系统纲要》（Outline of a New System of Families and Orders of Dicotyledons）中发表，1981修订后的分类系统将被子植物划分为11亚纲，83目，383科。这一新系统与塔赫他间（1980）系统的主要观点趋于一致，但取消了“超目”这一分类单元。克朗奎斯特系统科的数目及范围比较适中，各级分类系统安排上也与前几个系统相比更为合理。此系统发表后逐渐被人们采用，美国植物分类学教材多采用此系统，我国有的教科书及植物园也已采用此系统。

第二节　常见药用被子植物分类

Classification of Common Angiosperms

本教材采用修订后的恩格勒系统，将被子植物分为双子叶植物纲和单子叶植物纲，两纲具有的特征比较如下表（表 11-2）。

表 11-2　双子叶植物与单子叶植物主要特征比较

	双子叶植物	单子叶植物
根	直根系，少数须根系	须根系
茎	维管束环状排列	维管束散状排列
	有形成层	无形成层
叶	具网状脉	具平行脉或弧形脉
花	各部分基数为 5 或 4	各部分基数为 3，少数为 4
	花粉粒具 3 个萌发孔	花粉粒具 1 个萌发孔
子叶	2 片，稀见 1、3 或 4	1 片

一、双子叶植物纲（Dicotyledoneae）

双子叶植物纲分为离瓣花亚纲（原始花被亚纲）和合瓣花亚纲（后生花被亚纲）。

（一）离瓣花亚纲（Choripetalae）

离瓣花亚纲又称古生花被亚纲或原始花被亚纲（Archichlamydeae），是被子植物中比较原始的类群。花无被、单被或重被，花瓣通常分离，雄蕊和花冠离生。

1. 三白草科 Saururaceae ⚥ $*P_0A_{3\sim8}\underline{G}_{3\sim4:1:2\sim4,(3\sim4:1:\infty)}$

多年生草本。茎常具明显的节。**单叶互生**，托叶常与叶柄合生或缺。**穗状或总状花序；花序下常有白色总苞片**；花小，两性，**无花被**；雄蕊 6～8，稀 3；子房上位，心皮 3～4，合生或分离，每离生心皮有胚珠 2～4 枚；若合生，子房 1 室成侧膜胎座，胚珠多数。蒴果或浆果。种子胚乳丰富。

本科有 4 属，约 7 种，分布于亚洲东部和北美洲。我国有 3 属，4 种，已知药用 4 种，主产于中部以南各地。

本科植物化学成分主要有：①挥发油：如甲基正壬酮（methyl-*n*-nonylketone）、癸酰乙醛（decanoy-lacetaldehyde）和月桂醛（lauraldehyde）等；②黄酮类：如槲皮素（quercetin）和金丝桃苷（hyperoside）等。

【重要药用植物】（main medicinal plants）

蕺菜 *Houttuynia cordata* Thunb. 多年生草本。植物体有鱼腥气。茎下部伏地。叶心形互生，有细腺点，下面常带紫色；托叶条形膜质，下部与叶柄合生成鞘。穗状花序顶生，基部有 4 枚白色花瓣状总苞片；花小，两性，无花被；雄蕊 3 枚，花丝下部与子房合生；雌蕊由 3 枚下部合生的心皮组成，子房上位。蒴果顶端开裂（**图 11-1**）。分布于我国中部、东南至西南部各地。新鲜全草或干燥地上部分入药（鱼腥草），能清热解毒、消痈排脓、利尿通淋。

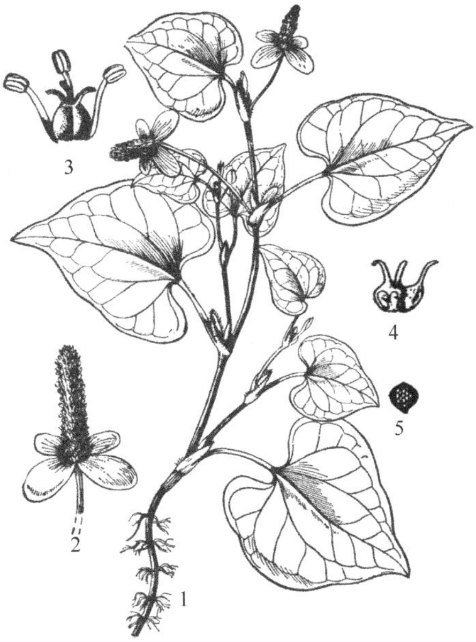

图 11-1　蕺菜

1. 植株；2. 花序；3. 花；4. 果实；5. 种子

三白草 ***Saururus chinensis*(Lour.)Baill.** 多年生草本。根状茎白色多节。叶长卵形，茎顶端在花序下的 2～3 片叶开花时常为白色。总状花序顶生，具 2～3 片叶状总苞；花小，两性；

无花被；生于卵圆形苞片腋内；雄蕊 6；雌蕊由 4 个近完全合生的心皮组成；子房上位。果实分裂成 3～4 个分果瓣。分布于河北、山东、河南及长江流域以南地区。干燥地上部分入药，能利尿消肿、清热解毒。

本科还有**裸蒴** ***Gymnotheca chinensis*** **Decne.**也可供药用。

2. 胡椒科 Piperaceae $♂P_0A_{1\sim10}$；$♀P_0\underline{G}_{(1\sim5:1:1)}$；$⚥{*}P_0A_{1\sim10}\underline{G}_{(2\sim5:1:1)}$

灌木或藤本，或肉质草本，**常具香气或辛辣气**。植物体常有油细胞；茎中维管束常散生。**藤本种类的节常膨大**。**单叶**，**通常互生**，**叶片全缘**，基部两侧常不对称；托叶与叶柄常合生或无托叶。花密集成**穗状花序或肉穗状**，花极小，两性或单性异株，或间有杂性；苞片盾状或杯状；**无花被**；雄蕊 1～10 枚；子房上位，心皮 2～5，合生 1 室，有基生或直生胚珠 1 枚；柱头 1～5。**浆果球形**；种子 1 枚，有少量的内胚乳和丰富的外胚乳，胚小。

本科约有 9 属，3100 余种，分布于热带和亚热带温暖地区。我国有 4 属，约 70 种，已知药用 25 种，分布于我国西南至东南部地区。

本科植物化学成分主要有：①挥发油类：如向日葵素（piperonal）和二氢葛缕醇（dihydrocarveol）等；②生物碱类：如胡椒碱（piperine）和胡椒新碱（piperanine）等。

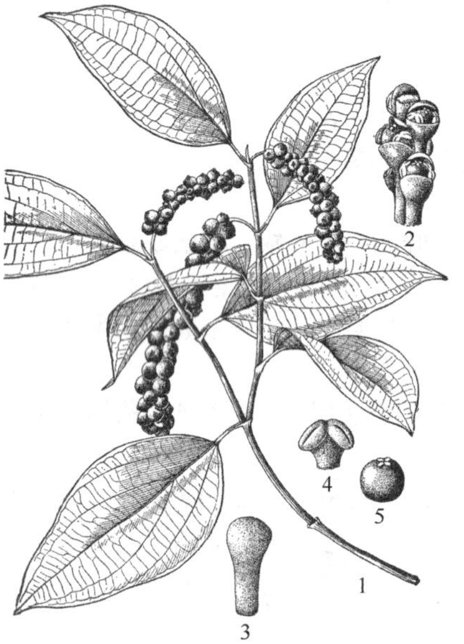

图 11-2　胡椒

1. 果枝；2. 部分花序；3. 苞片；4. 雄蕊；5. 果实

【重要药用植物】（main medicinal plants）

胡椒 ***Piper nigrum*** **L.** 攀援木质藤木。节膨大，常生不定根。叶互生，近革质，叶片卵状椭圆形，有基出脉 5～7 条。穗状花序与叶对生，常下垂；总花梗比叶短；苞片匙状长圆形，苞片基部与花序轴合生，仅边缘分离；花杂性，通常雌雄同株，无花被；雄蕊 2，花药肾形，花丝粗短；子房球形，柱头 3～4，稀有 5，子房上位，1 室，1 胚珠。浆果球形，无柄，密集成穗状，成熟时红色；未成熟时干后果皮皱缩，黑色，称"黑胡椒"；成熟果实除去果皮后呈白色，称"白胡椒"（**图 11-2**）。原产于东南亚，现广泛种植于热带地区，我国台湾、福建、广东、广西、海南、云南等地有栽培。干燥果实入药（胡椒），能温中散寒、下气、消痰。

本科药典收载的药用植物还有**荜茇** ***Piper longum*** **L.**、**风藤**（**海风藤**）***P. kadsura***（**Choisy**）**Ohwi**。此外同属植物**石南藤** ***P. wallichii***（**Miq.**）**Hand.-Mazz.**、**山蒟** ***P. hancei*** **Maxim.**和**毛蒟** ***P. puberulum***（**Benth.**）**Maxim.**等也可供药用。

3. 金粟兰科 Chloranthaceae $⚥P_0A_{(1\sim3)}\overline{G}_{(1:1:1)}$

草本或灌木，常具香气。**节常膨大**。**单叶对生**，叶柄基部多少合生成鞘，托叶小，边缘有锯齿。花排成**穗状花序**、头状花序或圆锥花序；花小，两性，少有单性，无花被，基部有 1 苞片；**雄蕊 1～3 枚**，常贴生于子房的一侧，花丝不明显，**药隔发达**；雌蕊 1 枚，**子房下位**，单心皮，1 室，顶生胎座，胚珠单生。雄花多数，雄蕊 1 枚；雌花少数，有与子房贴生的 3 齿萼状花被。**核果**，种子具丰富胚乳。

本科有 5 属，约 70 种，分布于热带和亚热带地区。我国有 3 属，16 种，已知药用 15 种，主要分布于长江以南地区。

本科植物化学成分主要含：①香豆素类：如异嗪皮啶（isofraxidin）等；②有机酸类：如延胡索酸（fumaric acid）等；③内脂：如金粟兰内酯（chlranthalactone）和银线草内酯（shizukanolide）等。

【重要药用植物】（main medicinal plants）

草珊瑚 ***Sarcandra glabra***（**Thunb.**）**Nakai** 常绿半灌木。节膨大。叶革质，对生，长椭圆

形或卵状披针形，边缘有粗锯齿，齿端有一腺体，无毛；托叶钻形。穗状花序顶生，常分枝，多少成圆锥花序；苞片三角形；花两性，黄绿色，雄蕊 1 枚，肉质，棒状至圆柱状，花药 2 室；雌蕊子房球形或卵形，无花柱柱头近头状。核果，熟时红色（**图 11-3**）。分布于安徽、浙江、江西、福建、广东、广西、湖南、四川、重庆、贵州和云南等地。干燥全草入药（肿节风），能清热凉血、活血消斑、祛风通络。

图 11-3　草珊瑚

1. 根和根状茎；2. 果枝；3. 部分花序；4. 雄蕊；5. 果实

及己（四块瓦）*Chloranthus serratus*（Thunb.）Roem. et Schult. 多年生草本。根状茎横生，粗短，茎直立，具明显的节。叶对生，常 4～6 片生于茎上部，纸质，卵形，边缘具锐而密的锯齿，齿尖有一腺体，托叶小。穗状花序，顶生或腋生；苞片三角形或近半圆形，通常顶端数齿裂；花白色，两性；雄蕊 3，药隔下部合生；子房卵形，柱头粗短。核果近球形，绿色。分布于长江流域及南部地区。干燥全草入药（及己），能清热解毒、舒经活络、祛风止痛。有毒，内服需慎用。

本科还有**金粟兰 *Chloranthus spicatus*（Thunb.）Makino.**、**宽叶金粟兰 *C. henryi* Hemsl.**、**丝穗金粟兰 *C. fortunei*（A.Gray）Solms-Laub.**和**银线草 *C. japonicus* Sieb.**等也可供药用。

4. 桑科 Moraceae ♂ $P_{4\sim5}A_{4\sim5}$；♀ $P_{4\sim5}\underline{G}_{(2:1:1)}$

木本，稀草本和藤本，**常有乳汁**。**单叶互生**稀对生，托叶 2 枚，常早落。**花小，单性**，雌雄同株或异株；常集成葇荑、穗状、头状、隐头等花序；花单被，常 4～5，**雄花的雄蕊与花被同数且对生**；雌花花被有时呈肉质；**子房上位**，2 心皮，合生，通常 1 室 1 胚珠。果为小瘦果、小坚果或核果，但在果期常与花被或花轴等形成**聚花果**。本科植物皮层或韧皮部多具乳汁管，叶内常有碳酸钙结晶。

本科约有 53 属，1400 余种，主要分布在热带和亚热带。我国有 12 属，约 153 种，已知药用 80 种，全国各地均有分布，长江以南地区较多。

本科植物化学成分主要有：①黄酮类：如桑色素（morin）和桑皮素（mulberrin）等，黄酮类为本科特有成分；②酚类：如大麻酚（cannabinol）、大麻酚酸（cannabinolic acid）和四氢大麻酚（tetrahydrocannabinol）等；③强心苷类：如见血封喉苷（antiarin）等；④昆虫变态激素：如牛膝甾酮（inokosterone）等；⑤生物碱类：如榕碱（ficine）等。

在哈钦松分类系统中将本科植物中植物体为草本、无乳汁的大麻属（*Cannabis*）和葎草属（*Humulus*）植物另立为大麻科（Cannabaceae）。

【重要药用植物】（main medicinal plants）

桑 *Morus alba* L. 落叶小乔木或灌木。植物体具乳汁。单叶互生，卵形，边缘锯齿粗钝，表面无毛，背面沿脉有疏毛，托叶披针形，早落。腋生穗状花序或葇荑花序，与叶同时生出；单性，雌雄异株；雄花花序下垂，密被白色柔毛，花被片 4 枚，宽椭圆形，淡绿色，雄蕊与花被片同数而对生，中央有不育雌蕊；雌花花序被毛，花被片 4 枚，倒卵形，雌蕊由 2 枚心皮组成，1 室 1 胚珠。小瘦果包于肉质化的雌花被内，组成聚花果，成熟时多紫色或紫红色（**图 11-4**）。全国各地均有栽培。干燥根皮入药（桑白皮），能泻肺平喘、利水消肿。干燥嫩枝入药（桑枝），能祛风湿、利关节。干燥叶入药（桑叶），能疏散风热、清肺润燥、清肝明目。干燥果穗入药（桑葚），能滋阴补血、生津润燥。同属植物国产 9 种，已知药用 6 种。

大麻 *Cannabis sativa* L. 一年生高大草本，皮层富纤维。叶掌状全裂。花单性异株；雄花黄绿色，花被 5，膜质，外被细毛，雄蕊 5，花丝极短，花药长圆形；雌花绿色，花被 1，子房近球形，外面包于苞片。瘦果外包宿存黄褐色苞片，果皮坚脆（**图 11-5**）。原产于亚洲西部，我国各地均有栽培。干燥成熟果实入药（火麻仁），能润肠通便。雌花能止咳定喘、解痉止痛。幼嫩果穗有致幻作用。

图 11-4　桑

1. 雄花枝；2. 雌花枝；3. 雄花；4. 雌花

图 11-5　大麻

1. 花枝；2. 花；3. 雄花示萼片及雄蕊；4. 雌花示雌蕊、苞片及小苞片；5. 外被苞片的果实；6. 果实

本科药典收载的药用植物还有**构树** ***Broussonetia papyrifera*（L.）Vent.**。此外**小构树** ***B. kazinoki* Sieb. et Zucc.**、**构棘（穿破石）*Cudrania cochinchinensis*（Lour.）Kudo et Masam.**、**柘** ***C. tricuspidata*（Carr.）Bur.**、**无花果** ***Ficus carica* L.**、**薜荔** ***F. pumila* L.**、**粗叶榕** ***F. simplicissima* Lour.**、**忽布（啤酒花）*Humulus lupulus* L.** 和**葎草** ***H. scandens*（Lour.）Merr.** 等也可供药用。

5. 桑寄生科 Loranthaceae ⚥ $*\uparrow P_{5\sim6}A_6\bar{G}_{(3\sim6:1:4\sim12)}$

寄生或半寄生灌木，多寄生于木质茎上。**叶多对生或轮生**，革质、全缘或退化呈鳞片状，无托叶。总状、穗状、聚伞状或伞形花序；花两性或单性，雌雄同株或异株，辐射对称或两侧对称；或萼片退化而呈单被状；萼呈齿裂或不明显；花瓣常 5～6，镊合状排列，**花被片分离或合生成管；雄蕊与花被片同数对生**；子房下位，通常 1 室，特立中央胎座或基生胎座，无胚珠，由胎座或子房室基部的造孢细胞发育成一至数个胚囊（其功能等同胚珠）。**浆果，稀核果**；种子不具种皮，具胚乳，周围常有一层黏稠物质，可使种子黏附在吃果实的鸟喙上，以利传播。

本科约 65 属，1300 种，分布于两半球的热带和亚热带。我国有 11 属，64 种，各省区均有分布，以南方为多，已知药用 44 种，南北各地均有分布。

本科植物主要化学成分主要有：①黄酮类：如槲皮苷（quercitrin）及其苷元和槲寄生新苷（viscumneoside）等；②三萜类：齐墩果酸（oleanolic acid）、β-香树脂（β-amyrin）和羽扇豆醇（lupeol）等。同时也吸收寄主所含成分，如寄主有毒，也会含有毒成分。

【重要药用植物】（main medicinal plants）

桑寄生 ***Taxillus chinensis*（DC.）Danser.** 常绿寄生小灌木。嫩枝叶密布褐色星状毛，稍后绒毛呈粉状脱落，老枝叶变无毛；小枝灰褐色，具灰黄色皮孔。叶厚纸质，卵形或长卵形，对生或近对生。伞形花序，腋生或生于小枝已落叶腋部；花序和花被星状毛；花两性，辐射对称，花冠狭管状，紫红色；雄蕊着生于花瓣上，花药药室具横隔；子房 1 室，基生胎座，花柱线状，柱头头状。果椭圆形或近球形，果皮密生小瘤体，具疏毛，成熟后果皮变光滑（**图 11-6**）。常寄生在桑科、山茶科、山毛榉科等植物体上。分布于福建、台湾、广东和广西等地。干燥带叶茎枝入药（桑寄生），能祛风湿、补肝肾、强筋骨、安胎。

图 11-6　桑寄生

1. 带花果的枝；2. 雄蕊；3. 雌蕊

槲寄生 ***Viscum coloratum*（Kom.）Nakai.** 常绿寄生小灌木。茎、枝均圆柱形，二岐或三岐分枝，节稍膨大。叶对生，革质，长椭圆形至椭圆状披针形。花序顶生或腋生于茎叉状分枝处；雄花序聚伞状，雌花序聚伞状或穗状；花小，单性异株。果球形，具宿存花柱，成熟时淡黄色或橙红色。常寄生在槲、榆、柳、桦、梨、枫杨和枫香等树上，分布于我国大部分地区。干燥带叶茎枝入药（槲寄生），能祛风湿、补肝肾、强筋骨、安胎。

本科还有**四川寄生** ***Taxillus sutchuenensis*（Lecomte）Danser**、**毛叶钝果寄生** ***T. nigrans*（Hance）Danser** 和**红花寄生** ***Scurrula parasitiea* L.**等可供药用。

6. 马兜铃科 Aristolochiaceae $⚥ * \uparrow P_{(3)}A_{6\sim12}\overline{G}_{(4\sim6:6:\infty)}\underline{\overline{G}}_{(4\sim6:6:\infty)}$

多年生**草本或藤本**。单叶互生；**叶片多为心形或盾形**，全缘，稀 3～5 裂，无托叶。花单生、簇生或排成总状、聚伞状或伞房花序；花两性；**单被**，辐射对称或左右对称，**花被下部合生成管状、瓶状、球状或其他形状，顶端 3 裂或向一侧扩大**；雄蕊常 6～12 枚；雌蕊心皮 4～6 合生，**子房下位或半下位**，4～6 室，柱头 4～6 裂；**中轴胎座**，胚珠多数。**蒴果蓇葖果状、长角果状或为浆果状**，背缝开裂或腹缝开裂，少数不开裂。种子多数，有胚乳。

本科约 8 属，600 种，分布于热带和亚热带地区，南美洲较多。我国有 4 属，71 种，已知药用 70 种，分布全国，以西南及东南地区较多。

本科植物化学成分主要有：①生物碱：多为异喹啉类生物碱，如木兰花碱（magnoflorine）和轮环藤酚碱（cyclanoline）等；②挥发油：多为单萜和倍半萜类，主要分布在细辛属和马兜铃属，如细辛酮（asarylketone）和马兜铃烯（aristolene）等；③硝基菲类化合物：如马兜铃酸（aristolochic acid）等，是马兜铃科植物的特征性化学成分。本类化合物具有抗感染、抗癌及增强吞噬细胞活力，可增强体液免疫能力，近年发现该类成分具有肾脏毒性，在使用中应注意。

【重要药用植物】（main medicinal plants）

北细辛（辽细辛）*Asarum heterotropoides* Fr.Schmidt var. *mandshuricum*（Maxim.）Kitagawa 多年生草本。根状茎横走，根细长，具浓烈香气。叶基生，肾状心形，先端急尖或钝；叶面脉上有毛，叶背毛较密。花两性，单生于叶腋；花被紫棕色，稀紫绿色，花被管壶状或半球状，花被裂片三角状卵形，由基部向外反折，贴于花被管上；雄蕊 12 枚，着生于子房中部，花丝常较花药短；子房半下位或几近上位，近球形，中轴胎座，胚珠多数，花柱 6，顶端 2 裂，柱头侧生。果半球状（**图 11-7**）。分布于黑龙江、吉林和辽宁等地。干燥根和根茎入药（细辛），能解表散寒、祛风止痛、通窍、温肺化饮。药典还收载**汉城细辛** ***A. sieboldii* Miq. var. *seoulense* Nakai.**和**华细辛** ***A. sieboldii* Miq.**作“细辛”入药。

马兜铃 ***Aristolochia delbilis* Sieb.et Zucc.**草质藤本。茎柔弱，无毛，暗紫色或绿色，有腐肉味。叶纸质，三角状卵形，基部心形，两侧具圆形耳片。花左右对称，花被管喇叭状，黄绿色，口部有紫斑，外面无毛，内面有腺体状毛；花药卵形，贴生于合蕊柱近基部，并单个与其裂片对生；子房圆柱形，合蕊柱顶端 6 裂，稍具乳头状凸起。蒴果近球形成熟时黄绿色。种子扁平，钝三角形，边缘具白色膜质宽翅（**图 11-8**）。分布于山东、河南，以及长江流域以南各地。干燥根入药（青木香），能平肝止痛、解毒消肿；干燥地上部分入药（天仙藤），能行气活血、通络止痛；干燥成熟果实入药，能清肺降气、止咳平喘、清肠消痔。药典还收载**北马兜玲 *Aristolochia contorta* Bge.**的干燥地上部分作“天仙藤”入药；干燥成熟果实作“马兜铃”入药。

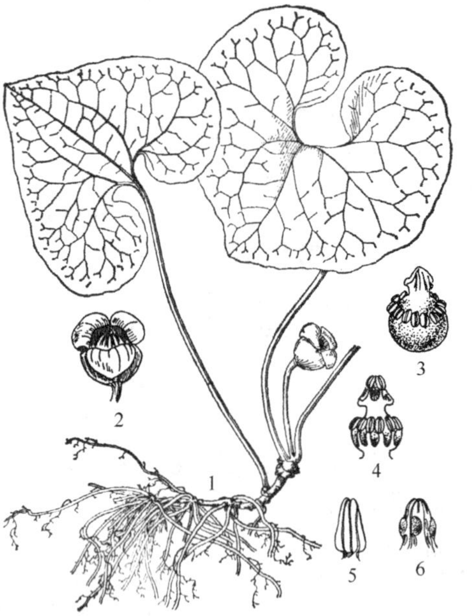

图 11-7　北细辛

1. 植物全株；2. 花；3. 去花被的花；4. 雄蕊及雌蕊；5. 雄蕊；6. 柱头

图 11-8　马兜铃

1. 根；2. 花枝；3. 果实

本科还有**木香马兜铃 *Aristolochia moupinensis* Franch.**、**木通马兜铃 *A. manshuriensis* Kom.**、**绵毛马兜铃（寻骨风）*A. mollissima* Hance.**、**异叶马兜铃 *A. heterophylla* Hemsl.**、**广防己 *A. fangchi* Wu.ex L.D.Chout et S.M.**、**杜衡 *Asarum forbesi* Maxim.**、**单叶细辛 *A. himalaicum* Hook. f. et. Thomson ex Klotzsch.**和**金耳环 *A. insigne* Diels** 等也可供药用。

7. 蓼科 Polygonaceae $⚥*P_{3\sim6,(3\sim6)}A_{3\sim9}\underline{G}_{(2\sim3:1:1)}$

多为草本，**稀灌木或小乔木。茎节常膨大。单叶互生；托叶多呈膜质，包围茎节形成托叶鞘或叶状贯茎。**花序穗状、总状或圆锥状，顶生或腋生；花小，多两性或单性异株，辐射对称；单被，花被 3～6，多宿存；雄蕊多 6～9 枚；子房上位，心皮 2～3，合生成 1 室，1 胚珠，基生胎座。**瘦果或小坚果**，果多为三棱形、凸镜形或近圆形，**包于宿存花被内**，常有翅。种子具胚乳（**彩图 2**）。本科植物体内常有草酸钙结晶，根或根状茎常有异型维管束。

本科约有 50 属，1150 种，分布全球，但主产于北温带。我国有 13 属，235 种，已知药用 120 种，分布全国。

本科植物化学成分主要有：①蒽醌类：如大黄属植物中含有大黄素（emodin）、大黄酚（chrysophanol）和大黄素甲醚（physcion）等，番泻苷 A（sennosideA）、番泻苷 B、番泻苷 C、番泻苷 D 是主要的泻下成分；②黄酮类：如槲皮苷（quercetin）和萹蓄苷（avicularin）等；③吲哚苷：如蓼属植物中的靛苷（indican），水解产生的靛蓝（indigotin）是中药青黛的主要成分；④芪类：如虎杖中的虎杖苷（polydatin）有降血脂活性；⑤鞣质类：如没食子酸（gallic acid）和并没食子酸（ellagic acid）等广泛分布于本科植物中。

蓼科部分植物分属检索表

1. 瘦果具翅；花被片6裂，果时不增大；直立草本……………………………………………………大黄属 ***Rheum***
1. 瘦果无翅。
  2. 花被片5，稀4；果时内轮花被片不增大。
    3. 果实包于宿存花被内或略超过。
      4. 花被片5（稀4，6）；果时通常不增大或增大成浆果状，或背部生翅………………蓼属 ***Polygonum***
      4. 花被片4；果时不增大；花柱2，果时变硬或成钩状，宿存……………………金钱蓼属 ***Antenorum***
    3. 果长为花被片的1～2倍，花被片5……………………………………………………荞麦属 ***Fagopyrum***
  2. 花被片6；果时内轮花被片增大……………………………………………………………酸模属 ***Rumex***

【重要药用植物】（main medicinal plants）

药用大黄 *Rheum officinale* Baill.多年生高大草本。根和根茎粗壮，断面黄色。茎粗壮，中空，具细沟棱，被白色短毛。基生叶大型，叶片近圆形，掌状浅裂，裂片大齿状三角形，叶上面光滑无毛，下面具浅棕色短毛；茎生叶向上逐渐变小，上部叶腋具花序分枝；托叶鞘宽大，初时抱茎，后开裂。大型圆锥花序；花绿色到黄白色，花被片6，内外轮近等大；雄蕊9枚，不外露；子房卵形或卵圆形，花柱反曲，柱头圆头状。果实椭圆形。种子宽卵形（**图11-9**）。分布于陕西、四川、湖北、贵州、云南等省及河南西南与湖北交界处，野生或多有栽培。干燥根和根茎入药（大黄），能泻下攻积、清热泻火、凉血解毒、逐瘀通经、利湿退黄。药典还收载**掌叶大黄 *R. palmatum* L.**和**唐古特大黄 *R. tanguticum* Maxim. ex Balf.** 作“大黄”入药。

本属还有**藏边大黄 *R. undulatum* L.**、**华北大黄 *R. franzenbachii* Munt.**、**河套大黄 *R. hotaoense* C. Y. Cheng et C. T. Kao**和**天山大黄 *R. wittrockii* Lundstr.**也可药用。

何首乌 *Polygonum multiflorum* Thunb. 多年生缠绕草本，多分枝，具纵棱，无毛，下部木质化。地下块根肥厚，表面暗褐色，断面具异型维管束形成的“云锦花纹”。叶卵状心形，有长柄，托叶鞘膜质，偏斜，短筒状。圆锥花序，顶生或腋生；花小，白色或淡绿色；花被5，外侧3片背部有翅。瘦果卵形，具3棱，黑褐色，包于宿存花被内（**图11-10**）。产于西北南部、华东、华中、华南和西南等地区。干燥块根入药（何首乌），生用能解毒、消痈、截疟、润肠通便；制首乌能补肝肾、益精血、乌须发、强筋骨。干燥茎藤入药（首乌藤），能养血安神、祛风通络。

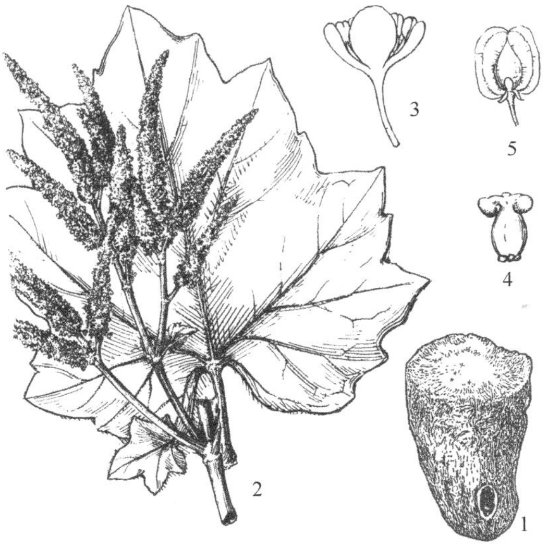

图11-9　药用大黄

1. 根状茎；2. 叶及花序；3. 花；4. 雌蕊；5. 果实

图11-10　何首乌

1. 块根；2. 果枝；3. 花被包被的果实

虎杖 ***Polygonum cuspidatum*** **Sieb.et Zucc.**多年生粗壮草本，根状茎粗大。地上茎散生红色或紫红色斑点。叶阔卵形；托叶鞘短筒状。圆锥花序，腋生；花单性异株；花被5深裂，淡绿色，雄花花被片具绿色中脉，无翅，雄蕊8枚，比花被长；雌花花被片外轮3片，果时增大，背部生翅，花柱3，柱头流苏状。瘦果卵状3棱形（**图11-11**）。分布于西北南部、华东、华中、华南和西南等地区。干燥根茎和根入药（虎杖），利湿退黄、清热解毒、散瘀止痛、止咳化痰。

拳参 ***Polygonum bistorta*** **L.** 多年草本。根状茎肥厚。基生叶宽披针形或狭卵形，基部下延成翅；托叶鞘筒状。总状花序穗状，顶生，紧密；苞片卵形，膜质，每苞片内含3～4朵花；花两性，花被5深裂，白色或淡红色，宿存；雄蕊8枚，花药背着，2室，纵裂；子房上位，1室，花柱3，柱头头状，胚珠1。瘦果椭圆形，褐色，有光泽（**图11-12**）。分布于东北、华北、华东和西北等地区。干燥根茎入药（拳参），能清热解毒、散结消肿、止血。

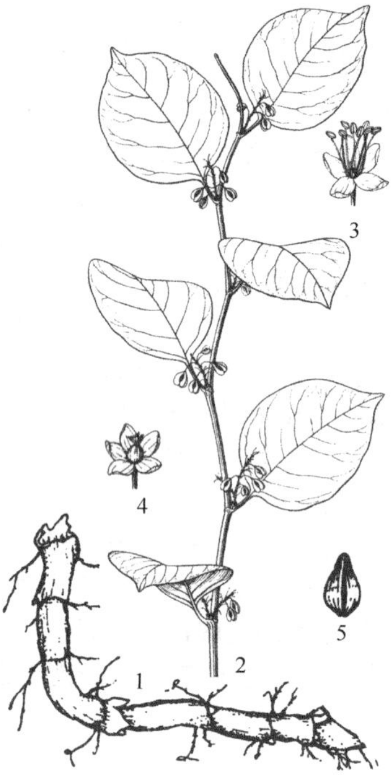

图11-11　虎杖

1. 根茎；2. 果枝；3. 雄花；4. 雌花；5. 果实

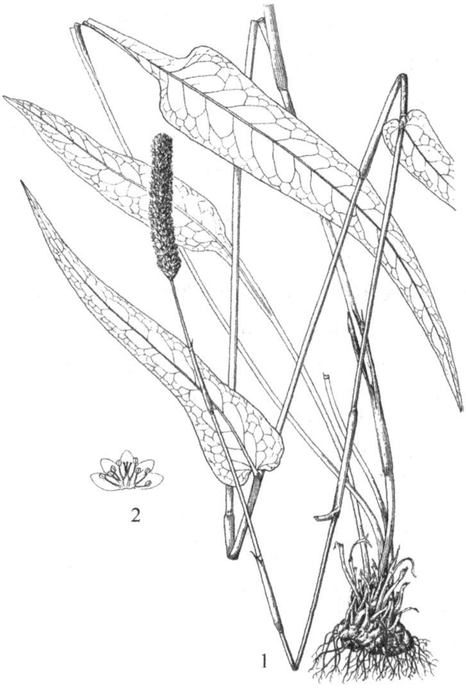

图11-12　拳参

1. 植物全株；2. 花剖面

本科药典收载的其他药用植物见表**11-3**。此外**火炭母**（**晕药**）***Polygonum chinense*** **L.**、**羊蹄** ***Rumex japonicus*** **Houtt.**、**巴天酸模** ***R. patientia*** **L.**和**乳突叶酸模**（**血当归**）***R. chalepensis*** **Mill.** 等也可供药用。

表11-3　《中国药典》2015年版收载的蓼科其他药用植物

中文名	拉丁学名	药用部位	功效
蓼蓝	*Polygonum tinctorium* L.	叶	清热解毒，凉血消斑
金荞麦	*Fagopyrum dibotrys*（D.Don）Hara	根茎	清热解毒，排脓祛瘀
红蓼	*Polygonum orientale* L.	果实	活血止痛，利湿消积
萹蓄	*Polygonum aviculare* L.	全草	清热解毒，利尿通淋，杀虫止痒
杠板归	*Polygonum perfoliatum* L.	全草	清热解毒，利尿消肿

8. 苋科 Amaranthaceae ⚥$*P_{3\sim5}A_{1\sim5}\underline{G}_{(2\sim3:1:1\sim\infty)}$

多为草本。叶互生或对生；无托叶。穗状、头状、总状或圆锥花序；花小，两性，**单被，花被片 3～5，干膜质**；每花下常有 1 干膜质苞片及 2 小苞片，雄蕊 1～5 枚；子房上位，2～3 心皮，合生 1 室，胚珠 1 枚，稀多数。多为**胞果**，稀为浆果或坚果。种子有胚乳。本科植物常含有草酸钙结晶，根中常有异型维管束。

本科约有 60 属，850 种，分布于热带和温带。我国约有 13 属，39 种，已知药用 28 种，分布全国。

本科植物化学成分主要有：①黄酮类：如山柰苷（kaempferitrin）等；②生物碱：如甜菜碱（betaine）等；③昆虫变态激素：如牛膝中含有蜕皮甾酮（ecdysterone）和牛膝甾酮（inokosterone）等。

【重要药用植物】（main medicinal plants） **牛膝 *Achyranthes bidentata* Bl.** 多年生草本。茎四棱，绿色或带紫色，多分枝，被糙毛，茎节膨大。根长圆柱形。叶对生，椭圆形。穗状花序腋生或顶生；花两性，单生在干膜质宿存苞片基部，并有 2 小苞片，小苞片有 1 长刺；花被片 4～5，干膜质；雄蕊 5；子房长椭圆形，1 室 1 胚珠。胞果长圆形。种子矩圆形（**图 11-13**）。除东北外全国广布，主要栽培于河南。干燥根入药（牛膝），能逐瘀通经、补肝肾、强筋骨、利尿通淋、引血下行。

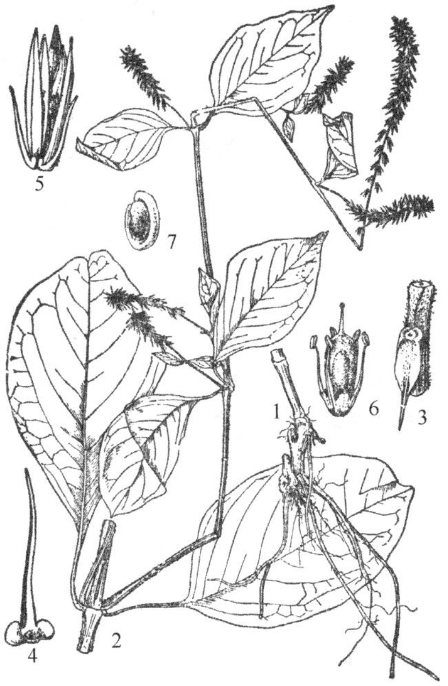

图 11-13　牛膝

1. 根；2. 花枝；3. 花梗示下折苞片；4. 小苞片；5. 花；6. 去花被的花；7. 胚胎

本科药典收载的其他药用植物还有**鸡冠花 *Celosia cristata* L.**、**青葙 *C. argentea* L.**、**川牛膝 *Cyathula officinalis* Kuan**。此外，**土牛膝 *Achyranthes aspera* L.**、**柳叶牛膝 *A. longifolia*（Makflo）Makion *forma rubra* Ho.**和**空心莲子草 *Allernartnera philoxeroides*（Mart.）Griseb.**等也可供药用。

9. 商陆科 Phytolaccaceae ⚥$*P_{4\sim5}A_{4\sim5,(1\sim\infty)}\underline{G}_{1\sim\infty,(1\sim\infty)}$ 多为**草本**，稀灌木或乔木。**单叶互生**，全缘。**总状或聚伞花序**、**圆锥花序**、**穗状花序**，**顶生或腋生**；花多两性，稀单性，辐射对称，**花被 4～5**，**宿存**；雄蕊 4～5 枚，分离或花丝基部连合，宿存，着生于花盘上；雌蕊 1 至多个，分离或由合生心皮组成；子房多为上位，胚珠单生于每心皮内。果实肉质，**浆果**或核果，稀蒴果、膜果。种子小，侧扁，双凸镜状或肾形，胚乳丰富。本科植物根常具异型维管束，排列成同心环状，薄壁细胞中含草酸钙晶体如针晶束、簇晶和棱晶。

本科共有 17 属，120 种，分布于热带至温带地区，主产热带美洲和非洲南部。我国有 2 属 5 种，南北均有分布，已知药用 3 种。

本科植物化学成分主要有：①皂苷类：如商陆皂苷 D（esculentoside D）等；②甾类：如 α-菠菜甾醇（α-spinasterol）等；③生物碱类：如商陆碱（phytolaccine）等。

【重要药用植物】（main medicinal plants）

商陆 *Phytolacca acinosa* Roxb. 多年生草本，全株无毛。根粗壮，肉质，圆锥形，有横长皮孔。茎直立，多分枝，绿色或紫红色，具纵沟。单叶互生；叶片纸质，椭圆形或卵状椭圆形，全缘；叶柄上面具槽，下面半圆形。总状花序顶生或侧生；花两性，具小梗，小梗基部有苞片 1 及小苞片 2；花被片 5，白色、黄绿色，椭圆形、卵形或长圆形；雄蕊 8～10 枚，花药淡粉红色；心皮 5～10，通常为 8，分离。果序直立；浆果扁球形，熟时紫黑色（**图 11-14**）。我国除东北、内蒙古、青海、新疆外，均有分布。干燥根入药（商陆），能逐水消肿、通利二便；外用解毒散结。本属药典还收

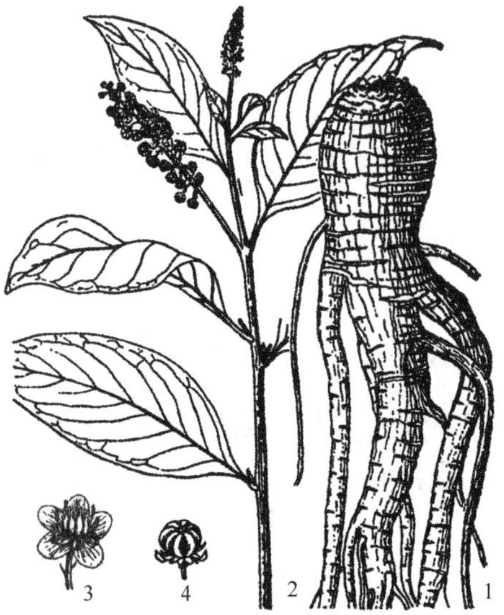

图 11-14　商陆

1. 根；2. 果枝；3. 花；4. 果实

载垂序商陆 *P. amcricana* L.作“商陆”入药。

10. 石竹科 Caryophyllaceae ⚥ $*K_{4\sim5,(4\sim5)}C_{4\sim5}A_{8\sim10}\underline{G}_{(2\sim5:1\sim\infty)}$

草本，茎节多膨大。单叶对生，全缘。**花两性**，辐射对称，多成**聚伞花序**或单生；萼片 4～5，分离或结合成筒状，具膜质边缘，宿存；**花瓣 4～5，分离，常具爪**；雄蕊为花瓣倍数，8～10 枚，2 轮；子房上位，心皮 2～5，合生，1 室，**特立中央胎座**，花柱 2～5，胚珠多数。**蒴果**，顶端齿裂或瓣裂；稀浆果。种子多数，有胚乳。本科植物常具草酸钙簇晶和砂晶，气孔轴式多为直轴式。

本科约有 80 属 2000 余种，广泛分布于世界各地。我国约有 30 属 388 余种，已知药用 106 种，广布全国。

本科植物化学成分主要有：①皂苷类：如丝石竹皂苷元（gypsogenin）和肥皂草苷（saponarin）等；②黄酮类：如木犀草素（luteolin）、牡荆素（vitexin）和荭草素（orientin）等。

【重要药用植物】（main medicinal plants）

麦蓝菜 ***Vaccaria segetalis*（Neck.）Garcke** 一年生或二年生草本。全株光滑无毛，微被白粉，呈灰绿色。叶对生，窄卵状椭圆形或阔披针形。伞房花序顶生；苞片 2；萼筒呈壶状，5 裂；花瓣 5，淡红色；雄蕊 10 枚。子房 1 室，具多数胚珠；花柱 2。蒴果卵形，基部 4 室，顶端 4 齿裂；种子多数，近圆球形，具小瘤（**图 11-15**）。我国除华南地区外，均产。干燥成熟种子入药（王不留行），能活血调经、下乳消肿、利尿通淋。

孩儿参 ***Pseudostellaria heterophylla*（Miq.）Pax ex Pax et Hoffm.** 多年生草本。块根肉质，呈纺锤形。茎下部叶，叶片倒披针形，上部叶呈卵形或菱状卵形。茎下部的花紫色，着生于叶腋，花梗小，萼片 4，无花瓣；顶生花白色，1～3 朵着生茎端总苞内，萼片 5，雄蕊 10 枚，花柱 3。蒴果卵形，熟时下垂（**图 11-16**）。分布于辽宁、内蒙古、河北、陕西、山东、江苏、安徽、浙江、江西、河南、湖南、湖北和四川等地。干燥块根入药（太子参），能益气健脾、生津润肺。

本科药典收载的其他药用植物还有**银柴胡 *Stellaria dichotoma* L. var. *lanceolata* Bunge.**、**瞿麦 *Dianthus superbus* L.**、**石竹 *D. chinensis* L.**、**金铁锁 *Psammosilene tunicoides* W. C.Wu et C. Y. Wu**。此外，**东北石竹 *Dianthus arumrensis* Jacq.**、**漆姑草 *Sagina japonica*（S.W.）Olnvi.**和**繁缕 *Stellaria media*（L.）Cry.**等也可供药用。

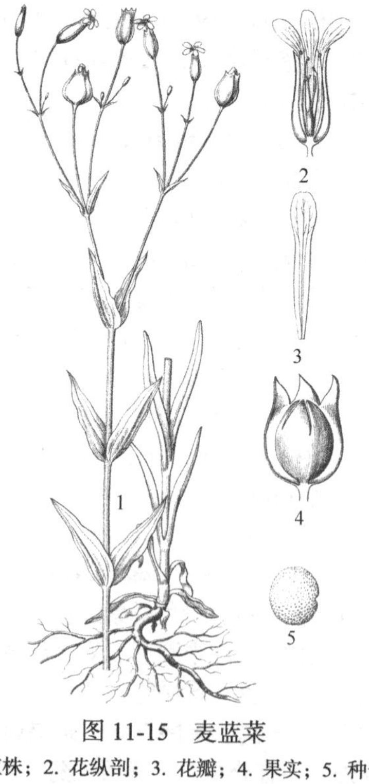

图 11-15　麦蓝菜

1. 植株；2. 花纵剖；3. 花瓣；4. 果实；5. 种子

11. 睡莲科 Nymphaeaceae ⚥ $*K_{3\sim\infty}C_{3\sim\infty}A_{\infty}\underline{G}_{3\sim\infty,(3\sim\infty)}\ \overline{G}_{3\sim\infty,(3\sim\infty)}\overline{\underline{G}}_{3\sim\infty,(3\sim\infty)}$

多年生水生草本。**根状茎粗大肥厚。叶通常漂浮水面，盾状、心形或戟形。花单生**，两性，辐射对称；萼片通常 3 至多数，绿色至花瓣状；花瓣 3 至多数，或渐变成雄蕊；雄蕊常多数；雌蕊心皮 3 至多数，离生或连合成3至多室，子房上位、半下位或下位，胚珠1至多数。果为**坚果，埋藏于膨大的海绵质和蜂窝状的花托内**；或为浆果状。

本科有8属约100种，广布于世界各地。我国有5属15种，分布于全国各地，已知药用8种，全国各地均有分布。

本科植物化学成分主要有：①生物碱：如莲心碱（liensinine）和荷叶碱（nuciferine）等；②黄酮类：如金丝桃苷（hyperin）和芸香苷（rutin）等。

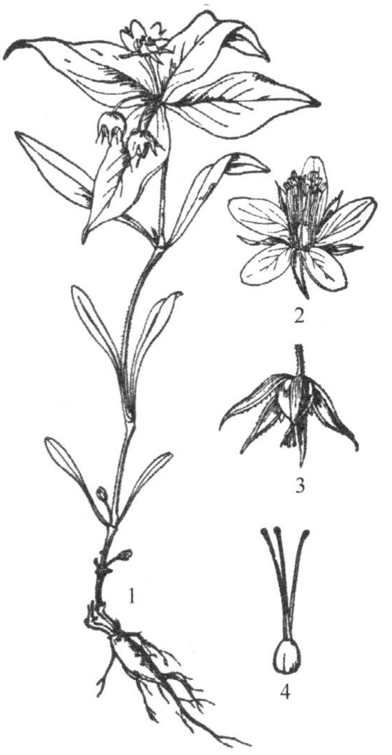

图11-16　孩儿参

1. 植株；2. 花；3. 茎下部的花；4. 雌蕊

【重要药用植物】（main medicinal plants）

莲 ***Nelumbo nucifera*** **Gaetn.** 多年生水生草本。根状茎横生，肥厚，节间膨大，内有多数纵行通气孔道，节部缢缩，上生黑色鳞叶，下生须状不定根。叶圆形，盾状；叶柄粗壮，外生小刺。花两性，辐射对称，单生在花梗顶端，花梗也散生小刺；花瓣多数，红色、粉色或白色；雄蕊多数，具外向药；心皮离生，嵌生在扩大的倒圆锥状花托穴内，子房上位。坚果嵌生与海绵质的花托内。种子无胚乳（**图11-17**）。我国各地均有栽培。干燥根状茎的节部入药（藕节），能收敛止血、化瘀；干燥叶入药（荷叶），能清暑化湿、升发清阳、凉血止血；干燥成熟种子入药（莲子），能补脾止泻、止带、益肾涩精；干燥花托入药（莲房），能化瘀止血；干燥雄蕊入药（莲须），能固肾涩精；种子中干燥幼叶及胚根入药（莲子心），能清心安神、交通心肾、涩精止血。

芡 ***Euryale ferox*** **Salisb.** 水生草本，全株多刺。沉水叶箭形或椭圆肾形，两面无刺；浮水叶革质，椭圆肾形至圆形，盾状，两面在叶脉分枝处有锐刺。花两性，辐射对称，单生在花梗顶端，花瓣矩圆披针形或披针形，紫红色，成数轮排列。果实浆果状，海绵质，形如鸡头，密被硬刺。种子球形。全国大部分地区有分布，主产于山东、江苏、安徽、湖南、湖北和四川等地。干燥成熟种仁入药（芡实），能益肾固精、补脾止泻、除湿止痒。

本科还有**萍蓬草** ***Nuphar pumilum*** **（Hoffm.）DC.**可供药用。

12. 毛茛科 Ranunculaceae $⚥ * \uparrow K_{3\sim\infty}C_{3\sim\infty,0}A_{\infty}\ \underline{G}_{1\sim\infty:1:1\sim\infty}$

草本，稀灌木或藤本。叶互生或基生，少对生，**叶片多呈掌状分裂**，无托叶。花单生或组成总状、聚伞和圆锥等花序；**花两性**；辐射对称或两侧对称；萼片3至多数，分离，常呈花瓣状；花瓣3至多数或缺少；雄蕊多数，分离；雌蕊子房上位，心皮1至多数，分离，1室，每室具1至多数胚珠，其**雄蕊和雌蕊常多数，分离，螺旋状排在凸起的花托上。聚合蓇葖果或聚合瘦果**，少有蒴果或浆果。种子具胚乳（**彩图3**）。

图11-17　莲

1. 根茎；2. 叶；3. 花；4. 莲蓬；5. 果实；6. 种子

本科约50属，2000余种，世界各地广布，主产于北半球温带及寒温带。我国有42属，约720种，已知药用400余种，全国各地广布。

本科植物化学成分较复杂，主要有：①生物碱：为本科的特性成分之一，如乌头碱（aconitine）、小檗碱（berberine）、木兰花碱（magnoflorine）和唐松草碱（thalicarpine）等，主要存在于乌头属、黄连属和唐松草属；②毛茛苷（ranunculin）：是毛茛科植物中的特殊成分，普遍存在于银莲花属、毛茛属和铁线莲属；③强心苷：如福寿草毒苷（adonitoxin），主要分布于侧金盏花属和铁筷子属；④三萜皂苷：如升麻醇（cimigenol），主要分布于升麻属、类叶升麻属和黄三七属等；⑤黄酮及氰苷：主要存在于唐松草属。

芍药属（*Paeonia*）植物普遍含有芍药苷（paeoniflorin）、牡丹酚（paeonol）、芍药糖苷（paeonoside）及微量生物碱，但不含毛茛科的两种特有成分毛茛苷及木兰花碱（magnoflorine）。其形态特征与毛茛科其他植物差异较大，故有些学者将其另立为芍药科（Paeoniaceae）。

毛茛科部分植物分属检索表

1. 草本；叶互生或基生。
  2. 花辐射对称。
    3. 瘦果，每心皮有 1 胚珠。
      4. 有由 2 枚对生或 3 枚以上轮生苞片形成的总苞；叶均基生。
        5. 果期花柱不延长 ………… **银莲花属 *Anemone***
        5. 果期花柱强烈伸长成羽毛状 ………… **白头翁属 *Pulsatilla***
      4. 无总苞；叶基生或茎生。
        6. 无花瓣 ………… **唐松草属 *Thalictrum***
        6. 有花瓣。
          7. 花瓣有蜜腺 ………… **毛茛属 *Ranuculus***
          7. 花瓣无蜜腺 ………… **侧金盏花属 *Adonis***
    3. 蓇葖果，每心皮有 2 枚以上胚珠。
      8. 有退化雄蕊。
        9. 总状或复总状花序；无花瓣；退化雄蕊位发育雄蕊外侧 ………… **升麻属 *Cimicifuga***
        9. 单花或单歧聚伞花序；花瓣下部筒形，上部近二唇形；退化雄蕊位于发育雄蕊内侧 ………… **天葵属 *Semiaquilegia***
      8. 无退化雄蕊。
        10. 花小，无花盘，心皮通常 5～14 ………… **黄连属 *Coptis***
        10. 花大，具花盘，心皮通常 2～6 ………… **芍药属 *Paeonia***
  2. 花两侧对称，花瓣有长爪 ………… **乌头属 *Aconitum***
1. 常为藤本；叶对生 ………… **铁线莲属 *Clematis***

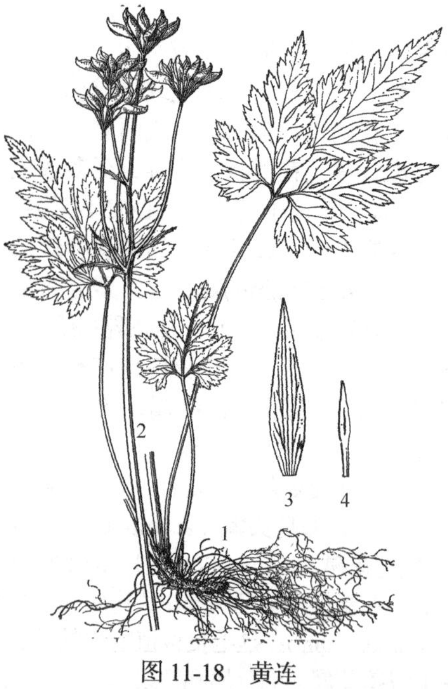

图 11-18　黄连

1. 根茎及植株下部；2. 果枝；3. 萼片；4. 花瓣

【重要药用植物】（main medicinal plants）

黄连 ***Coptis chinensis*** **Franch.** 多年生草本。根状茎黄色，味苦，常分枝，密生多数须根。叶基生，有长柄，叶片稍带革质，卵状三角形，三全裂，中央裂片卵状菱形，羽状深裂，边缘生有锐锯齿，侧生裂片不等二深裂。二歧或多歧聚伞花序顶生，具花 3～8 朵；花小，黄绿色；苞片披针形，三或五羽状深裂；萼片 5 枚，长椭圆状卵形；花瓣线形或线状披针形，中央有蜜槽；雄蕊多数；心皮 8～12，离生。聚合蓇葖果 6～9（图 **11-18**）。分布于重庆、湖北、四川、湖南、贵州和陕西南部等地，野生或栽培。干燥根状茎入药（黄连），能清热燥湿、泻火解毒。药典收载作“黄连”入药的植物还有三角叶黄连（雅连）***C. deltoidea*** **C.Y.Cheng et Hsial** 和云南黄连（云连）***C. teetoides*** **C. Y. Cheng**（***C. teeta*** **Wall.**）。

乌头（川乌） ***Aconitum carmichaelii*** **Debx.**多年

生草本。茎直立，下部光滑无毛，上部散生少数贴伏柔毛。块根倒圆锥形，主根膨大成狭圆锥形（母根），侧根膨大成短圆锥形（子根）。叶互生，具长柄，叶片通常 3 全裂，中央裂片近羽状分裂，侧生裂片 2 深裂。总状花序顶生；萼片蓝紫色，上萼片 1，高盔状，侧萼片 2，近圆形，下萼片 2，较小，近长圆形；花瓣 2，有长爪，瓣片有唇和距，常具蜜腺；雄蕊多数，分离；心皮 3～5。聚合蓇葖果。种子多数，三棱形（**图 11-19**）。分布于四川、重庆、云南、贵州、湖南、湖北、陕西、广东、广西、江西、浙江、江苏、山东和辽宁等地。干燥母根入药（川乌），能祛风除湿、温经止痛。乌头有大毒，需炮制后使用。干燥子根入药（附子），能回阳救逆、补火助阳、散寒止痛。同属**北乌头 *A. kusnezoffii* Reichb.** 不同的是：北乌头的叶的中央全裂片较狭，顶端渐尖或长渐尖，花序轴和花序无毛，萼片外面通常也无毛或近无毛。分布于东北和华北等地。干燥块根入药（草乌），能祛风除湿、温经止痛；叶能清热、解毒、止痛（**图 11-20**）。

图 11-19　乌头

1. 块根；2. 茎生叶；3. 花序；4. 花瓣；5.雄蕊

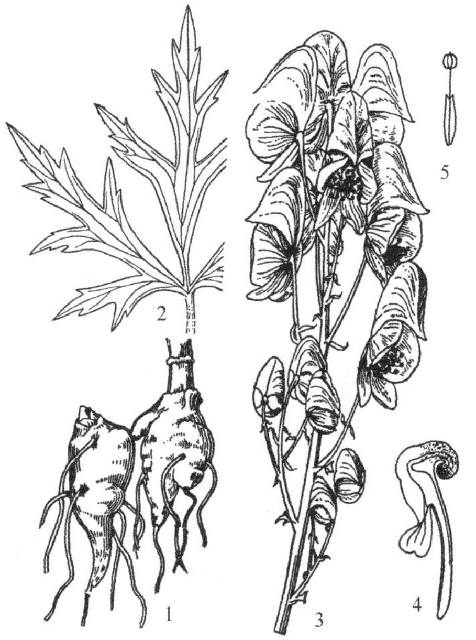

图 11-20　北乌头

1. 块根；2. 叶；3. 花序；4. 花瓣；5. 雄蕊

芍药 *Paeonia lactiflora* Pall. 多年生草本。根粗壮，圆柱形。叶互生，下部茎生叶为二回三出复叶，上部茎生叶为三出复叶；小叶狭卵形、椭圆形或披针形，边缘具白色骨质细齿。花大，单生于枝端；萼片 4，叶状；花瓣 9～13，白色、粉红色或红色；雄蕊多数；心皮 3～5。聚合蓇葖果，顶端具喙（**图 11-21**）。分布于东北、华北、华中、西南及西北等地。其根置沸水中煮烫后除去外皮入药（白芍），能养血调经、敛阴止汗、柔肝止痛、平抑肝阳。若根不去外皮直接晒干入药（赤芍），能清热凉血、散瘀止痛。药典还收载作“赤芍”入药的还有**川赤芍 *P. veitchii* Lynch**。此外，**牡丹 *P. suffruticosa* Andr.** 为落叶灌木，蓇葖果表面密被柔毛，各地广泛栽培。干燥根皮入药（牡丹皮），能清热凉血、活血化瘀。

威灵仙 *Clematis chinensis* Osbeck 木质藤本。羽状复叶对生，小叶片纸质。常为圆锥状聚伞花序，多花，腋生或顶生；萼片 4～5，开展，白色，外面边缘密生绒毛或中间有短柔毛；无花瓣；雄蕊多数，无毛。瘦果扁，顶部具羽毛状宿存花柱（**图 11-22**）。分布于西南、华南、华中、华东及西北等地。干燥根及根状茎入药（威灵仙），能祛风除湿、通络止痛。药典收载作“威灵仙”入药植物还有**棉团铁线莲 *C. hexapetala* Pall.**和**东北铁线莲 *C. mandshusica* Rupr.**。

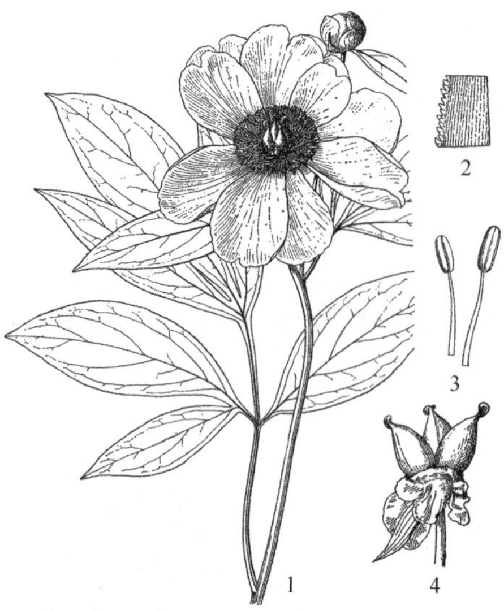

图 11-21 芍药

1. 花枝；2. 小叶边缘部分放大；3. 雄蕊；4.果实

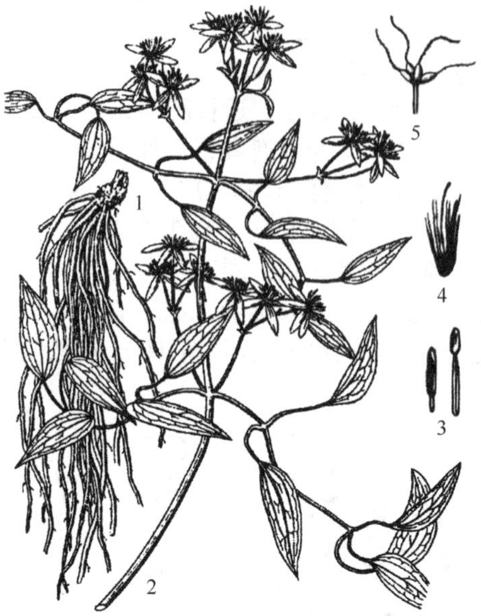

图 11-22 威灵仙

1. 根及根状茎；2. 花枝；3. 雄蕊；4. 雌蕊；5. 聚合瘦果

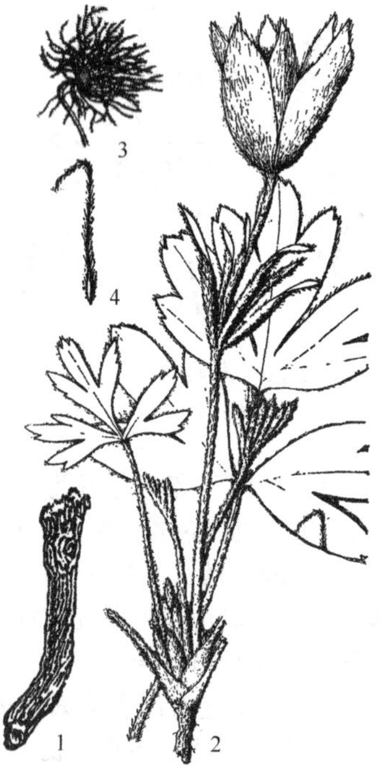

图 11-23 白头翁

1. 根状茎；2. 花枝；3. 聚合瘦果；4. 瘦果

白头翁 ***Pulsatilla chinensis*** **(Bunge) Regel** 多年生草本，全株密被白色绒毛。根状茎粗壮。基生叶具长柄；叶片宽卵形，掌状三全裂，中央裂片 3 深裂。苞片 3 深裂；花柄长，直立；萼片蓝紫色，矩圆状卵形，外部密被长伏毛；雄蕊长约为萼片一半。瘦果纺锤形，被长柔毛，花柱宿存，向上被开展的长柔毛（图 **11-23**）。分布于东北、华北、华中、华东、西南及西北等地。干燥根状茎入药（白头翁），能清热解毒、凉血止痢。

本科药典收载的其他药用植物见表 **11-4**。此外，**毛茛** ***Ranunculus japonicus*** **Thunb.**、**金莲花** ***Trollius chinensis*** **Bunge**、**小花草玉梅** ***Anemone rivularis*** **Buch.-Ham. var. *flore-minore*** **Maxim.**、**翠雀** ***Delphinium grandiflorum*** **L.**、**耧斗菜** ***Aquilegia viridiflora*** **Pall.**、**黄花乌头（关白附）** ***Aconitum coreanum*** **(Levl.) Rapaics** 和**短柄乌头（雪上一支蒿）** ***A. brachypodum*** **Diels.**等也可供药用。

13. 小檗科 Berberidaceae $⚥*K_{3+3}C_{3+3}A_{3\sim9}\underline{G}_{1:1:1\sim\infty}$

灌木或多年生草本。单叶或复叶，互生，常无托叶。**花单生、簇生或总状**、穗状、伞形、聚伞、圆锥花序，顶生或腋生；**花两性**，辐射对称；**萼片 6～9 枚**，**常呈花瓣状**，离生，2 至 3 轮排列；**花瓣 6**，基部常具蜜腺；**雄蕊与花瓣同数而对生**，花药 2 室；瓣裂或纵裂；**子房上位**，1 心皮，1 室，胚珠 1 至多数；花柱缺或极短，柱头通常为盾形。**浆果、蒴果、蓇葖果或瘦果**。种子 1 至多数，有时具假种皮。

表 11-4 《中国药典》2015 年版收载的毛茛科其他药用植物

中文名	拉丁学名	药用部位	功效
升麻	*Cimicifuga foetida* L.	根茎	发表透疹，清热解毒，升举阳气
兴安升麻（升麻）	*Cimicifuga dahurica*（Turcz.）Maxim.	根茎	以升麻入药，功效同上
大三叶升麻（升麻）	*Cimicifuga heracleifolia* Kom.	根茎	以升麻入药，功效同上
小木通（川木通）	*Clematis armandii* Franch.	藤茎	利尿通淋，清心除烦，通经下乳
绣球藤（川木通）	*Clematis montana* Buch.-Ham. ex DC.	藤茎	以川木通入药，功效同上
天葵（天葵子）	*Semiaquilegia adoxoides*（DC.）Makino	块根	清热解毒，消肿散结
多被银莲花（两头尖）	*Anemone raddeana* Regel	根茎	祛风湿，消痈肿
小毛茛（猫爪草）	*Ranunculus ternatus* Thunb.	块根	化痰散结，解毒消肿
腺毛黑种草（黑种草子）	*Nigella glandulifera* Freyn et Sint.	成熟种子	补肾健脑，通经，通乳，利尿

本科约有 17 属，650 余种，多分布于北温带和亚热带。我国有 11 属，320 种，全国各地均有分布，四川、云南和西藏种类较多，其中药用 140 余种，分布全国各地。

本科植物化学成分主要有：①生物碱类：如小檗碱（berberine）主要存在于小檗属（Berberis）、十大功劳属（Mahonia）和鲜黄连属（Jeffersonia）中，此外还有掌叶防已碱（palmatine）和木兰花碱（magnoflorine）等；②苷类：如淫羊藿苷（icariin）等；③木脂素类：如鬼臼毒素（podophyllotoxin），主要存在于八角莲属（Dysosma）中。

【重要药用植物】（main medicinal plants）

淫羊藿 *Epimedium brevicornu* Maxim. 多年生草本。根状茎粗短，木质化。二回三出复叶基生或茎生，卵形或阔卵形，基部心形，两侧叶片基部不对称。圆锥花序；花两性，白色或淡黄色；萼片 8 枚，2 轮排列；花瓣 4 枚，较短，具圆锥状的距；雄蕊 4 枚，与花瓣对生，花药瓣裂；子房上位，胚珠多数。蓇果背裂。种子具假种皮（**图 11-24**）。分布于陕西、山西、甘肃、青海、四川、重庆、湖北和河南等地。干燥叶入药（淫羊藿），能补肾阳、强筋骨、祛风湿。药典收载作“淫羊藿”入药的植物还有**箭叶淫羊藿 *E. sagittatum*（Sieb.et Zucc.）Maxim.**、**柔毛淫羊藿 *E. pubescens* Maxim.**和**朝鲜淫羊藿 *E. koreanum* Nakai.**。

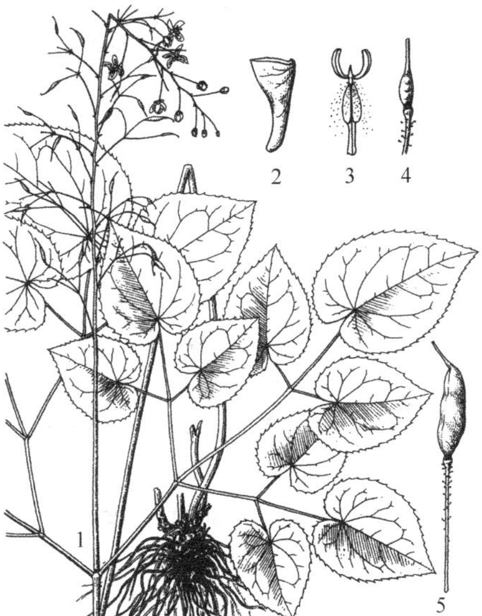

图 11-24 淫羊藿

1. 植株；2. 花瓣；3. 雄蕊；4. 雌蕊；5. 果实

细叶小檗 *Berberis poiretii* Schneid. 灌木。茎枝有槽及黑色疣状突起。枝刺，单一或 3 分叉。叶簇生于刺腋，无柄，叶片纸质，披针形至狭倒披针形，全缘。总状花序下垂，花鲜黄色；萼片 6 枚，花瓣状，排列成 2 轮，长圆形或倒卵形；花瓣 6 枚，倒卵形，较萼片短，近基部有一对矩圆形腺体；雄蕊 6 枚，与花瓣对生；子房上位，1 心皮 1 室，胚珠多数，子房圆柱形，无花柱，柱头扁平膨大。浆果红色，矩圆形。种子倒卵形，紫黑色（**图 11-25**）。分布于吉林、辽宁、内蒙古、河北、山西、陕西和青海等地。干燥根和茎入药（三颗针），能清热燥湿、泻火解毒。药典收载作“三颗针”入药的植物还有**小黄连刺 *B. wilsonae* Hemsl.**、**拟豪猪刺 *B. soulieana* Schneid.**和**匙叶小檗 *B. vernae* Schneid.**。

阔叶十大功劳 *Mahonia bealei*（Fort.）Carr. 灌木或小乔木。奇数羽状复叶，小叶狭倒卵形至长圆形，厚而革质，边缘具刺状锯齿。总状花序直立，黄色；萼片 9 枚，3 轮排列，花瓣状；花瓣 6 枚，2 轮排列，较内轮萼片小；雄蕊 6 枚，花药瓣裂；子房长圆状卵形，花柱短。浆果卵形，深蓝色，被白粉（**图 11-26**）。分布于华东、华南、华中、西南及西北等地。干燥茎入药（功劳木），能清热燥湿、泻火解毒。药典还收载**细叶十大功劳** ***M. fortunei*** **(Lindl.) Fedde.** 的干燥茎作“功劳木”入药。

图 11-25　细叶小檗

1. 花枝；2. 花；3. 雄蕊和花瓣；4. 雌蕊

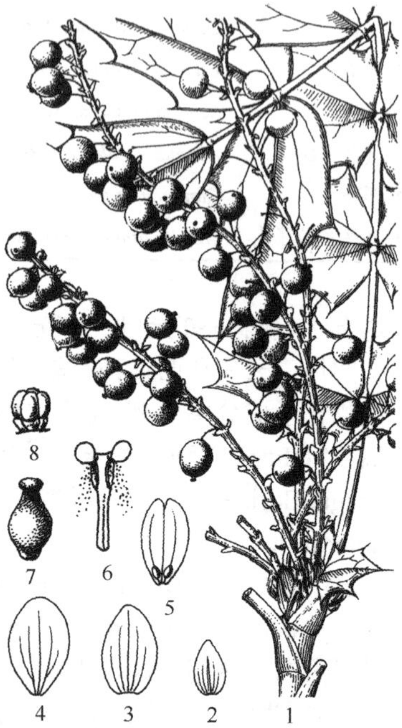

图 11-26　阔叶十大功劳

1. 果枝；2. 外萼片；3. 中萼片；4. 内萼片；5. 花瓣；6. 雄蕊；7. 雌蕊；8. 胚珠

本科还有**黄芦木** ***Berberis amurensis*** **Rupr.**、**巫山淫羊藿** ***Epimedium wushanense*** **Ying**、**桃儿七** ***Sinopodophyllum hexandrum*** **(Royle) Ying**、**八角莲** ***Dysosma versipellis*** **(Hance) M. Cheng ex Ying**、**六角莲** ***D. pleiantha*** **(Hance) Woods.**、**南天竹** ***Nandina domestica*** **Thunb.**和**鲜黄连** ***Plagiorhegma dubia*** **Maxim.**等也可供药用。

14. 防己科 Menispermaceae　♂$*K_{3+3}C_{3+3}A_{3\sim6,\infty}$；♀$*K_{3+3}C_{3+3}\underline{G}_{3\sim6:1:1}$

攀援或缠绕**藤本**，稀灌木或小乔木。**单叶互生**，无托叶。聚伞花序或圆锥花序；花小，**单性异株**，辐射对称；**萼片和花瓣通常各 6 枚，2 轮，每轮 3 枚，分离**，花瓣常小于萼片；雄蕊通常 6 枚，稀 3 或多数；子房上位，心皮 3～6，分离，1 室，胚珠 2，仅 1 枚发育。**核果，核常呈马蹄形或肾形**。

本科约有 65 属，350 种，分布于热带和亚热带。我国有 19 属，78 种，主产于长江流域及其以南各省区，已知药用 15 属，近 70 种。

本科富含生物碱，主要有：①双苄基异喹啉类：如汉防己碱（tetrandrine）、异汉防己碱（isotetrandrine）、轮环藤宁碱（cycleanine）、小檗胺（berbamine）、头花千金藤碱（cepharanthine）和高阿莫灵碱（homoaromoline）；②原小檗碱类：如小檗碱（berberine）、药根碱（jatrorrhizine）和掌叶防己碱（palmatine）；③阿扑啡类：如木兰花碱（magnoflorine）和千金藤碱（stephanine）。本科有些植物中还含有皂苷、苦味素及挥发油等。

【重要药用植物】(main medicinal plants)

粉防己 ***Stephania tetrandra*** **S. Moore.**草质藤本，茎纤细，具纵条纹。主根肉质，圆柱形，

长而弯曲。叶互生，具长柄，叶片纸质，三角状阔卵形，全缘，两面均被贴伏短柔毛。花序头状；花单性异株；雄花萼片4枚，花瓣4，淡绿色；雄蕊4枚，花丝愈合成柱状；雌花的萼片和花瓣与雄花相似；1心皮，花柱3。核果近球形，成熟时红色，果核呈马蹄形（**图11-27**）。分布于我国华东及华南地区。干燥根入药（粉防己），能利水消肿、祛风止痛。

蝙蝠葛 ***Menispermum dauricum*** **DC.**多年生缠绕藤本。根状茎细长。叶圆肾形或卵圆形，常5～7浅裂；掌状脉5～7条；叶柄盾状着生。圆锥花序；花单性异株，雄花萼片4～8，膜质，绿黄色，花瓣6～8或多至9～12片，肉质，雄蕊10～20枚；雌花具3心皮，分离。核果黑紫色，果核正面观类圆形，基部有弯缺（**图11-28**）。分布于东北、华北和华东等地。干燥根茎入药（北豆根），能清热解毒、祛风止痛。

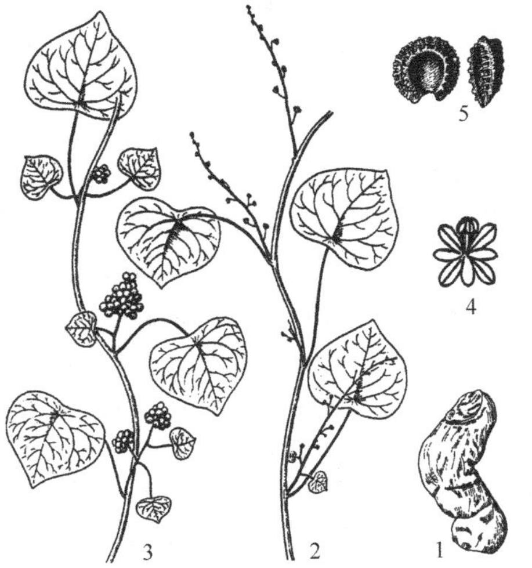

图11-27　粉防己

1. 根；2. 雄花枝；3. 果枝；4. 雄花；5. 果核正面及侧面

图11-28　蝙蝠葛

1. 全株；2. 雄花；3. 果核

本科还有**金果榄** ***Tinospera capilipes*** **Gagnep.**、**青牛胆** ***T. sagittata*** **（Oliv.）Gagnep.**、**锡生藤** ***Cissampelos pareira*** **L.**可供药用。

15. 木兰科 Magnoliaceae ⚥ $*P_{6\sim12}A_{\infty}\underline{G}_{\infty:1:1\sim2}$

木本，稀藤本，**体内常有油腺体而具香气**。**单叶互生**，**常全缘**，托叶大而早落，**具明显环状托叶痕**。花单生，稀聚伞花序；多两性，稀单性，辐射对称；**花被通常3基数**，**花瓣状**，多为6～12，每轮3片；**雄蕊和心皮多数**，**分离**，**螺旋状排列在延长的花托上**；子房上位，每心皮含胚珠1～2。**聚合蓇葖果或聚合浆果**。种子具胚乳（**彩图4**）。

本科有18属，约335种，主要分布于亚洲和美洲的热带、亚热带地区。我国有14属，约165种，已知药用90余种，主要分布于我国东南部至西南部。

本科植物多含：①挥发油：如大茴香脑（anethol）和木兰酚（magnolol）等，是木兰科区别于毛茛科的化学特征之一；②生物碱类：如木兰箭毒碱（magnocurarine）和木兰花碱（magnoflorine）等；③木质素类：如厚朴酚（magnolol）、和厚朴酚（honokiol）、和厚朴新酚（obovatol）、五味子素（schizandrin）和戈米辛（gomisin）等。

木兰科部分植物分属检索表

1. 木质藤本。叶纸质或近膜质，罕为革质。花单性，雌雄异株或同株。肉质小浆果。
   2. 雌蕊群的花托发育时不伸长；聚合果球状或椭圆体状……………………南五味子属 *Kadsura*
   2. 雌蕊群的花托发育时明显伸长；聚合果长穗状……………………五味子属 *Schisandra*
1. 乔木或灌木。叶革质或纸质。花两性。蓇葖果。
   3. 芽为托叶包围。小枝上具环状托叶痕。雄蕊和雌蕊螺旋状排列于伸长的花托上。

4. 花顶生。雌蕊群无柄或具柄。
5. 每心皮具 3～12 胚珠……………………………………………………木莲属 *Manglietia*
5. 每心皮具 2 胚珠……………………………………………………………木兰属 *Magnolia*
4. 花腋生。雌蕊群具明显的柄……………………………………………………含笑属 *Michelia*
3. 芽具多枚芽鳞。无托叶。雄蕊和雌蕊轮状排列于平顶隆起的花托上……………………八角属 *Illicium*

【重要药用植物】(main medicinal plants)

厚朴 ***Magnolia officinalis*** **Rehd. et Wils.** 乔木。小枝具环状的托叶痕。叶大，近革质，7～9 片聚生于枝端，长圆状倒卵形，全缘。花大，白色，芳香，单生于幼枝顶端；花梗粗短，被长柔毛，具包片脱落痕；花被片 9～12，厚而肉质，外轮 3 片淡绿色，长圆状倒卵形，盛开时常向外反卷，内两轮白色，倒卵状匙形，基部具爪；雄蕊多数，花丝红色；雌蕊群椭圆状卵圆形，心皮多数，每心皮具 2 胚珠。聚合果长圆状卵圆形，蓇葖具喙。种子三角状倒卵形（**图 11-29**）。分布于湖北、甘肃、陕西、河南、湖南、贵州和四川等地；广西、江西及浙江有栽培。干燥干皮、根皮及枝皮入药（厚朴），能燥湿消痰、下气除满；干燥花蕾入药（厚朴花），能芳香化湿、理气宽中。药典还收载**凹叶厚朴** ***M. officinalis*** **Rehd. et Wils. var.** ***biloba*** **Rehd. et Wils.** 其干燥的干皮、根皮及枝皮亦作“厚朴”入药，花蕾做“厚朴花”入药。

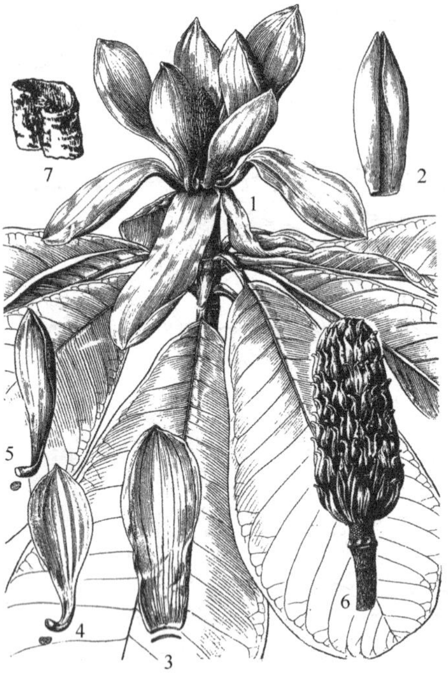

图 11-29　厚朴

1. 花枝；2. 佛焰苞状苞片；3. 外轮花被片；4. 中轮花被片；5. 内轮花被片；6. 聚合蓇葖果；7. 树皮的一部分

玉兰 ***Magnolia denudata*** **Desr.** 高大乔木。树皮深灰色，粗糙，小枝具环状的托叶痕。单叶互生，叶纸质，倒卵形、宽倒卵形或倒卵状椭圆形，叶柄及叶下面有白色细柔毛。花蕾卵圆形，先叶开花，芳香；花梗显著膨大，密被淡黄色长绢毛；花被片 9 片，白色，基部常带粉红色，长圆状倒卵形；雄蕊、雌蕊多数螺旋状排列在伸长的花托上，雌蕊群淡绿色，无毛，圆柱形，雌蕊狭卵形。聚合果圆柱形，褐色。种子心形，侧扁，红色（**图 11-30**）。分布于江西、湖南、贵州和浙江等省区，全国各地广泛栽培。干燥花蕾入药（辛夷），能散风寒、通鼻窍。药典收载作“辛夷”入药的植物还有**武当玉兰** ***M. sprengeri*** **Pamp.** 和**望春花** ***M. biondii*** **Pamp.**。

五味子 ***Schisandra chinensis*** **(Turcz.) Baill.** 木质藤本。幼枝红褐色，老枝灰褐色。单叶互生，叶片纸质，广椭圆形或倒卵形。花单生或簇生于叶腋，单性异株；花被片 6～9，粉白色或粉红色，长圆形或椭圆状长圆形，外面的较狭小；雄花具雄蕊 5 枚，互相靠贴，雄蕊群近倒卵圆形；雌花具心皮多数，分离，子房卵圆形或卵状椭圆体形，柱头鸡冠状，雌蕊群近卵圆形。浆果球形，成熟时深红色，聚合果长穗状，下垂。种子肾形，淡褐色，种脐明显凹入呈 U 形（**图 11-31**）。分布于黑龙江、吉林、辽宁、内蒙古、河北、山东、山西、宁夏和甘肃等省区。干燥成熟果实入药（北五味子），能收敛固涩、益气生津、补肾宁心。另有**华中五味子** ***Schisandra sphenanthera*** **Rehd. et Wils.**，分布于山西、陕西、甘肃、华中和西南等地。果实入药（南五味子），能收敛固涩、益气生津、补肾宁心。

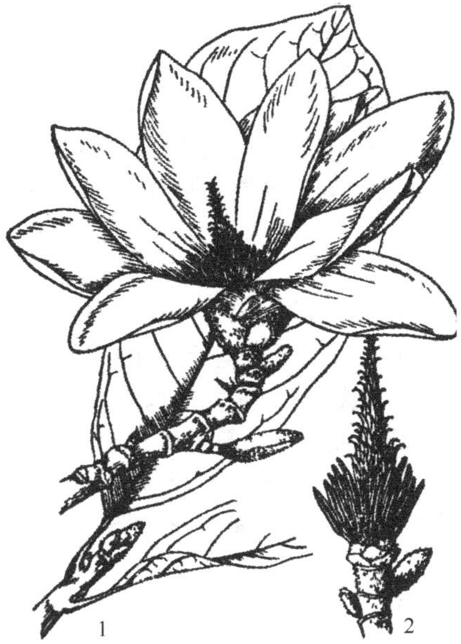

图 11-30　玉兰

1. 花枝；2. 雄蕊和雌蕊

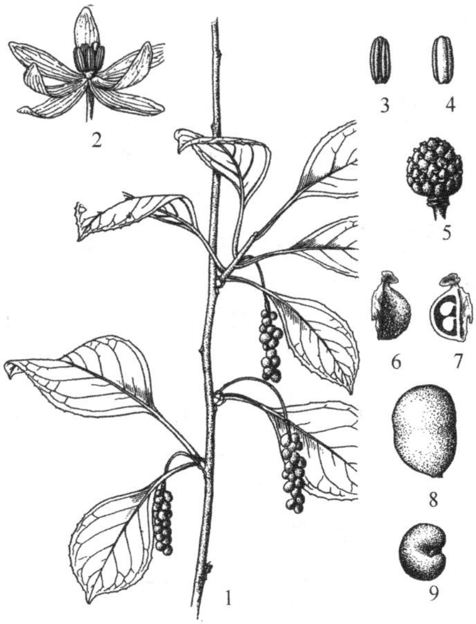

图 11-31　五味子

1. 果枝；2. 雄花；3、4. 雄蕊；5. 雌蕊群；6. 雌蕊；7. 雌蕊纵切；8. 浆果；9. 种子

八角 ***Illicium verum* Hook. F.**乔木。单叶，互生，常在小枝近顶端簇生，革质，叶片倒卵状椭圆形，倒披针形或椭圆形，具透明油点，具柄，无托叶。花两性，单生叶腋或近顶生；花被片 7～12 片，粉红至深红色，具腺点，最外层花被片较小，内面的较大，卵形至近圆形而稍肉质，最内面的花被片常变小；雄蕊多数；心皮通常 8，分离，花柱钻形，子房 1 室，有 1 枚倒生胚珠。聚合蓇葖果，呈八角形。种子扁卵圆形，侧向压，红棕色或黄棕色，有光泽（**图 11-32**）。分布于广西、广东、江西、福建和云南等地。干燥成熟果实入药（八角茴香），能温阳散寒、理气止痛。

本科还有**地枫皮 *Illicium difengpi* K.I.B.et K.I.M.**、**木莲 *Manglietia fordiana*（Hemsl.）Oliv.**和白兰 ***Michelia alba*** DC.等也可供药用。

图 11-32　八角

1. 花果枝；2～5. 外、中、内轮花被片；6. 雄蕊群和雌蕊群；7. 雌蕊群；8. 聚合蓇葖果；9. 蓇葖果；10. 种子

16. 樟科 Lauraceae ⚥ $*P_{(6\sim9)}A_{3\sim12}\underline{G}_{(3:1:1)}$

乔木或灌木，少为缠绕性寄生草本，植株常具油细胞而有香气。**叶互生**，少对生或轮生，具柄；叶片通常**革质**，全缘，无托叶。圆锥状、总状或小头状花序；花小，**两性**，稀单性，辐射对称；花通常白色或绿白色，有时黄色、淡红色至红色；**花单被**，**3 基数**，花被 6 裂，稀 4 裂，呈 2 轮排列，或 9 裂呈 3 轮排列；**雄蕊 3～12 枚**，**通常 9**，3～4 轮排列，**外面两轮花药向内**，**第三轮花药向外**，**花丝基部有一对腺体**，**最内轮雄蕊常退化**，花药 2～4 室，瓣裂；**子房上位**，**3 心皮合生成 1 室**，具 1 枚顶生胚珠。**核果或浆果**，基部有时被宿存花被形成的肉质果托包围。种子无胚乳。

本科约有 45 属，2000～2500 种，分布于热带及亚热带地区。我国有 20 属，423 种，43 变种和 5 变型，主要分布于长江以南的各省区，已知药用 120 余种。

本科植物化学成分主要有：①挥发油：如桂皮醛（cinnamaldehyde）、樟脑（camphor）和桉叶素（cineole）等，主要存在于樟属（*Cinnamomum*）、山胡椒属（*Lindera*）和木姜子属（*Litsea*）中；②生物碱：多为异喹啉类生物碱，如无根藤碱（cassyfiline）、木姜子碱（laurolitsine）、木兰箭毒碱（magnocurarine）和异紫堇定碱（isocorydine）等；③黄酮类：如阿福豆苷（afzclin）、番石榴苷（guaijaverin）和芸香苷（rutin）等。

【重要药用植物】（main medicinal plants）

肉桂 *Cinnamomum cassia* Presl 常绿大乔木，具香气。树皮厚，灰褐色，内皮红棕色，幼枝、芽、花序及叶柄均被灰黄色短绒毛。叶互生或近对生，长椭圆形至近披针形，全缘，具离基三出脉，革质。圆锥花序腋生或近顶生；花小，白色，花被片 6；能育雄蕊 9 枚，排成 3 轮，第三轮花药外向，花丝基部有一对腺体，花药 4 室，瓣裂；最内有一轮退化雄蕊；子房上位，3 心皮，1 室，1 胚珠。核果浆果状，果椭圆形，黑紫色，果托浅杯状（**图 11-33**）。分布于广西、广东、福建、云南和台湾等地，多为栽培。干燥树皮入药（肉桂），能补火助阳、引火归元、散寒止痛、温通经脉。

乌药 *Lindera aggregata*（Sims）Kosterm. 常绿灌木或小乔木。根膨大成纺锤形或结节状。单叶互生，叶片卵形，椭圆形至近圆形，革质，背面密生灰白柔色，离基三出脉。伞形花序腋生；花单性，异株；花小，黄绿色，花被片通常 6；能育雄蕊 9 枚，花药 2 室，全部向内，第三轮花丝基部具一对腺体，退化雄蕊细小；子房椭圆形，被褐色短柔毛。核果卵形或近圆形（**图 11-34**）。分布于浙江、安徽、福建、江西、湖南、广东、广西和台湾等地。干燥块根入药（乌药），能行气止痛、温肾散寒。

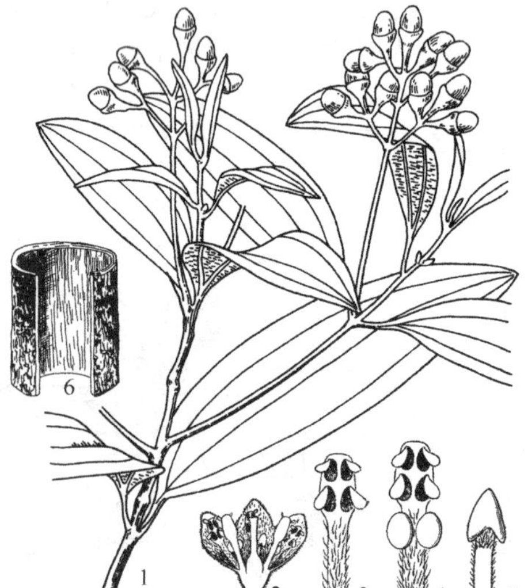

图 11-33　肉桂

1. 果枝；2. 花纵剖面；3. 第一二轮雄蕊；4. 第三轮雄蕊；5. 第四轮退化雄蕊；6. 树皮

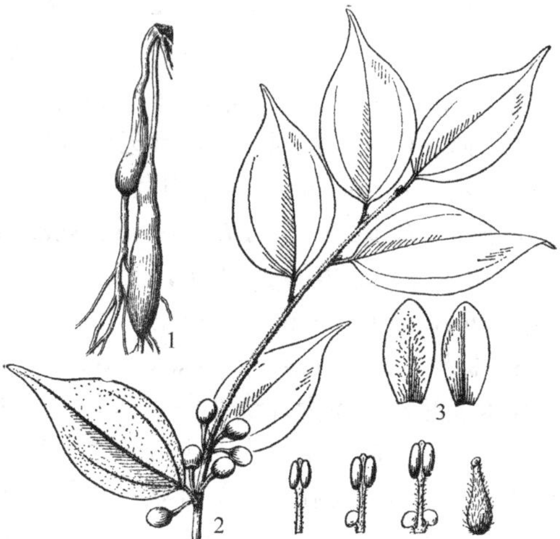

图 11-34　乌药

1. 根；2. 果枝；3. 花被片；4～6. 雄蕊；7. 雌蕊

本科还有**樟 *Cinnamomum camphora*（L.）Presl**、**山鸡椒 *Litsea cubeba*（Lour.）Pers.**和**香叶树 *Lindera communis* Hemsl.**可供药用。

17. 罂粟科 Papaveraceae $⚥ * \uparrow K_2C_{4\sim6}A_{\infty,4\sim8}\underline{G}_{(2\sim\infty:1:\infty)}$

草本稀灌木，体内常有乳汁或有色液汁。叶基生或互生，无托叶。花单生、总状、聚伞或圆锥花序；花两性，辐射对称或两侧对称；**萼片多为 2**，稀 3～4 枚，**早脱**；**花瓣通常 4～8 枚**，偶见12～16枚，2轮，覆瓦状排列；**雄蕊多数**，轮生，或4枚分离，或6枚合成2束；**子房上位**，心皮2至多数合生，**1室，侧膜胎座，胚珠多数。蒴果，孔裂或瓣裂**。种子细小。

本科约有38属，700多种，主产于北温带。我国有18属，362种，南北均产，以西南部最为集中，其中药用130余种，南北均有分布。

本科植物均含：①生物碱：以异喹啉类生物碱为主，如原阿片碱（protopine）、吗啡（morphine）、可待因（codeine）、罂粟碱（papaverine）、延胡索乙素（tetrahydro-palmatine）、血根碱（sanguinarine）、白屈菜碱（chelidonine）和博落回碱（bocconiue）等，此外还有阿扑啡型生物碱，如海罂粟碱（glaucine）等；②黄酮类：如山柰酚（kaempferol）和槲皮素（quercetin）等；③有机酸：如白屈菜酸（chelidonic acid）等。

【重要药用植物】（main medicinal plants）

罂粟 ***Papaver somniferum*** **L.** 一年或二年生草本，全株被白粉，具白色乳汁。单叶互生，叶片卵形或长卵形，下部叶具短柄，上部叶无柄抱茎。花单生；萼片2，宽卵形，边缘膜质，早落；花瓣4，近圆形或扇形，边缘波状或分裂，花白色、粉红色、红色、紫色或杂色；雄蕊多数；心皮多数，1室，侧膜胎座，柱头辐射状，连合成扁平的盘状体，盘缘深裂。蒴果球形或长椭圆形。种子多数，黑至深灰色（**图11-35**）。罂粟原产于南欧，我国部分地区有栽培。从未成熟果实中割取乳汁，制干后即为鸦片，含吗啡等生物碱，能镇痛、止咳、止泻；干燥成熟果壳入药（罂粟壳），能敛肺、涩肠、止痛。

延胡索 ***Corydalis yanhusuo*** **W. T.Wang** 多年生草本，块茎扁球形。叶多为二回三出复叶，小叶三裂，叶柄基部具鞘。总状花序顶生；花两性，两侧对称；萼片2，早落；花瓣4，紫红色，上花瓣有距，下花瓣具短爪；雄蕊6枚，花丝联合成两束；子房上位，2心皮组成1室，侧膜胎座。蒴果条形（**图11-36**）。分布于浙江、江苏、安徽、河南和湖北等省区。干燥块茎入药（元胡），能活血、行气、止痛。

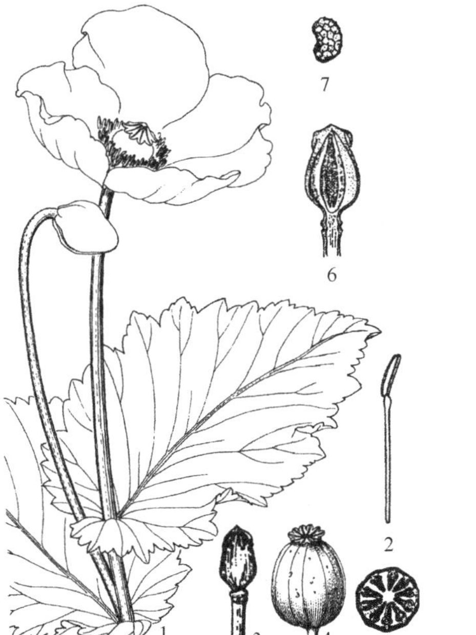

图11-35　罂粟

1. 植株；2. 雄蕊；3. 雌蕊；4. 果实；5. 幼果横切；6. 幼果纵切；7. 种子

图11-36　延胡索

1. 植株；2. 花；3. 花冠的上瓣和下瓣；4. 花冠的下瓣；5. 体雄蕊及雌蕊；6. 果实；7. 种子

图 11-37 白屈菜

1. 根；2. 果枝；3. 花正面观；4. 去花被的花；5. 雌蕊；6. 果实

白屈菜 ***Chelidonium majus*** **L.** 多年生草本，植物体具黄色乳汁。主根粗壮，圆锥形，侧根多，暗褐色。单叶互生，叶片羽状全裂，具柄。伞形花序腋生；花两性，辐射对称；萼片 2，卵圆形，早落；花瓣 4，黄色；雄蕊多数；2 心皮 1 室，子房线形，柱头 2 裂。蒴果狭圆柱形，近念珠状，瓣裂（**图 11-37**）。我国大部分地区均有分布。干燥全草入药（白屈菜），能解痉止痛、止咳平喘。

本科药典收载的药用植物还有**伏生紫堇** ***Corydalis decumbens*** **（Thunb.）Pers.**此外，**地丁草** ***C. bungeana*** **Turcz.**、**虞美人** ***Papaver rhoeas*** **L.**和**博落回** ***Macleaya cordata*** **(Willd.) R. Br.**等也可供药用。

18. 十字花科 Cruciferae ⚥ $*K_{2+2}C_4A_{2+4}\underline{G}_{(2:2:1\sim\infty)}$

一至多年生**草本**，常具特殊的**辛辣气味**。单叶互生，无托叶。多成**总状花序**，**花两性**，辐射对称；萼片 4 枚，2 轮排列；**花瓣 4 枚**，基部举爪，**成十字花冠**；雄蕊 6 枚，排列成 2 轮，外轮 2 枚短，内轮 4 枚长，为**四强雄蕊**；**子房上位**，2 心皮合生，**由假隔膜分成 2 室**，**侧膜胎座**，胚珠 1 至多数。**长角果或短角果**。种子无胚乳。

全世界有 300 属以上，约 3200 种，主要产地为北温带，尤以地中海区域分布较多。我国有 95 属、425 种，已知药用 100 余种，全国各地均有分布。

本科多数植物含：①硫苷：芥子苷类（sinigrin）化合物，是本科的特征成分，如白芥子苷（sinalbin）和黑芥子苷（sinigrin）等；②吲哚苷类：如菘蓝苷（isatin）等；③强心苷类：如糖芥毒苷（erysimotoxin）和糖芥素（erysimoside）等。种子多含丰富的脂肪油。

【重要药用植物】（main medicinal plants）

菘蓝 ***Isatis indigotica*** **Fort.** 二年生草本。茎直立，多分枝，常带白粉霜。主根圆柱状。叶互生，基生叶莲座状，全缘或稍具波状齿，长圆形至宽倒披针形，具柄；茎生叶长圆状披针形，全缘，基部垂耳圆形，半抱茎。圆锥花序；花萼 4 枚，绿色；花小，花瓣 4 枚，黄白色，具短爪，基部有蜜腺；四强雄蕊；子房上位，雌蕊 1 枚。短角果近扁长圆形，边缘有翅，紫色，不开裂。种子 1 枚（**图 11-38**）。全国各地均有栽培。干燥根入药（板蓝根），能清热解毒、凉血利咽。干燥叶入药（大青叶），能清热解毒、凉血消斑。叶另含有靛蓝，可加工制成“青黛”，功用与大青叶相同。

白芥 ***Sinapis alba*** **L.** 一年生草本，茎直立，有分枝，全株被白色粗毛。叶互生，叶片羽状分裂或全裂，下部叶有短柄，上部叶近无柄。总状花序；花萼 4 枚，长圆形；花瓣 4 枚，黄色，倒卵形，具短爪，基部有蜜腺；四强雄蕊。长角果近圆柱形，具喙。种子数枚，球形（**图 11-39**）。我国辽宁、山西、山东、安徽、新疆和四川等省区引种栽培。干燥成熟种子入药（芥子），能温肺豁痰利气、散结通络止痛。药典收载作“芥子”入药的植物还有**芥** ***Brassica juncea*** **（L.）Czern. et Coss.**。

萝卜 ***Raphanus sativus*** **L.** 一年或二年生草本。茎有分枝，稍具粉霜。直根肉质，长圆形、球形或圆锥形，外皮绿色、白色或红色。基生叶和下部茎生叶大头羽状半裂，上部叶长圆形，有锯齿或近全缘。总状花序；萼片 4 枚，长圆形；花瓣 4 枚，倒卵形，白色或粉红色，具紫纹，具爪，有蜜腺。长角果圆柱形，顶端具喙。种子间处稍缢缩，种子 1～6 枚，卵形，稍偏，红棕色，有细网纹（**图 11-40**）。全国各地普遍栽培。干燥成熟种子入药（莱菔子），能消食除胀、降气化痰。

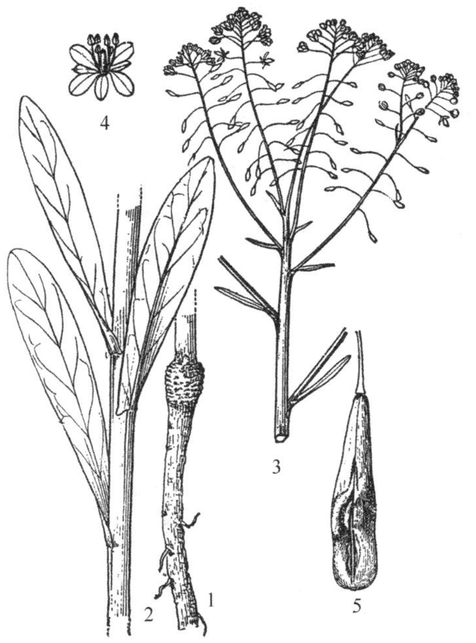

图 11-38　菘蓝

1. 根；2. 茎叶；3. 花序；4. 花；5. 短角果

图 11-39　白芥

1. 植株；2. 花；3. 长角果

本科药典收载的药用植物还有**播娘蒿** ***Descurainia sophia*（L.）Webb. ex Prantl.**、**独行菜** ***Lepidium apetalum* Wild.**和**菥蓂** ***Thlaspi arvense* L.**。此外**荠** ***Capsella bursa-pastoris*（Linn.）Medic.**、**焯菜** ***Rorippa indica*（L.）Hiern** 和**糖芥** ***Erysimum bungei*（Kitag.）Kitag.**等也可药用。

19. 景天科 Crassulaceae ⚥ $*K_{4\sim5}C_{4\sim5}A_{4\sim5,8\sim10}\underline{G}_{4\sim5:1:\infty}$

多年生肉质草本或灌木。多单叶，互生、对生或轮生；无托叶。常为聚伞花序，少为伞房状、穗状、总状、圆锥状花序或单生；**花两性，辐射对称；萼片通常 4～5 枚**，宿存，分离或少为基部合生；花瓣与萼片同数，离生；雄蕊与花瓣同数或为其倍数；**子房上位，心皮 4～5**，离生或仅基部合生，**每心皮基部有 1 腺状小鳞片**，胚珠多数。**蓇葖果**。种子小，长椭圆形，种皮有皱纹或微乳头状突起。

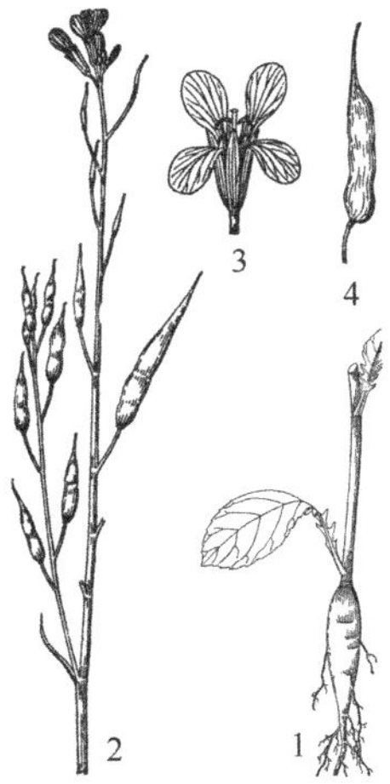

图 11-40　萝卜

1. 根及植株下部；2. 花果枝；3. 花；4. 长角果

本科约有 34 属，1500 种以上，分布于非洲、亚洲、欧洲及美洲。以我国西南部、非洲南部及墨西哥种类较多，我国有 10 属，242 种，已知药用 70 种。

本科植物化学成分较复杂，主要含：①苷类：如红景天苷（salidroside）和垂盆草苷（sarmentosin）等；②黄酮类：如槲皮素（quercetin）等；③香豆素类：如 7-羟基香豆素（7-hydroxycoumarin）等；④有机酸类：如阿魏酸（ferulic acid）和丁香酸（syringic acid）等。

此外还含有生物碱及挥发油等。

【重要药用植物】(main medicinal plants)

垂盆草 ***Sedum sarmentosum*** **Bunge** 多年生肉质匍匐草本。3 叶轮生，叶肉质，倒披针形至长圆形，全缘。聚伞花序腋生；萼片 5 枚，披针形至长圆形；花瓣 5 枚，黄色，披针形至长圆形；雄蕊 10，较花瓣短；鳞片 10 枚，楔状四方形；心皮 5，长圆形，有长花柱。蓇葖果。种子卵形（**图 11-41**）。分布于全国大部分地区。干燥全草入药（垂盆草），能利湿退黄、清热解毒。

大花红景天 ***Rhodiola crenulata*** **(HooK. f. et.Thoms.) H. Ohba** 多年生草本。地上的根颈短，被基生鳞片叶。茎直立或扇状排列，多分枝。叶片椭圆状长圆形至近圆形。花序伞房状，具多花，有苞片；雌雄异株；雄花萼片 5；花瓣 5，红色，倒披针形，有长爪；雄蕊 10，与花瓣等长；鳞片 5；具 5 枚不育的心皮；雌花心皮 5 枚，无退化雄蕊。蓇葖果（**图 11-42**）。分布于西藏、云南和四川等地。干燥根和根茎入药（红景天），能益气活血、通脉平喘。

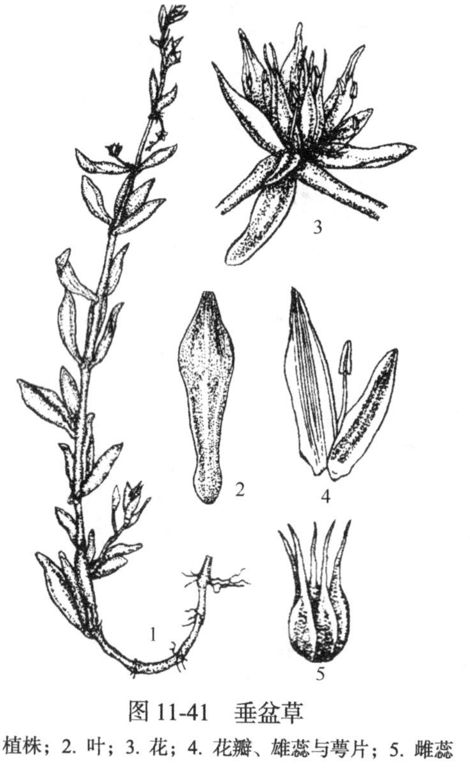

图 11-41 垂盆草

1. 植株；2. 叶；3. 花；4. 花瓣、雄蕊与萼片；5. 雌蕊

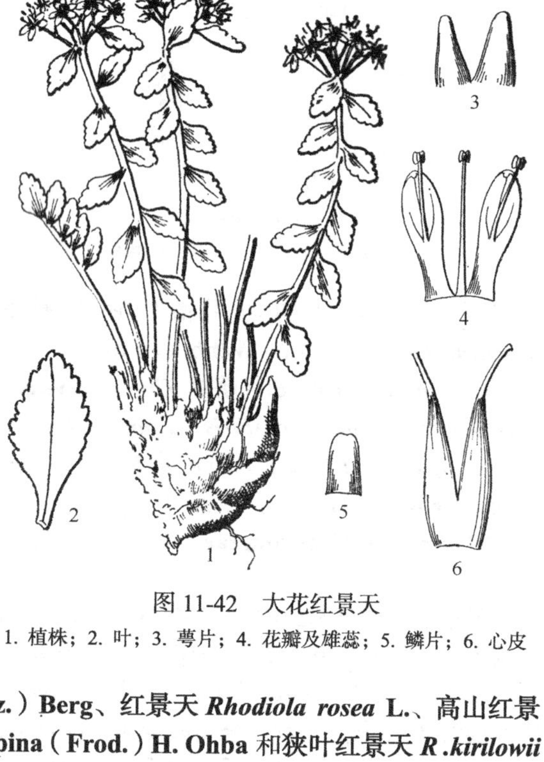

图 11-42 大花红景天

1. 植株；2. 叶；3. 萼片；4. 花瓣及雄蕊；5. 鳞片；6. 心皮

本科还有瓦松 ***Orostachys fimbriata*** **(Turcz.) Berg**、红景天 ***Rhodiola rosea*** **L.**、高山红景天 ***R. Cretinit*** **(Hamet) H. Ohba subsp. Sino-alpina (Frod.) H. Ohba** 和狭叶红景天 ***R .kirilowii*** **(Regel) Maxim.**等也可药用。

20. 虎耳草科 Saxifragaceae ⚥ $* \uparrow K_{4\sim5}C_{4\sim5}A_{4\sim5,8\sim10}\underline{G}_{(2\sim5:2\sim5:\infty)}\overline{G}_{(2\sim5:2\sim5:\infty)}$

草本，小乔木或灌木。**多单叶**，互生或对生；常无托叶。聚伞、圆锥或总状花序，稀单花；**花两性**，辐射对称，稀两侧对称；**花萼**、**花瓣均为 4～5**，**分离**，**雄蕊与花瓣同数或为其倍数**；子房上位至下位，**2～5 心皮合生**或多少合生，中轴胎座或侧膜胎座，胚珠多数。**蒴果**、**浆果**、**蓇葖果或核果**。**种子常具翅**，有胚乳。

本科约 80 属，1200 余种，广布于全世界，主产于北温带。我国有 28 属，约 500 种，南北均产，主产于西南地区，已知药用 24 属 155 种，分布南北各地。

本科植物化学成分主要含：①香豆素类：如岩白菜素（bergenin），主要存在于落新妇属（*Astibe*）、岩白菜属（*Bergenia*）和鬼灯檠属（*Rodgersia*）中；②黄酮类：如槲皮素（quercetin），主要存在于虎耳草属（*Saxifrage*）和梅花草属（*Parnassia*）；③生物碱：如常山乙素（*β*-dichroine），主要存在于常山中；④环烯醚萜类：如车叶草苷（asperuloside）和番木鳖苷（loganin）等。

【重要药用植物】（main medicinal plants）

常山 *Dichroa febrifuga* Lour. 落叶小灌木。小枝圆柱状或稍具四棱，常呈紫红色。叶对生，叶片通常椭圆形或倒卵状椭圆状形，边缘有锯齿。伞房状圆锥花序；花蓝色或白色；萼筒5～6齿裂；花瓣5～6，稍肉质；雄蕊10～20枚；子房下位，花柱4～6，棒状；浆果蓝色，有宿存萼齿。种子具网纹（**图11-43**）。分布于全国大部分地区。干燥根入药（常山），能涌吐痰涎、截疟。

岩白菜 *Bergenia purpurascens*（Hook. f. et Thoms.）Engl. 多年生草本。根状茎粗壮，被鳞片。叶基生，有长柄，叶片革质，倒卵形、狭倒卵形至近椭圆形，边缘具波状齿至近全缘。聚伞花序圆锥状；花6～7朵，常下垂；萼片5，革质，近狭卵形，背面密被腺毛；花瓣5，紫红色，阔卵形；雄蕊10枚；心皮2，基部合生，胚珠多数。蒴果，先端2瓣裂。种子黑色，具棱（**图 11-44**）。分布于云南、四川、重庆、西藏等地。干燥根状茎入药（岩白菜），能收敛止泻、止血止咳、舒筋活络。

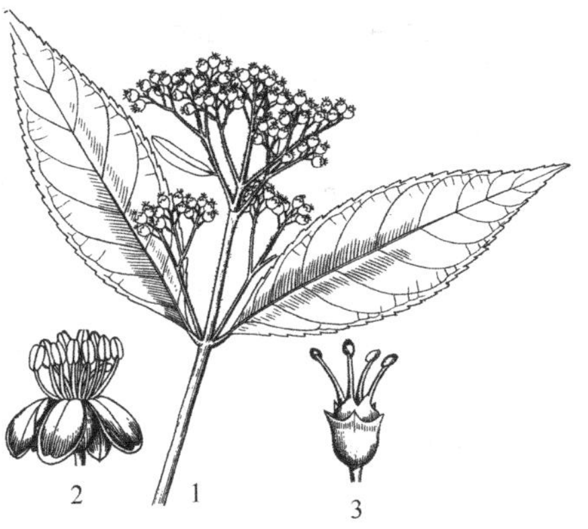

图11-43 常山

1. 果枝；2. 花；3. 萼筒和雌蕊

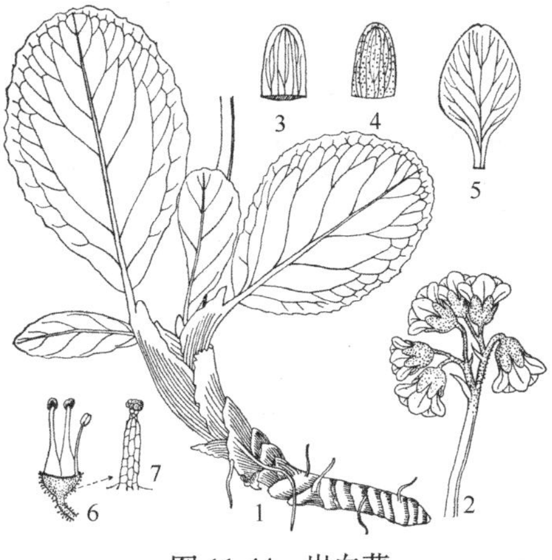

图11-44 岩白菜

1. 全株；2. 花序；3. 萼片腹面；4. 萼片背面；5.花瓣；6. 雄蕊；7. 雌蕊

本科还有**虎耳草 *Saxifraga stolonifera* Curt.**、**落新妇 *Astilbe chinensis*（Maxim.）Franch.**、**西南鬼灯檠 *Rodgersia* sambucifolia Hemsl.**和**扯根菜（赶黄草）*Penthorum chinense* Pursh** 可药用。

21. 杜仲科 Eucommiaceae ♂ $P_0A_{4\sim10}$；♀ $P_0\underline{G}_{(2:1:2)}$

乔木。**枝和叶折断时有银白色胶丝**。**单叶互生**，具柄，无托叶。**花单性异株**；**雄花簇生**，具小苞片，有短柄，**无花被**，**雄蕊4～10枚**，多为8枚，线性；**雌花单生**于小枝下部，有苞片，具短柄，**子房上位**，**心皮2合生成1室**，**2胚珠**。**翅果**长椭圆形。种子1粒，胚乳丰富。

本科仅有1属1种，为我国特产植物，分布于华中、华西、西南及西北各地，现广泛栽培。

本科植物化学成分有：①杜仲胶（gutta-percha），主要存在于树皮中；②木脂素类：如丁香树脂酚（syringaresinol）、橄榄树脂素（olivil）和松脂素（pinoresinol）等；③环烯醚萜类：如杜仲苷（eucommioside）、桃叶珊瑚苷（aucubin）、松脂素双糖苷（pinoresinol diglycoside）和筋骨草苷（ajugoside）等；④三萜类：如β-谷甾醇（β-sitosterol）、熊果酸（ursolic acid）和白桦脂醇（betulin）等。

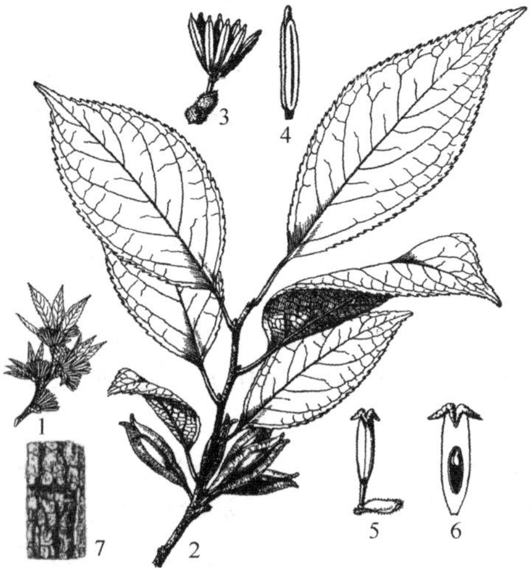

图 11-45　杜仲

1. 花枝；2. 果枝；3. 雄花；4. 雄蕊；5. 雌花；6. 子房纵切；7. 树皮

【重要药用植物】(main medicinal plants)

杜仲 ***Eucommia ulmoides*** **Oliver.** 落叶乔木。树皮灰褐色，粗糙，枝和叶折断时有银白色胶丝。单叶互生，无托叶，叶片椭圆形、卵形或矩圆形，薄革质，边缘有锯齿，具柄。雄花密集成头状花序，单性异株，无花被，雄蕊 4～10 枚，常为 8，花丝短，花药条形；雌花单生于小枝下部，苞片倒卵形，无花被，子房上位，心皮 2，1 室，2 胚珠。翅果扁平，长椭圆形。种子 1 粒，线形，胚乳丰富（**图 11-45**）。分布于陕西、河南、湖北、湖南、贵州、云南、四川、甘肃及浙江等地，各地广泛栽种。干燥树皮入药（杜仲），能补肝肾、强筋骨、安胎。干燥叶入药（杜仲叶），能补肝肾、强筋骨。

22. 蔷薇科 Rosaceae ⚥ $*K_5C_5A_{\infty}\underline{G}_{(1\sim\infty:1:1\sim\infty)}$；$\overline{G}_{(2\sim5:2\sim5:2)}$；$\underline{\overline{G}}_{(2\sim5:2\sim5:2)}$

草本、灌木或乔木。茎上有刺或无。**单叶或复叶，多互生**，少对生，**常具托叶**，少无托叶。**花两性**；**辐射对称**；单生或排成伞房或圆锥等花序；**花托凸起**、**平展或下凹**，呈碟状、钟状、杯状、坛状或圆筒状；**花常为五基数**，花萼 5 枚，稀 4 枚，分离，有时具副萼；花瓣 5 枚，分离；雄蕊多数分离；**其花萼**、**花瓣**、**雄蕊常着生于花托的边缘**；子房上位、下位或半下位，1 至多数心皮离生或 2～5 心皮合生，每室 1～2 胚珠。**蓇葖果**、**瘦果**、**梨果或核果**，通常具宿萼。种子无胚乳（**彩图 5**）。

本科约有 124 属 3300 余种，分布于全世界，北温带较多。我国约有 51 属 1000 余种，已知药用 360 种，产于全国各地。

本科植物主要含有多种活性成分：①氰苷类：苦杏仁苷（amygdalin）和野樱苷（prunasin）等；②多元酚及鞣质类，如鹤草酚（agrimophol）等；③三萜及三萜皂苷：如地榆皂苷（sanguisorbins）和委陵菜苷（tormentoside）等；④黄酮类：如槲皮素（quercetin）和金丝桃苷（hyperoside）；⑤有机酸类：如枸橼酸（citric acid）、酒石酸（tartaric acid）、桂皮酸（cinnamic acid）和绿原酸（chlorogenic acid）等；⑥糖及糖醇类：如蔗糖、果糖、绵子糖和山梨醇等；⑦二萜生物碱类：如绣线菊碱（spiradine）等。

本科根据花托形状、子房位置、心皮数目与连合情况及果实类型的不同分为绣线菊亚科、蔷薇亚科、苹果亚科和梅亚科，见**表 11-5** 与**表 11-6**。

表 11-5　蔷薇科四个亚科的主要区别

亚科名称	花托形状	子房位置	心皮数目及连合	果实类型
绣线菊亚科	平坦或凸起	$\underline{G}$	1～5 心皮，分离	蓇葖果
蔷薇亚科	凸起或凹陷	$\underline{G}$	∞心皮，分离	瘦果
苹果亚科	凹陷	$\overline{G}$ 或 $\underline{\overline{G}}$	2～5 心皮合生	梨果
梅亚科	凹陷	$\underline{G}$	1 心皮	核果

表 11-6　蔷薇科四个亚科特征比较图

	花纵剖面	花图式	果实纵剖面
绣线菊亚科	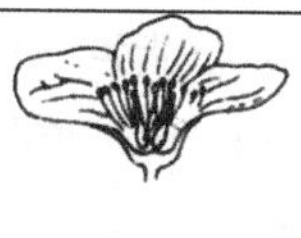	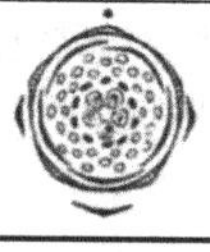	

续表

	花纵剖面	花图式	果实纵剖面
蔷薇亚科		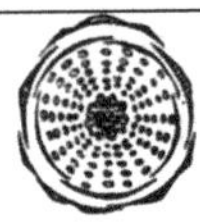	
苹果亚科		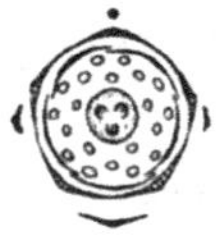	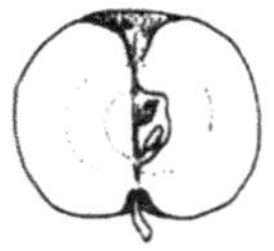
梅亚科			

蔷薇科四亚科及主要植物分属检索表

1. 果开裂；心皮1～5，多无托叶……………………………………绣线菊亚科 **Spiraeoideae** 绣线菊属 ***Spiraea***
1. 果不开裂；有托叶。
  2. 子房上位。
    3. 心皮通常多数，分离；聚合瘦果或聚合小核果；萼宿存；多为复叶……………蔷薇亚科 **Rosoideae**
      4. 雌蕊有杯状或坛状的托杯包围。
        5. 雌蕊多数；果实成熟时托杯肉质而有色泽；灌木……………………………………蔷薇属 ***Rosa***
        5. 雌蕊1～3；果实成熟时托杯干燥坚硬；草本。
          6. 有花瓣；萼裂片5；托杯上部有钩状刺毛……………………………龙芽草属 ***Agrimonia***
          6. 无花瓣；萼裂片4；托杯无钩状刺毛……………………………………地榆属 ***Sanguisorba***
      4. 雌蕊生于平坦或隆起的花托上。
        7. 心皮含2枚胚珠；聚合核果；植株有刺……………………………………悬钩子属 ***Rubus***
        7. 心皮含1枚胚珠；瘦果，分离；植株无刺。
          8. 花柱顶生或近顶生，在果期延长……………………………路边青（兰布政）属 ***Geum***
          8. 花柱侧生，基生或近顶生，在果期不延长。
            9. 托杯成熟时干燥……………………………………………………委陵菜属 ***Potentilla***
            9. 杯托成熟膨大变成肉质。
              10. 花白色，副萼片比萼片小……………………………………………草莓属 ***Fragaria***
              10. 花黄色，副萼片比萼片大……………………………………………蛇莓属 ***Duchesnea***
    3. 心皮常1，稀2或5；核果；萼不宿存；单叶……………………………………梅亚科 **Prunoideae**
      11. 果实无沟……………………………………………………………………………樱属 ***Cerasus***
      11. 果实有沟。
        12. 侧芽3，两侧为花芽，具顶芽；核常有孔穴……………………………桃属 ***Amygdalus***
        12. 侧芽1，顶芽缺；核常光滑。
          13. 子房和果实常被短柔毛，花先叶开……………………………………杏属 ***Armeniaca***
          13. 子房和果实均光滑无毛，花叶同开…………………………………………李属 ***Prunus***
  2. 子房下位或半下位………………………………………………………………苹果亚科 **Maloideae**
    14. 内果皮成熟时骨质，果实含1～5小核……………………………………山楂属 ***Crataegus***

14. 内果皮成熟时革质或纸质，每室含 1 至多数种子。
  15. 伞形或总状花序，有时单生。
    16. 每个子房室含 1～2 枚种子……………………………………………………………………………梨属 ***Pyrus***
    16. 每个子房室含 3 至多枚种子……………………………………………………………………木瓜属 ***Chaenomeles***
  15. 复伞房或圆锥花序。
    17. 心皮全部合生，子房下位，叶常绿………………………………………………………………枇杷属 ***Eriobotrya***
    17. 心皮部分合生，子房半下位；常绿或落叶………………………………………………………石楠属 ***Photinia***

【重要药用植物】(main medicinal plants)

金樱子 *Rosa laevigata* Michx. 常绿攀援灌木。茎枝散生皮刺。三出羽状复叶，互生；小叶片椭圆状卵形、倒卵形或披针状卵形，边缘有锐锯齿，革质；小叶柄和叶轴有皮刺和腺毛。花单生于叶腋；花梗和萼筒密被腺毛，随果实成长变为针刺；花瓣白色；萼片 5，卵状披针形，外被刺毛和腺毛；花瓣 5，白色，宽倒卵形，先端微凹；雄蕊多数，分离，着生于壶状托杯上方环状花盘的边缘；心皮多数，花柱离生，密被白色长柔毛，生于壶状的托杯内。蔷薇果倒卵形，外面密被刺毛，萼片宿存（**图 11-46**）。分布于华东、华南、华中、西南及西北等地。干燥成熟果实入药（金樱子），能固精缩尿、固崩止带、涩肠止泻。

桃 *Prunus persica*（L.）Batsch. 落叶小乔木。树枝暗红褐色，具多数小皮孔。单叶互生，叶片椭圆状披针形至倒卵状披针形，边缘有细锯齿。花单生，近无梗，先叶开放；萼筒钟形，萼片 5，卵形至长圆形，外被短柔毛；花瓣 5，长圆状椭圆形至宽倒卵形，粉红色；雄蕊多数，分离；其花萼、花瓣、雄蕊均着生于杯状花托的边缘；雌蕊 1 枚，1 室，具 2 胚珠，子房外被柔毛，生于凹陷的杯状花托内。核果近球形，表面有短绒毛（**图 11-47**）。我国各地均有栽培。干燥成熟种子入药（桃仁），能活血祛瘀、润肠通便、止咳平喘。药典还收载作“桃仁”入药有山桃 ***P. davidiana*（Carr.）Franch.**。

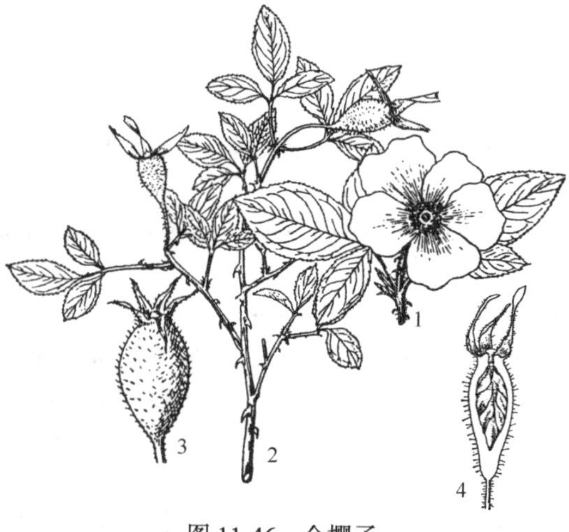

图 11-46　金樱子

1. 花枝；2. 果枝；3. 果实；4. 果实纵切

图 11-47　桃

1. 花枝；2. 果枝；3. 花纵剖；4. 雄蕊；5. 果核

杏 *Prunus armeniaca* L. 乔木。小枝浅红褐色，有光泽，具多数小皮孔。单叶互生；叶片宽卵形或圆卵形，基部近圆形或近心形；具柄。花单生，先叶开放，无柄；萼 5 裂，钟状与托杯愈合，紫红色；花瓣 5，分离，白色或淡粉色，具短爪；雄蕊多数，与花瓣着生于萼筒边缘；

心皮 1，室内具 2 胚珠，子房被毛，花柱顶生，生于钟状花托底部。核果球形，有一明显纵沟，黄色或橘黄色（**图 11-48**）。杏产于全国各地，多数为栽培，尤以华北、西北和华东地区种植较多。干燥种子入药（苦杏仁），能降气止咳平喘、润肠通便。药典收载作“苦杏仁”入药的植物还有山杏 ***P. armeniaca*** **L. var.** ***ansu*** **Maxim.**、**西伯利亚杏** ***P. sibirica*** **L.**和**东北杏** ***P. mandshurica*** **（Maxim.）Koehne**。

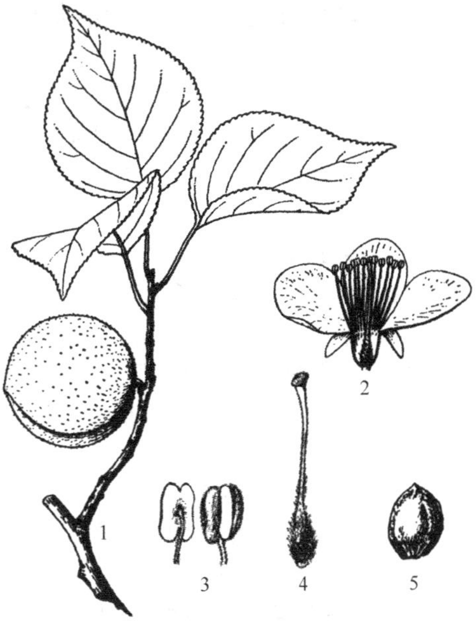

图 11-48　杏

1. 果枝；2. 花纵剖；3. 雄蕊；4. 雌蕊；5. 果核

山里红 ***Crataegus pinnatifida Bge.*** **var.** ***major*** **N. E. Br.** 落叶乔木。老枝粗糙，暗灰褐色，嫩枝紫褐色，通常有刺。单叶互生；有长柄，叶片大，广卵形或菱状卵形，3～5 羽状深裂；托叶草质，镰形。伞房花序具多花；萼筒钟状，萼片 5，三角卵形至披针形，外密被灰白色柔毛；花瓣 5，白色；雄蕊多数，花药粉红色；雌蕊 1 枚，子房下位，与凹陷花托愈合，5 心皮 5 室，每室 2 胚珠。梨果熟时深红色，有黄白色小斑点，先端有宿存萼片（**图 11-49**）。华北各地均有栽培。干燥成熟果实入药（山楂），能消食健胃、行气散瘀、化浊降脂。药典收载作“山楂”入药的还有山楂 ***C. pinnatifida*** **Bge.**。

地榆 ***Sanguisorba officinalis*** **L.** 多年生草本。茎直立，有纵细棱。根粗壮，多呈纺锤状。单数羽状复叶，基生或茎生，小叶 2～5 对，距圆状卵形至长椭圆形，边缘有圆而锐的锯齿。穗状花序椭圆形，顶生；花小密集，两性，萼裂片 4，紫红色；无花瓣；雄蕊 4 枚；心皮 1 枚，包藏在萼筒内，花柱顶生。瘦果褐色，宽卵形或椭圆形，有 4 纵脊棱，包于宿存的萼筒内（**图 11-50**）。分布于东北、西北、华东、华中及西南等地。干燥根入药（地榆），能凉血止血、解毒敛疮。药典收载作“地榆”入药的还有**长叶地榆** ***S. officinalis*** **L. var.** ***longifolia*** **（Bert.）Yü et Li**。

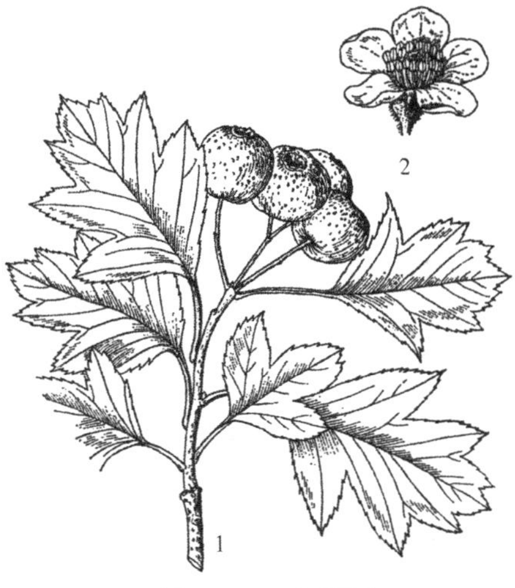

图 11-49　山里红

1. 果枝；2. 花

图 11-50　地榆

1. 根；2. 植株；3. 花枝；4. 花；5. 果实

华东覆盆子 *Rubus chingii* Hu 落叶灌木，有皮刺。单叶互生，掌状深裂，边缘有重锯齿；托叶条形。花单生于短枝顶端，白色。聚合小核果，球形，红色。分布于江苏、浙江、安徽、江西、福建及广西等省区。干燥果实入药（覆盆子），能益肾固精缩尿、养肝明目。

梅 *Armeniaca mume* Sieb. 小乔木。小枝绿色。叶片卵形或椭圆形。花香味浓，花瓣白色至粉红色。核果密生短绒毛。我国各地均有栽培。干燥近成熟果实入药（乌梅），能敛肺、涩肠、生津、安蛔。

欧李 *Prunus humilis* Bge . 灌木。叶片倒卵状长椭圆形或倒卵状披针形。花单生或 2～3 花簇生，花叶同开；萼片三角卵圆形，先端急尖或圆钝；花瓣白色或粉红。核果成熟后近球形，红色或紫红色。分布于黑龙江、吉林、辽宁、内蒙古、山东、河北及河南等地。干燥成熟种子入药（郁李仁），能润肠通便、下气利水。药典收载作“郁李仁”入药的植物还有：**郁李 *P. japonica* Thunb.**和**长柄扁桃 *P. pedunculata* Maxim.**。

贴梗海棠 *Chaenomeles speciosa*（Sweet）Nakai. 落叶灌木，有刺。叶片卵形至椭圆形；托叶大形，草质，肾形或半圆形，边缘有尖锐重锯齿。花先叶开放，3～5 朵簇；猩红色。梨果球形或卵球形。分布于陕西、甘肃、四川、云南、贵州及广东等地。干燥近果实入药（木瓜），能舒筋活络、和胃化湿。

本科药典收载的其他药用植物见表 **11-7**。此外**绣线菊 *Spiraea salicifolia* L.**、**茅莓 *Rubus parvifolius* L.**、**蛇莓 *Duchesnea indica*（Andr.）Focke**、**野山楂 *Crataegus cuneata* Sieb.et Zucc.**、**白梨 *Pyrus bretschneideri* Rehd.**、**沙梨 *P. pyrifolia*（Burm. f.）Nakai** 和**秋子梨 *P. ussuriensis* Maxim.**等也可供药用。

表 11-7 《中国药典》2015 年版收载的蔷薇科其他药用植物

中文名	拉丁学名	药用部位	功效
月季	*Rosa chinensis* Jacq.	花	活血调经，疏肝解郁
玫瑰	*Rosa rugosa* Thunb.	花	行气解郁，和血，止痛
枇杷	*Eriobotrya japonica*（Thunb.）Lindl.	叶	清肺止咳，降逆止呕
龙芽草（仙鹤草）	*Agrimonia pilosa* Ledeb.	地上部分	收敛止血，截疟，止痢，解毒，补虚
委陵菜	*Potentilla chinensis* Ser.	全草	清热解毒，凉血止痢
路边青（蓝布正）	*Geum aleppicum* Jacq.	全草	益气健脾，补血养阴，润肺化痰
柔毛路边青（蓝布正）	*Geum japonicu* Thunb. var. *chinense* Bolle	全草	以蓝布正入药，功效同上
蕤核（蕤仁）	*Prinsepia uniflora* Batal.	果核	疏风散热，养肝明目
齿叶扁核木（蕤仁）	*Prinsepia uniflora* Batal.var. *serrata* Rehd.	果核	以蕤仁入药，功效同上
翻白草	*Potentilla discolor* Bge.	全草	清热解毒，止痢，止血

23. 豆科 Fabaceae（Leguminosae）$⚥*\uparrow K_{5,(5)}C_5A_{(9)+1,10}\underline{G}_{(1:1:1\sim\infty)}$

乔木、灌木、亚灌木或草本。常有**根瘤**。叶常互生，多为一回或二回羽状复叶，少数为掌状复叶或 3 小叶、单小叶，常具托叶，**叶枕明显**。**花两性**，常构成蝶形花冠，**萼片和花瓣 5**，多**二体雄蕊**；雌蕊通常**单心皮**，**子房上位**，**1 室**；花柱和柱头单一，顶生。常为**边缘胎座**，果为荚果，种子通常具革质或有时膜质的种皮（**彩图 6**）。

本科约有 650 属，18 000 种，全球广布。我国有 29 族 167 属，1673 种，可供药用的 500 余种，全国广布。传统上将本科分为含羞草亚科、云实亚科及蝶形花亚科三个亚科。

本科为被子植物中仅次于菊科及兰科的三个最大的科之一，其药用植物化学成分较复杂，主要含：①生物碱：如羽扇豆碱（lupinine）和 5, 6, 7, 8-四氢-4-甲基喹啉（5, 6, 7, 8-tetrahydro-4-methylquinoline）；②三萜皂苷类：如甘草甜素（glycyrrhizin）；③黄酮类：如甘草苷（liquiritin）

和甘草苷元（liquiritigenin）等；④多糖类：如甘草多糖（glycyrrhiza）；⑤香豆素类：如甘草香豆素（glycycoumarin）和甘草酚（glycyrol）等。本科植物种子普遍富含脂肪和蛋白质。

豆科三亚科及主要植物分属检索表

1. 花辐射对称，花瓣镊和状排列，雄蕊多数或有定数……………………含羞草亚科 **Mimosoideae**
  2. 雄蕊多数，通常在 10 枚以上。
    3. 花丝连合呈管状……………………合欢属 ***Albizia***
    3. 花丝分离……………………金合欢属 ***Acacia***
  2. 雄蕊 10 枚或较少，离生或有时仅基部合生。
    4. 药隔顶端有脱落性腺体……………………榼藤属 ***Entada***
    4. 药隔顶端无腺体……………………含羞草属 ***Mimosa***
1. 花两侧对称，花瓣覆瓦状排列，雄蕊常为 10 枚。
  5. 花冠假蝶形，最上一瓣在最内方；雄蕊分离……………………云实亚科 **Caesalpinoideae**
    6. 叶通常为二回羽状复叶；花托盘状。
      7. 花杂性或单性异株；落叶乔木……………………皂荚属 ***Gleditsia***
      7. 花两性……………………云实属 ***Caesalpinia***
    6. 叶为一回羽伏复叶或仅具单小叶，或为单叶。
      8. 萼在花蕾时不分裂；单叶，全缘或 2 裂，有时分裂为 2 片小叶……………………紫荆属 ***Cercis***
      8. 萼片在花蕾时离生达基部；叶通常为一回羽伏复叶……………………决明属 ***Cassia***
  5. 花冠蝶形，最上一瓣（旗瓣）在最外方……………………蝶形花亚科 **Papilionoideae**
    9. 花丝全部分离，或在近基部处部分连合，花药同型……………………槐属 ***Sophora***
    9. 花丝全部或大部分连合成雄蕊管，雄蕊单体或二体。
      10. 雄蕊 9 枚……………………相思子属 ***Abrus***
      10. 雄蕊 10
        11. 单体雄蕊。
          12. 荚果不肿胀，常含 1 枚种子，不开裂……………………补骨脂属 ***Psoralea***
          12. 荚果肿胀，含种子 2 枚以上，开裂……………………猪屎豆属（野百合属）***Crotalaria***
        11. 二体雄蕊。
          13. 复叶小叶 1～3 片。
            14. 藤本；小叶 3 片；常具块根……………………葛属 ***Pueraria***
            14. 草本或灌木。
              15. 荚果包藏于宿存花萼或花冠中……………………车轴草属 ***Trifolium***
              15. 荚果裸露。
                16. 荚果仅具 1 节；无小托叶……………………胡枝子属 ***Lespedeza***
                16. 荚果扁平，具数节；有小托叶……………………山蚂蟥属 ***Desmodium***
          13. 小叶 5 至多片。
            17. 果实为节荚果……………………岩黄耆属 ***Hedysarum***
            17. 果实不为节荚果。
              18. 木质藤本；花集成大形圆锥花序；子房无柄……………………鸡血藤属 ***Millettia***
              18. 草本；花集成总状、穗状或头状花序。
                19. 花药均同大；荚果通常肿胀，常纵隔为 2 室……………………黄芪属 ***Astragalus***
                19. 花药不同大；荚果常有刺或瘤状突起，1 室……………………甘草属 ***Glycyrrhiza***

【重要药用植物】（main medicinal plants）

合欢 *Albizia julibrissin* Durazz. 落叶乔木。二回羽状复叶，小叶镰刀形，托叶线状披针形，叶缘及背面中脉有柔毛或近无毛，夜合昼展。头状花序排成伞房状，花萼管状，裂片三角形，花萼、花冠外均被短柔毛；雄蕊多数，花丝粉红色，细长如绒缨。荚果带状，嫩荚有柔毛，老荚无毛（**图 11-51**）分布于我国东北至华南及西南部各省区，生于山坡或栽培。干燥花序入药（合欢花）或花蕾入药（合欢米），能解郁安神。干燥树皮入药（合欢皮），能解郁安神、活血消肿。

决明 ***Cassia tora*** **Linn.** 一年生大草本。羽状复叶，小叶 3 对，倒卵形或倒卵状长椭圆形；托叶线状，被柔毛，早落。花腋生，通常 2 朵聚生；花梗丝状；萼片稍不等大，卵形或卵状长圆形，膜质，外面被柔毛；花瓣黄色，下面二片略长；能育雄蕊 7 枚，花药四方形，顶孔开裂，花丝短于花药；子房无柄，被白色柔毛。荚果纤细，近四棱形，两端渐尖，膜质；种子菱形，光亮（**图 11-52**）。我国长江以南各省区普遍分布，生于山坡、旷野及河滩沙地上。干燥成熟种子入药（决明子），能清热明目、润肠通便。

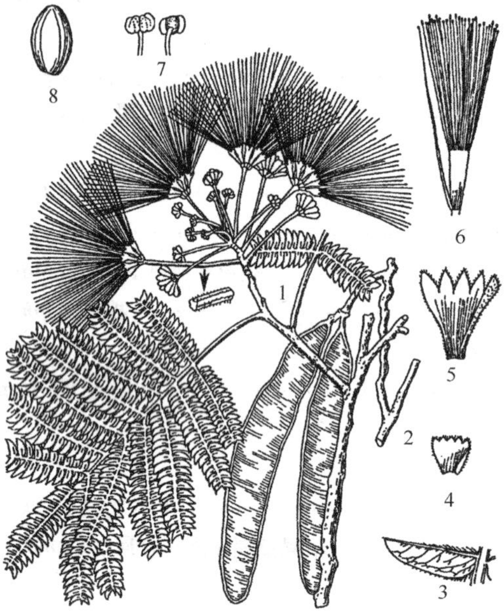

图 11-51　合欢

1. 花枝；2. 果枝；3. 小叶；4. 花萼；5. 花冠；6. 雄蕊和雌蕊；7. 花粉囊；8. 种子

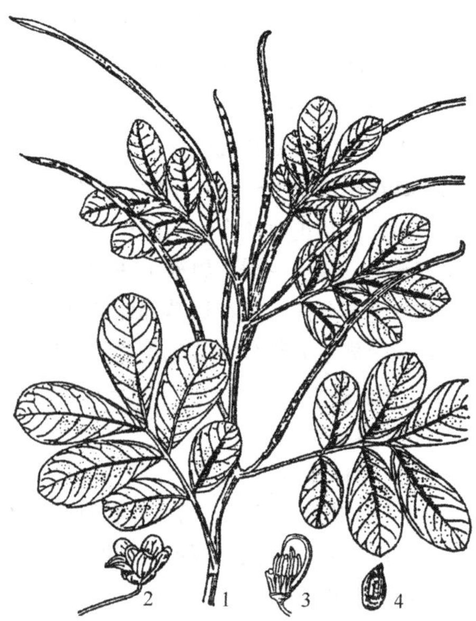

图 11-52　决明

1. 果枝；2. 花；3. 雄蕊和雌蕊；4. 种子

膜荚黄芪 ***Astragalus membranaceus*** **（Fisch.）Bge.** 多年生草本。茎上部多分枝，被白色柔毛。主根肥厚，木质，常分枝。羽状复叶，托叶离生，卵形，披针形或线状披针形；小叶椭圆形或长圆状卵形。总状花序稍密，总花梗与叶近等长或较长，至果期显著伸长；苞片线状披针形，花梗连同花序轴稍密被棕色或黑色柔毛；花萼钟状，被白色或黑色柔毛；花冠黄色或淡黄色，旗瓣倒卵形，翼瓣较旗瓣稍短，长圆形，基部具短耳，龙骨瓣与翼瓣近等长，瓣片半卵形；二体雄蕊；子房有柄，被细柔毛。荚果薄膜质，稍膨胀，半椭圆形，顶端具刺尖，两面被白色或黑色细短柔毛（**图 11-53**）。分布于东北、华北及西北等地，生于林缘、灌丛或疏林下，也见于山坡草地或草甸中，全国各地多有栽培。干燥根入药（黄芪），能补气升阳、固表止汗、利水消肿、生津养血、行滞通痹、托毒排脓、敛疮生肌。药典收载作“黄芪”入药的还有**蒙古黄芪** ***A. membranaceus*** **（Fisch.）Bge.var.** ***mongholicus*** **（Bge.）Hsiao** 和**扁茎黄芪** ***A. complanatus*** **R. Br.**。

尖叶番泻 ***Cassia acutifolia*** **Delile** 小灌木。茎直立，光滑，淡绿色。羽状复叶，小叶披针形或倒卵形，4～5 对，略卷曲，叶端微尖或微凸，全缘，叶端急尖，叶基稍不对称，上表面黄绿色，下表面浅黄绿色，无毛或近无毛，叶脉稍隆起，革质，味微苦而稍有黏性。总状花序腋生，花色黄近棕色。长角果宽长扁圆形。种子约 6 个（**图 11-54**）。主产于埃及尼罗河上游地区，国内目前有栽培。干燥小叶入药（番泻叶），能泻热行滞、通便、利水。药典收载作“番泻叶”入药的还有狭叶番泻 ***C. angustifolia*** **Vahl**。

图 11-53　膜荚黄芪

1. 根；2. 花果枝；3. 花；4. 雄蕊；5. 雌蕊；6. 果实；7. 种子

图 11-54　尖叶番泻

1. 花枝；2. 果枝；3. 花侧面观

皂荚 ***Gleditsia sinensis*** **Lam.** 落叶乔木。枝刺粗壮，圆柱形，常分枝，多呈圆锥状。一回羽状复叶，小叶纸质，卵状披针形至长圆形，先端急尖或渐尖，顶端圆钝。总状花序腋生或顶生，黄白色；花托深棕色，外面被柔毛；萼片 4，三角状披针形，两面被柔毛；花瓣 4，长圆形，被微柔毛；柱头浅 2 裂；胚珠多数。荚果带状，果皮革质，褐棕色或红褐色，常被白色粉霜；种子多颗，长圆形或椭圆形（**图 11-55**）。分布于华北、华中、华南、华东、西南及西北等地。干燥成熟果实入药（大皂角）和干燥不育果实入药（猪牙皂），能祛痰开窍、散结消肿。干燥棘刺入药（皂角刺），能消肿托毒、排脓、杀虫。

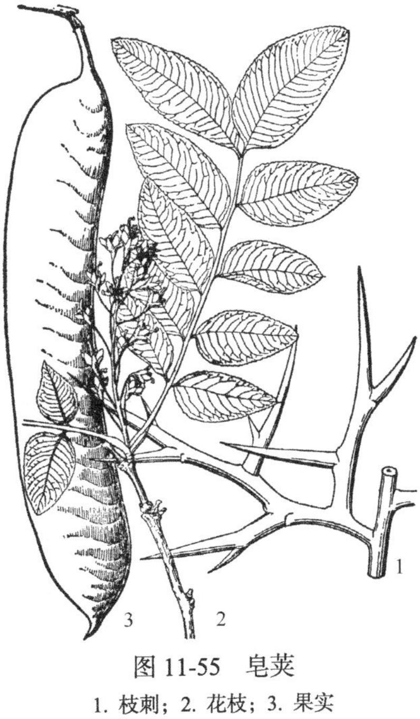

图 11-55　皂荚

1. 枝刺；2. 花枝；3. 果实

甘草 ***Glycyrrhiza uralensis*** **Fisch.** 多年生草本。茎直立，多分枝托叶三角状披针形。根与根状茎粗壮，外皮褐色，里面淡黄色，具特殊甜味。小叶卵形、长卵形或近圆形，多少反卷。总状花序腋生；苞片长圆状披针形，膜质；花萼钟状，基部偏斜并膨大呈囊状，萼齿 5；花冠紫色、白色或黄色，旗瓣长圆形，顶端微凹，基部具短瓣柄，翼瓣短于旗瓣，龙骨瓣短于翼瓣；二体雄蕊；子房密被刺毛状腺体。荚果弯曲呈镰刀状或呈环状，密集成球，密生瘤状突起和刺毛状腺体。种子暗绿色，圆形或肾形（图 11-56）。分布于东北、华北、西北各地，以及山东等地。常生于干旱沙地、河岸砂质地、山坡草地及盐渍化土壤中。干燥根和根茎入药（甘草），能补脾益气、清热解毒、祛痰止咳、缓急止痛、调和诸药。药典收载作“甘草”入药的还有光果甘草 ***G. Glabra* L.** 和胀果甘草 ***G. inflate* Bat.**。

补骨脂 *Psoralea corylifolia* L. 一年生直立草本。枝坚硬，疏被白色绒毛，有明显腺点。单叶宽卵形，两面有明显黑色腺点，有时有侧生小叶；托叶镰形；叶柄有腺点。密集的总状或小头状花序，腋生，总花梗及花梗被白色柔毛和腺点；苞片膜质，披针形，被绒毛和腺点；萼齿披针形，下方一个较长，花冠黄色或蓝色，花瓣明显具瓣柄，旗瓣倒卵形；雄蕊 10 枚，上部分离。荚果卵形，黑色，不开裂（图 11-57）。分布于云南（西双版纳）、四川金沙江河谷。河北、山西、甘肃、安徽、江西、河南、广东、广西和贵州等地有栽培。干燥成熟果实入药（补骨脂），能温肾助阳、纳气平喘、温脾止泻；外用能消风祛斑。

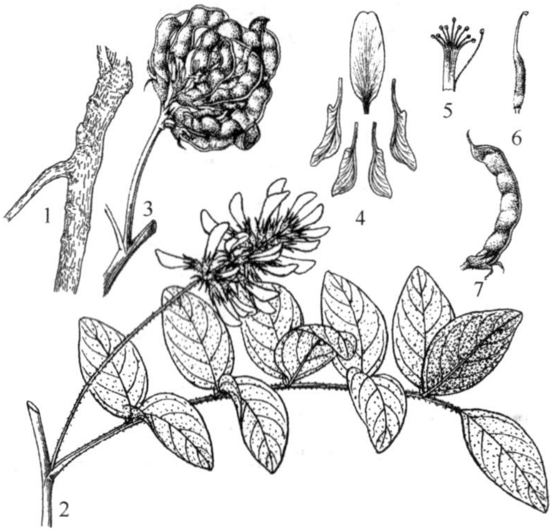

图 11-56 甘草

1. 根；2. 花序与羽状复叶；3. 果序；4. 花瓣；5. 雄蕊；6. 子房；7. 荚果

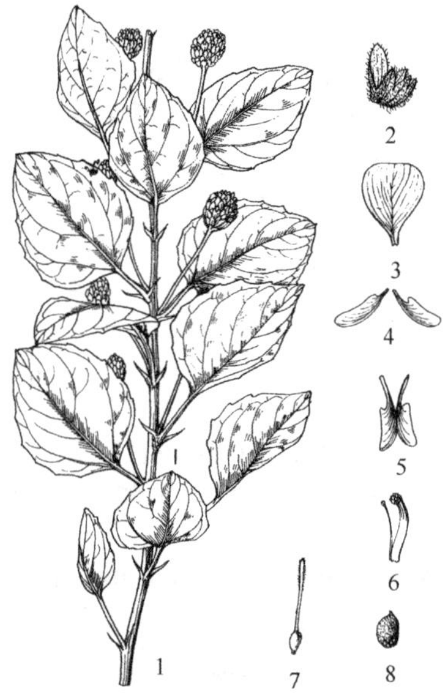

图 11-57 补骨脂

1. 花枝；2. 花萼；3. 旗瓣；4. 翼瓣；5. 龙骨瓣；6. 雄蕊；7. 雌蕊；8. 荚果

葛 *Pueraria lobata*（Willd.）Ohwi 多年生粗壮藤本。全株被黄色长硬毛，茎基部木质。有粗厚的块状根。羽状复叶具 3 小叶；托叶背着，线状披针形，上面被淡黄色、平伏的蔬柔毛。总状花序中部以上花密集；苞片线状披针形至线形，早落；花萼钟形，被黄褐色柔毛，裂片披针形；花冠紫色，旗瓣倒卵形，基部有二耳及一黄色硬痂状附属体，翼瓣镰状，较龙骨瓣为狭，基部有线形、向下的耳，龙骨瓣镰状长圆形，基部有极小、急尖的耳；子房线形，被毛。荚果长椭圆形，扁平，被褐色长硬毛（图 11-58）。除新疆、青海及西藏外，全国各地几乎均有分布。干燥根入药（葛根）和甘葛藤 ***P. thomsonii* Benth.** 的干燥根入药（粉葛），能解肌退热、生津止渴、透疹、升阳止泻、通经活络、解酒毒。

苦参 *Sophora flavescens* Ait. 草本或亚灌木。茎具纹棱，幼时疏被柔毛。羽状复叶长；托叶披针状线形，渐尖，小叶纸质先端钝或急尖，基部宽楔开或浅心形。总状花序顶生，花多数；苞片线形，花萼钟状，明显歪斜，疏被短柔毛；花冠比花萼长 1 倍，白色或淡黄白色，旗瓣倒卵状匙形，先端圆形或微缺，基部渐狭成柄，翼瓣单侧生，强烈皱褶几达瓣片的顶部，柄与瓣片近等长，龙骨瓣与翼瓣相似。雄蕊 10 枚，分离或近基部稍连合；子房近无柄，被淡黄白色柔毛，花柱稍弯曲，胚珠多数。荚果成熟后开裂成 4 瓣，有种子 1～5 粒；种子长卵形，稍压扁，深红褐色或紫褐色（**图 11-59**）。分布于我国南北各地。生于山坡、沙地草坡灌木林中或田野附近。干燥根入药（苦参），能清热燥湿、杀虫、利尿。

图 11-58 葛

1. 花枝；2. 托叶；3. 花萼；4. 旗瓣；5. 翼瓣；6. 龙骨瓣；7. 雄蕊；8. 雌蕊；9. 果序；10. 种子

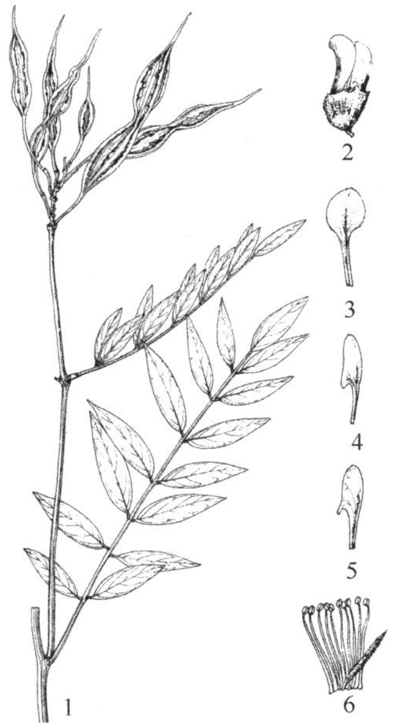

图 11-59 苦参

1. 果枝；2. 花；3. 旗瓣；4. 翼瓣；5. 龙骨瓣；6. 雄蕊和雌蕊

本科药典收载的其他药用植物见表 **11-8**。

表 11-8 《中国药典》2015 年版收载的豆科其他药用植物

中文名	拉丁学名	药用部位	功效
密花豆（鸡血藤）	*Spatholobus suberectus* Dunn	藤茎	活血补血，调经止痛，舒筋活络
广州相思子（鸡骨草）	*Abrus cantoniensis* Hance	全株	利湿退黄，清热解毒，疏肝止痛
儿茶	*Acacia catechu*（Linn. F.）Willd.	枝干	活血止痛，止血生肌，收湿敛疮，清肺化痰
苏木	*Caesalpinia sappan* L.	心材	活血祛瘀，消肿止痛
刀豆	*Canavalia gladiata*（Jacq.）DC.	种子	温中，下气，止呃
降香檀（降香）	*Dalbergia odorifera* T. Chen	树干和根的心材	化瘀止血，理气止痛
广东金钱草（广金钱草）	*Desmodium styracifolium*（Osbeck）Merr.	地上部分	利湿退黄，利尿通淋
榼藤（榼藤子）	*Entada phaseoloides*（Linn.）Merr.	种子	补气补血，健胃消食，除风止痛，强筋硬骨
多序岩黄芪（红芪）	*Hedysarum polybotrys* Hand.-Mazz.	根	补气升阳，固表止汗，利水消肿，生津养血，行滞通痹，托毒排脓，敛疮生肌
扁豆（白扁豆）	*Lablab purpureus*（Linn.）Sweet	种子	健脾化湿，和中消暑
槐（槐花、槐米和槐角）	*Sophora japonica* L.	花、花蕾和果实	凉血止血，清肝泻火

续表

中文名	拉丁学名	药用部位	功效
越南槐（山豆根）	*Sophora tonkinensis* Gagnep.	根茎	清热解毒，消肿利咽
赤豆	*Vigna angularis* Ohwi et Ohashi	种子	利水消肿，解毒排脓
赤小豆（赤豆）	*Vigna umbellate* Ohwi et Ohashi	种子	做赤豆入药，功效同上
胡卢巴	*Trigonella foenum-graecum* Linn.	种子	温肾助阳，祛寒止痛

24. 芸香科 Rutaceae $⚥*K_{(3\sim5),3\sim5}C_{3\sim5}A_{3\sim\infty}\underline{G}_{(2\sim\infty:2\sim\infty:1\sim2),2\sim\infty:2:\infty:1\sim2}$

常绿或落叶乔木，灌木或草本。单叶，复叶或**单身复叶**，通常**有油点**，**无托叶**。花两性或单性，辐射对称，很少两侧对称；**聚伞花序**，稀总状或穗状花序，更少单花；3～5 基数；**雄蕊对瓣**；**花盘发达**，在雄蕊内方；子房上位，稀半下位，**中轴胎座**，稀侧膜胎座，胚珠 1～2 颗。果为柑果、蓇葖果、蒴果、翅果、核果，或浆果（**彩图 7**）。

本科约有 150 属，1600 种。全世界分布，主产于热带和亚热带，少数分布至温带。我国连引进栽培的共 28 属，约 151 种 28 变种，分布于全国各地，主产于西南和南部地区。

本科植物化学成分比较复杂，主要含：①黄酮类：如橙皮素（hesperitin）、新橙皮苷（neohesperidin）和柚皮苷（naringoside）及其苷元，主要存在于柑橘类果皮及果实中；②生物碱类：如 L-辛弗林（L-synephrine），主要存在于柑橘类植物的叶及果皮中；③挥发油类：如柠檬烯（limonene）等。

芸香科部分植物分属检索表

1. 心皮离生或彼此靠合，成熟时彼此分离，果为开裂的蓇葖果。
  2. 乔木、灌木、或木质藤本；花单性，每心皮有 2 或 1 胚珠。
    3. 叶互生 ……………………………………………… 花椒属 ***Zanthoxylum***
    3. 叶对生 ……………………………………………… 吴茱萸属 ***Evodia***
  2. 一年生或多年生宿根草本；花两性；每心皮有胚珠 3 颗或更多。
    4. 花略左右对称 ……………………………………… 白鲜属 ***Dictamnus***
    4. 花辐射对称 ………………………………………… 芸香属 ***Ruta***
1. 心皮合生；果为核果，翅果或浆果。
  5. 含黏液或水液的核果 …………………………………… 黄檗属 ***Phellodendron***
  5. 浆果；花两性；种子无胚乳。
    6. 茎枝无刺。
      7. 花蕾短筒状或椭圆形；花柱远比子房纤细且长 ……… 九里香属 ***Murraya***
      7. 花蕾圆球形，稀阔卵形；花柱短而粗，比子房短 …… 黄皮属 ***Clausena***
    6. 茎枝有刺。
      8. 落叶小乔木；叶具 3 小叶 ………………………… 枳属 ***Poncirus***
      8. 常绿乔木或灌木；单生复叶，稀单叶。
        9. 子房 2～5（～6）室，每室有胚珠 2 颗 ……… 金橘属 ***Fortunella***
        9. 子房（6）7～15 室或更多，每室有胚珠多颗 …… 柑橘属 ***Citrus***

【重要药用植物】（main medicinal plants）

酸橙 *Citrus aurantium* L. 乔木，枝叶茂密，多刺。叶色浓绿，质地颇厚，翼叶倒卵形，基部狭尖。总状花序有花少数，有时兼有腋生单花，有单性花倾向，即雄蕊发育，雌蕊退化；花蕾椭圆形或近圆球形；花萼 5 或 4 浅裂，有时花后增厚；花大小不等；雄蕊 20～25 枚，通常基部合生成多束。果圆球形或扁圆形，果皮稍厚至甚厚，难剥离，橙黄至朱红色，油胞大小不均匀，凹凸不平，果肉味酸，有时有苦味或兼有特异气味；种子多且大，常有肋状棱，子叶乳白色，单或多胚（**图 11-60**）。分布于秦岭南坡以南各地，通常栽种。干燥未成熟果实入药（枳壳），能理气宽中、行滞消胀。本种或**甜橙 *Citrus sinensis*（L.）Osbeck** 的干燥幼果入药（枳实），能破气消积、化痰散痞。

橘 *Citrus reticulata* Blanco 小乔木。分枝多，枝扩展或略下垂，刺较少。单身复叶，翼叶通常狭窄，或仅有痕迹，叶片披针形，椭圆形或阔卵形，大小变异较大，顶端常有凹口。花单生或 2～3 朵簇生；花萼不规则 5～3 浅裂；雄蕊 20～25 枚，花柱细长，柱头头状。果皮易剥离，橘络网状，易分离，通常柔嫩，中心柱大而常空，果肉酸或甜，或有苦味，或另有特异气味；种子卵形，顶部狭尖，基部浑圆（**图 11-61**）。分布于秦岭南坡以南、伏牛山南坡诸水系及大别山区南部，向东南至台湾，向南至海南岛，向西南至西藏东南部海拔较低地区，广泛栽培。干燥成熟果皮入药（陈皮或广陈皮），能理气健脾、燥湿化痰。

图 11-60　酸橙

1. 花枝；2.花纵剖；3. 果实

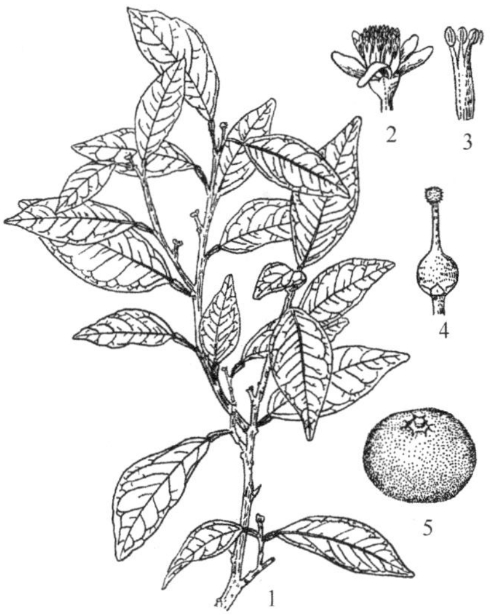

图 11-61　橘

1. 花枝；2. 花；3. 雄蕊；4. 子房和柱头；5. 果实

黄皮树 *Phellodendron chinense* Schneid. 乔木。成年树有厚、纵裂的木栓层，内皮黄色，小枝粗壮，暗紫红色，无毛。叶轴及叶柄粗壮，通常密被褐锈色或棕色柔毛，有小叶 7～15 片，小叶纸质，长圆状披针形或卵状椭圆形，顶部短尖至渐尖，基部阔楔形至圆形。两侧通常略不对称，边全缘或浅波浪状，叶背密被长柔毛或至少在叶脉上被毛，叶面中脉有短毛或嫩叶被疏短毛；小叶柄被毛。花序顶生，花通常密集，花序轴粗壮，密被短柔毛。果多数密集成团，果的顶部呈略狭窄的椭圆形或近圆球形，蓝黑色，有分核 5～8（10）个；种子 5～8，一端微尖，有细网纹（**图 11-62**）。分布于湖北、湖南西北部及四川东部。生于海拔 900m 以上杂木林中。干燥树皮入药（黄柏），能泻火解毒、清湿热。**黄檗 *P. amurense* Rupr.** 分布于东北、华北地区及宁夏等地，其树皮作“关黄柏”用。

白鲜 *Dictamnus dasycarpus* Turcz. 多年生宿根草本。根斜生，肉质粗长，淡黄白色。茎直立，基部木质化幼嫩部分密被长毛及水泡状凸起的油点。小叶对生，无柄，位于顶端的一片则具长柄，椭圆至长圆形，生于叶轴上部的较大，叶缘有细锯齿；叶轴有甚狭窄的翼叶。总状花序，苞片狭披针形；花瓣白带淡紫红色或粉红带深紫红色脉纹，倒披针形；雄蕊伸出于花瓣外；萼片及花瓣均密生透明油点。成熟的蓇葖果沿腹缝线开裂为 5 个分果瓣，每分果瓣又深裂为 2

小瓣，瓣的顶角短尖，内果皮蜡黄色，有光泽，每分果瓣有种子 2～3 粒；种子阔卵形或近圆球形，光滑（**图 11-63**）。分布东北、西北、西南和中部等大部分地区。干燥根皮入药（白鲜皮），能清热燥湿、祛风解毒。

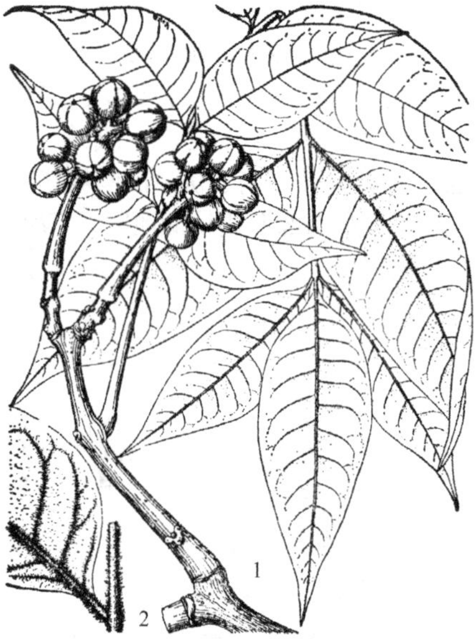

图 11-62 黄皮树
1. 花枝；2. 叶

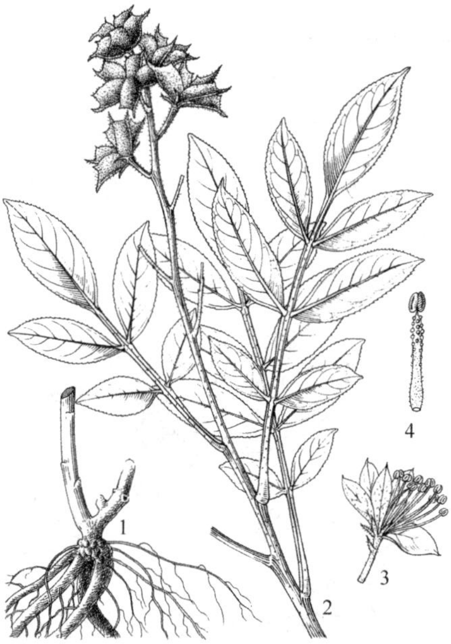

图 11-63 白鲜
1. 根；2. 果枝；3. 花；4. 雄蕊

吴茱萸 ***Evodia rutaecarpa*（Juss.）Benth.** 乔木或灌木。嫩枝暗紫红色，与嫩芽同被灰黄或红锈色绒毛，或疏短毛。小叶 5～11 片，叶轴下部的较小，两面及叶轴被长柔毛，毛密如毡状，油点大且多。花序顶生；雄花序的花彼此疏离；萼片及花瓣均 5 片，偶有 4 片，镊合排列；雄花花瓣腹面被疏长毛，退化雌蕊 4～5 深裂，下部及花丝均被白色长柔毛，雄蕊伸出花瓣之上；雌花花瓣腹面被毛，退化雄蕊鳞片状或短线状或兼有细小的不育花药，子房及花柱下部被疏长毛。果暗紫红色，有大油点，每分果瓣有 1 种子；种子近圆球形，一端钝尖，褐黑色，有光泽（**图 11-64**）。产于秦岭以南各地，有栽种。干燥近成熟果实入药（吴茱萸），能散寒止痛、降逆止呕、助阳止泻。药典收载作“吴茱萸”的植物还有**疏毛吴茱萸** ***E. rutaecarpa*（Juss.）Benth.var. *bodinieri*（Dode）Huang** 和**石虎** ***E. rutaecarpa*（Juss.）Benth.var. *officinalis*（Dode）Huang**。

图 11-64 吴茱萸
1. 果枝 2. 小叶片示腺点 3. 心皮 4. 果实 5. 种子

佛手 ***Citrus medica* L.var. *sarcodactylis* Swingle** 分枝不规则的灌木或小乔木。单叶。总状花序，有时兼有腋生单花；子房圆筒状，在花柱脱落后即行分裂，在果的发育过程中成为手指状肉条，果皮甚厚，通常无种子。干燥果实入药（佛手），能疏肝理气、和胃止痛、燥湿化痰。

本科药典收载的其他药用植物见表 **11-9**。

表 11-9　《中国药典》2015 年版收载的芸香科其他药用植物

中文名	拉丁学名	药用部位	功效
化州柚（化橘红）	*Citrus grandis* 'Tomentosa'	果实外皮	理气宽中，燥湿化痰
柚（化橘红）	*Citrus grandis*（L.）Osbeck	果实外皮	作化橘红入药，功效同上
香圆（香橼）	*Citrus medica* L.	果实	疏肝理气，宽中，化痰
枸橼（香橼）	*Citrus wilsonii* Tanaka	果实	作香橼入药，功效同上
九里香	*Murraya exotica* L.	叶和带叶嫩枝	行气止痛，活血散瘀
千里香（九里香）	*Murraya paniculata*（L.）Jack	叶和带叶嫩枝	作九里香入药，功效同上
花椒	*Zanthoxylum bungeanum* Maxim.	果皮	温中止痛，杀虫止痒
青花椒（花椒）	*Zanthoxylum schinifolium* Sieb. et Zucc.	果皮	作花椒入药，功效同上
两面针	*Zanthoxylum nitidum*（Roxb.）DC.	根	活血化瘀，行气止痛，祛风通络，解毒消肿

25. 楝科 Meliaceae ⚥$*K_{(4\sim5),(6)}C_{4\sim5,3\sim7}A_{(4\sim10)}\underline{G}_{(2\sim5:2\sim5:1\sim2)}$

乔木或灌木。**叶互生**，很少对生，通常**羽状复叶**，很少 3 小叶或单叶。花两性或杂性异株，**辐射对称**，通常组成**圆锥花序**；通常 **5 基数**；花瓣 4～5，少有 3～7 枚的；雄蕊 4～10 枚，**花药无柄**；子房上位，2～5 室，每室有胚珠 1～2 颗或更多。果为蒴果、浆果或核果；种子常有**假种皮**。

本科约有 50 属，1400 种，分布于热带和亚热带地区，少数至温带地区，我国有 15 属，62 种，12 变种。

本科化学成分主要包括：①柠檬苦素类：如柠檬苦素（limonin）；②香豆素类：如香草醛（coumarins）；③甾类：如 β-谷甾醇（β-sitosterol）等。

【重要药用植物】（main medicinal plants）

楝 *Melia azedarach* L. 落叶乔木；树皮灰褐色，纵裂。小枝有叶痕。叶为 2～3 回奇数羽状复叶，小叶对生，卵形、椭圆形至披针形，顶生一片通常略大，基部多少偏斜。圆锥花序约与叶等长；花芳香；花萼 5 深裂，裂片卵形或长圆状卵形，先端急尖，外面被微柔毛；花瓣淡紫色，倒卵状匙形，两面均被微柔毛，通常外面较密；雄蕊管紫色，无毛或近无毛，有纵细脉，管口有狭裂片 10 枚；花药 10 枚，互生于裂片内侧；子房近球形，5～6 室，无毛，每室有胚珠 2 颗，花柱细长，顶端具 5 齿，不伸出雄蕊管。核果球形至椭圆形，内果皮木质，4～5 室，每室有种子 1 颗；种子椭圆形（**图 11-65**）。分布于我国黄河以南各地；生于低海拔旷野、路旁或疏林中。干燥树皮和根皮入药（苦楝皮），能杀虫、疗癣。

图 11-65　楝

1. 花枝；2. 果枝；3. 花；4. 雄蕊管展开，示花药和雌蕊；5. 果核；6. 种子

川楝 *Melia toosendan* Sieb.et Zucc. 与楝主要区别：子房 6～8 室；果较大，长约 3cm；小叶近全缘或具不明显的钝齿；花序长约为叶的一半。分布于甘肃、湖北、四川、贵州和云南等地，其他省区广泛栽培。干燥树皮和根皮入药（苦楝皮），杀虫、疗癣。干燥成熟果实入药（川楝子），能疏肝

泄热、行气止痛、杀虫。

26. 远志科 Polygalaceae ⚥↑ $K_5C_{3,5}A_{(4\sim8)}\underline{G}_{(1\sim3:1\sim3:1\sim\infty)}$

一年生或多年生草本，或灌木或乔木。**单叶，叶片纸质或革质**，全缘，具羽状脉；通常无托叶，若有，则为棘刺状或鳞片状。花两性，**两侧对称**，基部具苞片或小苞片；花萼下位，**萼片 5**，外面 3 枚小，里面 2 枚大，常呈花瓣状；花瓣 5，稀全部发育，通常仅 3 枚，基部通常合生，**中间 1 枚呈龙骨瓣状**；雄蕊 4～8 枚；**子房上位**，通常 2 室，每室具 1 倒生下垂的胚珠，稀 1 室具多数胚珠。果实或为蒴果，2 室，或为翅果坚果。

本科 13 属，近 1000 种，广布于全世界，尤以热带和亚热带地区最多。我国有 4 属 51 种和 9 变种，南北均产，而以西南和华南地区最盛。

本科药用植物化学成分主要含：①三萜皂苷类：如远志苷（tenuigenin）；②生物碱：如远志碱（tenuidine）；③醇类：如远志醇（polygalitol）等。

图 11-66　远志

1. 根；2. 果枝；3. 花侧面观；4. 花冠剖开示雄蕊；5. 雌蕊；6. 果实；7. 种子

【重要药用植物】（main medicinal plants）

远志 ***Polygala tenuifolia*** **Willd.** 多年生草本。茎丛生，被短柔毛。主根粗壮，韧皮部肉质，浅黄色。单叶互生，叶片纸质，线形，全缘。总状花序呈扁侧状生于小枝顶端，花稀疏；苞片 3，早落；萼片 5，宿存，外面 3 枚线状披针形，里面 2 枚花瓣状，倒卵形或长圆形，带紫堇色，基部具爪；花瓣 3，紫色，侧瓣斜长圆形，基部与龙骨瓣合生，龙骨瓣具流苏状附属物；雄蕊 8 枚，花丝 3/4 以下合生成鞘，具缘毛，3/4 以上两侧各 3 枚合生，花药无柄，中间 2 枚分离，花丝丝状，具狭翅，花药长卵形；子房扁圆形，顶端微缺，花柱弯曲，顶端呈喇叭形，柱头内藏。蒴果圆形，具狭翅；种子卵形，黑色，密被白色柔毛，具发达、2 裂下延的种阜（**图 11-66**）。分布于东北、华北、西北和华中地区及四川省；生于草原、山坡草地、灌丛中及杂木林下，海拔 200～2300m。干燥根入药（远志），能安神益智、交通心肾、祛痰、消肿。药典还收载西伯利亚远志（卵叶远志）***P. sibirica*** **L.**作“远志”入药。

本科药典收载药用植物瓜子金 ***P. japonica*** **Houtt.** 全草或根入药，能镇咳、化痰、活血、止血、安神、解毒。

27. 大戟科 Euphorbiaceae ♂ $K_{0\sim5}C_{0\sim5}A_{1\sim\infty}$；♀ $K_{0\sim5}C_{0\sim5}\underline{G}_{(3:3:1\sim2)}$

乔木、灌木或草本。**常有**白色或稀淡红色**乳汁**。叶互生，少有对生或轮生，单叶，稀为复叶。**花单性**，花盘环状或分裂成为腺体状，稀无花盘；雄蕊 1 枚至多数，花丝分离或合生成柱状，雄花常有退化雌蕊；**子房上位，3 室**，稀 2 或 4 室或更多或更少，每室有 1～2 颗胚珠着生于**中轴胎座上，胚珠悬垂。蒴果**，稀为浆果状或核果状；种子常有显著种阜。

本科约 300 属，5000 种，广布于全世界。我国连引入栽培共约有 70 多属，约 460 种，已知药用植物 39 属，160 余种。

本科植物化学成分较复杂，主要含：①生物碱：如一叶荻碱（securinine）和 N-甲基散花巴豆碱（*N*-methylcro-toparinine）等；②萜类：如二萜醇-12-十四碳酰-13-乙酸脂（TPA）等。本科植物种子富含脂肪油和蛋白质，多有毒性，如毒性球蛋白、巴豆毒素（crotin）和蓖麻毒素（ricin）等。具有抗肿瘤、抗病毒、抗氧化和抗炎等多种生物学活性。常存在于大戟属（Euphorbia）、麻疯树属（Jatropha）、油桐属（Vernicia）、巴豆属（Croton）及乌桕属（Sapium）

等植物中。

【重要药用植物】(**main medicinal plants**)

巴豆 ***Croton tiglium*** **L.** 灌木或小乔木。嫩枝被稀疏星状柔毛，枝条无毛。叶纸质，卵形，顶端短尖，稀渐尖，基部阔楔形至近圆形，边缘有细锯齿，有时近全缘，成长叶无毛或近无毛；基出脉 3～5 条，侧脉 3～4 对；基部两侧叶缘上各有 1 枚盘状腺体；托叶线形，早落。总状花序顶生，苞片钻状；雄花的花蕾近球形，疏生星状毛或几无毛；雌花的萼片长圆状披针形，几无毛；子房密被星状柔毛，花柱 2 深裂。蒴果椭圆状，被疏生短星状毛或近无毛；种子椭圆状(**图 11-67**)。分布于浙江南部、福建、江西、湖南、广东、海南、广西、贵州、四川和云南等地，生于村旁或山地疏林中。干燥成熟果实入药（巴豆），外用能蚀疮。

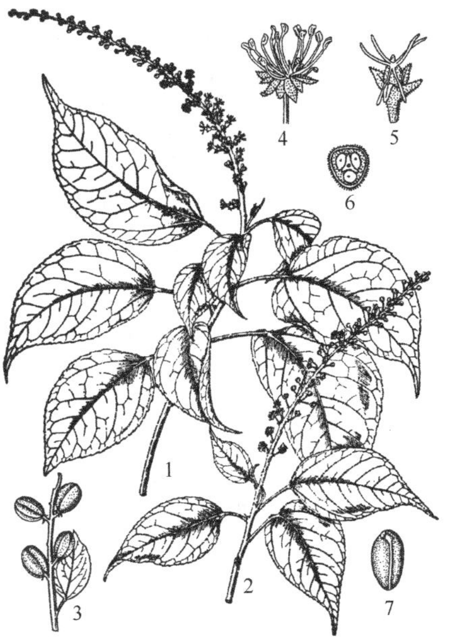

图 11-67　巴豆

1. 雄花枝；2. 雌花枝；3. 果枝；4. 雄花；5. 雌花；6. 子房横切；7. 果实

大戟(京大戟) ***Euphorbia pekinensis*** **Rupr.** 多年生草本。根圆柱状。叶互生，常为椭圆形，变异较大，先端尖，全缘；总苞叶 4～7 枚，长椭圆形，先端尖，基部近平截；伞幅 4～7；苞叶 2 枚，近圆形。花序单生于二歧分枝顶端，无柄；总苞杯状，边缘 4 裂，裂片半圆形，边缘具不明显的缘毛；腺体 4，半圆形或肾状圆形，淡褐色。雄花多数，伸出总苞之外；雌花 1 枚，具较长的子房柄；花柱 3，分离；柱头 2 裂。蒴果球状，稀疏的瘤状突起，成熟时分裂为 3 个分果片。种子长球状，腹面具浅色条纹；种阜近盾状，无柄（**图 11-68**）。广布于全国（除台湾、云南、西藏和新疆），北方尤为普遍，生于山坡、灌丛、路旁、荒地、草丛、林缘和疏林内。干燥根入药（京大戟），能泻水逐饮、消肿散结。

余甘子 ***Phyllanthus emblica*** **L.** 乔木。枝条具纵细条纹，被黄褐色短柔毛。叶片纸质至革质，二列，线状长圆形；托叶三角形，褐红色，边缘有睫毛。多朵雄花和 1 朵雌花或全为雄花组成腋生的聚伞花序；萼片 6；雄花的萼片膜质，黄色，长倒卵形或匙形，近相等；雄蕊 3 枚，花丝合生，花药直立；雌花的萼片长圆形或匙形，顶端钝或圆，较厚，边缘膜质，具浅齿；花盘杯状，包藏子房达一半以上，边缘撕裂；子房卵圆形，3 室，花柱 3，基部合生，顶端 2 裂，裂片顶端再 2 裂。蒴果呈核果状，圆球形，外果皮肉质，绿白色或淡黄白色，内果皮硬壳质；种子略带红色（**图 11-69**）。分布于江西、福建、台湾、广东、海南、广西、四川、贵州和云南等地。干燥成熟果实入药（余甘子），能清热凉血、消食健胃、生津止咳。

本科药典收载的其他药用植物见表 **11-10**。

28. 漆树科 Anacardiaceae ⚥$*K_{(3\sim5)}C_{3\sim5,(3\sim5)}A_{(3\sim5,6\sim10)}\underline{G}_{(1\sim5:1\sim5:1)}$

乔木或灌木，韧皮部具裂生性树脂道。叶互生，稀对生，单叶，掌状三小叶或奇数羽状复叶，无托叶或托叶不显。花小，辐射对称，排列成顶生或腋生的圆锥花序；通常为双被花；花萼合生；花瓣 3～5，覆瓦状或镊合状排列；雄蕊与花盘同数或 2 倍；心皮 1～5，仅 1 个发育或合生，子房上位，少有半下位或下位，通常 1 室，每室有胚珠 1 颗，倒生。果多为核果。

本科约有 60 属，600 余种，分布于全球热带、亚热带，少数延伸到北温带地区。我国有 16 属，59 种。

本科化学成分复杂，主要类型包括：①黄酮类：如槲皮素（quercetin）；②甾类：如 β-谷甾醇（β-sitosterol）等；③酚类：如儿茶酚（1, 2-benzenediol）和单宁（tannin）等。

图 11-68 大戟（京大戟）

1. 根；2. 花枝；3. 花序；4. 蒴果；5. 种子

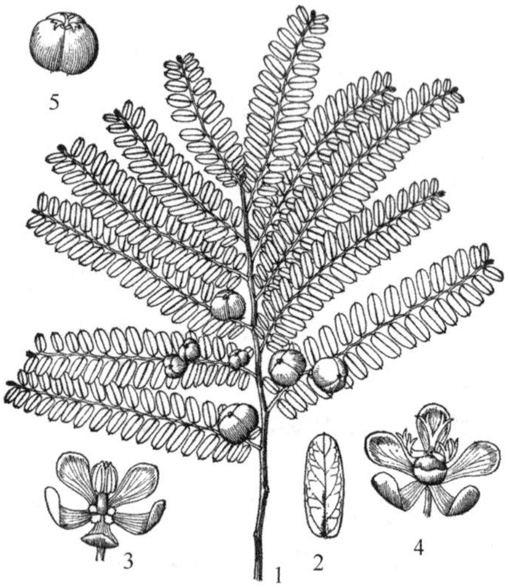

图 11-69 余甘子

1. 果枝；2. 叶；3. 雄花；4. 雌花；5. 果实

表 11-10 《中国药典》2015 年版收载的大戟科其他药用植物

中文名	拉丁学名	药用部位	功效
狼毒（狼毒大戟）	*Euphorbia fischeriana* Steud.	根	散结，杀虫
飞扬草	*Euphorbia hirta* L.	全草	清热解毒，利湿止痒，通乳
地锦（地锦草）	*Euphorbia humifusa* Willd.	全草	清热解毒，利尿，通乳，止血，杀虫
班地锦（地锦草）	*Euphorbia maculata* L.	全草	止血，清湿热，通乳
甘遂	*Euphorbia kansui* T. N. Liou ex T. R. Wang	根	除水，利尿
续随子	*Euphorbia lathylris* L.	种子	利尿，泻下，通经
蓖麻	*Ricinus communis* L.	种子	消肿拔毒，泻下导滞，通络利窍
龙脷叶	*Sauropus spatulifolius* Beille	叶	清肺止咳，化痰平喘

【重要药用植物】（main medicinal plants）

盐肤木 *Rhus chinensis* Mill. 落叶小乔木或灌木。奇数羽状复叶，叶轴具宽的叶状翅，叶轴和叶背密被锈色柔毛。圆锥花序宽大，多分枝，雄花序较长，雌花序较短，密被锈色柔毛；花白色；雄花花萼外面被微柔毛，长卵形，花瓣倒卵状长圆形，开花时外卷，花丝线形，花药卵形；雌花花萼裂片较短，外面被微柔毛，花瓣椭圆状卵形，边缘具细睫毛，里面下部被柔毛，花盘无毛；子房卵形，密被白色微柔毛，花柱 3。核果略呈扁球形，成熟时红色（**图 11-70**）。我国除东北、内蒙古和新疆外，其余地区均有分布，生于海拔 170～2700m 的向阳山坡、沟谷、溪边的疏林或灌丛中。叶上的虫瘿入药（五倍子），敛肺降火，涩肠止泻，敛汗，止血，收湿敛疮。药典收载作“五倍子”蚜虫寄主的植物还有**青麸杨 *R. potaninii* Maxim.**和**红麸杨 *R. punjabensis* Stewart var. *sinica*（Diels）Rehd. et Wils.**。

南酸枣 ***Choerospondias axillaris*** **(Roxb.) Burtt et Hill** 落叶乔木。奇数羽状复叶；小叶膜质至纸质，先端长渐尖，基部多少偏斜。雄花序被微柔毛或近无毛；苞片小；花萼裂片三角状卵形或阔三角形，先端钝圆，边缘具紫红色腺状睫毛，里面被白色微柔毛；花瓣长圆形，无毛，具褐色脉纹，开花时外卷；雄蕊 10 枚，花丝线形，无毛，花药长圆形，花盘无毛；雌花单生于上部叶腋，较大；子房卵圆形，5 室。核果椭圆形，成熟时黄色，果核顶端具 5 个小孔。生于海拔 300～2000m 的山坡、丘陵或沟谷林中。干燥成熟果实入药（广枣），能行气活血、养心、安神。

本科药典收载药用植物**漆树** ***Toxicodendron vernicifluum*** **(Stokes) F. A. Barkl.**的树脂经加工后的干燥品入药（干漆），能破瘀通经、消积杀虫。

图 11-70　盐肤木

1. 果枝及虫瘿；2. 雄花；3. 两性花；4. 果实

29. 冬青科 Aquifoliaceae $♂*K_{(3\sim6)}C_{4\sim5,(4\sim5)}A_{4\sim5}$；$♀*K_{(3\sim6)}C_{4\sim5,(4\sim5)}\underline{G}_{(3\sim\infty:3\sim\infty:1\sim2)}$

乔木或灌木。叶互生，稀对生，**单叶**；花小，辐射对称，单性，稀两性，单生或成束生于叶腋内；萼 3～6 裂；花瓣 4～5，分离或于基部合生；**雄蕊与花瓣同数**；**子房上位**，3 至多室，每室有胚珠 1～2 颗；**核果**。

本科约 4 属，400～500 种，其中绝大部分种为冬青属（*Ilex*），分布中心为热带（美洲）和热带至暖带（亚洲）地区。我国产 1 属，约 204 种，主要分布于秦岭南坡、长江流域及其以南地区。

本科药用植物化学成分主要含：①生物碱：如可可碱（theobromine）；②黄酮类：如木犀草素（luteolin）；③香豆素：如七叶内酯（esculetin）等。

【重要药用植物】(main medicinal plants)

冬青 ***Ilex chinensis*** **Sims** 常绿乔木。树皮灰黑色，叶痕新月形，凸起。叶片革质，椭圆形或披针形，基部楔形或钝；雄花的花序具 3～4 回分枝，花梗无毛，每分枝具花 7～24 朵；花淡紫色或紫红色，4～5 基数；花萼裂片阔卵状三角形，具缘毛；花冠辐状，花瓣卵形，开放时反折，基部稍合生；雄蕊短于花瓣，花药椭圆形；退化子房圆锥状；雌花的花序具 1～2 回分枝，具花 3～7 朵，退化雄蕊长约为花瓣的 1/2，败育花药心形，子房卵球形，柱头具不明显的 4～5 裂，厚盘形。果长球形，成熟时红色；分核 4～5，狭披针形，背面平滑，凹形，断面呈三棱形，内果皮厚革质（**图 11-71**）。分布于江苏、安徽、浙江、江西、福建、台湾、河南、湖北、湖南、广东、广西和云南等地；生于海拔 500～1000m 的山坡常绿阔叶林中和林缘。干燥叶入药（四季青），能清热解毒、消肿祛瘀。

枸骨 ***Ilex cornuta*** **Lindl. ex Paxt.** 常绿灌木或小乔木。叶片厚革质，二型，四角状长圆形或卵形，先端具 3 枚尖硬刺齿，中央刺齿常反曲，基部圆形或近截形，两侧各具 1～2 刺齿，叶两面无毛；托叶胼胝质，宽三角形。花序簇生于二年生枝的叶腋内；苞片卵形，被短柔毛和缘毛；雄花的花梗无毛，基部具 1～2 枚阔三角形的小苞片；花萼裂片膜质，阔三角形，疏被微柔毛；花冠辐状，花瓣长圆状卵形，反折，基部合生；雄蕊与花瓣近等长或稍长，花药长圆状卵形；退化子房近球形。雌花的花梗无毛，基部具 2 枚小的阔三角形苞片；花萼与花瓣像雄花；退化雄蕊长为花瓣的 4/5，略长于子房，败育花药卵状箭头形；子房长圆状卵球形，柱头盘状。果球形，成熟时鲜红色，花萼宿存，宿存柱头盘状，明显 4 裂（**图 11-72**）。分布于江苏、上海、安徽、浙江、江西、湖北和湖南等地区，云南等地有栽培。干燥叶入药（枸骨叶），能清热养阴、益肾、平肝。

本科药典收载药用植物**铁冬青** ***I. rotunda*** **Thunb.** 叶和树皮入药，能清热利湿、消肿止痛；树皮可提取栲胶及染料。

图 11-71 冬青

1. 果枝；2. 雄花序；3. 雄花；4. 果实

图 11-72 枸骨

1. 果枝；2. 花

30. 卫矛科 Celastraceae ⚥ $*K_{(4\sim5)}C_{(4\sim5)}A_{(4\sim5)}\underline{G}_{(2\sim5:2\sim5:2\sim6)}$

常绿或落叶乔木、灌木。**单叶**，托叶细小，早落或无。花两性或退化为功能性不育的单性花；**聚伞花序** 1 至多次分枝，具有较小的苞片和小苞片；**4～5 基数**，花萼花冠分化明显，花萼基部通常与花盘合生，**花盘明显**；**雄蕊与花瓣同数**，心皮 2～5，合生，子房室与心皮同数或退化成不完全室或 1 室，**倒生胚珠**，通常每室 2～6，轴生、室顶垂生，较少基生。多为蒴果，亦有核果、翅果或浆果。

本科约有 60 属，850 种。主要分布于热带、亚热带及温暖地区，少数进入寒温带。我国有 12 属 201 种，全国均产，其中引进栽培有 1 属 1 种。

本科许多种类如美登木属、卫矛属、南蛇藤属及雷公藤属在全世界范围内都是作为抗癌药的研究对象。化学成分主要含：①二萜内酯：如雷公藤甲素（triptolide）和雷公藤乙素（tripdiolide）等；②大环生物碱：如美登木碱（maytansine）等。

【重要药用植物】(main medicinal plants)

卫矛 ***Euonymus alatus*** **(Thunb.) Sieb.** 灌木。小枝常具 2～4 列宽阔木栓翅；冬芽圆形，芽鳞边缘具不整齐细坚齿。叶卵状椭圆形，边缘具细锯齿，两面光滑无毛。聚伞花序；花白绿色；花瓣近圆形；花盘肥厚方形；雄蕊着生花盘边缘处，花丝极短，开花后稍增长，花药宽阔长方形，2 室顶裂。蒴果 1～4 深裂，裂瓣椭圆状；种子椭圆状或阔椭圆状，种皮褐色或浅棕色，假种皮橙红色，全包种子（**图 11-73**）。除东北、新疆、青海、西藏、广东及海南地区外，全国名地均产，生长于山坡、沟地边沿。干燥根及带翅的枝叶入药（鬼箭羽），能行血通经、散瘀止痛。

雷公藤 ***Tripterygium wilfordii*** **Hook. f.** 藤本灌木。小枝棕红色，具 4 细棱，被密毛及细密皮孔。叶椭圆形，边缘有细锯齿，侧脉达叶缘后稍上弯；叶柄密被锈色毛。圆锥聚伞花序较窄小，花序、分枝及小花梗均被锈色毛；花白色，萼片先端急尖；花瓣长方卵形，边缘微蚀；花盘略 5 裂；雄蕊插生花盘外缘；子房具 3 棱，花柱柱状，柱头稍膨大，3 裂。蒴果具 3 膜质翅，中央果体较大，占全长 1/2～2/3，种子细柱状（**图 11-74**）。分布于台湾、福建、江苏、浙江、安徽、湖北、湖南和广西等地区，生长于山地林内阴湿处。朝鲜及日本也有分布。干燥根入药（雷公藤），能祛风除湿、通络止痛、消肿止痛、解毒杀虫。有大毒。

图 11-73　卫矛

1. 花枝；2. 果枝；3. 花侧面观；4. 花正面观；5. 花瓣；6. 果实；7. 种子

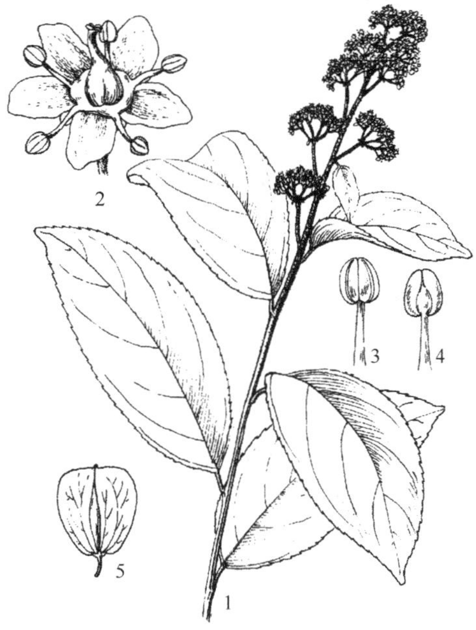

图 11-74　雷公藤

1. 花枝；2. 花；3～4. 雄蕊；5. 具膜质翅的蒴果

31. 无患子科 Sapindaceae ⚥ * ↑ $K_{4\sim5}C_{4\sim5,0}A_{8,5\sim10}\underline{G}_{(2\sim4:1\sim4:1\sim2)}$

乔木或灌木。羽状**复叶**或掌状复叶，很少单叶，**互生**，通常**无托叶**。**聚伞圆锥花序**顶生或腋生；雄花：萼片 4～5 片，覆瓦状排列或镊合状排列；花瓣 4 或 5，有时无，离生，覆瓦状排列；花盘肉质；雄蕊 5～10 枚，通常 8，**花药背着**；雌花：花被和花盘与雄花相同，雌蕊由 2～4 心皮组成，**子房上位**，通常 3 室，很少 1 或 4 室，全缘或 2～4 裂，花柱顶生或着生在子房裂片间，柱头单一或 2～4 裂；胚珠每室 1 或 2 颗，偶有多颗，**中轴胎座**，很少为侧膜胎座。果为室背开裂的蒴果，或不开裂而呈浆果状或核果状。

本科约有 150 属，2000 种，分布于全球的热带和亚热带，温带很少。我国有 25 属 53 种 2 亚种 3 变种，多数分布在西南部至东南部，北部很少。

本科主要特征成分为三萜皂苷：如无患子皂苷（sapindoside）等。

【重要药用植物】（main medicinal plants）

龙眼 ***Dimocarpus longan*** **Lour.** 常绿乔木。小枝粗壮，被微柔毛，散生苍白色皮孔。具板根。小叶 4～5 对，近革质，长圆状椭圆形至长圆状披针形，基部极不对称，两面无毛，侧脉仅在背面凸起。花序大型，多分枝，顶生和近枝顶腋生，密被星状毛；花梗短；萼片近革质，三角状卵形，两面均被褐黄色绒毛和成束的星状毛；花瓣乳白色，披针形，与萼片近等长，仅外面被微柔毛；花丝被短硬毛。果近球形，通常黄褐色或有时灰黄色，外面稍粗糙，或少有微凸的小瘤体；种子茶褐色，光亮，全部被肉质的假种皮包裹（**图 11-75**）。我国西南及东南地区均有龙眼栽培。干燥假种皮入药（龙眼肉），能补益心脾、养血安神。

荔枝 ***Litchi chinensis*** **Sonn**. 常绿乔木。小枝褐红色，密生白色皮孔。小叶 2～4 对，近革

质或革质，披针形，全缘，腹面深绿色，有光泽，背面粉绿色，两面无毛；侧脉常纤细，在腹面不很明显，在背面明显或稍凸起。花序顶生，多分枝；花梗纤细；萼被金黄色短绒毛；雄蕊6～8枚；子房密覆小瘤体和硬毛。果卵圆形至近球形，成熟时通常暗红色至鲜红色；种子全部被肉质假种皮包裹（**图 11-76**）。产于我国西南和东南地区，尤以广东和福建南部栽培最盛。干燥成熟种子入药（荔枝核），能行气散结、祛寒止痛。

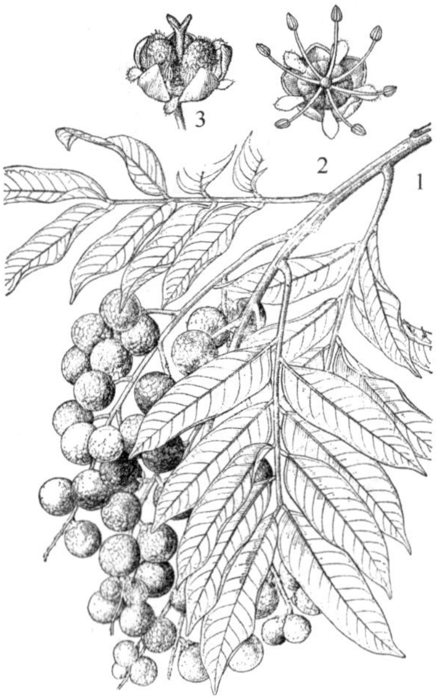

图 11-75　龙眼

1. 果枝；2. 雄花；3. 雌花

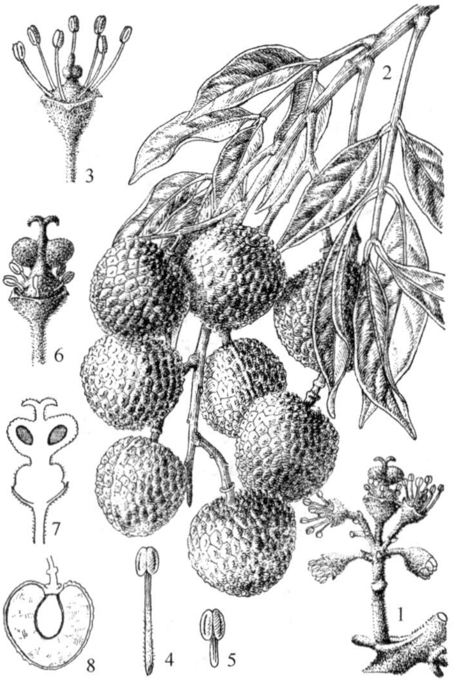

图 11-76　荔枝

1. 花序的一部分；2. 果枝；3. 雄花；4. 发育雄蕊；5. 不育雄蕊；6. 雌花；7. 雌花纵切面；8. 核果纵切面

32. 鼠李科 Rhamnaceae ⚥ $*K_{(4\sim5)}C_{4\sim5,0}A_{4\sim5}\underline{G}_{(2\sim4:2\sim4:1)}$

灌木、藤状灌木或乔木，稀草本，通常具刺。**单叶不分裂**，常互生，叶脉显著；托叶小，早落或宿存，或有时变为刺。花小，整齐，两性或单性，稀杂性，雌雄异株，常排成聚伞花序、穗状圆锥花序、聚伞总状花序、聚伞圆锥花序。**通常 4 基数**，稀 5 基数；萼钟状或筒状，**与花瓣互生**；**雄蕊与花瓣对生**，花盘肉质；子房上位或一部分埋藏于花盘内，通常 3 或 2 室，稀 4 室，每室有 **1 基生的倒生胚珠**。核果、浆果状核果、蒴果状核果或蒴果，萼筒宿存。

本科约有 58 属，900 种以上，广泛分布于温带至热带地区。我国产 14 属，133 种，32 变种和 1 变型，全国各地均有分布，已知药用 12 属，药用植物 70 余种。

本科药用植物化学成分主要含：①蒽醌衍生物：如大黄素（emodin）等；②黄酮类：如芦丁等；③肽类生物碱：如枣碱（zizyphine）和枣宁碱（zizyphinine）等。

【重要药用植物】（main medicinal plants）

枣 ***Ziziphus jujuba*** **Mill.** 落叶小乔木或灌木。有长枝，短枝和无芽小枝，呈"之"字形曲折，具 2 个托叶刺，长刺粗直，短刺下弯；短枝短粗。叶纸质，卵形，基生三出脉；托叶刺纤细，后期常脱落。花黄绿色，两性，5 基数，无毛，具短总花梗，单生或 2～8 个密集成腋生聚伞花序；萼片卵状三角形；花瓣倒卵圆形，基部有爪，与雄蕊等长；花盘厚，肉质，圆形，5 裂；子房下部藏于花盘内，与花盘合生，2 室，每室有 1 胚珠，花柱 2 半裂。核果矩圆形或长卵圆形，成熟时红色，中果皮肉质厚，味甜（图11-77）。全国大部分地区均有分布。生长于海拔1700m以下的山区、丘陵或平原。本种原产我国，现在亚洲、欧洲和美洲常有栽培。干燥成熟果实入药（大枣），能补中益气、养血安神。

酸枣 ***Ziziphus jujuba*** **Mill. var.** ***spinosa***（**Bunge**）**Hu ex H. F. Chou** 本变种常为灌木，叶较小，核果小，近球形或短矩圆形，具薄的中果皮，味酸，核两端钝（**图11-77**）。分布于我国北方大部分地区。干燥成熟种子入药（酸枣仁），能养心补肝、宁心安神、敛汗、生津。

图11-77　枣（1～4）酸枣（5～6）
1. 花枝；2. 花；3. 果实；4. 果核；5. 果枝；6. 果核

33. 锦葵科 Malvaceae ⚥ $*K_{(5),5}C_5A_{(\infty)}\underline{G}_{(2\sim\infty:2\sim\infty:1\sim\infty)}$

草本、灌木或乔木。**具丰富的韧皮纤维。单叶互生**，叶脉通常掌状，具托叶。花腋生或顶生，单生、簇生，或成聚伞花序至圆锥花序；花两性，辐射对称；**萼片5**，分离或合生，**具副萼**（由苞片变态而成）；**花瓣5**，分离；**雄蕊多数，单体雄蕊**；子房上位，2至多室，花柱与心皮同数或为其2倍。**蒴果**，常几枚果片分裂。种子肾形或倒卵形，被毛至光滑无毛。

本科约有50属，1000多种，分布于温带至热带地区。我国有16属，约80种，已知药用60种，全国各地均有分布。

本科主要化学成分有：①黄酮类：如芸香苷（rutin）等；②生物碱类：如胆碱（choline）、甜菜碱（betaine）和麻黄碱（ephedrine）等；③酚类：如山柰酚（kaempferol）等。

【重要药用植物】（main medicinal plants）

苘麻 ***Abutilon theophrasti*** **Medic.** 一年生亚灌木状草本。全株密被星状毛。叶互生，心形，先端具长尖，基部心形，边缘具细圆锯齿；托叶早落。花单生于叶腋；花梗近顶端具节；萼裂片5，卵形；花瓣黄色，倒卵形；雄蕊柱平滑无毛；心皮15～20，轮状排列，顶端平截，具扩展、被毛的长芒2。蒴果半球形，熟后分果分离；分果片15～20，先端具长芒2。种子肾形，褐色（**图11-78**）。全国各地均有分布。干燥成熟种子入药（苘麻子），能清热解毒、利湿、退翳。

木芙蓉 ***Hibiscus mutabilis*** **L.**落叶灌木或小乔木。小枝、叶柄、叶片背面、花梗、副萼、花萼均被密集的星状绵毛。叶宽卵形至圆卵形或心形，常5～7裂；裂片三角形，先端渐尖，具钝圆锯齿；主脉7～11条；叶柄长；托叶披针形，常早落。花单生于枝端叶腋处；副萼8，线形，基部合生；花萼钟形，裂片5，卵形；花瓣5，近圆形，初开时白色或淡红色，后变深红色，外面被毛；单体雄蕊无毛；雌蕊花柱5裂，疏被毛。蒴果扁球形，被淡黄色刚毛和绵毛，果片5。种子肾形，背面被长柔毛（**图11-79**）。原产于湖南。干燥叶入药（木芙蓉叶），能凉血、解毒、消肿、止痛。

本科药典收载药用植物**冬葵**（**冬苋菜**）***Malva erticillata*** **L.，其果**（**冬葵子**）能清热利尿、消肿。另有**黄蜀葵** ***Abelmoschus manihot***（**L.**）**Medic.**、**草棉** ***Gossypium herbaceum*** **L.和陆地棉** ***G. hirsutum*** **L.**等也可供药用。

34. 藤黄科 Clusiaceae ⚥ $*K_{4\sim5}C_{4\sim5}A_{(\infty),\infty}\underline{G}_{(3\sim5:1\sim12:1\sim\infty)}$

乔木或灌木，稀草本。**单叶，对生或轮生**，全缘，常无托叶。花单生或成聚伞状花序；两性、单性或杂性；**萼片4～5**，覆瓦状排列或交互对生；**花瓣4～5**，离生，覆瓦状或卷旋状排列；**雄蕊多数，离生或多体雄蕊**；花柱 1～5 或缺，子房上位，心皮 3～5，心皮合生，1～12 室，每室胚珠 1～2 或多数。蒴果、浆果或核果。**种子偶具假种皮**。

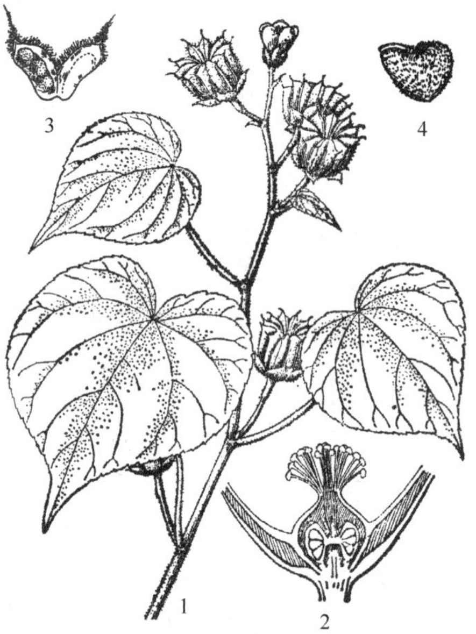

图 11-78 苘麻

1. 果枝；2. 花纵剖面；3. 分果瓣开裂示种子；4. 种子

图 11-79 木芙蓉

本科约 40 属，1000 多种，分布于温带及热带地区。我国有 8 属，约 80 种，已知药用植物 42 种，全国各地都有分布。

本科主要化学成分有：①二蒽酮类：如金丝桃素（hypericin）；②黄酮类：如槲皮素（quercetin）和白前苷（glaucoside）；③间苯三酚类：如地耳草素（japonicins）。还含有生物碱类及挥发油等。

【重要药用植物】（main medicinal plants）

穿叶金丝桃（贯叶连翘、贯叶金丝桃） ***Hypericum perforatum*** **L.**多年生草本。茎直立，多分枝，茎及分枝两侧各有 1 纵线棱。单叶对生，无柄；叶片椭圆形至线形，基部近心形而抱茎，全缘，纸质，散布淡色或黑色腺点。聚伞花序，生于茎端或枝端，多个再组成圆锥花序；苞片、小苞片线形；萼片长圆形或披针形，边缘有黑色腺点及 2 行腺条和腺斑，结果时增大；花瓣黄色，边缘及上部常有黑色腺；雄蕊多数，3 束，每束有雄蕊约 15 枚，花丝长短不一，花药黄色，具黑腺点；子房卵珠形，花柱 3。蒴果长圆状卵珠形，具黄褐色囊状腺体。种子黑褐色，圆柱形，具纵向条棱（**图 11-80**）。分布于我国华东、华北及西北等地。干燥地上部分入药（贯叶金丝桃），能疏肝解郁、清热利湿、消肿通乳。

图 11-80 穿叶金丝桃

1. 花枝；2. 叶；3. 花；4. 雌蕊；5. 果实

本科**黄海棠** ***H. ascyron*** **L.**和**地耳草** ***H. japonicum*** **Thunb.**等可供药用。

35. 瑞香科 Thymelaeaceae $⚥*K_{(4\sim5)}C_0A_{4\sim5,8\sim10}\underline{G}_{(2\sim5:1\sim2:1)}$

多为灌木或小乔木。**茎韧皮纤维发达**。**单叶**，互生或对生，全缘，具短叶柄，无托叶。花组成头状、穗状或总状花序，稀单生；**两性或单性**，雌雄同株或异株，辐射对称；**花萼管状，4～5 裂，似花瓣**，白色、黄色或淡绿色，稀红色或紫色；**花瓣缺或鳞片状**，与萼裂片同数；雄蕊与花萼同数或为其两倍，着生于萼筒喉部上；子房上位，心皮常 2～5，1 室，稀 2 室，每室常有悬垂胚珠 1，花柱长或短，顶生或近顶生，有时侧生，柱头常头状。浆果、核果或坚果，稀为 2 瓣开裂的蒴果，果皮膜质、革质、木质或肉质。种子下垂或倒生。

本科约有 50 属，650 种，主要分布于温带至热带地区。我国有 10 属，100 种，主要分布于长江流域及以南地区，已知药用 40 种，全国各地都有分布。

本科主要化学成分有：二萜脂类、香豆素类、木脂素类、黄酮类和挥发油。如瑞香素（daphnetin）及瑞香苷（daphnin）、羟基芫花素（hydroxygenkwanin）和沉香醇（linalool）等。

【重要药用植物】（main medicinal plants）

白木香（土沉香）*Aquilaria sinensis*（Lour.）Gilg 常绿乔木。树皮暗灰色，易剥落。单叶，互生；叶片卵形至椭圆形，先端锐尖或急尖而具短尖头，基部宽楔形，近革质；叶柄被毛。伞形花序，花芳香；花梗密被黄灰色短柔毛；萼筒浅钟状，黄绿色，两面均密被短柔毛，5 裂，裂片卵形；花瓣 10，鳞片状，着生于花萼筒喉部，密被毛；雄蕊 10 枚，1 轮；子房卵形，密被灰白色毛，2 室，每室 1 胚珠，花柱极短或无，柱头头状。蒴果卵球形，密被黄色短柔毛，熟时 2 瓣裂。种子褐色，卵球形，基部具红棕色角状附属物（**图 11-81**）。分布于华南、福建、台湾和云南等地区。干燥含树脂的心材入药（沉香），能行气止痛、温中止呕、纳气平喘。

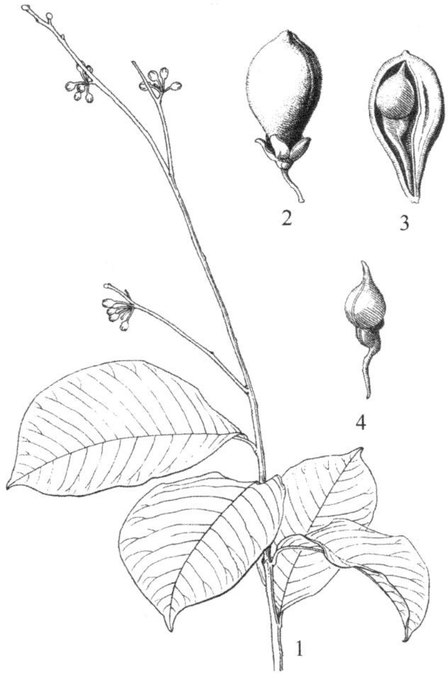

图 11-81　白木香
1. 花枝；2. 果实；3. 果纵剖面；4. 种子

芫花 ***Daphne genkwa*** **Sieb. et Zucc.** 落叶灌木。多分枝，幼枝黄绿色或紫褐色，密被淡黄色丝状柔毛。叶多对生，纸质，卵形或卵状披针形至椭圆状长圆形，先端急尖或短渐尖，基部宽楔形或钝圆形，全缘；叶柄短或近无。花常 3～6 朵簇生于叶腋或侧生，先叶开放，紫色或淡紫蓝色；花梗短，具灰黄色柔毛；萼筒细瘦，筒状，外面具丝状柔毛，裂片 4，卵形或长圆形；雄蕊 8 枚，2 轮，分别着生于花萼筒的上部和中部；花盘环状，不发达；子房长倒卵形，密被淡黄色柔毛，花柱短或无，柱头头状，橘红色。果实肉质，白色，椭圆形，包藏于宿存的萼筒下部。种子 1 枚（**图 11-82**）。分布于华北、华东和四川等地。干燥干燥花蕾入药（芫花），能泻水逐饮，外用可杀虫疗疮。

本科还有**瑞香** ***Daphne odora*** **Thunb.**和了哥王 ***Wikstroemia indica*** **（L.）C.A. Mey** 等可供药用。

36. 使君子科 Combretaceae $⚥*\uparrow K_{(4\sim5)}C_{4\sim5,0}A_{4\sim5,8\sim10}\overline{G}_{(1:2\sim6)}$

常为乔木或灌木，稀为木质藤本，偶具刺。**单叶**，多对生或互生，全缘，偶具锯齿，具叶柄，无托叶；**叶基、叶柄或叶下缘齿间具腺体**。花组成头状花序、穗状花序、总状花序或圆锥花序；常两性，偶两性花和雄花同株，辐射对称，偶两侧对称；**萼裂片 4～5**，镊合状排列；**花瓣 4～5 或不存在**，覆瓦状或镊合状排列；**雄蕊常着生于萼管上**，2 枚或为萼片数的 1～2 倍；子房下位，1 室，胚珠 2～6，倒生；花柱单一，柱头头状或不明显。坚果、核果或翅果，**常有 2～5 棱**。**种子 1 枚**。

图 11-82 芫花

1. 花枝；2. 果枝；3. 花纵剖面；4. 果实

本科约有 18 属，450 种，主产于热带至亚热带地区。我国有 6 属，25 种 7 变种，分布于长江以南地区。

本科主要化学成分有：①氨基酸：如使君子氨酸（quisqualic acid）等；②鞣质：如鞣花酸（ellagic acid）、诃子酸（chebulinic acid）和诃黎勒酸（chebulagic acid）等；③甾体类：如酮甾醇（clerosterol）等。

【重要药用植物】（main medicinal plants）

使君子 ***Quisqualis indica*** **L.**木质藤本。单叶，对生或近对生；叶片膜质，卵形或椭圆形，先端短渐尖，基部钝圆，背面偶疏被棕色柔毛；侧脉 7～8 对；叶柄幼时密生锈色柔毛。顶生穗状花序，组成伞房花序式；花两性，辐射对称；苞片卵形至线状披针形，被毛；萼管具外弯的萼齿 5 枚；花瓣 5，先端钝圆，初为白色，后转淡红色；雄蕊 10 枚，外轮着生于花冠基部，内轮着生于萼管中部；花盘狭管状或缺；子房下位，胚珠 3 枚，倒悬于子房室的顶端。果卵形，具明显的锐棱角 5 条，成熟时外果皮脆薄，青黑色或栗色；种子 1 颗，白色，圆柱状纺锤形。分布于西南及南岭以南地区。干燥成熟果实入药（使君子），能杀虫消积。

诃子 ***Terminalia chebula*** **Retz.**乔木。单叶，互生或近对生；叶片卵形、椭圆形至长椭圆形，先端短尖，基部钝圆或楔形，偏斜，全缘或微波状，密被细瘤点；叶柄粗壮，具 2（～4）腺体。穗状花序腋生或顶生，偶再组成圆锥花序；花多数，两性；萼杯状，淡绿而带黄色，具 5 齿，萼齿三角形，外面无毛，内面被黄棕色的柔毛；雄蕊 10 枚，高出花萼之上；子房下位，圆柱形，胚珠 2 枚，长椭圆形。核果，坚硬，卵形或椭圆形，熟时黑褐色，常具 5 条钝棱。分布于我国西南部。干燥成熟果实入药（诃子），能涩肠止泻、敛肺止咳、降火利咽。药典收载作“诃子”入药的还有**绒毛诃子** ***T. chebula*** **Retz. var.** ***tomentella*** **Kurt.**。

本科还有**毗黎勒** ***T. bellirica*** **（Gaertn.）Roxb.**可供药用。

37. 桃金娘科 Myrtaceae $⚥ * K_{(4\sim\infty)} C_{4\sim5,0} A_{\infty,(\infty)} \overline{G}_{(2\sim\infty:1\sim\infty:1\sim\infty)}$；$\overline{G}_{(2\sim\infty:1\sim\infty:1\sim\infty)}$

常绿灌木或乔木。**单叶对生**，稀互生，具羽状脉或基出脉，全缘，**常有透明的腺点**，无托叶。花单生或排成各式花序；两性，偶杂性；**萼管与子房合生**，萼片 4～5 或更多，宿存；**花瓣 4～5 或缺，着生于花盘边缘，或与萼片连成一帽状体；雄蕊多数**，常成数束插生于花盘边缘；子房下位或半下位，心皮 2 至多数，1 至多室。胚珠 1 至多枚，花柱单一，柱头单一，偶 2 裂。浆果、核果、蒴果或坚果，**顶端常具突起的萼檐**。种子 1 至多枚。

本科约有 100 属，3000 多种，分布于美洲热带、大洋洲及亚洲热带地区。我国有 9 属（含被驯化的种类），126 种，8 变种，已知药用 31 种，多分布于长江以南地区。

本科主要化学成分有：①挥发油：如甲基丁香酚（methyleugenol）、香橙烯（aromadendrene）和柠檬烯（limonene）等；②黄酮类：如槲皮素（quercetin）和桉树素（eucalyptin）等。

【重要药用植物】（main medicinal plants）

丁香 ***Eugenia caryophyllata*** **Thunb.** 常绿乔木。单叶对生，羽状脉，叶片长方卵形或长方倒卵形，全缘，革质，密布油腺点。花组成顶生聚伞花序，两性；萼长管状，先端 4 裂，裂片三角形；花瓣 4，淡紫色，芳香；雄蕊多数；子房下位，2 室。浆果红棕色，长方椭圆形，具宿存萼片（**图 11-83**）。丁香原产于马来群岛及东非沿海地区。我国华南地区及云南有引种。

干燥花蕾入药（公丁香）及干燥果实入药（母丁香），能温中降逆、温补肾阳。

蓝桉 ***Eucalyptus globulus*** **Labill.** 常绿大乔木。树皮灰蓝色，片状剥落；嫩枝略有棱。叶异型，幼态叶对生，叶片卵形，基部心形，无柄；成长叶片革质，披针形，镰状，两面有腺点，侧脉不明显，叶柄扁平。花单生或 2～3 朵聚生于叶腋；两性，白色；花梗无或极短；萼管倒圆锥形，表面有 4 条突起棱角和小瘤状突，被白粉；花瓣与萼片彼此不结合而有 2 层帽状体，帽状体扁平，中部圆锥状突起，外层帽状体平滑，早落；雄蕊多列，花丝纤细；子房与萼管合生，胚珠多数。蒴果杯形，有 4 棱。种子极多，大部分发育不全。我国西南及南部有栽培。叶中的挥发油入药（桉油），能健胃、止痛。药典还收载**大叶桉** ***E. robusta*** **Smith**、**细叶桉** ***E. tereticornis*** **Smith** 和**柠檬桉** ***E. citriodora*** **Hook. f.** 等的挥发油作"桉油"入药。

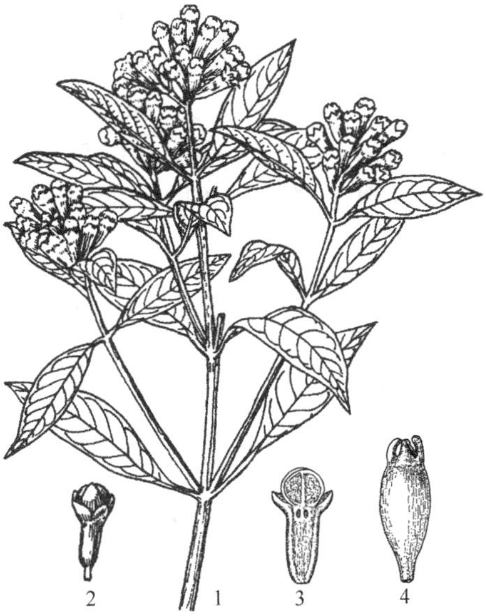

图 11-83 丁香

1. 花枝；2. 花蕾；3. 花蕾纵剖面；4. 果实

此外，本科还有**桃金娘** ***Rhodomyrtus tomentosa*** **（Ait.）Hassk.** 可供药用。

38. 五加科 Araliaceae ⚥ $*K_{(5)}C_{5\sim10}A_{5\sim10}\overline{G}_{(1\sim15:1\sim15:1)}$

多年生草本、灌木至乔木，偶攀援状。**茎具刺或无刺**。**叶多互生**，稀轮生，**单叶**、**羽状复叶或掌状复叶**；**托叶常与叶柄基部合生成鞘状**，稀无托叶。**伞形花序**、**头状花序**、**总状花序**或**穗状花序**，常再组成圆锥状复花序；花两性或单性，辐射对称；苞片宿存或早落，小苞片不显著；花梗无关节或有关节；**花萼筒状**，**与子房合生**，边缘波状或有萼齿；**花瓣 5～10**，常分离，偶合生成帽状体；雄蕊多与花瓣同数，偶为花瓣的 2 倍，或数目不定，着生于花盘的边缘，花丝线形或舌状；子房下位，常 1～15 室，每室有胚珠 1 枚。**浆果或核果**，**外果皮常肉质**。种子多侧扁（**彩图 8**）。

本科约有 80 属，900 多种，分布于温带至热带地区。我国有 22 属，约 160 种，全国各地都有分布（新疆除外）。已知药用 114 种（含变种、变型）。

本科主要化学成分有：①三萜皂苷：如达玛烷型四环三萜皂苷和齐墩果烷型五环三萜皂苷等；②黄酮类：如三叶豆苷（trifolin）和人参黄酮苷（panasenoside）等；③挥发油：如榄香烯人参炔醇（elemenepanaxynol）。

【重要药用植物】（main medicinal plants）

人参 ***Panax ginseng*** **C. A. Mey.** 多年生草本。主根肥大，纺锤形或圆柱形，顶端具短的根状茎（芦头）。掌状复叶，3～6 枚轮生茎顶；小叶片 3～5，薄膜质，中央小叶最大，卵圆形，具细锯齿。通常一年生者具 1 枚三出复叶，二年生者具 1 枚掌状五出复叶，三年生者具 2 枚掌状五出复叶，往后每年递增一复叶，多达 6 枚复叶。伞形花序单个顶生，有花 30～50 朵，稀 5～6 朵；总花梗比叶长；花梗丝状；花萼 5 齿裂，萼齿三角形；花瓣 5，卵状三角形，淡黄绿色；雄蕊 5 枚；子房 2 室，由 2 心皮合生形成，花柱 2，离生。核果浆果状，扁球形，鲜红色。种子肾形，白色（**图 11-84**）。主要分布于东北地区，华北地区有引种。干燥根及根茎入药（人参），能大补元气、复脉固脱、补脾益肺、生津养血、安神益智。**西洋参** ***P. quinquefolius*** **L.**与人参相似，主要区别在于：本种的总花梗与叶柄等长，小叶片椭圆形，先端突尖，正面脉上几无刚毛。原产于北美地区。我国吉林、辽宁省和华北地区有引种。干燥根入药（西洋参），能补气养阴、清热生津。

三七 ***Panax notoginseng*** **（Burk.）F. H. Chen** 多年生草本。根状茎短，竹鞭状，横生，有 2 至几条肉质根；主根粗壮，肉质，纺锤形，具疣状突起的小分枝。掌状复叶，4 枚轮生于茎顶；叶柄具纵纹；托叶小，披针形；小叶片3～4，薄膜质，透明，长椭圆形或倒卵形，中央的较大，先端长渐尖，基部渐狭，下延，边缘有重锯齿，齿有刺尖，两面沿叶脉均密被刚毛。伞形花序单个顶生，有花20～50朵；花梗纤细；苞片不明显；花小，淡黄绿色；花萼杯状或陀螺形（雄花），具5萼齿；花瓣5；雄蕊5；子房2室，花柱2，离生，反曲。果扁球状肾形，鲜红色（**图 11-85**）。主产于云南和广西，多为栽培。干燥根及根茎入药（三七），能散瘀止血、消肿定痛。

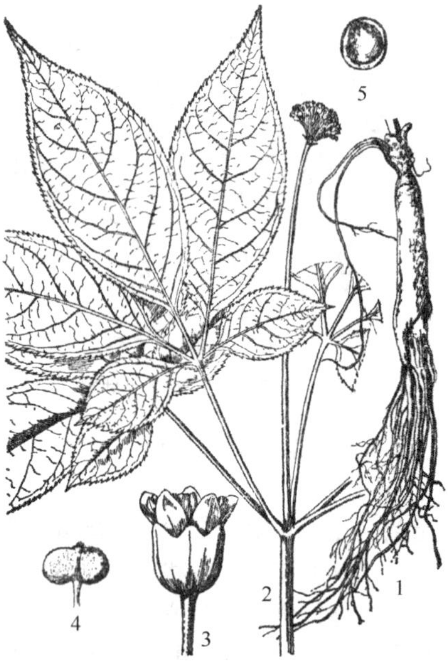

图 11-84　人参

1. 根及根茎；2. 花枝；3. 花；4. 果实；5. 种子

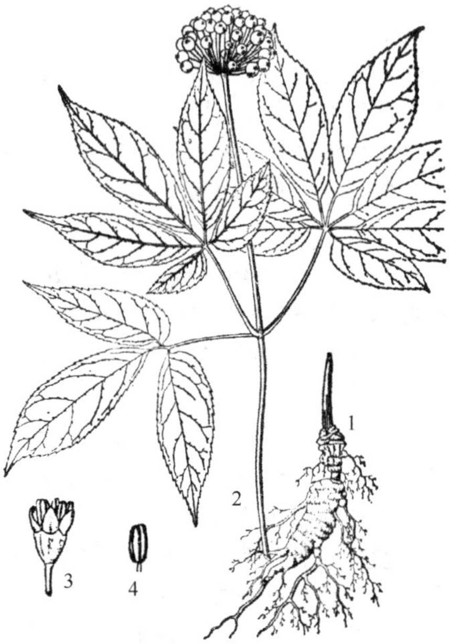

图 11-85　三七

1. 根；2. 果枝；3. 花；4. 雄蕊

图 11-86　刺五加

1. 根皮；2. 花枝

刺五加 ***Acanthopanax senticosus*** **（Rupr. et Maxim.）Harms** 灌木。分枝多，一、二年生的常密生细长的针状刺；刺下向，基部不膨大，脱落后遗留圆形刺痕。掌状复叶互生，具小叶3～5枚；叶柄常疏生细刺；小叶片薄纸质，椭圆状倒卵形或长圆形，先端渐尖，基部阔楔形，上面脉上有粗毛，下面脉上有短柔毛，边缘有锐利重锯齿；侧脉6～7对，两面明显；小叶柄有棕色短柔毛，偶具细刺。伞形花序单生枝顶或2～6簇生，花多而密；花萼绿色，与子房合生，边缘近全缘或有不明显的5小齿；花瓣5，卵形，黄色；雄蕊5；子房5室，花柱合生成柱状。浆果状核果，球形或卵球形，紫黑色，干后5棱（**图 11-86**）。分布于西南、华北、西北和东北等地。干燥根、根茎和茎入药（刺五加），能益气健脾、补肾安神。

通脱木 ***Tetrapanax papyrifera*** **（Hook.）K. Koch.** 常绿灌木或小乔木。枝条幼时密生黄色星状绒毛。叶大，集生茎顶；叶片纸质或薄革质，掌状5～11裂，裂片为叶片全长的1/3～2/3，先端渐尖，下面密生白色绒毛，全缘或疏生粗齿；

叶柄粗壮，无毛；托叶和叶柄基部合生，锥形，密生淡棕色或白色绒毛。多个伞形花序组成圆锥花序，有花多数；苞片、总花梗、花梗及花萼均密生白色星状绒毛；花瓣三角状卵形。果实球形，紫黑色。分布于西北、西南、华中、华东和华南等地。干燥茎髓入药（通草），能清热利尿、通气下乳。

本科药典收载的其他药用植物**还有竹节参** ***Panax japonicum*** **C. A. Mey.、珠子参** ***P. japonicum*** **C. A. Mey. var.** ***major*** **（Burk.）C. Y. Wu et K. M. Fang、羽叶三七** ***P. pseudoginseng*** **Wall. var.** ***bipinnatifidus*** **（Seem.）Li** 和细柱五加 ***Acanthopanax gracilistylus*** **W.W.Smith**。此外短序楤木 ***Araiia henryi*** **Harm**、楤木 ***A. chinensis*** **L.**、土当归 ***A. cordata*** **Thunb.**、树参 ***Dendropanax dentiger*** **（Harms）Merr**、糙叶五加 ***Acanthopanax Henryi*** **（Oliv.）Harms**、无梗五加 ***Acanthopanax sessiliflorus*** **（Rupr. et Maxim.）Seem.**和刺楸 ***Kalopanax septemlobus*** **（Thunb.）Koidz** 等也可供药用。

39. 伞形科 Umbelliferae $⚥ * K_{5,0} C_5 A_5 \overline{G}_{(2:2:1)}$

多为草本，稀为矮小灌木。**根常直生，肉质，粗壮，圆锥形**，少数块状、球状或为成束的须根。茎直立或匍匐上升，一般髓部充实，偶中空。**叶互生**；叶片常分裂，**一回掌状分裂或 1～4 回羽状分裂**，偶 1～2 回三出式分裂，稀单叶；**叶柄基部成鞘状**；常无托叶。**复伞形花序或单伞形花序**，偶头状花序；**花小，两性或杂性**；小伞形花序的柄称伞幅，伞形花序有伞辐数条至数十条，基部有总苞片；总苞片、小总苞片，全缘或很少羽状分裂；**花萼与子房贴生，萼齿 5 或无；花瓣 5，在花蕾时呈覆瓦状或镊合状排列，基部成爪或内卷成小囊，顶端钝圆或有内折的小舌片，或延长如细线**；雄蕊 5 枚，与花瓣互生；子房下位，2 室，每室有一个倒悬的胚珠，花柱 2，直立或外曲，柱头头状。**双悬果（图 11-87，彩图 9）**。

本科约有 200 余属，2500 种，广泛分布于热带、亚热带及温带地区。我国约 90 余属，600 种，已知药用 236 种，全国各地都有分布。

本科主要化学成分有：①萜类：如柴胡皂苷（saikoside）等；②挥发油：如 α-榄香烯（α-elemene）和茴香醚（anisole）等；③香豆素：如呋喃香豆素（furocoumarin）和二甲基吡喃香豆素（dimethyl pyranocoumarin）等；④黄酮类：如芹菜素（apigenin）和洋芫荽黄素（diosmetin）等；⑤聚炔类：如柴胡毒素（bupleurotoxin）和乙酰柴胡毒素（acetylbupleurotoxin）等。

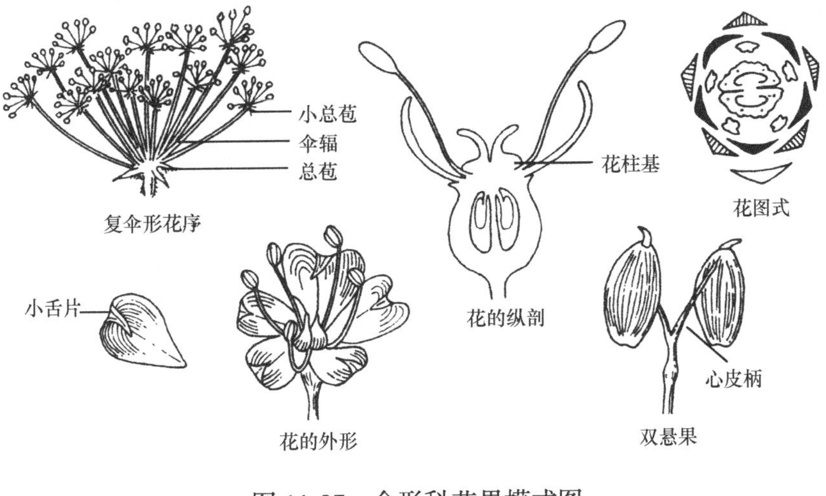

图 11-87 伞形科花果模式图

【重要药用植物】（main medicinal plants）

当归 ***Angelica sinensis*** **（Oliv.）Diels.** 多年生草本。茎直立，有纵直槽纹，无毛，绿白色或带紫色。根圆柱形，分枝，具多数肉质须根，黄棕色，具浓郁香气。叶三出式二至三回羽状分裂；叶柄基部膨大成鞘，薄膜质，紫色或绿色；基生叶及茎下部叶卵形，小叶片 3 对，下部的 1 对小叶具柄，近顶端的 1 对无柄，末回裂片卵形或卵状披针形，2～3 浅裂，具缺刻状锯齿，齿端有尖头；叶下表面及边缘被稀疏的乳头状白色细毛；上部叶简化成囊状的鞘和羽状分裂的叶片。复伞形花序，伞幅 9～30；小伞形花序有花 13～36；花序梗、花柄密被细柔毛；总苞片 2，线形，或无；小总苞片 2～4，线形；萼齿 5，卵形；花瓣 5，长卵形，白色或带紫色，顶端狭尖且内折；雄蕊 5 枚；子房下位，花柱短，花柱基圆锥形。双悬果椭圆形，侧棱发育成薄翅；每棱槽内有油管 1 个，合生面 2 个（**图 11-88**）。分布于西北及西南等地。干燥根入药（当归），能补血活血、调经止痛、润肠通便。

白芷（兴安白芷）*Angelica dahurica*（Fisch. ex Hoffm.）Benth. et Hook. f. 多年生高大草本。茎粗壮，常带紫色，中空，具纵棱。根圆柱形，具分枝，有浓烈气味。基生叶一回羽状分裂，有长柄，叶柄下部膨大成鞘，边缘膜质；茎上部叶二至三回羽状分裂，叶片卵形至三角形，叶柄下部为囊状膨大的膜质叶鞘，常带紫色；末回裂片长圆形，卵形或线状披针形，急尖，具白色软骨质粗锯齿；花序下方的叶简化成无叶柄的、显著膨大的囊状叶鞘。复伞形花序，伞辐 18～40，中央主伞有时伞辐多至 70；花序梗、伞辐和花柄均有短毛；总苞片缺或 1～2，膨大成鞘状；小总苞片 5～10，线状披针形，膜质；花小，瓣白色，先端内陷；无萼齿；花瓣 5，倒卵形，白色，顶端内曲成凹头状；雄蕊 5 枚；子房下位，花柱比花柱基长 2 倍。双悬果扁圆形，具棱，侧棱翅状；棱槽中具油管 1 个，合生面具 2 个油管（**图 11-89**）。分布于华北和东北等地。干燥根入药（白芷），能解表散寒、祛风止痛、宣通鼻窍、燥湿止带、消肿排脓。药典收载作"白芷"入药的还有杭白芷 ***A. dahurica*（Fisch. ex Hoffm.）Benth. et Hook. f. var. *formosana*（Boiss.）Shan et Yuan**。

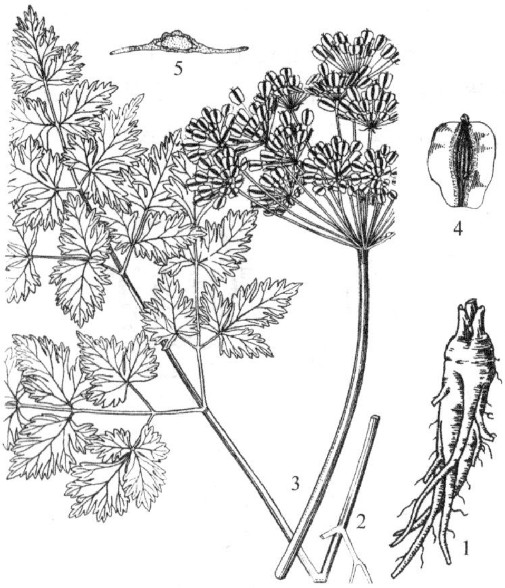

图 11-88 当归

1. 根；2. 叶；3. 花序；4. 分生果实；5. 分生果横剖面

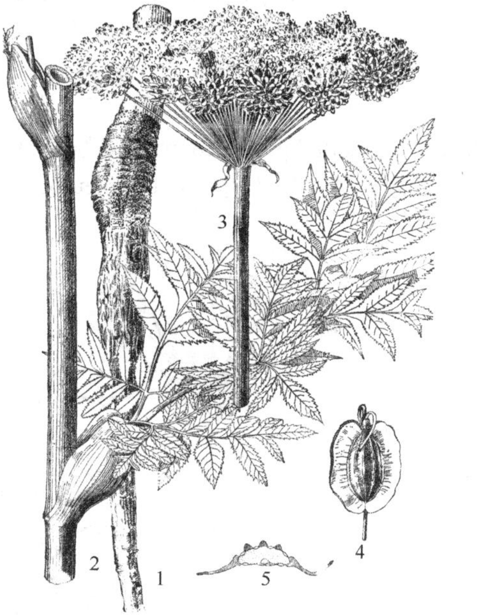

图 11-89 白芷

1. 根；2. 茎；3. 花序；4. 果实；5. 分生果横剖面

柴胡 *Bupleurum chinense* DC. 多年生草本。茎单一或数茎丛生，上部多回分枝，作"之"字形曲折。主根较粗大，棕褐色，坚硬，分枝。叶互生；基生叶倒披针形或线状披针形，顶端渐尖，基部收缩成柄，早枯落；茎生叶长圆状披针形，先端渐尖或急尖，有短芒尖头，基部收缩成叶鞘，抱茎，平行脉 5～9，常有白霜。复伞形花序多分枝，伞幅 3～8，常水平伸出，形成疏松的圆锥状；总苞片 2～3，或无，狭披针形；小总苞片 5，披针形；萼齿不显；花瓣 5，鲜黄色，上部内折，小舌片半圆形，先端 2 浅裂；雄蕊 5 枚；子房下位，花柱分离，极短，花柱基扁盘形，深黄色，宽于子房。双悬果广椭圆形，棕色，每棱槽中有油管 3，合生面 4（**图 11-90**）。分布于东北、华北、西北、华东和华中等地。干燥根入药（北柴胡），能疏散退热、疏肝解郁、升举阳气。药典还收载**狭叶柴胡** ***B. scorzonerifolium*** **Willd.**作“柴胡”入药（南柴胡）。

川芎 ***Ligusticum chuanxiong*** **Hort.** 多年生草本，全株有香气。茎丛生，直立，表面有纵沟，茎节膨大成盘状（俗称苓子）。根茎呈不整齐结节状拳形团块。茎下部叶具柄，叶柄基部扩大成鞘；叶片卵状三角形，3～4 回三出式羽状全裂，羽片 4～5 对，卵状披针形，末回裂片线状披针形至长卵形，具小尖头；茎上部叶渐简化。复伞形花序，顶生或侧生，伞辐 7～24；总苞片 3～6，线形；小总苞片 2～7，线形；萼齿不发育；花瓣 5，白色，倒卵形至心形，先端具内折小尖头；雄蕊 5；子房下位，花柱基圆锥状，花柱 2，向下反曲。双悬果卵形，分果背棱棱槽中有油管 3 个，侧棱槽中 2～5 个，合生面 4～6 个（**图 11-91**）。主要栽培于四川，现华中、西南及西北等地有引种。干燥根茎入药（川芎），能活血行气、祛风止痛。

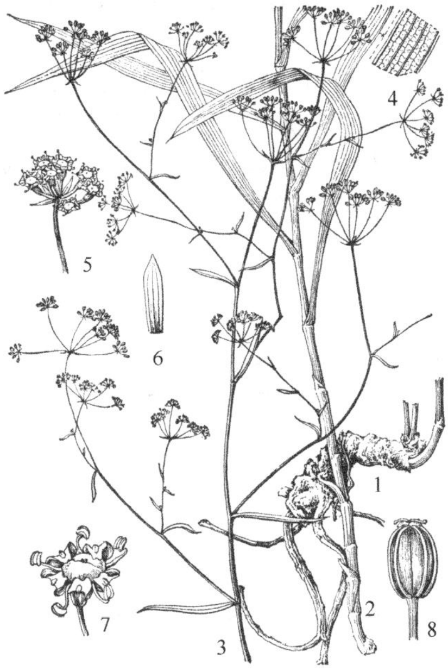

图 11-90　柴胡

1. 根；2. 茎；3. 花枝；4. 叶片一部分；5. 小伞形花序；6. 小总苞片；7. 花；8. 果实

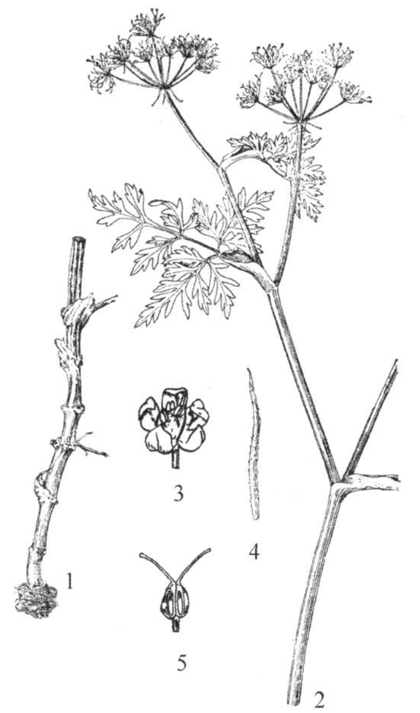

图 11-91　川芎

1. 根茎；2. 植株上部；3. 花；4. 小总苞片；5. 雌蕊

珊瑚菜 ***Glehnia littoralis*** **Fr. Schmidt ex Miq.** 多年生草本。全株被白色柔毛。茎露于地面部分较短，分枝，地下部分伸长。主根肉质，细长，圆柱形或纺锤形，表面黄白色，分枝少。叶多数基生，厚革质，有长柄；叶片，三出式分裂至三出式二回羽状分裂，圆卵形至长圆状卵形，末回裂片倒卵形至卵圆形，边缘有缺刻状锯齿，齿边缘为白色软骨质；叶柄和叶脉上有细微硬毛；茎生叶与基生叶相似，叶柄基部逐渐膨大成鞘状，有时茎生叶退化成鞘状。复伞形花序顶生，伞辐 8～16；无总苞片；小总苞片数片，线状披针形；萼齿 5，卵状披针形；花瓣 5，白色或带堇色；雄蕊 5 枚；子房下位，花柱基短圆锥形。双悬果近圆球形，密被棕色粗毛，果棱具木栓质翅，每棱槽内有油管 1～3 个，合生面油管 2～6 个；分生果的横剖面扁平（**图 11-92**）。分布于辽宁、河北及华东沿海地区。干燥根入药（北沙参），能养阴清肺、益胃生津。

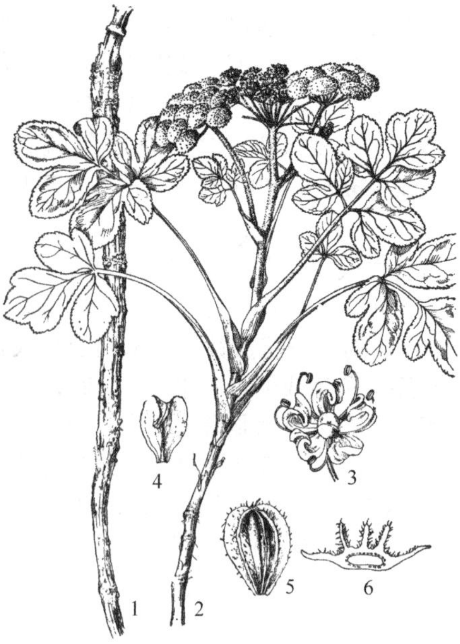

图 11-92　珊瑚菜

1. 根；2. 花枝；3. 花；4. 花瓣；5. 果实；6. 分生果横剖面

茴香 *Foeniculum vulgare* Mill. 草本。茎直立，光滑，灰绿色或苍白色，多分枝。茎中部或上部的叶柄部分或全部成鞘状；叶片阔三角形，4～5 回羽状全裂，末回裂片线形。复伞形花序顶生与侧生，伞辐 6～29；无萼齿；花瓣 5，黄色，倒卵形，先端有内折的小舌片；雄蕊 5 枚，花丝略长于花瓣；子房下位，花柱基圆锥形，花柱极短，向外叉开或贴伏在花柱基上。双悬果长圆形，主棱 5，尖锐；每棱槽内有油管 1 个，合生面具油管 2 个。原产于地中海地区，我国各地有栽培。干燥成熟果实入药（小茴香），能散寒止痛、理气和胃。

防风 *Saposhnikovia divaricata* (Turcz.) Schischk. 多年生草本。茎单生，2 歧分枝。根粗壮，具密集纤维状叶柄残基，淡黄棕色。基生叶三角状卵形，2～3 回羽状分裂，最终裂片条形至披针形；顶生叶简化，具扩展叶鞘。复伞形花序，伞梗 5～9，不等长；总苞片缺如；小总苞片 4～5，披针形；萼齿 5，短三角形；花瓣 5，白色，倒卵形，凹头，向内卷；子房下位，2 室。双悬果卵形，每棱槽具油管 1 个，合生面具油管 2 个。分布于东北、华北和西北等地，黑龙江产量最大，故习称关防风。干燥根入药（防风），能祛风解表、胜湿止痛、止痉。

本科药典收载的其他药用植物见**表 11-11**。

表 11-11　《中国药典》2015 年版收载的伞形科其他药用植物

中文名	拉丁学名	药用部位	功效
藁本	*Ligusticum sinense* Oliv.	根及根茎	祛风散寒、、除湿止痛
辽藁本	*Ligusticum jeholense* Nakai et Kitag.	根茎	祛风散寒，除湿止痛
蛇床	*Cnidium monnieri*（L.）Cuss.	果实	燥湿祛风，杀虫止痒，温肾壮阳
羌活	*Notopterygium incisum* Ting ex H. T. Chang	根茎及根	解表散寒，祛风除湿，止痛
宽叶羌活	*Notopterygium forbesii* de Boiss.	根茎及根	解表散寒，祛风除湿，止痛
积雪草	*Centella asiatica*（L.）Urb.	全草	清热利湿，解毒消肿
紫花前胡	*Peucedanum decursivum*（Miq.）Maxim.	根	降气化痰，散风清热
白花前胡	*Peucedanum praeruptorum* Dunn	根	降气化痰，散风清热

40. 山茱萸科 Cornaceae ⚥ $*K_{(3\sim5,0)}C_{3\sim5,0}A_{3\sim5}\overline{G}_{(2\sim4:1\sim5:1)}$

乔木、灌木，稀草本。**单叶，多对生或近轮生**，无托叶或托叶纤毛状。聚伞、圆锥、伞形或头状花序；**花两性或单性异株**，辐射对称，常具**大型苞片**；**花萼管状与子房合生，先端 3～5 裂或缺，裂片齿状；花瓣 3～5 或缺**，常呈白色，稀黄色、绿色或紫红色，镊合状或覆瓦状排列；雄蕊 3～5，生于花盘基部；子房下位，2～4 心皮合生，1～5 室，每室 1 胚珠，柱头头状或截形，偶 2～5 裂。核果或浆果状核果，核常骨质。种子 1～5 枚（**彩图 10**）。

本科 15 属，约 119 种，主要分布于北温带。我国有 9 属，约 60 种，几乎全国分布（新疆除外）。已知药用 44 种，全国都有分布。

本科主要化学成分有：①三萜类化合物：如熊果酸（ursolic acid）；②有机酸类：如没食子酸（gallic acid）。还有环烯醚萜苷（iridoid glycoside）、黄酮类和鞣质（tannin）。

【重要药用植物】（main medicinal plants）

山茱萸 *Cornus officinalis* Sieb. et Zucc. 落叶灌木或小乔木。枝黑褐色。单叶对生，卵形至椭圆形，先端渐尖，基部宽楔形或近圆形，全缘，上面无毛，下面稀被白色贴生短柔毛，脉腋密生淡褐色丛毛；侧脉6～8对；叶柄上面有浅沟。伞形花序腋生，先叶开放；花两性；总苞片4，卵形，厚纸质至革质，带紫色，开花后脱落；花萼裂片4，阔三角形；花瓣4，舌状披针形，黄色，向外反卷；雄蕊4枚，与花瓣互生；花盘垫状；子房下位，花托倒卵形，密被贴生疏柔毛，花柱圆柱形，柱头截形；花梗纤细，密被疏柔毛。核果长椭圆形，熟时红色至紫红色（**图 11-93**）。西北和华东等地有分布。干燥成熟果肉入药（山茱萸），能补益肝肾、收涩固脱。

青荚叶 *Helwingia japonica*（Thunb.）Dietr. 落叶灌木。单叶互生；叶片纸质，卵形至宽椭圆形，先端渐尖，稀尾状渐尖，基部阔楔形或近于圆形，边缘具刺状锯齿；托叶2，线状分裂，早落。雌雄异株；雄花4～12，聚伞花序，常着生于叶上面中脉的1/3～1/2处，稀着生于幼枝上部；雌花1～3，生于叶上面中脉1/3～1/2处；花淡绿色，3～5数；花萼小；花瓣镊合状排列；雄蕊3～5枚，生于花盘内侧；子房卵圆形或球形，柱头3～5裂。核果浆果状，熟后黑色，分核3～5（**图 11-94**）。青荚叶清热、利尿。主要分布于长江流域以南地区。干燥茎髓入药（小通草），能清热、利尿、下乳。

图 11-93　山茱萸

1. 花枝；2. 果枝；3. 花序；4. 花；5. 果实

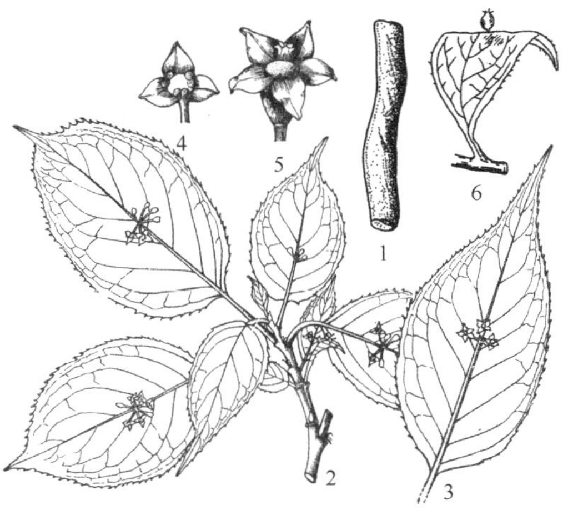

图 11-94　青荚叶

1. 茎髓；2. 雄花枝；3. 雌花枝；4. 雄花；5. 雌花；6. 果实

（二）合瓣花亚纲（Sympetalae）

合瓣花亚纲又称后生花被亚纲（Metachlamydeae），主要特征是花瓣多少连合成合瓣花冠。本亚纲植物花的轮数趋向减少，由杜鹃花科等的5轮（即花萼1轮、花瓣1轮、雄蕊2轮、雌蕊的心皮1轮）减少为木犀科、忍冬科等的4轮（雄蕊仅1轮），各轮的数目也逐渐减少；花冠由辐射对称发展到两侧对称，形式多样，如钟状、漏斗状、唇形、舌状等，以适应昆虫传粉，并有利于保护雄蕊和雌蕊；胚珠仅 1 层珠被；通常无托叶。通常认为本亚纲植物较离瓣花植物进化。

41. 杜鹃花科 Ericaceae $⚥ * K_{(4\sim5)} C_{(4\sim5)} A_{(8\sim10, 4\sim5)} \underline{G}_{(4\sim5:4\sim5:\infty)}$；$\overline{G}_{(4\sim5:4\sim5:\infty)}$

多为**常绿灌木**或小乔木。**单叶互生**，多全缘，**革质**，无托叶。花单生或组成总状、圆锥状、伞形等花序；花两性，辐射对称或略两侧对称；花盘盘状，或缺；花萼常 5 裂，宿存；**花冠常 5 裂**，合生成钟状、漏斗状或高脚碟状；**雄蕊常为花冠裂片的 2 倍**，**花药 2 室**，常有芒状或距状附属物，**顶孔开裂**；子房上位或下位，多为 4～5 心皮合生，4～5 室，中轴胎座，每室胚珠多数。**蒴果**，稀浆果和核果。

本科共 125 属 4000 余种植物，广泛分布于温带及亚寒带地区。我国有 22 属 826 余种，分布于全国各地，主产于四川、云南及西藏等西南部山区。已知药用 135 种（包括 4 亚种、12 变种）。

本科植物的主要活性成分有：①二萜类化合物：木藜芦烷（grayanane）类是该科的主要毒素类型，另有木藜芦酚（leucothol）类及二萜苷类等；②黄酮类化合物：如杜鹃素（farreol）和荚果蕨素（matteucinol）等；③挥发油：如喇叭茶醇（palustrol）和吉马酮（germacrone）等；④苷类：如熊果苷（arbutin）和桃叶珊瑚苷（aucubin）等。

【重要药用植物】（main medicinal plants）

羊踯躅 ***Rhododendron molle* G. Don.** 落叶灌木。分枝稀疏，枝条直立，幼时密被灰白色柔毛及疏刚毛。叶纸质，下面密被灰白色柔毛，长椭圆形，先端钝，边缘具睫毛。伞形花序顶生，先花后叶或花叶同放；花萼裂片小；花冠阔漏斗形，黄色而内有淡绿色斑点；雄蕊 5 枚，不等长；子房圆锥状。蒴果长圆形，有 5 条纵肋（**图 11-95**）。主要分布于长江流域及以南地区。干燥花入药（闹羊花），能祛风除湿、散瘀定痛。干燥果实入药（六轴子、八厘麻子），能止痛、定喘。全株有毒。

兴安杜鹃 ***Rhododendron dauricum* L.** 半常绿灌木。幼枝被柔毛和鳞片。叶片近革质，椭圆形，两端钝，全缘或有细钝齿，下面密被褐色不等大鳞片。花生枝顶，先叶开放；花萼极短，5 裂，密被鳞片；花冠宽漏斗状，粉红色或紫红色；雄蕊 10 枚，短于花冠，花药紫红色；子房 5 室，密被鳞片，花柱紫红色，长于花冠。蒴果矩圆形，先端 5 瓣开裂（**图 11-96**）。分布于东北及内蒙古等地。干燥叶入药（满山红），能止咳祛痰。

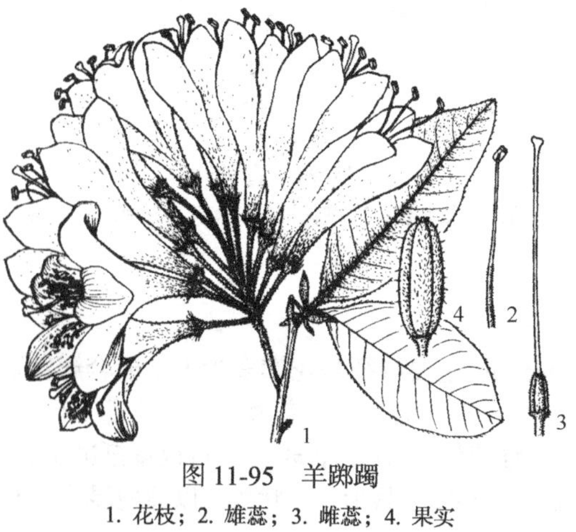

图 11-95　羊踯躅

1. 花枝；2. 雄蕊；3. 雌蕊；4. 果实

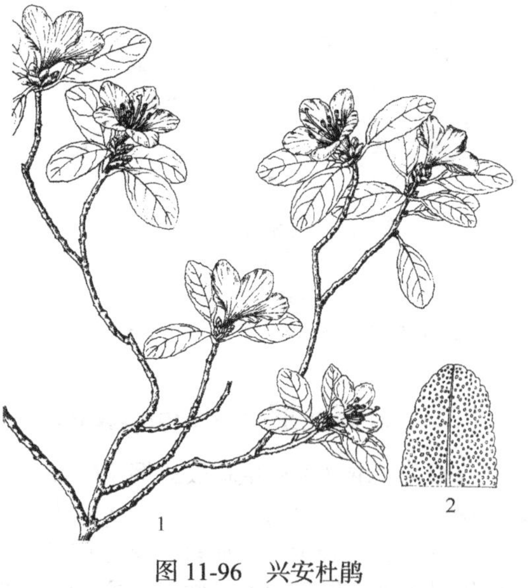

图 11-96　兴安杜鹃

1. 花枝；2. 叶背面

本科还有杜鹃 ***Rhododendron simsii*** **Planch.**、南烛 ***Vaccinium bracteatum*** **Thunb.**和滇白珠 ***Gaultheria leucocarpa*** **var.** ***crenulata***（**Kurz**）**T. Z. Hsu** 等植物可供药用。

42. 紫金牛科 Myrsinaceae ⚥ $*K_{(4\sim5)}C_{(4\sim5)}A_{(4\sim5)}\underline{G}_{(4\sim5:1:1\sim\infty)}$

灌木或乔木。**单叶互生**，常有**腺点**或**脉状腺条纹**。总状花序、伞房花序、伞形花序、聚伞花序及其组成的圆锥花序；花常两性，辐射对称，**4～5 数**；花萼宿存，常具腺点；花冠合生，常有腺点；**雄蕊生于花冠上，与花冠裂片同数且对生**；子房多上位，心皮 4～5 合生，1 室，常为**特立中央胎座**。核果或浆果。

本科共 42 属 2200 余种植物，主要分布于南、北半球热带和亚热带地区。我国有 6 属 129 种，主要分布于长江流域以南各地区。已知药用 72 种。

本科植物的活性成分主要有：①羟基苯醌类化合物：如朱砂根醌（ardisiaquinone）、信筒子醌（embelin）和杜茎山醌（maeaquinone）；②异香豆素类：如岩白菜素（bergenin）；③皂苷类：如齐墩果烷型三萜皂苷朱砂根新苷（ardisicrenoside）等；④挥发油：主要为石竹烯、松油醇、香柠檬烯、没药烯和姜黄烯等。

【重要药用植物】（main medicinal plants）

紫金牛 ***Ardisia japonica***（**Thunb.**）**Blume** 常绿小灌木。具匍匐生根的根茎，直立茎长约 30cm，不分枝。叶对生或近轮生，近革质，椭圆形至椭圆状倒卵形，边缘细锯齿，具腺点。花序近伞形，常具花 3～5；花萼基部连合；花瓣粉红色或白色，具密腺点。核果球形，熟时鲜红色，具腺点（**图 11-97**）。分布于陕西及长江流域以南各地区。干燥全草入药（矮地茶），能化痰止咳、清利湿热、活血化瘀。

朱砂根 ***Ardisia crenata*** **Sims.** 灌木。根肉质肥壮。茎除侧生特殊花枝外无分枝。叶片革质，椭圆状披针形，边缘具波状齿，边缘腺点明显。伞形花序或聚伞花序，着生于侧生特殊花枝顶端；花小，花萼仅基部连合，具腺点；花冠白色，盛开时反卷，具腺点。核果球形，熟时鲜红色，具腺点（**图 11-98**）。分布于长江流域及南方各地区。干燥根入药，能解毒消肿、活血止痛、祛风除湿。

图 11-97　紫金牛

1. 花枝；2. 果枝；3. 花；4. 花冠纵剖及雄蕊；5. 果实

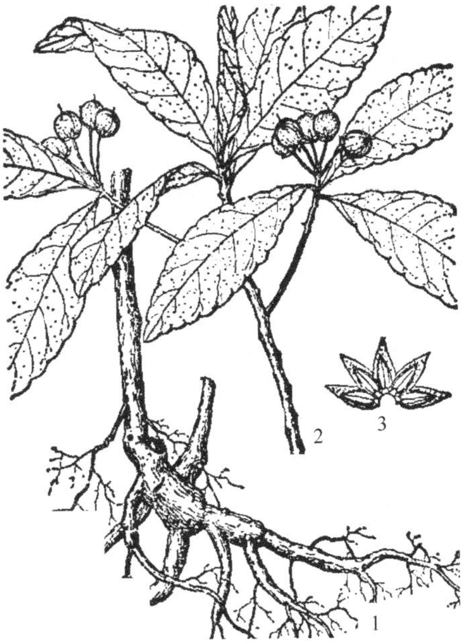

图 11-98　朱砂根

1. 根；2.果枝；3.花冠纵剖及雄蕊

本科还有百两金 ***Ardisia crispa*(Thunb.)A. DC.**、走马胎 ***A. gigantifolia* Stapf**、铁仔 ***Myrsine afriana* L.**和杜茎山 ***Maesa japonica*(Thunb.)Moritzi.**等植物可供药用。

43. 报春花科 Primulaceae ⚥ $*K_{(5),5}C_{(5),0}A_5\underline{G}_{(5:1:\infty)}$

多为**草本**，常有**腺点**。叶互生、对生、轮生或全部基生。花单生或组成总状、伞形或穗状花序；花两性，辐射对称；**花萼常 5 裂**，宿存；**花冠常 5 裂**；**雄蕊生于花冠管上，与花冠裂片同数且对生**；子房上位，1 室，花柱单一，**特立中央胎座**，配珠多数。**蒴果**。

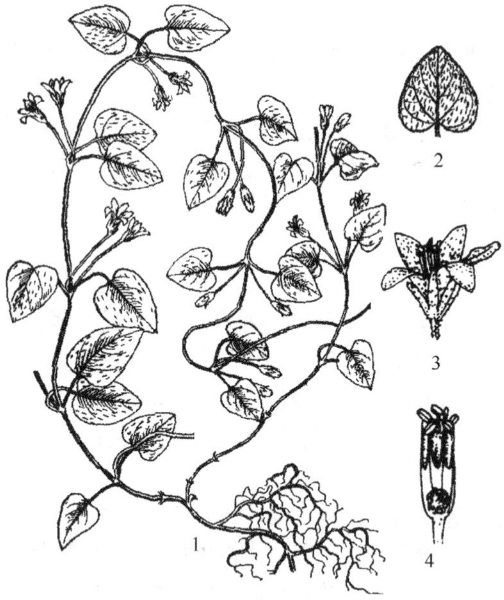

图 11-99　过路黄

1. 植株；2. 叶；3. 花；4. 花纵剖，示雄蕊和雌蕊

本科共 22 属 1000 余种植物，主要分布于北半球温带及山区。我国有 12 属 517 种，分布于全国各地，尤其是西部高原和山区，已知药用 119 种。

本科植物的活性成分主要有：①黄酮类：如金丝桃苷（hyperin）、黄芪苷（astragalin）和山柰酚（kaempferol）等；②三萜皂苷：如单条草苷（candidoside）和报春花皂苷（primulagenin）等。

【重要药用植物】（main medicinal plants）

过路黄 *Lysimachia christinae* Hance　多年生匍匐草本。茎柔弱，略带红色，匍匐地面，常在节上生根。叶对生，卵圆形，透光可见密布的透明腺条，干时腺条变黑色；花腋生，2 朵相对，具褐色无柄腺体；花冠黄色，具黑色长腺条。蒴果球形（**图 11-99**）。分布于长江流域及南部各省区。干燥全草入药（金钱草），能利湿退黄、利尿通淋、解毒消肿。

点地梅 *Androsace umbellata*（Lour.）Merr.　一年或二年生草本，被白色柔毛，主根不明显。叶基生，近圆形，边缘具三角状钝牙齿。伞形花序；花萼杯状，果期增大且呈星状展开；花冠白色，喉部黄色。蒴果近球形（**图 11-100**）。分布于全国各地。干燥全草入药，能清热解毒、消肿止痛。

本科还有**细梗香草 *Lysimachia capillipes* Hemsl.**、**灵香草 *L. foenum-graecum* Hance.**、**珍珠菜 *L. clethroides* Duby** 和**星宿菜 *L. fortunei* Maxim.**等植物可供药用。

图 11-100　点地梅

44. 木犀科 Oleaceae ⚥ $*K_{(4)}C_{(4)}A_2\underline{G}_{(2:2:2)}$

乔木或灌木，直立或攀缘。**叶对生，单叶**、三出复叶或羽状复叶。圆锥花序、聚伞花序或花簇生；**花多两性，辐射对称；花萼、花冠常 4 裂；雄蕊常 2 枚**，着生于花冠上；**子房上位**，2 心皮合生，**2 室**，每室胚珠常 2 枚；花柱 1，柱头 2 裂。核果、蒴果、浆果、翅果。

本科共 28 属 400 余种植物，主要分布于热带、亚热带及温带地区，尤其是亚洲。我国有 12 属 178 种，已知药用 89 种，分布于全国各地。

本科植物的活性成分主要有：①香豆素类：如秦皮苷（fraxin）、七叶树苷（aesculin）和秦皮乙素（esculetin）等；②苦味素类：如素馨苦素（jasminin）和丁香苦素（syringopicroside）等；③酚类：如连翘酚（forsythol）等；④木脂素类：如连翘苷（forsythin）、橄榄脂素（olivil）和异橄榄素（isoolivil）等。

【重要药用植物】(main medicinal plants)

连翘 ***Forsythia suspensa*** **(Thunb.) Vahl.** 落叶灌木。枝条常下垂，四棱，节间中空，节部实心。单叶或 3 裂至羽状三出复叶，卵形。花单生或 1～3 朵簇生于叶腋，先于叶开放；花冠黄色。蒴果木质，狭卵形，成熟时 2 裂，表面散生瘤状皮孔（图 **11-101**）。分布于东北、华北、华中、华东及西北等地，多栽培。干燥果实入药（连翘），能清热解毒、消肿散结、疏散风热。

女贞 ***Ligustrum lucidum*** **Ait.**常绿乔木。单叶对生，革质，卵形，全缘。圆锥花序顶生；花小，近无梗；花冠白色，漏斗状，先端 4 裂；雄蕊 2 枚；子房上位。核果矩圆形或近肾形，微弯曲，熟时红黑色，被白粉（图 **11-102**）。分布于长江流域及以南地区。干燥果实入药（女贞子），能滋补肝肾、明目乌发。

图 11-101　连翘

1. 枝条；2. 花枝；3. 花冠纵剖示雄蕊；4.果实

图 11-102　女贞

1. 果枝；2. 花；3. 果实

白腊树 ***Fraxinus chinensis*** **Roxb.** 落叶乔木。奇数羽状复叶，对生，小叶 5～7 枚，卵形，边缘有整齐锯齿。圆锥花序顶生或腋生枝梢；花雌雄异株；花萼钟状，不规则分裂；无花冠。翅果匙形（图 **11-103**）。分布于南北各地，多为栽培。干燥枝皮和干皮入药（秦皮），能清热燥湿、收涩止痢、止带、明目。药典收载作“秦皮”入药的植物还有**苦枥白蜡树** ***F. rhynchophylla*** **Hance**、**尖叶白蜡树** ***F. szaboana*** **Lingelsh.**和**宿柱白蜡树** ***F. stylosa*** **Lingelsh.**。

本科药典收载的药用植物还有**暴马丁香** ***Syringa reticulata*** **subsp.** ***amurensis*** **(Ruprecht) P. S. Green & M. C. Chang**。此外，**木犀（桂花）*****Osmanthus fragrans*** **Lour.**和**紫丁香** ***Syringa oblata*** **Lindl.**等植物可供药用。

45. 马钱科 Loganiaceae ⚥ $*K_{(4\sim5)}C_{(4\sim5)}A_{4\sim5}\underline{G}_{(2:2:2\sim\infty)}$

乔木、灌木、藤本或草本。**单叶对生**，稀轮生和互生，常为羽状脉，托叶极度退化。聚伞花序或再排成圆锥、伞形、伞房、总状或穗状花序，有时花单生或双生；花两性，辐射对称；**花萼、花冠 4～5 裂；雄蕊常着生于花冠管上，与花冠裂片同数**，且与其互生；子房上位，常 2 室，每室胚珠 2 至多颗。蒴果、浆果或核果。

本科共 28 属 550 余种植物，主要分布于热带、亚热带地区。我国有 8 属 54 种，已知药用 26 种，主要分布于西南地区。

图 1-103 白蜡树

1. 枝皮；2. 果枝及翅果；3. 雄花；4. 雌花

本科植物的活性成分主要有：①吲哚类生物碱：如马钱子碱（brucine）、番木鳖碱（strychnine）、钩吻碱（gelsemine）和马瓦箭毒素（mavacurine）等；②黄酮类：如密蒙花苷（linarin）和醉鱼草苷（buddleoside）等；③环烯醚萜苷类苦味成分：如番木鳖苷（loganin）、毛柳苷（salidroside）和马钱子苷（cuchiloside）等。

【重要药用植物】（main medicinal plants）

马钱 ***Strychnos nux-vomica* Linn.** 乔木。叶对生，宽椭圆形至卵形，基出3～5脉。圆锥状聚伞花序腋生；花5数；花萼外面密被短柔毛；花冠绿白色，后变白色。浆果圆球状，熟时橘黄色；种子扁圆盘状，表面灰黄色，密被银色绒毛（**图 11-104**）。原产于印度、斯里兰卡、泰国、缅甸、老挝等地，我国广东、广西、海南、福建、台湾、云南等地有引种栽培。干燥种子入药（马钱子），能通络止痛、散结消肿。

密蒙花 ***Buddleja officinalis* Maxim.** 常绿灌木。小枝、叶背、叶柄和花序密被灰白色星状短绒毛。单叶对生，狭椭圆形。聚伞圆锥花序顶生；花多而密集，花梗极短；花冠紫堇色，后变白色或淡黄白色，喉部橘黄色，花冠管内面黄色。蒴果椭圆状，基部有宿存花被（**图 11-105**）。分布于西北、西南和中南等地。干燥花蕾和花序入药（密蒙花），能清热泻火、养肝明目、退翳。

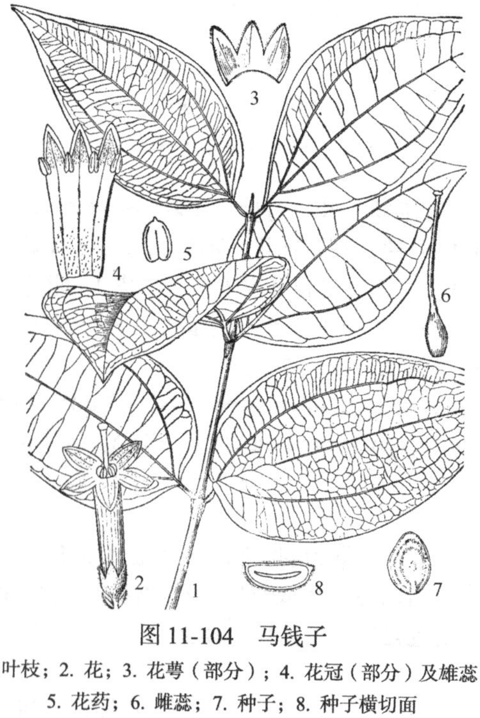

图 11-104 马钱子

1. 叶枝；2. 花；3. 花萼（部分）；4. 花冠（部分）及雄蕊；5. 花药；6. 雌蕊；7. 种子；8. 种子横切面

图 11-105 密蒙花

1. 花枝；2. 花及小苞片；3. 花萼、花冠展开示雄蕊、雌蕊；4. 子房横切及胚珠

本科还有钩吻（胡蔓藤）*Gelsemium elegans*（Gardner et Champ.）Benth.、醉鱼草 *Buddleja lindleyana* Fortune 和蓬莱葛 *Gardneria multiflora* Makino 等植物可供药用。

46. 龙胆科 Gentianaceae ⚥ $*K_{(4\sim5)}C_{(4\sim5)}A_{4\sim5}\underline{G}_{(2:1:\infty)}$

草本。茎直立或斜升，有时缠绕。**单叶对生**，**全缘**，无托叶。聚伞花序或单生花；花常两性，辐射对称，常 **4～5 数**；花萼筒状；花冠合瓣、漏斗状或辐状，裂片向右旋转状排列；雄蕊生于花冠管上，与花冠裂片同数且互生；**子房上位**，**2 心皮**，**1 室**，侧膜胎座。**蒴果 2 瓣裂**。

本科共 80 属 700 余种植物，主要分布于北半球温带和寒温带地区。我国有 22 属 427 种，已知药用 109 种，主要分布于西南地区。

本科植物的活性成分主要有：①环烯醚萜及裂环烯醚萜类：为本科特征成分之一，如龙胆苦苷（gentiopicroside）、当药苷（sweroside）和当药苦苷（swertiamarin）等；②□山酮类：也是本科的特征成分，如龙胆□山酮（gentisin）和当药□山酮（swertianin）等；③黄酮及其苷类：如当药黄素（swertisin）、异牡荆素（isovitexin）和异荭草素（homoorientin）等；④生物碱类：如龙胆碱（gentianine）、龙胆次碱（gentianidine）和龙胆碱丙（gentianal）等。

【重要药用植物】（main medicinal plants）

龙胆 ***Gentiana scabra*** **Bunge** 多年生草本。根茎平卧或直立，具多数粗壮、略肉质的须根。单叶，对生，卵形，脉 3～5 条，无柄。花簇生枝顶和叶腋；花冠蓝紫色，钟形，先端 5 裂，裂片间有副裂片；雄蕊 5 枚，花丝基部有阔翅；花柱短，柱头 2 裂，子房上位，1 室。蒴果长圆形。种子有翅（**图 11-106**）。分布于除西藏外的大部分地区。干燥根及根茎入药（龙胆），能清热燥湿、泻肝胆火。药典收载作“龙胆”入药的植物还有**条叶龙胆** ***G. manshuric*** **Kitag.**、**三花龙胆** ***G. triflora*** **Pall.**和**坚龙胆** ***G. rigesceras*** **Franch.**。前三种习称“龙胆”，后一种习称“坚龙胆”。

图 11-106　龙胆
1. 根及植株下部；2. 茎中部叶；3. 花枝；4. 花萼纵剖；5. 花冠纵剖示雄蕊

秦艽 ***Gentiana macrophylla*** **Pall.** 多年生草本。基部被枯存的纤维状叶鞘包裹。须根多条，扭结成一个圆柱形的根。茎生叶对生，基生叶簇生，椭圆状披针形，叶脉 3～5 条。花多数，无梗，簇生枝顶呈头状或腋生作轮状；花冠筒状，冠檐蓝紫色，先端 5 裂；雄蕊 5 枚；子房无柄，花柱短，柱头 2 裂。蒴果矩圆形。种子红褐色，矩圆形（**图 11-107**）。分布于西北、华北、东北等地及四川。干燥根入药（秦艽），能祛风湿、清湿热、止痹痛、退虚热。药典收载作“秦艽”入药的植物还有**麻花秦艽** ***G. straminea*** **Maxim.**、**粗茎秦艽** ***G. crassicaulis*** **Duthie ex Burk.**和**小秦艽** ***G. dahurica*** **Fisch.**。前三种按性状不同分别习称“秦艽”和“麻花艽”，后一种习称“小秦艽”。

青叶胆 ***Swertiamileensis*** **T. N. Ho et W. L. Shi** 一年生草本。主根棕黄色。茎直立，四棱形，具窄翅，下部常紫色。叶对生，条形，无柄。圆锥状聚伞花序有花多数，开展，侧枝生单花；花 4 数；花冠黄色，深裂，裂片卵状披针形，内侧基部具 2 杯状腺窝；雄蕊 4 枚。蒴果长椭圆形（**图 11-108**）。分布于云南南部。干燥全草入药（青叶胆），能清肝利疸、清热利湿。

本科药典收载的药用植物还有瘤毛獐牙菜 *Swertia pseudochinensis* Hara、紫红獐牙菜 *S. punicea* Hemsl.和红花龙胆 *Gentiana rhodantha* Franch.。此外，双蝴蝶 *Tripterospermum chinense*（Migo）H. Smith 和睡菜 *Menyanthes trifoliata* L.等植物可供药用。

图 11-107 秦艽

1. 植株；2. 花冠纵剖示雄蕊；3. 花萼；4. 雌蕊

图 11-108 青叶胆

1. 植株；2. 花纵剖示雄蕊及雌蕊

47. 夹竹桃科 Apocynaceae $\text{⚥}*K_{(5)}C_{(5)}A_5\underline{G}_{2:1:1\sim\infty,(2:1\sim2:1\sim\infty)}$

木本或草本，**具乳汁或水液**。**单叶对生或轮生**，**全缘**，常无托叶或退化成腺体。花单生或组成聚伞花序；花两性，辐射对称；**花萼基部合生**成筒状或钟状，常 **5 裂**，基部内面通常有腺体；花冠高脚碟状、漏斗状、坛状或钟状，5 裂，裂片旋转状排列，**花冠喉部通常有副花冠**或鳞片或膜质或毛状**附属体**；雄蕊 5 枚，生于花冠筒上或喉部，花药长圆形或箭头状；子房上位，2 心皮，分离或合生，1～2 室，中轴胎座或侧膜胎座，含 1 至多数胚珠；**子房基部有**环状、杯状或舌状**花盘**。**果实常为 2 个双生的蓇葖果**，有时为浆果或核果。**种子一端有毛**（**彩图 11**）。

本科共 250 属 2000 余种植物，主要分布于热带、亚热带地区，少数在温带地区。我国有 46 属 176 种，已知药用 95 种，主要分布于长江以南各地区及台湾等沿海岛屿，少数分布于北部及西北部。

本科植物的活性成分主要有：①吲哚类生物碱：为本科特征成分之一，如利血平（reserpine）、长春碱（vinblastine）和蛇根碱（serpentine）等；②强心苷类：也是本科的特征成分，如黄夹苷（thevetin）和毒毛花苷（strophanthin）等；③环烯醚萜类：如鸡蛋花素（plumericin）和黄蝉花素（allamdin）等。

【重要药用植物】（main medicinal plants）

罗布麻 ***Apocynum venetum*** **L.** 多年生草本或亚灌木，具乳汁。枝条常对生，略带红色。单叶对生，卵状披针形，边缘细锯齿，叶柄间有腺体。花萼 5 深裂；花冠钟形，粉红色，花冠筒基部有副花冠；雄蕊着生于花冠筒基部且与副花冠裂片互生；花药箭头状；花盘环绕子房。蓇葖果双生，细长，圆筒状。种子顶端有白色绢质毛（**图 11-109**）。分布于西北、华北、华东及东北等地。干燥叶入药（罗布麻叶），能平肝安神、清热利水。

络石 ***Trachelospermum jasminoides*** **（Lindl.）Lem.** 常绿木质藤本。具乳汁。叶对生，椭圆形，下面有短柔毛，叶柄内侧有钻形腺体。花萼 5 深裂，反卷；花冠白色，高脚碟状，中部膨大，裂片 5，向右覆盖；雄蕊 5 枚，不伸出花筒；花盘环状 5 裂，与子房等长。蓇葖果叉生。种子顶端有毛（**图 11-110**）。分布于华北、华南、华东和华中等地。干燥带叶藤茎入药（络石藤），能祛风通络、凉血消肿。

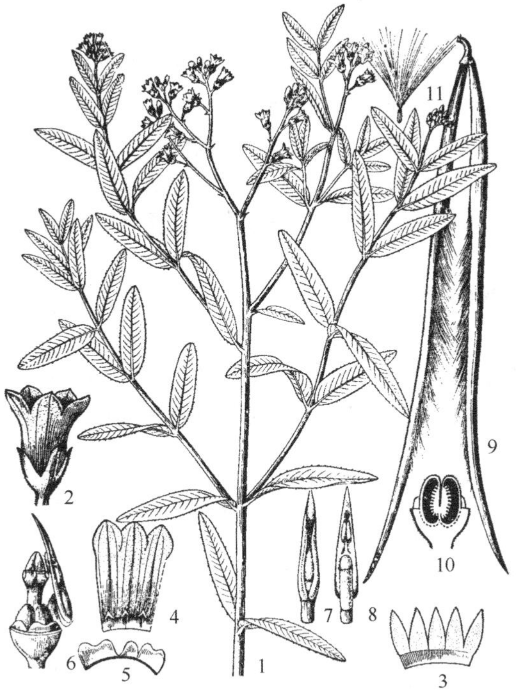

图 11-109　罗布麻

1. 花枝；2. 花；3. 花萼展开；4. 花冠（部分）及副花冠；5. 花盘展开；6. 雄蕊及雌蕊；7. 雌蕊背面；8. 雌蕊腹面；9. 蓇葖果；10. 子房纵切；11. 种子

图 11-110　络石

1. 花枝；2. 花蕾；3. 花；4. 蓇葖果；5. 种子

本科还有**萝芙木** ***Rauvolfia verticillata*（Lour.）Baill.**、**长春花** ***Catharanthus roseus*（L.）G. Don**、**夹竹桃** ***Nerium indicum* Mill.**、**黄花夹竹桃** ***Thevetia peruviana*（Pers.）K. Schum.**和**杜仲藤** ***Parabarium micranthum*（A. DC.）Pierre** 等植物可供药用。

48. 萝藦科 Asclepiadaceae ⚥ $*K_{(5)}C_{(5)}A_{(5)}\underline{G}_{2:1:\infty}$

草本、藤本或灌木。**有乳汁**。**单叶对生**，全缘，无托叶；**叶柄顶端常有**丛生的**腺体**。常为聚伞花序；花两性，辐射对称，5 数；花萼筒短，裂片重覆瓦状或镊合状排列，内面通常有腺体；**花冠常辐状或坛状**，裂片覆瓦状或镊合状排列；副花冠常 5 枚，着生于花冠筒上、雄蕊背部或合蕊冠上；雄蕊与雌蕊贴生成中心柱（称**合蕊柱**）；花丝合生成一个有蜜腺的筒（称**合蕊冠**），或花丝离生；花粉常黏合成外包薄膜的**花粉块**，并通过花粉块柄连接在着粉腺上，每花药常有 2 或 4 个花粉块，或花粉形成颗粒状的四合花粉，承载于匙形的载粉器上，载粉器下有一载粉器柄，通过基部黏盘黏于柱头上；稀雄蕊离生；**子房上位**，**心皮 2**，**离生**，柱头基部具五棱，顶端各式。**蓇葖果**纺缍形，常**双生**。**种子具种缨**（**丝状毛**）。

本科共 180 属 2200 余种植物，主要分布于热带地区。我国有 45 属 245 种，已知药用 112 种，分布于全国各地，尤其是西南和东南部地区。

本科植物的活性成分主要有：①强心苷类：如马利筋苷（asclepin）、杠柳毒苷（periplocin）和牛角瓜苷（calotropin）等；②甾体皂苷类：主要为 C_{21} 甾体皂苷，皂苷元有萝藦苷元（metaplexigenin）和开德苷元（kidjolanin）等；③生物碱类：如娃儿藤碱（tylocrebrine）和安托芬（antofine）等。

本科与夹竹桃科相近。两科植物均有副花冠和蓇葖果，种子均具毛，叶对生，有乳汁。区别在于本科常有合蕊冠和合蕊柱，花粉形成四合花粉或花粉块，在叶柄的顶端常有丛生的腺体，而夹竹桃科没有合蕊柱和花粉块，腺体存在于叶腋内或叶腋间。

【重要药用植物】（main medicinal plants）

白薇 ***Cynanchum atratum*** **Bunge** 多年生直立草本。茎密被细柔毛。有乳汁。须根系，有香气。叶对生，卵状椭圆形，两面被白色绒毛。伞形状聚伞花序；花深紫色；花萼外面有绒毛，内面基部有小腺体 5 个；花冠辐状；副花冠裂片盾形；花约 2 室，每室 1 枚花粉块。蓇葖果单生，纺缍形。种子顶端具白色毛（**图 11-111**）。分布于全国各地。干燥根和根茎入药（白薇），能清热凉血、利尿通淋、解毒疗疮。药典收载作"白薇"入药的植物还有**蔓生白薇** ***C. versicolor*** **Bunge**。

柳叶白前 ***Cynanchum stauntonii*** **（Decne.）Schltr. ex Levl.** 直立半灌木。根茎细长，节丛生须根。叶对生，狭披针形。伞形聚伞花序腋生；花萼 5 深裂，腺体不多；花冠紫红色，辐状；副花冠裂片盾状。蓇葖果单生（**图 11-112**）。分布于华东及南部地区。干燥根及根茎入药（白前），能祛痰止咳、泻肺降气。药典收载作"白前"入药的植物还有**芫花叶白前** ***C. glaucescens*** **（Decne.）Hand.-Mazz.**。

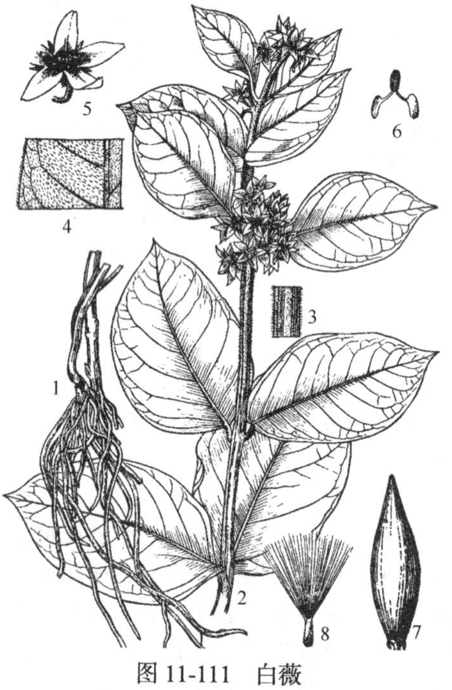

图 11-111　白薇

1. 根；2. 花枝；3. 茎（部分）示毛茸；4. 叶背（部分）示毛茸；5. 花；6. 花粉器；7. 蓇葖果；8. 种子

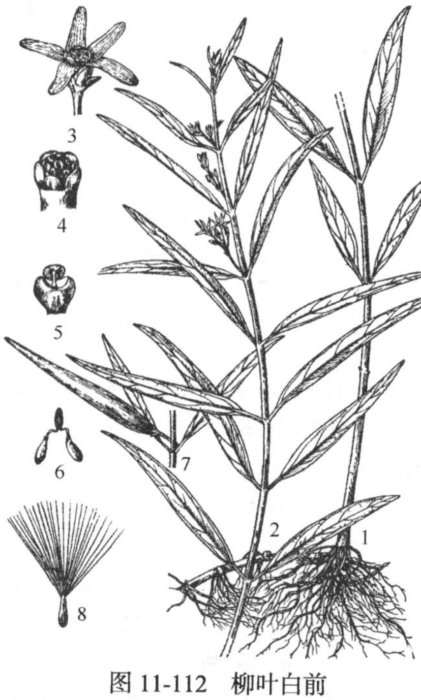

图 11-112　柳叶白前

1. 根及茎；2. 花枝；3. 花；4. 合蕊柱及副花冠；5. 雄蕊；6. 花粉器；7. 蓇葖果；8. 种子

杠柳 ***Periploca sepium*** **Bunge** 落叶蔓性灌木，有乳汁。小枝通常对生。叶卵状长圆形，全缘，对生，近革质。聚伞花序腋生；花冠紫红色，辐状，裂片反卷；副花冠环状，10 裂，其中 5 裂片延伸呈丝状向里弯曲；雄蕊合生在副花冠内面，花药粘连并与柱头贴生，四合花粉，藏于匙形载粉器内，黏盘黏在柱头上。蓇葖果双生，羊角状。种子顶端具白色绢质毛（**图 11-113**）。分布于长江以北及西南各地。干燥根皮入药（香加皮或北五加皮），能祛风止痛、利水消肿、强心。

本科还有**通关藤** ***Marsdenia tenacissima*** **（Roxb.）Wight et Arn.**、**徐长卿** ***Cynanchum paniculalum*** **（Bunge）Kitagawa**、**白首乌** ***C. bungei*** **Decne.**、**萝藦** ***Metaplexis japonica*** **（Thunb.）**

Makino、马利筋 ***Asclepias curassavica*** **L.**和娃儿藤 ***Tylophora ovata***（**Lindl.**）**Hook. ex Steud.**等植物可供药用。

49. 旋花科　Convolvulaceae ⚥ $*K_5C_{(5)}A_5\underline{G}_{(2:1\sim4:1\sim2)}$

常为**草质缠绕藤本**，常含**乳汁**。**单叶互生**，全缘或分裂，无托叶。花单生于叶腋或组成腋生聚伞花序；花两性，辐射对称，5 数；花萼宿存；**花冠为漏斗状**、**钟状**、**高脚碟状**或**坛状**，开放前呈旋转状；雄蕊着生在花冠管上，与花冠裂片等数且互生；**子房上位**，常被环状或杯状的花盘包围，**2 心皮合生成**1～2 室，有时由假隔膜隔成 4 室，每室胚珠 1～2 颗。常为**蒴果**。

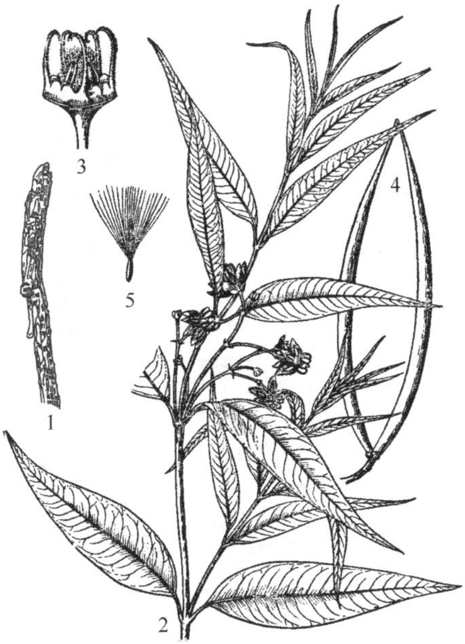

图 11-113　杠柳

1. 根皮；2. 花枝；3. 去除花冠的花及副花冠、花药；4. 蓇葖果；5. 种子

本科共 56 属 1800 种以上，主要分布于美洲和亚洲的热带、亚热带。我国有 22 属 125 种，已知药用 54 种，南北均有，尤其是西南和华南地区。

本科植物的活性成分主要有：①生物碱类：如丁公藤甲素、苦参碱（matrine）和甲基金雀花碱（methylcytisine）等；②香豆素类：丁公藤乙素和东莨菪素（scopoletin）等；③黄酮类：如金丝桃苷（hyperoside）、紫云英苷（astragalin）和槲皮素（quercetin）等；④木脂素类：如菟丝子苷（cuscutoside）和新菟丝子苷（neocuscutosside）。

图 11-114　牵牛

1. 花枝；2. 叶；3. 花；4. 果实

【重要药用植物】（**main medicinal plants**）

牵牛（裂叶牵牛） ***Pharbitis nil***（**L.**）**Choisy.** 一年生缠绕草本，全株被柔毛及硬毛。叶宽卵形或近圆形，深或浅的 3 裂。单花生叶腋或 2～3 朵生于花梗顶端；花冠漏斗状，蓝紫色或紫红色；雄蕊及花柱内藏。蒴果近球形。种子卵状三棱形，黑褐色或米黄色，被褐色短绒毛（**图 11-114**）。分布于我国大部分地区，栽培或野生。干燥种子入药（牵牛子），能泻水通便、消痰涤饮、杀虫攻积。药典收载作“牵牛子”入药的植物还有**圆叶牵牛** ***P. purpurea***（**L.**）**Voisgt**。

菟丝子 ***Cuscuta chinensis*** **Lam.** 一年生缠绕性寄生草本。茎纤细，黄色，多分枝。叶退化为鳞片状。花簇生成小伞形或小团伞花序；花冠白色，壶形，裂片三角状卵形，向外反折，宿存。蒴果球形，几乎全为宿存的花冠所包围。种子淡褐色，卵形（**图 11-115**）。干燥种子入药（菟丝子），能补益肝肾、固精缩尿、安胎、明目、止泻；外用可消风祛斑。药典收载作“菟丝子”入药的植物还有**南方菟丝子** ***C. australis*** **R. Br.**。

本科还有**丁公藤** ***Erycibe obtusifolia*** **Benth.**、**光叶丁公藤** ***E. schmidtii*** **Craib**、**马蹄金** ***Dichondra repens*** **Forst.**和**番薯** ***Ipomoea batatas***（**L.**）**Lam.**等植物可供药用。

50. 紫草科 Boraginaceae ⚥ $*K_{(5)}C_{(5)}A_5\underline{G}_{(2:2\sim4:1\sim2)}$

多为**草本**，常密**被粗硬毛**。**单叶**，多**互生**，常全缘，无托叶。多为**单歧聚伞花序**；花两性，多辐射对称；萼片 5，基部至中部合生，多宿存；花冠辐状、钟状、管状、漏斗状或高脚碟状，

图 11-115　菟丝子

1. 花枝；2. 果枝；3. 花序；4. 花冠展开示雄蕊；5. 果实（外被宿存花冠）

喉部常有附属物；雄蕊 5 枚，着生于花冠管上；**上位子房，2 心皮，2 室，每室 2 胚珠**，有时子房深 4 裂成 4 室，每室 1 胚珠，花柱生于子房顶部或 4 裂子房的基部。核果或 4 枚小坚果。

本科共 100 属 2000 种，主要分布于温带和热带地区，地中海区域为其分布中心。我国有 48 属 269 种，已知药用 62 种，分布于全国各地，尤其是西南部。

本科植物的活性成分主要有：①萘醌类色素：为本科特征成分，如紫草素（shikonin）和阿卡宁（alkannin）等；②吡咯里西啶类生物碱：如刺凌德草碱（echinatine）、天芥菜碱（heliotridine）和大尾摇碱（indicine）等；③单萜苯酚及苯醌类：如紫草呋喃（shikonofura）和软紫菜草呋喃萜酮（amebifuranone）等。

【重要药用植物】（main medicinal plants）

新疆紫草（软紫草）*Arnebia euchroma*（Royle）Johnst.多年生草本。全株被白色或淡黄色长硬毛。根粗壮，富含紫色物质。茎 1～2 条，仅上部花序分枝，基部有残存叶基形成的茎鞘。叶无柄，两面被硬毛；基生叶线形，基部扩展成鞘状；茎生叶披针形，较小，无鞘状基部。镰状聚伞花序；花冠深紫色。小坚果宽卵形（**图 11-116**）。分布于新疆及西藏西部地区。干燥根入药（紫草），能清热凉血、活血解毒、透疹消斑。药典收载作“紫草”入药的植物还有**内蒙紫草 *A. guttata* Bunge**。

紫草 *Lithospermum erythrorhizon* Sieb. et Zucc.多年生草本。根富含紫色物质，全株被白色糙毛。叶无柄，卵状披针形。聚伞花序生枝顶；花冠白色，喉部有半球形附属物。小坚果卵球形。干燥根入药（硬紫草），功效同软紫草。

本科还有**滇紫草 *Onosma paniculatum* Bur. et Fr.**、**露蕊滇紫草 *O. exsertum* Hemsl.**、**密花滇紫草 *O. confertum* W. W. Smith**、**细花滇紫草 *O. hookeri* Clarke** 和**长花滇紫草 *O. hookeri* Clarke var. *longiflorum* Duthie ex Stapf** 等植物可供药用。

图 11-116　新疆紫草

1. 植株下部及根；2. 花序；3. 花

51. 马鞭草科 Verbenaceae $⚥\uparrow K_{(4\sim5)}C_{(4\sim5)}A_{4,2}\underline{G}_{(2:2\sim4:1\sim2)}$

常为灌木或乔木，常具**特殊气味**。单叶或复叶，常对生，无托叶。多为聚伞、总状、穗状、伞房状聚伞或圆锥花序，顶生或腋生；**花两性，常两侧对称**；花萼 4～5 裂，宿存；**花冠 4～5 裂**，常**二唇形**或高脚碟形；**雄蕊**多为 **4 枚**，常 **2 强**，着生于花冠管上；花盘常不显著；**子房上位**，2 心皮合生，2 或 4 室，有时因假隔膜而分为 4～10 室，每室有 2 胚珠，或因假隔膜而每室有 1 胚珠；**花柱顶生**。核果或蒴果。

本科共 80 属 3000 余种，主要分布于热带和亚热带地区。我国有 21 属 175 种，已知药用 101 种，主要分布于长江以南地区。

本科植物的活性成分主要有：①环醚烯萜苷：如龙胆苦苷（gentiopicroside）、马鞭草苷（verbenalin）和桃叶珊瑚苷（aucubin）等；②二萜类：如海州常山苦素（clerodendrin）；③三萜类：如马樱丹酸（lantanolic acid）和赪桐酮（clerodone）等；④生物碱：如蔓荆子碱（vitricin）和臭梧桐碱（trichotomine）；⑤黄酮类：如黄荆素（vitexicarpin）、芹菜素（apigenin）和荭草素（orientin）等。

【重要药用植物】（main medicinal plants）

马鞭草 ***Verbena officinalis*** **L.** 多年生草本。茎方形。叶对生，卵圆形，基生叶边缘常有粗锯齿或缺刻，茎生叶多三深裂，裂片边缘有不整齐锯齿，两面匀有硬毛。穗状花序细长，顶生和腋生；花小，无柄；花冠淡紫色至蓝色，略二唇形；子房 4 室。果干燥包藏于萼内，成熟后 4 瓣裂为 4 枚小坚果（**图 11-117**）。全国各地均有分布。干燥地上部分入药（马鞭草），能活血散淤、解毒、利水、退黄、截疟。

蔓荆 ***Vitex trifolia*** **L.** 落叶灌木，有香气。小枝四方形，密被细柔毛。掌状三出复叶，小叶片卵形或倒圆形，全缘，叶背密被灰白色绒毛。圆锥花序顶生；花冠淡紫色，二唇形；二强雄蕊；子房无毛，密生腺点。核果近圆形，成熟时黑色；果萼宿存，外被灰白色绒毛（**图 11-118**）。分布于福建、江西、台湾、广西、广东和海南等地。干燥果实入药（蔓荆子），能疏散风热、清利头目。药典收载作“蔓荆子”入药的植物还有**单叶蔓荆** ***V. trifolia*** **L. var.** ***simplicifolia*** **Cham.**。

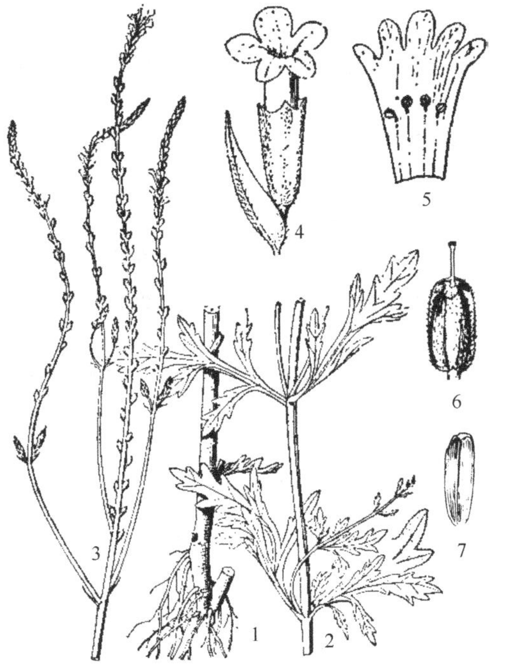

图 11-117　马鞭草

1. 植株下部及根；2. 茎及叶；3. 花序；4. 花；5. 花冠纵剖示 2 强雄蕊；6. 雄蕊及雌蕊；7. 小坚果

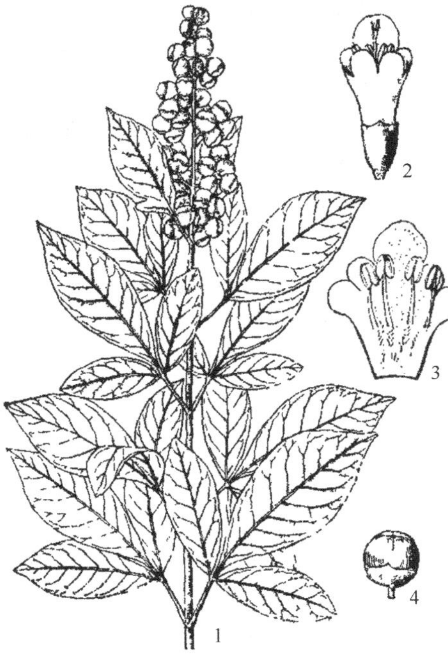

图 11-118　蔓荆

1. 果枝；2. 花；3. 花冠纵剖示 2 强雄蕊；4. 果实

本科还有**牡荆** ***Vitex negundo*** **L. var.** ***cannabifolia*** **（Sieb. et Zucc.）Hand.-Mazz.**、**黄荆** ***V. negundo*** **L.**、**大叶紫珠** ***Callicarpa macrophylla*** **Vahl.**、**广东紫珠** ***C. kwangtungensis*** **Chun**、**杜虹花** ***C. formosana*** **Rolfe**、**海州常山** ***Clerodendrum trichotomum*** **Thunb.**和**马缨丹** ***Lantana camara*** **L.** 等植物可供药用。

52. 唇形科 Labiatae $⚥\uparrow K_{(5)}C_{(5)}A_{4,2}\underline{G}_{(2:4:1)}$

草本，稀灌木，全株常**含挥发油而呈芳香气**，表皮**常具腺毛或非腺毛**。**茎常呈四棱形**，枝条常对生或轮生。**叶常为单叶**，稀羽状复叶，**对生**或偶为轮生及互生，叶缘全缘或各种锯齿，或浅裂至深裂。**轮伞花序**或其他轮状聚伞花序，有时再集成穗状、总状、圆锥状或头状花序；花两性，**两侧对称**；**花萼宿存**，合生而常呈 5 齿裂，常**二唇形**；**花冠合瓣**，常**二唇形**，**5 裂**（上唇 2 裂，下唇 3 裂），稀为单唇形（无上唇，下唇 5 裂）或假单唇形（上唇 2 裂较短，下唇 3 裂）；**雄蕊**着生于花冠管上而与花冠裂片互生，常 **4 枚**，**2 强**，有时退化为 2 枚；常具肉质下位花盘；**子房上位**，2 心皮合生，常**深裂成假 4 室**，每室胚珠 1 枚，**花柱常着生于 4 裂子房的间隙基部**。**果实由 4 枚小坚果组成（彩图 12）**。

本科共 220 余属，约 3500 余种；广布于世界各地，尤其是地中海及中亚地区。我国有 99 属 800 余种，已知药用 437 种（71 变种、9 变型），分布于全国各地。

本科植物的活性成分有：①二萜类化合物：为本科主要特征成分之一，如鼠尾草属的丹参酮（tanshinone）、隐丹参酮（cryptotanshinone）和异丹参酮（isotanshinone）等，香茶菜属的冬凌草素（oridonin）和延命草素（enmein）等；②挥发油：油中主要成分为桉油精（cineole）、柠檬烯（limonene）、芳樟醇（linalool）、龙脑（borneol）和樟脑（camphor）等；③黄酮类化合物：黄芩苷（baicalin）和黄芩素（scutellarein）等；④生物碱：益母草碱（leonurine）和水苏碱（stachydrine）等；⑤昆虫变态激素：筋骨草甾酮（ajugasterone）和促蜕皮甾酮（ecdysterone）等。

本科与马鞭草科相似，两者共同点主要表现在叶对生、花冠 2 唇形、2 强雄蕊、2 心皮雌蕊等；但马鞭草科多为木本，雌蕊的子房完整、花柱顶生，有时花冠为高脚蝶形，果为核果或蒴果；唇形科多为草本，叶表面常有腺鳞，轮伞花序，子房深 4 裂，花柱着生于 4 裂子房的间隙基部，小坚果。

唇形科部分植物分属检索表

1. 花冠单唇形或假单唇形。
  2. 花冠假单唇形，上唇很短，2 深裂或浅裂，下唇 3 裂，花冠管内有毛状环。根生叶丛生，全缘……………………………………………………………………………………**筋骨草属 *Ajuga***
  2. 花冠单唇形，下唇 5 裂，花冠管内平滑。叶有齿……………………**香科科属（草石蚕属）*Teucrium***
1. 花冠二唇形或整齐。
  3. 花萼唇形，有宽钝裂片，全缘；上萼片有盾状附属物，花冠上唇呈盔瓣 状………**黄芩属 *Scutellaria***
  3. 花萼常 4～5 裂，或二唇形，无附属物。
    4. 花冠下裂片为船形，比其他裂片长，不外折，上唇具 4 圆裂片，花冠管基部为囊状，聚伞花序组成圆锥花序或穗状花序……………………………………**香茶菜属 *Isodon*（*Rabdosia*）**
    4. 花冠下裂片不为船形。
      5. 花冠管包于花萼内，花柱顶端等分为 2 枚钻状裂片，单叶不分裂……………………**罗勒属 *Ocimum***
      5. 花冠管不包于花萼内。
        6. 花冠为明显的二唇形，有不相等的裂片，上唇盔瓣状、镰刀形或弧形等。
          7. 雄蕊 2 枚，药隔延长，线性，和花丝有关节相连……………………………**鼠尾草属 *Salvia***
          7. 雄蕊 4，花药卵形。
            8. 后对（上侧）雄蕊比前对（下侧）雄蕊长。
              9. 药室初平行，后叉开状；后对雄蕊下倾，前对雄蕊上升，两者交叉。茎粗大，直立。叶心状卵圆形。花序密穗状…………………………………………**藿香属 *Agastache***
              9. 药室初略叉开，以后平叉开。
                10. 后对雄蕊直立，前对雄蕊多少向前直伸。叶有缺刻或半裂……………………………………………………………………**裂叶荆芥属 *Schizonepeta***
                10. 4 枚雄蕊均上升。叶肾形或肾状心形，边缘有齿…………………**活血丹属 *Glechoma***
            8. 后对（上侧）雄蕊比前对（下侧）雄蕊短。

11. 萼二唇，果熟时闭合，上唇顶端截形，上部凹陷，有3短齿；轮伞花序排成假穗状 …………………………………………………… **夏枯草属 *Prunella***

11. 萼不为二唇，果熟时张开，上唇上部凹陷，轮伞花序不排成假穗状。

12. 小坚果倒卵形，顶端钝圆；花冠管内常有柔毛环，顶生假穗状花序 …………………………………………………… **水苏属 *Stachys***

12. 小坚果多少呈三角形，顶端平截。

13. 花冠上唇穹窿成盔状；萼齿顶端无刺。叶全缘或具齿牙 ……**野芝麻属 *Lamium***

13. 花冠上唇直立；萼齿顶端有刺。叶有裂片或缺刻 …………… **益母草属 *Leonurus***

6. 花冠近辐射对称；有上唇则扁平或略弯窿。

14. 雄蕊4，几相等，非2强雄蕊。

15. 能育雄蕊2，生前边，药室略叉开 ………………………… **地瓜儿苗属 *Lycopus***

15. 能育雄蕊4，药室平行 …………………………………………… **薄荷属 *Mentha***

14. 雄蕊2或2强雄蕊。

16. 能育雄蕊4 ……………………………………………………… **紫苏属 *Perilla***

16. 能育雄蕊2 ……………………………………………………… **石荠苎属 *Mosla***

【重要药用植物】（main medicinal plants）

丹参 *Salvia miltiorrhiza* Bunge. 多年生草本，全株被腺毛及长柔毛。根肉质肥厚，外皮砖红色。奇数羽状复叶，小叶 3～5，卵形或椭圆状卵形。轮伞花序6至多花，组成顶生或腋生的假总状花序；花萼钟形二唇状，带紫色；花冠蓝紫色，二唇形，上唇直立拱曲，2裂，下唇开展，3裂；雄蕊2枚，药隔伸长而呈杠杆状，使2药室分离，上端药室可育，下端药室退化，花丝与药隔相连处有关节。小坚果椭圆形（**图 11-119**）。全国大部分地区均有分布。干燥根及根茎入药（丹参），能活血祛瘀、通经止痛、清心除烦、凉血消痈。

图 11-119　丹参

1. 根；2. 茎及叶；3.花序；4. 花冠纵剖示雄蕊；5. 花萼纵剖示雌蕊

益母草 *Leonurus japonicus* Houtt. 一年生或二年生草本。茎方形，有倒向糙伏毛。叶形变化大，茎下部叶卵形，掌状三裂，裂片上再分裂；茎中部叶菱形，较小，常三裂成长圆状线形裂片；花序上的苞叶呈条状披针形，全缘或具稀少牙齿；叶柄自下而上渐短至无。轮伞花序圆形，腋生；花冠二唇形，粉红色至淡紫红色。小坚果矩圆状三棱形（**图 11-120**）。全国各地均有分布。干燥全草入药（益母草），能活血调经、利尿消肿、清热解毒；干燥果实入药（茺蔚子），能活血调经、清肝明目。

黄芩 *Scutellaria baicalensis* Georgi 多年生草本。茎基部伏地而多分枝。主根粗壮，断面黄色。叶坚纸质，披针形至条状披针形，全缘，下面密被下陷的腺点。总状花序顶生，花偏生于花序一侧；花冠紫色、紫红色至蓝紫色，花冠筒细长，近基部明显膝曲，上唇盔状而微裂，下唇3裂；2强雄蕊；花盘环状。小坚果卵圆形，具瘤（**图 11-121**）。分布于东北、华北及西北等地。干燥根入药（黄芩），能清热燥湿、泻火解毒、止血、安胎。

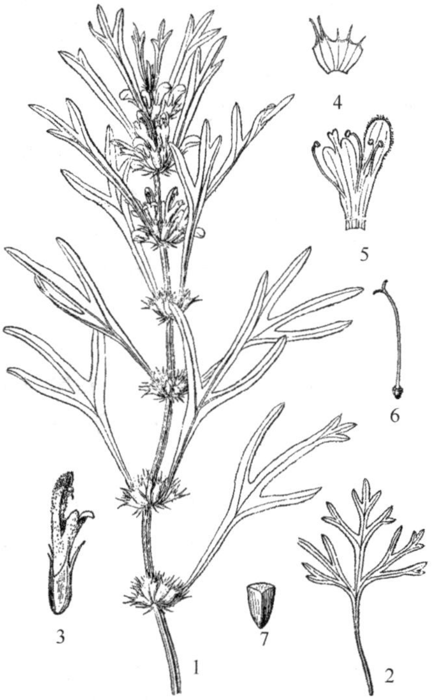

图 11-120　益母草

1. 植株上部及花序；2. 基部茎生叶；3. 花；4. 花萼纵剖；5.花冠纵剖示雄蕊和雌蕊；6. 雌蕊；7. 小坚果

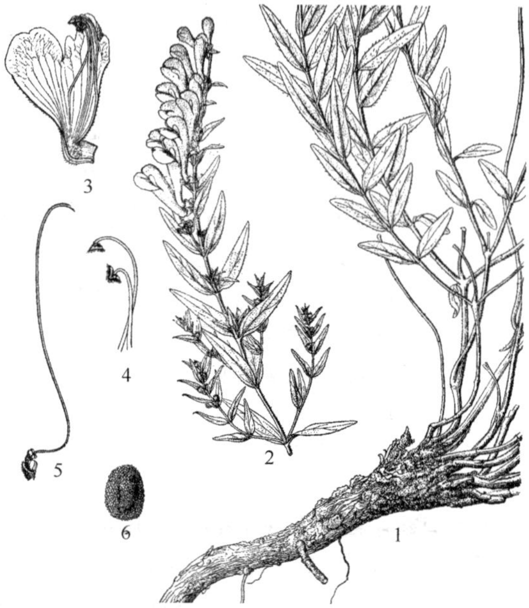

图 11-121　黄芩

1. 根及植株下部；2. 植株上部；3. 花冠纵剖；4. 雄蕊；5. 雌蕊；6. 小坚果

广藿香 ***Pogostemon cablin*（Blanco）Benth.** 多年生草本或半灌木。全株密被短柔毛，有芳香味。叶片圆形或阔卵形，边缘具不规则的齿裂。轮伞花序 10 至多花，密集成穗状，顶生或腋生；花冠紫色，二强雄蕊，外伸。小坚果椭圆形（**图 11-122**）。原产于菲律宾，我国台湾、海南、广东、广西及福建等地有栽培。干燥地上部分入药（广霍香），能芳香化浊、和中止呕、发表解暑。

薄荷 ***Mentha haplocalyx* Briq.** 多年生草本，有清凉浓香气。叶披针形至椭圆形，上面沿脉密生微柔毛，叶缘在基部以上疏生粗大的牙齿状锯齿。轮伞花序腋生，球形；花萼管状钟形；花冠淡紫色，4 裂，上唇裂片较大具 2 裂顶端，下唇 3 裂；雄蕊 4 枚，前对较长而伸出花冠外。小坚果卵球形，具小腺窝（**图 11-123**）。分布于全国各地。干燥地上部分入药（薄荷），能疏散风热、清利头目、利咽、透疹、疏肝行气。

紫苏 ***Perilla frutescem*（L.）Britt.** 一年生草本。茎被长柔毛，绿色或紫色。叶片圆形或宽卵形；两面绿色或紫色，或仅下面紫色；上面被疏柔毛，下面脉上被贴生柔毛；边缘在基部以上有粗锯齿。轮伞花序 2 花，再集成总状花序，顶生和腋生，花偏向一侧且密被长柔毛；花萼钟状，下部被长柔毛，有黄色腺点；花冠白色至紫红色，上唇微缺，下唇 3 裂。小坚果近球形，灰褐色，具网纹（**图 11-124**）。全国各地均有栽培。干燥果实入药（紫苏子），能降气化痰、止咳平喘、润肠通便。干燥叶或带嫩枝的叶入药（紫苏叶），能解表散寒、行气和胃。茎入药（紫苏梗），能理气宽中、止痛、安胎。

夏枯草 ***Prunella vulgaris* L.** 多年生草本。根茎匍匐，在节上生须根。茎上升，下部伏地，基部多分枝。叶卵圆形，大小不等。轮伞花序密集排列成顶生的假穗状花序，每一轮伞花序下承以宽心形苞片；花冠紫、蓝紫或红紫色，边缘具流苏状小裂片。小坚果矩圆状卵形（**图 11-125**）。分布于全国大部分地区。干燥果穗入药（夏枯草），能清肝泻火、明目、散结消肿。

图 11-122 广藿香

1. 花枝；2. 花冠纵剖示 2 强雄蕊

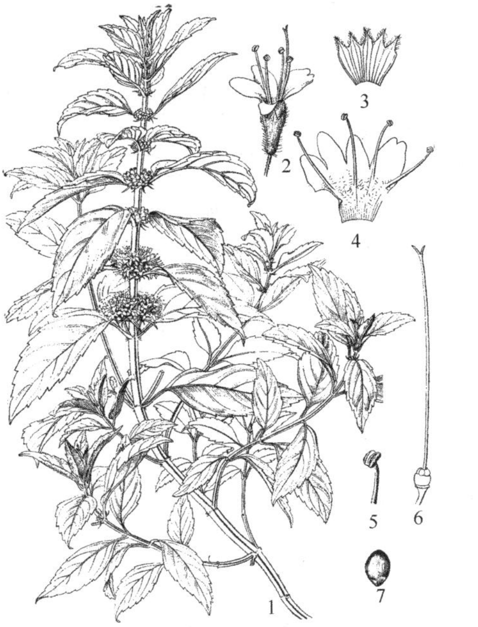

图 11-123 薄荷

1. 植株上部；2. 花；3. 花萼纵剖；4. 花冠纵剖示雄蕊；5. 雄蕊；6. 雌蕊；7. 小坚果

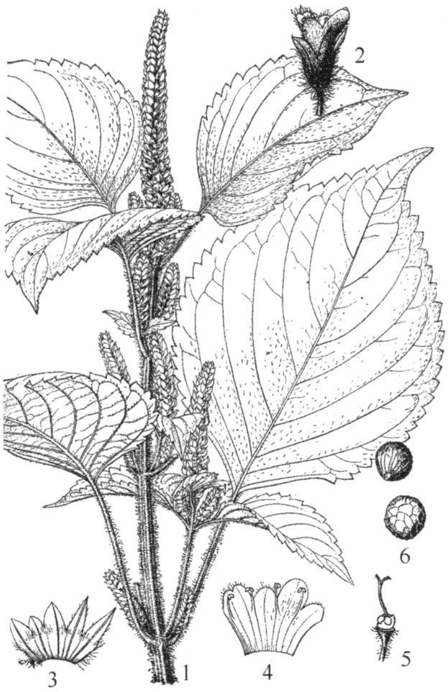

图 11-124 紫苏

1. 植株上部；2. 花；3. 花萼纵剖；4. 花冠纵剖示雄蕊；5. 雌蕊；6. 小坚果

图 11-125 夏枯草

1. 植株；2. 花及苞片；3. 花萼纵剖；4. 花冠纵剖示雄蕊；5. 雌蕊上部；6. 雌蕊；7. 小坚果

本科药典收载的其他药用植物见表 **11-12**。此外，香茶菜 ***Rabdosia amethystoides*** (**Benth.**) **Hara**、藿香（土藿香）***Agastache rugosa*** (**Fisch. et Mey.**) **O. Ktze.**、毛喉鞘蕊花 ***Coleus forskohlii***

（**Willd.**）**Briq.**、牛至 ***Origanum vulgare* L.**、罗勒 ***Ocimum basilicum* L.**、迷迭香 ***Rosmarinus officinalis* Linn** 和百里香 ***Thymus mongolicus* Ronn.**等也作药用。

表 11-12 《中国药典》2015 年版收载的唇形科其他药用植物

中文名	拉丁学名	药用部位	功效
碎米桠（冬凌草）	*Rabdosia rubescens*（Hemsl.）Hara	地上部分	清热解毒，活血止痛
半枝莲	*Scutellaria barbata* D.Don	全草	清热解毒，化瘀利尿
活血丹（连钱草）	*Glechoma longituha*（Nakai）Kupr.	地上部分	利湿通淋，清热解毒，散瘀消肿
毛叶地瓜儿苗（泽兰）	*Lycopus lucidus* Turcz. var. *hirtus* Regel	地上部分	活血调经，祛瘀消痈，利水消肿
荆芥	*Schizonepeta tenuifolia* Briq.	地上部分	解表散风，透疹，消疮
		花穗	解表散风，透疹，消疮
石香薷（青香薷）	*Mosla chinensis* Maxim.	地上部分	发汗解表，化湿和中
江香薷	*Mosla chinensis* 'Jiangxiangru'	地上部分	以香薷入药，功效同上
独一味	*Lamiophlomis rotate*（Benth.）Kudo	地上部分	活血止血，祛风止痛
灯笼草（断血流）	*Clinopodium polycephalum*（Vaniot）C.Y. Wu et Hsuan	地上部分	收敛止血
风轮菜（断血流）	*Clinopodium chinense*（Benth.）O.Kuntze	地上部分	以断血流入药，功效同上
筋骨草	*Ajuga decumbens* Thunb.	全草	清热解毒，凉血消肿

53. 茄科 Solanaceae $⚥*K_{(5)}C_{(5)}A_5\underline{G}_{(2:2:\infty)}$

草本或灌木，稀乔木。**叶互生**；全缘或分裂或为复叶；无托叶。花单生、簇生或排成伞房、伞形、聚伞等花序；**两性**或稀杂性，辐射对称；**花萼常 5 裂，宿存**，花后常增大；花冠钟状、漏斗状、辐状，裂片 5，镊合状或折叠式排列；**雄蕊 5**，着生于花冠的基部，**常与花冠裂片同数而互生**；子房上位，由 **2 心皮合生成 2 室**或假 4 室，每室胚珠多数，**中轴胎座**。**浆果或蒴果**。本科植物茎常具双韧型维管束。

本科约 80 属，3000 种，分布于温带至热带地区。我国有 26 属，107 种，全国各地均有分布，已知药用 25 属，84 种。

植物体内普遍含生物碱，包括：①吡啶型生物碱：如烟碱（nicotine）、胡芦巴碱（trigonelline）和石榴碱（pelletierine）等；②甾体生物碱：如龙葵碱（solanine）、蜀羊泉碱（soladulcine）、蜀羊泉次碱（soladulcidine）、澳茄碱（solasonine）和辣椒碱（solanocapsine）等；③莨菪烷型生物碱：如莨菪碱（hyoscyamine）、山莨菪碱（anisodamine）、东莨菪碱（scopolamine）和颠茄碱（belladonine）等。此外还有吡咯啶类、吲哚类、嘌呤类生物碱及多种黄酮类化合物。

【重要药用植物】（main medicinal plants）

宁夏枸杞 *Lycium barbarum* L.有刺粗壮灌木。主枝数条，分枝较密细长，披散或稍斜上，顶端常弯曲、下垂。单叶互生或在短枝上簇生；叶片披针形至卵状长圆形。花单生或 2～6 朵簇生于短枝的叶腋；花萼杯状，常 2 中裂；花冠漏斗状，粉红色或紫色，5 裂，花冠管部明显长于檐部裂片，裂片无毛；雄蕊 5 枚，花丝基部密生绒毛。浆果宽椭圆形或倒卵形，成熟时鲜红色（**图 11-126**）。分布于西北和华北地区，生于向阳潮湿沟岸及山坡。主产于宁夏和甘肃，青海和内蒙古也产，现已在我国中部及南部许多地区引种栽培。干燥果实入药（枸杞子），能滋补肝肾、益精明目；干燥根皮入药（地骨皮），能凉血除蒸、清肺降火。植物**枸杞 *L. Chinense* Mill.**的根皮作“地骨皮”入药，全国大部分地区有分布。

白花曼陀罗 *Datura metel* L.一年生粗壮草本。全株近无毛。茎圆柱形，呈二歧分枝。单叶互生，卵形至宽卵形，先端渐尖或锐尖，基部楔形，不对称，全缘或具稀疏锯齿。花单生于枝的分叉处或叶腋，直立；花萼圆筒状，无 5 棱角，先端 5 裂；花冠长漏斗状，白色，裂片 5，三角状，具 5 棱角；雄蕊 5 枚；子房不完全，4 室。蒴果斜生，近球形，表面疏生短粗刺，熟时 4 瓣裂，宿存的萼筒部分呈浅盘状。种子扁平，淡褐色（**图 11-127**）。分布于华东和华南地区，主产于江苏、浙江、广东、广西和福建等省，多为栽培。干燥花入药（洋金花），能平喘止咳、解痉定痛。有毒。洋金花为中药麻醉的主要药物，在制药工业上用为提取东莨菪碱的原料。

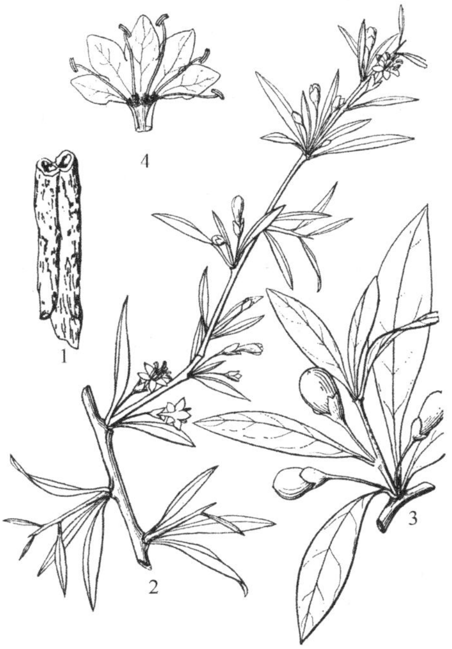

图 11-126　宁夏枸杞

1. 根皮；2. 花枝；3. 果枝；4. 花冠展开示雄蕊

图 11-127　白花曼陀罗

1. 花枝；2. 果枝；3. 花冠展开示雄蕊、雌蕊；4. 果实纵剖面；5. 种子

莨菪 ***Hyoscyamus niger*** **L.**　二年生草本。全株被黏性短腺毛或长柔毛，有特殊臭气，根粗壮，肉质。基生叶大，丛生；茎生叶互生，下部叶有柄，上部叶无柄，基部下延，抱茎，边缘具不规则的波状齿或羽状缺刻。花单生于叶腋，在茎上端聚集成顶生穗状聚伞花序；花萼筒状钟形，果时增大成壶状；花冠漏斗状，长约为花萼的一倍，黄色，有紫色网状脉纹。蒴果顶端盖裂，包于宿萼内。种子近圆盘形，淡黄棕色（**图 11-128**）。分布于我国华北、西北、西南和华东等地。干燥叶及干燥种子入药（天仙子），能解痉止痛、安神定喘，外用于疮毒痈肿。有大毒。莨菪为提取莨菪碱的原料。

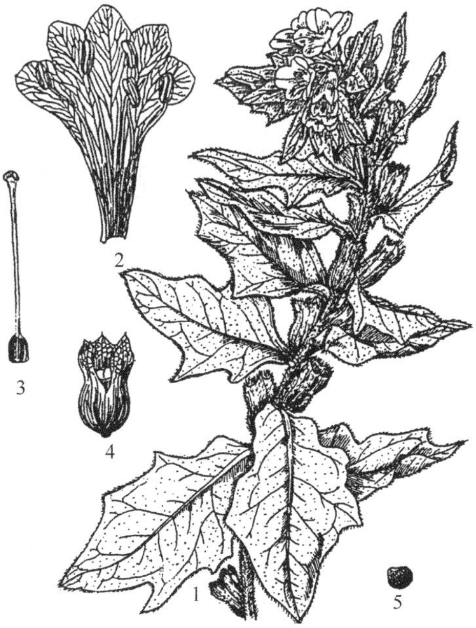

图 11-128　莨菪

1. 花枝；2. 花冠剖开示雄蕊；3. 雌蕊；4. 果实；5. 种子

本科药典收载的其他药用植物**还有颠茄（颠茄草）*Atropa belladonna* L.、漏斗泡囊草（华山参）*Physochlainna infudibularis* Kuang、酸浆（锦灯笼）*Physalis alkekengi* L.var. *franchetii*（Mast.）Mokino** 和**辣椒 *Capsicum frutescens* L.**。此外，山

莨菪（樟柳）***Anisodus tanguticus*（Maxim.）Pascher**、龙葵 ***Solanun nigrum* L.**、白英 ***S. lyratum*Thunb**、三分三 ***A. acutangulus* Wu et Chen** 和马尿泡 ***Przewalskia tangutica* Maxim.**等也可供药用。

54. 玄参科 Scrophulariaceae ⚥↑ $K_{(4\sim5)}C_{(4\sim5)}A_{4,2}\underline{G}_{(2:2:\infty)}$

草本，少为灌木或乔木，常有各种毛茸和腺毛。**叶多对生**，稀互生或轮生；无托叶。总状或聚伞花序；**花两性，常两侧对称**，稀近辐射对称；花萼常4～5裂，宿存；**花冠**4～5裂，常多少呈二唇形；**雄蕊**常4枚，**2强雄蕊**，着生于花冠管上；花盘环状或一侧退化；**花柱顶生，子房上位**，2心皮，**2室**，中轴胎座，**每室胚珠多数**。**蒴果**，2或4瓣裂，稀为浆果，常具宿存花柱。种子多而细小。本科植物茎常具双韧型维管束。

本科约200属，3 000种，分布于世界各地。我国有约60属，634种，分布于南北各地，主产于西南，已知药用45属，233种。

本科植物化学成分主要有：①环烯醚萜苷：如桃叶珊瑚苷（aucubin）、玄参苷（harpagoside）和胡黄连苷（picroside）等；②强心苷：如洋地黄毒苷（digitoxin）、地高辛（digoxin）和毛花洋地黄苷C（lanatoside C）等；③黄酮类：如柳穿鱼叶苷（pectolinarin）和蒙花苷（linarin）等；④蒽醌类，如洋地黄蒽醌（digitolutein）等；⑤生物碱：如槐定碱（sophoridine）和骆驼蓬碱（peganine）等。

【重要药用植物】（main medicinal plants）

玄参 ***Scrophularia ningpoensis* Hemsl.**多年生高大草本。块根数条，纺锤形，黄褐色，干后变黑色。茎叶下部对生，上部有时互生；叶片卵形至披针形，边缘具细锯齿。聚伞花序组成大而疏散的圆锥花序，花轴上有腺毛；花萼5裂，几达基部；花冠紫褐色，筒部多壶状，上唇长于下唇；2强雄蕊。蒴果卵形，萼宿存（**图11-129**）。分布于长江以南大部分地区，主产于浙江，生于溪边及草丛中，各地多有栽培。干燥根入药（玄参），能滋阴降火、生津、消肿散结、解毒。

图 11-129　玄参

1. 根；2. 茎及叶；3. 果枝；4. 花；5. 花冠纵剖示雄蕊；6. 果实

地黄 ***Rehmannia glutinosa*（Gaertn.）Libosch.ex Fish.et Mey.** 多年生草本。全株密被灰白色长柔毛及腺毛。根状茎肥大呈块状肉质，鲜时黄色。叶基生，成丛莲座状，叶片倒卵形或长椭圆形，上表面绿色多皱，下表面带紫色；茎生叶较小，叶面粗糙。总状花序顶生；花萼筒部坛状，萼齿5枚，反折；花冠呈二唇形，花冠管稍弯曲，外面紫红色，内面常有黄色带紫的条纹，顶端5浅裂，略呈二唇形；雄蕊4枚；子房上位，2室。蒴果卵形，有宿萼（**图11-130**）。分布于长江以北大部分地区。新鲜块根入药（鲜地黄），能清热降火、生津凉血。干燥块根入药（生地黄），能清热凉血、养阴生津。加工炮制后入药（熟地黄），能滋阴补肾、补血调经。

胡黄连 *Picrorhiza scrophulariiflora* Pennell　多年生矮小草本。根状茎粗壮，长圆锥形。叶全部基生、匙形，顶端圆形，边缘尖锯齿，干时变黑。花葶直立，有棕色腺毛；花密集成穗状聚伞形花序；花冠二唇形，暗紫色或浅蓝色。雄蕊4枚，2强。蒴果长卵形，4瓣裂。分布于西藏及云南西北部，生于高山草地和石堆中。干燥根状茎入药（胡黄连），能清虚热、燥湿、消疳。

本科收载的其他药用植物还有**阴行草（北刘寄奴）*Siphonostegia chinensis* Benth.**、**苦玄参 *Picria fel-terrae* Lour.**、**短筒兔耳草 *Lagotis brevituba* Maxim.**、**泡桐 *Paulownia fortune* Benth.**、**洋地黄 *Digitalis purpurea* L.**和**毛花洋地黄（狭叶洋地黄）*D. lanata* Ehrh.**。

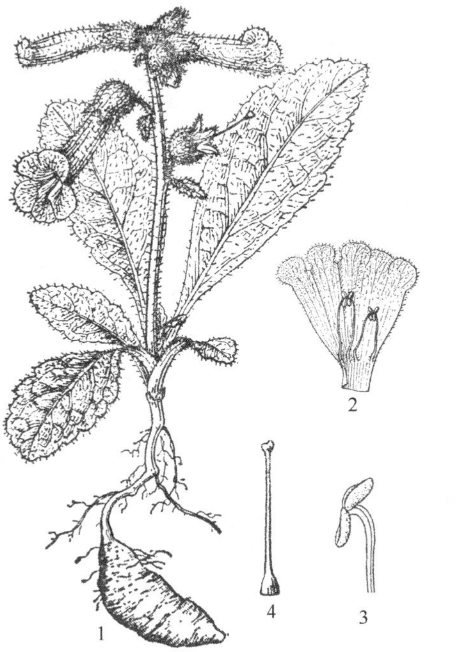

图 11-130　地黄
1. 植株；2. 花冠展开示雄蕊；3. 雄蕊；4. 雌蕊

55. 紫葳科 Bignoniaceae ⚥ ↑ $K_5C_{(5)}A_{2\sim4}\underline{G}_{(2:2\sim1:\infty)}$

乔木、灌木或木质藤本，很少草本。**叶对生**，稀互生，单叶或复叶，**无托叶**。花排成顶生或腋生的总状花序或圆锥花序，两性，通常大而美丽，多少**两侧对称**；**花萼筒状**，截平行或齿裂；**花冠合瓣，钟状**、**漏斗状**或**管状**，裂片 5，**常偏斜**，有时呈二唇形，**雄蕊**与裂片同数而互生，通常 **4 枚发育**、有时 2 枚，退化雄蕊 1～3，着生于花冠筒上；有花盘；雌蕊子房上位由 2 心皮组成，2 室为**中轴胎座**，或 1 室而为侧膜胎座，胚珠多数倒生，花柱细长，柱头 2 裂。果为**蒴果**、室背或室轴开裂成 2 瓣，少数呈浆果状。**种子扁平，常有翅或毛**。

本科约 120 属，650 种，多分布于热带、亚热带地区，少数分布于温带。我国连引入栽培的共 22 属 49 种，已知药用 11 属，25 种，全国均产。

本科植物化学成分主要有：①黄酮类：如木蝴蝶中含有的木蝴蝶苷（oroxin）、白杨素（chrysin）、黄芩素（baicalein）、高山黄芩素（scutellarein）和特土苷（tetuin）等；②萘醌类：如梓树中的 α-拉帕醌（α-lapachone）等；③环烯醚萜苷；④甾醇。

【重要药用植物】（main medicinal plants）

木蝴蝶 *Oroxylum indicum*（L.）Vent.高大乔木。叶对生，3～4 回羽状复叶；小叶多数，椭圆形至宽卵形，叶柄甚短。总状花序顶生；花大，紫红色。花萼钟状，紫色，膜质，果期近木质，光滑，顶平截，具小苞片；花冠肉质，傍晚开放，有恶臭气味。雄蕊伸出于花冠外，花丝基部被绵毛，第 5 枚较其他 4 枚短；花柱柱头为 2 枚半圆形的薄片。蒴果木质，扁平，常悬垂于树梢，2 瓣开裂，果瓣具有中肋，边缘肋状凸起。种子多数，圆形，周翅薄如纸，故有千张纸之称（**图 11-131**）。分布于云南、广西、广东、福建、贵州和四川等地区；亚洲南部也有。干燥种子入药（木蝴蝶），能清肺利咽、舒肝和胃。

图 11-131　木蝴蝶
1. 茎及叶；2. 花枝；3. 果实；4. 种子

凌霄 *Campsis grandiflora*（Thunb.）K. Schum. 落叶木质藤本，借气根攀附于其他物上。叶对生，单数羽状；小叶 7～9（～11）枚，卵形至卵状披针形，边缘有齿缺，两面无毛。圆锥花序顶生；花大；花萼钟状，不等 5 裂，裂至筒之中部，裂片披针形；花冠漏斗状钟形，花冠内面鲜红色，外面橙黄色，裂片 5，半圆形；雄蕊 4 枚，2 长 2 短，花药黄色，个字形着生；子房 2 室。蒴果长如豆荚，2 瓣裂。种子多数，

图 11-132　凌霄

扁平，有透明的翅（图 11-132）。分布于华北、华南、华中及西南等地，生于山谷、小河边和疏林下，也有庭园栽培。干燥花入药（凌霄花），能活血通经、凉血祛风。药典收载作“凌霄花”入药的还有**美洲凌霄** ***C. radicans*** **（L.）Seem.**。

此外，本科**梓树** ***Catalpa ovate*** **G. Don** 和**菜豆树** ***Radermachera sinica*** **（Hance）Hemsl.**也可供药用。

56. 列当科 Orobanchaceae $⚥\uparrow K_{(3\sim5)}C_{(5)}A_4\underline{G}_{(2:1:\infty)}$

一年生或多年生**寄生草本**。**茎单一或分枝**、粗肥或细嫩。**叶互生，常退化成鳞片状**。花单生或呈穗状、总状花序；**花两性**，两侧对称；花萼佛焰苞状，或为 3～5 裂的离生或合生的萼片；花冠合瓣，管部常弯曲，裂片 5，偏斜或 2 唇形，上唇拱形，下唇 3 裂，喉部通常有皱折 2 条；雄蕊 4 枚，**2 强雄蕊**，第 5 枚退化或缺，花药 2 室，药室纵裂或基部孔裂；雌蕊子房上位，1 室，少有 2 室，花柱细长，顶端弯曲，柱头头状或盾状。果为**蒴果，**通常为**萼所包**，瓣裂。种子细小，多数。

本科约 13 属，180 种，主要分布于北温带。我国有 10 属，49 种，主要分布于西部，少数种分布到东北部、北部、中部、西南部和南部，已知药用 8 属，24 种。

【重要药用植物】（main medicinal plants）

肉苁蓉 ***Cistanche deserticola*** **Y. C. Ma** 多年生寄生草本，部分在地下生。茎肉质，黄色。叶鳞片状，黄褐色，覆瓦状排列，卵形或卵状披针形，在下部排列较紧密。穗状花序，密生多花；苞片卵状披针形；小苞片 2，狭披针形，与萼近等长；花萼钟状，5 浅裂，裂片近圆形；花冠近唇形，顶端 5 裂，花冠筒淡黄白色，裂片颜色有变异，淡黄白色、淡紫色或边缘紫色，筒内面离轴方向具 2 条凸起的黄色纵纹；雄蕊 4 枚，花丝基部和花药上被毛，花药基部具小尖头；侧膜胎座，4 室。蒴果卵球形，常 2 裂，花柱宿存。种子椭圆形或近卵形。常寄生在梭梭属植物的根上（**图 11-133**）。分布于甘肃、新疆和内蒙古等地；蒙古和俄罗斯也有分布。干燥肉质茎入药（肉苁蓉），能补肾阳、益精血、润肠通便。药典收载作“肉苁蓉”入药的植物还有**管花肉苁蓉** ***C. tubulosa*** **（Schenk）Wight**。

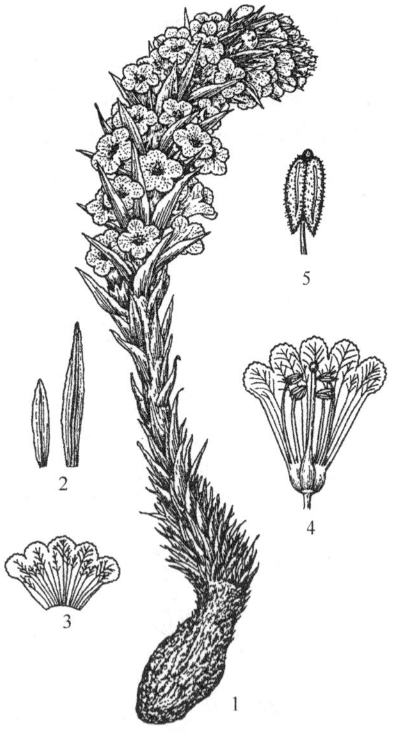

图 11-133　肉苁蓉

1. 植株；2. 苞片；3. 花萼展开；4. 花冠展开示雄蕊、雌蕊；5. 雄蕊放大

57. 爵床科 Acanthaceae $⚥\uparrow K_{(4\sim5)}C_{(4\sim5)}A_{4,2}\underline{G}_{(2:2:1\sim\infty)}$

灌木或草本。**茎节常膨大，单叶对生，**无托叶。花两性，两侧对称，每花下**通常具 1 苞片和 2 小苞片；聚伞花序**排列圆锥状，少为单生或呈总状；花萼 4～5 裂；**花冠** 4～5 裂，**二唇形；雄蕊 4** 或 2 枚，4 枚则为 **2 强雄蕊**；**子房上位，中轴胎座**。蒴果，室背开裂，**种子常着生于胎座的钩状或杯状突起上，成熟后弹出**。本科植物叶和茎的表皮细胞常含钟乳体。

本科约 250 属，2500 种，广布于热带及亚热带地区。我国有 61 属，178 种，多产于长江流域以南各地区，已知药用 32 属，71 种。

本科植物化学成分主要有：①二萜类内酯：如穿心莲内酯（andrographolide）；②黄酮类：如穿心莲黄

酮（andrographin）和榄核莲黄酮（panicolin）等；③木脂素：如爵床素（justicin）和爵床新素（justicidin）等；④生物碱：如菘兰苷（isatan）和靛苷（indican）等。

【重要药用植物】（main medicinal plants）

穿心莲 ***Andrographis paniculata*（Burm.f.）Nees** 一年生草本。茎四棱形，下部多分枝，节呈膝状膨大。叶对生，纸质，叶片卵状长圆形至披针形。疏生的圆锥花序顶生或腋生；苞片和小苞片微小；花萼 5 深裂，外被腺毛；花冠白色而小，二唇形，下唇带紫色斑纹；雄蕊 2 枚，药室一大一小。蒴果长椭圆形，2 瓣裂，疏生腺毛。种子多数，细小，近方形，骨质（**图 11-134**）。原产于热带地区，我国南方有栽培。干燥全草入药（穿心莲），能清热解毒、消肿止痛。

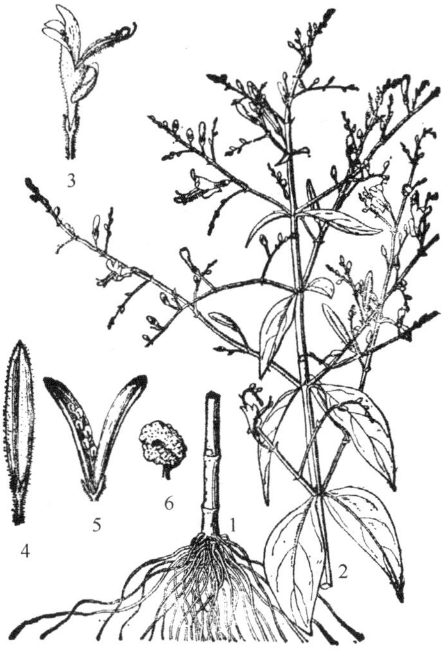

图 11-134　穿心莲

1. 根及茎；2. 花枝；3. 花；4. 蒴果未裂；5. 蒴果开裂；6. 种子

马蓝 ***Baphicacanthus cusia*（Nees）Bremek** 草本或小灌木。具根茎。多分枝，茎节膨大。单叶对生，叶片卵形至披针形。总状花序，通常具 2～3 节，每节具 2 朵对生的花；苞片具柄，卵形，常脱落。花萼裂片 5，条形，其中 1 片通常较长而为匙形；花冠 5 裂，淡紫色；雄蕊 4 枚，2 强雄蕊。蒴果棒状，种子 4 颗，有微毛（**图 11-135**）。分布于华北、华南和西南等地，台湾亦产。干燥叶入药（大青叶），能清热解毒、凉血消斑。干燥根及根茎（南板蓝根）入药，能凉血止血、清热解毒、消肿。叶可加工制成青黛，为中药青黛的原料来源之一。

本科其他药用植物还有**小驳骨** ***Gendarussa vulgaris*** **Nees（Justicia gendarussa L. f.）**、**九头狮子草** ***Peristrophe japonica*（Thunb.）Bremek**、**白接骨（橡皮草）*Asystasiella chinensis*（S. Moore）E. Hossain**、**狗肝菜** ***Dicliptera chinensis*（L.）Nees** 和**孩儿草** ***Rungia pectinata*（L.）Nees** 等也可供药用。

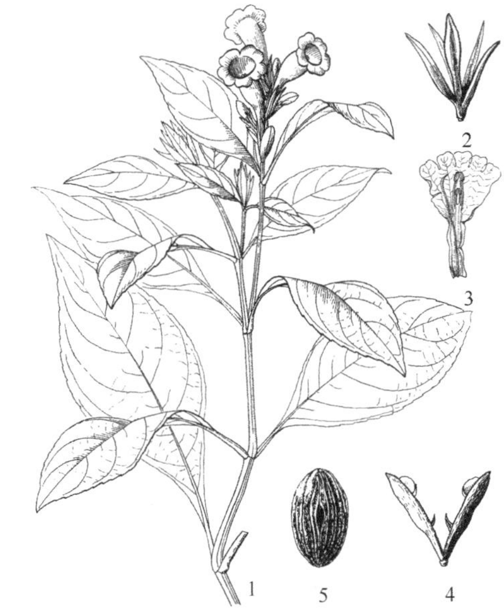

图 11-135　马蓝

1. 花枝；2. 花萼；3. 花冠展开示雄蕊；4. 果实开裂；5. 种子

58. 茜草科　Rubiaceae ⚥ $*K_{(4\sim5)}C_{(4\sim5)}A_{4\sim5}\bar{G}_{(2:2:1\sim\infty)}$

草本，灌木或乔木，有时攀援状。**单叶对生或轮生**，全缘；**托叶 2 枚，分离或合生，常宿存。花两性**，二歧聚伞花序排成圆锥状或头状，少为单生。**花辐射对称**，花萼 4～5，花冠 4～5 裂，稀 6 裂；雄蕊 5 枚；**子房下位，2 心皮合生，常 2 室**，每室 1 至多数胚珠。蒴果、浆果或核果。

本科约 500 属，6000 余种，广布于热带和亚热带，少数分布至温带，是合瓣花亚纲中的第二大科。我国有 98 属，676 种，主要分布于西南至东南部，西北至北部较少，已知药用 59 属，210 余种。

本科植物主要活性成分有：①多种生物碱：

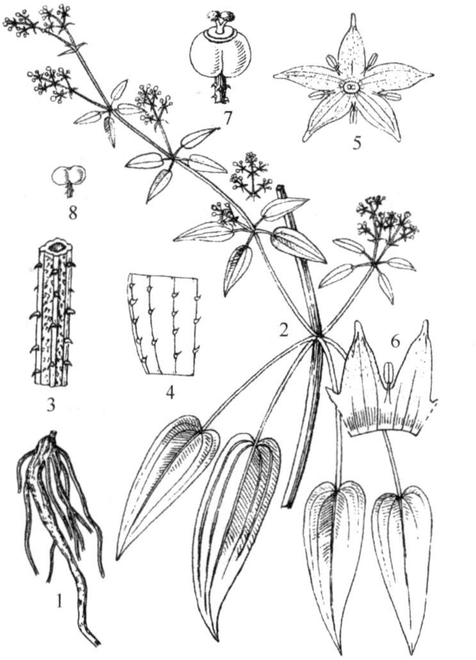

图 11-136　茜草

1. 根；2. 花枝；3. 小枝一段；4. 叶下面一部分示皮刺；5. 花；6. 花冠剖开，示雄蕊着生状态；7. 雌蕊；8. 果实

喹啉类，如奎宁（quinine）和奎尼丁（quinidine）；②吲哚类，如钩藤碱（rhynchophylline）和异钩藤碱（isorhynchophylline）；③嘌呤类，如咖啡因（caffeine）；④环烯醚萜类：如栀子苷（geniposide）和车叶草苷（asperuloside）等；⑤蒽醌类：如茜根素（munjistin）和紫黄茜素（purpurin）等。

【重要药用植物】（main medicinal plants）

茜草 ***Rubia cordifolia*** **L.**多年生攀援草本。根丛生，橙红色。茎 4 棱，棱上具倒生刺。叶 4 片轮生，卵形至卵状披针形，下面中脉及叶柄上有倒刺；叶有长柄，有倒生皮刺。聚伞花序呈疏松的圆锥状；花小，黄白色；子房下位，2 室。浆果球形，成熟时橘黄色（图 **11-136**）。全国各地均有分布，生于灌丛中。干燥根入药（茜草），能凉血、止血、祛瘀、通经。

栀子 ***Cardenia jasminoides*** **Ellis**　常绿灌木。叶对生或 3 叶轮生，有短柄；革质，椭圆状倒卵形至倒阔披针形；上面光亮，下面脉腋内簇生短毛；托叶在叶柄内合成鞘。花冠白色或乳黄色，高脚碟状单生于枝顶，喉部有疏柔毛，冠管狭圆筒形，顶部 5～8 裂，通常 6 裂；萼筒有翅状直棱；子房下位，1 室，胚珠多数。果肉质，卵形、近球形、椭圆形或长圆形，外果皮略带革质，熟时黄色，具翅状棱 5～8 条。种子多数扁，近圆形而稍有棱角（图 **11-137**）。分布于我国南部和中部，生于山坡树林中，各地有栽培。干燥果实入药（栀子），能泻火解毒、清利湿热、利尿。

钩藤 ***Uncaria rhynchophylla*** **（Miq.）Miq.ex Havil.** 常绿木质大藤本。小枝四棱形，叶腋有钩状变态枝。叶片无毛，薄纸质，叶对生，椭圆形；托叶 2 深裂，裂片条状钻形。头状花序单生叶腋或顶生呈总状花序状；花 5 数，花冠黄色，花冠管外面无毛，或具疏散的毛，花冠裂片卵圆形，外面无毛或略被短柔毛，边缘有时有纤毛；花柱伸出冠喉外，柱头棒形；子房下位；小蒴果被短柔毛，宿存萼裂片近三角形，星状辐射（图 **11-138**）。分布于湖南、江西、福建、广东、广西等省区及西南地区，生于山谷、溪边、湿润灌丛中。干燥带钩的茎枝入药（钩藤），能清热平肝、熄风定惊。药典还收载作“钩藤”入药的植物还有**大叶钩藤** ***U. macrophylla*** **Wall.**、**毛钩藤** ***U. hirsute*** **Havil.**、**华钩藤** ***U. sinensis*** **（Oliv.）Havil.**和**无柄果钩藤** ***U. sessilifructus*** **Roxb.**。

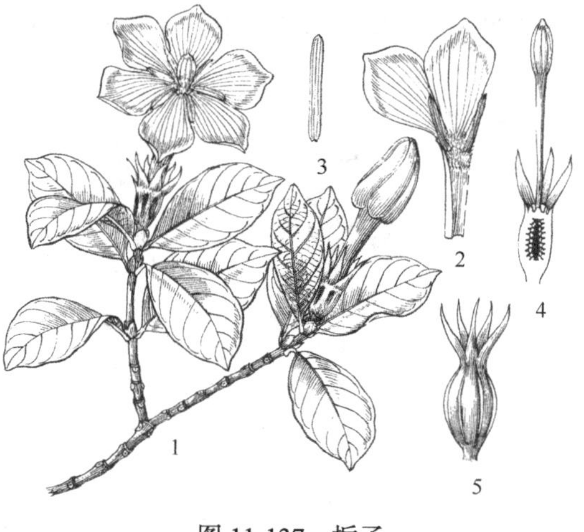

图 11-137　栀子

1. 花枝；2. 部分花冠展开示雄蕊；3. 雄蕊；4. 部分花萼和雌蕊，示子房纵切面；5. 果实

本科常见药用植物还有**巴戟天** ***Morinda officinalis*** **How**、**红大戟** ***Knoxia velerianoides*** **Thorel ex　Pitard**、**鸡矢藤** ***Paederia scandens*** **（Lour.）Merr.**、**毛鸡矢藤** ***P. scandens*** **（Lour.）Merr. var.** ***tomentosa*** **（Bl.）Hand-Mazz.**、**白花蛇舌草** ***Hedyotis diffusa*** **Willd.**、**咖啡** ***Coffea arabica*** **L.**、**白马骨** ***Serissa serissoides*** **（DC.）Druce**、**虎刺（绣花针）** ***Damnacanthus indicus*** **（L.）Gaertn.**

f.和金鸡纳树 ***Cinchona ledgeriana*（Howard）Moens ex Trim.**等也可供药用。

59. 忍冬科 Caprifoliaceae $⚥*\uparrow K_{(4\sim5)}C_{(4\sim5)}A_{4\sim5}\overline{G}_{(2\sim5:1\sim5:1\sim\infty)}$

木本，也有藤本，稀草本。**多单叶，对生，无托叶**，少为羽状复叶。聚伞花序；花两性，辐射对称或两侧对称；**花萼 4～5 裂；花冠管状，通常 5 裂，有时二唇形**；雄蕊和花冠裂片同数而互生，着生于花冠管上；**子房下位**，2～5 心皮合生，常为 3 室，每室胚珠 1 枚，有时仅 1 室发育。**浆果**、核果或蒴果。

本科约 15 属，500 种，分布于北温带。我国 12 属，260 余种，全国广布，已知药用 9 属，100 余种。

本科植物以含酚性成分和黄酮类为特征，如绿原酸（chlorogenic acid）、异绿原酸（isochlorogenic acid）、忍冬苷（lonicein）和忍冬素（loniceraflavone）等。此外还有三萜类成分，如熊果苷、皂苷和氰苷等。

图 11-138　钩藤

1. 花枝；2. 花冠展开示雄蕊；3. 果实

【重要药用植物】（main medicinal plants）

忍冬 *Lonicera japonica* Thunb. 半常绿缠绕灌木。幼枝密生柔毛和腺毛，幼叶两面被柔毛。单叶对生，卵状椭圆形，幼时两面被短毛。总花梗单生叶腋，花芳香，成对腋生；苞片叶状；花萼 5 裂，无毛；花冠白色，后转黄色，故称“金银花”，外面有柔毛和腺毛，二唇形，上唇具 4 裂片而直立，下唇反转，约等长于花冠筒；雄蕊 5 枚，和花柱均稍超过花冠。子房下位。浆果球形，熟时黑色（**图 11-139**）。主要分布于山东和河南等地，生于山坡灌丛中。干燥花蕾入药（金银花），能清热解毒、疏散风热。干燥茎枝入药（忍冬藤），能清热解毒、疏风通经活络。

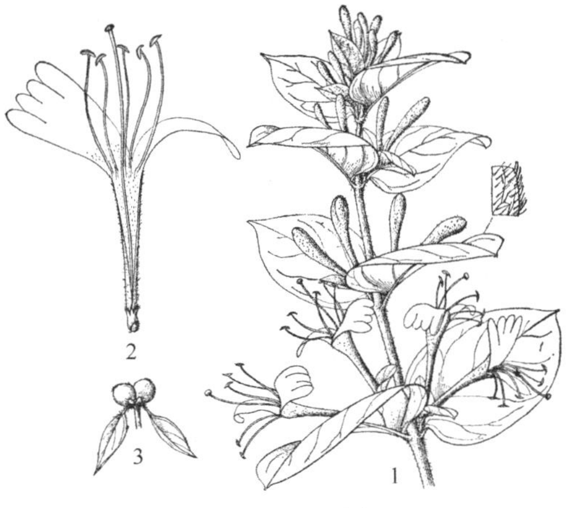

图 11-139　忍冬

1. 花枝；2. 花纵剖面示雄蕊及雌蕊；3. 果放大示叶状苞片

灰毡毛忍冬 *Lonicera macrathoides* Hand. Mazz. 藤本。幼枝或其顶梢及总花梗有薄绒状短糙伏毛，有时兼具微腺毛，后变栗褐色有光泽而近无毛，很少在幼枝下部有开展长刚毛。叶革质，卵形或卵状披针形，叶下面由稠密的短糙毛构成网状隆起蜂窝状的灰白色毡毛。花白色，后变黄色，外被倒短糙伏毛及橘黄色腺毛，唇形，上唇卵形，基部有耳，下唇条状倒披针形，反卷。果实黑色，常有蓝白色粉，圆形。主产于湖南和贵州。干燥花蕾或刚开的花入药（山银花），能清热解毒、疏散风热。药典收载作“山银花”入药的植物还有红腺忍冬 ***L. hypoglauca* Miq.**、华南忍冬 ***L. confuse* DC.**和黄褐毛忍冬 ***L. fulvotnetosa* Hsu et S.C. Cheng**。

本科还有**陆英（接骨草）*Sambucus chinensis* Lindl.**、**接骨木 *S. williamsii* Hance** 和**荚蒾 *Viburnum dilataum* Thunb.**等也做药用。

60. 败酱科 Valerianaceae $⚥\uparrow K_{5\sim15,0}C_{(3\sim5)}A_{3\sim4}\overline{G}_{(3:3:1)}$

多年生**草本**，常具特殊气味，干后尤为明显。**叶对生或基生**，常**羽状分裂**，无托叶。聚伞花序呈各种排列；花小，常两性，稍不整齐；花萼呈各种形状；**花冠筒状，基部常呈囊状或有距**，上部 3～5 裂；**雄蕊常 3 或 4 枚**，着生于花冠筒上；子房下位，**3 心皮合生**，

3 室，仅 1 室发育，内含 1 胚珠，悬垂于室顶。**瘦果**。

本科约 13 属，400 余种，主要分布于北温带地区。我国有 3 属，40 余种，南北均有分布，已知药用 3 属，24 种。

本科植物化学成分主要有：①挥发油：油中含多种倍半萜，如甘松醇（narchinol）和缬草酮（valerone）等；②三萜皂苷：如败酱皂苷（patrinoside）等；③生物碱：如缬草碱（valerine）和猕猴桃碱（actinidine）等；④黄酮类。

图 11-140　甘松

1. 植株；2. 花；3. 花冠纵剖示雄蕊

【重要药用植物】（main medicinal plants）

甘松 ***Nardostachys chinensis*** **Batal.** 多年生草本。根状茎粗短，斜升，圆柱状或圆锥柱状，顶端有少数叶鞘纤维，有强烈松脂气味。基生叶数片，窄条形或条状倒披针形，顶端圆，基部渐窄成柄（柄约占全长近 1/2），全缘，主脉平行三出；茎生叶，披针形，无柄。聚伞花序多呈紧密圆头状，花序下总苞 2 对，卵形，常有 1 对腋生小花序；每花有苞片 1，较花短，小苞片 2，甚小；花萼 5 裂，齿极小；花冠淡紫红色，筒状，基部有偏突，上部稍宽展，顶端稍不等 5 裂，内外光滑无毛；雄蕊 4 枚，伸出；子房下位，花柱与雄蕊等长。瘦果倒卵形，近无毛，顶端有细小宿存花萼（**图 11-140**）。主要分布于云南和四川等地，生于较高山地的草坡、河边等处。根及根茎入药（甘松），能理气止痛、开郁醒脾；外用可祛湿消肿。

本科其他药用植物还有**蜘蛛香** ***Valeriana jatamansi*** **Jones**、**缬草** ***V. officinalis*** L.、**匙叶甘松** ***Nardostachys jatamansi*** **（D.Don）DC.**、**黄花败酱** ***Patrinia scabiosaefolia*** **Fisch. ex Trev.** 和**白花败酱** ***P. Villosa*** **（Thunb.）Juss.**等也可药用。

61. 川续断科 Dipsacaceae ⚥$*K_{(4\sim5)}C_{(4\sim5)}A_4\bar{G}_{(2:1:1)}$

一年生、二年生或多年生**草本**，有时呈亚灌木状，稀灌木。**茎光滑**，**被长柔毛或有刺**，少数具腺毛。**叶常对生**，有的轮生，无托叶，单叶全缘或有锯齿、浅裂或深裂，很少羽状复叶。花序为一密集具总苞的头状花序或为间断的穗状轮伞花序，有时为疏松聚伞圆锥花序。花长在伸长的或球形的花托上，花托具鳞片状小苞片或毛；**花萼 4～5 裂**；**花冠漏斗状**；雄蕊 4 枚；子房下位，2 心皮，1 室，胚珠 1 枚。**瘦果包于小总苞内**，**顶端常冠以宿存的萼裂**。种子下垂，种皮膜质。

本科约 12 属，300 余种，分布于东半球的北温带和热带的非洲。我国有 5 属，26 种，主要分布于东北、华北、西北、西南等地及台湾地区，已知药用 5 属，18 种。

本科植物化学成分主要有：①三萜类；②生物碱类；③环烯醚萜类。

【重要药用植物】（main medicinal plants）

川续断 ***Dipsacus asper*** **Wall. ex Henry**　多年生草本。茎具 6～8 棱，棱有疏弱刺毛。主根 1 至数条，圆锥柱状，黄褐色。基生叶稀疏丛生，有长柄，叶矩圆形，叶片琴状羽裂，顶端裂片大，卵形，两侧裂片倒卵形或匙形；茎生叶对生，中央裂片特长，椭圆形或宽披针形，两面被短毛和刺毛，柄短或近无柄。基生叶和下部茎生叶具长柄，向上叶柄渐短，上部叶披针形，不裂或基部 3 裂。头状花序球形；总苞片 5～7 枚，窄条形，被短毛；苞片倒卵形，被短毛；花萼浅盘状；花冠白色，花冠管顶端 4 裂，外被短毛；雄蕊 4 枚；瘦果长倒卵柱状，包藏于小总苞内，仅顶端外露（**图 11-141**）。分布于湖北、四川、重庆、云南和贵州等地，生于沟边草丛和林边。干燥根入药（续断），能补肝肾、强筋骨、续折伤、止崩漏。

本科其他药用植物**匙叶翼首花** ***Pterocephalus hookeri*** **Hock.**、**中华续断** ***Dipsacus chinensis*** **Batalin** 和**刺参** ***Morina nepalensis*** **D. Don**（**M. betonicoides Benth.**）等也可供药用。

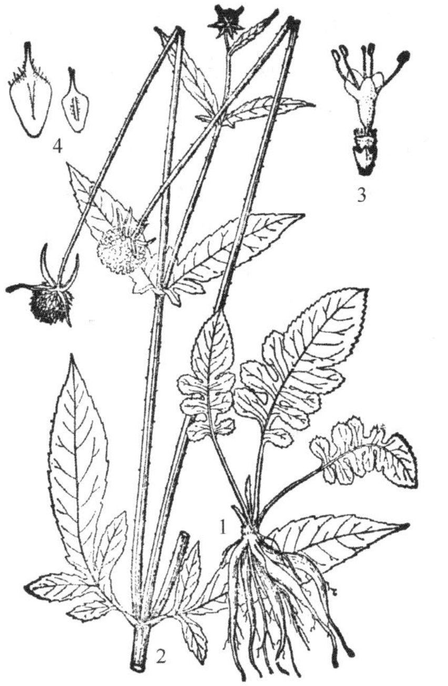

图 11-141　川断续

1. 根；2. 花枝；3. 花；4. 小苞片

62. 葫芦科 Cucurbitaceae ♂$*K_{(5)}C_{(5)}A_{5,(3\sim5)}$；♀$*K_{(5)}C_{(5)}\overline{G}_{(3:1:\infty)}$

草质藤本，**茎卷须**，腋生。**叶互生**，常为**掌状分裂的单叶**，有时为**鸟趾状复叶**。**花单性**，辐射对称；雌雄同株或异株；单生、簇生或集成各式花序；雄花的花萼呈漏斗状、钟状或管状，5 裂；花瓣 5，多合生；**雄蕊 3 或 5 枚**，分离或合生，花药多曲折呈"S"形；雌蕊的萼管与子房合生，上部 5 裂；花瓣合生，5 裂；**子房下位**，**3 心皮**，**1 室**，**侧膜胎座**，**胎座肥大**，**常在子房中间相遇**，**胚珠多数**。花柱通常 1，柱头膨大而 3 裂。**瓠果**，肉质或最后干燥变硬。种子多数，扁平，无胚乳，子叶发达。本科植物茎具双韧型维管束。

本科约 133 属，800 种，大多数分布于热带和亚热带地区。我国有 32 属，155 种，全国均有分布，以南部和西部最多，已知药用约 25 属，92 种。

本科植物化学成分主要有：①葫芦烷型皂苷：如葫芦素（cucurbitacin）、雪胆素甲、雪胆素乙和罗汗果苷等；②达玛烷型皂苷：如绞股蓝苷（gypenoside）等；③齐墩果烷型皂苷；④蛋白质和氨基酸：如天花粉蛋白和南瓜子氨酸。

【重要药用植物】（main medicinal plants）

栝楼 ***Trichosanthes kirilowii*** **Maxim.** 多年生草质攀援藤本。茎多分枝；卷须 2～3 枚。块根粗壮肥厚，圆柱状，外皮灰黄色，有多数横行瘤状突起，断面白色，粉质。叶常心形，掌状 3～9 中裂，稀不裂，边缘常再浅裂或有齿。雌雄异株，雄花组成总状花序；花冠白色，管部细长，中部以上细裂成流苏状；花托筒状，花萼、花冠均 5 裂；雄花有雄蕊 3 枚；雌花单生；子房下位。果梗粗壮；果实近球形，黄褐色，光滑，熟时果皮、果瓤橙黄色。具多数种子，种子椭圆形或长方椭圆形，扁平，浅棕色，一端微凹，近边缘处有棱线（**图 11-142**）。分布于长江以北地区，江苏和浙江亦产，生于山坡、林缘。干燥果实（瓜蒌）入药，能清热涤痰、宽胸散结、润燥滑肠。干燥果皮入药（瓜蒌皮），能清肺化痰、利气宽胸。干燥种子入药（瓜蒌子），能润肺化痰、润肠通便。干燥块根入药（天花粉），能清肺化痰、养胃生津、解毒消肿。天花粉蛋白还能引产。同属植物**双边栝楼** ***T. rosthornii*** **Harms** 的果实、种子和块根同等入药。

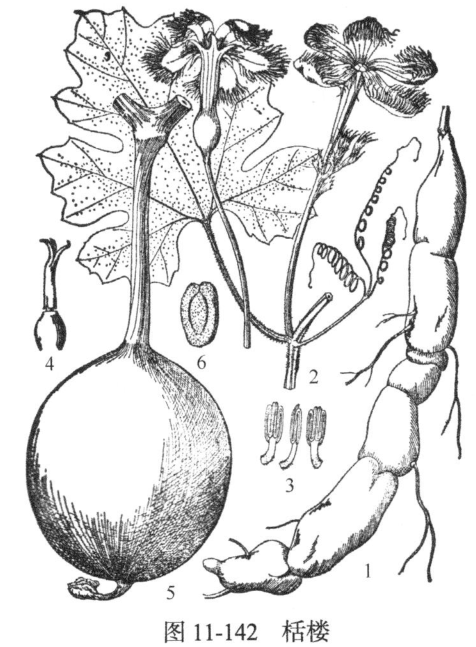

图 11-142　栝楼

1.根；2. 花枝；3. 雄蕊；4. 雌蕊；5. 果实；6. 种子

木鳖 ***Momordica cochinchinensis*** **(Lour.) Spreng.**　多年生草质攀援大藤本。宿根粗壮，块状。叶片卵状心形或宽卵状圆形，质稍硬，3～5

深裂或中裂。卷须不分叉。雌雄异株，花冠黄色。果实卵球形，顶端有 1 短喙，基部近圆，成熟时红色，肉质，密生刺尖状的突起。种子扁卵形，灰黑色，边缘有齿，两面稍拱起，具雕纹（图 **11-143**）。分布于华中和华南等地，生于山野林内，也有栽培。干燥种子入药（木鳖子），能散结消肿、攻毒疗疮。有毒。

罗汉果 ***Siraitis grosvenorii*（Swingle）C. Jeffrey ex A. M. Lu et Z. Y. Zhang** 多年生草质攀缘藤本，全体被白色或黑色短柔毛。卷须 2 裂几达基部。叶常心状卵形。雌雄异株；雄花为总状花序；花梗有时在中部以下有微小苞片，萼 5 裂，花瓣 5，黄色，雄蕊 3 枚；雌花序总状，子房密被短柔毛。果实球形或长圆形，初密生黄褐色茸毛和混生黑色腺鳞，老后渐脱落而仅在果梗着生处残存一圆茸毛，果皮较薄，干后易脆。种子多数，淡黄色，近圆形或阔卵形，扁压状（图 **11-144**）。分布于广东、海南、广西和江西等省区。干燥果实入药（罗汉果），能清热凉血、润肺止咳、润肠通便。块根入药，能清利湿热、解毒。

图 11-143　木鳖

1. 雄花枝；2. 雌花；3. 果实；4. 种子

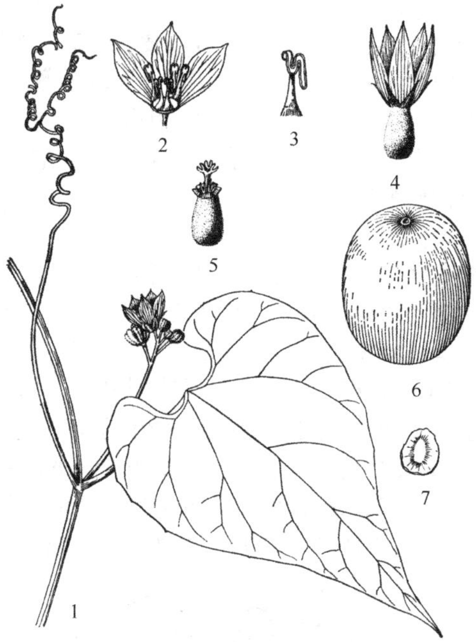

图 11-144　罗汉果

1. 雄花枝；2. 花冠纵剖示雄蕊；3. 雄蕊；4. 雌花；5. 雌蕊和退化雄蕊；6. 果实；7. 种子

绞股蓝 ***Cynostemma pentaphyllum*（Thunb.）Makino** 草质藤本。卷须 2 叉，着生叶腋；复叶鸟趾状，叶两面均被短硬毛。雌雄异株；雌雄花序均圆锥形。果实球形，熟时黑色。种子卵状心形。分布于陕西南部及长江以南各地，生于林下及沟旁。干燥全草入药（绞股蓝），能清热解毒、止咳祛痰。本种所含绞股蓝苷（gypenoside）和人参皂苷有类似人参样的生理活性。

本科药典收载的其他药用植物见表 **11-13**。此外，雪胆 ***Hemsleya chinensis* Cogn.**、苦瓜 ***Momordica charantia* L.**、王瓜 ***Trichosanthes cucumeroides*（Ser.）Maxim.**和赤瓟 ***Thladiantha dubia* Bunge** 等也可供药用。

表 11-13　《中国药典》2015 年版收载的葫芦科其他药用植物

中文名	拉丁学名	药用部位	功效
丝瓜（丝瓜络）	*Luffa cylindrica*（L.）Roem.	果实维管束	通络，清热化痰
土贝母	*Bolbostemma paniculatum*（Maxim.）Franque	块茎	解毒，散结，消肿

续表

中文名	拉丁学名	药用部位	功效
冬瓜（冬瓜皮）	*Benincasa hispida*（Thunb.）Cogn.	外层果皮	利尿消肿
西瓜（西瓜霜）	*Citrullus lanatus*（Thunb.）Matsum.et Nakai	果实与皮硝的加工品	清热泻火，消肿止痛
甜瓜（甜瓜子）	*Cucumis melo* L.	种子	清肺，润肠，化瘀，排脓，疗伤止痛

63. 桔梗科 Campanulaceae ⚥ $* \uparrow K_{(5)}C_{(5)}A_5\overline{G}_{(2\sim5:2\sim5:\infty)}\underline{\overline{G}}_{(2\sim5:2\sim5:\infty)}$

草本，常具乳汁。**多单叶，互生，无托叶**。花单生或成各种花序；花两性，辐射对称或两侧对称；花萼5裂，宿存；**花冠常钟状或管状，5裂；雄蕊5枚**，着生于花冠筒上或花盘上；雌蕊常由3心皮合生，**中轴胎座**，常3室，**子房常下位或半下位。蒴果**，稀浆果。本科植物薄壁细胞常含菊糖，多具乳汁管。

本科约60属，2000种，分布全球，以温带和亚热带地区为多。我国有16属，172种，全国分布，以西南地区为多，已知药用13属，111种。

本科植物化学成分主要有：①皂苷类：如桔梗皂苷D（platycodin）；②多糖类：如党参多糖；③生物碱类：如山梗菜碱（lobeline）等。

桔梗科部分植物分属检索表

1. 直立大草本或缠绕草本。
   2. 直立大草本。花冠钟状。雌蕊3心皮合生，3室。蒴果3裂。
      3. 总状或圆锥花序。子房下位，花柱基部圆筒状的花盘或腺体…………………… **沙参属 *Adenophora***
      3. 花单生。花萼5裂，筒部与子房贴生，宿存。子房下位或半下位…………………**党参属 *Codonopsis***
   2. 缠绕草本。花冠阔钟状。花单生或数朵生于枝顶。子房半下位，5心皮合生，5室。蒴果5裂……………………………………………………………………………………………… **桔梗属 *Platycodon***
1. 直立小草本。主茎平卧，分枝直立。花单生于叶腋。花冠二唇形，裂片偏向一侧，花丝上部与花药合生。子房下位，2心皮合生，2室。蒴果2分裂……………………………………………… **半边莲属 *Lobelia***

【重要药用植物】（main medicinal plants）

桔梗 *Platycodon grandiflorum*（Jacq.）A. DC. 直立多年生草本，具白色乳汁。根肉质，长圆锥状。叶对生、轮生或互生，卵形、卵状椭圆形至披针形。花单生或数朵生于枝顶；花萼5裂，宿存；花冠宽钟状，蓝紫色，5裂；雄蕊5枚；子房半下位，雌蕊5心皮合生，5室，中轴胎座，柱头5裂。蒴果球状，成球状倒圆锥形，或倒卵状，顶部5瓣裂（**图11-145**）。全国各地均有分布，生于山地草坡或林缘。干燥根入药（桔梗），能宣肺祛痰，排脓消肿。

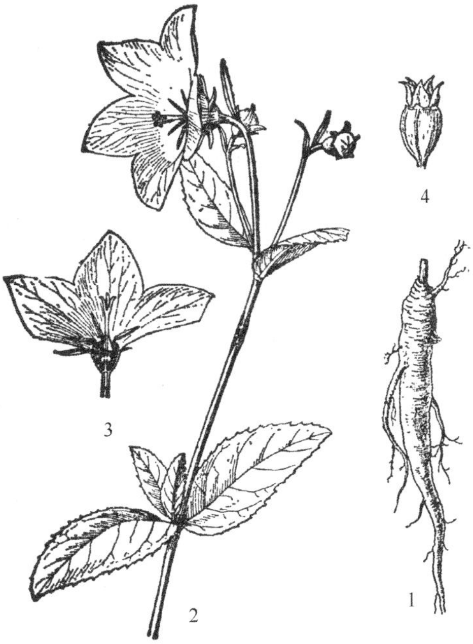

图11-145　桔梗

1. 根；2. 花枝；3. 花纵剖示雄蕊及雌蕊；4. 果实

党参 *Codonopsis pilosula*（Franch.）Nannf. 多年生缠绕草质藤本，具白色乳汁。根肉质，圆柱状，表面灰黄色，有特异臭味，具多数瘤状茎痕，常在中部分枝。茎缠绕，有多数分枝。叶互生，常卵形，老时仍两面有毛。花1～3朵生于分枝顶端；花5数，萼裂片狭矩圆形；花冠宽钟状，黄绿色，内有紫色小斑点；子房半下位，3室。蒴果下部半球状，上部短圆锥状，

3瓣裂。种子多数，卵形，无翼，细小，棕黄色，光滑无毛（**图 11-146**）。分布于陕西、甘肃、山西、内蒙古、四川等省区及东北，生于林边或灌丛中。全国均有栽培。干燥根入药（党参），能健脾益肺、养血生津。药典收载作“党参”入药的植物还有**素花党参** ***C. pilosula*** **Nannf.var.** ***modesta*****（Nannf.）L. T. Shen** 和**川党参** ***C. tangshen*** **Oliv.**。

沙参 ***Adenophora stricta*** **Miq.**多年生草本，具白色乳汁。全株被被短硬毛。根圆锥形，质地较泡松。茎生叶互生，无柄，狭卵形。花序狭长；花5数；花冠钟状，蓝紫色；花丝基部边缘被毛；花盘宽圆筒状；子房下位，花柱与花冠近等长。蒴果椭圆状球形，极少为椭圆状。种子棕黄色，稍扁，有一条棱（**图 11-147**）。分布于四川、贵州、广西、湖南、湖北、河南、陕西、江西、浙江、安徽和江苏等地，生于山坡草丛中。干燥根入药（南沙参），能养阴清肺、祛痰止咳。药典收载作“南沙参”入药的植物还有**轮叶沙参** ***A. tetraphylla*****（Thunb.）Fisch.**。

图 11-146 党参

1. 根；2. 花枝

图 11-147 沙参

1. 根及茎；2. 花枝；3. 花；4. 雄蕊及雌蕊

本科其他药用植物**半边莲** ***Lobelia chinensis*** **Lour.**、**羊乳（四叶参）** ***Codonopsis lanceolata*****（Sieb. et Zucc.）Trautv**、**山梗菜** ***Lobelia sessilifoia*** **Lamb.**、**铜锤玉带草** ***Pratis nummularia*****（Lam.）A. Br. et Aschers** 和**蓝花参** ***Wahlenbergia marginanta*****（Thunb.）A. DC.**等也可供药用。

64. 菊科 Compositae，Asteraceae $⚥ * \uparrow K_{0,\infty}C_{(3\sim5)}A_{(4\sim5)}\overline{G}_{(2:1:1)}$

草本，少为灌木（木本仅见于热带地区）。**有的种具乳汁**或树脂道。叶互生，稀对生或轮生，全缘或有齿或分裂，无托叶。**头状花序**常由多朵小花集生于花序托上组成，**外有**1至多层**总苞片**围绕，总苞片叶状、鳞片状或针刺状，头状花序再集成总状、伞房状等；**花序托即是缩短的花序轴**；花有舌状花和管状花两种类型，故花序中的小花同型或异型，即头状花序全部为两性舌状花，如蒲公英，或全部为两性管状花，如小蓟、红花，或花序的外围为雌性不育的舌状花（称边花），中央为两性管状花（称盘花），如向日葵；每朵花的基部具苞片1枚，**称托片**，呈毛状或缺；花两性；**萼片常变成冠毛**，或呈针状、鳞片状、或缺。花冠合瓣，3～5裂。雄蕊5枚，**聚药雄蕊**。子房下位，雌蕊由2心皮合生，1室，柱头2裂。果为**连萼瘦果**，又称**菊果**，果实顶端常有刺状、羽状冠毛或鳞片（**彩图 13**）。

菊科是被子植物第一大科，本科约1000属，25 000～30 000种，广布于全世界，主要产于温带地区。我国有227属，2300余种，全国广布，已知药用155属，778种。本科植物体内薄壁细胞中常含菊糖。

本科植物化学成分主要有：①倍半萜内酯：如斑鸠菊内酯（vernolepin）、地胆草内酯（elephantopin）、蛇鞭菊素（liatrin）、青蒿素（artemisinin）、山道年（santonin）和天名精内酯（carpesialactone）等；②菊糖；③黄酮类：如水飞蓟素（silymarin）等；④生物碱：如野千里光碱（campestrine）、兰刺头碱（echinopsine）和北通水苏碱（betonicine）等；⑤三萜皂苷：如紫菀皂苷等；⑥挥发油：如佩兰挥发油、艾叶油和云木香油等；⑦聚炔类：如茵陈二炔（capillene）、茵陈素（capillarin）和苍术素（atractylodin）等；⑧香豆素类：如蒿属香豆素（scoparone）；⑨多糖；⑩有机酸。本科最具特征性的化学成分为倍半萜内酯和菊糖。

本科通常分为2个亚科，即**舌状花亚科**（Liguliflorae）和**管状花亚科**（Tubuliflorae）。

菊科2亚科及主要植物分属检索表

1. 头状花序中的花全为舌状花，植物体具乳汁……………………………………舌状花亚科 **Liguliflorae**
  2. 冠毛有细毛，瘦果粗糙或平滑，有喙或无喙部。
    3. 叶基生，头状花序单生于花葶上，有多数小花，总苞1层，另有多数小的外苞片，瘦果有向基部渐厚的长喙……………………………………蒲公英属 ***Taraxacum***
    3. 叶基生，头状花序有80个以上至极多数的小花，冠毛具极细的柔毛杂以较细的直毛，果极扁压，上端狭窄，无喙部……………………………………苦苣菜属 ***Sonchus***
  2. 冠毛有糙毛、瘦果极扁或近圆柱形。
    4. 瘦果极扁平或较扁，具两个较强的侧肋或翅，两面又有细纵肋，喙部短或长，顶端有羽毛盘……………………………………莴苣属 ***Lactuca***
    4. 瘦果近圆柱形，果腹背稍扁。
      5. 瘦果具不等形的纵肋，常无明显的喙部……………………………………黄鹌菜属 ***Youngia***
      5. 瘦果具10翅，花序少，总苞片显然无肋……………………………………苦荬菜属 ***Lxeris***
1. 头状花序仅有管状花或兼有舌状花（雌花），植物体不具乳汁……………………管状花亚科 **Tubuliflorae**
  6. 头状花序仅有管状花（两性或单性）。
    7. 叶对生，或下部对生，上部互生；总苞片多层；每花序常有5朵管状花；瘦果有冠毛……………………………………泽兰属 ***Eupatorium***
    7. 叶互生，总苞片2至多层。
      8. 无冠毛。
        9. 头状花序单性，雌花序仅有2朵小花，总苞外多钩刺……………………苍耳属 ***Xanthium***
        9. 头状花序外层雌性花，内层两性花，头状花序排成总状或圆锥状……………蒿属 ***Artemisia***
      8. 有冠毛。
        10. 叶缘有刺。
          11. 冠毛呈鳞片状或缺，总苞片外轮叶状，边缘有刺，内轮微有齿，花红色……………………………………红花属 ***Carthamus***
          11. 冠毛羽状，基部连合成环。
            12. 花序基部有叶状苞1～2层，羽状深裂花，两性或单性；果多柔毛……苍术属 ***Atractylodes***
            12. 花序基部无叶状苞；花序全为两性花；果无毛……………………蓟属 ***Cirsium***
        10. 叶缘无刺。
          13. 根具香气。
            14. 多年生高大草本。基生叶互生，上面有糙短毛，下面无毛。花序轴有刚毛状托片。冠毛羽毛状……………………………………云木香属 ***Aucklandia***
            14. 多年生低矮草本。茎缩短，叶呈莲座状丛生；叶两面被糙伏毛。冠毛刚毛状

……………………………………………………………………………………………川木香属 *Vladimiria*

13. 根不具香气。

15. 总苞片顶端呈针刺状，末端钩曲；冠毛多而短，易脱落……………………牛蒡属 *Arctium*

15. 总苞片顶端无钩刺；冠毛长，不易脱落……………………………………祁州漏芦属 *Rhaponticum*

6. 头状花序有管状花和舌状花（单性或无性）两种。

16. 冠毛较果实长，有时单性花无冠毛或甚短。

17. 舌状花舌瓣甚短小，雌性；中央管状花雄性；总苞 1～2 层，头状花序黄色……款冬属 *Tussilago*

17. 舌状花舌瓣较长，显著。

18. 舌状花白色或蓝紫色，管状花黄色，冠毛 1～2 轮，外轮短，膜片状……………紫菀属 *Aster*

18. 舌状花、管状花均为黄色，冠毛 1 轮。

19. 总苞 1 层，基部另有小苞片 ……………………………………………………千里光属 *Senecio*

19. 总苞片数层，舌状花较多 ……………………………………………………旋覆花属 *Inula*

16. 冠毛较果实短，或缺。

20. 叶对生。

21. 冠毛成刺芒，2～4 枚…………………………………………………………鬼针草属 *Bidens*

21. 冠毛缺。

22. 舌状花 1 层，先端 3 裂，外轮总苞片 5 枚，线状匙形，有黏质腺 ……豨莶草属 *Siegesbeckia*

22. 舌状花 2 层，先端全缘或 2 裂，总苞片数层……………………………………鳢肠属 *Eclipta*

20. 叶互生，无冠毛，总苞片边缘干膜质。

23. 花序轴顶端有托片；头状花序较小；果边缘有翅……………………………………蓍属 *Achillea*

23. 花序轴顶端无托片；果有 4～5 棱………………………………………………菊属 *Dendranthema*

【重要药用植物】(main medicinal plants)

（1）舌状花亚科 Liguliflorae

蒲公英 ***Taraxacum mongolicum*** **Hand. -Mazz.** 多年生草本，有乳汁。根垂直生，长圆柱形，黑褐色。叶基生，莲座状展开，宽倒披针形，羽状深裂，顶裂片较大，三角形或三角状戟形，全缘或具齿，每侧裂片 3～5 片。花葶 1 至数个，顶生一头状花序，外层总苞片先端常有小角状突起，内层总苞片远长于外层，先端有小角；全为黄色舌状花。瘦果倒卵状披针形，暗褐色，先端具细长的喙，冠毛白色（**图 11-148**）。全国各地均有分布，生于田野、山坡及草地。干燥带根全草入药（蒲公英），能清热解毒、消肿散结。**碱地蒲公英** ***T. sinicum*** **Kitam.** 及同属多种植物的全草均可作"蒲公英"入药。

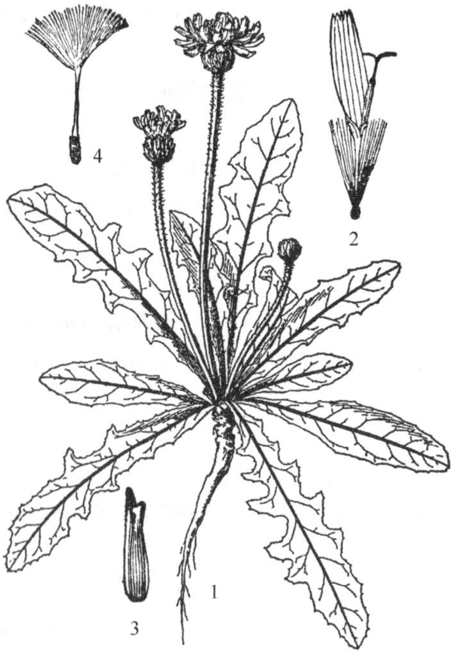

图 11-148　蒲公英

1. 植株；2. 花；3. 外层总苞片；4. 瘦果

（2）管状花亚科 Tubuliflorae

菊 ***Dendranthema morifolium*** **(Ramat.) Tzvel.** 多年生草本，基部木质，全体被白色绒毛。茎多分枝，被毛。叶互生，叶片卵形至披针形，叶缘有粗大锯齿或羽裂，有短柄。头状花序单生或数个集生于枝顶；总苞片多层，外层外面被柔毛；边花舌状、雌性，黄、白、红、紫各色；盘花管状、两性，黄色，具托片。瘦果无冠毛，不发育（常用根和嫁接法繁殖）（**图 11-149**）。全国各地均有栽培。干燥头状花序入药（菊花），能散风清热、平肝明目。因产地和加工方法不同，药典收载的有亳菊、滁菊、贡菊（产于安徽）和杭菊（产于浙江）。此外还有怀菊（产于河南），祁菊（产于河北）、济菊（产于山东）及川菊（产于四川）等也作菊花商品用。同属植物**野菊** ***D. indicum*** **（L.）Des Moul.**的头状花序（野菊花）入药，能清热解毒、泻火平肝。

红花 ***Carthamus tinctorius*** **L.**一年生草本。叶互生，无柄，长椭圆形或卵状披针形，叶缘锯齿端有尖刺。头状花序顶生，总苞片2～4层，卵状披针形，上部边缘有锐刺，内侧数列卵形，无刺；花序全由管状花组成，花冠裂片几达檐部基部，花初开时黄色，后变为红色。瘦果倒卵形，乳白色，有4棱，棱在果顶伸出，无冠毛（**图 11-150**）。原产于埃及，我国东北、华北、西北，以及山东、浙江、四川、贵州和西藏等地广泛栽培。干燥花入药（红花），能活血通经、祛瘀止痛。

图 11-149 菊

1. 花枝；2. 舌状花；3. 管状花

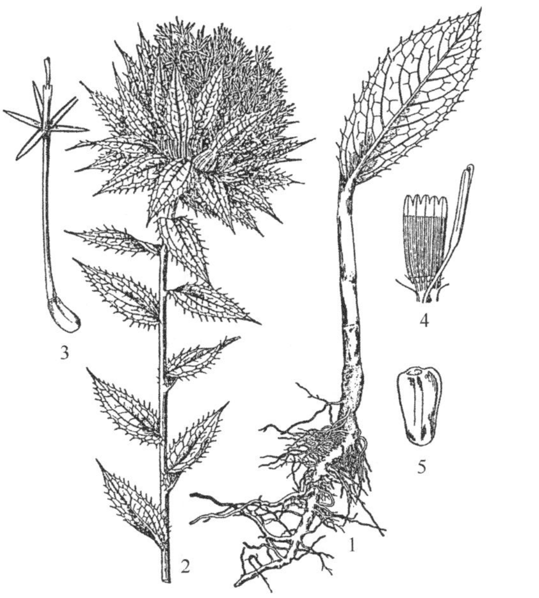

图 11-150 红花

1. 根及茎；2. 花枝；3. 花；4. 雄蕊及不带子房的雌蕊；5. 瘦果

黄花蒿 ***Artemisia annua*** **L.**一年生草本，全株具强烈气味（奇臭）。茎单生，多分枝。叶互生，常三回羽状深裂，裂片及小裂片矩圆形或倒卵形，基部裂片常抱茎，下面色较浅，两面被短微毛，上部叶小，常一次羽状细裂。头状花序细小球形，排成圆锥状，总苞片3～4层；小花黄色，全为管状花；外层雌花10～18朵，内层两性花10～30朵，结实或中央少数花不结实。瘦果小，椭圆状卵形，略扁（**图 11-151**）。干燥地上部分入药（青蒿），能清热祛暑、凉血、截疟。茎叶提制的青蒿素可治疗间日疟、恶性疟。

白术 ***Atractylodes macrocephala*** **Koidz.** 多年生草本。根茎肥厚，呈不规则分枝。叶互生，茎下部叶具长柄；叶片3深裂，偶有5深裂，裂片椭圆形至披针形，边缘有贴伏的细锯齿，上部叶狭披针形，不分裂，基部下延成柄状。头状花序6～10个顶生，较大；总苞钟形，总苞片7～8层，基部有一轮羽状深裂的叶状苞片；全为管状花，紫红色。瘦果倒圆锥状，被黄白色茸毛，顶端残留圆形冠毛痕。刚毛羽毛状，污白色，基部结合成环状（**图 11-152**）。白术均为栽培品，主产于浙江和安徽，江西、湖南、湖北及陕西也产。干燥根茎入药（白术），能补脾健胃、燥湿化痰、利水止汗、安胎。

图 11-151　黄花蒿

1. 植株；2. 花枝；3. 头状花序；4. 外层总苞片；5. 中层总苞片；6. 雌花；7. 两性花

图 11-152　白术

1. 根茎；2. 花枝；3. 管状花；4. 花冠剖开示雄蕊；5. 雌蕊；6. 瘦果

茅苍术 ***Atractylodes lancea*** **(Thunb.) DC.** 多年生草本。根状茎粗肥，结节状，横断面有红棕色油点，具香气。叶互生，革质，有柄或无柄，下部叶常 3 裂，中央裂片大，卵形，两侧裂片较小，上部叶不分裂，长卵状披针形。头状花序顶生，较小，叶状苞羽状深裂，与花序几等长，裂片刺状；总苞钟形，总苞片 5～8 层，外层较短，三角状卵形，边缘略带紫色，有纤毛；花冠管状，白色。瘦果圆筒形，具棕黄色毛，冠毛棕黄色（图 **11-153**）。分布于华东、中南和西南等地，生于山坡草丛中。干燥根茎入药（苍术），能燥湿健脾、祛风散寒、明目。药典收载作“苍术”入药的还有**北苍术** ***A. chinensis*** **(DC.) Koidz.**。

图 11-153　苍术

1. 根茎及茎；2. 花枝；3. 头状花序示总苞及羽裂的叶状苞片；4. 管状花

木香 ***Aucklandia lappa*** **Decne.** 多年生高大草本。主根粗大，干后芳香。茎不分枝。基生叶片巨大，具长柄，三角状卵形，边缘具不规则浅裂或波状，疏生短齿，基部下延成翅（叶柄有翅）；茎生叶抱茎，有短柄或无柄，叶片卵形或三角状卵形。头状花序顶生或腋生，总苞半球形，约 10 层；托片刚毛状；全为管状花，花冠暗紫色，花药尾部流苏状。瘦果条形，三棱状，浅褐色，上端有 1 轮浅棕色羽状冠毛（图 **11-154**）。西藏南部、云南、四川及重庆有木香分布或栽培。其生于海拔较高的山地。干燥根茎入药（木香），能行气止痛、健脾消食。

川木香 ***Dolomiaea souliei*****（Franch.）Shih**　本种与云木香的主要不同点为：茎缩短。叶莲座状丛生；叶片全形椭圆形，披针形或倒披针形，羽状分裂，叶柄无翅。头状花序6～8个密集生长；总苞片4层。花冠紫色。瘦果具棱，冠毛刚毛状，淡棕黄色。分布于四川西部及和西北部及西藏东部，生于山坡草地。干燥根入药（川木香），能行气止痛、和胃止泻。药典收载作“川木香”入药的还有**灰毛川木香** ***D. souliei*** **var** ***mirabilis*****（Anth.）Shih**。

牛蒡 ***Arctium lappa*** **L.** 二年生高大草本。茎直立粗壮，略带紫色。根肉质，有分枝支根。基生叶丛生，宽卵形，茎生叶互生，有长柄，叶片阔卵形或心形，下面有灰白色绒毛。头状花序丛生茎顶或排成伞房状；总苞片披针形，顶端钩状弯曲；全为管状花，淡紫色。瘦果长扁卵形，灰黑色，冠毛短刚毛状（**图11-155**）。分布于全国各地，生于路旁、山坡、草地，各地常栽培。干燥果实入药（牛蒡子），能疏风散热、宣肺透疹、利咽消肿。根、茎和叶入药，能清热解毒、活血止痛。

图11-154　木香

1. 根；2. 基生叶；3. 花枝

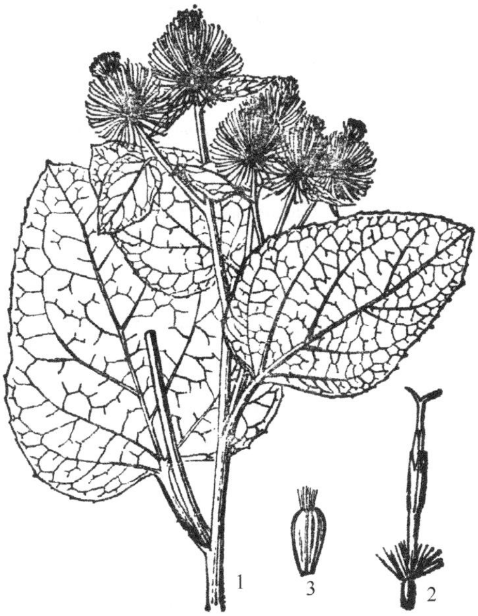

图11-155　牛蒡

1. 花枝；2. 花；3. 瘦果

旋覆花 ***Inula japonica*** **Thunb.**　多年生草本，被细毛。根状茎横走或斜升。茎单生，直立。叶互生，无柄，背面有糙伏毛；中部叶片长椭圆状披针形，基部半抱茎。头状花序，舌状花黄色。瘦果圆柱形冠毛灰白色，与管状花近等长。分布于我国东北部、北部、中部、东部地区，以及四川和广东，生于河边、沙质草地及沼泽地。幼苗干燥（金佛草）和头状花序入药（旋覆花），两者功效相似，能化痰降气、软坚行水。药典收载作“旋覆花”入药的还有**欧亚旋覆花** ***I. britanica*** **L.**。本属20种，入药15种。其中**条形旋覆花**（线叶旋覆花）***I. lineriaefolia*** **Tuncz.** 花序入药功效同旋覆花。

本科药典收载的其他药用植物见表**11-14**。此外，本科还有**苦荬菜** ***Lxeris denticulate*****（Houtt.）Stebb**、**山莴苣** ***Lactuac indica*** **L.**、**黄鹌菜** ***Youngia japonica*****（L.）DC.**、**苦苣菜** ***Sonchus oleraceus*** **L.**、**天名精** ***Carpesium abrotanoides*** **L.**、**祁木香** ***Inula helenium*** **L.**和**鼠曲草** ***Gnaphalium affine*** **D. Don**等也可供药用。

表 11-14 《中国药典》2015 年版收载的菊科其他药用植物

中文名	拉丁学名	药用部位	功效
艾（艾叶）	*Artemisia argyi* Levl.et Vant.	叶	温经止血，散寒止痛；外用祛湿止痒
艾纳香（艾片）	*Blumea balsamifera*（L.）DC.	新鲜叶经提取加工制成的结晶	开窍醒神，清热止痛
茵陈蒿（茵陈）	*Artemisia capillaris* Thunb.	幼苗	清利湿热、利胆退黄
滨蒿（茵陈）	*Artemisia scopoia* Waldst et Kitaib.		
祁州漏芦（漏芦）	*Rhaponticum uniflorum*（L.）DC.	根	清热解毒，消痈，下乳，舒筋通脉
蓝刺头（禹州漏芦）	*Echinops latifolius* Tausch	根	清热解毒，消痈，下乳，舒筋通脉
华东蓝刺头（禹州漏芦）	*Echinops grijisii* Hance.		
苍耳（苍耳子）	*Xanthium sibiricum* Patr.	果实	散风寒，通鼻窍，祛风湿
豨莶草	*Siegesbeckia orienthalis* L.		
腺梗豨莶（豨莶草）	*Siegesbeckia Pubescens*(Makino)Makino	全草	祛风湿，利关节，解毒
毛梗豨莶（豨莶草）	*Siegesbeckia glabrescens* Makino		
紫菀	*Aster tataricus* L. F.	根状茎及根	润肺下气，消痰止咳
鳢肠（墨旱莲）	*Eclipta prostrate*（L.）L.	地上部分	滋肝补肾，凉血止血
蓟（大蓟）	*Cirsium japonicum* Fischex DC.	全草	凉血止血，散瘀解毒消痈
刺儿菜（小蓟）	*Cirsium setosum*（Willd.）Bieb.	全草	凉血止血，散瘀解毒消痈
佩兰	*Eupatorium fortunei* Turcz.	全草	芳香化湿，醒脾开胃，化湿解暑
一枝黄花	*Solidago decurrens* Lour.	全草	疏风清热，解毒消肿
千里光	*Senecio scandens* Buch.-Ham. ex D. Don	全草	清热解毒，明目，利湿
水飞蓟	*Silybum marianum*（L.）Gaertn.	果实	清热解毒，疏肝利胆
款冬	*Tussilago farfara* L.	花蕾	润肺下气，止咳化痰
鹅不食草	*Centipeda minima*（L.）A. Br. et Aschers	全草	发散风寒，通鼻窍，止咳
蓍（蓍草）	*Achillea alpine* L.（*A. sibirica* Ledeb.）	全草	解毒利湿，活血止痛
天名精（鹤虱）	*Carpesium abrotanoides* L.	果实	杀虫消积
菊苣	*Cichorium intybus* L .	地上部分或根	清肝利胆，健胃消食，利尿消肿
毛菊苣（菊苣）	*Cichorium glandulosum* Boiss. et Huet		
天山雪莲	*Saussurea involucrata*（Kar. et Kir.）Sch.-Bip.	地上部分	温肾助阳，祛风胜湿，通经活血
短葶飞蓬（灯盏细辛）灯盏花	*Erigeron breviscapus*（Vant.）Hand.-Mazz.	全草	活血通络止痛，祛风散寒
翼齿六棱菊（臭灵丹草）	*Laggera pterodonta*（DC.）Benth.	地上部分	清热解毒，止咳祛痰
苦蒿（金龙胆草）	*Conyza blinii* Levl.	地上部分	清热化痰，止咳平喘，解毒利湿，凉血止血

二、单子叶植物纲（Monocotyledoneae）

65. 香蒲科 Typhaceae $♂*P_0A_{1\sim7,(1\sim7)}$；$♀P_0\underline{G}_{1:1:1}$

多年生水生或湿生草本。地上茎直立，根状茎横走，须根多。条形叶两列，互生；**鞘状叶基生。花单性同株，成蜡烛状穗状花序，无花被；**雄花密集于花序上部，较粗壮，具雄蕊 1～3 枚，花丝分离或合生，花药线形；雌花位于花序下部，与雄花序相连或分离；子房柄基部有柔毛状和狭长匙形小苞片；子房上位，子房 1 室，倒生胚珠 1 枚。果为纺锤形小坚果；种子含内胚乳，胚轴直。

本科仅 1 属，16 种，分布于热带和温带地区。我国 11 种，北方分布较多，均可药用。

本科植物的花粉化学成分主要有：①黄酮类：如异鼠李素（isorhamnetin）的糖苷等；②糖类：如曲二糖（kojibiose）、松二糖（taranese）和麦白糖（leucrose）等。此外，尚含多种氨基酸和脂肪油等。

【重要药用植物】(main medicinal plants)

水烛 ***Typha angustifolia* L.** 多年生沼生草本。根状茎黄色，先端白色，地上茎粗壮直立。叶条形，叶鞘抱茎。穗状花序蜡烛状，雌雄花序不连接，雄花序在上，雌花序在下。小坚果无沟（**图 11-156**）。全国各地均有分布。干燥花粉入药（蒲黄），能止血、化瘀、通淋。药典收载作“蒲黄”入药的植物还有**东方香蒲** ***T. orientalis* Presl.** 或其同属植物。

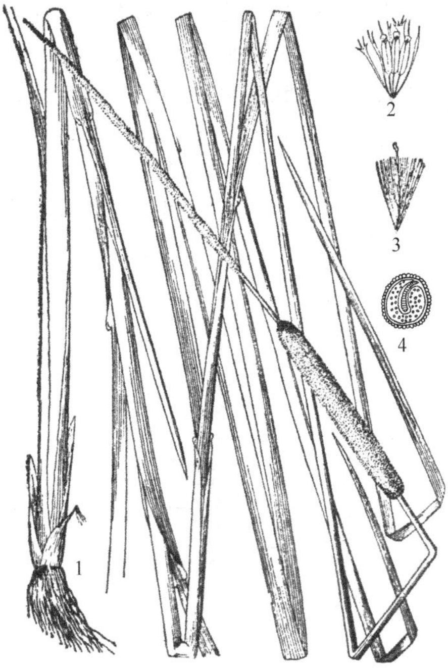

图 11-156　水烛

1. 植株；2. 雄花；3. 雌花；4. 放大的花粉

66. 泽泻科 Alismataceae ♂$*P_{3+3}A_{6\sim\infty}$；♀$*P_{3+3}\underline{G}_{6\sim\infty:1:1}$；⚥$*P_{3+3}A_{6\sim\infty}\underline{G}_{6\sim\infty:1:1}$

多年水生或沼生草本。具乳汁或无；具根茎、匍匐茎或球茎。单叶常基生，叶柄基部鞘状。**花常轮生于花葶上**，成总状或圆锥花序；花两性、单性或杂性，辐射对称；花被片 6，外轮 3 枚萼片状，绿色，宿存；内轮 3 枚花瓣状，易脱落；雄蕊 6 至多数，花丝分离，花药 2 室，纵裂；**雌蕊子房上位，心皮多数，分离，轮生或螺旋状排列在突起或扁平的花托上**，1 室，边缘胎座；胚珠 1 或数枚，仅 1 枚发育；花柱宿存。瘦果，或小坚果。胚马蹄形，无胚乳。

图 11-157　泽泻

1. 块茎；2. 植株；3. 花；4. 果

本科共 13 属，近 100 种，广布于全球。我国有 4 属，20 种，各地均有分布。已知药用 2 属，12 种。

本科植物化学成分主要有：①三萜类：如泽泻醇（alisol）A、泽泻醇 B、泽泻醇 C，泽泻醇 A 单乙酸酯（alisol A monoacetate）；②倍半萜类：如倍半萜蓟玛烯 C（germacrene C）。还含糖类和钾、钙和镁等。

【重要药用植物】(main medicinal plants)

泽泻 ***Alisma orientale*（Sam.）Juzep.** 多年生水生或沼生草本，具地下球茎。叶基生，椭圆形或卵形，具长柄。花葶直立，花轮生呈伞状，再集成大型圆锥花序；两性花，雄蕊 6 枚，心皮多数。瘦果侧扁，有浅沟，花柱宿存（**图 11-157**）。全国各地均有分布，福建和四川等地有栽培。干燥块茎入药（泽泻），能利水渗湿、泄热、化浊降脂。

本科还有**慈菇** ***Sagittaria trifolia* L. var. *sinensis*（Sims）Kakino** 等可供药用。

67. 禾本科 Gramineae（Poaceae） ⚥$*P_{2\sim3}A_{3,1\sim6}\ \underline{G}_{(2\sim3:1:1)}$

多为草本，少木本（竹类）。多为须根。地下常具根状茎；地上茎称秆或竿（竹类），秆有明显的节和节间，节处之内有横隔板，节间中空。**单叶互生**，常排成 2 列；**叶由叶片、叶**

鞘和叶舌三部分组成；叶鞘抱秆，通常一侧开裂，顶端两侧各有 1 附属物，称叶耳；**叶片狭长，具明显中脉及平行脉**；叶片与叶鞘连接处的内侧有叶舌，呈膜质或纤毛状。**风媒花小，集成小穗再排成穗状、总状或圆锥状**；**常两性**；每小穗有花 1 至数朵，排列于 1 很短的小穗轴上，基部生有 2 颖片（总苞片），下方的称外颖，上方的称内颖；小花的外稃质地坚硬，主脉可伸出成芒；内稃常较短小，膜质；2 或 3 片膜质透明的浆片（鳞被）轮生，或不存在；雄蕊 3～6 枚，稀多数，具纤细的花丝与二室纵裂的花药，丁字着药；雌蕊 1，子房上位，2～3 心皮合生，1 室，倒生胚珠 1 枚，花柱 2，柱头常羽毛状（**图 11-158**）。**颖果**。种子含丰富淀粉质胚乳。

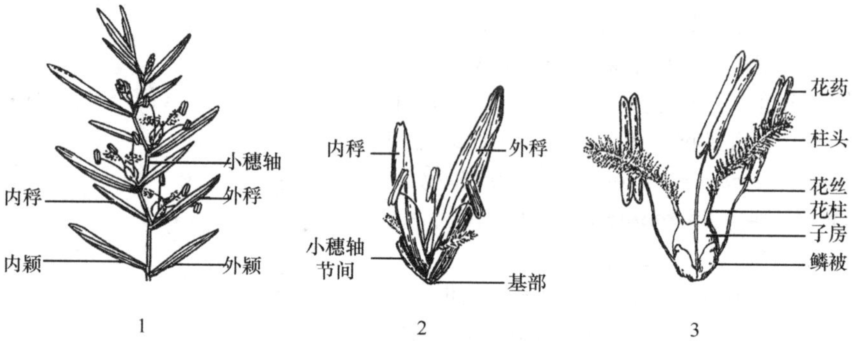

图 11-158　禾本科植物小穗、小花及花的构造

1. 小穗构造；2. 小花构造；3. 花的解剖

本科约 700 属，10 000 多种，广布于全世界。本科分两个亚科：禾亚科 Agrostidoideae（草本）和竹亚科 Bambusoideae（木本）。我国有 228 属，1500 余种，全国皆产。已知药用 84 属，174 种，多为禾亚科植物。

本科化学成分多样主要有：①杂氮噁嗪酮（benzoxazolinon）类：如薏苡素（coixol）等；②生物碱类：如芦竹碱（gremine）和大麦芽碱（horocenine）等；③三萜类：如白茅萜（cylindrin）、芦竹萜（arundoin）和无羁萜（friedelin）等；④氰苷：如蜀黍苷（dhurrin）等；⑤黄酮类：如大麦黄苷（lutonarin）和小麦黄素（tricin）等。而在香根草属（*Vetiveria*）及香茅属（*Cymbopogon*）植物中还含挥发油。大麦、水稻、小麦及玉米等富含淀粉、多种氨基酸、维生素和各种酶类。

图 11-159　薏苡

1.植株上部；2. 总苞与雄花序；3. 种仁

【重要药用植物】(main medicinal plants)

薏苡 ***Coix lachryma-jobi*** **L. var.** ***ma-yuen*** **(Roman.) Stapf** 一年生草本。秆有 6～7 节，常分枝。叶条状披针形，宽大。总状花序成腋生；小穗单性；雄小穗排列于总状花序上部，自珐琅质呈球形或卵形的总苞中抽出；雌小穗位于总状花序的基部，包藏于总苞中。颖果大，卵形（**图 11-159**）。各地野生或栽培。干燥成熟种仁入药（薏苡仁），能利水渗湿、健脾止泻、除痹、排脓、解毒散结。

白茅 ***Imperata cylindrica*** **Beauv. var.** ***major*** **(Nees) C. E. Hubb.** 多年生草本，有白色根状茎。叶鞘集于秆基部，叶片条状披针形。圆锥花序紧缩

呈穗状，有白色绢状柔毛；总状花序短而密；穗轴不断落；小穗成对生于各节，均结实且同形，含 2 小花，仅第二小花结实，基部密生长为小穗 3～5 倍的丝状毛；第一颖两侧具脊；芒缺。雄蕊 2 枚，花柱联合，柱头羽状。颖果椭圆形。全国各地均有分布。干燥根茎入药（白茅根），能凉血止血、清热利尿。

淡竹叶 ***Lophatherum gracile*** **Brongn.** 多年生宿根草本，地下具纺锤状块根。叶片披针形，基部狭缩呈柄状，有明显小横脉。圆锥花序；小穗条状披针形，具极短的柄，排列稍偏于穗轴的一侧，脱节于颖下；不育外稃互相紧包并渐狭小，其顶端具短芒成束而似羽冠。颖果长椭圆形（**图 11-160**）。分布于长江流域以南各地。干燥茎叶入药（淡竹叶），能清热泻火、除烦止渴、利尿通淋。

图 11-160　淡竹叶

1.植株；2. 花序；3. 小穗

芦苇 ***Phragmites communis*** **Train.** 多年生湿生大草本，具粗壮根状茎。叶片条状或条状披针形。圆锥花序；小穗通常含 4～7 小花；第一小花常为雄性；颖及外稃均有 3 条脉；外稃无毛，孕性外稃的基盘具柔毛。分布于全国各地及全球温带地区。干燥根茎入药（芦根），能清热泻火、生津止渴、除烦、止呕、利尿。

香茅 ***Cymbopogon citratus*** **（DC.）Stapf** 多年生草本。成大丛，有柠檬香气。秆粗壮。叶片条形，两面都呈灰白色，粗糙。伪圆锥花序疏散，分枝细弱，由成对的总状花序托以佛焰苞状总苞所形成；小穗成对；第一颖两侧有脊，脊间无脉，背部下方凹陷；无芒。香茅广泛栽培于热带地区，我国华南地区及云南也有栽培。用以提取香茅油作香水或香皂的原料；叶煎水外搽能消肿治血，内服止腹泻。**枫茅** ***C. nar-dus*** **（L.）Rendle** 第一颖背部扁平。我国南方栽培以提取芳香油。

淡竹 ***Phyllostachys nigra*** **（Lodd.）Munro var.** ***henonis*** **（Mitf.）Stapf ex Rendle** 竹亚科木本植物。秆绿色至灰绿色，秆环及箨环均甚隆起。箨鞘背面无毛或上部具微毛，黄绿至淡黄色而具有灰黑色之斑点和条纹；箨叶长披针形，有皱折，基部收缩；小枝具叶 1～5 片，叶鞘鞘口无毛；叶片薄，深绿色，无毛，窄披针形。分布于长江流域及以南各地。茎秆的干燥中间层入药（竹茹），能清热化痰、除烦、止呕。药典收载作“竹茹”入药的还有**青秆竹** ***Barnbusa tuldoides*** **Muniro** 和**大头典竹** ***Sinocalamus beecheyanus*** **（Muniro）McClure var.** ***pu-bescens*** **P. F. Li**。

本科药典收载的药用植物还有**稻** ***Oryza sativa*** **L.**、**大麦** ***Hordeum vulgare*** **L.**、**青皮竹** ***Bambusa textilis*** **McClure** 和**华思劳竹** ***Schizostachyum chinense*** **Rendle**。此外，芸香草 ***C. distans*** **（Nees）A. Camus** 和**玉蜀黍** ***Zea mays*** **L.**也可供药用。

68. 莎草科 Cyperaceae ♂$*P_0A_3$；♀$*P_0\underline{G}_{(2\sim3:1:1)}$；⚥$*P_0A_3\underline{G}_{(2\sim3:1:1)}$

多年生草本，稀一年生。**多具根状茎。秆多实心，通常三棱形。单叶基生，或茎生，通常排成 3 列，常有封闭的叶鞘。**花两性或单性，雌雄同株，少有雌雄异株，单生于颖片（苞片）腋内，2 至多花组成小穗，再排成穗状、总状、头状、圆锥状或聚伞状；花序下常有 1 至数枚总苞片；**花被缺如或退化为刚毛状或鳞片状**；雄蕊 3 枚，花药底着；雌蕊子房上位，2～3 心皮合生，1 室，1 胚珠；花柱单一，细长或基部膨大而宿存；柱头 2～3 枚。**小坚果。**

本科约有 90 属，4000 余种，广布于全球。我国有 31 属，670 种，各地均产。已知药用 17 属，110 种。

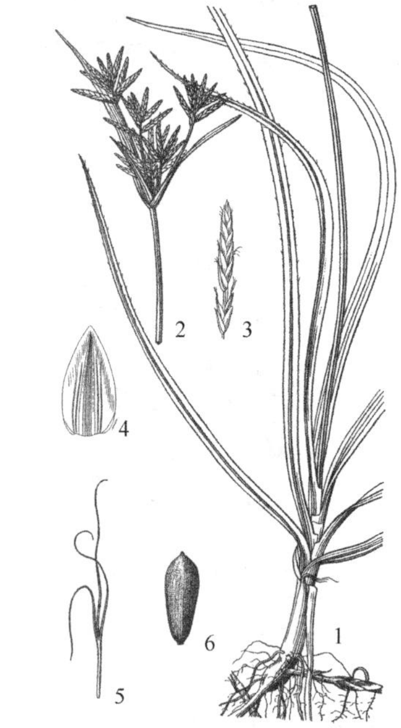

图 11-161 莎草

1. 根茎及茎叶；2. 花序；3. 小穗；4. 鳞片；5. 花柱和柱头；6. 小坚果

本科植物化学成分主要有：①挥发油：如香附烯（cyperene）、香附醇（cyperol）和可布酮（kobusone）等；②黄酮类：如香附醇酮（cyperolone）和绿叶莔烯酮（patchoulenone）等。此外，不少植物中尚含生物碱、强心苷和糖类等。

【重要药用植物】（main medicinal plants）

莎草（香附）*Cyperus rotundus* L.多年生宿根草本。有匍匐根状茎和椭圆状块茎，块茎具香气。秆直立，有三锐棱，散生。叶基生，短于秆；鞘棕色，常裂成纤维状。苞片叶状，长于花序；长侧枝聚伞花序简单或复出，有3～6个开展的辐射枝；小穗条形，3～10个排成伞形花序；小穗轴有白色透明的翅；鳞片紧密，2列，膜质，中间绿色，两侧紫红色，有5～7脉；雄蕊3枚；柱头3。小坚果矩圆倒卵形，有三棱。全国各地均有分布（**图 11-161**）。干燥块茎入药（香附子），能疏肝解郁、理气宽中、调经止痛。

本科还有**荆三棱** ***Scirpus yagara* Ohwi** 和**荸荠** ***Eleocharis tuberosa*（Roxb.）Roem. et Schult.**等可入药。

69. 棕榈科 Palmae（Arecaceae）♂$*P_{3+3}A_{3+3}$；♀$*P_{3+3}\underline{G}_{(3:1\sim3:1)}$；$\underline{G}_{3:1\sim3:1}$；⚥$*K_3C_3A_{3+3}\underline{G}_{(3:1\sim3:1)}$

乔木或灌木，稀藤本。茎常不分枝，单生或近丛生，表面平滑或粗糙，或有刺，或有被残存老叶柄的基部或叶痕。**叶大型、常绿，互生或聚生于茎顶**；叶片掌状或羽状分裂，革质；叶柄基部常扩大成具纤维的鞘。花两性或单性，雌雄同株或异株，辐射对称；佛焰花序或肉穗花序，分枝或不分枝，**常具佛焰苞1至数枚**；花被片6，成二轮，离生或合生；雄蕊常6枚，稀3枚或多数；雌蕊子房上位，常3心皮，分离或合生，1或3室，每室1胚珠；花柱短或无，柱头3。核果、浆果或坚果。种子被外种皮，胚乳均匀或嵌入，胚顶生、侧生或基生。

本科共有217属，约2800种，主产美洲和亚洲的热带、亚热带地区。我国有28属，100种，多数种类分布于云南、广东、广西和台湾。已知药用16属，26种。

本科植物化学成分主要有：①黄酮类：如血竭素（dracorhodin）和血竭红素（dracorubin）等；②生物碱：如槟榔碱（areceline）、去甲槟榔碱（guvacoline）。此外还有多元酚和缩合鞣质等。

【重要药用植物】（main medicinal plants）

槟榔 *Areca catechu* L. 乔木。不分枝，茎基部略膨大。叶羽状全裂，聚生于茎顶；裂片狭长披针形，顶端渐尖呈不规则齿裂，两面光滑。肉穗花序生于叶鞘束下，多分枝，排成圆锥花序式，雄花在上，雌花在下；雄花小，有6枚雄蕊和3枚退化雌蕊；雌花大，有6枚退化雄蕊。果长椭圆形，基部有宿存的花被片，橙红色，中果皮厚，纤维质。种子卵形，基部平坦（**图 11-162**）。槟榔原产于马来西亚；我国海南、广东、广西、福建、台湾及云南南部有

图 11-162 槟榔

1. 植株；2. 分枝花序；3. 果序；4. 果实；5. 果实横剖面

栽培。干燥成熟种子入药（槟榔），能杀虫、消积、行气、利水、截疟；干燥果皮入药（大腹皮），能宽中下气、行水消肿。

棕榈 ***Trachycarpus fortunei*** **(Hook. f.) H. Wendl.** 常绿乔木。茎有残存不易脱落的老叶柄。叶掌状深裂；叶鞘纤维质，网状，暗棕色，宿存。肉穗花序排成圆锥花序状，腋生；花小，黄白色，雌雄异株。核果肾状球形，蓝黑色。分布于长江流域以南地区。干燥叶柄入药（棕榈），能收敛止血。

麒麟竭 ***Daemonoropus draco*** **Bl.** 多年生常绿藤本。原产于南亚热带地区，我国海南及台湾有栽培。果实内渗出的树脂干后入药（血竭），能活血定痛、化瘀止血、生肌敛疮。

本科还有**椰子** ***Cocos nucifera*** **L.**等可入药。

70. 天南星科 Araceae ♂ $P_0A_{(1\sim\infty),\infty}$；♀ $P_0\underline{G}_{(1\sim\infty:1\sim\infty:1\sim\infty)}$；⚥ $*P_{0,4\sim6}A_{1\sim6}\underline{G}_{(1\sim\infty:1\sim\infty:1\sim\infty)}$

多年生草本，稀木质藤本。常具块茎或根茎，具苦味水汁或乳汁。单叶或复叶，常基生，叶柄基部常有膜质鞘，**叶脉网状**。花小，气味特异，两性或单性，辐射对称，成**肉穗花序**，**具佛焰苞**；单性花同株或异株，同株时雌花群生于花序下部，雄花群于花序上部，两者间常有无性花相隔，无花被，雄蕊 1～6 枚，常愈合成雄蕊柱，少分离。两性花具花被片 4～6 或无，鳞片状，雄蕊与其同数而互生；雌蕊子房上位，1 至数心皮成 1 至数室，每室 1 至数枚胚珠。**浆果**，**密集于花序轴上**。种子外种皮肉质，内种皮光滑，胚乳厚或不存在。

本科约有 115 属，2000 余种，主产于热带和亚热带地区。我国有 35 属，210 种以上，多数种类分布于长江以南各地区。已知药用 22 属，106 种。

本科植物主要化学成分有：①挥发油：如菖蒲酮（acolamone）和菖蒲烯（calamenene）等；②聚糖类：如甘露聚糖（mannan）等；③生物碱：如葫芦巴碱（trigonelline）等。

【重要药用植物】(main medicinal plants)

半夏 ***Pinellia ternata*** **(Thunb.) Breit** 多年生草本。块茎近球形。纸质叶基生，1 年生者为单叶，心状箭形至椭圆状箭形，2～3 年生者为 3 小叶的复叶，小叶卵状椭圆形至倒卵状矩圆形；叶柄近基部内侧常有 1 白色珠芽。花单性同株；肉穗花序，佛焰苞管喉部闭合，有横膈膜；雌花序与雄花两者之间有一段不育部分，顶端附属体细柱状；子房具短而明显的花柱；花药 2 室，药室纵裂。浆果卵形（**图 11-163**）。全国各地均有分布。干燥块茎入药（半夏），炮制后使用，能燥湿化痰、降逆止呕、消痞散结。有毒。

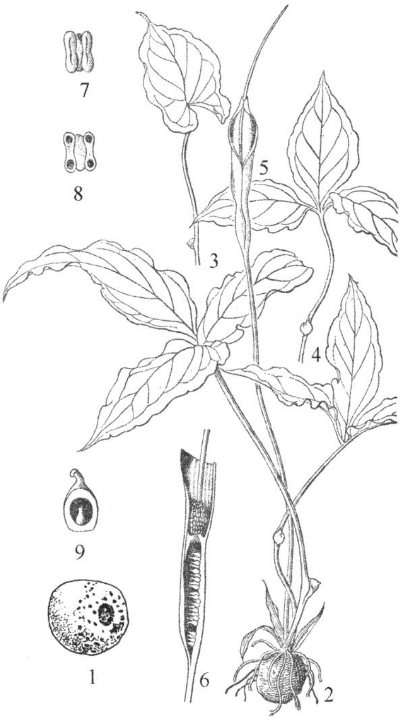

图 11-163　半夏

1. 块茎；2. 植物全株；3. 幼株叶片；4. 多年生植株叶片；5. 佛焰花序；6. 花序纵剖；7、8. 花药；9. 子房切剖

天南星 ***Arisaema erubescens*** **(Wall.) Schott** 多年生草本。块茎近扁球形。叶 1 枚，小叶片 7～23，辐射状排列在叶柄顶端。雌雄异株；总花梗短于叶柄，佛焰苞通常绿色或上部带紫色，下部筒状，上部约与下部等长，直立或稍弯曲，顶端细丝状；肉穗花序下部具花，附属体紧接具花部分以上，近棒状，稍伸出佛焰苞口外；雄花具 4～6 花药，花药孔裂。果序梗常下垂，浆果鲜红色（**图 11-164**）。我国多数省区有分布。干燥块茎入药（天南星），能散结消肿。有毒。外用治痈肿、蛇虫咬伤。药典收载作"天南星"入药的还有**东北天南星** ***A. amurense*** **Maxim.**和**异叶天南星** ***A. heterophullum*** **Blume**。

石菖蒲 ***Acorus tatarinowii*** **Schott** 多年生草本，全体具浓烈香气。根状茎匍匐横走，淡褐色，分枝甚密。叶基生，基部两侧膜质叶鞘较宽，叶片无中脉。肉穗花序圆柱状，叶状佛焰苞长于花序；花两性，黄白色（**图 11-165**）。分布于长江流域及以南地区。干燥根茎入药（石菖蒲），能开窍豁痰、醒神益智、化湿开胃。

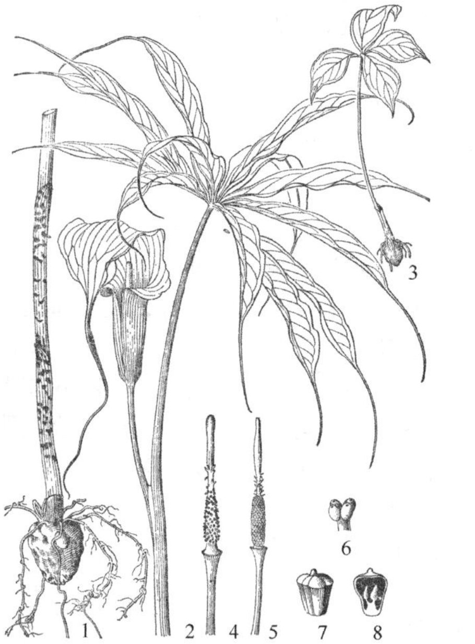

图 11-164　天南星

1. 块茎及茎；2. 茎叶及花序；3. 幼株块茎及叶；4. 雄性肉穗花序；5. 两性肉穗花序；6. 雄花；7. 子房；8. 子房纵剖

图 11-165　石菖蒲

1. 根茎；2. 植株；3. 花序

本科药典收载的药用植物还有**千年健** ***Homalomena occulta*****（Lour.）Schott** 和**独角莲** ***Typhonium giganteum*** **Engl.**。此外，**狗爪半夏** ***Pinellia pedatisecta*** **Schott** 和**魔芋** ***Amorphopallus rivieri*** **Durieu** 等也可供药用。

71. 百部科 Stemonaceae ⚥ $*P_{2+2}A_{2+2}\underline{G}_{(2:1:2\sim\infty)}$

多为**草本**，稀亚灌木，直立或攀援。**常具肉质块根**。单叶互生、对生或轮生，多全缘；**有明显基出脉和平行、致密的横脉**。花两性，辐射对称，单生于叶腋或花梗贴生于叶片中脉上；**花被片 4 枚，花瓣状**，排成 2 轮；**雄蕊 4 枚**，花丝短，分离或基部合生成环，花药 2 室，药隔通常延伸于药室之上成细长的附属物或无；枚雌蕊子房上位，2 心皮，1 室，胚珠 2 至多数；柱头 1 或 2～3 浅裂。**蒴果开裂为 2 瓣**。种子具丰富胚乳，种皮厚；胚细长。

本科共有 3 属，约 30 种，分布于亚洲、美洲和大洋洲地区。我国有 2 属，11 种，产于西南至东南部。已知药用 2 属，6 种。

本科的活性成分为生物碱，如百部属植物中含有百部碱（stemonine）、百部宁碱（paipunine）和百部定碱（stemonidine）等。

【重要药用植物】（main medicinal plants）

百部（蔓生百部）*Stemona japonica*（Blume）Miq.多年生攀援性草本。块根成束，肉质，长纺锤形。叶轮生，卵形、卵状披针形，顶端渐尖或锐尖；基部圆形或截形，稀为浅心形和楔形；叶具柄。花单生或数朵排成聚伞状花序；花被片 4，2 轮，淡绿色，披针形，开放后反卷；雄蕊 4 枚，紫红色，花丝短；花药条形，顶端具箭头状附属物；药隔延伸为钻状附属物。蒴果卵形，稍扁，熟时裂为 2 瓣；种子椭圆形，紫褐色，具槽纹（**图 11-166**）。分布于浙江、江苏、安徽和江西等地。干燥块根入药（百部），能润肺下气止咳、杀虫灭虱。药典收载作“百部”入药的还有**直立百部 *S. sessilifolia*（Miq.）Franch. et Sav.** 和对**叶百部 *S. tuberosa* Lour.**。

图 11-166　百部
1. 带花植株；2. 花；3. 雌蕊

72. 百合科 Liliaceae $⚥ * P_{3+3,(3+3)} A_{3+3} \underline{G}_{(3:3:\infty)}$

多年生草本，很少灌木或亚灌木。**具根状茎、块茎或鳞茎**。单叶互生或基生，少对生或轮生。**花两性**，很少为单性异株或杂性，**辐射对称**，成穗状、总状或圆锥花序；**花被片 6**，花瓣状，排成两轮，离生或多少合生；**雄蕊 6 枚**，花丝离生或贴生花被，花药基生或丁字状着生；**子房上位，3 心皮合生成 3 室**，中轴胎座，每室胚珠多数。蒴果或浆果（**彩图 14**）。种子具丰富的胚乳，胚小。

本科约有 230 属，4000 余种，广布全球，以温带及亚热带地区较多。我国有 60 属，570 余种，各地均产，以西南地区种类较多。已知药用 46 属，359 种。

本科植物化学成分主要有：①生物碱类：如秋水仙碱（colchicine）、贝母碱（peimine）和川贝母素（fritimine）等；②强心苷：如铃兰毒苷（convallatoxin）等；③甾体皂苷，如七叶一枝花皂苷（pariphyllin）等；④蒽醌类：如芦荟苷（barbalein）等。此外，葱属（*Allium*）植物中常含有挥发性的含硫化合物。

百合科部分植物分属检索表

1. 植株具根状茎或块根。
  2. 叶轮生，雄蕊 8～12 枚……………………重楼属 ***Paris***
  2. 叶基生或茎生，雄蕊 6 枚。
    3. 叶退化为鳞片状，具叶状枝……………………天门冬属 ***Asparagus***
    3. 叶不退化，不具叶状枝。
      4. 成熟种子小核果状。
        5. 子房上位……………………山麦冬属 ***Liriope***
        5. 子房半上位……………………麦冬属 ***Ophiopogon***
      4. 浆果或蒴果。
        6. 叶肉质肥厚……………………芦荟属 ***Aloe***
        6. 叶非肉质。
          7. 攀援灌木，具托叶卷须，花单性……………………菝葜属 ***Smilax***
          7. 草本，无托叶卷须，花两性。
            8. 雄蕊 3 枚，叶线形……………………知母属 ***Anemarrhena***
            8. 雄蕊 3 枚。
              9. 蒴果……………………萱草属 ***Hemerocallis***
              9. 浆果……………………黄精属 ***Polygonatum***
1. 植株具鳞茎
  10. 具鳞茎；植株常具特异气味；伞形花序……………………葱属 ***Allium***
  10. 具鳞茎；植株无味。
    11. 花被片基部有蜜腺窝，花药基部着生……………………贝母属 ***Fritillaria***
    11. 花被片基部无蜜腺窝，花药丁字着生……………………百合属 ***Lilium***

【重要药用植物】(main medicinal plants)

百合 ***Lilium brownii*** **F. E. Brown var.** ***viridulum*** **Baker** 多年生草本。地上茎单生直立，鳞茎近球形。花大型，乳白色（图 **11-167**）。分布于华北、华南和西南等地区。干燥肉质鳞茎入药（百合），能润肺止咳、清热安神。药典收载作“百合”入药的还有**细叶百合** ***L. pumilum*** **DC.** 和**卷丹** ***L. lancifolium*** **Thunb.**。

川贝母（**卷叶贝母**）***Fritillaria cirrhosa*** **D. Don** 多年生草本。鳞茎常由 3～4 枚肥厚鳞瓣组成。茎常中部以上具叶。最下部 2 叶对生，狭长矩圆形至宽条形，钝头，其余的 3～5 枚轮生或对生，稀互生，狭披针状条形，渐尖，顶端多少卷曲，最上部具 3 枚轮生的叶状苞片，条形，顶端卷曲。单花顶生，俯垂，钟状；花被片 6，内轮的卵状矩圆形，外轮的矩圆形，绿黄色至黄色，具脉纹和紫色方格斑纹，基部上方具内陷的蜜腺；雄蕊长为花被片的 1/2；花丝平滑；花柱粗壮；柱头 3 裂（图 **11-168**）。分布于西藏、四川和云南等地。干燥鳞茎入药（川贝母），能清热润肺、化痰止咳、散结消痈。药典收载作“川贝母”入药的植物还有**暗紫贝母** ***F. unibracteata*** **Hsiaoet Hsiao et K. C. Hsia**、**甘肃贝母** ***F. prezewalskii*** **Maxim.**、**梭砂贝母** ***F. delavayi*** **Franch.**、**太白贝母** ***F.*** **taipaiensis P.Y.Li** 和**瓦布贝母** ***F.*** **unibracteata Hsiao et K.C.Hsia var.** ***wabuensis*** **(S.Y.Tang et S.C.Yue) Z.D.Liu，S.Wang et S.C.Chen**。

图 11-167　百合

1. 鳞茎；2. 带花植株；3. 外花被片；4. 内花被片；5. 雄蕊；6. 雌蕊

图 11-168　川贝母

1. 鳞茎；2. 带花植株；3. 花

麦冬 ***Ophiopogon japonicus*** **(L.f) Ker-Gawl.** 多年生草本。地下匍匐茎细长，节上具膜质鞘；茎短。根较粗，常膨大成椭圆形、纺锤形的小块根。叶基生成密丛，禾叶状，具 3～7 条脉。花葶短于叶；总状花序；具 8～10 朵小花；花被片 6，披针形，顶端急尖或钝，白色或淡紫色；雄蕊 6 枚，花丝很短，花药三角状披针形；子房半下位，花柱较粗，向上渐狭，顶端钝。种子球形（图 **11-169**）。我国各地均有分布。干燥块根入药（麦冬），能养阴生津、润肺清心。

天门冬 ***Asparagus cochinchinensis*（Lour.）Merr.** 多年生攀援植物。茎分枝具棱或狭翅。肉质纺锤状块根。叶状枝通常每3枚成簇，扁平，或由于中脉龙骨状而略呈锐三棱形，镰刀状；叶鳞片状，基部具硬刺。花通常每2朵腋生，单性，雌雄异株，淡绿色；雄花花被片6，雄蕊稍短于花被，花丝不贴生于花被片上，花药卵形；雌花与雄花大小相似，具6枚退化雄蕊。浆果球形，成熟时红色，具1颗种子（**图11-170**）。全国各地均有分布。干燥块根入药（天冬），能养阴润燥、清肺生津。

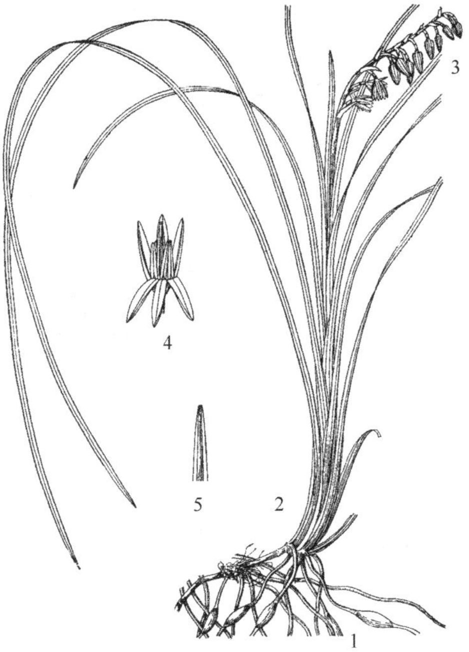

图11-169　麦冬

1. 块根；2. 植株；3. 花序；4. 花；5. 花柱

图11-170　天门冬

1. 块根；2. 果枝

黄精 ***Polygonatum sibiricum* Red.** 多年生草本。地上茎单一，有时呈攀援状。根状茎横走，圆柱状，一头粗，一头细。叶轮生，每轮4～6枚，条状披针形，顶端拳卷或弯曲成钩。花序常具2～4花，呈伞形状，俯垂；苞片膜质，位于花梗基部；花被乳白色至淡黄色，合生成筒状，裂片6；雄蕊6枚，花丝着生于花被筒上部。浆果熟时黑色（**图11-171**）。分布于东北、黄河流域至长江中下游地区。干燥根茎入药（黄精），能补气养阴、健脾、润肺、益肾。药典收载作"黄精"入药的还有**多花黄精（囊丝黄精）*P. cyrtonema* Hua.**和**滇黄精 *P. kingianum* Coll. et Hemsl.**。

七叶一枝花 ***Paris polyphylla* Smith var. *Chinensis*（Franch.）Hara** 多年生草本。根状茎粗壮，棕褐色，其上密生有多数环节。茎通常带紫色，基部具膜质鞘。叶多为7片轮生于茎顶，叶柄带紫红色。外轮花被片绿色，卵状披针形或披针形，内轮花被片条形，通常远比外轮长；雄蕊8～12枚，花药与花丝近等长；子房圆锥形，具5～6棱，顶端具一盘状花柱基，花柱粗短。蒴果裂开，种子多数（**图11-172**）。分布于长江流域。干燥根茎入药（重楼），能清热解毒、消肿止痛、凉肝定惊。药典收载作"重楼"入药的还有**云南重楼 *P. polyphylla* Smith var. *yunnanensis*（Franch.）Hand. -Mazz.**。

本科药典收载的其他药用植物见表**11-15**。此外，**剑叶龙血树 *Dracaena cochinchinensis*（Lour.）S. C. Chen**、**海南龙血树 *D. cambodiana* Pierre ex Gagn.**、**藜芦 *Veratrum nigrum* L.**和**铃兰 *Convallaria majalis* Linn.**等也可供药用。

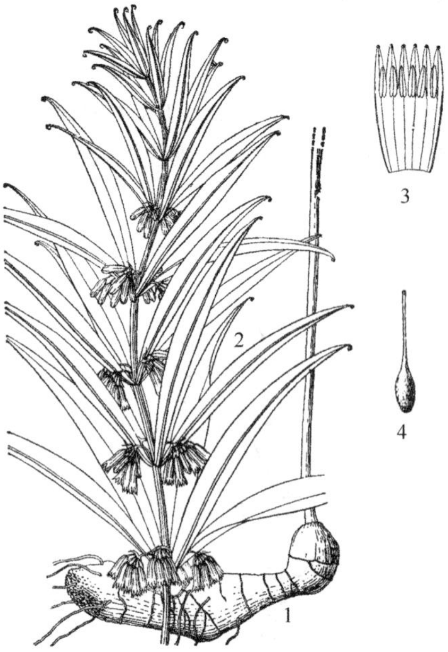

图 11-171　黄精

1. 根状茎；2. 花枝；3. 花被展开示雄蕊；4. 雌蕊

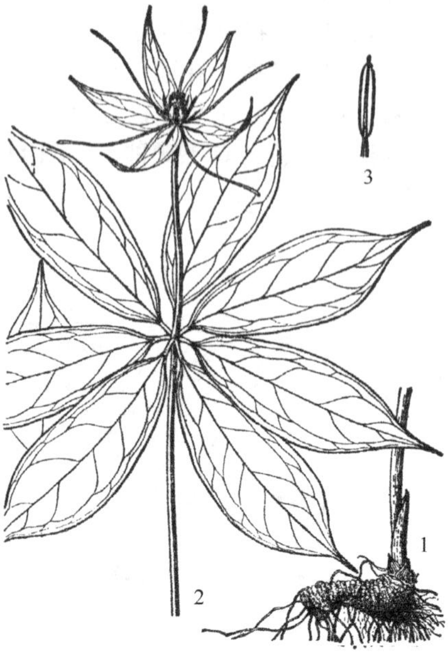

图 11-172　七叶一枝花

1. 根茎；2. 花枝；3. 雄蕊

表 11-15　《中国药典》2015 年版收载的百合科其他药用植物

中文名	拉丁学名	药用部位	功效
薤（薤白）	*Allium chinrnse* G. Don	鳞茎	通阳散结，行气导滞
小根蒜（薤白）	*Allium macrostemon* Bge.	鳞茎	作薤白入药，功效同上
大蒜	*Allium sativum* L.	鳞茎	解毒消肿，杀虫，止痢
韭菜（韭菜子）	*Allium tuberosum* Rottl.ex Spreng.	种子	温补肝肾，壮阳固精
库拉索芦荟（芦荟）	*Aloe barbadensis* Miller	植物叶的汁液浓缩干燥物	泻下通便，清肝泻火，杀虫疗疳
好望角芦荟（芦荟）	*Aloe ferox* Miller	植物叶的汁液浓缩干燥物	作芦荟入药，功效同上
知母	*Anemarrhena asphodeloides* Bunge	根茎	清热泻火，滋阴润燥
伊犁贝母（伊贝母）	*Frilillaria pallidflora* Schrenk	鳞茎	清热润肺，化痰止咳
新疆贝母（伊贝母）	*Frilillaria walujewii* Regel	鳞茎	作伊贝母入药，功效同上
湖北贝母	*Fritillaria hupehensis* Hsiaoet K.C.Hsia	鳞茎	清热化痰，止咳，散结
浙贝母	*Fritillaria thunbergii* Miq.	鳞茎	清热化痰止咳，解毒散结消痈
平贝母	*Fritillaria ussuriensis* Maxim.	鳞茎	清热润肺，化痰止咳
短葶山麦冬（山麦冬）	*Liriope muscari*（Decne.）Baily	块根	养阴生津，润肺清心
湖北麦冬（山麦冬）	*Liriope spicata*（Thunb.）Lour.var. *prolifera* Y.T.Ma	块根	作山麦冬入药，功效同上
玉竹	*Polygonatum odoratum*（Mill.）Druce	根茎	养阴润燥，生津止渴
菝葜	*Smilax china* L.	根茎	利湿去浊，祛风除痹，解毒散瘀
光叶菝葜（土茯苓）	*Smilax glabra* Roxb.	根茎	解毒，除湿，通利关节

73. 石蒜科 Amaryllidaceae ⚥$*P_{3+3,(3+3)}A_{3+3,(3+3)}\overline{G}_{(3:3:\infty)}$

常见多年生草本。具鳞茎、根状茎或块茎。**叶多基生，常条形。**花两性，辐射对称，单生或**多成伞形花序**、总状花序、穗状花序、圆锥花序，其下有干膜质总苞片 1 至数枚；**花被片 6**，花瓣状，2 轮排列，分离或下部合生；**雄蕊 6 枚**，着生于花被管喉部或基生，花药背着或基着；**子房下位**，3 心皮，3 室，中轴胎座；每室胚珠多数。蒴果，稀浆果状。种子含有胚乳。

本科约有 100 余属，1300 余种，分布于热带、亚热带和温带地区。我国约有 17 属，140 余种，分布于南北各地，不少种为园艺植物。已知药用 10 属，27 种。

修订后的恩格勒系统（1964）及其他一些分类系统，把仙茅属（*Curculigo*）从石蒜科中分出，另列为仙茅科（Curculigaceae）。

本科的主要特征性成分为生物碱，如加兰他敏（galathamine）、石蒜胺碱（lycoramine）、伪石蒜碱（pseudolycorine）和石蒜碱（lycorine）等。此外，仙茅属植物含仙茅苷（curculigoside）等。

【重要药用植物】（main medicinal plants）

仙茅 *Curculigo orchioides* Gaertn. 多年生草本。根状茎圆柱形，向下直生。叶基生，披针形，有时散生长柔毛。花葶极短，隐藏于叶鞘内；苞片披针形，膜质；花黄色；花被有疏长毛，筒部线形，裂片 6；雄蕊 6 枚；子房下位，有长毛，花柱细长，柱头棒状；浆果长矩圆形，顶端宿存有细长的花被筒，呈喙状（**图 11-173**）。分布于华南、西南和华东南部地区。干燥根茎入药（仙茅），能补肾阳、强筋骨、祛寒湿。

石蒜 *Lycoris radiata* Herb. 多年生宿根草本。鳞茎紫褐色。叶基生，条形或带形，全缘。花葶在叶前抽出，实心；伞形花序有花 4～6 朵；苞片干膜质，棕褐色，披针形；花鲜红色或具白色边缘；花被片 6，花被筒极短，喉部有鳞片，裂片狭倒披针形，边缘皱缩，向后反卷；雄蕊 6 枚，着生于花被筒近喉部，长为裂片的近 2 倍；子房下位，3 室，每室有胚珠数枚；花柱纤弱，很长，柱头头状，极小。蒴果常不成熟（**图 11-174**）。分布于我国长江流域至西南地区。干燥鳞茎入药（石蒜），能催吐祛痰、消肿止痛，治痈疖疮毒。有毒。

图 11-173　仙茅

1. 植株；2. 花

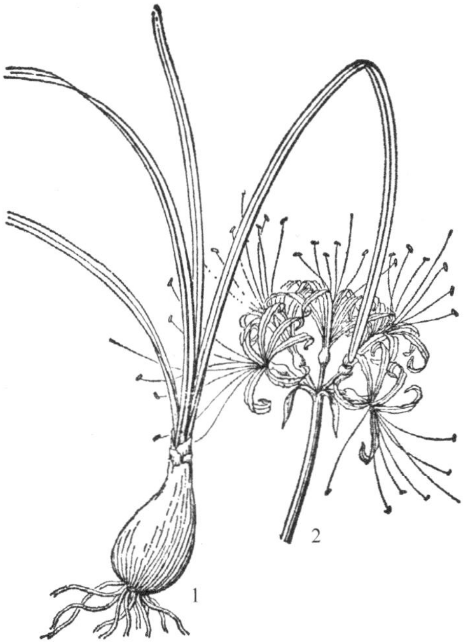

图 11-174　石蒜

1. 带鳞茎植株；2. 花序

74. 薯蓣科 Dioscoreaceae $♂*P_{(3+3)}A_3$；$♀*P_{(3+3)}\overline{G}_{(3:3:2)}$

多年生左旋或右旋的**缠绕性草质或木质藤本**。**具根状茎或块茎**。单叶或掌状复叶，多互生，少对生，常具长柄。花单性或两性，多雌雄异株，辐射对称。花单生、簇生或成穗状、总状或圆锥花序；**花被片 6**，成 2 轮，基部常合生；**雄花雄蕊 6 枚，有时 3 枚退化**；雌花有时有退化雄蕊 3～6 枚，**子房下位**，**3 心皮 3 室**，每室胚珠 2 枚，中轴胎座；花柱 3，分离。**蒴果具 3 棱形的翅**。种子常有翅，有胚乳，胚细小。

本科共有 10 属，约 600 种，广布于热带或温带地区。我国仅有 1 属，约 60 种，主要分布于长江以南各地。已知药用 37 种。

本科植物的特征性活性成分为甾体皂苷，如薯蓣皂苷（dioscin）、纤细薯蓣皂苷（gracillin）和山萆解皂苷（tokorin）等。此外还含生物碱，如薯蓣碱（dioscorine）和山药碱（batatasine）等。

图 11-175　薯蓣

1. 根茎；2. 雄花枝；3. 果枝；4. 雄花序；5. 雌花

【重要药用植物】（main medicinal plants）

薯蓣（山药）*Dioscorea opposita* Thunb. 多年生草质缠绕藤本。根状茎直生，肉质，圆柱形。茎右旋，光滑无毛。单叶互生或对生，叶腋常有珠芽（零余子）。花单性异株。雄花序穗状，直立，2～4 腋生，花轴多数弯曲；花小，花被背面除棕色毛外，常散有紫褐色腺点；雄蕊 6 枚，着生于花托边缘，花丝粗短。蒴果翅半月形，表面常被白色粉状物，顶端及基部近圆形。种子着生于果实每室的中央，四周有薄膜状栗褐色的翅（**图 11-175**）。全国大部分地区有野生及栽培。干燥根茎入药（山药），能补脾养胃、生津益肺、补肾涩精。

穿龙薯蓣 *Dioscorea nipponica* Makino 多年生草质缠绕藤本，根状茎横生，栓皮显著片状剥离。茎左旋，近无毛。单叶互生，宽卵形，3～7 浅裂。雌雄异株；雄花无梗，茎部花常 2～4 朵簇生，顶端通常单一，花被碟形，顶端 6 裂。蒴果具翅。全国大部分地区有分布，主产于长江以北地区。干燥根茎入药（穿山龙），能祛风除湿、舒筋通络、活血止痛、止咳平喘。

黄山药 *Dioscorea Panthaica* Prain et Burk. 多年生缠绕藤本。根状茎横生，圆柱状，表面着生稀疏须根。茎左旋，平滑。单叶互生，叶片三角状心形，干燥后表面栗褐色或黑色，两面近于无毛。花雌雄异株，雄花序穗状，多分枝，常延长成圆锥花序；雄蕊 6 枚，着生于花被筒的基部，药背着；雌花序穗状，花稀疏排列。蒴果，具 3 翅，翅近半月形，表面密被紫褐色斑点。种子近半圆形，四周围有膜状的翅。分布于云南、贵州、四川和湖南等地。干燥根茎入药（黄山药），能理气止痛、解毒消肿。

本科还有**黄独 *D. bulbifera* L.**、**粉背萆薢 *D. hypoglauca* Palibin**、**绵萆薢 *D. septemloba* Thunb.**和**福州薯蓣 *D. futschauensis* Uline** 可供药用。

75. 鸢尾科 Iridaceae ⚥ $* \uparrow P_{(3+3)}A_3\overline{G}_{(3:3:\infty)}$

多年生草本。有根状茎、块茎或鳞茎。**叶常基生**，少互生；叶片条形或剑形，**基部成鞘状，呈 2 列套叠**。花两性，辐射对称或两侧对称，成聚伞或伞房花序，稀单生，有膜质或草质苞片；花被片 6，2 轮排列，花瓣状，基部常合生成管；**雄蕊 3 枚**，花药外向开裂；**子房下位**，**3 心皮**，**3 室**，中轴胎座，每室胚珠多数，柱头 3 裂，有时呈花瓣状或管状。**蒴果室背开裂**。种子多数。

本科约有 60 属，800 余种，分布于热带至温带地区，主产于东非和热带美洲。我国有 11 属，80 余种及变种。已知药用 8 属，39 种。

本科特征性化学成分为：①异黄酮类：如鸢尾苷（shekanin）和香鸢尾苷（iridin）等；②𠮿酮类：如芒果苷（mangiferin）等。此外，番红花柱头中含番红花苷（crocin）等多种色素。

【重要药用植物】（main medicinal plants）

鸢尾 *Iris tectorum* Maxim. 多年生草本。根状茎短而粗壮，坚硬，浅黄色。叶剑形，薄纸质，淡绿色。花葶与叶几等长，单一或 2 分枝，每枝具 1～3 花，苞片倒卵状椭圆形。花蓝紫色，外轮 3 花被裂片近圆形或倒卵形，外折，具深色网纹，中部有鸡冠状突起及白色髯毛，内轮 3 花被裂片较小，倒卵形，呈拱形直立，花柱 3 分叉，花瓣状，覆盖着雄蕊，蓝色，顶端 2 裂。蒴果狭矩圆形，具 6 棱，外皮坚韧，有网纹；种子多数，球形或圆锥状，深棕褐色，具假种皮（**图 11-176**）。主要分布于云南、四川、陕西、湖北、浙江和江苏等地，有栽培。干燥根茎入药（川射干），能清热解毒、祛痰、利咽。

番红花 *Crocus sativus* L. 多年生草本。鳞茎球形，外被褐色膜质鳞叶。叶基生，窄条形，边缘反卷，具细毛，基部鞘状鳞片。花 1～2 朵，直接从鳞茎长出，与叶等长或稍短；花被片 6，淡紫色；花被筒管状；雄蕊 3 枚，花药黄色；子房下位，花柱细长，黄色，顶端分 3 叉，伸出花被外，下垂，深红色，柱头略膨大呈喇叭状，顶端边缘有不整齐的锯齿。蒴果具 3 钝棱；种子多数，圆球形，种皮革质（**图 11-177**）。番红花原产于欧洲南部，我国有引种栽培，主产于上海、江苏和浙江等地。干燥柱头入药（西红花），能活血化瘀、凉血解毒、解郁安神。

图 11-176　鸢尾

1. 根茎及植株下部；2. 花枝；3. 果实

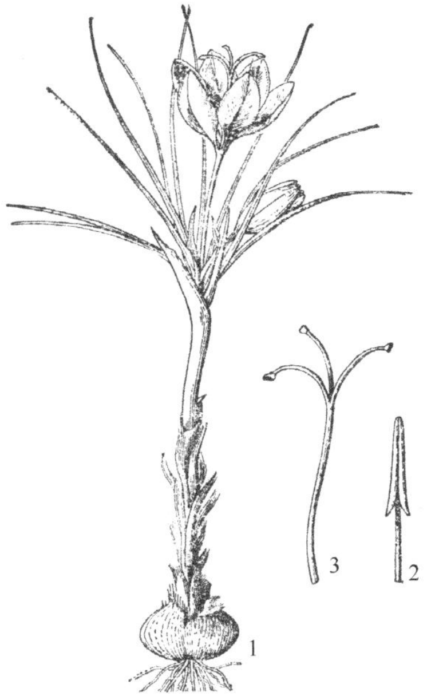

图 11-177　番红花

1.植株；2. 雄蕊；3. 雌蕊柱头

射干 *Belamcanda chinensis*（L.）DC. 多年生草本。根状茎横走，略呈结节状，外皮鲜黄色。叶二列，嵌迭状排列，宽剑形。伞房花序顶生，排成二歧状；花橘黄色，花被片 6，基部合生成短筒，外轮的长倒卵形或椭圆形，开展，散生暗红色斑点，内轮的与外轮的相似而稍小；雄蕊 3 枚，着生于花被基部；花柱棒状，顶端 3 浅裂，被短柔毛。蒴果室背开裂，果瓣向后弯曲；种子多数，黑色。全国大部分地区有分布。干燥根茎入药（射干），能清热解毒、消痰、利咽。

本科还有马蔺 ***Iris lactea* Pall. var. *chinensis*（Fisch.）Koidz.**和单苞鸢尾 ***I. anguifuga* Y.T.Zhao.ex X.J.Xue** 等可供药用。

76. 姜科 Zingiberaceae $⚥\uparrow K_{(3)}C_{(3)}A_1\bar{G}_{(3:3:\infty)}$

多年生草本。**常具含芳香或辛辣味的根状茎**，地上茎高大或无。单叶基生或互生，常 2 行排列；**叶柄有或无，有叶鞘和叶舌**；叶片具羽状叶脉。花两性，稀单性，两侧对称，单生或生于有苞片的穗状、总状、圆锥花序上；每苞片具花 1 至数朵；**花被片 6 枚、2 轮**，外轮花萼状，常合生成管，一侧开裂，上部 3 齿裂，内轮花冠状，上部 3 裂，通常后方一枚裂片较大；**退化雄蕊 2 或 4 枚**，外轮 2 枚称侧生退化雄蕊，呈花瓣状、齿状或不存在，**内轮 2 枚联合成显著而美丽的唇瓣，能育雄蕊 1 枚**，花丝细长具槽；**雌蕊子房下位，3 心皮**，3 室，中轴胎座，胚珠多数，弯生或倒生；花柱细长，被能育雄蕊花丝的槽包住，柱头漏斗状，具缘毛。蒴果，稀浆果状（**彩图 15**）。种子具假种皮，胚直，胚乳丰富。

图 11-178　姜
1. 根茎及花序；2. 茎叶；3. 花；4. 唇瓣；5. 子房；6. 柱头

本科有 50 属，1500 余种，分布于热带、亚热带地区。我国约有 20 属，近 200 种，主产于西南、华南至东南部地区。已知药用 15 属，103 种。

本科植物化学成分主要有：①挥发油：其成分多为单萜和倍半萜，如莪术醇（curcumol）、姜烯（zingiberene）和姜醇（zingibel）等；②黄酮类：如山姜素（alpinetin）和高良姜素（galangin）等。此外，闭鞘姜属（*Costus*）植物根茎和种子中含有甾体皂苷。

【重要药用植物】（main medicinal plants）

姜 *Zingiber officinale* Rosc. 多年生草本。根状茎块状，具芳香及辛辣味。叶片披针形至条状披针形，叶舌膜质。花葶单独自根茎抽出；穗状花序卵形；苞片淡绿色，顶端有小尖头；花冠黄绿色，裂片披针形；唇瓣中央裂片矩圆状倒卵形，短于花冠裂片，有紫色条纹及淡黄色斑点，侧裂片卵形；药隔附属体包裹住花柱（**图 11-178**）。全国各地均有栽培。新鲜根茎入药（生姜），能解表散寒、温中止呕、化痰止咳、解鱼蟹毒。干燥根茎入药（干姜），能温中散寒、回阳通脉、温肺化饮。干姜的炮制品入药（炮姜），能温经止血、温中止痛。根茎外皮入药，能治疗水肿。

阳春砂 *Ammomum vilosum* Lour. 多年生草本。具匍匐茎。叶片近披针形，顶端具尾状细尖头，基部近圆形，无柄；叶鞘上可见凹陷的方格状网纹。穗状花序自根状茎发出，生于较短的总花梗上；花萼白色；花冠裂片卵状矩圆形，白色；唇瓣圆匙形，顶端具突出、2 裂、反卷、黄色的小尖头，中脉凸起，紫红色，其余白色；药隔顶端附属体半圆形，两边具宽耳状突起。蒴果矩圆形，紫色，干时褐色（**图 11-179**）。分布于华南地区。干燥成熟果实入药（砂仁），能化湿开胃，温脾止泻、理气安胎。药典收载作“砂仁”入药的植物还有**海南砂 *A. longiligulare* T.L.Wu** 和**绿壳砂 *A. villosum* Lour.var. *xanthioides* T.L.Wu et Senjen**。

山柰 *Kaempferia galanga* L. 多年生草本。根茎块状，单生或数枚连接，淡绿色，芳香。叶通常 2 片贴近地面生长，近圆形，无毛或叶背被稀疏柔毛；花 4～12 朵顶生，半藏于叶鞘中；花白色，有香气，易凋谢；花萼与苞片近等长；花冠裂片线形；侧生退化雄蕊倒卵状楔形；唇瓣白色，基部有紫斑，深裂至中部以下；雄蕊无花丝，药隔附属体方形，2 裂。蒴果。我国华南及西南等地有栽培。干燥根茎入药（山柰），能行气温中、消食、止痛。

姜黄 *Curcuma longa* L. 多年生草本。根状茎深黄色，极香；根粗壮，末端膨大。叶片矩圆形或椭圆形，两面均无毛；花葶由叶鞘内抽出；穗状花序圆柱状；苞片卵形，绿白色，上部无花的较狭，顶端红色；花冠管近花萼2倍长；侧生退化雄蕊与花丝基部相连；唇瓣倒卵形，白色，中部黄；药隔基部具2角状的距；子房被微柔毛（**图11-180**）。分布于我国东南部至西南部地区，有栽培。干燥根茎入药（姜黄），能破血行气、通经止痛。

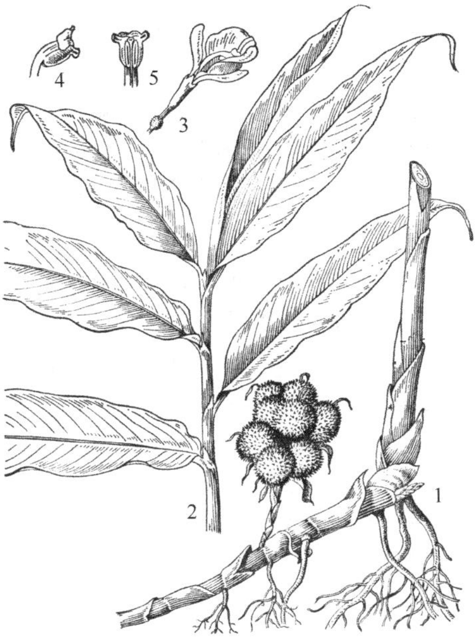

图11-179　阳春砂

1. 根茎及果序；2. 茎叶；3. 花；4、5. 雌蕊

图11-180　姜黄

1. 根茎；2. 叶；3. 花序；4. 花；5. 花冠裂片及发育雄蕊；6. 侧生退化雄蕊及唇瓣

温郁金 ***Curcuma wenyujin*** **Y. H. Chen et C. Ling** 多年生草本，根茎肉质。具块根，断面黄色。叶背无毛。穗状花序具密集苞片，先叶于根茎处抽出，上部苞片蔷薇红色，花冠裂片纯白色而不染红。浙江和福建等地有栽培。干燥根茎入药（片姜黄），能破血行气、通经止痛。

广西莪术 ***Curcuma kwangsiensis*** **S. G. Lee & C. F. Liang** 多年生草本。根茎肉质卵球形，可见横纹状的节。须根细长，末端常膨大成近纺锤形块根。叶基生，直立；叶片椭圆状披针形，先端短渐尖至渐尖，尖头边缘向腹面微卷，基部渐狭，下延，两面被柔毛；叶舌边缘有长柔毛；叶柄和叶鞘被短柔毛。穗状花序从根茎抽出，和具叶的营养茎分开；花序下部的苞片阔卵形，先端平展，淡绿色，上部的苞片长圆形，斜举，淡红色；花生于下部和中部的苞片腋内；花萼白色，一侧裂至中部，先端有3钝齿；花冠管喉部密生柔毛，花冠裂片3片，后方的1枚较宽，先端尖，略成兜状，两侧的稍狭；侧生退化雄蕊长圆形，与花冠裂片近等长；唇瓣近圆形，淡黄色，先端3浅圆裂，中部裂片稍长，先端2浅裂；花丝扁阔，花药狭长圆形，药室紧贴，基部有距；花柱丝状，柱头头状，具缘毛；子房被长柔毛。主要分布于广西和云南。干燥根茎入药（莪术），能行气破血、消积止痛。药典收载作“莪术”入药的还有**蓬莪术** ***C. phaeocaulis*** **Val.** 和**温郁金** ***C. wenyujin*** **Y. H. Chen et C. Ling**。

大高良姜 ***Alpinia galanga*** **（L.）Willd.** 多年生高大草本。根状茎块状，有香气。叶片矩圆形。花绿白色。大高良姜分布于云南、台湾及华南等地。干燥根状茎入药（大高良姜），能散寒、暖胃、止痛。干燥果实入药（红豆蔻）能温中散寒、止痛消食。

本科药典收载的其他药用植物见**表11-16**。此外，**华山姜** ***Alpinia chinensis*** **（Retz.）Rosc.** 和**红豆蔻** ***A. galanga*** **（L.）Willd.**等也可供药用。

表 11-16 《中国药典》2015 年版收载的姜科其他药用植物

中文名	拉丁学名	药用部位	功效
白豆蔻	*Amomum kravanh* Pierre ex Gagnep	果实	化湿行气、温中止呕、开胃消食
爪哇白豆蔻	*Amomum compactum* Soland ex Maton	果实	化湿行气、温中止呕、开胃消食
草豆蔻	*Alpinia katsumadai* Hayata	种子	燥湿行气，温中止呕
草果	*Amomum tsao-ko* Crevost et Lemair	果实	燥湿温中，截疟除痰
大高良姜	*Alpinia galanga*（L.）Willd.	根茎	温中散寒，止痛消食
高良姜	*Alpinia officinarum* Hance	根茎	暖胃散寒，止痛，止呕
益智	*Alpinia oxyphylla* Miq.	果实	暖肾固精，温脾止泻摄唾

77. 兰科 Orchidaceae ⚥ ↑ $P_{3+3}A_{1\sim2}\overline{G}_{(3:1:\infty)}$

多年生草本。地生、附生或腐生，具肥厚块茎或肉质假鳞茎。单叶基生或地上茎互生，常具叶鞘。花葶或花序顶生或侧生；**花两性，两侧对称**，单生或成总状、穗状、伞形、圆锥花序；花被片 6，常花瓣状，排成 2 轮；外轮 3 片称萼片，上方中央的 1 片称中萼片，下方两侧的 2 片称侧萼片；**内轮侧生的 2 片称花瓣，中间的 1 片称唇瓣**，常特化成各种形状，由于子房的扭转而居下方；除子房外整个雌雄蕊器官完全融合成柱状体，称**蕊柱**，与唇瓣对生；能育雄蕊通常 1 枚，生于蕊柱顶端，稀 2 枚生于蕊柱两侧；花药 2 室，花粉粒黏结成**花粉块**；雌蕊子房下位，3 心皮，1 室，侧膜胎座；胚珠细小，数目极多；柱头常前方侧生于雄蕊下，多凹陷，2～3 裂，通常侧生的 2 个裂片能育，中间不育的 1 裂片则演变成位于柱头和雄蕊间的舌状突起称蕊喙，而能分泌黏液。**蒴果（彩图 16）。种子极小极多**，胚小而未分化，无胚乳。

本科约有 730 属，20 000 余种，广布全球，主产于热带及亚热带地区。我国有 171 属，1000 余种，主产于南方地区，以云南、海南、台湾种类最多。已知药用 76 属，289 种。

本科主要活性成分主要有：①倍半萜类生物碱：如石斛碱（dendrobine）和毒豆碱（laburnine）等；②酚苷类：如天麻苷（gastrodin）和香荚兰苷（vanilloside）等。此外，尚含吲哚苷（indican）、黄酮类、香豆素和甾醇类等。

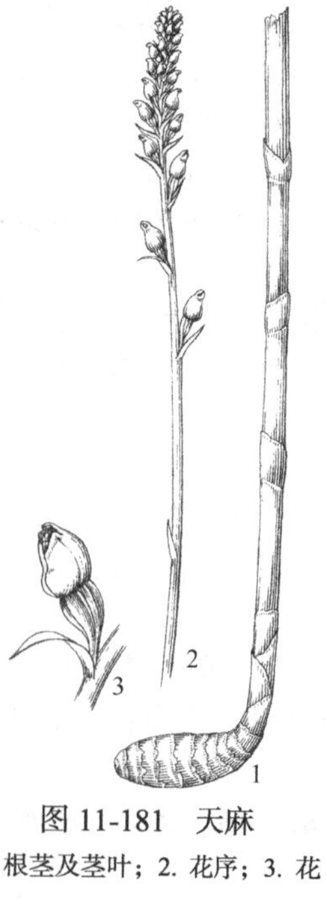

图 11-181 天麻
1. 根茎及茎叶；2. 花序；3. 花

【重要药用植物】（main medicinal plants）

天麻 *Gastrodia elata* Blume 腐生草本，无根，依靠侵入体内的蜜环菌菌丝取得营养。块茎长椭圆形，横生，肉质，有环节；地上茎黄褐色，节上有膜质鳞片状退化叶，不含叶绿素。总状花序；花苞片膜质，披针形；花淡绿黄色或肉黄色，萼片与花瓣合生成斜歪筒，口偏斜，顶端 5 裂，裂片三角形，钝头；唇瓣白色，3 裂，中裂片舌状，具乳突，边缘不整齐，上部反曲，基部贴生于花被筒内壁上，有一对肉质突起，侧裂片耳状；子房倒卵形，子房柄扭转（**图 11-181**）。全国多数地区有分布，主产于西南地区，现多人工栽培。干燥块茎入药（天麻），能息风止痉、平抑肝阳、祛风通络。

铁皮石斛 *Dendrobium officinale* Kimum et Migo 附生草本。圆柱形茎直立，不分枝，具多节，常中部以上互生 3～5 枚叶。叶二列，纸质，基部延伸成抱茎的鞘；叶鞘常具紫斑，老时上缘与茎剥离而张开，在节处留下环状铁青间隙。总状花序常从落叶的老茎上发出，具花 2～3 朵；花序轴回折弯曲；苞片干膜质，浅白色；萼片和花瓣黄绿色；唇瓣白色，基部具 1 个绿色或黄色的胼胝体；蕊柱黄绿色带条纹，疏生毛。药帽白色。分布于大别山地区，以及浙江、福建、广西、四川和云南等地。干燥茎（铁皮石斛）入药，能益胃生津、滋阴清热。

石斛（金钗石斛）*Dendrobium nobile* Lindl. 附生草本。茎丛生。叶无柄。花大而艳丽（图 **11-182**）。分布于长江以南地区。干燥茎（石斛）入药，能益胃生津、滋阴清热。药典还收载**流苏石斛 *D. fimbriatum* Hook.**和**鼓槌石斛 *D. chrysotoxum* Lindl.** 的栽培品及其同属植物近似种的新鲜或干燥茎作“石斛”入药。

白及 *Bletilla striata*（Thunb.）Reichb. f.多年生草本。块茎扁球形肥厚，具环带，短三叉状，富黏性。叶披针形，近基生，基部成鞘抱茎。花紫红色，3～8 朵排成总状花序；花序轴曲折；苞片开花时常脱落；花大，紫红色或粉红色；萼片和花瓣近等长；花瓣比萼片宽；唇瓣比萼片短，白色带紫红色，具紫色脉；蕊柱具狭翅，少弓曲（图 **11-183**）。白及主要分布于长江流域。干燥块茎入药（白及），能收敛止血、消肿生肌。

图 11-182　金钗石斛

1. 植株（示花及气生根）；2. 唇瓣

图 11-183　白及

1. 块茎及茎叶；2. 花序；3. 唇瓣

本科药典收载的其他药用植物**杜鹃兰（山慈菇）*Cremastra appendiculata*（D. Don）Makino**、**独蒜兰（山慈菇）*Pleine bulbocodioides*（Franch.）Rolfe** 和**云南独蒜兰（山慈菇）*P. yunnanensis* Rolfe**。此外，**手参 *Gymnadenia conopsea*（L.）R. Br.**、**金线兰（花叶开唇兰）*Anoectochilus roxburghii*（Wall.）Lindl.**和**石仙桃 *Pholidota chinensis* Lindl.**等也可供药用。

Summary

1. Angiosperms are flowering plants, those with carpels, which are believed to be sporophylls that form a tube-like, closed structure. They make up around 80 percent of all the living plant species on Earth. There are over 300 000 species of angiosperms worldwide and approximately 30 000 species（about 3000 genera）in China.

2. The main evolutionary characteristics of angiosperms are①true flowers with many sepals, petals, stamens, and pistils; ②ovules which are enclosed in a ovary; ③double fertilization; and ④highly developed spores.

3. Early characteristics of angiosperms are believed to be flowers with many sepals, petals, stamens, and carpels; radially symmetrical flowers; insect pollination; wood without vessels, then wood with tracheid-like vessels with scalariform perforation plates; wood with little axial parenchyma; and exclusively woody and perennial plants, none herbaceous or annual.

4. Some of the major evolutionary modifications that have occurred in many groups are reduction in the number of each flower organ; imperfect flowers; bilateral symmetry of flowers; nectaries and fragrances that attract only specific pollinators; wind pollination; various seed or fruit distribution mechanisms; biennial or annual herbaceous habit; wood with shorter, wider vessel members; larger amounts of wood parenchyma; and numerous types of antipredator compounds—perhaps two or three generations of these.

5. There are two classes of angiosperms: Liliopsida (monocots) and Magnoliopsida (dicots).

6. Monocots can generally be recognized by long, strap-shaped leaves; flower parts in threes; parallel leaf venation; numerous vascular bundles in the stem, not arranged in a ring; and no ordinary secondary growth.

7. Dicots can generally be recognized by broad, not strap-shaped leaves; reticulate leaf venation; flower parts in fives or fours, but not threes; vascular bundles in the stem arranged in one ring; and woody growth or an annual or biennial herbaceous body.

8. In the classification presented here, class Liliopsida contains five subclasses and class Magnoliopsida six.

复习思考题（review questions）

1. 简述被子植物成为现今地球上种类最多数量最多植物的原因。
2. 比较常用的几个被子植物分类系统的特点。
3. 双子叶植物和单子叶植物的主要区别是什么？
4. 比较毛茛科和木兰科的主要特点的异同。每科列举 3 个重要药用植物。
5. 蔷薇科共分几个亚科？比较各亚科的主要区别。
6. 豆科共分几个亚科？比较各亚科的主要区别。
7. 比较五加科和伞形科的主要特点的异同。每科列举 3 个重要药用植物。
8. 简述夹竹桃科与萝藦科的主要异同点。每科列举 3 个重要药用植物。
9. 简述百合科植物的主要特征并写出该科的花程式及花图式。药典收载川贝母的基原植物有哪些？
10. 天麻和石斛的生活方式是什么？简述兰科植物高等进化的主要原因。

第十二章　生物技术在药用植物研究中的应用

Application of Biotechnology in Studying Medicinal Plants

学习目标

1. 熟悉：植物细胞培养与药用植物次生代谢产物、药用植物转基因器官培养。

2. 了解：药用植物组织培养条件、花粉培养与药用植物育种、原生质体培养与体细胞杂交育种、植物组织培养与药用植物快速繁殖、药用植物种质资源离体保存、药用植物分子标记技术。

生物技术（biotechnology）一般认为是以现代生命科学理论为基础，结合工程技术手段和其他基础学科科学原理，按照预先的设计改造生物体或加工生物原料，为人类生产出所需要的产品或达到某种目的的一系列技术。近年来，生物技术已逐渐渗透融合到医药卫生、农业食品、环境能源等多个领域，并取得了突飞猛进的发展，为解决人类面临的疾病防治、粮食短缺、环境污染、能源缺乏等重大社会和经济问题带来了新的希望和手段，被认为是 21 世纪推动人类文明进步的核心技术之一，引起了世界各国的广泛关注和日益重视。

植物生物技术是生物技术在植物研究领域的延伸、发展和应用。1902 年，德国植物生理学家哈布兰特提出植物细胞全能性理论并进行植物离体组织培养，标志植物生物技术时代的到来。此后，植物生物技术伴随着分子生物学、遗传学、细胞生物学、生物化学和信息科学等学科的进步得以快速发展，取得了大量举世瞩目的成就。**药用植物生物技术**（biotechnology for medicinal plants）是植物生物技术在药用植物研究领域中的深入发展，也是其最重要的研究分支之一，主要涉及药用植物**组织培养**（tissue culture）、**分子标记**（molecular marker）和**基因工程**（genetic engineering）等技术，近年来被广泛应用于**药用植物学分类与鉴别**（classification and identification）、**良种选育**（selection and breeding of improved varieties）、**种质资源保存**（preservation of germplasm resources）、**遗传多样性**（genetic diversity）和**次生代谢产物**（secondary metabolites）等方面的研究。

第一节　药用植物组织培养

Tissue Culture of Medicinal Plants

植物组织培养（plant tissue culture）一般是指根据细胞全能性（cell totipotency）的理论，在无菌和适宜的人工条件下，对植物体的离体器官、组织或细胞等进行培养，使其生长、繁殖和（或）分化发育出完整植株的过程（**图 12-1**）。由于培养对象是脱离植物母体后在体外人工条件下进行培养的，又常称**离体培养**（in vitro culture）。

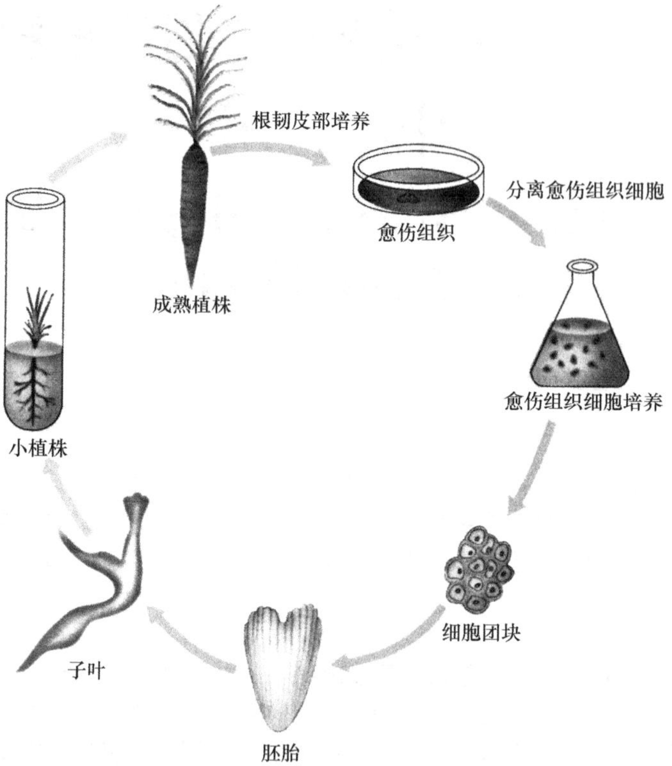

图 12-1　植物组织培养

植物组织培养是生物技术在植物学领域最早的应用之一，一般认为其始于 1902 年德国植物学家哈布兰特进行植物组织离体培养。随后，科学家们对植物组织培养开展了大量的探索性研究工作。1904 年，Hanning 对萝卜和辣根菜的胚进行培养，形成了小植株；1922 年，Kotte 等对豌豆等的根尖进行离体培养获得成功；1925 年，Laibach 对亚麻种间杂交获得的不能成活的胚进行培养获得杂种植株。但这些研究仅局限于胚和根等组织或器官的离体培养，而对影响离体组织生长、细胞增殖及形态发生变化能力的因素尚不清楚。直到 1934 年，White 采用由无机盐、糖类和酵母提取物等组成的培养基培养番茄根尖，建立了第一个活跃生长并能无限继代培养的无性繁殖系，植物组织培养才获得实质成功。此后，科学家们不断优化培养基组成和培养方法，建立了一套成熟的植物组织培养技术的方法和理论体系，并开展了大量生产实践。

植物组织培养按培养过程不同，可分为**初代培养**（primary culture）和**继代培养**（subculture）。根据培养基的状态不同，又可分为**固体培养**（solid culture）和**液体培养**（liquid culture）两类，其中液体培养又有振荡培养、旋转培养和静止培养等方法。根据培养对象，即**外植体**（explant）的不同，还可以分为**器官培养**（organ culture）、**分生组织培养**（meristem culture）、**愈伤组织培养**（callus culture）、**悬浮细胞培养**（suspend cell culture）和**原生质体培养**（protoplast culture）等。其中愈伤组织培养是最常见的一种培养方式，除茎尖分生组织培养和部分器官培养以外，其他几种培养形式都会经历愈伤组织阶段才能产生再生植株。另外，愈伤组织也是悬浮培养的细胞和原生质体的常用来源。

一、药用植物组织培养的条件（conditions for tissue culture of medicinal plants）

（一）材料（materials）

应根据培养的目的选择合适的培养材料。例如，在研究药用植物次生代谢产物时，需要注意不同来源组织诱导产生愈伤组织的能力不同而导致的次生代谢物的种类和产量的差异。例如，在对茜草愈伤组织生产次生代谢产物的研究中发现，源自叶柄和茎的愈伤组织中蒽醌累积量高于源自茎尖和叶的愈伤组织中的蒽醌累积量。此外，还应注意材料采集季节、植株年龄、采集部位、生理状态及存储时间等因素对药用植物组织培养的影响。

（二）灭菌和消毒（sterilization and disinfection）

保持无菌状态是植物组织培养成功的必要条件。植物组织培养所用仪器、试剂及培养材料必须灭菌或消毒。其中仪器、试剂等，多采用湿热灭菌、干热灭菌、紫外灭菌、化学试剂熏蒸灭菌或过滤除菌等方法灭菌。而对培养材料的消毒，应根据培养材料特性，在保证其活性的前提下选择合适的消毒剂种类、浓度及消毒时间。在实际操作过程中，常采用适当浓度的次氯酸钠（钙）、氯化汞、硝酸银、乙醇、过氧化氢和（或）抗生素等的溶液处理。

（三）培养基（culture medium）

培养基是植物组织培养成功的关键因素之一，主要由碳源、氨基酸、无机元素、维生素和植物生长调节物质等组成。由于不同类型植物材料所需要的维持细胞生长、诱导其分裂和分化的成分各不相同。因此，应根据植物组织培养的具体对象及目的，从营养、诱导分化、离子平衡、毒性和经济效益等多个方面综合考虑，以确定合适的培养基组成。

（四）培养条件（culture condition）

温度和光照等是植物组织培养成功的重要环境条件，对培养物的细胞生长、组织及器官分化、植株再生甚至次生代谢产物生产均有影响，应根据培养对象和实验目的进行选择。一般认为，培养温度在20～28℃时绝大多数植物材料均能生长。低温有助于缓解植物组织培养过程中的褐化和玻璃化现象，但过低又常导致培养物生长停顿，而温度过高则容易引起愈伤组织老化，均不利于培养物生长。光照的影响主要包括光强度、光质及照射时间三个方面，较为复杂且缺乏系统的研究，实践操作时应根据具体情况确定。

二、植物细胞培养与药用植物次生代谢产物（plant cell culture and secondary metabolites of medicinal plants）

植物细胞培养是在植物组织培养基础上发展起来的一种培养技术，单细胞或小细胞团为其主要培养对象。植物细胞培养按培养基类型不同，通常分为**固体培养**（solid culture）和**液体培养**（liquid culture）两类。固体培养是以固体培养基为支持物进行细胞培养的一种方式，其特点是培养基中加入了一定量的琼脂、明胶、淀粉、角叉藻聚糖或羟乙基纤维素等凝固剂，具有简便易行、空间占用小、培养物可得到支持和固定等优点。液体培养是在液体培养基中进行细胞培养的一类方法，包括小规模悬浮培养、大规模成批培养、半连续培养和连续培养等方式，培养的细胞具有良好分散性、均一性及生长迅速等优点，可避免固体培养时存在的营养物质浓度差、气体交换不畅和有害物质聚积等不足。

生产次生代谢产物是药用植物细胞培养的主要目的之一。通过离体培养药用植物细胞，给予相应的营养条件来获取需要的次生代谢产物，与从药用植物植株中获取次生代谢产物比较，具有以下优势：①不受气候、地理和季节等外界环境限制，培养条件可以调控，易实现标准化生产；②通过诱变、细胞杂交、生物转化等技术及优化培养条件可提高目标次生代谢产物产量；③节约土地资源。影响药用植物细胞培养生产次生代谢产物的因素有很多，除培养对象、培养条件及培养基等植物组织培养因素外，还包括诱导剂、渗透剂、抑制剂和前体化合物等。

自 1956 年 Route 和 Nickell 申请利用植物细胞培养技术生产有用植物次生代谢产物的专利以来，经过近 60 年的发展，有超过 1000 种植物进行了细胞培养研究，从培养的细胞中分离了 500 种以上次生代谢产物，产物类型包括萜类、强心苷、黄酮、生物碱、糖类和蛋白质等。

三、花药、花粉培养与药用植物育种（anther，pollen culture and medicinal plant breeding）

单倍体（haploid）是指具有配子体染色体数的个体，其染色体数目比原来的体细胞染色体数目减少了一半。由单倍体诱导产生的植株，称为**单倍体植物**（haploid plant），是植物遗传育种研究的常用工具之一。由于单倍体植物不存在显性和隐性基因的干扰，在育种研究时具有以下优势：①选择效率高、育种时间短；②突变体产生容易；③适合细胞遗传学研究。

但自然条件下产生单倍体植物的频率很低，故多采用人工方法获得单倍体植物。**花药培养**（anther culture）和**花粉培养**（pollen culture）是体外诱导获得单倍体植物的有效途径之一。花药培养是指通过体外培养的方法使发育到一定阶段的花药进一步发育并分化成为植株的过程（**图 12-2**）。而花粉培养则是指通过体外培养使单个花粉粒发育分化成植株的过程。严格来说，花药培养属于器官培养，而花粉培养属于细胞培养。但从本质上来讲，无论是花药培养还是花粉培养，其实质均是对处于一定发育阶段的花粉进行离体培养，使其生长发育，形成植株。与花药培养产生单倍体植株相比，花粉培养具以下优势：①能避免花药壁、花丝及药隔等组织中体细胞的干扰；②花粉具有数量多、单倍性、单细胞性和同步性高等特点，可从较少的花药中获得大量的单倍体植株。

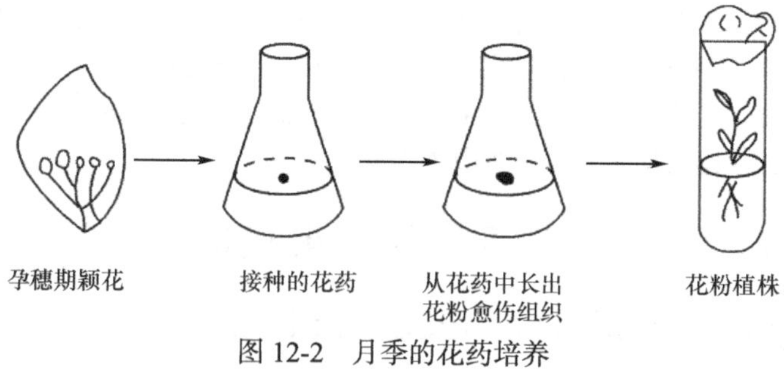

图 12-2 月季的花药培养

花粉的发育时期和预处理等是花药和花粉培养应重点关注的影响因素。研究发现，被子植物的花粉培养以单核期最为合适。花粉经过预处理不仅可改变其正常的发育途径，还可促进花粉植株的形成，常见的预处理方法有低温和离心等。一般认为，低温处理后花粉植株诱导率可以提高，而离心处理则有利于花药出愈率的提高。

自 20 世纪 60 年代中期印度科学家 Guha 和 Maheshwari 首次利用毛叶曼陀罗花粉培养单倍体植株以来，目前全世界通过花药和花粉培养技术已成功地获得了数百种单倍体植株，我国通过该技术对包括博落回、红景天、丹参、枸杞、苦瓜、麦冬、石蒜、黄花乌头、人参、西洋参、薏苡、平贝母、槐树和地黄等在内的多种药用植物的花粉或花药进行了成功培养，获得了相应的单倍体植株。

四、原生质体培养与体细胞杂交（protoplast culture and somatic hybridization）

（一）原生质体培养（protoplast culture）

原生质体（protoplast）是去除细胞壁后的具有生命活性的“裸露”植物细胞，其在适宜的条件下可再生出细胞壁并进行细胞分裂，最终产生再生植株。因为没有细胞壁这一植物细胞天然屏障的阻碍，原生质体能较容易地摄取DNA、质粒、细胞器甚至病毒、细菌等外源性物质，为植物细胞有目的地获取特定外源性基因提供了一条可能的新途径，是进行植物生理生化、遗传育种及病毒侵染研究的理想材料。有关植物原生质体的研究最早可以追溯到1892年Klercker采用机械法从藻类中分离得到原生质体，但直到1960年Cocking采用纤维素酶制备大量有活性的番茄根尖细胞的原生质体和1971年Takebe等通过培养烟草叶肉细胞的原生质体获得再生植株，植物原生质体的培养研究才取得实质性的发展。

如何除去细胞壁，获得大量有活性的原生质体是植物细胞原生质体培养面临的首要问题。早期方法是采用**机械法**（mechanical method）分离细胞壁获得原生质体，但该法适用对象少，仅适合高度液泡化的植物细胞，同时效率低，得到的原生质体产量少且易破碎，难以适应培养的需要。**酶解法**（enzymatic hydrolysis method）是目前获得植物原生质体的主要方法，该方法效率高，可比较容易得到大量完整性好、活力强的原生质体。酶解法常用的酶包括纤维素酶、半纤维素酶、果胶酶和离析酶等。但因不同植物的细胞壁组成成分的多样性和差异性，在酶解法分离细胞壁的过程中常选择上述几种酶的混合溶液进行处理，同时还应注意酶的种类、配比、浓度、pH、酶解的时间和温度等因素的影响。此外，酶解液的渗透压对原生质体的膜稳定性及活力有一定影响。一般情况下，渗透压过低原生质体容易破裂，微高则有利于原生质体的稳定，但太高又可能抑制原生质体的分裂。甘露醇、山梨醇、蔗糖、葡萄糖、麦芽糖、葡聚糖硫酸钾、$CaCl_2$和（或）KH_2PO_3等是酶解液中常见的渗透压稳定剂。

原生质体培养的常用方法包括液体培养、固体培养和固-液双层培养等，这些方法各有特点，应根据不同药用植物原生质体的实际情况选择合适的培养方式。例如，茄科和玄参科植物较适合液体浅层培养，菊科和伞形科植物较适合固体培养，而五加科和天南星科植物较适合液体浅层及固-液双层的联合培养。

（二）原生质体融合（protoplast fusion）

原生质体融合又称**体细胞杂交**（somatic hybridization），系指在人工诱导融合作用下将不同来源的两种原生质体融合形成杂种细胞，并进一步培养再生成杂种植物的技术（**图 12-3**）。但在自然条件下原生质体的融合发生率较低，为提高其融合率，常采用人工诱导融合的方法，分为物理方法和化学方法两大类。前者包括离心、振动、聚集微束激光和电融合等方法。后者主要用硝酸钠、高浓度Ca^{2+}-高pH、聚乙二醇和聚乙二醇-高浓度Ca^{2+}-高pH等融合剂处理。

通过诱导融合不同来源原生质体进行杂交育种，有望解决杂交不亲和性、双亲花期不遇、雌（雄）不育及性器官败育等传统有性杂交存在的问题，使植物的基因在种内，不同种、属甚至科之间转移，从而更为广泛地组合各种植物的遗传性状。这也为有目的地培养具有抗病、抗虫和（或）活性成分含量高等各种优良经济性状的药用植物新品种提供了新的思路。目前，药用植物原生质体融合技术还存在杂交数目难以控制、体细胞杂种再生困难、再生植株遗传稳定性差及寿命短等问题，但也取得了一些突破，通过该技术成功获得了烟草与龙葵、烟草与枸杞、狭叶柴胡与石防风、柴胡与胡萝卜、铁皮石斛与绞股蓝、白花前胡与川芎、苜蓿与百脉根、百脉根和水稻、葡萄与狭叶柴胡、百脉根与大豆、马铃薯与薯蓣、胡萝卜与川西獐牙菜、狭叶柴胡与川西獐牙菜、狭叶柴胡与南方红豆杉、西洋参与胡萝卜、人参与胡萝卜、拟南芥与柴胡、麻花艽与狭叶柴胡、烟草与曼陀罗、颠茄与龙葵等植物的杂交细胞、杂交愈伤组织或杂交再生植株。

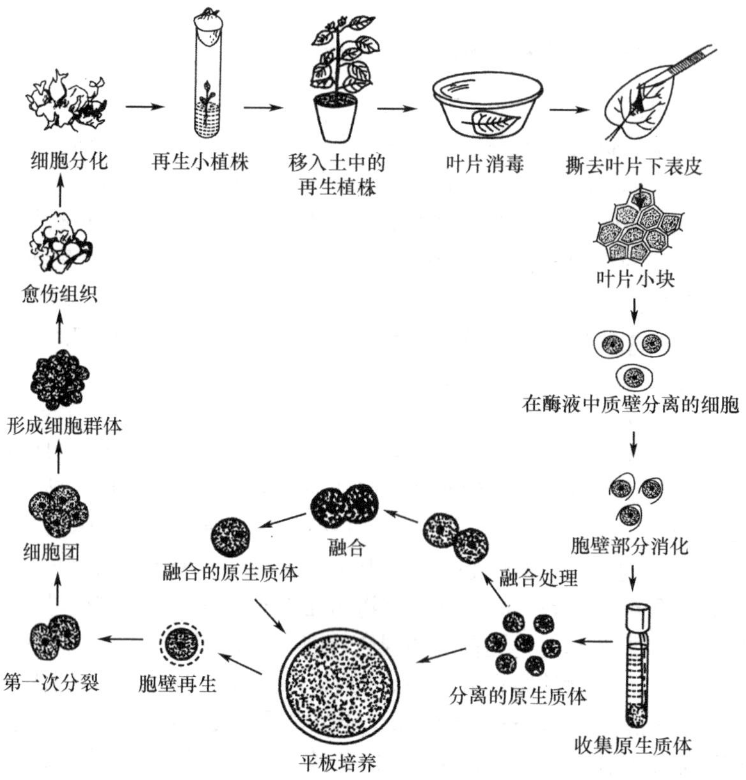

图 12-3 原生质体融合与体细胞杂交

五、植物组织培养与药用植物快速繁殖（plant tissue culture and rapid propagation of medicinal plants）

植物**快速繁殖**（rapid propagation）又称**离体快速繁殖**（in vitro rapid propagation），系指采用植物组织培养的技术离体培养植物材料，在短时间内获得大量遗传性一致的再生植株的方法。与传统营养繁殖比较，该方法具有繁殖速度快、效率高，条件可控，易于标准化、规模化生产等优势。

快速繁殖的过程大致分为 4 个阶段：建立无菌培养体系、增殖、生根和移栽再生植株。根据其发生基本过程不同，主要有 4 种类型：①器官直接转变型，系指以离体的茎尖、茎鳞片、腋芽或叶片等组织器官为培养材料直接产生再生植株。该类型培养材料种类较少，但体细胞变异小，获得的再生植株遗传稳定性较强。其中，茎尖组织因其分生能力强、生长速度快、无病毒或带病毒少，是生产脱毒优良种苗及种质优化的理想材料。②器官间接发生型，培养材料需要经历明显的愈伤组织阶段，方可得到再生植株。该类型培养材料范围较为广泛，如根、茎、叶、花、种子、愈伤组织、原生质体和胚轴等，其繁殖效率高，但产生多倍体或非整倍体变异细胞的概率也较高，可能破坏种质。③胚状体发生型，培养材料会先产生胚状体，再发育成植株。该方式产生再生植株变异性小、时间短，被认为是获得再生植株最理想的方法。④原球茎发生型，培养材料在培养的过程中，会先形成类似于种子萌发时由胚形成的原球茎。总之，药用植物快速繁殖目前仍存在培养材料污染、黄化、褐化、玻璃化及再生植株存活率低、变异率高等问题，尚待有效解决。

通过植物快速繁殖技术可快速、大规模繁殖药用植物再生植株，获得脱毒等优良性状种苗，对于解决目前药用植物面临的繁殖能力低、资源匮乏、种质退化等诸多问题均有重要意义。在我国有超过 200 种药用植物成功进行快速繁殖，其中的人参、西洋参、丹参、铁皮石斛、盾叶薯蓣、百合、地黄、甘草、新疆紫草和枸杞等数十种已实现工业化生产。

六、药用植物种质资源离体保存（in vitro of preservation of germplasm resources of medicinal plants）

药用植物种质资源（germplasm resources），泛指一切用于药物开发利用的植物遗传物质，是长期自然演化和（或）人工驯化的结果，在药用植物新品种选育，生物多样性保护及资源可持续利用等方面发挥着重要的作用。因此，保存药用植物种质资源，防止其流失，具有十分重要的意义。

药用植物种质资源的保存主要通过原位保存和移位保存 2 种途径，离体保存技术属于移位保存之一，通常是指在一定人工条件下对药用植物的各种材料进行离体培养，通过减缓或限制培养材料中细胞的代谢速率，以实现种质保存目的的一系列技术和方法，常用的有组织培养保存和超低温保存 2 类。利用离体保存技术保存药用植物种质资源具有不受自然条件限制、占用空间小、成本相对较低及繁殖迅速等优点，近年来在药用植物的种质资源保存中备受青睐。

（一）组织培养保存（tissue culture preservation）

根据采用的具体保存技术的不同，该方法又分为**一般保存**（general preservation）和**缓慢生长保存**（slow growth preservation）两种方法。一般保存是指采用常规的培养条件，通过不断继代培养组织培养材料以保存种质资源的一种方法。一般保存是一种暂时保存药用植物种质资源的方法，具有方便种植资源交换运输、快速繁殖的优点，但因需要不断的继代培养，培养材料易污染及发生变异。

缓慢生长保存是指通过调节培养条件，抑制保存材料生长以实现延长继代培养时间的一种保存方法。在实践工作中，常常通过调节光照、降低培养温度、控制培养基营养、提高培养基渗透压、添加生长延缓或抑制剂等措施来抑制培养材料的生长，延长继代培养时间。该方法与一般保存相比，可明显延长继代保存时间，降低材料的污染机会。但也存在研究过程复杂，植株存活率降低和变异率增加等缺点。

（二）超低温保存（ultra low temperature preservation）

超低温保存通常是指在–80℃及以下的温度下保存种质资源的一种方法，包括材料选择与准备、预处理、降温冷冻、保存后化冻、存活鉴定及遗传稳定性分析等基本程序。在超低温条件下，保存材料的新陈代谢极大减缓甚至停止，但经过复苏，其仍保持正常细胞的活性、形态发生潜能和遗传稳定性，理论上可以无限期保存植物种质资源。同时，通过超低温保存植物材料能克服组织培养保存时存在的保存材料容易污染、再生植株积累性变异等问题，因此被认为是一种较为理想的可长期有效保存药用植物种质资源的方法。

影响药用植物材料超低温保存效果的因素很多，如植物种类、材料类型及大小、冰冻的方法、脱水处理的方法、解冻温度及方式等。材料的抗冻性、细胞的年龄、生理状态等因素对超低温保存的效果有较大的影响，一般来说分生能力强、分化程度低的细胞，如茎尖分生组织，保存后再生遗传稳定性好，是理想的超低温保存材料。冷冻处理是植物材料超低温保存时最重要的一个环节，包括快速降温冷冻法、保护性脱水冷冻法及玻璃化冷冻法等，分别适用于不同种类的植物材料。并需加入冰冻保护剂，常见的有二甲亚砜、甘油、聚乙二醇、海藻糖及蔗糖等，一般采用复合保护剂效果较好。化冻操作则多采用快速化冻法，以避免细胞内的玻璃态水发生次生结冰造成的细胞结构破坏。目前，高山红景天、地黄等的茎尖分生组织，浙贝母、高山红景天、银杏等的愈伤组织，铁皮石斛的胚状体及人参、西洋参、枸杞、浙贝母、商陆等的花粉，均已成功实现超低温保存。

此外，随着科学技术的不断发展，许多新技术和方法不断应用于药用植物种质资源保存，如基因文库保存（gene library preservation）。该方法利用人工的方法从植物材料中获取总DNA，再用适当的酶将DNA切成片段并与载体连接，然后将其转移到大肠杆菌或酵母中进行繁殖，使该植物的所有基因都得到保存（**图12-4**）。

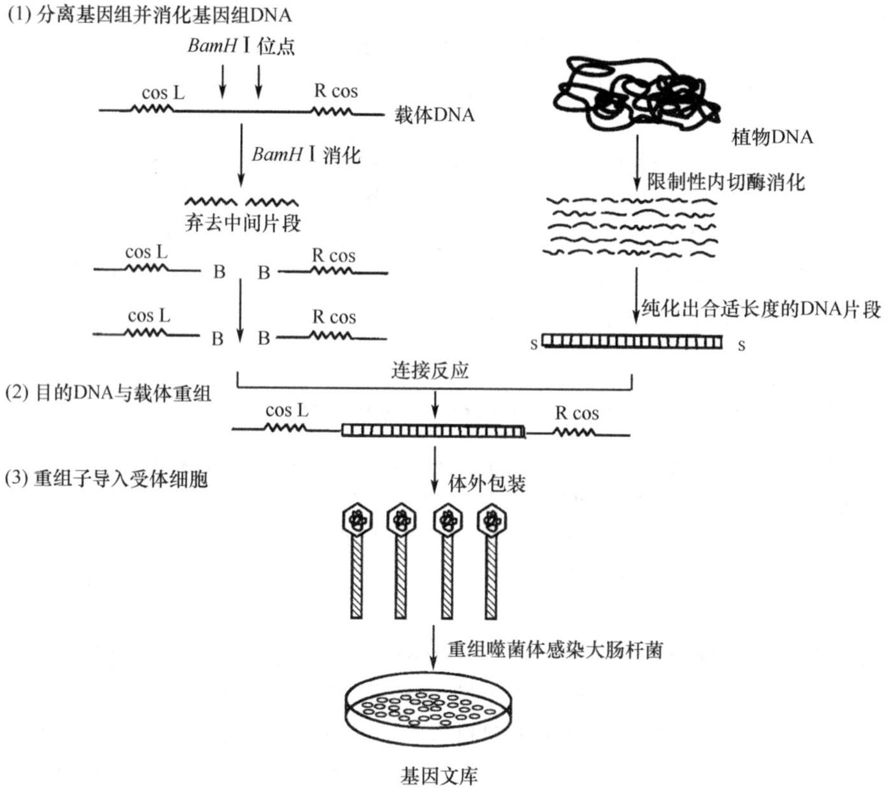

图12-4　基因文库构建

第二节　药用植物DNA分子标记

DNA Molecular Marker of Medicinal Plants

DNA分子标记（DNA molecular markers）是一种以DNA分子多态性为基础的标记技术。该技术能从DNA水平上直接反映生物个体或种群间某些遗传差异，相对于以基因表达结果为依据的其他几类遗传标记，如以外部特征为指标的形态标记、以染色体核型和带型为分析对象的细胞标记及以同工酶为代表的生化标记，具有不受外部环境、植物生长发育阶段、取材部位等因素影响，具有方法快速、微量、特异，结果准确可靠等优点，被越来越多的用于生物分类学、育种学、遗传学和物种起源与进化等研究工作中。DNA 分子标记应用于药用植物研究始于 20 世纪 90 年代，常用的有：限制性片段长度多态性标记（restriction fragment length polymorphism，RFLP）（**图 12-5**）、随机扩增多态性 DNA 标记（random amplified polymorphic DNA，RAPD）、扩增片段长度多态性标记

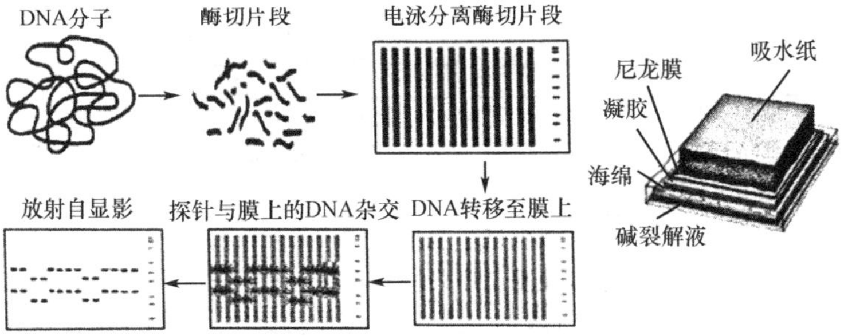

图 12-5　RFLP 分子标记流程

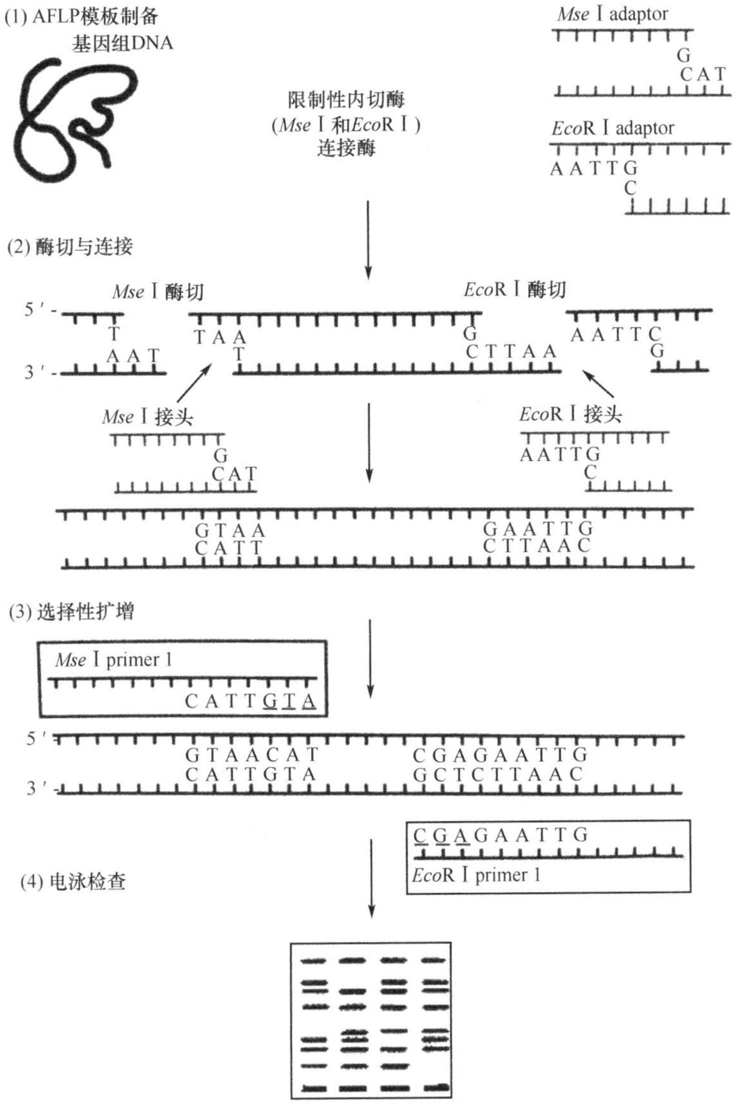

图 12-6　AFLP 分子标记原理

（amplified restriction fragment polymorphism，AFLP）（**图 12-6**）、简单重复序列标记（simple sequence repeat，SSR）、序列特征化扩增区域标记（sequence charactered amplified region，SCAR）等，各种 DNA 分子标记技术特点有所不同（**表 12-1**），现已被广泛地应用于药用植物的种质资源鉴别、亲缘关系及分类学、遗传多样性和遗传连锁图谱构建等药用植物的研究中，并取得了可喜的成绩。

表 12-1　几种常见 DNA 分子标记的技术特点

技术	原理	多态性	可靠性	成本	主要应用
RFLP	限制性酶切，Southern 杂交	中等	高	高	种间及品种间鉴别、亲缘关系及遗传多样性研究
RAPD	随机 PCR 扩增	较高	中	低	近缘属、种、居群、品种、亚种及变种间鉴别、亲缘关系及遗传多样性关系研究
SSR	PCR 扩增	高	高	高	近缘属、种间、居群间及品种间的鉴别、亲缘关系及遗传多样性研究
AFLP	限制性酶切结合 PCR 扩增	非常高	高	高	种间、居群间及品种间的鉴别、亲缘关系及遗传多样性关系研究
SRAP	PCR 扩增	很高	高	低	种间、品种及居群亲缘关系、遗传多样性研究
ISSR	随机 PCR 扩增	高	高	低	种间、居群及品种间鉴别、亲缘关系及遗传多样性研究
SCAR	特异 PCR 扩增	中等	高	高	种间、品种间的鉴别研究
SCoT	PCR 扩增	高	高	低	种间、居群间、品种间遗传多样性研究

一、药用植物种质资源鉴别（identification of germplasm resources of medicinal plant）

药用植物的种类繁多，来源极为复杂，据统计，仅我国就有 11 146 种，类群从低等的藻类植物到高等的种子植物都存在。同时，因受到自然生长环境、人工长期栽培驯化等影响，药用植物种质资源遗传多样性丰富，即使是同一种药用植物的个体之间的性状可能也存在着较大的差异，难以区分。此外，由于各地用药习惯、用药历史的不同，品种混淆、同物异名及同名异物等现象非常普遍，这些都严重影响到药材来源的准确性，并进一步威胁到临床用药的安全有效。因此，对药用植物种质资源进行鉴别，去伪存真，意义重大。然而，传统的一些以植物表型特征为基础的鉴别方法，如外观形态、显微鉴别、理化鉴别等，影响鉴别结果的因素多，对鉴定者的植物学知识及实践工作经验要求高，获得的结果容易引起争议。分子标记技术可以从遗传分子水平上鉴别药用植物，受药用植物生长环境、发育阶段和供试部位等影响较小，鉴别结果更加准确、可靠和高效，近年来在药用植物种质资源鉴别中得到了广泛的应用。目前，各种分子标记技术已成功用于人参属、石斛属、葛属、姜黄属、红景天属、柴胡属、紫苏属、钩藤属、绞股蓝属、卷柏属、黄精属、大青属、川续断属和菊科等多个科属药用植物的鉴别。

二、药用植物亲缘关系及分类研究（study on the genetic relationships and classification of medicinal plants）

亲缘关系相近的药用植物，往往不仅外观形态接近，内在次生代谢产物的种类也常常相似，并进一步表现为药理作用及临床疗效的一致。因此，可通过对相近种的药用植物的亲缘关系寻找和扩大药用植物的资源。传统药用植物亲缘关系及分类研究主要依靠植物形态学、解剖学和化学等方法，从植物的外部形态、内部组织构造及化学成分等方面的相似程度来确定植物亲缘关系及种类。但由于药用植物生长过程受自身及外界诸多因素的影响，使得即使同一种植物在不同的情况下外部形态、内部组织构造甚至所含化学成分都可能有较大的差异，因此仅以外观形态、内部组织特征及化学成分为依据来确定药用植物亲缘关系和种类，还存在一定的局限性。DNA 分子标记通过对遗传物质的分析，比较科、属、种等各个分类单位间或内的亲缘关系，能使药用植物的亲缘关系和分类研究更加科学、准确。目前，该技术已成功用于姜黄属、葛属、芍药属、川续断属、石斛属、卷柏属和黄连属等多个科属药用植物亲缘关系及分类的研究。

三、药用植物遗传多样性研究（genetic diversity analysis of medicinal plants）

遗传多样性是指种内不同居群间或同一居群中不同个体间遗传变异的总和。药用植物的遗传多样性不仅是生物多样性的重要组成部分，更是药用植物种质鉴定、基因资源保护利用、引种栽培和育种的重要物质基础。大量研究表明，DNA 分子标记能高效、快捷地揭示药用植物种群间及种群内的遗传多样性，为药用植物系统分化规律、群体遗传结构及多样性程度等的研究提供依据。近年来 DNA 分子标记已被用于乌药、珊瑚菜、矮牡丹、贝母、红景天、灵芝、天麻、大血藤、松茸、华南忍冬、三角叶黄连、菊花、白芍、金银花、枸杞、两面针、老鹳草、秦艽、桃儿七、地黄、石斛、重楼、红根草、绞股蓝、银杏、余甘子、黄檗、黄芪、阿魏、葛根、甘草、华中五味子和人参等大量药用植物遗传多样性的研究。

四、药用植物遗传连锁图谱构建（construction of genetic linkages map of medicinal plants）

遗传连锁图是指以遗传标记（已知性状的基因或特定 DNA 序列）间重组频率为基础的染色体或基因位点的相对位置线性排列图。构建遗传连锁图谱是基因定位、克隆及功能研究等分子生物学研究的重要基础，对于药用植物数量性状定位、分子标记辅助育种、目的基因的定位与克隆、种质资源分类与保存及基因资源的整合等均有重要意义。目前，分子标记技术已被越来越多地应用于药用植物遗传连锁图的研究，并成功构建了包括金鱼草、苦荞、香菇、红三叶草、白三叶草、洋蓟、覆盆子、铁皮石斛、北柴胡、杜仲、罗汉果、丹参等 10 多种药用植物在内的遗传连锁图。

第三节 药用植物基因工程

Genetic Engineering of Medicinal Plants

1973 年，美国斯坦福大学研究人员 Cohen 和 Boye 等将在体外构建的含有抗四环素和链霉素基因的重组质粒导入大肠杆菌，并使之在大肠杆菌细胞内稳定复制，最终成功使大肠杆菌对相应抗生素产生抗性，标志着基因工程的诞生。此后，在 DNA 重组、遗传转化和植物组织离体培养等技术进步的推动下，植物基因工程快速兴起并得以高速发展，从而使人类可以采用类似于工程设计的方法，将其他生物的基因插入质粒、病毒等载体中，再以一定的方式将其导入到不含这种基因的植物细胞中，并使其在受体植物细胞中稳定遗传和表达，从而使植物获得新的遗传性状，为植物品种改良、抗性提高等开辟了新的途径。植物基因工程涉及目的基因的分离和克隆、植物基因转化载体系统的构建（**表 12-2**，**图 12-7**），以及转基因植物的检测与鉴定等主要内容。

表 12-2　几种主要的药用植物基因转化方法

方法	分类	对象	宿主限制	培养条件	复杂性	转化效率
PEG 法	直接转化	原生质体	无	复杂	简单	低
电激法	直接转化	原生质体	无	复杂	复杂	低
显微注射法	直接转化	原生质体	无	复杂	复杂	低
超声波导入法	直接转化	植物组织	无	简单	简单	高
基因枪法	直接转化	完整细胞	无	简单	复杂	高
农杆菌介导法	载体转化	完整细胞	双子叶植物	简单	简单	高
花粉管通道法	种质系统转化	卵细胞	有性繁殖植物	无	简单	低

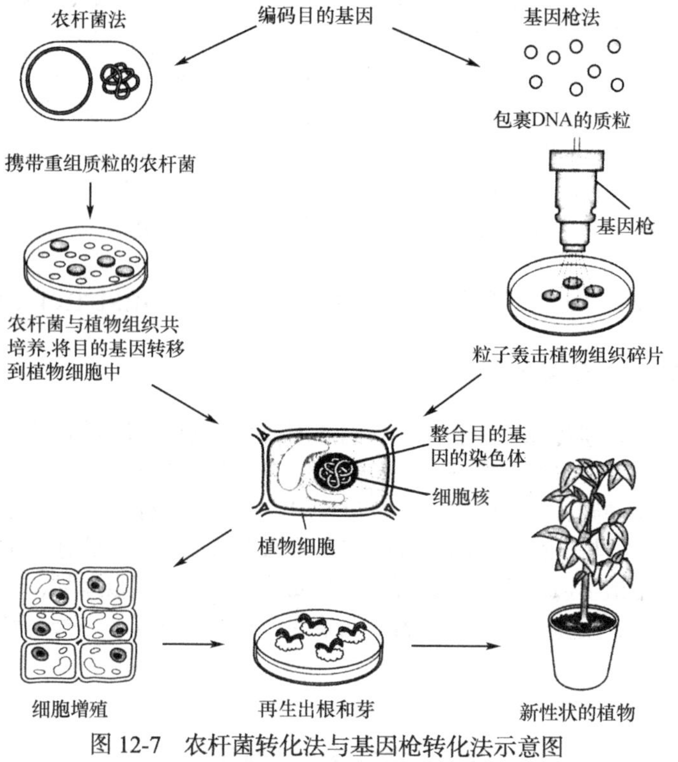

图 12-7　农杆菌转化法与基因枪转化法示意图

自 1983 年首例转基因植物培育成功以来，植物基因工程的研究蓬勃发展，取得了大量的研究成果。截至 2008 年，全世界范围内有近 90 种的转基因植物被批准商业化应用，并有涉及 40 多种的数千例转基因植物被批准进入田间试验。我国也有 50 多种作物进行了基因工程研究，并有 10 多种在进行田间试验，其中的部分作物已进行商业化生产。

近年来，关于药用植物基因工程的研究报道日益增多，主要探讨如何应用基因工程技术大规模生产有用的药用植物次生代谢产物、模式基因研究和药用植物育种等以下几方面内容。

一、利用基因工程生产药用植物次生代谢产物（application of genetic engineering in production of secondary metabolism of medicinal plants）

（一）药用植物转基因器官培养（transgenic organ culture of medicinal plants）

农杆菌属于革兰阴性杆菌，能侵染大多数双子叶植物、少数单子叶植物和个别裸子植物。用于植物转基因器官诱导、培养的农杆菌主要是发根农杆菌和根癌农杆菌两种，前者的 Ri 质粒和后者的 Ti 质粒上均有一段可移动 DNA（T-DNA），能通过侵染而整合到植物细胞的基因组中，分别诱导植物产生毛状根和冠瘿瘤，且在 T-DNA 特定区域插入外源性 DNA 片段其整合能力不受影响。因此，可以利用该机制，首先将目的基因插入 T-DNA 中，然后通过农杆菌侵染植物细胞将目的基因整合到植物的基因组中，再经过离体组织培养最后获得转基因的组织、器官，甚至植株。自 1907 年，Smith 和 Townsend 首次发现发根农杆菌能诱导植物产生毛状根以来，农杆菌介导法经过 100 多年的发展完善，建立了包括整体植株接种共感染法、离体器官和组织转化法、悬浮细胞或原生质体共培养转化法及 floral—dip 转化方法等较为成熟的技术体系，已成为植物基因工程中常用的植物基因转化方法，具有浸染对象类型多、转化效率高、基因沉默现象少、操作简便、重复性好和成本低等优点。

近年来，利用农杆菌进行药用植物的遗传转化研究，特别是诱导、培养转基因器官生产有用药用植物次生代谢产物也取得了长足的发展。通过农杆菌介导培养药用植物转基因器官生产有用次生代谢产物与常规组织培养的方法相比，具有离体组织培养容易、生长迅速、次生代谢产物含量高等优点。同时由于其最终目的为获取次生代谢产物，还能避开转基因植物遗传稳定性和安全性评价等问题，在药用植物次生代谢产物生产方面显示出巨大的发展潜力，已成为药用植物基因工程研究的热点内容之一。

1. 毛状根（hairy root）　毛状根是发根农杆菌感染植物细胞后，其 Ri 质粒中的 T-DNA 侵入植物基因组所引发的。毛状根培养物具有生长速度快、合成次生代谢产物产量高且稳定、激素自主性及再生植物产生容易等特点，是目前药用植物转基因器官培养研究的最常用方法之一，被认为是获得药用植物次生代谢产物的优良原料。迄今为止已有 100 多种植物的毛状根培养获得成功，其中超过 75%为草本植物，其余为木本植物和藤本植物，所涉及的植物科属也比较广泛，但以豆科、茄科、菊科和唇形科植物所占比例相对较大，获得了包括生物碱、黄酮、醌类、皂苷和萜类等多种类型的次生代谢产物。但目前我国对毛状根生产次生代谢产物的研究还多停留在药用植物培养材料、发根农杆菌菌株、侵染条件及离体组织培养条件等方面的考察，而对次生代谢产物代谢合成机制、相关功能基因的探索还较少。

2. 冠瘿瘤（crown gall）　冠瘿瘤是由根癌农杆菌 Ti 质粒中的 T-DNA 侵入植物基因组而形成的。冠瘿瘤培养和毛状根培养相似，也具有增殖速率快、次生代谢产物合成能力较强且稳定和激素自主性等优点。目前，利用根癌农杆菌介导成功诱导培养了石刁柏、长春花、丹参、颠茄、羽扁豆、毛地黄、辣薄荷、欧洲红豆杉和短叶红豆杉等植物的冠瘿瘤，并利用冠瘿瘤生产出部分次生代谢产物。例如利用根癌农杆菌感染丹参植株，诱导产生冠瘿瘤，然后对冠瘿瘤进行离体组织培养，获得的再生植株，其遗传性状稳定，根的产量和丹参酮的含量均高于原植物。

（二）药用植物次生代谢产物合成的相关功能基因研究（functional genomics of secondary metabolism of medicinal plants）

研究与药用植物次生代谢产物合成相关的功能基因是进一步进行基因调控生产次生代谢

产物研究重要的前提，也是药用植物基因组在后基因时代研究最核心、最活跃的领域之一，涉及转座子标签技术、T-DNA 插入技术、基因表达系统分析技术（SAGE）、表达序列标签测序技术（ESTs）、同源序列分析技术、基因芯片技术、蛋白芯片技术及蛋白质组学技术等功能基因研究方法。目前，已有多条代谢合成途径的部分功能基因被发现，如黄酮类、生物碱类和萜类等化合物代谢合成途径，其中尤以黄酮类化合物代谢合成途径的功能基因研究更为深入和系统，从中获得了 *CHS* 基因、*CHI* 基因、*IFS* 基因、*F3H* 基因、*FLS* 基因和 *DFR* 基因等多个代谢合成相关的功能基因，并在颠茄、罂粟、丹参、西洋参、灵芝、石斛、獐牙菜、红豆杉等药用植物中得到应用。在此基础上，通过以下几种调控与代谢合成途径相关功能基因的方法，便可能实现提高目标次生代谢产物含量的目的。①引入或过量表达编码关键酶的基因，如将编码莨菪　碱-6β-羟化酶的基因引入到颠茄（*Atropa belladonna*）中，可增加其中含量低但药用价值高的东莨菪碱的累积；将棉花法呢基焦磷酸合酶的基因导入到黄花蒿中可提高青蒿素的含量；在人参中过量表达角鲨烯合成酶基因可提高三萜和植物甾醇的含量；在黄连细胞中过表达 *S*-金黄紫堇碱 9-*O*-转甲基酶可大幅提高黄连素和非洲防己碱在黄连总生物碱中的含量。②通过抑制代谢途径中产生或阻断代谢支路的功能基因。例如，阻断罂粟中产生吗啡的代谢途径，可以使香荔枝碱及其甲酯积累。③调控代谢合成途径中关键酶基因的调节基因或转录因子，如调控长春花二萜类吲哚生物碱生物合成途径的主导调节子基因 *Orca*3，使其编码产物 ORCA3 连续产生过量，会导致长春花中多种与二萜类吲哚生物碱生物合成相关基因的过量表达及二萜类吲哚生物碱累积。

二、药用植物模式基因研究（model gene of medicinal plants）

模式基因（model gene）是指具有选择性标记的一类基因，可用于研究和建立植物遗传转化体系，考察外源基因在受体植物中的表达和调控机制。根据基因编码产物的特点不同，模式基因大致分为两类：①抗性基因：新霉素磷酸转移酶Ⅱ基因、氯霉素乙酰转移酶基因、潮霉素磷酸转移酶基因及 phorphinotricine 乙酰转移酶基因等；②编码催化人工底物产生颜色变化的酶的基因：β-葡萄糖醛苷酶基因、萤火虫荧光素霉基因和绿色荧光蛋白基因等。其中，新霉素磷酸转移酶Ⅱ基因和 β-葡萄糖醛苷酶基因在转化植物组织中表达的产物稳定且容易检出，是植物遗传转化应用最为广泛的两种模式基因。模式基因已在地黄、毛地黄、枳壳、颠茄、商陆、甘草、枸杞、黄花蒿等多种药用植物的遗传转化条件的优化研究中得到应用。

三、药用植物基因工程育种研究（genetic engineering in medicinal plant breeding）

基因工程育种是继系统选育、杂交育种、人工诱变育种和生物技术育种后应用于药用植物育种工作研究中的又一种新方法。利用基因工程的技术使药用植物具有需要的性状，创造出具有抗性和优良性状的药用植物新品种，一方面在一定程度上降低农药污染的可能性，另一方面也可提高有效成分的含量，不仅提高了品质，也拓宽了药用植物种质资源利用的途径，更使药用植物性状的定向改变成为可能，其独特的技术优势为药用植物育种研究带来了巨大变革。然而，相对于农作物基因工程育种方面取得的巨大成功而言，药用植物基因工程育种无论是基础研究还是实际生产应用还相对滞后，目前仅见于少量实验研究报道，并主要是抗除草剂、抗虫害、抗病及提高次生代谢产物产量等方面研究。例如，将编码草丁膦乙酰转移酶基因整合到野甘草 *Scoparia dulcis* L.基因组中获得具有除草剂草丁膦抗性的转基因野甘草植株，将雪花莲凝集素酶基因整合到枸杞基因组获得具有蚜虫抗性的转基因枸杞，将水稻几丁质酶基因和苜蓿 β-1，3-葡萄糖酶基因转入白术基因组中获得立枯病抗性的转基因白术等。此外，基因工程育种在培养具有小菜蛾抗性的菘蓝、携带抗菌肽 cecropin B 和兔 NP-1（CN）融合基因的鱼腥草、携带柑橘衰退病病毒外壳蛋白基因的枳壳、携带柞蚕抗菌肽基因的柑橘及携带小鼠金属硫蛋白基因的枸杞等转基因药用植物实验室研究中获得了成功。但目前转基因植物的安全性问题仍存在争议，尚无定论，故在充分利用通过基因工程育种带来的转基因药用植物成果的同时，还需注意其潜在的生物安全性、生态环境安全性等问题。

在现代生命科学基础上发展起来的生物技术已经广泛而深入地渗透到药用植物研究的各个方面，不仅丰富了其研究内容，更赋予了药用植物学这一古老学科新的活力。经过几十年的发展，生物技术在药用植物次生代谢产物生产、良种选育、规模化生产和种质资源保存等方面显示出巨大的发展潜力和广阔的应用前景，对丰富和优化药用植物种质资源，解决目前药用植物资源匮乏、种质退化及可持续发展等一系列问题具有重要的现实意义。

Summary

1. A variety of biotechnologies such as tissue culture，molecular marker and genetic engineering are involved in studying genetic diversity，classification，identification，selection and breeding of improved varieties，genetic mapping and production of secondary metabolites of medicinal plants.

2. Plant tissue culture is a collection of techniques used to maintain or grow plant cells，tissues or organs under sterile conditions on a nutrient culture medium of known composition.

3. There are many factors impacting the plant tissue culture，including plant materials，aseptic conditions，temperature，illumination，culture medium，and so on.

4. Plant cell culture is divided into solid culture and liquid culture based on the different types of culture media. The main purpose of plant cell culture is to produce secondary metabolistes of medicinal plants.

5. Pollen culture is one of the main ways to induce haploid plants *in vitro*.

6. Plant protoplast is a single living cell that has its cell wall completely removed. It is the basic material for studying on somatic hybridization，genetic breeding and virus infection.

7. In order to obtain the protoplast, it is necessary to remove the cell wall from a living cell. Two kinds of methods，mechanical and enzymatic hydrolysis，are used to remove cell wall. Enzymatic hydrolysis is employed for the purification of plant protoplasts. The main factors which affect enzymatic hydrolysis are plant materials，composition of enzyme solution and isolation conditions.

8. Plant tissue culture is usually used for rapid propagation of medicinal plants. The propagation types include direct organogenesis，indirect organogenesis and somatic embryo.

9. The conservation of medicinal plant germplasm resources is of great significance in the selection of new varieties, the conservation of biodiversity and the sustainable development of resources. In vitro of preservation is the most commonly used method for germplasm conservation of medicinal plants. There were two kinds of way to preserve of medicinal plant germplasm resources in vitro：tissue culture preservation and cryopreservation. Cryopreservation was an ideal method for the preservation of plant germplasm resources.

10. Molecular marker is usually used for studying on germplasm resources，genetic relationships, classification, genetic diversity, genetic diversity and genetic linkages map construction of medicinal plants，etc.

11. The two most common techniques for transgenic tissue and organ culture are hairy root and crown gall cultures.

12. Genetic engineering technique is usually used to production of secondary metabolism, model

gene and breeding of medicinal plants.

复习思考题（review questions）

1. 名词解释：生物技术、植物组织培养、单倍体、原生质体融合、快速繁殖、药用植物种质资源、超低温保存。
2. 药用植物组织培养的条件包括哪些？对组织培养各有什么影响？
3. 利用植物细胞培养生产次生代谢产物的优势有哪些？
4. 药用植物快速繁殖的类型有哪些？
5. DNA 分子标记在药用植物中应用有什么技术特点？
6. 药用植物基因工程研究的内容有哪些？
7. 药用植物转基因组织和器官培养常见的类型？各自的优缺点是什么？

第十三章　药用植物资源的保护与可持续利用

Protection and Sustainable Utilization of Medicinal Plant Resources

学习目标

1. 掌握：我国药用植物的种类；我国药用植物资源分布；药用植物资源的可持续利用。
2. 熟悉：药用植物资源的利用现状；药用植物资源的保护现状；濒危药用植物资源保护。
3. 了解：药用植物资源利用中存在的问题；药用植物资源保护中存在的问题；药用植物资源保护相关法律法规。

药用植物资源（medicinal plant resources）是指在一定地区或范围内分布的各种药用植物及其蕴藏量的总和。药用植物资源是医药、食品和保健品等相关产业得以存在和发展的物质基础。我国是全世界药用植物资源最丰富的国家之一，但随着医药健康产业的快速发展及人们对天然来源的药用植物资源需求的日益增加，不少野生药用植物已经处于易危甚至濒危状态，药用植物资源承受的压力也与日俱增。药用植物资源的保护是持续利用的基础，而持续利用是保护的根本目的之一。因此，如何科学处理药用植物资源的保护与持续利用的关系，对于促进中医药健康产业发展具有重要的现实意义。

第一节　药用植物资源的利用

Utilization of Medicinal Plant Resources

一、药用植物资源概况（survey of medicinal plant resources）

（一）我国药用植物种类（species of medicinal plant in China）

我国幅员辽阔，自然生态环境多样，在世界上植物资源最丰富的国家中排名第三位。据我国第三次中药资源普查（1983～1987年）结果，我国有药用植物11146种（包括9933种和1213种下单位），藻类、菌类和地衣类低等药用植物459种（隶属91科188属），苔藓、蕨类和种子植物10687种（隶属292科2121属）。其中药用植物分布最多的为种子植物，共有10064种（隶属212科1945属）。药用品种最多的为菊科（778种），药用品种达400～500种的有豆科、唇形科和毛茛科，药用品种达300～400种的有蔷薇科和百合科，药用品种达200～300种的有兰科、伞形科、玄参科和茜草科。

（二）我国药用植物资源分布（distribution of medicinal plant resources in China）

野生药用植物的种类呈现从东北向西南种类逐渐由少增多的趋势，但北方的蕴藏量大于南方，新疆、黑龙江和内蒙古蕴藏量均在 10 亿公斤以上，植物类药材区划分布见表 **13-1**。高原和山地的野生药用植物的种类多于丘陵区，丘陵区又多于平原区。我国人工栽培成功药用植物达 400 多种，其中大量栽培约有 200 种，如川芎、丹参、地黄、山药、党参、当归、干姜、金银花、白芍等中药材品种。大部分栽培品种位于平原、丘陵或盆地，按各地栽培药材产量排列，分别为甘肃省、四川省、河北省、山西省和河南省。

表 13-1　植物类药材区分布表

中药区	区划范围	种类	重要药材品种
东北区	黑龙江省大部分，吉林省和辽宁省的东半部和内蒙古自治区的北部	1700 余种	图 13-1
华北区	辽宁省南部，河北省中部及南部，北京市及天津市，山西省中部及南部，山东省、陕西省北部及中部，宁夏回族自治区中南部，甘肃省东南部，青海省、河南省、安徽省及江苏省小部分	1500 余种	图 13-2
华东区	浙江省、江西省、上海市、江苏省和安徽省中部及南部，湖北省中部，湖南省中部及东部，福建省中部及北部，以及河南省、广东省小部分	2600 余种	图 13-3
西南区	贵州省、四川省、重庆市、云南省大部分，湖北省及湖南省西部，甘肃省东南部，陕西省南部，广西壮族自治区北部及西藏自治区东部	4500 余种	图 13-4
华南区	海南省、台湾及南海诸岛，福建省东南部，广东省南部，广西壮族自治区东南部及云南省西南部	3700 余种	图 13-5
内蒙古区	黑龙江省中南部，吉林省西部，辽宁省西北部，河北省及山西省北部，内蒙古自治区中部及东部	1000 余种	图 13-6
西北区	新疆维吾尔自治区全部，青海省和宁夏回族自治区北部，内蒙古自治区西部及甘肃省的西部和北部	1800 余种	图 13-7
青藏区	西藏自治区大部，青海省南部，四川省西北部和甘肃省西南部	1000 余种	图 13-8

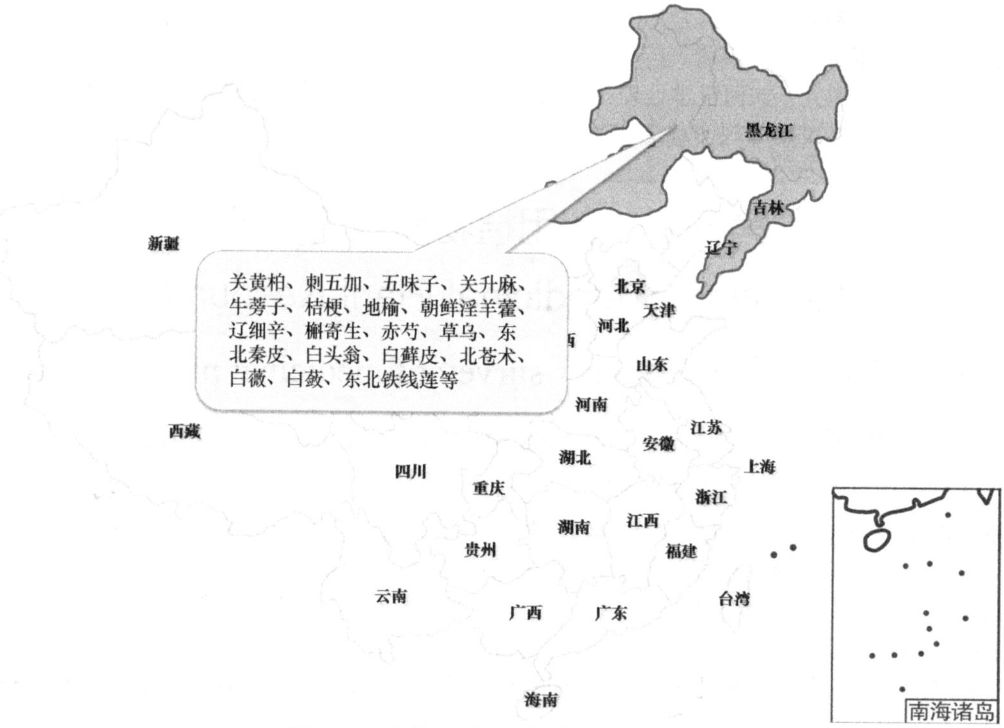

图 13-1　东北区重要植物类药材分布图

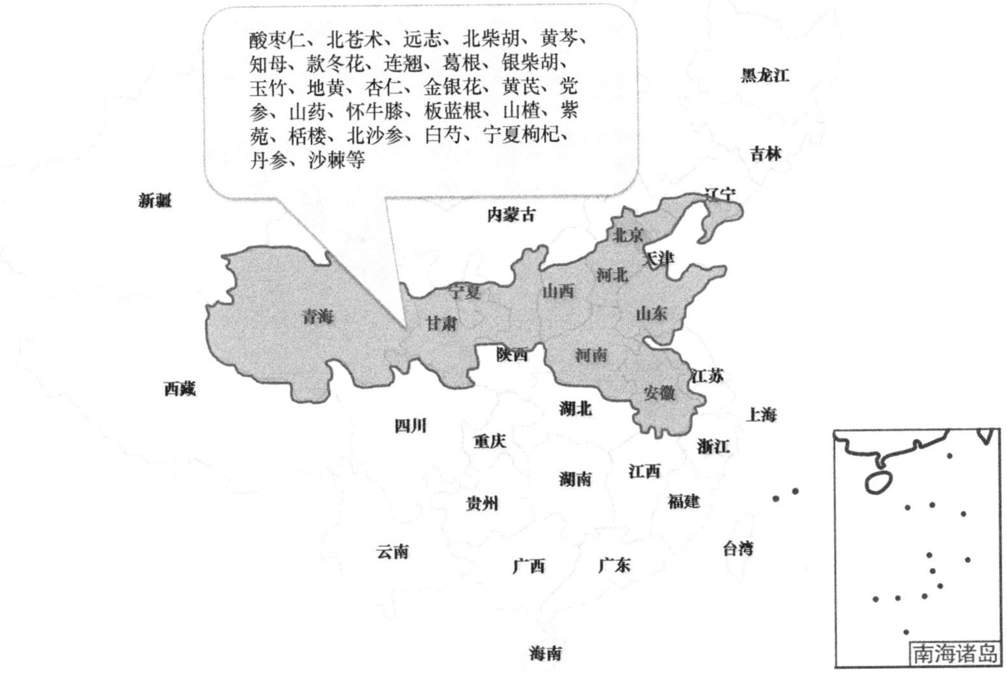

图 13-2　华北区重要植物类药材分布图

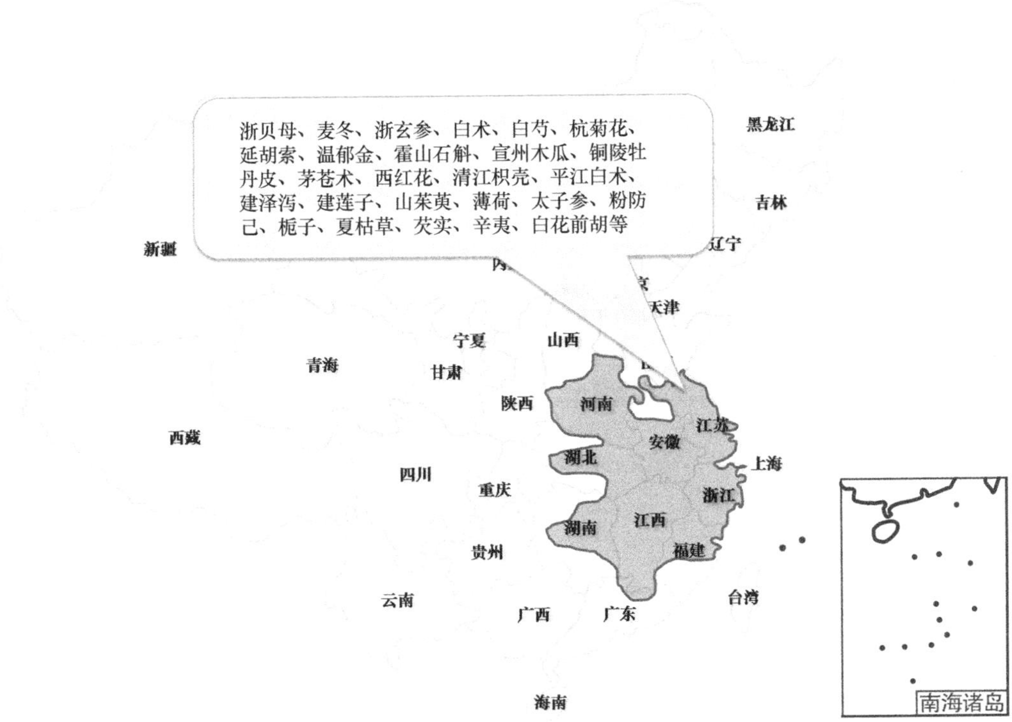

图 13-3　华东区重要植物类药材分布图

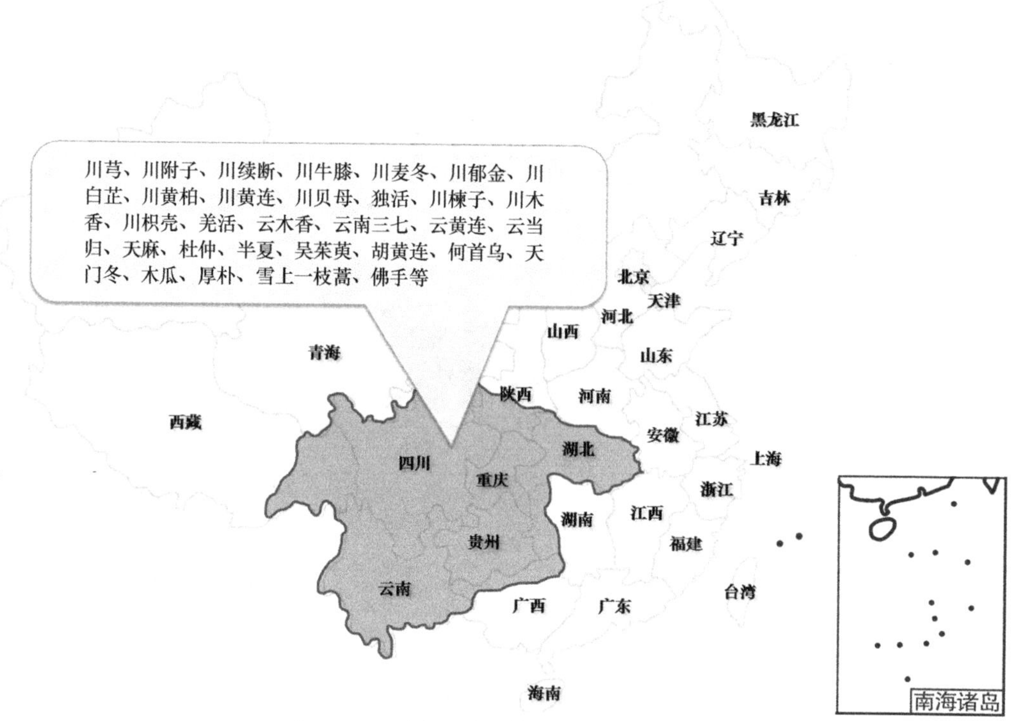

图 13-4　西南区重要植物类药材分布图

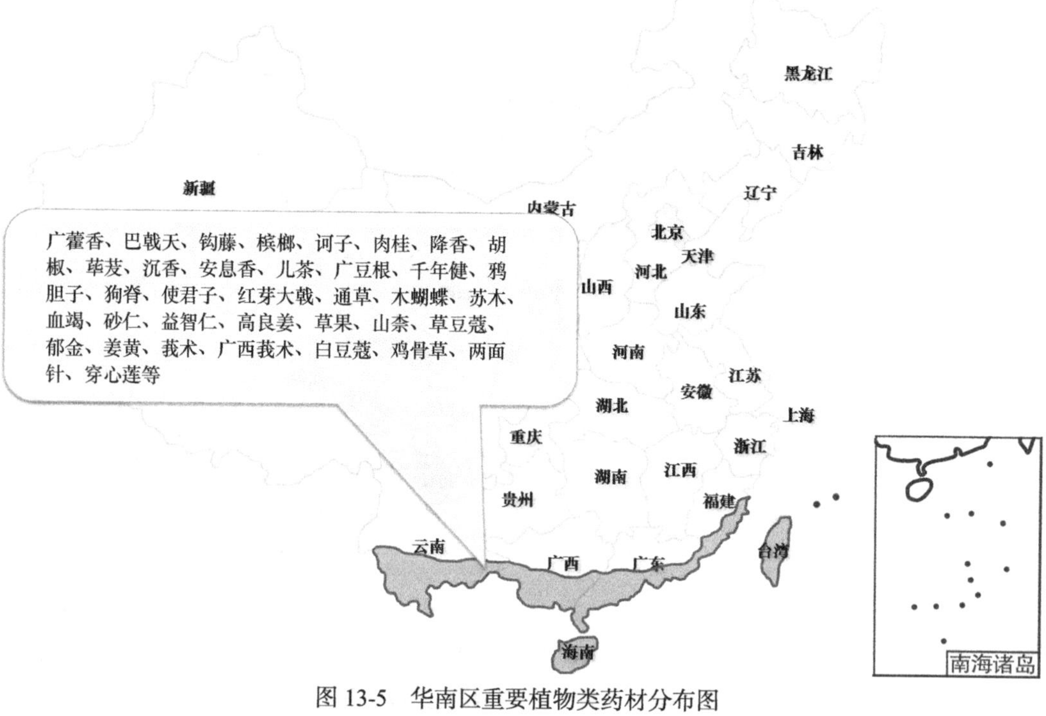

图 13-5　华南区重要植物类药材分布图

图 13-6　内蒙古区重要植物类药材分布图

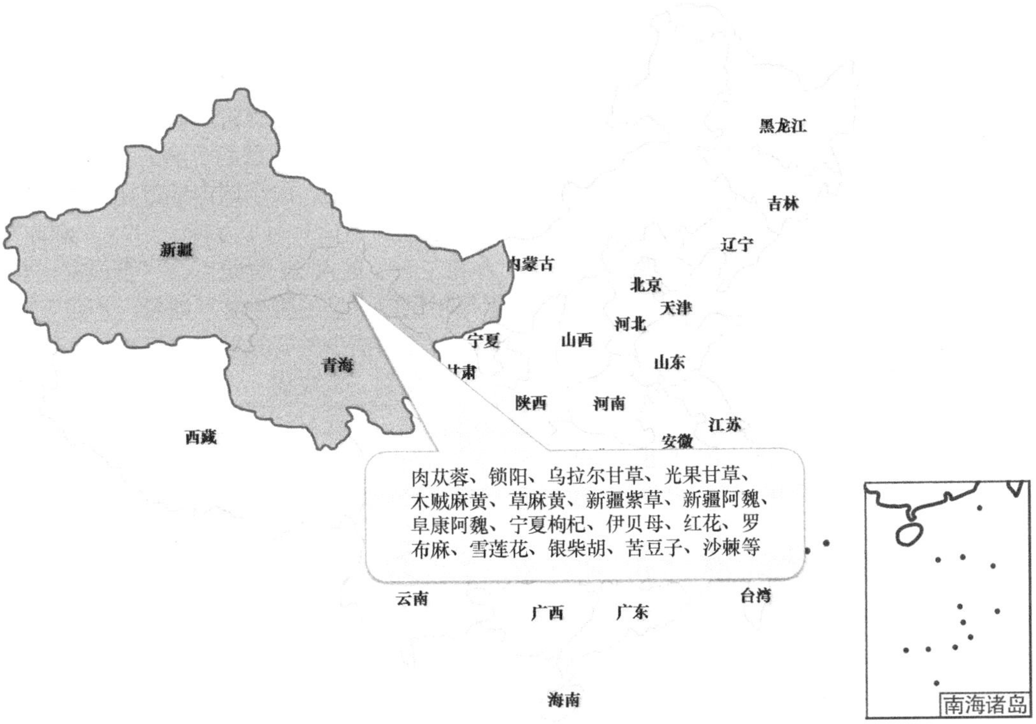

图 13-7　西北区重要植物类药材分布图

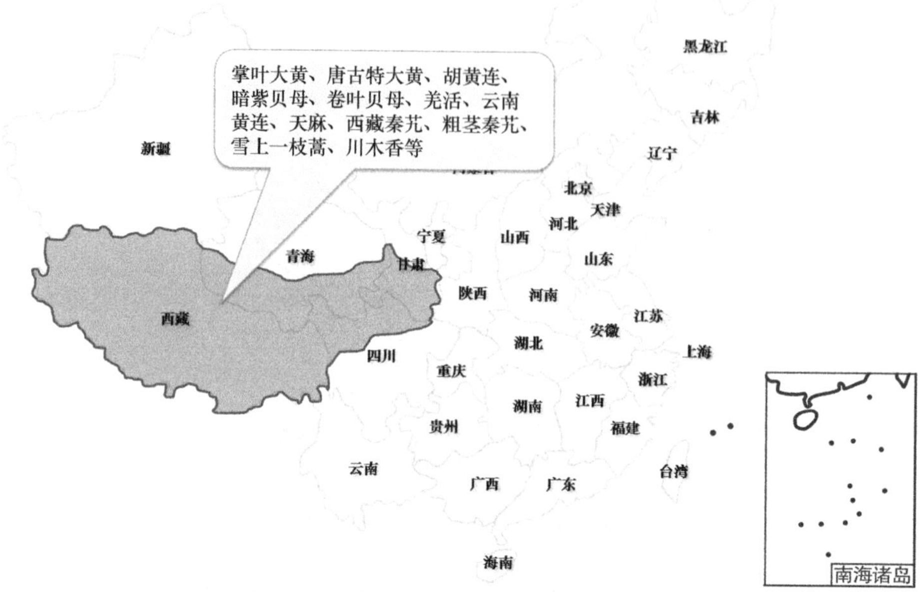

图 13-8　青藏区重要植物类药材分布图

二、药用植物资源的利用现状（current situation of utilization of medicinal plant resources）

我国有药用植物 11 146 种，在被开发利用的药用植物资源中约 80%为野生药材，只有不到 20%的药材被人工栽培。随着中医药、民族医药和保健食品等医药健康相关产业的快速发展，对药用植物资源的需求日益增加，经过长期不合理的采挖或采收，导致野生药用植物分布区域逐渐缩小，蕴藏量大为减少，部分常用中药材和道地药材的野生种质已趋于消失，少数物种濒临灭绝，某些种类已基本灭绝。以甘草为例，20 世纪 90 年代初，由于国内外市场需求量巨大且管理不规范，甘草开始被掠夺式采挖，年市场货源量达到了（3～4）万吨。1995～2000 年，因前期的过度，致使采挖甘草的年产量下降至 2 万吨左右。进入 21 世纪后，尽管国家出台了相关对策对甘草进行严格管理，但 2001～2004 年每年供应市场的野生甘草数量已不足万吨，2005～2006 年仅有 4000～5000 吨的供给。甘草储藏量急剧减少的同时群落多样性也在降低，导致药材规格质量下降。甘草、光果甘草、羌活、单叶蔓荆、黄皮树、银柴胡、肉苁蓉、三叶半夏、新疆阿魏、紫草等 100 多种药材的资源量普遍下降，影响 60 多个药材品种的医疗用药。长叶榧、见血封喉、峨眉野连、八角莲、凹叶厚朴、杜仲、小勾儿茶、野山参、黑节草等 30 多种药材因野生资源稀少，无法提供商品或只能提供少量商品，处于濒临灭绝的边缘。

三、药用植物资源利用中存在的问题（problems existed in the utilization of medicinal plant resources）

药用植物资源在我国医药健康产业的快速发展中发挥了重要作用，但由于对药用植物资源的开发不够科学，未能处理好保护和利用间的关系等原因，也造成了包括药用植物资源在内的生物资源的严重破坏，影响了对生物多样性和生态环境的保护。因此，分析药用植物资源利用中存在的问题，找到切实可行的解决途径具有重要的现实意义。

（一）药用植物资源的开发不科学，药用植物资源的利用率低（unscientific exploitation and low utilization of medicinal plant resources）

在药用植物资源的开发中，大多是以随意、掠夺的模式进行，忽视了对药用植物资源和生物多样性的保护，且采收的强度超过了药用植物资源的再生能力，造成了药用植物资源的破坏和物种灭绝。另外，存在对药用植物的有效成分动态积累等基础研究不够深入、药用植物采收方法不当、药用植物资源综合利用程度低等问题，严重地影响了药用植物资源的利用效率。今后，应加强药用植物的基础研究和资源的综合开发利用，建立药用植物资源持续利用指标体系，实现药用植物资源的科学开发与可持续利用。

（二）药用植物人工繁育和 GAP 基地建设尚需加大力度（development of artificial breeding of medicinal plants and the construction of GAP base）

近十年间，中药材人工繁育和 GAP 基地的建设有力地推动了中药产业的发展。川麦冬、人参、丹参、川芎、白芷等中药材已主要通过人工繁育得以利用，不再依赖野生资源，而且 GAP 标准的应用已成为稳定中药材质量的主要手段。今后，野生变家种、发展 GAP 基地将成为多数药用植物资源利用的主要方式。值得注意的是，现在药用植物的年栽种面积受市场影响较大，经常出现大的波动，而已通过认证的 GAP 基地还较少，非 GAP 药材和野生药材的利用量仍然巨大，仍需大力发展人工繁育和 GAP 基地建设。

第二节　药用植物资源的保护
Conservation of Medicinal Plant Resources

一、药用植物资源的保护现状（current situation in protection of medicinal plant resources）

我国重视对药用植物资源等自然资源的保护。经过多年的努力和与国际交流合作等，在药用植物资源的保护方面取得了令人瞩目的成就。

（一）成立相关保护机构和颁布相关法律法规（establishment of relevant protection agencies and promulgation of relevant laws and regulations）

我国对药用植物等生物资源保护进行协调与管理的政府最高决策机构是国务院环境保护委员会，直属管理部门是国家环境保护部（原国家环保总局），全面负责药用植物等生物资源的管理。国务院相关部委分别管理相应的资源：国家林业局负责全国森林生态系统及野生动物保护与利用；农业部负责农区及农业栽培作物遗传资源的管理；科学技术部负责全国生物资源的科学研究与技术发展等。

为开展和规范自然环境和资源的管理与保护，我国自 1956 年开始，至今已公布的涉及药用植物资源管理与保护的法规、条例等有数十项，如《中华人民共和国环境保护法》（1979 年）《中华人民共和国自然保护区条例》（1980 年）《中华人民共和国野生植物资源保护条例》（1980 年）、《中国珍稀濒危保护植物名录》（1984 年）《中国生物多样性保护行动》（1995 年）《中华人民共和国植物新品种保护条例》（1997 年）《国家重点保护野生植物名录》（1999 年）等。同时，我国已加入《濒危野生动植物物种国际贸易公约》等国际公约，遵守并保护药用植物等生物资源的国际贸易。各地也制定了相应的实施细则，增加了部分地方保护品种，有的地方制定了地方性保护法规，如新疆的《新疆维吾尔自治区甘草资源管理暂行规定》和广西的《关于加强龙血树资源保护的通知》。我国对药用植物资源的管理和保护逐步走上了法制的轨道并与国际接轨。

（二）建立自然保护区、国家公园、植物园和种质资源库（establishment of nature reserves，national parks，botanical gardens and seed resources database）

国家重视建立自然保护区和国家公园对药用植物进行原地保存，建立植物园和种质资源库对药用植物进行迁地保存。上述工作的开展对于保护药用植物资源具有重要意义。

我国自 1956 年在广东省肇庆建立了我国的第一个自然保护区——鼎湖山自然保护区后，到 2006 年底，已建立各级自然保护区 2349 处，其面积约占国土面积的 15%，接近发达国家水平。这些保护区的建立，有效地保护和保存了包括药用植物在内的一批生物资源，也使野生的珍稀濒危生物资源得到了保存和保护。

中国医学科学院药用植物研究所在广西、海南、云南、北京建有规模较大的药用植物园。广西药用植物园创建于 1959 年，占地面积 202 万 m^2，是中国对外（国际）开放的 21 个大型植物园之一，现已收集保存药用植物 5000 多种，被誉为“立体的《本草纲目》”和“亚洲第一药用植物园”。

近年来我国学者对野生药用生物资源的迁地保护做了大量工作。以肖培根院士为首的研究人员，率领中国医学科学院药用植物研究所北京总所及云南、海南、广西分所的研究人员，构建了药用植物种质资源迁地保护的理论、技术和平台体系，针对所研究的每一物种的生物学特性和生长特点，开发了一系列相应的迁地保护技术，包括调整植物生长发育节律技术、改变植物生长习性技术、繁殖器官越冬保护技术、树形修整与包扎技术、营造合适小生态环境技术、种子保鲜贮藏技术等，运用这些技术，成功地实现了对 280 科的 5282 种药用植物（包括Ⅰ级保护物种 62 种、Ⅱ级保护物种 181 种、国外引进物种 150 种）的迁地保护，迁地保护种植总面积达 5000 余亩，成为世界最大、最完整的药用植物种质资源迁地保护平台。

2008 年，位于中国医学科学院药用植物研究所内的国家药用植物种质资源库建成并正式运行，该库可保存 10 万份药用植物种质，已入库药用植物种质达 2 万份，实现了对 193 个科 1017 个属种质的长期保存，保存期为 50 年。该药用植物种质资源库的建立对于我国药用植物种质资源保存和药用植物资源可持续发展将发挥重要而深远的作用。

（三）开展药用植物规范化人工种植（carrying out standardized artificial cultivation of medicinal plants）

我国为缓解野生药用植物尤其是濒危物种资源的巨大压力，解决药材市场的供求矛盾，积极推进药用植物野生资源的引种驯化和植物类药材的栽培生产。目前，我国已建立中药材生产基地 600 多个，药用植物种植面积近 80 万 m^2，产量约 40 万吨。许多珍稀濒危药用植物经过系统研究，其人工栽培技术已逐渐成熟，其中，杜仲、厚朴、天麻等许多濒危植物已实现了大规模生产，能基本满足甚至超过市场需求。

二、濒危药用植物资源的保护（protection of endangered medicinal plant resources）

因栖息地丧失、商业开发及野生动植物及其产品的国际贸易，药用植物资源的生物多样性正在高速下降，许多物种面临着灭绝的威胁。目前多采用世界自然保护联盟（IUCN）濒危物种红色名录的等级和标准对其进行分类。根据物种灭绝发生的概率，可分为绝灭（extinct，EX）、野外绝灭（extinct in the wild，EW）、极危（critically endangered，CE）、濒危（endangered，EN）、易危（vulnerable，VN）、近危（near threatened，NT）、无危（least concern，LC）、数据缺乏（data deficient，DD）和未予评估（not evaluated，NE）。药用植物按稀有、濒危程度不同分为**濒危种**（endangered species）、**渐危种**（vulnerable species）和**稀有种**（rare species）3 类。

1981 年我国加入《濒危野生动植物物种国际贸易公约》（CITES），随后成立了中华人民共和国濒危物种科学委员会，主要为中国濒危物种进出口办公室提供公约附录物种进出口及有关 CITES 技术问题的咨询意见。国家相继颁发了《国家重点保护野生药材物种名录》《国家重点保护植物名录》《中国植物红皮书稀有濒希植物》《中国珍稀濒危保护植物名录》和《国家重点保护野生植物名录（第一批）》，公布了国家重点保护的野生物种目录，对我国野生药用植物资源的保护起到了重要的作用。

据报道，在我国处于濒危状态的近 3000 种植物中，用于中药或具有药用价值的占 60%～70%。《中国植物红皮书——稀有濒危植物》第一册收载植物 354 种，有药用植物 168 种，其中稀有种 38 种，渐危种 84 种，濒危种 46 种。珍稀濒危药用植物中，含常用中药 46 种、大宗药材 19 种（27 个植物种）。由于人为影响和生态环境的改变，野生资源日益减少，常用野生动植物药材资源短缺，濒危物种种类增多，造成经常使用的 400 余种药材每年有 20%的短缺。

今后，需对濒危程度不同的物种提出具体的保护措施，制定相应的法律，建立自然保护区、濒危物种繁育中心，对濒危物种实施就地保护和易地保护。同时，必须限制濒危野生药用植物的国内国际贸易，制定法律来保护濒危物种。科学地建立评价药用植物物种灭绝风险的指标体系具有重要的现实意义。

三、药用植物资源保护相关法律法规（laws and regulations on the protection of medicinal plant resources）

（一）国家级法律法规简介（introduction of national laws and regulations）

与药用植物资源保护有关的国家法律法规主要有：

《中华人民共和国森林法》：为了保护、培育和合理利用我国的森林资源，加快国土绿化速度，发挥森林保土蓄水、调节气候、改造环境和提供林产品的作用，国家制定了《中华人民共和国森林法》，于 1984 年 9 月 20 日第二届全国人民代表大会常务委员会第七次会议通过，并于 1985 年 1 月 1 日起实施。

《野生药材资源保护条例》：国务院于 1987 年 10 月 30 日颁布，1987 年 12 月 1 日起实施。为了保护和合理利用野生药材资源，以适应人民医疗保健的需要，国务院颁布了此条例，这是我国将中药资源保护以法律的形式确定下来的第一部专业性法规。该条例将国家重点保护的野生药材分为三级：一级为濒临灭迹状态的稀有珍贵野生药材物种；二级为分布区狭小，资源处于衰竭状态的重要野生药材物种；三级为资源严重减少的主要常用野生药材物种。并规定一级保护物种严禁采猎，二、三级保护物种必须经县级以上医药管理部门会同同级野生动、植物主管部门提出计划，报上一级医药管理部门批准，并取得采药证和采伐证后才能进行采猎。

《中华人民共和国自然保护区条例》：1994 年 10 月 9 日颁布，1994 年 12 月 1 日起实施。为了加强保护野生珍稀濒危动植物，依法划出一定面积予以特殊保护和管理的区域，原地保存在动植物原来的生态环境下的野生动植物种类，对珍稀濒危动植物种类的保护具有重要意义。

《中华人民共和国野生植物保护条例》：1996 年 9 月 30 日由国务院发布，并于 1997 年 1 月 1 日起施行。国家重点保护的野生植物分为国家重点保护野生植物和地方重点保护野生植物。

《国家重点保护野生药材物种名录》：国务院于 1987 年 10 月 30 日颁布，1987 年 12 月 1 日起施行。国家原医药管理局会同国务院野生动物、植物管理部门及有关专家共同制订出第一批《国家重点保护野生药材物种名录》，其中药用植物 57 种。属二级保护药用植物的有甘草、胀果甘草、人参、厚朴、杜仲及黄皮树等 12 种；属三级保护的药用植物有北细辛、猪苓、连翘、胡黄连及紫草等 45 种。

《国家重点保护植物名录》《中国植物红皮书——稀有濒危植物》：1980 年，原国务院环境保护领导小组办公室会同中国科学院植物研究所等单位，组织全国有关专家，在调查研究的基础上，经过反复审计，确定了我国第一批《国家重点保护植物名录》，1982 年汇编成册，并据此组织编写了《中国植物红皮书——稀有濒危植物》第一册，首次提出了我国珍稀、濒危保护植物种类。

《中国珍稀濒危保护植物名录》（第一册）：1984 年 10 月 9 日公布，1987 年国家环保总局，中科院植物研究所进行了修订。该名录共收载保护植物 354 种，其中药用植物有 161 种，其中属一级保护的有 4 种，属二级保护的有 29 种，属三级保护的有 128 种。

《国家重点保护野生植物名录（第一批）》：1999 年 8 月 4 日由国务院批准，1999 年 9 月 9 日由国家林业局、农业部发布并实施。该名录共收载保护植物 255 种，其中属一级保护的 52 种，属二级保护的 203 种。

《中国生物多样性保护行动计划》：1995 年公布，规定了亟待保护的植物 151 种，其中药用植物 19 种。

《关于禁止采集和销售发菜，制止滥挖甘草和麻黄草等有关问题的通知》《关于保护甘草和麻黄草药用资源，组织实施专营和许可证管理制度的通知》：20 世纪后半叶，一些地区无限度地采集发菜、甘草和麻黄，导致草场退化和沙化，严重破坏了生态环境和药用资源。为了阻止这种情况继续发生，国务院于 2000 年 6 月下发了上述两个通知。

（二）地方性法律法规简介（introduction of local laws and regulations）

除了上述国家颁布的主要法律法规外，全国很多地区也发布了相应的法规。主要的有：

《辽宁省野生珍稀植物保护暂行规定》：1989 年 7 月 24 日由辽宁省人民政府发布实施。该规定中将重点保护的野生珍稀植物物种分为三级，共 61 种，其中一级保护的 1 种，二级保护的 9 种，三级保护的 51 种。

《海南省自然保护区条例》：1991 年 9 月 20 日由海南省人民代表会议常务委员会第十八次会议通过，1991 年 10 月 16 日颁布实施。该条例中指出，凡珍稀、濒危或具有特殊保护价值的生物物种集中分布和繁殖的地区，应当建立自然保护区。

《云南省珍贵树种保护条例》：1995 年 9 月 27 日公布，1995 年 12 月 1 日起实施。该条例中所称的珍贵树种，是指分布于云南省境内的国家公布的一级、二级珍贵树种和该省公布的珍贵树种的原生树种。其中一级保护树种 15 种，二级保护树种 44 种。

《青海省人民政府关于禁止采集和销售发菜，禁止滥挖甘草和麻黄草等野生药用植物的通知》：根据国务院《关于禁止采集和销售发菜、制止滥挖甘草和麻黄草有关问题的通知》精神，2000 年 8 月 3 日青海省人民政府发布了该通知，旨在保护干旱、半干旱地区重要动植物资源和固土、固沙植物发菜及麻黄草、甘草等野生药用植物资源，改善青海省的生态环境。

《黑龙江省野生药材资源保护条例》：2005 年 6 月 24 日由黑龙江省第十届人民代表大会常务委员会第十五次会议通过，2005 年 8 月 1 日起施行。

《西藏自治区冬虫夏草采集管理暂行办法》：2006 年 1 月 6 日由西藏自治区人民政府第二次常务会议通过，于 2006 年 4 月 1 日起实施。该管理暂行办法规范了冬虫夏草采集秩序。

四、药用植物资源保护中存在的问题（problems existed in the protection of medicinal plant resources）

我国政府重视对药用植物资源的保护，成立了国务院环境保护领导小组和国家濒危动植物管理办公室，专门领导和管理动植物资源的保护，相继颁布了系列有关药用植物资源保护的法律法规和管理条例。同时，重视药用植物资源的原地和迁地保存，大力推广药用植物规范化种植。上述工作的开展，大大提高了药用植物资源的保护水平，但在药用植物资源的保护中也存在公众的保护意识不够强、政府监管力度不够、未充分发挥市场的作用等问题。

（一）缺乏药用植物资源保护与可持续利用的观念（the lack of the concept of protection and sustainable utilization of medicinal plant resources）

生产者、经营者、使用者缺乏对药用植物资源保护与可持续利用的观念。同时，政府部门在国家政策法律法规的完善，特别是监管和执行力度等方面都存在一定的差距。上述问题的存在，也大大影响了药用植物资源的科学开发与可持续利用。今后，应以科学发展观为统领，按照加强保护、促进可持续利用的方针，遵循生态、经济、社会发展规律，以完善的法制和政策措施为保障，以机制和体制创新为动力，以强化监督管理和宣传教育为手段，政府主导，全社会参与，促进药用植物资源的有效保护与可持续利用。

（二）市场调节作用未有效发挥（ineffectively playing the role in market regulation）

中药材市场为中药材供需双方提供了一个开放的交易平台，为发展地方经济、促进药用植物资源开发、推动中医药产业发展等方面都发挥了极其重要的作用。但同时，传统的中药材市场及其落后的贸易流通模式，也使药用植物资源得不到合理配置，处于无序竞争状态，也是药用植物资源得不到有效保护和可持续利用的主要原因。因此，药用植物资源的保护、可持续利用与市场环节的关系是既相互矛盾，又辩证统一的。药用植物资源有赖于通过市场环节实现其资源价值和使用价值，同时，对药用植物资源的保护、可持续利用，也有待于通过市场环节来发挥其重要的调节作用。合理的市场需求是药用植物资源保护、可持续利用的基础。如何引导市场需求向合理化的轨道运行，则有赖于适应社会、经济、生态发展要求建立新的市场流通模式。

第三节　药用植物资源保护与利用策略

Strategy of Conservation and Utilization of Medicinal Plant Resources

一、药用植物资源保护与利用的关系（the relationship between protection and utilization of medicinal plant resources）

药用植物具有预防、保健和治疗疾病的属性，药用植物资源不同于其他自然资源，人们利用它的目的在于预防和治疗疾病，并发挥它的保健作用。尽管药用植物资源属于自然资源中的可再生资源，但其可再生性又受药用植物资源利用强度和其再生能力的影响。因此，应加强药用植物资源的保护。搞好药用植物资源保护，则能实现药用植物资源的永续利用，取得良好的社会经济效益。

药用植物资源的保护与开发利用是矛盾的对立与统一。过分强调药用植物资源的保护，而不加以合理地开发利用，将使药用植物资源难以更好地造福人类，从而也失去了药用植物资源存在的意义；过分强调药用植物资源的开发利用，采用“竭泽而渔”的掠夺式开发，必然加速某些药用植物物种的濒危和灭绝，甚至对生物多样性和生态环境造成严重的破坏。因此，解决好药用植物资源保护与利用这对矛盾至关重要。

持续利用的目的在于满足临床及保健用药的需要，又能保证资源的永续利用，同时避免对环境造成危害。因此，应正确认识和处理好药用植物资源保护与开发利用这对矛盾，应坚持利用的同时必须要保护生物多样性和维持生态平衡的原则，以实现药用植物资源的持续利用。

二、药用植物资源的可持续利用（sustainable utilization of medicinal plant resources）

资源的可持续利用（sustainable utilization of resources）又称永续利用，指的是高效的、可再生性的、兼有保护性的利用。在充分利用药用植物资源的同时，强调对生物多样性和生态环境的保护。特别要注意对濒危和紧缺植物类药材资源的修复和再生，防止其流失、退化和灭绝，以实现药用植物资源的可持续利用和相关产业的健康发展。国内外很多学者就资源保护与持续利用问题提出了很多好的建议。综合国内外学者提出的药用植物资源持续利用的策略及实践，概括如下。

（一）开展我国药用植物资源普查，建立药用植物资源持续利用指标体系（carrying out the census of medicinal plant resources in china，and establishing index system for sustainable utilization of medicinal plant resources）

综合应用资源环境学、计量地理学、计算机技术及地理信息系统、遥感、全球定位系统等现代科学技术，对我国野生药用植物和栽培药用植物开展资源普查。对于野生药用植物，主要开展主产区分布、资源蕴藏量、重要生物学特性（如繁殖特性）、重要生态学特性（生长适宜环境、群落结构等）、最大允收量、需求量、产量等调查；对于栽培药用植物，开展主产区、生产面积、单位产量、年产量、品种、病虫害及农药使用情况、药材质量、需求量等调查。

在综合衡量药用植物资源永续利用的持续能力、可持续管理的协调能力和反映可持续利用的支撑能力等因素的前提下，对多个指标进行全面动态地分析，避免孤立地通过单一指标简单地判断药用植物资源的保护状况及可持续性利用情况。在遵循上述评价原则的基础上，建立药用植物资源持续利用指标体系。在此基础上，进一步建立药用植物资源监控体系和预警系统，来预先警示不可再生性采收、环境破坏性采收和濒危状态。

（二）加强药用植物种质资源的保存，选育药用植物优良品种（enhancing the conservation of medicinal plant germplasm resources，and selecting fine varieties of medicinal plants）

药用植物的种质资源通常是就某一具体物种而言，是包括栽培品种（类型）、野生种、近缘种和特殊可遗传材料在内的所有可利用的遗传物质的载体。药用植物种质资源研究的主要内容包括对各种品种、类型进行考察、收集、鉴定、评价、保存和应用。目前，我国已通过建立自然保护区与国家公园等形式进行药用植物的原地保存；建立植物园或种质库进行药用植物的迁地保存。建立野生药用植物资源保护区，则可有效地避免人为因素引起的野生药用植物的生存威胁；建设种质资源库是有效保护药用植物资源的重要措施之一，对于稀有、濒危的野生药用植物尤其重要。在品种选育时，须筛选和收集形态差异、具有优良农艺性状的类型，同时开展品质评价的研究，为优良品种的选育奠定基础。

（三）开展药用植物野生抚育的研究，实现药用植物的科学采收（carrying out the research on wild tending of medicinal plants，and realizing scientific collection of medicinal plants）

在生态环境明显退化、野生药用植物资源已急剧减少的地区，实行围栏保护封育和采收控制。同时创造适宜生长条件，实施帮助繁殖和生长发育的技术措施，以增加生物个体数量和生长量为目标，促进药用植物的自然更新或人工辅助更新。野生抚育尤其适合于目前对其生长发育特性和生态条件认识尚不深入、生长条件比较苛刻、种植成本相对比较高或者种植药材与野生类型质量差别较大的药用植物。例如，贵州省雷山县淫羊藿保护抚育基地淫羊藿的抚育已取得成效。

野生药用植物应通过测算“年最大允收量”来控制采收规模，保持种群自然更新力。应根据药用植物种类、生活习性、繁殖方式、繁殖效率和药用部位的形成过程等各种因素开展系统研究的基础上，确定该药用植物的“年最大允收量”。同时，开展药用植物有效成分在其体内动态积累的研究，兼顾药材的质量和产量的情况下，确定药用植物适宜的采收季节和采收方式，以实现药用植物的科学采收。

（四）加强药用植物种植的研究，推广药用植物 GAP 栽培（strengthening the study on cultivation of medicinal plants，and promoting GAP cultivation of medicinal plants）

任何药用植物当被人们利用时，野生资源就会受到威胁甚至枯竭。野生变家种是保护、扩大、再生利用药用植物资源最直接、有效的手段。目前，天麻、人参、黄芩、细辛、五味子、半夏、栀子、绞股蓝、金银花、防风、知母、柴胡、甘草、款冬花等药用植物已经实现野生变家种，许多已经成为主流商品，解决了资源供应问题。一些过去依赖进口的国外药用植物如颠茄、西洋参、番红花、丁香、马钱、金鸡纳、古柯、儿茶等也引种成功。但药用野生资源在野生变家种的过程中出现的种质退化、连作障碍、产量下降、虫害增多等现象，以及施用化学肥料、农药、饲料等造成的安全性问题已不容忽视，且亟待解决。

对于以特定药用植物为主要原料来源的制药企业，应建立药用植物 GAP 栽培基地，以获得优质高产中药材，保护该种的野生药用植物种群。药用植物 GAP 栽培的推广对于规范中药材生产，保证中药材的质量，保护生态环境，实现药用植物资源的可持续利用都有重要意义。

（五）寻找或扩大新药用植物资源（searching for or expanding new medicinal plant resources）

1. 从本草中寻找或扩大新药源（searching for or expanding new medicinal plant resources from bencao） 在历代本草的挖掘整理中寻找新的药源，如对《本草纲目》等经典著作进行品种考证、整理，从现代分类学的角度看，相当多的中药为多基源品种，如黄芪、党参、贝母、贯众等。虽然多基源品种造成了药材品种混乱，但也为寻找新药及其新资源提供了线索和依据。不同时期的本草资料，也会反映出不同历史时期药物品种的变迁情况。反映出当时新品种、新资源不断被利用的情况。

2. 从民族医药中寻找或扩大新药源（searching for or expanding new medicinal plant resources from ethnodrug） 我国是一个多民族的国家，各民族千百年来积累了独特的传统医药经验，有的还形成了传世典籍，如《四部医典》《蒙医医典》和《藏药志》等。我国的民族药资源丰富，可从民族药中挖掘整理，寻找出新药用植物资源。总体而言，民族药的开发利用仍处于较低水平，一些疗效奇特、蕴藏量大的物种仍养在深山无人识，亟须进行有效开发利用。

3. 依据植物亲缘关系来寻找或扩大新药源（searching for or expanding new medicinal plant resources based on plant genetic relationship） 亲缘关系越近的物种所含的化学成分也越近似。利用该理论，在相关的药用植物科属中去开发新药用植物资源，已取得很多成功的经验。对珍稀、濒危野生物种如铁皮石斛、川贝、紫杉等，可按照植物化学和植物分类学知识，去寻找近缘种的优良物种，以扩大药源。另外，依据植物亲缘关系我国已先后发现萝芙木、毛诃子、胡黄连等数十种可以代替进口的国产中药材资源。

（六）加强药用植物资源的综合开发（strengthening the comprehensive development of medicinal plant resources）

传统的用药往往使用药用植物的某一部位或某几个部位，其余弃之。许多品种经现代研究发现，未入药的部位也有类似的药用成分，可以加以综合利用。如人参的茎、叶、花蕾、果肉、种子均含人参皂苷且含量较高，因此，它们均可用作提取人参皂苷的原料而加以综合利用；杜仲、黄柏、厚朴、银杏、大黄等传统的用药，一般不用其叶，经研究证明其叶均有药用价值。扩大药用部位，这样既可节约药材，增加用量，又有利于对中药资源的保护，提高中药资源的利用效率。

像夏枯草、益母草等一些草本植物的药材，其药渣主要成分是纤维素，纤维素经过蒸煮后组织结构疏松，有利于被食用菌中的纤维素酶分解利用，从而替代食用菌栽培中所用的棉籽壳类物料。

从药用植物中不仅可以提取供药用的有效成分，而且还可从药用植物中开发天然甜味剂、苦味剂、食用色素、香料、保健食品及化妆品，从药用植物中开发植物毒素及中药新型农药的研究也是未来的研究方向。同样，有的药材含有多种类型的成分，同时服用并无益处，有时甚至带来一定的副作用，而将其分别使用时则表现出明确的疗效。例如，丹参含有酚酸类成分和丹参酮类成分，丹参酚酸类成分用于治疗心血管疾病效果明显，几乎没有毒性；丹参酮类成分有明确的抗炎和抗肿瘤作用。综合利用药用植物资源就是要加强深度加工，发展无废和少废技术及开发药用植物的非药用途和经济植物的医药用途。

Summary

1. Medicinal plant resources are the sum of all kinds of medicinal plants and their reserves, which are distributed in a certain area or in the range.

2. There are 11146 species of medicinal plants in China. About 80% of the developed and utilized resources of medicinal plant are wild herbs, only less than 20% of the Chinese herbs are artificial cultivation.

3. Medicinal plant resources have been seriously destructed, because the development of medicinal plant resources is not scientific enough and the relationship between protection and utilization can not be handled.

4. In protection of medicinal plant resources, the relevant protection agencies have been established and the relevant laws and regulations have been issued. The nature reserves, national parks, botanical gardens and seed resources database have been established, and the standardized

artificial cultivation of medicinal plants has been carried out.

5. The sustainable utilization of resources refers to the efficient, reproducible, and protective utilization of resources.

6. While making full use of medicinal plant resources, the protection of biodiversity and ecological environment is emphasized.

复习思考题（review questions）

1. 名词解释：药用植物资源、资源可持续利用。
2. 我国药用植物资源种类及资源分布如何？
3. 我国药用植物资源利用和保护的现状如何？
4. 药用植物资源利用和保护中存在哪些问题？
5. 药用植物资源保护相关法律法规主要有哪些？
6. 濒危药用植物资源保护情况如何？
7. 实现药用植物资源可持续利用的策略有哪些？

第十四章　药用植物学野外实习
Pharmaceutical Botany Field Practice

学习目标

1. 掌握：药用植物腊叶标本的制作方法。
2. 熟悉：药用植物的野外采集及鉴定方法。
3. 了解：植物检索表的使用。

第一节　药用植物学野外实习目的及要求
The Purpose and Requirements of Pharmaceutical Botany Field Practice

药用植物学野外实习教学是药用植物学课程体系的重要组成部分，是药学和中药学等专业的学生重要的学习内容和基本环节，具有独特的形式、内容和效果。其不仅是对药用植物学课堂知识和室内实验内容的必要补充，更重要的是旨在提高学生的观察能力，培养学生独立开展植物分类学研究的能力，为生药品种的基源鉴定及生药资源的开发奠定基础。

一、野外实习目的（the purposes of field practice）

1. 提高理论联系实际的思想（to improve the ideas of theory combined with practice）　药用植物学野外实习是理论联系实际，巩固和加深课堂理论教学内容的重要环节。野外实习可印证和巩固所学理论知识，培养和提高观察、动手和创新的能力，弥补课堂教学的不足。只有通过这种理论联系实际的活动，才能够起到复习、巩固和验证理论知识，拓宽知识领域的作用，使学生真正学到课堂上学不到的基本技能。

2. 培养学生利用文献进行植物鉴定的能力（to cultivate students' ability to identify medicinal plants by using literature）　通过药用植物学野外实习前期资料准备及植物鉴定等环节的训练，培养学生查阅学术著作和科技文献，使用多种工具书及利用网络资源等方法对植物进行鉴定的技能。

3. 增强资源保护意识（to enhance awareness of medicinal plant resource protection）　通过对实习地点药用植物资源的讲解和实地标本采集，使学生了解本地区常见、少见、濒危及受保护的药用植物种类，培养学生的资源开发和保护意识。使学生认识到药用植物资源是有限的，必须科学、有序地开发利用。

二、野外实习要求（the requirements of field practice）

1. 掌握药用植物的采集方法（to master collection method of medicinal plants）　在野外实习中，要求学生能够认识及采集药用植物，并对采集的药用植物的主要形态特征进行观察和记录，根据乔木、灌木和草本等不同植物类型进行标本采集，通过老师对各科识别要点讲解，掌握一些重点科药用植物的主要特征，了解不同类型药用植物的生长习性、生境和分布。

2. 掌握药用植物标本的鉴定及制作技术（to master the identification and preparation method of medicinal plant specimens）　培养学生利用分类检索表和《中国植物志》等工具书对药用植物进行检索和鉴定的能力，是野外实习最重要的环节。它包括对未知植物"科、属、种"的检索，还包括对已知科属种植物"真伪"的鉴定。鉴定药用植物后，应对标本进行压制、消毒和装订等环节的处理，使学生掌握药用植物腊叶标本的制作技术。

3. 识别常见的药用植物（to cognize common medicinal plants）　野外实习结束后，学生对实习地点及生活环境周围常见的药用植物可以辨识，了解这些药用植物的药用部位及主要功效。

第二节　药用植物学野外实习的准备

The Preparation for Pharmaceutical Botany Field Practice

一、实习基地的选择（the selection of field practice site）

1. 地形地貌多样（complex topography）　地形地貌是自然环境的重要组成，包括地表面起伏的各种类型，如高原、丘陵、平原和盆地等，构成植物赖以生存的复杂生态环境条件。地形、地貌越复杂和奇特，所孕育植物种类、群落和植被也越丰富，是药用植物学野外实习理想的基地。

2. 植物资源丰富（rich plant resources）　在药用植物学野外实习中，学生需要认识一定数量的植物种类，了解植物与生态环境的关系。因此，应选择植物种类丰富、区系复杂、群落多样的地方作为实习基地。自然保护区或风景胜地均为理想的实习基地。

3. 基础资料充实（abundant basic information）　对野外实习基地基础资料的收集和积累是非常重要的。基础资料一般包括以下几个方面：①自然环境概况，它是指实习基地的地理位置、总面积、主峰海拔高度、地形地貌结构、气候因素和土壤类型等资料。②植物资源概况，它是指实习基地的各种植物的资料，特别是高等植物的资料，如它们的种类、数量和分布格局等。

4. 基础设施方便（convenient infrastructure）　在上述原则的基础上，适当考虑交通、设施的条件也是必要的。在选择基地时，如其他条件基本相同，要优先选择交通便利的地方，这样既可达到实习的要求，又可节省人力、物力和财力。设施方面，要尽量考虑到整个实习队伍的住、食和行三个方面的便利。

总之，实习地点应尽量选择实习条件优越、交通便利、食宿条件较好和有安全保障的地方。实习开始前，教师可以到预定实习地点进行实地考查，观察实习地点的药用植物种类，对植物进行预采，并预定交通食宿和确定野外实习考察路线等事宜。

二、实习物品的准备（materials preparation）

1. 采集用具（collect appliance）

（1）标本夹：是压制标本的必备工具。它是由两块夹板和用于捆扎的绳子构成，作用是使标本平坦不卷皱。标本夹一般用质地坚硬的木材制成，大小可按需而定，通常为长 43cm，宽 30cm。

（2）枝剪：剪取标本必备的工具，用于剪取较坚韧的植物枝条。

（3）高枝剪：用于剪取高大乔木上的枝条或陡险处的植物。

（4）掘根铲：用来挖掘草本及矮小植物的地下部分。

（5）采集箱或采集袋：用于临时存放采集的标本。

（6）吸水纸：用于压制标本并吸收水分。要求纸质疏松柔软，吸水性能好。通常用普通草纸，预先折成与标本夹同样大小以备用。

（7）记录本和号牌：用于野外记录用。

（8）大小纸袋：保存标本上脱落下来的花、果、叶和种子，或专供采集种子和花粉等。

（9）其他：海拔仪、地球卫星定位仪（GPS）、照相机、钢卷尺、放大镜、镊子、解剖针、刀片和铅笔等用品。

2. 参考书籍（reference books） 实习中检索鉴定要用到一些工具书，主要有《中国高等植物图鉴》（1～5册，补编1～2册）《中国植物志》、《中国药用植物志》、《中国高等植物科属检索表》及各地区植物志等书籍。

3. 生活用品 运动服（长袖衣和长裤）、运动鞋、遮阳帽、水壶、手电筒及换洗衣服等。

4. 常用药品 主要包括感冒药、退烧药、祛暑药、止泻药、消炎药、蛇药、驱蚊虫药及创可贴等，学生也可以根据自身情况自备专用药。

第三节 药用植物标本野外采集方法
Field Acquisition Method of Medicinal Plant Specimens

一、标本采集时间和地点（collection time and place of medicinal plant samples）

每种植物都有自己的生长发育规律，在不同的季节和时间采集，能得到各类不同时期的标本。另外，每种植物也有自己的分布规律，在不同的环境里，生长着不同的植物。因此，必须根据采集的目的和要求，确定采集时间和地点，这样才可能采到需要的和不同类群的植物标本。

二、标本采集方法（collection methods of medicinal plant samples）

1. 种子类植物（seed plant） 大部分植物分类主要依据花和果实等繁殖器官，因此在采集时，应选取具有花和果实等繁殖器官的全株或枝条，使植株的特征在标本上得到真实的反映。标本采集时，应特别注意采集标本的完整性。此外，为了保证标本性状的完整准确及能够长期保存，应采集健康无病虫害的植株作标本。

（1）草本植物（herbs）：采集带根的全株。矮小的草本植物，可采集若干个体，压制标本时排列在同一台纸上。高大的草本植物，可折叠后压入标本夹内，也可剪取同一植株上具有代表性的上、中、下三段。

（2）木本植物（xylophyta）：采集植物体的一部分，注意采集的标本尽量能代表该植物的一般特征。通常选取叶片完整、有花和果的枝条，最好同时拍一张该植物的全形照片，以弥补标本的不足。有些植物树皮的颜色和剥裂情况也是鉴定的依据，必要时可以剥取一块树皮附在标本上。

（3）其他类型植物（other types of plants）：对具有地下茎（如鳞茎、块茎和根状茎等）的植物，应特别注意采集其地下部分。藤本植物应采集能充分显示其特征的标本，如卷须等。对于寄生植物，应连同寄主一起采集。雌雄异株的植物，雌株和雄株分开采集后，再分别进行压制。对一些先花后叶的植物，可以先采花枝标本，以后再在同株上补采枝叶和果实标本。有些植物的幼叶和老叶的叶形或毛被不同，或者同一植物的枝条或叶外形不同，所有不同类型的标本都应采集。

很多有花植物生活在水中，有些种类具有地下茎，有些种类的叶柄和花柄是随着水的深度而增长的，因此采集这种植物时，需同时采集地下茎，以便显示出花柄和叶柄着生的位置。另外，有些水生植物全株柔软而脆弱，提出水面后，其枝叶容易缠成一团，不易分开，可用硬纸板从水中将其托出，连同纸板一起压入标本夹内，可保持其形态特征的完整性。

2. 蕨类植物（ferns）　孢子囊群的构造、排列方式、叶的形状及根茎特征都是蕨类植物的分类依据，因此采集蕨类植物时，应分别采集带有孢子囊群的叶片和营养叶，注意保护鳞叶，连同根状茎一起采集。

3. 苔藓植物（bryophyte）　苔藓植物的标本要力求采到生有孢子囊的植株。如果有长在地面上的匍匐主茎也应一起采集。附生在树干和树枝上的，要连树枝树皮同时采下。苔藓植物有的单生，有的几种混生，应尽力做到每一种做成一份标本，分别采集，分别编号。孢子囊没有成熟的和精器卵器没有长成的也要适量采集，可以研究形态发育过程。标本采好以后，分别用纸包好，放在软纸匣里，不要夹，不要压，保持其自然状态。

三、标本采集注意事项（notice of medicinal plant specimen collection）

1. 做好采集记录（collection record）　任何一份标本的采集都必须做好详细的记录，包括植物的分布、地理环境、生长状况和植物本身某些固有的特征，尤其是对采集后不易保持或易于混淆的特征，如花色、有乳汁、藤本和特殊气味等，这些对标本的鉴定和研究具有重要的作用。因此野外采集标本时，尽可能随时记录，避免忘记或混淆。

2. 及时编号和挂号牌（timely number and register in card）　采集时，记录本上的编号必须和标本挂号牌上的编号一致（**图 14-1、图 14-2**）。在同一时间和同一地点采集的同种植物，不管份数多少，应编成同一号；不同时间同一地点或同一时间不同地点采集的同种植物应编不同号。根、茎和果实等分开采集的标本应与其他部分的标本同号。对于寄生的植物，寄主的种类、形态及与寄生植物的关系等均需要记录。雌雄异株的植物，应分别采集和编号，并注明两号之间的关系。具异型叶的植株，应收集在同一标本里并标注。

植物采集号签

采集号________________

采集地________________

海　拔________________

日　期________________

采集人________________

图 14-1　药用植物号牌

野外采集记录

采集号____________采集日期______

中文名________________

地方名________________

科　名________________

产　地____________海拔______

生　境________________

形　态________________

____

____

____

采集人________________

备　注________________

图 14-2　药用植物野外采集记录本

3. 标本的数量及大小（the number and size of specimens） 为了便于使用和交换，每种植物一般要采集 3～5 份。如遇到稀有、特有或具重大经济价值的植物，在数量许可的前提下，可以多采集几份。标本大小应与台纸的大小适应，长宽应在 40cm×30cm 以内。

4. 保护药用植物资源（protection of medicinal plant resources） 药用植物资源是有限的，必须科学、有序地开发利用。采集标本时要注意保护资源，尤其保护好珍稀植物资源，不可滥采，更不可使之绝种。标本不要采集过大过多，以免标本在压制时造成浪费。不要将整株植物连根拔起，数量很多的草本植物例外。不要采集幼苗，采集小树的标本时，应采侧枝而不采主枝。采集过程中，注意爱护环境，不留垃圾，及时回填，恢复生态。

5. 遵守纪律、增强安全意识（abiding by discipline and enhancing safety awareness） 野外实习具有开放性的特点，因此在实习过程中要求学生服从指挥，遵守纪律，不私自外出、不乱尝野果、不吸烟玩火，确保活动安全。采集标本时，应穿长袖和长裤，必要时戴帽子，扎裤角，上衣应颜色鲜明。按照指导教师带领路线行走，不到危险地段采样。山林中行走，组员之间距离不可拉得太远，随时保持联系，以免走失。路过草丛，先“打草惊蛇”，列队通过。采集标本时防蚊虫叮咬。遇到易过敏和毒性植物，如漆树和蝎子草等植物，注意自我保护，不要靠近此类植物。

第四节　药用植物腊叶标本的制作与保存

Preparation and Preservation of Medicinal Plant Specimens

植物标本制作的方法很多，主要分为浸制与干制两大类，本节介绍干制植物腊叶标本的制作法。

一、标本的整形和压制（shaping and pressing medicinal plant specimens）

1. 标本的整形（shaping medicinal plant specimens） 标本在制作前需进行清理以除去杂质，同时对标本进行整形使其大小合适。首先应除去枯枝烂叶及凋萎的花果，叶、花和果太密的情况可适当疏去一部分，疏去时要留下叶柄、花梗和果柄。如果单叶太大，可以将一片叶子分成 2～3 段分别压制，或沿着中脉剪去一半，保留叶基和先端；若是大型羽状复叶，可将叶轴一侧的小叶剪短，保留小叶的基部及复叶的顶端小叶或顶端裂片。对球茎、块茎和鳞茎等，可纵向切开，以便快速干燥。某些肉质、多汁或具有鳞茎的植物直接压入标本夹会继续生长，或云杉等植物干燥过程中叶片易脱落，可经沸水烫后再进行压制。

2. 标本的压制（pressing medicinal plant herbarium）

（1）压制（pressing）：压制标本是制作腊叶标本的主要干燥方法，野外采集的标本应及时进行整理并压制。以标本夹的一块做底板，铺 5～6 层吸水纸，将一份带有号牌的标本正面展平放置于吸水纸上，注意要有小部分叶片展示反面。盖上 2～3 层吸水纸，放入另一份标本。放标本时注意逐个首尾相互交错摆放，以保持整夹标本的平整。按编号顺序放置好后，盖上另一块标本夹，用绳子捆紧，置于通风处。压制过程中，过长的草本植物可折成“V”或“N”、“W”字形，不要直折，应略扭转后折，而不致使茎折断（**图 14-3**）。

（2）换纸（paper change）：新压制的标本要勤换吸水纸，第一天和第二天应每天换纸 2～3 次，以后逐渐减少换纸次数直至标本完全干燥。在前两次换纸时应对标本做进一步的整理，将卷曲的叶片、花瓣展平。有掉落的花或果，可用纸袋装好，袋子上标注该标本的编号，与标本放一起。

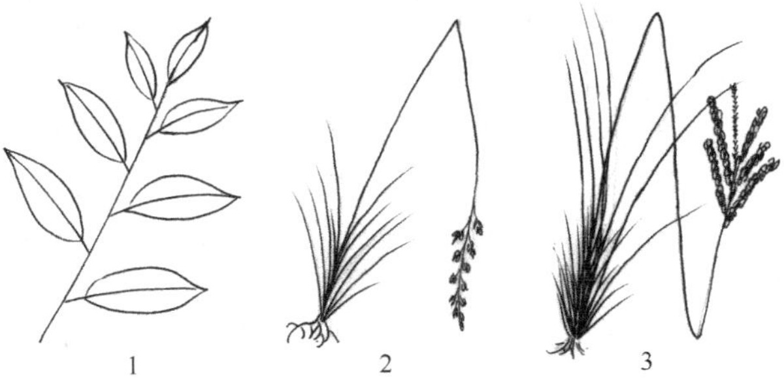

1　　　　2　　　　3

图 14-3　药用植物标本压制形状

1. 一字形 2. V 字形 3. N 字形

二、标本的消毒、制作和保存（disinfection，bookbinding and identification of medicinal plant specimens）

1. 标本的消毒（disinfection of specimens）　标本所带的虫卵及霉菌孢子会导致其虫蛀和霉变，为保护标本，需对压制好的干燥标本进行消毒。常见的消毒方法为升汞消毒法（disinfection method），即将标本浸入含 0.5%升汞乙醇溶液的平底盘中 1～2 分钟，拿出再夹入吸水纸内干燥。特别注意的是升汞化学成分为氯化汞（$HgCl_2$），有剧毒，为防止升汞中毒，操作时应带胶皮手套和口罩，操作完立即将手清洗干净。此外，二氧化硫熏蒸消毒法及低温消毒法等也是常见的标本消毒方法。

2. 标本的制作（bookbinding of specimens）　压干消毒的标本置于台纸（39cm×27cm 的厚白卡纸）上，调整姿态，使其大小、形状及位置合适。通常标本直放或斜放，注意要把左上角和右下角位置留出来以便粘贴标签。根据已放好的标本位置选固定点，固定点不宜太多，一般选择主枝、分杈、花梗和果柄等处。标本可用胶水、白色细纸条粘贴或针线缝制进行固定。固定后的标本加盖一张半透明、薄而韧性强的衬纸以保护标本，衬纸宽度与台纸相同，长度比台纸多出 5mm，多出的部分用胶水粘在台纸背面以固定衬纸。也可以直接对标本进行塑封，以达到更好的保存效果。制作好的标本左上角粘贴植物标本采集记录签，记录签的左边与上边与台纸对齐；标本鉴定好后把结果写在定名签上，填上定名人和日期，粘贴于标本右下角，其右边与下边与台纸对齐（**图 14-4**）。

××××××标本室
定名人:　　　　　　　　年　　月　　日

图 14-4　药用植物标本定名签

3. 标本的保存（preservation of specimens）　制作好的药用植物腊叶标本，经正式定名后，都应放入标本柜中保存。标本柜大小式样可根据需要和具体情况而定，应有密封、防潮、防火及防虫的措施。

放置标本前，应对标本按需要分类编号。为了方便检索使用，可按照国际通用分类系统对标本进行编号，如恩格勒系统及哈钦松系统等，也可按植物拉丁学名的首字母编号。标本的编号需同时登记在标本登记本上，以便随时掌握标本数量和种类。

存放标本前，标本需干透，标本柜及标本室需事先打扫干净，用杀虫剂消毒，标本柜中放樟脑丸及干燥剂。然后标本按登记分类顺序放入柜中保存。入柜后，必须经常抽查是否有发霉、虫害及损伤等现象，如有发生应及时处理。若标本发霉，可取出涂少量甲醛或苯酚，也可置紫外灯下消毒。若发现有虫害，可采用环氧乙烷、甲基溴和磷化氢等药物薰蒸的办法灭虫。进出标本室，门、窗和标本柜应随时保持密封状态，新标本或借出归还的标本入柜前严格消毒杀虫。为防止取放标本导致标本局部脱落或破碎，平时拿取标本时，要求轻拿轻放。需要取一叠中某一份标本时，必须整叠取出放在桌上，在取开压在所需标本之上的标本后再拿出来，切忌从中硬抽。

Summary

1. The field practice is an important part of the course system of pharmaceutical botany. It is a basic cource for students majoring in pharmacy or traditional Chinese medicine. It is not only a necessary supplement to the theoretical lessons and laboratory experiments, but also is more important to improve students' ability of plant identification, collection, and preservation through first hand experience, and to cultivate students' ability to independently carry out the research on plant classification.

2. The purposes of field practice are to①improve the ideas of theory combined with practice; ②cultivate students' ability to identify medicinal plants by using literature; and③enhance awareness of medicinal plant resource protection.

3. The requirements of field practice are to①master collection method of medicinal plants; ②master the identification and preparation method of medicinal plant specimens; and ③cognize common medicinal plants.

4. The field practice site is mainly selected according to complex topography, rich plant resources, abundant basic information, and convenient infrastructure.

复习思考题（review questions）

1. 药用植物标本有哪些采集方法？应注意的问题有哪些？
2. 简述药用植物腊叶标本的制作方法。
3. 一份合格的药用植物腊叶标本包括了哪些部分？

主要参考文献

References

艾铁民. 2007. 药用植物学. 北京：北京大学医学出版社.

曹曹菊. 2014. 植物生物技术概论. 北京：中国农业大学出版社.

国家药典委员会. 2015. 中华人民共和国药典（一部）(2015年版). 北京：中国医药科技出版社.

国家中医药管理局《中华本草》编委会. 1999. 中华本草（第3卷、第4卷）. 上海：上海科学技术出版社.

胡尚连，王丹. 2004. 植物生物技术. 成都：西南交通大学出版社.

李新国，吴世福. 2014. 植物学野外实习指导. 北京：科学出版社.

钱子刚. 2007. 药用植物组织培养. 北京：中国中医药出版社.

孙启时. 2009. 药用植物学. 第2版. 北京：中国医药科技出版社.

唐克轩. 2005. 中草药生物技术. 上海：复旦大学出版社.

汪劲武. 1985. 种子植物分类学. 第2版. 北京：高等教育出版社.

王关林，方宏筠. 2014. 植物基因工程. 第2版. 北京：科学出版社.

夏海武，陈庆榆. 2008. 植物生物技术. 合肥：合肥工业大学出版社.

薛建平，柳俊，蒋细旺. 2005. 药用植物生物技术. 北京：中国科学技术大学出版社.

严铸云，郭庆梅. 2015. 药用植物学. 北京：中国医药科技出版社.

杨春澍. 2007. 药用植物学. 上海：上海科学技术出版社.

叶创兴，朱念德，廖文波，等. 2014. 植物学. 第2版. 北京：高等教育出版社.

余伯阳. 2005. 中药生物技术. 北京：中国医药科技出版社.

詹亚华，刘合刚，黄必胜. 2016. 药用植物学. 第3版. 北京：中国医药科技出版社.

张浩. 2011. 药用植物学. 第6版. 北京：人民卫生出版社.

郑国锠. 2015. 细胞生物学. 北京：科学出版社.

郑汉臣. 2007. 药用植物学. 第5版. 北京：人民卫生出版社.

中国科学院植物研究所. 1994. 中国高等植物图鉴. 北京：科学出版社.

中国科学院中国植物志编委会. 1959～2004. 中国植物志. 北京：科学出版社.

周云龙. 2011. 植物生物学. 第3版. 北京：高等教育出版社.

Gurcharan Singh. 2008. 植物系统分类学——综合理论及方法. 刘全儒，郭延平，于明译. 北京：化学工业出版社.

James D. 2012. Mauseth. Botany：An Introduction to Plant Biology. 5th edition. Burlington，MA.

药用植物中文学名索引

C

D

E

F

G

H

J

K

L

M

N

O

P

Q

R

S

T

W

X

Y

Z

重点科药用原植物的精细解剖彩图

彩图 1　银杏科植物银杏的精细解剖图

1. 盘状珠座；2. 雄球花葇荑花序状；3. 雄球花；4. 药室；5. 花药；6. 雌球花枝；7. 雄球花枝；8. 果枝

彩图 2　廖科植物红蓼的精细解剖图

1. 子房及花盘；2. 花药；3. 花柱；4. 子房横剖；5. 花被；6. 苞片；7. 瘦果包于宿存花被内；8. 瘦果；9. 叶；10. 总状花序

彩图 3　毛茛科植物草乌的精细解剖图

1. 花侧面观；2. 花部解剖；3. 花瓣；4. 雄蕊；5. 子房；6. 子房纵切；7. 子房横切；8. 茎生叶

彩图 4　木兰科植物北五味子的精细解剖图

1. 雌花解剖；2. 雌蕊群；3. 整朵花形态；4. 成熟的聚合果；5. 子房纵切；6. 雄花顶面观；7. 成熟雄蕊；8. 雄蕊群；9. 雌花特写；10. 花枝

彩图 5　蔷薇科植物山桃的精细解剖图

1. 花各部的轮生状况；2. 花侧面观；3. 花萼；4. 花瓣；5. 子房及胚珠；6. 花枝

彩图 6　豆科植物野葛的精细解剖图

1. 花解剖；2. 二体雄蕊；3. 子房；4. 种子；5. 子房横切

彩图 7　芸香科植物白藓的精细解剖图

1. 花解剖；2. 雄蕊群侧面观；3. 单个雄蕊；4. 子房横切示胚珠；5. 叶片；6. 种子；7. 幼果和花

彩图 8　五加科植物人参的精细解剖图

1. 伞形花序；2. 果实扁球形；3. 幼果果序；4. 地上茎；5. 主根

彩图 9　伞形科植物当归的精细解剖图

1. 复伞形花序；2. 花柱；3. 子房横剖；4. 幼果；5. 根；6. 果实

彩图 10　山茱萸科植物山茱萸的精细解剖图

1. 伞形花序；2. 花解剖；3. 花；4. 雌蕊；5. 果期植株；6. 花期植株

彩图 11　夹竹桃科植物萝芙木的精细解剖图

1. 雄蕊及花药；2. 雄蕊着生位置；3. 核果；4. 种子；5. 果期植株

彩图 12　唇形科植物益母草的精细解剖图

1. 花解剖；2. 花萼；3. 子房；4. 花侧面观；5. 轮伞花序

彩图 13　菊科植物蒲公英的精细解剖图

1. 舌状花；2. 聚药雄蕊；3. 舌状花顶端；4. 连萼瘦果；5. 幼果聚生状态；6. 全为舌状花的头状花序

彩图 14　百合科植物伊犁贝母的精细解剖图

1. 花被；2. 花柱；3. 雄蕊；4. 雄蕊与雌蕊的排列顺序；5. 花；6. 花纵剖；7. 叶；8. 地下鳞茎

彩图 15　姜科植物姜的精细解剖图

1. 花；2. 唇瓣；3. 子房；4. 中轴胎座；5. 蒴果；6. 花冠筒；7. 花萼；8. 穗状花序；9. 根茎；10. 生境及植株；11. 近地面的花序

彩图 16　兰科植物天麻的精细解剖图

1. 花枝特写；2. 花解剖；3. 子房纵切；4. 生境及植株；5. 根状茎